普通高等教育测控技术与仪器专业系列教材

物理光学基础与仿真应用

主　编　陈洪芳
参　编　马英伦　温众普　宋辉旭
　　　　张　澳　梁梓琪

机械工业出版社

本书从教学的普适性出发，注重基础、强调应用，不仅将传统内容与现代内容自然融合，还包含学科前沿。本书概念清晰、体系完整，共分 7 章，包括：光的电磁理论基础、光波的叠加、双光束干涉及应用、多光束干涉及应用、光的衍射、光的偏振以及 FDTD Solutions 软件基础仿真及应用。全书以光的电磁理论基础，光的干涉、衍射和偏振分析为主线，形成较为完整的物理光学知识体系，同时，结合近几年来重要的光学技术研究成果，介绍了 FDTD Solutions 光学仿真软件的使用，穿插了作者多年积累的典型应用案例。

本书配套教学资源有教学课件、教学大纲、习题解答、授课视频。本书作为新形态教材，其配套的课程结合了现代信息技术的学习模式和先进的教育理念。

本书可作为普通高校光电信息、仪器、电子信息及机械等相关专业的教学用书，也可作为仪器仪表工程、光电信息工程、光学工程等领域技术人员的培训教材和参考书目。

本书配有以下教学资源：教学大纲、教学课件、习题解答、授课视频、教材 AI 助教、习题答案 AI 助教。欢迎选用本书作教材的教师，登录 www.cmpedu.con 注册后获取、或联系微信 13910750469 索取(注明教师姓名+学校)

图书在版编目（CIP）数据

物理光学基础与仿真应用 / 陈洪芳主编. -- 北京：机械工业出版社，2024. 8. -- (普通高等教育测控技术与仪器专业系列教材). -- ISBN 978-7-111-76214-0

Ⅰ. O436

中国国家版本馆 CIP 数据核字第2024JB4552 号

机械工业出版社（北京市百万庄大街 22 号　邮政编码 100037）
策划编辑：吉　玲　　　责任编辑：吉　玲
责任校对：韩佳欣　李　婷　　　封面设计：张　静
责任印制：张　博
北京建宏印刷有限公司印刷
2025 年 1 月第 1 版第 1 次印刷
184mm×260mm · 19.5 印张 · 484 千字
标准书号：ISBN 978-7-111-76214-0
定价：68.00 元

电话服务
客服电话：010-88361066
　　　　　010-88379833
　　　　　010-68326294

网络服务
机　工　官　网：www.cmpbook.com
机　工　官　博：weibo.com/cmp1952
金　　书　　网：www.golden-book.com
机工教育服务网：www.cmpedu.com

前言

物理光学是将光看作电磁波，并用麦克斯韦普遍的电磁理论研究光的基本属性、光的传播规律和光与物质之间的相互作用的自然科学。伴随着激光技术的发展，物理光学在精密测量、通信、医疗、信息处理等众多技术领域有了突飞猛进的发展。薄膜光学、集成光学、非线性光学、傅里叶光学等新的分支学科相继建立，正如王大珩院士所说："光学科学与技术的成果已深深渗透到我们的生活中！"物理光学为科学技术和生产力的发展及国防建设做出了巨大贡献。

作者总结了近 20 年讲授"物理光学"课程的教学经验，参阅了大量国内外优秀教材和其他文献，为适应新技术发展对光学人才培养的需要，依据教育部高等学校仪器类专业教学指导委员会对"物理光学"课程的要求编写了本书。本书从教学的普适性出发，注重基础、强调应用，主要特点如下：

1）全书以光的电磁理论基础，以及光的干涉、衍射和偏振分析为主线，形成较为完整的物理光学知识体系，内容全面、结构合理、重点突出、注重应用。

2）本书介绍了 FDTD Solutions 光学仿真软件的应用，结合了近年来一些重要的光学技术研究成果，给出了典型的应用案例，有利于学生掌握使用 FDTD Solutions 光学仿真软件分析和解决波动光学复杂问题的方法，使得他们有兴趣投入到光学前沿技术的创新实践活动中。

3）本书配备了丰富的教学资源，如教学大纲、教学课件、习题解答、授课视频等，作为新形态教材，结合了现代信息技术的课程学习模式和先进的教育理念。

本书将传统内容与现代内容自然融合，概念清晰、体系完整、关注应用，还包含部分学科前沿。本书共分 7 章：第 1 章光的电磁理论基础，第 2 章光波的叠加，第 3 章双光束干涉及应用，第 4 章多光束干涉及应用，第 5 章光的衍射，第 6 章光的偏振，第 7 章 FDTD Solutions 软件基础仿真及应用。其中，马英伦、张澳、梁梓琪负责编写第 7 章，温众普负责编写 1.2.4 节、1.3.3 节、1.5.2 节、2.2.2 节，宋辉旭负责编写 2.4.2 节、3.7.6 节，其他章节由陈洪芳编写。全书由陈洪芳统稿。

北京市高等学校教学名师、北京理工大学李林教授对书稿进行了认真仔细的审阅并提出了许多宝贵建议，在此表示衷心的感谢。在全书编写过程中，北京工业大学的研究生吴欢在习题整理方面做了大量的工作，在此表示诚挚的谢意。

最后，作者要特别感谢机械工业出版社，是吉玲编辑的辛勤工作，才使得本书得以高质量地呈现在广大教师和读者面前。

本书不妥及错误之处在所难免，恳请广大读者批评指正。

教材 AI 助教

习题答案 AI 助教

陈洪芳

于北京工业大学

目 录

前言
第1章 光的电磁理论基础……1
1.1 光的电磁性质……1
1.1.1 麦克斯韦方程组……1
1.1.2 电磁场的波动方程……7
1.2 平面电磁波及其性质……10
1.2.1 波动方程的平面电磁波解……10
1.2.2 平面电磁波的表示方法……12
1.2.3 平面电磁波的性质……14
1.2.4 平面电磁波的应用……16
1.3 球面波及柱面波……17
1.3.1 球面波……17
1.3.2 柱面波……18
1.3.3 球面波的前沿应用……19
1.4 光在两介质分界面上的反射和折射……20
1.4.1 电磁场的边界条件……20
1.4.2 光在介质分界面处的反射和折射……22
1.4.3 菲涅耳定律……25
1.4.4 菲涅耳定律的讨论……29
1.4.5 反射比和透射比……37
1.5 倏逝波……39
1.5.1 倏逝波的概念……39
1.5.2 倏逝波的应用……40
1.6 光的吸收、色散和散射……41
1.6.1 光的吸收……41
1.6.2 光的色散……43
1.6.3 光的散射……44
习题……45
第2章 光波的叠加……49
2.1 两频率相同、振动方向相同的单色光波的叠加……49
2.1.1 代数加法……49
2.1.2 复数加法……50
2.1.3 合成光波的光强分布……52
2.2 驻波……53
2.2.1 驻波表达式……53
2.2.2 驻波在生活中的应用……54
2.3 两频率相同、振动方向相互垂直的光波的叠加……55
2.3.1 椭圆偏振光……55
2.3.2 几种特殊情况……57
2.3.3 左旋和右旋……58
2.3.4 利用全反射产生椭圆和圆偏振光……59
2.4 两频率不同的光波的叠加……60
2.4.1 光学拍……60
2.4.2 相速度与群速度……61
2.4.3 光学拍的应用……63
习题……67
第3章 双光束干涉及应用……69
3.1 光干涉的基本条件及实现方法……69
3.1.1 干涉的基本条件……69
3.1.2 实现干涉的基本方法……71
3.2 杨氏双缝干涉……72
3.2.1 杨氏双缝干涉的原理……72
3.2.2 杨氏双缝干涉的强度分布……73
3.2.3 杨氏双缝干涉的条纹形状……73
3.2.4 其他分波前干涉装置……77
3.3 影响干涉条纹对比度的因素……82
3.3.1 两相干光波振幅比的影响……83
3.3.2 光源大小的影响……84
3.3.3 光源非单色性的影响……87
3.4 干涉条纹的类型和位置……91

3.4.1　条纹的类型 ······ 91
3.4.2　条纹的定域 ······ 91
3.4.3　条纹的位置 ······ 92
3.5　平行平面膜的双光束干涉 ······ 93
3.5.1　平行平面膜的双光束干涉原理 ······ 95
3.5.2　平行平面膜的双光束干涉应用 ······ 99
3.6　楔形膜的双光束干涉 ······ 103
3.6.1　楔形膜的双光束干涉原理 ······ 103
3.6.2　楔形膜的双光束干涉图样 ······ 104
3.6.3　楔形膜双光束干涉的应用 ······ 105
3.7　双光束干涉仪 ······ 111
3.7.1　迈克尔逊干涉仪 ······ 111
3.7.2　激光干涉仪引力波探测器 ······ 113
3.7.3　泰曼干涉仪 ······ 116
3.7.4　斐索干涉仪 ······ 119
3.7.5　激光外差干涉仪 ······ 120
3.7.6　白光干涉仪 ······ 122
习题 ······ 124

第 4 章　多光束干涉及应用 ······ 128

4.1　多光束干涉的原理 ······ 128
4.1.1　多光束干涉的强度分布 ······ 129
4.1.2　多光束干涉图样的特点 ······ 130
4.1.3　干涉条纹的锐度 ······ 132
4.2　法布里-珀罗干涉仪 ······ 133
4.2.1　法布里-珀罗干涉仪的结构和原理 ······ 133
4.2.2　法布里-珀罗干涉仪的应用 ······ 135
4.3　薄膜波导 ······ 141
4.3.1　薄膜波导的传播模式 ······ 141
4.3.2　薄膜波导中的场分布 ······ 144
4.3.3　薄膜波导的光耦合 ······ 147
习题 ······ 150

第 5 章　光的衍射 ······ 152

5.1　惠更斯-菲涅耳原理 ······ 152
5.1.1　惠更斯原理 ······ 152
5.1.2　惠更斯-菲涅耳原理的数学表达式 ······ 153
5.2　基尔霍夫衍射理论 ······ 154
5.2.1　亥姆霍兹-基尔霍夫积分定理 ······ 154
5.2.2　菲涅耳-基尔霍夫衍射公式 ······ 156
5.2.3　巴俾涅原理 ······ 158
5.3　菲涅耳衍射和夫琅禾费衍射 ······ 158
5.3.1　两类衍射现象的特点 ······ 159
5.3.2　两类衍射的近似计算公式 ······ 159
5.4　矩形孔和单缝的夫琅禾费衍射 ······ 163
5.4.1　夫琅禾费衍射装置 ······ 163
5.4.2　夫琅禾费衍射公式的意义 ······ 164
5.4.3　矩形孔的夫琅禾费衍射 ······ 165
5.4.4　单缝的夫琅禾费衍射 ······ 168
5.5　圆孔的夫琅禾费衍射 ······ 171
5.5.1　强度公式 ······ 171
5.5.2　衍射图样分析 ······ 172
5.6　光学成像系统的衍射和分辨本领 ······ 174
5.6.1　成像系统的衍射现象 ······ 174
5.6.2　成像系统的分辨本领 ······ 176
5.6.3　光刻机突破衍射极限 ······ 180
5.7　双缝夫琅禾费衍射 ······ 182
5.7.1　双缝衍射强度分布 ······ 182
5.7.2　双缝衍射的应用——瑞利干涉仪 ······ 185
5.8　多缝夫琅禾费衍射 ······ 186
5.8.1　强度分布 ······ 186
5.8.2　多缝衍射图样 ······ 188
5.9　衍射光栅 ······ 190
5.9.1　光栅的分光性能 ······ 191
5.9.2　闪耀光栅 ······ 195
5.9.3　迈克尔逊阶梯光栅 ······ 198
5.9.4　莫尔条纹 ······ 199
习题 ······ 204

第 6 章　光的偏振 ······ 207

6.1　偏振光概述 ······ 207
6.1.1　自然光和偏振光的特点 ······ 207
6.1.2　获得偏振光的方法 ······ 208
6.1.3　马吕斯定律和消光比 ······ 210
6.2　偏振器件 ······ 211
6.2.1　晶体的双折射 ······ 211
6.2.2　偏振棱镜 ······ 212
6.2.3　波片 ······ 214
6.2.4　补偿器 ······ 215
6.3　偏振光和偏振器件的矩阵表示 ······ 216
6.3.1　偏振光的矩阵表示 ······ 216

6.3.2 正交偏振……218
6.3.3 偏振器件的矩阵表示……218
6.4 偏振光的干涉……224
6.4.1 平行偏振光的干涉……224
6.4.2 会聚偏振光的干涉……227
6.5 旋光效应……229
6.5.1 旋光测量装置……230
6.5.2 旋光效应的解释……231
6.5.3 科纽棱镜……232
6.5.4 磁致旋光效应……232
6.6 电光效应……234
6.6.1 克尔效应……234
6.6.2 泡克尔效应……235
6.6.3 激光的光强调制……236
习题……237
第7章 FDTD Solutions软件基础仿真及应用……240
7.1 FDTD Solutions软件概述……240
7.1.1 Yee元胞与FDTD空间节点算法……240
7.1.2 Lumerical公司与FDTD Solutions软件……241
7.2 软件基本操作介绍……241
7.2.1 软件安装方法……241
7.2.2 用户界面……241
7.3 仿真建立与结果分析……245
7.3.1 仿真流程……245
7.3.2 创建材料……245
7.3.3 仿真结构建立……246
7.3.4 仿真区域建立……247
7.3.5 添加光源……248
7.3.6 添加监视器……249
7.3.7 仿真前检查……251
7.3.8 开始仿真……251
7.3.9 查看结果……252
7.4 FDTD Solutions在前沿技术中的应用……252
7.4.1 光学超表面……252
7.4.2 广义折反射定律……253
7.4.3 光学偏振态分析……260
7.4.4 电信波长下的V形天线超薄聚焦透镜……277
7.4.5 光学隐身……287
7.4.6 AR涂层……294
习题……303
参考文献……306

第 1 章

光的电磁理论基础

能为人眼所感受的波段内电磁波叫可见光。通常所说的光学区域(或光学频谱)包括红外线、可见光和紫外线。由于光的频率极高(10^{12}～10^{16} Hz)，数值很大，使用起来很不方便，所以采用波长表征，光谱区域的波长范围为 1 mm～10 nm。经典电磁场理论是苏格兰物理学家麦克斯韦(James Clerk Maxwell，1831.6.13—1879.11.15)在 19 世纪 60 年代建立的，一般用麦克斯韦方程组来描述。麦克斯韦是一名多产的科学家，他早期在天文学和热力学等领域都取得过重要的成就，然而他一生中最伟大的成就得益于对英国物理学家法拉第(Michael Faraday，1791.9.22—1867.8.25)电力和磁力线理论的扩展和数学表述，并于 1855 年公开发表了论文《论法拉第的力线》。他将法拉第的电、磁理论简化为微分方程组，其中包含 20 个方程和 20 个变量，然而这在当时却是非常复杂的方程组，难以被学生接受，也因此麦克斯韦没有申请到爱丁堡大学的教授职位，最终选择了在伦敦国王学院任教。在 1864 年至 1873 年间的研究中，麦克斯韦发现一些相对简单的数学方程可以表述电场和磁场的行为及其相互之间的关系。最终在 1873 年，他完成了电磁场理论的经典巨著——《电磁通论》，系统性地总结了电磁学的研究成果，并给出了由 4 个偏微分方程构成的麦克斯韦方程组，该方程组被称为是 19 世纪物理学最伟大的成就之一。1931 年，在麦克斯韦诞辰一百周年的纪念会上，爱因斯坦(Albert Einstein，1879.3.14—1955.4.18)评价麦克斯韦的成就，是“**自牛顿以来，物理学界影响最为深远，产出最为丰富的工作。**”

下面介绍光的电磁理论基础，理解如何用麦克斯韦的普遍电磁理论来分析解释光传播及相互作用等各种具体问题。

1.1 光的电磁性质

在电磁学和电动力学中，电磁场的普遍规律最终被总结为麦克斯韦方程组。光在介质中传播时，麦克斯韦方程组可以写为积分形式和微分形式两种形式。从麦克斯韦方程组出发，结合具体的边界条件，可以定性、定量地分析和研究在给定条件下发生的光学现象，如反射、折射、干涉、衍射等。

1.1.1 麦克斯韦方程组

麦克斯韦方程组

1. 积分形式的麦克斯韦方程组

积分形式的麦克斯韦方程组主要用于两种介质的分界面处求解电磁场从

一种介质到另一种介质时，电磁场各个矢量之间的关系：

$$\oiint \boldsymbol{D} \cdot \mathrm{d}\boldsymbol{S} = \sum q_i \tag{1.1-1}$$

$$\oiint \boldsymbol{B} \cdot \mathrm{d}\boldsymbol{S} = 0 \tag{1.1-2}$$

$$\oint \boldsymbol{E} \cdot \mathrm{d}\boldsymbol{l} = 0 \tag{1.1-3}$$

$$\oint \boldsymbol{H} \cdot \mathrm{d}\boldsymbol{l} = \sum I_i \tag{1.1-4}$$

式中，$\boldsymbol{D}$ 表示电感应强度；$\boldsymbol{B}$ 表示磁感应强度；$\boldsymbol{E}$ 表示电场强度；$\boldsymbol{H}$ 表示磁场强度；$\mathrm{d}\boldsymbol{S}$ 的积分表示电磁场中任一闭合曲面上的积分；$\mathrm{d}\boldsymbol{l}$ 的积分表示电磁场中任一闭合环路上的积分；$\sum q_i$ 表示闭合曲面内包含的电荷总和，即总电量；$\sum I_i$ 表示闭合环路包围的传导电流的总和。

积分形式的麦克斯韦方程组表征了电磁现象的基本规律：式(1.1-1)表示电场的高斯定理，任意的静电场中通过任意封闭曲面的电通量等于该曲面内包含的总电量；式(1.1-2)表示磁场的高斯定理，通过任意封闭曲面的磁通量为零；式(1.1-3)表示静电场的环路定理，静电场中电场强度沿任意闭合环路的线积分恒等于零；式(1.1-4)表示磁场的安培环路定理，磁场强度沿任意闭合环路的线积分等于该闭合环路所包围的传导电流总和。

上述积分形式的表达式，仅仅适合于稳恒的电磁场。麦克斯韦利用法拉第电磁感应定律和位移电流的概念，对式(1.1-3)和式(1.1-4)进行了修改，使其适用于交变的电磁场。

(1) 对式(1.1-3)的修改

根据法拉第电磁感应定律，当一个闭合线圈处在变化的磁场中时，就会在闭合线圈中产生感应电动势，其大小与磁通量随时间的变化率成正比，其方向由左手定则决定，可以表示为

$$\varepsilon = -\frac{\mathrm{d}\Phi}{\mathrm{d}t} = -\frac{\mathrm{d}}{\mathrm{d}t}\iint \boldsymbol{B} \cdot \mathrm{d}\boldsymbol{S} = -\iint \frac{\partial \boldsymbol{B}}{\partial t} \cdot \mathrm{d}\boldsymbol{S} \tag{1.1-5}$$

麦克斯韦认为，感应电动势的产生是电场对线圈中自由电荷作用的结果，而这种电场是由变化的磁场产生的，与静电场不同，是涡旋电场，这种电场的存在不依赖于线圈，即使没有线圈，只要在空间某一区域磁场发生变化，就会有涡旋电场产生。

所以法拉第电磁感应定律实质上表示变化的磁场和电场联系的普遍规律，由于感应电动势等于涡旋电场沿闭合线圈移动单位正电荷一周时所做的功，即

$$\varepsilon = \oint \boldsymbol{E} \cdot \mathrm{d}\boldsymbol{l} \tag{1.1-6}$$

则修改后的式(1.1-3)为

$$\oint \boldsymbol{E} \cdot \mathrm{d}\boldsymbol{l} = -\iint \frac{\partial \boldsymbol{B}}{\partial t} \cdot \mathrm{d}\boldsymbol{S} \tag{1.1-7}$$

(2) 对式(1.1-4)的修改

麦克斯韦进一步认为，不仅变化的磁场能产生电场，而且变化的电场也能产生磁场，在激发磁场这一点上，电场的变化相当于电流——“位移电流”，也就是磁涡流的弹性变形所导致的带电粒子的物理位移。电场中通过任一截面的位移电流与通过该截面的电通量的时间变化率相等，即

$$I_D = \frac{\mathrm{d}}{\mathrm{d}t}\iint \boldsymbol{D} \cdot \mathrm{d}\boldsymbol{S} = \iint \frac{\partial \boldsymbol{D}}{\partial t} \cdot \mathrm{d}\boldsymbol{S} \tag{1.1-8}$$

又因为

$$I_D = \iint \boldsymbol{j}_D \cdot \mathrm{d}\boldsymbol{S} \tag{1.1-9}$$

式中，$\boldsymbol{j}_D$ 是位移电流密度，即流过与电流方向垂直的单位横截面积中的电流矢量，单位为 $\mathrm{A/m^2}$。电流密度的方向与电流的方向相同，幅值为单位面积内的电流。

根据式(1.1-8)和式(1.1-9)，有

$$\boldsymbol{j}_D = \frac{\partial \boldsymbol{D}}{\partial t} \tag{1.1-10}$$

在交变电磁场的情况下，磁场既包括传导电流产生的磁场，也包括位移电流产生的磁场，则修正后的式(1.1-4)为

$$\oint \boldsymbol{H} \cdot \mathrm{d}\boldsymbol{l} = \sum I_i + \iint \frac{\partial \boldsymbol{D}}{\partial t} \cdot \mathrm{d}\boldsymbol{S} \tag{1.1-11}$$

综上，交变电磁场情况下，积分形式的麦克斯韦方程组可以表示为

$$\oiint \boldsymbol{D} \cdot \mathrm{d}\boldsymbol{S} = \sum q_i \tag{1.1-12}$$

$$\oiint \boldsymbol{B} \cdot \mathrm{d}\boldsymbol{S} = 0 \tag{1.1-13}$$

$$\oint \boldsymbol{E} \cdot \mathrm{d}\boldsymbol{l} = -\iint \frac{\partial \boldsymbol{B}}{\partial t} \cdot \mathrm{d}\boldsymbol{S} \tag{1.1-14}$$

$$\oint \boldsymbol{H} \cdot \mathrm{d}\boldsymbol{l} = \sum I_i + \iint \frac{\partial \boldsymbol{D}}{\partial t} \cdot \mathrm{d}\boldsymbol{S} \tag{1.1-15}$$

式(1.1-12)～式(1.1-15)分别表示高斯电场定理、高斯磁场定理、法拉第定律和安培-麦克斯韦定律。

2. 微分形式的麦克斯韦方程组

对于求解同种介质当中给定点的电磁场随着时空变化的问题，通常使用微分形式的麦克斯韦方程组。

要理解两个重要的矢量微积分的定理：**高斯定理与斯托克斯定理**，这两个定理使得麦克斯韦方程组的积分形式到微分形式的转换非常直接。

高斯定理如下：

$$\iint_S \boldsymbol{A} \cdot \mathrm{d}\boldsymbol{S} = \iiint_V (\nabla \cdot \boldsymbol{A}) \mathrm{d}v \tag{1.1-16}$$

高斯定理在曲面积分和体积积分之间建立联系，表示矢量场 $\boldsymbol{A}$ 穿过闭合曲面 $\boldsymbol{S}$ 的通量等于该闭合曲面所包围的体积 V 中场的散度的积分。

斯托克斯定理如下：

$$\int \boldsymbol{A} \cdot \mathrm{d}\boldsymbol{l} = \iint (\nabla \times \boldsymbol{A}) \cdot \mathrm{d}\boldsymbol{S} \tag{1.1-17}$$

斯托克斯定理在线积分和曲面积分之间建立联系，表示矢量场在闭合路径 $\boldsymbol{l}$ 上的环流等于矢量场的旋度在以环路为边界的曲面 $\boldsymbol{S}$ 上的法向分量积分。

在利用高斯定理与斯托克斯定理进行麦克斯韦方程组积分形式到微分形式的转换之前，需要大家了解以下知识点。

(1) ∇

Nabla——del 算子。∇ 在 4 个麦克斯韦方程的微分形式中都有出现，读作“Nabla”或“del”，表示矢量微分算子，而微分的具体形式取决于 del 算子后面跟着的符号，“∇”表示梯度，“∇·”表示散度，“∇×”表示旋度。del 算子表示在笛卡儿坐标系中 x、y、z 三个轴方向上取导数，即

$$\nabla = \boldsymbol{i}\frac{\partial}{\partial x} + \boldsymbol{j}\frac{\partial}{\partial y} + \boldsymbol{k}\frac{\partial}{\partial z} \tag{1.1-18}$$

式中，$\boldsymbol{i}$、$\boldsymbol{j}$ 和 $\boldsymbol{k}$ 分别是笛卡儿坐标 x、y 和 z 轴方向的单位矢量。

(2) 梯度∇

梯度针对的是标量场，梯度的大小表示标量场在空间中的变化速率，梯度的方向是场随距离变化最快的方向。梯度运算的结果是矢量，既有大小也有方向。例如，海拔高度作为标量场，其梯度的大小表示地势的陡峭程度，其梯度的方向指向坡度最陡峭的上坡方向。标量场 ψ 的梯度表示为

$$\text{grad}\,\psi = \nabla\psi = \boldsymbol{i}\frac{\partial \psi}{\partial x} + \boldsymbol{j}\frac{\partial \psi}{\partial y} + \boldsymbol{k}\frac{\partial \psi}{\partial z} \tag{1.1-19}$$

标量场 ψ 的梯度的 x 分量表示标量场在 x 方向上的坡度，y 分量表示 y 方向上的坡度，z 分量表示 z 方向上的坡度。

在圆柱坐标系中，梯度的计算公式为

$$\nabla\psi = \boldsymbol{r}\frac{\partial \psi}{\partial r} + \boldsymbol{\varphi}\frac{\partial \psi}{\partial \varphi} + \boldsymbol{z}\frac{\partial \psi}{\partial z} \tag{1.1-20}$$

在球坐标系中，梯度的计算公式为

$$\nabla\psi = \boldsymbol{r}\frac{\partial \psi}{\partial r} + \boldsymbol{\theta}\frac{1}{r}\frac{\partial \psi}{\partial \theta} + \boldsymbol{\varphi}\frac{1}{r\sin\theta}\frac{\partial \psi}{\partial \varphi} \tag{1.1-21}$$

(3) 散度∇·

散度为穿过围绕着点的无穷小曲面的通量，矢量场的散度是对场从一点流出的趋势的度量。散度为正的点源，即静电场中的正电荷；散度为负的点就是汇，即静电场中的负电荷。散度运算应用于矢量场，得到的结果为标量。矢量场 $\boldsymbol{A}$ 的散度表示为

$$\text{div}\boldsymbol{A} = \nabla\cdot\boldsymbol{A} = \frac{\partial A_x}{\partial x} + \frac{\partial A_y}{\partial y} + \frac{\partial A_z}{\partial z} \tag{1.1-22}$$

矢量场 $\boldsymbol{A}$ 的散度就是其 x 分量沿 x 轴的变化加上 y 分量沿 y 轴的变化加上 z 分量沿 z 轴的变化。

在圆柱坐标系中，散度的计算公式为

$$\nabla\cdot\boldsymbol{A} = \frac{1}{r}\frac{\partial}{\partial r}(rA_r) + \frac{1}{r}\frac{\partial A_\varphi}{\partial \varphi} + \frac{\partial A_z}{\partial z} \tag{1.1-23}$$

在球坐标系中，散度的计算公式为

$$\nabla\cdot\boldsymbol{A} = \frac{1}{r^2}\frac{\partial}{\partial r}(r^2 A_r) + \frac{1}{r\sin\theta}\frac{\partial}{\partial \theta}(A_\theta \sin\theta) + \frac{1}{r\sin\theta}\frac{\partial A_\varphi}{\partial \varphi} \tag{1.1-24}$$

标量场 ψ 梯度的散度称为拉普拉斯算子：

$$\nabla \cdot \nabla \psi = \nabla^2 \psi = \frac{\partial^2 \psi}{\partial x^2} + \frac{\partial^2 \psi}{\partial y^2} + \frac{\partial^2 \psi}{\partial z^2} \tag{1.1-25}$$

例题 1.1　证明球坐标系下的拉普拉斯算子：$\nabla^2 = \frac{\partial^2}{\partial r^2} + \frac{2}{r}\frac{\partial}{\partial r}$。

证明： $r = \sqrt{x^2 + y^2 + z^2}$

$$\frac{\partial}{\partial x} = \frac{\partial}{\partial r}\frac{\partial r}{\partial x} = \frac{\partial}{\partial r}\frac{x}{r}$$

$$\frac{\partial^2}{\partial^2 x} = \frac{\partial}{\partial x}\left(\frac{\partial}{\partial r}\frac{x}{r}\right)$$

$$= \frac{\partial^2}{\partial x \partial r}\frac{x}{r} + \frac{\partial}{\partial r}\frac{\partial\left(\frac{x}{r}\right)}{\partial x}$$

$$= \frac{\partial^2}{\partial x \partial r}\frac{x}{r} + \frac{\partial}{\partial r}\left(\frac{1}{r} - \frac{x}{r^2}\frac{\partial r}{\partial x}\right)$$

$$= \frac{\partial}{\partial r}\frac{x}{r}\frac{\partial}{\partial r}\frac{x}{r} + \frac{\partial}{\partial r}\left(\frac{r - x\frac{x}{r}}{r^2}\right)$$

$$= \frac{\partial^2}{\partial^2 r}\frac{x^2}{r^2} + \frac{\partial}{\partial r}\left(\frac{1}{r} - \frac{x^2}{r^3}\right)$$

同理，有 $\frac{\partial^2}{\partial^2 y} = \frac{\partial^2}{\partial^2 r}\frac{y^2}{r^2} + \frac{\partial}{\partial r}\left(\frac{1}{r} - \frac{y^2}{r^3}\right)$，$\frac{\partial^2}{\partial^2 z} = \frac{\partial^2}{\partial^2 r}\frac{z^2}{r^2} + \frac{\partial}{\partial r}\left(\frac{1}{r} - \frac{z^2}{r^3}\right)$

所以，$\nabla^2 = \frac{\partial^2}{\partial^2 x} + \frac{\partial^2}{\partial^2 y} + \frac{\partial^2}{\partial^2 z} = \frac{\partial^2}{\partial r^2} + \frac{2}{r}\frac{\partial}{\partial r}$

(4) 旋度 $\nabla \times$

矢量场的旋度是对场绕一点旋转的趋势的度量。矢量场 $\boldsymbol{A}$ 的旋度表示为

$$\text{rot}\boldsymbol{A} = \nabla \times \boldsymbol{A} = \begin{vmatrix} \boldsymbol{i} & \boldsymbol{j} & \boldsymbol{k} \\ \frac{\partial}{\partial x} & \frac{\partial}{\partial y} & \frac{\partial}{\partial z} \\ A_x & A_y & A_z \end{vmatrix} \tag{1.1-26}$$

或者展开为

$$\nabla \times \boldsymbol{A} = \left(\frac{\partial A_z}{\partial y} - \frac{\partial A_y}{\partial z}\right)\boldsymbol{i} + \left(\frac{\partial A_x}{\partial z} - \frac{\partial A_z}{\partial x}\right)\boldsymbol{j} + \left(\frac{\partial A_y}{\partial x} - \frac{\partial A_x}{\partial y}\right)\boldsymbol{k} \tag{1.1-27}$$

旋度的总体方向代表围绕这个方向旋转最显著，旋转的方向则根据右手定则判断。例如，矢量场 $\boldsymbol{A}$ 在某个点的旋度的 x 分量大，则表明在 yOz 平面上场环绕这一点有显著的旋转。

在圆柱坐标系中，旋度的计算公式为

$$\nabla \times \boldsymbol{A} = \left(\frac{1}{r}\frac{\partial A_z}{\partial \varphi} - \frac{\partial A_\varphi}{\partial z}\right)\boldsymbol{r} + \left(\frac{\partial A_r}{\partial z} - \frac{\partial A_z}{\partial r}\right)\boldsymbol{\varphi} + \frac{1}{r}\left(\frac{\partial (rA_\varphi)}{\partial r} - \frac{\partial A_r}{\partial \varphi}\right)\boldsymbol{z} \tag{1.1-28}$$

在球坐系中，旋度的计算公式为

$$\nabla\times\boldsymbol{A}=\left(\frac{1}{r\sin\theta}\frac{\partial(A_{\varphi}\sin\theta)}{\partial\theta}-\frac{\partial A_{\theta}}{\partial\varphi}\right)\boldsymbol{r}+\frac{1}{r}\left(\frac{1}{\sin\theta}\frac{\partial A_{r}}{\partial\varphi}-\frac{\partial(rA_{\varphi})_{z}}{\partial r}\right)\boldsymbol{\theta}+\frac{1}{r}\left(\frac{\partial(rA_{\theta})}{\partial r}-\frac{\partial A_{r}}{\partial\theta}\right)\boldsymbol{\varphi} \tag{1.1-29}$$

任意标量场的梯度的旋度为0，即

$$\nabla\times\nabla\psi=0 \tag{1.1-30}$$

对式(1.1-12)和式(1.1-13)的微分变换

若闭合曲面积区域内包含的电荷密度为ρ，则

$$\oiint\boldsymbol{D}\cdot\mathrm{d}\boldsymbol{S}=\sum q_i=\iiint\rho\mathrm{d}V \tag{1.1-31}$$

根据高斯定理有

$$\oiint\boldsymbol{D}\cdot\mathrm{d}\boldsymbol{S}=\iiint(\nabla\cdot\boldsymbol{D})\mathrm{d}V \tag{1.1-32}$$

则

$$\nabla\cdot\boldsymbol{D}=\rho \tag{1.1-33}$$

因此，同理可以得到

$$\nabla\cdot\boldsymbol{B}=0 \tag{1.1-34}$$

对式(1.1-14)和式(1.1-15)的微分变换

如果闭合环路包围的传导电流密度为$\boldsymbol{j}$，有

$$\sum I_i=\iint\boldsymbol{j}\cdot\mathrm{d}\boldsymbol{S} \tag{1.1-35}$$

则有

$$\oint\boldsymbol{H}\cdot\mathrm{d}\boldsymbol{l}=\iint\boldsymbol{j}\cdot\mathrm{d}\boldsymbol{S}+\iint\frac{\partial\boldsymbol{D}}{\partial t}\cdot\mathrm{d}\boldsymbol{S} \tag{1.1-36}$$

根据斯托克斯定理有

$$\oint\boldsymbol{H}\cdot\mathrm{d}\boldsymbol{l}=\iint(\nabla\times\boldsymbol{H})\cdot\mathrm{d}\boldsymbol{S} \tag{1.1-37}$$

则

$$\nabla\times\boldsymbol{H}=\boldsymbol{j}+\frac{\partial\boldsymbol{D}}{\partial t} \tag{1.1-38}$$

因此，同理可以得到

$$\nabla\times\boldsymbol{E}=-\frac{\partial\boldsymbol{B}}{\partial t} \tag{1.1-39}$$

所以，微分形式的麦克斯韦方程组可以表示为

$$\nabla\cdot\boldsymbol{D}=\rho \tag{1.1-40}$$

$$\nabla\cdot\boldsymbol{B}=0 \tag{1.1-41}$$

$$\nabla\times\boldsymbol{E}=-\frac{\partial\boldsymbol{B}}{\partial t} \tag{1.1-42}$$

$$\nabla\times\boldsymbol{H}=\boldsymbol{j}+\frac{\partial\boldsymbol{D}}{\partial t} \tag{1.1-43}$$

麦克斯韦方程组的每一个公式都体现了电磁场理论的一个重要方面。麦克斯韦的成就不仅在于对这些定理进行了综合或是在安培定理中加入了位移电流，还在于通过将这些方程联

系到一起，实现了发展完整的电磁理论的目标。麦克斯韦建立的综合电磁理论，厘清了光的电磁本质，并让人们认识了电磁辐射完整的谱系，成为 20 世纪许多物理学的基础。

3. 物质方程

光波在各种介质中的传播，实际上就是光与各种介质相互作用的过程，因此，用麦克斯韦方程组处理光的传播特性时，必须考虑介质的属性，以及介质对电磁场量的影响。称描述介质特性对电磁场量影响的方程为物质方程。

当电磁波与物质相互作用时，由于场的作用在物质中产生电感应、磁感应或传导电流，并且有关系：

$$\boldsymbol{j}=\sigma\boldsymbol{E} \tag{1.1-44}$$

$$\boldsymbol{D}=\varepsilon\boldsymbol{E}=\varepsilon_0\varepsilon_{\mathrm{r}}\boldsymbol{E} \tag{1.1-45}$$

$$\boldsymbol{B}=\mu\boldsymbol{H}=\mu_0\mu_{\mathrm{r}}\boldsymbol{H} \tag{1.1-46}$$

式中，σ 是电导率，表示物质导电性能，σ 越大导电性能越强，真空中电导率为 0；ε 是介质的介电常数(电容率)，ε_0 是真空介电常数(真空电容率，$\varepsilon_0=8.854188\times10^{-12}\,\mathrm{F/m}$)，$\varepsilon_{\mathrm{r}}$ 是相对介电常数(相对电容率，$\varepsilon_{\mathrm{r}}=\varepsilon/\varepsilon_0$)；$\mu$ 是磁导率，μ_0 是真空磁导率($\mu_0=1.256637\times10^{-6}\,\mathrm{H/m}$)，$\mu_{\mathrm{r}}$ 是相对磁导率($\mu_{\mathrm{r}}=\mu/\mu_0$)。

麦克斯韦方程组与物质方程一起组成一组完整的方程，用于描写时变场情况下电磁场的普遍规律，在适当的边值条件下，可以用于处理具体的光学问题。

1.1.2　电磁场的波动方程

电磁场的波动方程

麦克斯韦方程组描述了电磁现象的变化规律，指出任何随时间变化的电场将在周围空间产生变化的磁场，任何随时间变化的磁场将在周围空间产生变化的电场，变化的电场和磁场相互作用，互相激发，并且以一定的速度向周围空间传播。因此，交变电磁场就是在空间以一定速度由近及远传播的电磁波，应当满足描述这种波传播特性规律的波动方程，由麦克斯韦方程组只用几步就可以直接推导出波动方程。

在这里，假定介质是各向同性的，因此有电流密度和电荷密度都为零，则微分形式的麦克斯韦方程组可以简化为

$$\nabla\cdot\boldsymbol{E}=0 \tag{1.1-47}$$

$$\nabla\cdot\boldsymbol{H}=0 \tag{1.1-48}$$

$$\nabla\times\boldsymbol{E}=-\frac{\partial\boldsymbol{B}}{\partial t} \tag{1.1-49}$$

$$\nabla\times\boldsymbol{H}=\frac{\partial\boldsymbol{D}}{\partial t} \tag{1.1-50}$$

对法拉第定律微分形式式(1.1-49)两边取旋度，有

$$\nabla\times(\nabla\times\boldsymbol{E})=\nabla\times\left(-\frac{\partial\boldsymbol{B}}{\partial t}\right)=-\frac{\partial(\nabla\times\boldsymbol{B})}{\partial t} \tag{1.1-51}$$

上式右边将旋度与对时间的导数互换了位置。

利用矢量算子恒等式，任意矢量场旋度的旋度等于场的散度的梯度减去场的拉普拉斯运

算，即

$$\nabla\times(\nabla\times\boldsymbol{A})=\nabla(\nabla\bullet\boldsymbol{A})-\nabla^2\boldsymbol{A} \tag{1.1-52}$$

因此，式(1.1-51)可以转化为

$$\nabla\times(\nabla\times\boldsymbol{E})=\nabla(\nabla\bullet\boldsymbol{E})-\nabla^2\boldsymbol{E}=-\frac{\partial(\nabla\times\boldsymbol{B})}{\partial t} \tag{1.1-53}$$

根据安培-麦克斯韦定律的微分形式式(1.1-50)以及物质方程式(1.1-45)和式(1.1-46)，可以得到

$$\nabla\times\boldsymbol{B}=\varepsilon\mu\frac{\partial\boldsymbol{E}}{\partial t} \tag{1.1-54}$$

因此，有

$$\nabla\times(\nabla\times\boldsymbol{E})=\nabla(\nabla\bullet\boldsymbol{E})-\nabla^2\boldsymbol{E}=-\frac{\partial\left(\varepsilon\mu\frac{\partial\boldsymbol{E}}{\partial t}\right)}{\partial t}=-\varepsilon\mu\frac{\partial^2\boldsymbol{E}}{\partial t^2} \tag{1.1-55}$$

根据高斯电场定理的微分形式式(1.1-47)，则有

$$\nabla^2\boldsymbol{E}-\varepsilon\mu\frac{\partial^2\boldsymbol{E}}{\partial t^2}=0 \tag{1.1-56}$$

对安培-麦克斯韦定律的微分形式式(1.1-50)两边取旋度，进行类似分析，可以得到

$$\nabla^2\boldsymbol{B}-\varepsilon\mu\frac{\partial^2\boldsymbol{B}}{\partial t^2}=0 \tag{1.1-57}$$

式(1.1-56)和式(1.1-57)分别称为电场和磁场的波动方程，显然是一个二阶线性齐次偏微分方程，描述了电场和磁场在空间中的传播。

波动方程的特性意义如下：

线性：波动方程对时间和空间的导数其指数为 1，且没有相乘项。

二阶：最高阶的导数为二阶导数。

齐次：所有项都包含波动方程或其导数，没有来源项。

偏微分：波动方程是多变量(空间和时间)的函数。

波动方程给出了波的传播速度，令

$$v=\frac{1}{\sqrt{\varepsilon\mu}} \tag{1.1-58}$$

于是得到

$$\nabla^2\boldsymbol{E}-\frac{1}{v^2}\frac{\partial^2\boldsymbol{E}}{\partial t^2}=0 \tag{1.1-59}$$

$$\nabla^2\boldsymbol{B}-\frac{1}{v^2}\frac{\partial^2\boldsymbol{B}}{\partial t^2}=0 \tag{1.1-60}$$

式(1.1-59)和式(1.1-60)表明，电磁场是一列传播的波，其传播速度为 v。麦克斯韦曾经根据 ε_0、μ_0 的数值计算出光速的数值 3×10^8m/s，与 Fizeau 在 1849 年测量出的光速结果 3.153×10^8m/s 非常接近，麦克斯韦以此为重要依据，预言光是一种电磁波。

“The velocity (i. e. , his theoretical prediction) is so nearly that of light, that it seems we have strong reason to conclude that light itself (including radiant heat, and other radiations if any) is an electromagnetic disturbance in the form of waves propagated through the electromagnetic field according to electromagnetic laws."这一重要结论，赫兹从实验上进行了证明，从而创立了光的电磁场理论。本书中采用 c 表示真空中电磁波的传播速度。

波动方程表明，“光是一种按照电磁定律在场中传播的电磁扰动”。电磁波的折射率为

$$n=\frac{c}{v}=\pm\sqrt{\frac{\varepsilon\mu}{\varepsilon_0\mu_0}}=\pm\sqrt{\varepsilon_r\mu_r} \tag{1.1-61}$$

n 通常为正值。由于非磁性物质的磁导率近似等于真空中的磁导率，则 $\mu_r=\mu/\mu_0=1$，此时折射率 n 与相对电容率的平方根成正比，即

$$n=\sqrt{\varepsilon_r} \tag{1.1-62}$$

式(1.1-61)又称为麦克斯韦关系式。利用该式可以对各种物质的折射率进行计算。计算得到的数值与实验数值相比，对于结构简单的气体，对光实际没有色散作用二者符合得比较好。例如，空气对黄光的折射率为 1.000294，$\sqrt{\varepsilon_r}$ =1.000295；二氧化碳 CO_2 对黄光的折射率为 1.000449，$\sqrt{\varepsilon_r}$ =1.000473。但一些固体和液体的折射率与 $\sqrt{\varepsilon_r}$ 的偏差比较大。例如，水对黄光的折射率为 1.333，而 $\sqrt{\varepsilon_r}\approx9.0$；乙醇 C_2H_5OH 对黄光的折射率为 1.36，而 $\sqrt{\varepsilon_r}\approx5.0$。

根据式(1.1-61)一种材料的折射率与电容率和磁导率相关联。从概念上说，平方根可以为正，也可以为负。1968 年，苏联科学家 V. G. Veselago 证明，如果一种材料的电容率和磁导率都为负，这种材料的折射率将是负值，且材料将显示出异乎寻常的特性。当时并不清楚有电容率和磁导率都为负的透明的或半透明的材料存在，因此这个理论没有引起人们的兴趣，直到几十年后情况才发生变化。

1999 年，Rodger M. Walser 提出了超材料(Metamaterial)的概念。2001 年加州大学的 DavidSmith 等根据利用以铜为主的复合材料首次制造出在微波波段具有负电容率、负磁导率的物质，如图 1.1-1 所示，并观察到了其中的反常折射定律。

图 1.1-1　负折射率材料结构

图 1.1-1 彩图

这些人工制造的复合介质称为超构材料，也称为人造负折射率材料。负折射率材料也称为左手材料。在一般情况下，光波沿波矢量的方向行进，波矢量的方向垂直于波阵面，在均匀各向同性的电介质中，所有方向都是等同的。但是负折射率材料却不是这样。在负折射率材料中电场、磁场和波矢方向遵守“左手”法则，即入射波与折射波出现在法线的同一侧，这大大提高了对电磁波在材料中传播的调控行为，从而实现超常的电磁特性。

负折射率材料光束传播

今天研究学者们用多种结构成功地制造出负折射率介质，包括用电介质制造的负折射率材料——光子晶体。由于在理论上可以制造出在电磁波谱的可见光区内工作的超构材料，因此其潜在的应用范围，如隐身装备，成为当今研究前沿。

例题 1.2　证明真空中磁场的波动方程满足：$\nabla^2\boldsymbol{B}-\frac{1}{c^2}\frac{\partial^2\boldsymbol{B}}{\partial t^2}=0$。

证明：对安培-麦克斯韦定律的微分形式式(1.1-50)两边取旋度，有

$$\nabla\times(\nabla\times\boldsymbol{H})=\nabla\times\left(\frac{\partial\boldsymbol{D}}{\partial t}\right)=\frac{\partial(\nabla\times\boldsymbol{D})}{\partial t}$$

利用矢量算子恒等式，有

$$\nabla\times(\nabla\times\boldsymbol{H})=\nabla(\nabla\cdot\boldsymbol{H})-\nabla^2\boldsymbol{H}=\frac{\partial(\nabla\times\boldsymbol{D})}{\partial t}$$

根据法拉第定律的微分形式式(1.1-49)以及物质方程式(1.1-45)，可以得到

$$\nabla\times\boldsymbol{D}=-\varepsilon\frac{\partial\boldsymbol{B}}{\partial t}$$

因此有

$$\nabla\times(\nabla\times\boldsymbol{H})=\nabla(\nabla\cdot\boldsymbol{H})-\nabla^2\boldsymbol{H}=\frac{\partial\left(-\varepsilon\dfrac{\partial\boldsymbol{B}}{\partial t}\right)}{\partial t}=-\varepsilon\frac{\partial^2\boldsymbol{B}}{\partial t^2}$$

根据物质方程式(1.1-46)和高斯磁场定理式(1.1-48)，有

$$\nabla^2\boldsymbol{B}=\varepsilon\mu\frac{\partial^2\boldsymbol{B}}{\partial t^2}$$

真空中，则有

$$\nabla^2\boldsymbol{B}-\varepsilon_0\mu_0\frac{\partial^2\boldsymbol{B}}{\partial t^2}=\nabla^2\boldsymbol{B}-\frac{1}{c^2}\frac{\partial^2\boldsymbol{B}}{\partial t^2}=0$$

1.2 平面电磁波及其性质

通过解波动方程，可以得到多种形式的电场和磁场的解，如平面波、球面波和柱面波。根据电场和磁场的边界条件和初始条件可以确定解的具体形式。

波阵面[⊖]是平面的光波称为平面波。

1.2.1 波动方程的平面电磁波解

波动方程的平面电磁波解

在直角坐标系中解波动方程，可以得到平面电磁波的具体表达形式。因此，可以先不考虑电场和磁场的方向，仅仅考虑其数值表达形式。对于电场强度 $\boldsymbol{E}$ 有

$$\nabla^2\boldsymbol{E}-\frac{1}{v^2}\frac{\partial^2\boldsymbol{E}}{\partial t^2}=0 \tag{1.2-1}$$

因为电场强度 $\boldsymbol{E}$ 是时空函数，时间变量 t 和空间变量 r 是独立的。电场强度 $\boldsymbol{E}$ 可以表达为时间函数 $E(t)$和空间函数 $E(r)$的乘积，则有

$$E(r,t)=E(r)E(t) \tag{1.2-2}$$

将上式代入到式(1.2-1)中，有

$$E(t)\nabla^2E(r)-\frac{1}{v^2}E(r)\frac{\partial^2E(t)}{\partial t^2}=0 \tag{1.2-3}$$

⊖ 波阵面是波源发出的振动在介质中传播经过相同的时间到达的各点组成的面。

进而可以转化为

$$\frac{\nabla^2 E(r)}{E(r)}=\frac{1}{v^2}\frac{1}{E(t)}\frac{\partial^2 E(t)}{\partial t^2}=b \tag{1.2-4}$$

式(1.2-4)的比例系数 b 若为正数，则表明电场随着传输距离的增加而增大，显然不符合实际情况，所以比例系数 b 只能为负值。令比例系数 $b=-k^2$，则有

$$\frac{\partial^2 E(t)}{\partial t^2}+k^2v^2E(t)=0 \tag{1.2-5}$$

$$\nabla^2 E(r)+k^2E(r)=0 \tag{1.2-6}$$

式(1.2-6)表明电场随空间的变化，称为亥姆霍兹方程。

式(1.2-5)为二阶常系数线性齐次微分方程，令 $k^2v^2=\omega^2$，其通解为

$$E(t)=B_1\exp(\mathrm{i}\omega t)+B_2\exp(-\mathrm{i}\omega t) \tag{1.2-7}$$

式中，B_1 和 B_2 是待定常数。

同理，可以得到

$$E(r)=C_1\exp(\mathrm{i}kr)+C_2\exp(-\mathrm{i}kr) \tag{1.2-8}$$

式中，C_1 和 C_2 是待定常数。

根据式(1.2-7)和式(1.2-8)，可以看到 ω 和 k 具有角频率的意义，分别称为时间角频率和空间角频率。而 k 为比例系数引进的，但对确定的方程有确定的解，所以把 k 看作波的特征量，定义为波数，其大小为

$$k=\frac{\omega}{v}=\frac{2\pi f}{v}=\frac{2\pi}{\lambda} \tag{1.2-9}$$

式中，λ 是波长，$\lambda=\dfrac{v}{f}$。

在解波动方程平面波解时，没有考虑电场和磁场的方向，在这里引入矢量 $\boldsymbol{k}$，称为波矢量，简称波矢，其大小为波数 k，矢量 $\boldsymbol{k}$ 的方向与波的传播方向一致，即 $\boldsymbol{k}=k\boldsymbol{k}_0$，$\boldsymbol{k}_0$ 为传播方向上的单位波矢。令 $\boldsymbol{r}\,(x,y,z)$为空间某一点 P 的位置矢量，该矢量的大小为 r。因此，电场的空间函数可以写为

$$E(\boldsymbol{r})=C_1\exp(\mathrm{i}\boldsymbol{k}\cdot\boldsymbol{r})+C_2\exp(-\mathrm{i}\boldsymbol{k}\cdot\boldsymbol{r}) \tag{1.2-10}$$

将式(1.2-7)电场的时间函数 $E(t)$和式(1.2-10)电场的空间函数 $E(\boldsymbol{r})$代入式(1.2-2)电场表达式中，不考虑共轭项，可以得到电场的表达式为

$$E(\boldsymbol{r},t)=B_2C_1\exp[-\mathrm{i}(\omega t-\boldsymbol{k}\cdot\boldsymbol{r})]+B_1C_2\exp[-\mathrm{i}(\omega t+\boldsymbol{k}\cdot\boldsymbol{r})] \tag{1.2-11}$$

式中，B_2C_1、B_1C_2 为振幅，ωt 为时间相位，$\boldsymbol{k}\cdot\boldsymbol{r}$ 为空间相位，$\omega t\mp\boldsymbol{k}\cdot\boldsymbol{r}$ 为总相位。

对于平面波，相位是恒定的，因此有

$$\omega t\mp\boldsymbol{k}\cdot\boldsymbol{r}=\text{常数} \tag{1.2-12}$$

对上式两边同取微分，可以得到

$$\omega\mathrm{d}t=\mp\boldsymbol{k}\mathrm{d}\boldsymbol{r} \tag{1.2-13}$$

由此得到

$$\frac{\mathrm{d}\boldsymbol{r}}{\mathrm{d}t}=\mp\frac{\omega}{\boldsymbol{k}}=\mp v \tag{1.2-14}$$

可以看到，波动方程中定义的$v=1/\sqrt{\varepsilon\mu}$有了确定的物理含义，即表示等相位面的传播速度，通常称为相速度。

如果v为正值，则表示正向传播的光波；如果v为负值，则表示反向传播的光波。正反向传播的光波，实际上是同一个光波的两个传播方向，因此只讨论正向光波即可。因此，平面电磁波表达式可以写为

$$E(\boldsymbol{r},t)=E_0\exp[-\mathrm{i}(\omega t-\boldsymbol{k}\bullet\boldsymbol{r})] \tag{1.2-15}$$

式中，$E_0=B_2C_1$。

显然电场是矢量，从式(1.2-15)中可以看出，振幅E_0必然是矢量。因此有

$$\boldsymbol{E}(\boldsymbol{r},t)=\boldsymbol{E}_0\exp[-\mathrm{i}(\omega t-\boldsymbol{k}\bullet\boldsymbol{r})] \tag{1.2-16}$$

若在上述电场表达式的指数中加一个常数，其仍然满足波动方程。因此，波动方程解的形式中还应该包含一个常相位因子δ_0，通常称为初相位。平面电磁波的表达式可以写成

$$\boldsymbol{E}(\boldsymbol{r},t)=\boldsymbol{E}_0\exp[-\mathrm{i}(\omega t-\boldsymbol{k}\bullet\boldsymbol{r}+\delta_0)] \tag{1.2-17}$$

同样的推导方法，对磁场的波动方程求解，可以得到

$$\boldsymbol{H}(\boldsymbol{r},t)=\boldsymbol{H}_0\exp[-\mathrm{i}(\omega t-\boldsymbol{k}\bullet\boldsymbol{r}+\delta_0)] \tag{1.2-18}$$

由于发光强度与振幅的二次方成正比，光学问题中求光的强度，式(1.2-18)很方便。

从光与物质的作用来看，磁场远比电场弱，电场矢量$\boldsymbol{E}$称为光矢量，电场矢量$\boldsymbol{E}$的振动称为光振动。

1.2.2 平面电磁波的表示方法

平面电磁波的表示方法

平面简谐电磁波是单色波，是时间无限延续、空间无限延伸的运动。

1. 复振幅形式

根据平面电磁波的复数形式式(1.2-17)，其相位包括时间相位和空间相位两个部分，可以把两个相位因子分开表达，即

$$\boldsymbol{E}(\boldsymbol{r},t)=\boldsymbol{E}_0\exp[\mathrm{i}(\boldsymbol{k}\bullet\boldsymbol{r}-\delta_0)]\exp(-\mathrm{i}\omega t) \tag{1.2-19}$$

把振幅和空间相位写为

$$\tilde{\boldsymbol{E}}(\boldsymbol{r})=\boldsymbol{E}_0\exp[\mathrm{i}(\boldsymbol{k}\bullet\boldsymbol{r}-\delta_0)] \tag{1.2-20}$$

称$\tilde{\boldsymbol{E}}(\boldsymbol{r})$为复振幅。可以看到，平面电磁波的波函数等于复振幅$\tilde{\boldsymbol{E}}(\boldsymbol{r})$与时间相位$\exp(-i\omega t)$的乘积。

复振幅表示电场振动随着空间的变化，时间相位表示电场振动随着时间的变化。对于简谐波传播到空间的各点，其电场振动的时间相位均相同。因此，在讨论干涉和衍射强度分布时，时间相位可以忽略，只用复振幅表示一个简谐平面波。

2. 实数形式

对平面电磁波的复数形式式(1.2-17)取实部，可以得到平面电磁波的实数形式为

$$\boldsymbol{E}(\boldsymbol{r},t)=\boldsymbol{E}_0\cos(\omega t-\boldsymbol{k}\bullet\boldsymbol{r}+\delta_0) \tag{1.2-21}$$

如果初相位为0，平面电磁波沿着$\boldsymbol{r}$的方向传播，则其实数形式可以化简为

$$\boldsymbol{E}(\boldsymbol{r},t)=\boldsymbol{E}_0\cos(\omega t-\boldsymbol{k}\bullet\boldsymbol{r})=\boldsymbol{E}_0\cos(\boldsymbol{k}\bullet\boldsymbol{r}-\omega t) \tag{1.2-22}$$

如果波矢量$\boldsymbol{k}$的方向为任意的，单位波矢$\boldsymbol{k}_0$的方向余弦在x、y、z轴上的投影分别为$\cos\alpha$、 cosβ、cosγ，任意一点 $P(x,y,z)$对应的位置矢量 $\boldsymbol{r}$，显然有

$$\boldsymbol{k}\cdot\boldsymbol{r}=kx\cos\alpha+ky\cos\beta+kz\cos\gamma \tag{1.2-23}$$

则平面电磁波的实数形式可以写为

$$\boldsymbol{E}(\boldsymbol{r},t)=\boldsymbol{E}_0\cos[k(x\cos\alpha+y\cos\beta+z\cos\gamma)-\omega t] \tag{1.2-24}$$

因为

$$|\boldsymbol{k}|^2=k^2\cos^2\alpha+k^2\cos^2\beta+k^2\cos^2\gamma=\left(\frac{2\pi}{\lambda}\right)^2 \tag{1.2-25}$$

定义 f_x、f_y、f_z 为光波的空间频率，有

$$\begin{cases} f_x=\dfrac{\cos\alpha}{\lambda} \\ f_y=\dfrac{\cos\beta}{\lambda} \\ f_z=\dfrac{\cos\gamma}{\lambda} \end{cases} \tag{1.2-26}$$

显然，空间频率矢量 $\boldsymbol{f}$ 的方向表示光波的传播方向，可以表示为

$$|\boldsymbol{f}|^2=f_x^2+f_y^2+f_z^2=\left(\frac{1}{\lambda}\right)^2 \tag{1.2-27}$$

显然，一组空间频率对应于沿一定方向传播的一列单色平面波。空间频率的物理含义为：在 x、y、z 轴上单位距离内复振幅周期变化的次数。

式(1.2-24)也可以表示为

$$\boldsymbol{E}(\boldsymbol{r},t)=\boldsymbol{E}_0\cos\left[2\pi\left(\frac{\cos\alpha}{\lambda}x+\frac{\cos\beta}{\lambda}y+\frac{\cos\gamma}{\lambda}z-\frac{t}{T}\right)\right] \tag{1.2-28}$$

式中，T 是周期。

例题 1.3　在 xOy 平面内，沿 $\boldsymbol{k}$ 方向传播的平面波，写出其表达式。

解： 因为平面波在 xOy 平面内沿 $\boldsymbol{k}$ 方向传播，所以有

$$\begin{aligned}\boldsymbol{E}&=\boldsymbol{E}_0\exp[\mathrm{i}(\boldsymbol{k}\cdot\boldsymbol{r}-\omega t)]\\&=\boldsymbol{E}_0\exp\left[\mathrm{i}(k_xx+k_yy-\omega t)\right]\\&=\boldsymbol{E}_0\exp\left[\mathrm{i}2\pi\left(\frac{\cos\theta}{\lambda}x+\frac{\sin\theta}{\lambda}y-\frac{t}{T}\right)\right]\end{aligned}$$

可见，平面波 $\boldsymbol{k}$ 方向的空间频率为 $f=\dfrac{1}{\lambda}$，x 方向的空间频率为 $f_x=\dfrac{1}{\lambda_x}=\dfrac{\cos\theta}{\lambda}$，$y$ 方向的空间频率为 $f_y=\dfrac{1}{\lambda_y}=\dfrac{\sin\theta}{\lambda}$。

光波在 $\boldsymbol{k}$ 方向上每走一个 λ 行程，相位变化 2π。也就是说每间隔一个 λ，就会出现一个等相位面。等相位面在 xOy 平面上是一簇垂直于 $\boldsymbol{k}$ 的平行直线，如图 1.2-1 所示。

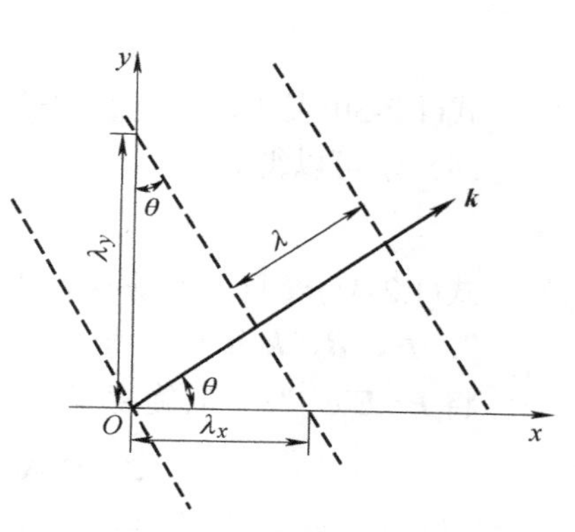

图 1.2-1　平面波传播示意图

例题 1.4 证明平面简谐电磁波 $\boldsymbol{E}=\boldsymbol{A}\cos(kx-\omega t)$ 是波动微分方程 $\frac{\partial^2 \boldsymbol{E}}{\partial x^2}-\frac{1}{v^2}\frac{\partial^2 \boldsymbol{E}}{\partial t^2}=0$ 的解。

证明：平面简谐电磁波 $\boldsymbol{E}$ 对 x 的一阶偏导为

$$\frac{\partial \boldsymbol{E}}{\partial x}=-\boldsymbol{A}k\sin(kx-\omega t)$$

平面简谐电磁波 $\boldsymbol{E}$ 对 x 的二阶偏导为

$$\frac{\partial^2 \boldsymbol{E}}{\partial x^2}=-\boldsymbol{A}k^2\cos(\omega t-kx)$$

平面简谐电磁波 $\boldsymbol{E}$ 对 t 的一阶偏导为

$$\frac{\partial \boldsymbol{E}}{\partial t}=\boldsymbol{A}\omega\sin(kx-\omega t)$$

平面简谐电磁波 $\boldsymbol{E}$ 对 t 的二阶偏导为

$$\frac{\partial^2 \boldsymbol{E}}{\partial t^2}=-\boldsymbol{A}\omega^2\cos(\omega t-kx)$$

因为 $k=\frac{2\pi}{\lambda}=\frac{\omega}{v}$，所以

$$\frac{\partial^2 \boldsymbol{E}}{\partial x^2}=-\boldsymbol{A}\left(\frac{\omega}{v}\right)^2\cos(\omega t-kx)=\frac{1}{v^2}\frac{\partial^2 \boldsymbol{E}}{\partial t^2}$$

即平面简谐电磁波 $\boldsymbol{E}=\boldsymbol{A}\cos(kx-\omega t)$ 是波动微分方程 $\frac{\partial^2 \boldsymbol{E}}{\partial x^2}-\frac{1}{v^2}\frac{\partial^2 \boldsymbol{E}}{\partial t^2}=0$ 的解。

1.2.3 平面电磁波的性质

平面电磁波的性质

当时间 t 确定时，在固定时间看光波的空间相位是一个平面，即 $\boldsymbol{k}\cdot\boldsymbol{r}=$ 常数。平面简谐电磁波是单色波，是时间上无限延续、空间上无限延伸的波动。

1. 电磁波是横波

因为 $\boldsymbol{E}=\boldsymbol{E}_0\mathrm{e}^{\mathrm{i}(\boldsymbol{k}\cdot\boldsymbol{r}-\omega t)}$，对其取散度，得到

$$\nabla\cdot\boldsymbol{E}=\nabla\cdot\left[\boldsymbol{E}_0\mathrm{e}^{\mathrm{i}(\boldsymbol{k}\cdot\boldsymbol{r}-\omega t)}\right]=\boldsymbol{E}_0\nabla\cdot\mathrm{e}^{\mathrm{i}(\boldsymbol{k}\cdot\boldsymbol{r}-\omega t)}=\boldsymbol{E}_0\mathrm{i}\boldsymbol{k}\cdot\mathrm{e}^{\mathrm{i}(\boldsymbol{k}\cdot\boldsymbol{r}-\omega t)}=\mathrm{i}\boldsymbol{k}\cdot\boldsymbol{E} \tag{1.2-29}$$

当介质是各向同性时，$\nabla\cdot\boldsymbol{E}=0$，即

$$\mathrm{i}\boldsymbol{k}\cdot\boldsymbol{E}=0 \tag{1.2-30}$$

式(1.2-30)表明，电场波动是横波，即电矢量的振动方向垂直于波的传播方向。同样，可以得到

$$\mathrm{i}\boldsymbol{k}\cdot\boldsymbol{B}=0 \tag{1.2-31}$$

式(1.2-31)表明，磁场波动是横波，即磁矢量的振动方向垂直于波的传播方向。

2. $\boldsymbol{E}$、$\boldsymbol{B}$、$\boldsymbol{k}$ 互相垂直

将 $\boldsymbol{E}=\boldsymbol{E}_0\mathrm{e}^{\mathrm{i}(\boldsymbol{k}\cdot\boldsymbol{r}-\omega t)}$ 取旋度有

$$\nabla\times\boldsymbol{E}=\nabla\mathrm{e}^{\mathrm{i}(\boldsymbol{k}\cdot\boldsymbol{r}-\omega t)}\times\boldsymbol{E}_0=i\boldsymbol{k}\mathrm{e}^{\mathrm{i}(\boldsymbol{k}\cdot\boldsymbol{r}-\omega t)}\times\boldsymbol{E}_0=\mathrm{i}\boldsymbol{k}\times\boldsymbol{E} \tag{1.2-32}$$

将 $\boldsymbol{B}=\boldsymbol{E}_1\mathrm{e}^{\mathrm{i}(\boldsymbol{k}\cdot\boldsymbol{r}-\omega t)}$ 对时间求偏导有

$$\frac{\partial \boldsymbol{B}}{\partial t} = -\mathrm{i}\omega \cdot \boldsymbol{B} \tag{1.2-33}$$

根据麦克斯韦方程式(1.1-49)有 $\nabla \times \boldsymbol{E} = -\frac{\partial \boldsymbol{B}}{\partial t}$，所以

$$\boldsymbol{k} \times \boldsymbol{E} = \omega \cdot \boldsymbol{B} \tag{1.2-34}$$

或者有

$$\boldsymbol{B} = \frac{k}{\omega} \cdot \boldsymbol{k}_0 \times \boldsymbol{E} = \frac{1}{v} \cdot \boldsymbol{k}_0 \times \boldsymbol{E} = \sqrt{\varepsilon\mu} \cdot \boldsymbol{k}_0 \times \boldsymbol{E} \tag{1.2-35}$$

根据式(1.2-35)有，$\boldsymbol{E}$、$\boldsymbol{B}$、$\boldsymbol{k}$ 互相垂直。

3. 电场强度 $\boldsymbol{E}$ 和磁感应强度 $\boldsymbol{B}$ 同相位

因为有

$$\boldsymbol{B} = \frac{1}{v} \cdot \boldsymbol{k}_0 \times \boldsymbol{E} = \sqrt{\varepsilon\mu} \cdot \boldsymbol{k}_0 \times \boldsymbol{E} \tag{1.2-36}$$

所以

$$\left|\frac{\boldsymbol{E}}{\boldsymbol{B}}\right| = \frac{1}{\sqrt{\varepsilon\mu}} = v \tag{1.2-37}$$

即 $\boldsymbol{E}$、$\boldsymbol{B}$ 的振幅之比为正实数，所以两个矢量的振动始终同相位变化。也就是说电磁波传播时，电场和磁场同步变化。由此，可以得到，沿 z 轴方向传播、电矢量在 xOz 平面振动的平面简谐电磁波如图 1.2-2 所示。

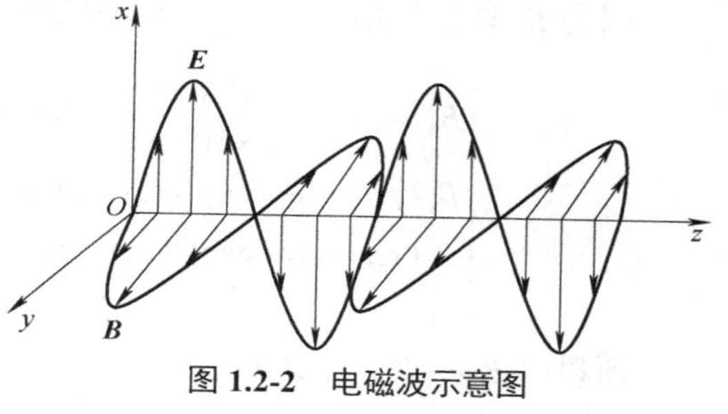

图 1.2-2　电磁波示意图

例题 1.5　**一个平面电磁波可以表示为** $E_x = 0, E_y = 2\cos\left[2\pi \times 10^{14}\left(\frac{z}{c} - t\right) + \frac{\pi}{2}\right], E_z = 0$，求：

(1) 该电磁波的频率、波长、振幅和原点处的初相位是多少？

(2) 波的传播和电矢量的振动取哪个方向？

(3) 磁场 $\boldsymbol{B}$ 的表达式。

解： (1) 式(1.2-24)和式(1.2-28)比较可知，振幅 $\boldsymbol{E}_0$=2V/m，波数 $k = \frac{2\pi \times 10^{14}}{c}$，角频率 $\omega = 2\pi \times 10^{14}\,\text{rad/s}$，初相位 $\delta_0 = \frac{\pi}{2}$。则有，频率 $f = \frac{\omega}{2\pi} = 10^{14}\,\text{Hz}$，$\lambda = \frac{2\pi}{k} = 3 \times 10^{-6}\,\text{m}$。

(2) 由题可知，平面电磁波沿 z 轴方向传播，因为 $E_x = 0, E_y \neq 0, E_z = 0$，所以电矢量的振动取 y 轴方向。

(3) 根据麦克斯韦方程有 $\nabla \times \boldsymbol{E} = -\frac{\partial \boldsymbol{B}}{\partial t}$，因为 $E_x = E_z = 0$，所以 $B_y = B_z = 0$，又因为 $\frac{\partial E_y}{\partial x} = \frac{\partial E_y}{\partial y} = 0$，则

$$\frac{\partial B_x}{\partial t} = -\frac{\partial E_y}{\partial z} = \frac{2 \times 2\pi \times 10^{14}}{c}\sin\left[2\pi \times 10^{14}\left(\frac{z}{c} - t\right) + \frac{\pi}{2}\right]$$

对 t 求积分，得到

$$B_x=\frac{2}{c}\cos\left[2\pi\times10^{14}\left(\frac{z}{c}-t\right)+\frac{\pi}{2}\right]$$

例题 1.6 一平面简谐电磁波在真空中沿正 x 方向传播，其频率为 4×10^{14} Hz，电场振幅为 14.14V/m，如果该电磁波的振动面与 xOy 平面成 45° 角，试写出 $\boldsymbol{E}$ 和 $\boldsymbol{B}$ 的表达式。

解： 因为频率 $f=4\times10^{14}$ Hz，可得到波数 $k=\frac{2\pi}{\lambda}=\frac{2\pi f}{c}=\frac{2\pi\times4\times10^{14}\,\text{Hz}}{3\times10^{8}\,\text{m/s}}=2.7\pi\times10^{6}\,\text{m}^{-1}$。

因为波沿着 x 方向传播，所以 $E_x=0$。

因为 $\frac{\omega}{k}=v$，真空中 $v=c$，所以 $\omega=kc$。则

$$\begin{aligned}E_z(x,t)&=E_{0z}\exp[\mathrm{i}k(x-ct)]=14.14\times\cos45^\circ\exp[\mathrm{i}2.7\pi\times10^{6}(x-3\times10^{8}t)]\\&=10\exp[\mathrm{i}2.7\pi\times10^{6}(x-3\times10^{8}t)]\end{aligned}$$

$$\begin{aligned}E_y(x,t)&=E_{0y}\exp[\mathrm{i}k(x-ct)]=14.14\times\sin45^\circ\exp[\mathrm{i}2.7\pi\times10^{6}(x-3\times10^{8}t)]\\&=10\exp[\mathrm{i}2.7\pi\times10^{6}(x-3\times10^{8}t)]\end{aligned}$$

所以，$\boldsymbol{E}=E_y\boldsymbol{e}_y+E_z\boldsymbol{e}_z$。

因为 $\boldsymbol{B}$ 垂直于 $\boldsymbol{E}$，又因为真空中 $|\boldsymbol{E}|=c|\boldsymbol{B}|$，所以

$$\begin{cases}B_{0z}=B_{0y}=\dfrac{10\,\text{V/m}}{3\times10^{8}\,\text{m/s}}=3.33\times10^{-8}\,\text{T}\\B_y(x,t)=B_{0y}\exp[\mathrm{i}k(x-ct)]=3.33\times10^{-8}\exp[\mathrm{i}2.7\pi\times10^{6}(x-3\times10^{8}t)]\\B_z(x,t)=B_{0z}\exp[\mathrm{i}k(x-ct)]=3.33\times10^{-8}\exp[\mathrm{i}2.7\pi\times10^{6}(x-3\times10^{8}t)]\end{cases}$$

所以，$\boldsymbol{B}=-B_y\boldsymbol{e}_y+B_z\boldsymbol{e}_z$。

1.2.4 平面电磁波的应用

在实际应用中，均匀的平面电磁波并不存在，但远离波源的部分波阵面仍可近似看作平面波。基于平面波卡尼亚电阻率频率域电磁探测技术就是平面电磁波的典型应用之一。该技术通过测量远场激励下的正交电场和磁场分量，推算地下的卡尼亚电阻率和阻抗相位，并最终实现地质勘探，主要应用于金属矿矿产资源勘探、油气田勘察、煤田勘察、地下水探测、岩溶探测、断裂探测、地层划分、考古、土壤环境调查和地址灾害预报与评价等领域。该技术观测频率范围为 0.1Hz～100kHz，与音频及亚音频范围相似，因此称作音频大地电磁探测技术(Audio-frequency Magnetotelluric Technology，AMT)，探测深度可以从几米至最大几千米不等。AMT 利用天然场源，因此没有近场效应的影响。

ADMT-5000AX-32D 型高密度 MT 电磁探矿仪是由上海艾都能源科技有限公司与桂林理工水文地质勘查研究院联合研制的一款实时成像智能探矿仪，采用 32 通道同时输入测量来获取稳定的场源，最大勘探深度为 5000m，探测频率范围为 0.001～7kHz，分辨力可达(1±1%)0.001mV。这款国产设备不仅解决了天然电场随时变化的问题，而且在同一剖面避免多次移动电极造成的误差，解决了传统探矿仪器重复测量数据剖面不一样的缺点。ADMT-5000AX 系列主要产品有探矿

仪、找水仪、物探仪器、地质仪器、垃圾填埋场防渗层渗漏检测仪等。

另外，我们能够享受高铁的快速、安全、便捷，得益于国家的发展政策与基建投入，更离不开先进的隧道勘探技术。狮子洋隧道位于广深港高速铁路客运专线上，隧道全长 10.8km，是世界首座时速超过 350km 的隧道。但是，勘探初期发现该地层的渗透系数高达 6.4×10^{-4}m/s，并不适合水下挖掘，这里就使用了精度更高的可控音频大地电磁探测技术(Controlled Source Audio-frequency Magnetotellurics Technology，CSAMT)。与 AMT 利用大地(天然)电磁场不同，CSAMT 是将发射功率提高到几十千瓦，从而提高信噪比，优点是近场效应影响小、效率高，进而实现较小区域范围内的高精度探测。

1.3　球面波及柱面波

球面波和柱面波也是常见的两种光波，在各向同性介质中，它们分别由点光源和线光源产生。

1.3.1　球面波

在真空中或均匀介质中的 O 点有一点光源，那么从 O 点发出的光波将以相同的速度向各个方向传播，经过一定时间以后，电磁振动所到达的各点将构成一个以 O 点为中心的球面，这种等相位面为球面的光波称为球面波，如图 1.3-1 所示。

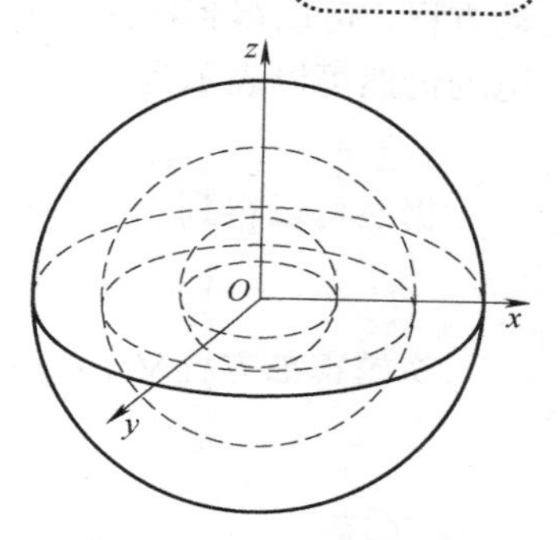

图 1.3-1　球面波示意图

球面波仍然满足波动方程式(1.1-59)和式(1.1-60)，通过求解波动方程，可以得到球面光波的表达式。与求解平面波类似，球面波的电场仍然可以表示为

$$E(r,t)=E(r)E(t) \tag{1.3-1}$$

仍然可以得到

$$E(t)=B_1\exp(\mathrm{i}\omega t)+B_2\exp(-\mathrm{i}\omega t) \tag{1.3-2}$$

亥姆霍兹方程 $\nabla^2E(r)+k^2E(r)=0$ 需要在球坐标系下求解。根据例题 1.1 有 $\nabla^2=\dfrac{\partial^2}{\partial r^2}+\dfrac{2}{r}\dfrac{\partial}{\partial r}$，所以有

$$\nabla^2E(r)=\frac{\partial^2E(r)}{\partial r^2}+\frac{2}{r}\frac{\partial E(r)}{\partial r} \tag{1.3-3}$$

得到球坐标系下亥姆霍兹方程为

$$\frac{\partial^2E(r)}{\partial r^2}+\frac{2}{r}\frac{\partial E(r)}{\partial r}+k^2E(r)=0 \tag{1.3-4}$$

式(1.3-4)可以化简为

$$\frac{\partial^2}{\partial r^2}[rE(r)]+k^2[rE(r)]=0 \tag{1.3-5}$$

所以有

$$rE(\boldsymbol{r})=C_1\exp(\mathrm{i}\boldsymbol{k}\cdot\boldsymbol{r})+C_2\exp(-\mathrm{i}\boldsymbol{k}\cdot\boldsymbol{r}) \tag{1.3-6}$$

不考虑相位共轭项，则有球面光波表达式为

$$\boldsymbol{E}(\boldsymbol{r},t)=\frac{\boldsymbol{E}}{r}\exp[-\mathrm{i}(\omega t-\boldsymbol{k}\cdot\boldsymbol{r})] \tag{1.3-7}$$

若光波的传播速度 v 为正值，则表示发散的球面波；若光波的传播速度 v 为负值，则表示会聚的球面波。球面波的振幅不是常数，与离开波源的距离 r 成反比。

1.3.2 柱面波

一个各向同性的无限长线光源向外发射的光波，其等相位面是以线光源为中心，随着距离的增大而逐渐展开的同轴圆柱面，称为柱面波，如图 1.3-2 所示。

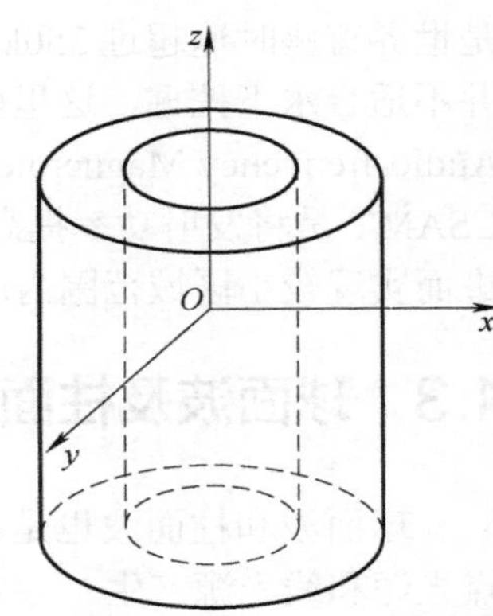

图 1.3-2 柱面波示意图

柱面波仍然满足波动方程式(1.1-59)和式(1.1-60)，通过求解波动方程，可以得到柱面波的表达式。与求解平面波类似，柱面波的电场仍然可以表示为

$$E(r,t)=E(r)E(t) \tag{1.3-8}$$

仍然可以得到

$$E(t)=B_1\exp(\mathrm{i}\omega t)+B_2\exp(-\mathrm{i}\omega t) \tag{1.3-9}$$

亥姆霍兹方程 $\nabla^2 E(r)+k^2E(r)=0$ 需要在柱坐标系下求解。因为 $\nabla^2=\dfrac{\partial^2}{\partial r^2}+\dfrac{1}{r}\dfrac{\partial}{\partial r}$，所以有

$$\nabla^2 E(r)=\frac{\partial^2 E(r)}{\partial r^2}+\frac{1}{r}\frac{\partial E(r)}{\partial r} \tag{1.3-10}$$

得到柱坐标系下亥姆霍兹方程为

$$\frac{\partial^2 E(r)}{\partial r^2}+\frac{1}{r}\frac{\partial E(r)}{\partial r}+k^2E(r)=0 \tag{1.3-11}$$

式(1.3-11)可以化简为

$$\frac{\partial^2}{\partial r^2}\left[\sqrt{r}E(r)\right]+\left(k^2+\frac{1}{4r^2}\right)\left[\sqrt{r}E(r)\right]=0 \tag{1.3-12}$$

因为 $k^2\gg\dfrac{1}{4r^2}$，上式可以写为

$$\frac{\partial^2}{\partial r^2}\left[\sqrt{r}E(r)\right]+k^2\left[\sqrt{r}E(r)\right]=0 \tag{1.3-13}$$

所以有

$$\sqrt{r}E(\boldsymbol{r})=C_1\exp(\mathrm{i}\boldsymbol{k}\cdot\boldsymbol{r})+C_2\exp(-\mathrm{i}\boldsymbol{k}\cdot\boldsymbol{r}) \tag{1.3-14}$$

不考虑相位共轭项，则有柱面光波表达式为

$$\boldsymbol{E}(\boldsymbol{r},t)=\frac{\boldsymbol{E}}{\sqrt{r}}\exp[-\mathrm{i}(\omega t-\boldsymbol{k}\cdot\boldsymbol{r})] \tag{1.3-15}$$

柱面波的振幅不是常数，与离开波源的距离 $\sqrt{r}$ 成反比，柱面波的等相位面是 r 为常量的面。

由此可以看到，平面波、球面波和柱面波的主要异同在于：

1) 波的表达式坐标系不同，平面波采用直角坐标系，球面波采用球坐标系，柱面波采用柱坐标系；

2) 振幅的表现形式不同，平面波的振幅是恒定的，球面波和柱面波的振幅随着传播距离的增加而减小，球面波衰减得更快；

3) 等相位面不同，平面波的等相位面为平面，球面波的等相位面为球面，柱面波的等相位面为柱面；

4) 光波的光源不同，平面波的光源位于无穷远或在透镜的焦平面上，球面波的光源为点光源，柱面波的光源为线光源。

1.3.3　球面波的前沿应用

柱面波、球面波、平面波都是电磁波的理想模型，在一定的条件下可以相互转化，但在现实生活中不存在没有体积的点光源，也不存在没有宽度的线光源，因此需要根据具体实际情况选择或者建立相对更加接近的模型，才能实现合理的分析和运用。

图 1.3-3　詹姆斯韦伯太空望远镜

图 1.3-3 彩图

随着天文光学和空间光学的发展，光学仪器的口径越来越大，尤其是在空间光学领域，天文望远镜的次镜通常都是超大口径的凸非球面反射镜。例如，詹姆斯韦伯太空望远镜(James Webb Space Telescope，JWST)(见图 1.3-3)的次镜口径达到 738mm；一些地基天文望远镜的次镜口径更是达到了几米，如 30m 望远镜(Thirty Meters Telescope，TMT)的次镜直径设计为 3.1m；大口径巡天望远镜(Large Synoptic Survey Telescope，LSST)的凸非球面次镜口径达 3.4m。

大口径非球面光学元件的高精度检测一直是光学检测领域的一个难题。在测量大口径凸非球面反射镜时，需要制作比被测元件口径更大的补偿器(补偿器实现补偿像差和会聚光束的作用)，而大口径的补偿器难以加工，制造成本高，生产周期长；子孔径拼接法在检测大口径凸非球面时需要规划大量的子孔径，造成了误差的传递和积累，降低了测量精度和可信度。因此，科学家们提出了基于单光楔补偿拼接检测大口径凸非球面反射镜的面形检测方法，如图 1.3-4 所示，在检测大口径凸非球面反射镜面形时，Zygo 干涉仪 1 出射平行光束，光束经过球面标准镜 2 后转换为**球面波**，球面波焦距与球面标准镜 2 后表面焦距相同。当球面波照射到单光楔补偿器 4 表面时，由于光楔补偿器 4 与会聚球面波存在倾斜角度，所以球面波经光楔补偿器 4 后光线偏转。由于球面波各位置光线入射角度不同，其偏转角度也不同，所以球面波经光楔补偿器 4 后不再会聚于一点。

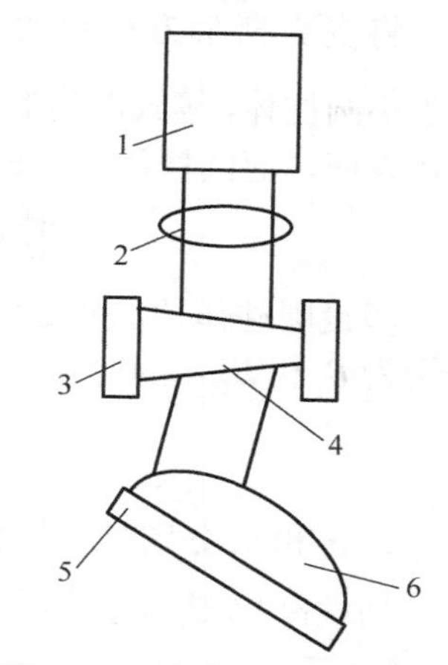

图 1.3-4　基于单光楔补偿拼接检测大口径凸非球面反射镜的面形检测装置示意图

1—干涉仪　2—球面标准镜　3—六自由度调整机构　4—光楔补偿器　5—四维调节转台　6—非球面元件

根据光楔像差理论可知，通过调节光楔补偿器 4 倾角能够产生与被检非球面面形匹配的检测波前，当经过光楔补偿器 4 的非球面波照射到被测非球面元件 6 时，其光束被待测镜 6 反射后经光楔补偿器 4、球面标准镜 2 后，再次回到干涉仪 1 并与参考光束干涉，形成干涉条纹。调节检测光路中的光楔补偿器调整机构 3 和四维调节转台 5，使得干涉仪条纹为零条纹或最稀疏，此时可得对应子孔径的测量结果。

1.4 光在两介质分界面上的反射和折射

光在两介质分界面上的反射和折射，实质上是光波的电磁场量与物质的相互作用问题，它的精确处理很复杂，因为涉及次波的产生和干涉问题。在这里，利用介质的电容率和磁导率、电导率表示大量分子的平均作用，根据麦克斯韦方程组和电磁场的边界条件，研究光波在两个介质分界面处的反射和折射。

1.4.1 电磁场的边界条件

电磁场的边界条件

光在两介质分界面的反射和折射，由于两种介质的物理性质不同(分别以 ε_1、μ_1 和 ε_2、μ_2 表征)，在两种介质的分界面上电磁场量将是不连续的，但电磁场量之间仍然存在一定的关系，称为电磁场的边值关系。

由于两种介质分界面上电磁场量的跃变，微分形式的麦克斯韦方程组不再适用，这时可应用积分形式的麦克斯韦方程组研究电磁场的边值关系。

1. 磁感应强度和电感应强度的法向分量

假想在分界面上作出一个扁平的小圆柱体，圆柱体的高为 δh，圆柱体顶面和底面的面积为 δA，如图 1.4-1 所示。

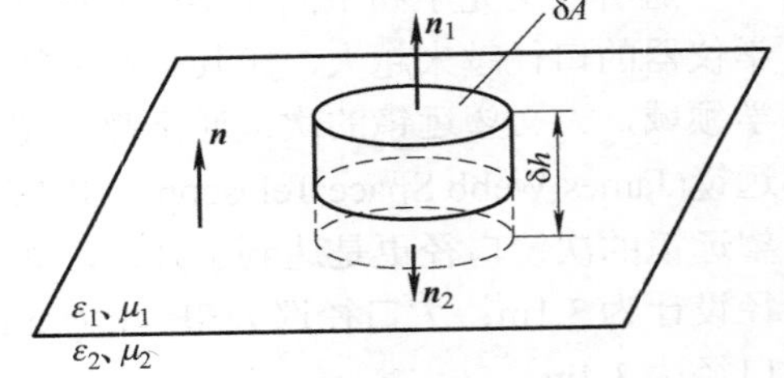

图 1.4-1 分界面上的假想小圆柱体

将麦克斯韦方程组的式(1.1-13) $\oiint \boldsymbol{B}\cdot \mathrm{d}\boldsymbol{S}=0$ 应用于小圆柱体，等式左边的面积积分应该遍及整个圆柱体表面，而圆柱体表面积为柱顶、柱底和柱壁三个面积之和，所以有

$$\oiint \boldsymbol{B}\cdot \mathrm{d}\boldsymbol{S}=\iint_{顶}\boldsymbol{B}\cdot \mathrm{d}\boldsymbol{S}+\iint_{底}\boldsymbol{B}\cdot \mathrm{d}\boldsymbol{S}+\iint_{壁}\boldsymbol{B}\cdot \mathrm{d}\boldsymbol{S}=0 \tag{1.4-1}$$

假设圆柱体顶面和底面的面积 δA 很小，可以认为 $\boldsymbol{B}$ 在此范围内是常数，在柱顶和柱底分别为 $\boldsymbol{B}_1$ 和 $\boldsymbol{B}_2$，因此有

$$\boldsymbol{B}_1\cdot \boldsymbol{n}_1\delta A+\boldsymbol{B}_2\cdot \boldsymbol{n}_2\delta A+\iint_{壁}\boldsymbol{B}\cdot \mathrm{d}\boldsymbol{S}=0 \tag{1.4-2}$$

式中，$\boldsymbol{n}_1$ 和 $\boldsymbol{n}_2$ 分别是柱顶和柱底的外向法线单位矢量。

当柱高 δh 趋近于零时，则有 $\iint_{壁}\boldsymbol{B}\cdot \mathrm{d}\boldsymbol{S}\rightarrow 0$，且柱顶和柱底趋近于分界面。

$\boldsymbol{n}$ 表示分界面法线方向的单位矢量(方向从介质 2 指向介质 1)，则有

$$\boldsymbol{n}=\boldsymbol{n}_1=-\boldsymbol{n}_2 \tag{1.4-3}$$

根据式(1.4-2)，有

$$\boldsymbol{n}\cdot(\boldsymbol{B}_1-\boldsymbol{B}_2)=0 \tag{1.4-4}$$

上式也可以写为

$$B_{1n}=B_{2n} \tag{1.4-5}$$

式(1.4-5)表明在通过分界面时，磁感应强度 $\boldsymbol{B}$ 虽然整个发生跃变，但其法向分量是连续的。

同样地，可以得到

$$\boldsymbol{n}\cdot(\boldsymbol{D}_1-\boldsymbol{D}_2)=0 \tag{1.4-6}$$

或者

$$D_{1n}=D_{2n} \tag{1.4-7}$$

式(1.4-7)表明在通过分界面时，电感应强度 $\boldsymbol{D}$ 虽然整个发生跃变，虽然没有自由面电荷，但其法向分量是连续的。

2. *磁感应强度和电感应强度的切向分量*

为了讨论电磁场切向分量的关系，把图 1.4-1 所示的小圆柱体换成矩形面积 $ABCD$，令其四边分别平行和垂直两介质分界面，如图 1.4-2 所示。

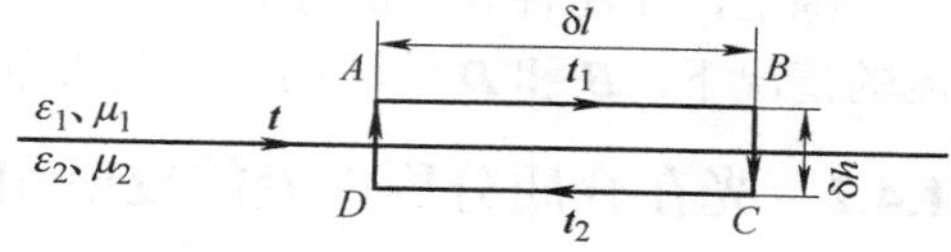

图 1.4-2　分界面上的假想矩形

将麦克斯韦方程组的式(1.1-14) $\oint \boldsymbol{E}\cdot \mathrm{d}\boldsymbol{l}=-\iint \frac{\partial \boldsymbol{B}}{\partial t}\cdot \mathrm{d}\boldsymbol{S}$ 应用于矩形，线积分应沿着矩形面积的周界，因此等式左边的线积分可以写为四个积分之和，即

$$\oint \boldsymbol{E}\cdot \mathrm{d}\boldsymbol{l}=\left(\int_{AB}\boldsymbol{E}\cdot \mathrm{d}\boldsymbol{l}+\int_{BC}\boldsymbol{E}\cdot \mathrm{d}\boldsymbol{l}+\int_{CD}\boldsymbol{E}\cdot \mathrm{d}\boldsymbol{l}+\int_{DA}\boldsymbol{E}\cdot \mathrm{d}\boldsymbol{l}\right)=-\iint \frac{\partial \boldsymbol{B}}{\partial t}\cdot \mathrm{d}\boldsymbol{S} \tag{1.4-8}$$

如果 AB 和 CD 的长度很短，则在两线段范围内 $\boldsymbol{E}$ 是常数，在介质 1 和介质 2 内分别为 $\boldsymbol{E}_1$ 和 $\boldsymbol{E}_2$。当矩形的高 δh 趋近于零时，有 $\int_{BC}\boldsymbol{E}\cdot \mathrm{d}\boldsymbol{l}\to 0$ 和 $\int_{DA}\boldsymbol{E}\cdot \mathrm{d}\boldsymbol{l}\to 0$ 。

另外，由于矩形面积趋于零，因此 $\frac{\partial \boldsymbol{B}}{\partial t}$ 为有限量，所以式(1.4-8)右边的积分也为零，因此有

$$\int_{AB}\boldsymbol{E}\cdot \mathrm{d}\boldsymbol{l}+\int_{CD}\boldsymbol{E}\cdot \mathrm{d}\boldsymbol{l}=0 \tag{1.4-9}$$

或者

$$\boldsymbol{E}_1\cdot \boldsymbol{t}_1\delta l+\boldsymbol{E}_2\cdot \boldsymbol{t}_2\delta l=0 \tag{1.4-10}$$

式中，$\boldsymbol{t}_1$ 和 $\boldsymbol{t}_2$ 分别是沿 AB 和 CD 的切线方向单位矢量；δl 是 AB 和 CD 的长度。以 $\boldsymbol{t}$ 表示两介质分界面的切线方向单位矢量(方向取 A 向 B 的方向)，则有

$$\boldsymbol{t}=\boldsymbol{t}_1=-\boldsymbol{t}_2 \tag{1.4-11}$$

根据式(1.4-10)，有

$$\boldsymbol{t}\cdot(\boldsymbol{E}_1-\boldsymbol{E}_2)=0 \tag{1.4-12}$$

上式也可以写为

$$E_{1t}=E_{2t} \tag{1.4-13}$$

式(1.4-13)表明在通过分界面时，电场强度 $\boldsymbol{E}$ 虽然整个发生跃变，但其切向分量是连续的。

同样地，可以得到

$$\boldsymbol{t}\cdot(\boldsymbol{H}_1-\boldsymbol{H}_2)=0 \tag{1.4-14}$$

或者

$$H_{1t} = H_{2t} \tag{1.4-15}$$

式(1.4-15)表明在通过分界面时，磁场强度 $\boldsymbol{H}$ 虽然整个发生跃变，但其切向分量是连续的。

由式(1.4-12)还可以看出，$(\boldsymbol{E}_1 - \boldsymbol{E}_2)$ 垂直于分界面，或者说平行于法向量 $\boldsymbol{n}$，所以有

$$\boldsymbol{n} \times (\boldsymbol{E}_1 - \boldsymbol{E}_2)=0 \tag{1.4-16}$$

同理，可得

$$\boldsymbol{n} \times (\boldsymbol{H}_1 - \boldsymbol{H}_2)=0 \tag{1.4-17}$$

综上，在两种介质的分界面上，电磁场量是不连续的，但在界面没有自由面电荷和面电流的情况下，$\boldsymbol{B}$ 和 $\boldsymbol{D}$ 的法向分量及 $\boldsymbol{E}$ 和 $\boldsymbol{H}$ 的切向分量是连续的。

1.4.2 光在介质分界面处的反射和折射

在几何光学的课程学习中，已经熟知反射定律和折射定律。下面利用光的电磁性质推导反射定律和折射定律。

1.4.2.1 入射光、反射光和折射光的频率和波矢量的关系

设单色平面电磁波从介质 1 入射到介质 2，分界面处的法向量为 $\boldsymbol{n}$，入射角为 θ_1，反射角为 θ_1'，折射角为 θ_2，界面处的位置矢量为 $\boldsymbol{r}$，如图 1.4-3 所示。

设入射光、反射光和折射光的波矢量分别为 $\boldsymbol{k}_1$、$\boldsymbol{k}_1'$、$\boldsymbol{k}_2$，角频率分别为 ω_1、ω_1'、ω_2，则入射光、反射光和折射光的光波表达式为

$$\boldsymbol{E}_1=\boldsymbol{A}_1 \exp[-\mathrm{i}(\omega_1 t - \boldsymbol{k}_1 \cdot \boldsymbol{r})] \tag{1.4-18}$$

$$\boldsymbol{E}_1'=\boldsymbol{A}_1' \exp[-\mathrm{i}(\omega_1' t - \boldsymbol{k}_1' \cdot \boldsymbol{r})] \tag{1.4-19}$$

$$\boldsymbol{E}_2=\boldsymbol{A}_2 \exp[-\mathrm{i}(\omega_2 t - \boldsymbol{k}_2 \cdot \boldsymbol{r})] \tag{1.4-20}$$

式中，$\boldsymbol{A}_1$、$\boldsymbol{A}_1'$、$\boldsymbol{A}_2$ 分别是入射光、反射光和折射光的振幅。

图 1.4-3 平面波在两介质分界面处的反射和折射

在两种介质的分界面上，电场强度满足式(1.4-16) $\boldsymbol{n} \times (\boldsymbol{E}_1 - \boldsymbol{E}_2)=0$ 切向分量连续，介质 1 中的电场强度是入射光和反射光电场强度之和，所以有

$$\boldsymbol{n} \times (\boldsymbol{E}_1+\boldsymbol{E}_1')=\boldsymbol{n} \times \boldsymbol{E}_2 \tag{1.4-21}$$

将光波表达式(1.4-18)～式(1.4-20)代入式(1.4-21)中，得到

$$\boldsymbol{n} \times \boldsymbol{A}_1 \exp[-\mathrm{i}(\omega_1 t - \boldsymbol{k}_1 \cdot \boldsymbol{r})] + \boldsymbol{n} \times \boldsymbol{A}_1' \exp[-\mathrm{i}(\omega_1' t - \boldsymbol{k}_1' \cdot \boldsymbol{r})]=\boldsymbol{n} \times \boldsymbol{A}_2 \exp[-\mathrm{i}(\omega_2 t - \boldsymbol{k}_2 \cdot \boldsymbol{r})] \tag{1.4-22}$$

式(1.4-22)对任意时间 t 都成立，显然，指数项对应项相等，所以时间变量 t 的系数必然相等，有

$$\omega_1=\omega_1'=\omega_2 \tag{1.4-23}$$

式(1.4-23)表明入射光、反射光和折射光的频率相同。

式(1.4-22)对任意界面位置矢量 $\boldsymbol{r}$ 都成立，则在分界面上满足

$$\boldsymbol{k}_1 \cdot \boldsymbol{r} = \boldsymbol{k}_1' \cdot \boldsymbol{r} = \boldsymbol{k}_2 \cdot \boldsymbol{r} \tag{1.4-24}$$

上式也可以写为

$$(\boldsymbol{k}_1 - \boldsymbol{k}_1') \cdot \boldsymbol{r} = 0 \tag{1.4-25}$$

以及

$$(\boldsymbol{k}_1 - \boldsymbol{k}_2) \cdot \boldsymbol{r} = 0 \tag{1.4-26}$$

由于位置矢量 $\boldsymbol{r}$ 是任意的，显然 $(\boldsymbol{k}_1 - \boldsymbol{k}_1')$ 和 $(\boldsymbol{k}_1 - \boldsymbol{k}_2)$ 都与界面垂直，即均平行于界面法线 $\boldsymbol{n}$，如图 1.4-4 所示。

而 $\boldsymbol{k}_1$ 是 $(\boldsymbol{k}_1 - \boldsymbol{k}_1')$ 和 $(\boldsymbol{k}_1 - \boldsymbol{k}_2)$ 的公共矢量，由于从同一点只能向平面引一条垂线，所以 $(\boldsymbol{k}_1 - \boldsymbol{k}_1')$ 和 $(\boldsymbol{k}_1 - \boldsymbol{k}_2)$ 是重合的，即 $\boldsymbol{k}_1$、$\boldsymbol{k}_1'$、$\boldsymbol{k}_2$ 共面，且在 $\boldsymbol{k}_1$ 和 $\boldsymbol{n}$ 构成的入射面内。

反射光和折射光的方向

1.4.2.2　反射光和折射光的方向

为了简化分析，令入射面为 xOz 平面，则 $\boldsymbol{k}_1$、$\boldsymbol{k}_1'$、$\boldsymbol{k}_2$ 均在 xOz 平面内，且波矢量的 y 分量都为零。将波矢量进行分解，如图 1.4-5 所示。

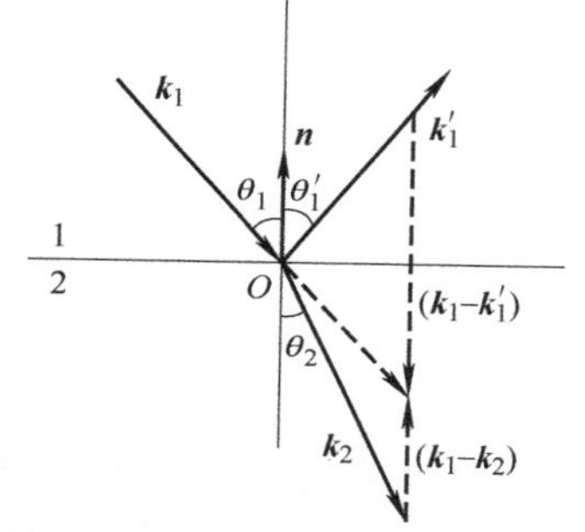

图 1.4-4　平面波反射波和折射波波矢量关系图

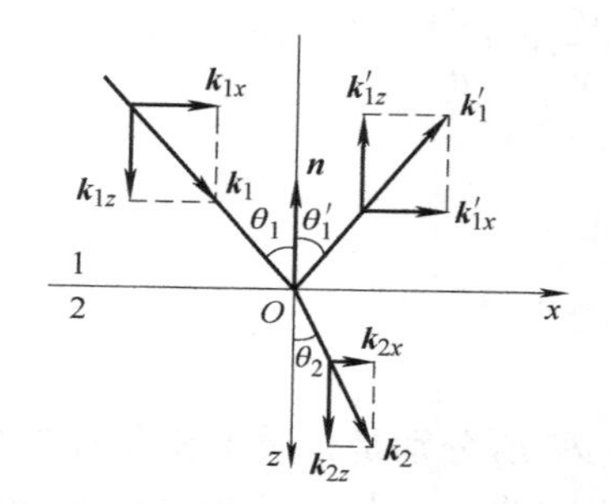

图 1.4-5　平面波反射波和折射波波矢量的分解

位置矢量 $\boldsymbol{r}(x,y,z)$，则有

$$\begin{cases} k_{1x} = k_1 \sin\theta_1 \\ k_{1y} = 0 \\ k_{1z} = k_1 \cos\theta_1 \end{cases} \tag{1.4-27}$$

$$\begin{cases} k_{1x}' = k_1' \sin\theta_1' \\ k_{1y}' = 0 \\ k_{1z}' = k_1' \cos\theta_1' \end{cases} \tag{1.4-28}$$

$$\begin{cases} k_{2x} = k_2 \sin\theta_2 \\ k_{2y} = 0 \\ k_{2z} = k_2 \cos\theta_2 \end{cases} \tag{1.4-29}$$

根据式(1.4-24)可知 $\boldsymbol{k}_1 \cdot \boldsymbol{r} = \boldsymbol{k}_1' \cdot \boldsymbol{r}$，因此有

$$k_{1x}x + k_{1y}y + k_{1z}z = k_{1x}'x + k_{1y}'y + k_{1z}'z \tag{1.4-30}$$

取界面处 z=0，则有

$$k_{1x}x = k_{1x}'x \tag{1.4-31}$$

因为入射波和反射波在同一介质中，所以

$$k_1 = k_1' = \frac{2\pi}{\lambda} \tag{1.4-32}$$

根据式(1.4-27)、式(1.4-28)、式(1.4-31)和式(1.4-32)有

$$\sin\theta_1 = \sin\theta_1' \tag{1.4-33}$$

由式(1.4-33)可知，入射角与反射角相等，这就是反射定律。

根据式(1.4-24)可知 $\boldsymbol{k}_1 \cdot \boldsymbol{r} = \boldsymbol{k}_2 \cdot \boldsymbol{r}$，因此有

$$k_{1x}x + k_{1y}y + k_{1z}z = k_{2x}x + k_{2y}y + k_{2z}z \tag{1.4-34}$$

取界面处 z=0，则有

$$k_{1x}x = k_{2x}x \tag{1.4-35}$$

根据式(1.4-27)、式(1.4-29)和式(1.4-35)有

$$k_1 \sin\theta_1 = k_2 \sin\theta_2 \tag{1.4-36}$$

因为 $k = \frac{\omega}{v}, v = \frac{c}{n}$，又因为 ω_1=ω_2，所以

$$\frac{\sin\theta_1}{v_1} = \frac{\sin\theta_2}{v_2} \tag{1.4-37}$$

即

$$n_1 \sin\theta_1 = n_2 \sin\theta_2 \tag{1.4-38}$$

式中，n_1 和 n_2 分别是介质 1 和介质 2 的折射率。式(1.4-38)即为折射定律，折射定律(1621 年)按照提出它的荷兰人 Willebrord. van Royen Snell(1580—1626)的名字称为斯涅耳定律。

由折射定律可知，当光波折射到光密介质时，波长和波速减小，而频率保持不变；当光波折射到光疏介质时，波长和波速增大。

表 1.4-1 给出了几种材料相对真空的折射率，表 1.4-2 给出了望远镜冕牌玻璃与透明石英的折射率随波长的变化。需要注意的是波长与折射率测量的精度。

表 1.4-1　不同材料相对真空的折射率

材料名称	折射率 n	材料名称	折射率 n
真空	1.0000	石英(熔融)	1.46
空气	1.0003	岩盐	1.54
水	1.33	玻璃(普通冕牌)	1.52
石英(晶体)	1.54	重火石玻璃	1.66

表 1.4-2　望远镜冕牌玻璃与透明石英的折射率随波长的变化

编号	波长/cm	望远镜冕牌玻璃的折射率	透明石英的折射率
1	6.562816×10^{-5}	1.52441	1.45640
2	5.889953×10^{-5}	1.52704	1.45845
3	4.861327×10^{-5}	1.53303	1.46318

注：表中的三个波长大致对应红、黄、蓝三种颜色。

1.4.3　菲涅耳定律

反射定律和折射定律确定了反射光和折射光的传播方向，但是反射光和折射光振幅之间的关系还没有确定，菲涅耳定律给出了入射光、反射光和折射光之间的振幅关系。

由于电场矢量 $\boldsymbol{E}$ 垂直入射面和平行入射面的入射波，其反射光和折射光的振幅和相位关系并不相同，因此需要分别进行讨论。

入射光的电场矢量 $\boldsymbol{E}_1$ 可以在垂直于传播方向的平面内取任意方向，但 $\boldsymbol{E}_1$ 总可以分解为垂直于入射面的分量 $\boldsymbol{E}_{1s}$ 和平行于入射面的分量 $\boldsymbol{E}_{1p}$，如图 1.4-6 所示。

1.4.3.1　s 波的反射系数和透射系数

当入射波是 s 波时(电场矢量垂直于入射面)，因为光波是横波，所以电场矢量的正向和其对应的磁场矢量的正向如图 1.4-7 所示。在这里电场矢量、磁场矢量和波矢量的方向遵循右手定则，且反射波和折射波的电场矢量方向为假定的正方向。

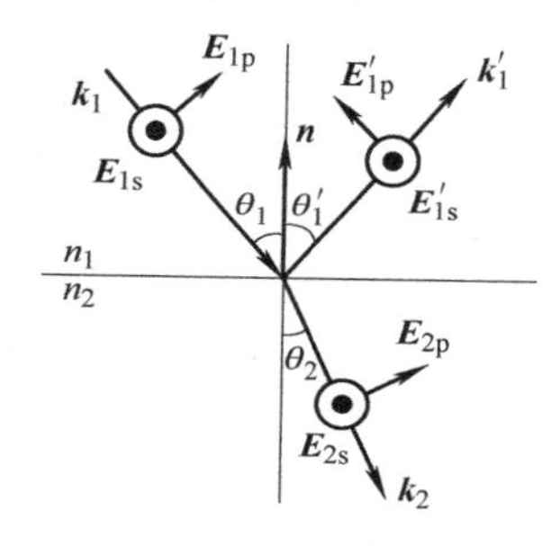

图 1.4-6　电场矢量的两个相互垂直的分量

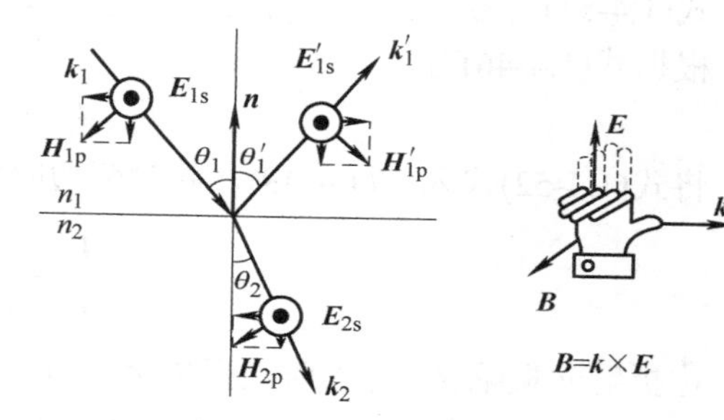

图 1.4-7　电场矢量 s 波对应的磁场矢量 p 波

根据两介质分界面处电磁场的边值条件式(1.4-16)和式(1.4-17)，可以得到

$$\boldsymbol{E}_{1s}+\boldsymbol{E}'_{1s}=\boldsymbol{E}_{2s} \tag{1.4-39}$$

$$\boldsymbol{H}_{1p}\cos\theta_1-\boldsymbol{H}'_{1p}\cos\theta'_1=\boldsymbol{H}_{2p}\cos\theta_2 \tag{1.4-40}$$

根据物质方程 $\boldsymbol{B}=\mu\boldsymbol{H}$，以及平面电磁波的性质 $\left|\dfrac{\boldsymbol{E}}{\boldsymbol{B}}\right|=v$ 和 $v=\dfrac{c}{n}$，可以得到

$$\boldsymbol{H}_{p}=\frac{\boldsymbol{E}_{s}}{\mu v}=\frac{n\boldsymbol{E}_{s}}{\mu c} \tag{1.4-41}$$

将式(1.4-41)代入式(1.4-40)中，根据 $\theta_1=\theta'_1$，有

$$n_1(\boldsymbol{E}_{1s}-\boldsymbol{E}'_{1s})\cos\theta_1=n_2\boldsymbol{E}_{2s}\cos\theta_2 \tag{1.4-42}$$

入射光、反射光和折射光的电场矢量可以分别表示为

$$\boldsymbol{E}_{1s}=\boldsymbol{A}_{1s}\exp[\mathrm{i}(\boldsymbol{k}_1\cdot\boldsymbol{r}-\omega_1 t)] \tag{1.4-43}$$

$$\boldsymbol{E}'_{1s}=\boldsymbol{A}'_{1s}\exp[\mathrm{i}(\boldsymbol{k}'_1\cdot\boldsymbol{r}-\omega'_1 t)] \tag{1.4-44}$$

$$\boldsymbol{E}_{2s}=\boldsymbol{A}_{2s}\exp[\mathrm{i}(\boldsymbol{k}_2\cdot\boldsymbol{r}-\omega_2 t)] \tag{1.4-45}$$

将式(1.4-43)～式(1.4-45)代入式(1.4-39)和式(1.4-42)中，得到

$$\boldsymbol{A}_{1s}+\boldsymbol{A}'_{1s}=\boldsymbol{A}_{2s} \tag{1.4-46}$$

$$n_1(\boldsymbol{A}_{1s}-\boldsymbol{A}'_{1s})\cos\theta_1=n_2\boldsymbol{A}_{2s}\cos\theta_2 \tag{1.4-47}$$

将式(1.4-47)等号两边同时乘以$\sin\theta_1$，得到

$$n_1\sin\theta_1(\boldsymbol{A}_{1s}-\boldsymbol{A}'_{1s})\cos\theta_1=n_2\boldsymbol{A}_{2s}\cos\theta_2\sin\theta_1 \tag{1.4-48}$$

利用折射定律$n_1\sin\theta_1=n_2\sin\theta_2$，代入上式左边，有

$$n_2\sin\theta_2(\boldsymbol{A}_{1s}-\boldsymbol{A}'_{1s})\cos\theta_1=n_2\boldsymbol{A}_{2s}\cos\theta_2\sin\theta_1 \tag{1.4-49}$$

将式(1.4-46)代入式(1.4-49)，则有

$$\sin\theta_2(\boldsymbol{A}_{1s}-\boldsymbol{A}'_{1s})\cos\theta_1=(\boldsymbol{A}_{1s}+\boldsymbol{A}'_{1s})\cos\theta_2\sin\theta_1 \tag{1.4-50}$$

式(1.4-50)等号两边同时除以$\boldsymbol{A}_{1s}$，可以得到

$$r_s=\frac{\boldsymbol{A}'_{1s}}{\boldsymbol{A}_{1s}}=\frac{\sin\theta_2\cos\theta_1-\sin\theta_1\cos\theta_2}{\sin\theta_2\cos\theta_1+\sin\theta_1\cos\theta_2}=-\frac{\sin(\theta_1-\theta_2)}{\sin(\theta_1+\theta_2)} \tag{1.4-51}$$

称反射光振幅$\boldsymbol{A}'_{1s}$与入射光振幅$\boldsymbol{A}_{1s}$的比值r_s为s波的反射系数。

式(1.4-51)符号为负，说明反射波电场矢量假定的方向与实际情况相反。

根据式(1.4-46)有

$$\boldsymbol{A}'_{1s}=\boldsymbol{A}_{2s}-\boldsymbol{A}_{1s} \tag{1.4-52}$$

将式(1.4-52)代入式(1.4-49)，同时两边除以$\boldsymbol{A}_{1s}$，得到

$$t_s=\frac{\boldsymbol{A}_{2s}}{\boldsymbol{A}_{1s}}=\frac{2\sin\theta_2\cos\theta_1}{\sin(\theta_1+\theta_2)} \tag{1.4-53}$$

称折射光振幅$\boldsymbol{A}_{2s}$与入射光振幅$\boldsymbol{A}_{1s}$的比值t_s为s波的透射系数。

式(1.4-53)符号为正，说明折射波电场矢量假定的方向与实际情况相同。

实际反射波与折射波电场矢量及磁场矢量的方向如图1.4-8所示。

式(1.4-51)和式(1.4-53)称为s波的菲涅耳公式。

1.4.3.2 p波的反射系数和透射系数

当入射波是电场矢量平行于入射面的p波时，根据平面电磁波是横波的性质，可以得到电场矢量的正向和其对应的磁场矢量的方向如图1.4-9所示。

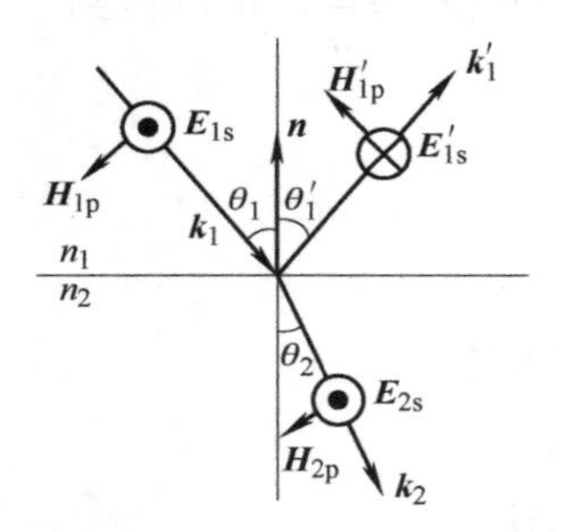

图1.4-8 反射波与折射波电场矢量及磁场矢量的方向

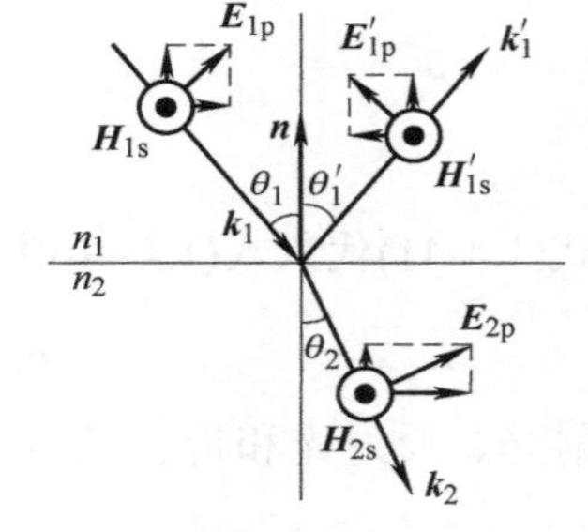

图1.4-9 电场矢量p波对应的磁场矢量s波

根据两介质分界面处电磁场的边值条件式(1.4-17)和式(1.4-16)，可以得到

$$\boldsymbol{H}_{1s}+\boldsymbol{H}'_{1s}=\boldsymbol{H}_{2s} \tag{1.4-54}$$

$$\boldsymbol{E}_{1p}\cos\theta_1-\boldsymbol{E}'_{1p}\cos\theta'_1=\boldsymbol{E}_{2p}\cos\theta_2 \tag{1.4-55}$$

根据物质方程 $\boldsymbol{B}=\mu\boldsymbol{H}$，以及平面电磁波的性质 $\left|\dfrac{\boldsymbol{E}}{\boldsymbol{B}}\right|=v$ 和 $v=\dfrac{c}{n}$，可以得到

$$\boldsymbol{H}_{\mathrm{s}}=\frac{\boldsymbol{E}_{\mathrm{p}}}{\mu v}=\frac{n\boldsymbol{E}_{\mathrm{p}}}{\mu c} \tag{1.4-56}$$

式(1.4-54)可以写为

$$n_1(\boldsymbol{E}_{1\mathrm{p}}+\boldsymbol{E}'_{1\mathrm{p}})=n_2\boldsymbol{E}_{2\mathrm{p}} \tag{1.4-57}$$

根据 $\theta_1=\theta'_1$，式(1.4-55)可以写为

$$(\boldsymbol{E}_{1\mathrm{p}}-\boldsymbol{E}'_{1\mathrm{p}})\cos\theta_1=\boldsymbol{E}_{2\mathrm{p}}\cos\theta_2 \tag{1.4-58}$$

入射光、反射光和折射光的电场矢量可以分别表示为

$$\boldsymbol{E}_{1\mathrm{p}}=\boldsymbol{A}_{1\mathrm{p}}\exp[\mathrm{i}(\boldsymbol{k}_1\bullet\boldsymbol{r}-\omega_1 t)] \tag{1.4-59}$$

$$\boldsymbol{E}'_{1\mathrm{p}}=\boldsymbol{A}'_{1\mathrm{p}}\exp[\mathrm{i}(\boldsymbol{k}'_1\bullet\boldsymbol{r}-\omega'_1 t)] \tag{1.4-60}$$

$$\boldsymbol{E}_{2\mathrm{p}}=\boldsymbol{A}_{2\mathrm{p}}\exp[\mathrm{i}(\boldsymbol{k}_2\bullet\boldsymbol{r}-\omega_2 t)] \tag{1.4-61}$$

将式(1.4-59)～式(1.4-61)代入式(1.4-57) 和式(1.4-58)中，得到

$$n_1(\boldsymbol{A}_{1\mathrm{p}}+\boldsymbol{A}'_{1\mathrm{p}})=n_2\boldsymbol{A}_{2\mathrm{p}} \tag{1.4-62}$$

$$(\boldsymbol{A}_{1\mathrm{p}}-\boldsymbol{A}'_{1\mathrm{p}})\cos\theta_1=\boldsymbol{A}_{2\mathrm{p}}\cos\theta_2 \tag{1.4-63}$$

将式(1.4-62)等号两边同时乘以 $\sin\theta_1$，得到

$$n_1\sin\theta_1(\boldsymbol{A}_{1\mathrm{p}}+\boldsymbol{A}'_{1\mathrm{p}})=n_2\sin\theta_1\boldsymbol{A}_{2\mathrm{p}} \tag{1.4-64}$$

利用折射定律 $n_1\sin\theta_1=n_2\sin\theta_2$，代入上式左边，有

$$n_2\sin\theta_2(\boldsymbol{A}_{1\mathrm{p}}+\boldsymbol{A}'_{1\mathrm{p}})=n_2\sin\theta_1\boldsymbol{A}_{2\mathrm{p}} \tag{1.4-65}$$

将式(1.4-63)代入式(1.4-65)，则有

$$\sin\theta_2(\boldsymbol{A}_{1\mathrm{p}}+\boldsymbol{A}'_{1\mathrm{p}})=\frac{\sin\theta_1\cos\theta_1}{\cos\theta_2}(\boldsymbol{A}_{1\mathrm{p}}-\boldsymbol{A}'_{1\mathrm{p}}) \tag{1.4-66}$$

式(1.4-66)等号两边同时除以 $\boldsymbol{A}_{1\mathrm{p}}$，可以得到

$$r_{\mathrm{p}}=\frac{\boldsymbol{A}'_{1\mathrm{p}}}{\boldsymbol{A}_{1\mathrm{p}}}=\frac{\tan(\theta_1-\theta_2)}{\tan(\theta_1+\theta_2)} \tag{1.4-67}$$

称反射光振幅 $\boldsymbol{A}'_{1\mathrm{p}}$ 与入射光振幅 $\boldsymbol{A}_{1\mathrm{p}}$ 的比值 r_{p} 为 p 波的反射系数。

式(1.4-67)符号为正，说明反射波电场矢量假定的方向与实际情况相同。

根据式(1.4-63)有

$$\boldsymbol{A}'_{1\mathrm{p}}=\boldsymbol{A}_{1\mathrm{p}}-\frac{\boldsymbol{A}_{2\mathrm{p}}\cos\theta_2}{\cos\theta_1} \tag{1.4-68}$$

将式(1.4-68)代入式(1.4-65)，可以得到

$$t_{\mathrm{p}}=\frac{\boldsymbol{A}_{2\mathrm{p}}}{\boldsymbol{A}_{1\mathrm{p}}}=\frac{2\sin\theta_2\cos\theta_1}{\sin(\theta_1+\theta_2)\cos(\theta_1-\theta_2)} \tag{1.4-69}$$

称折射光振幅 $\boldsymbol{A}_{2\mathrm{p}}$ 与入射光振幅 $\boldsymbol{A}_{1\mathrm{p}}$ 的比值 t_{p} 为 p 波的透射系数。

式(1.4-69)符号为正，说明折射波电场矢量假定的方向与实际情况相同。

式(1.4-67)和式(1.4-69)称为 p 波的菲涅耳公式。

1.4.3.3 菲涅耳公式

概括起来，菲涅耳公式可以归纳为

$$r_s=\frac{\boldsymbol{A}'_{1s}}{\boldsymbol{A}_{1s}}=-\frac{\sin(\theta_1-\theta_2)}{\sin(\theta_1+\theta_2)}=\frac{n_1\cos\theta_1-n_2\cos\theta_2}{n_1\cos\theta_1+n_2\cos\theta_2} \tag{1.4-70}$$

$$t_s=\frac{\boldsymbol{A}_{2s}}{\boldsymbol{A}_{1s}}=\frac{2\sin\theta_2\cos\theta_1}{\sin(\theta_1+\theta_2)}=\frac{2n_1\cos\theta_1}{n_1\cos\theta_1+n_2\cos\theta_2} \tag{1.4-71}$$

$$r_p=\frac{\boldsymbol{A}'_{1p}}{\boldsymbol{A}_{1p}}=\frac{\tan(\theta_1-\theta_2)}{\tan(\theta_1+\theta_2)}=\frac{n_2\cos\theta_1-n_1\cos\theta_2}{n_2\cos\theta_1+n_1\cos\theta_2} \tag{1.4-72}$$

$$t_p=\frac{\boldsymbol{A}_{2p}}{\boldsymbol{A}_{1p}}=\frac{2\sin\theta_2\cos\theta_1}{\sin(\theta_1+\theta_2)\cos(\theta_1-\theta_2)}=\frac{2n_1\cos\theta_1}{n_2\cos\theta_1+n_1\cos\theta_2} \tag{1.4-73}$$

在正入射或入射角很小的情况下，菲涅耳公式有以下简单的形式：

$$r_s=\frac{\boldsymbol{A}'_{1s}}{\boldsymbol{A}_{1s}}=-\frac{n-1}{n+1} \tag{1.4-74}$$

$$r_p=\frac{\boldsymbol{A}'_{1p}}{\boldsymbol{A}_{1p}}=\frac{n-1}{n+1} \tag{1.4-75}$$

$$t_s=\frac{\boldsymbol{A}_{2s}}{\boldsymbol{A}_{1s}}=\frac{2}{n+1} \tag{1.4-76}$$

$$t_p=\frac{\boldsymbol{A}_{2p}}{\boldsymbol{A}_{1p}}=\frac{2}{n+1} \tag{1.4-77}$$

式中，$n=n_2/n_1$，称为相对折射率。

在这里需要强调的是，$\boldsymbol{E}_s$ 和 $\boldsymbol{E}_p$ 是同一个电场矢量 $\boldsymbol{E}$ 的 s 分量和 p 分量，二者频率相同，方向的正负随着规定的不同而不同，其物理实质不变，更重要的是 $\boldsymbol{E}_s$ 和 $\boldsymbol{E}_p$ 二者彼此独立。

例题 1.7 光束入射到空气和火石玻璃(n_2=1.7)界面，试问光束在什么角度下入射恰可使 r_p=0？

解：根据菲涅耳定律式(1.4-72)，当 r_p=0 时，$\theta_1+\theta_2=\frac{\pi}{2}$，记此时的入射角为 $\theta_1=\theta_B$，则有 $\theta_2=\frac{\pi}{2}-\theta_B$。

根据折射定律有

$$n_1\sin\theta_B=n_2\sin\theta_2=n_2\sin\left(\frac{\pi}{2}-\theta_B\right)=n_2\cos\theta_B$$

所以有 $\tan\theta_B=\frac{n_2}{n_1}=1.7$，则 $\theta_B=59^\circ 32'$。

称此时的入射角 θ_B 为**布儒斯特角**，显然 $\tan\theta_B=\frac{n_2}{n_1}$。光束在这一角度入射到界面，反射光没有 p 分量。

图 1.4-10 所示为带有布儒斯特窗的气体激光器谐振腔，在气体激光器谐振腔的放电管上，以布儒斯特角斜贴上两块玻璃片，形成布儒斯特窗。s 波在反射光方向上，不能在谐振腔中形成多次反射，但沿轴向传输的 p 波能无损耗地通过布儒斯特窗，在激光器的谐振腔中经过多次反射形成激光，最后从激光器谐振腔中出射线偏振光。

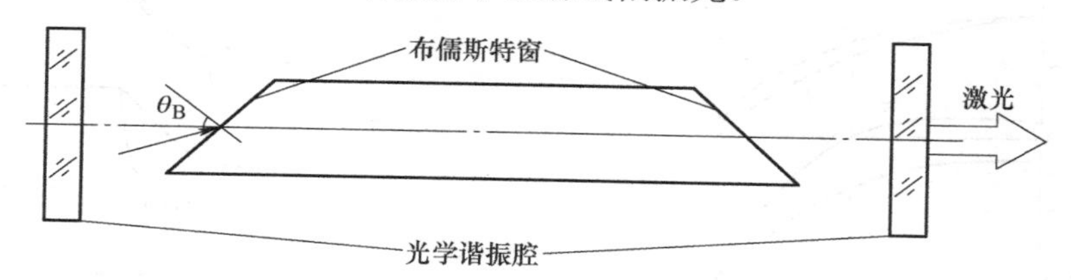

图 1.4-10　带有布儒斯特窗的气体激光器谐振腔示意图

例题 1.8　电场矢量振动方向与入射面成 45° 的线偏振光入射到两种介质的分界面上，第一种介质折射率 n_1=1，第二种介质折射率 n_2=1.5，问入射角 θ_1 为 50° 时，反射光电矢量的方位角(与入射面所成的角度)是多少？

解：根据折射定律 $n_1 \sin\theta_1 = n_2 \sin\theta_2$，可以得到折射角

$$\theta_2 = \arcsin\left(\frac{n_1}{n_2}\sin\theta_1\right) = \arcsin\left(\frac{\sin 50^\circ}{1.5}\right) = 30.71^\circ$$

根据菲涅耳公式式(1.4-70)和式(1.4-72)有

$$r_s = -\frac{\sin(\theta_1-\theta_2)}{\sin(\theta_1+\theta_2)} = -0.3347,\quad r_p = \frac{\tan(\theta_1-\theta_2)}{\tan(\theta_1+\theta_2)} = 0.057$$

由于入射光中电矢量振动方向与入射面成 45°，所以入射光中 $A_s = A_p = A$，则反射光分量的振幅为

$$A_s' = r_s A = -0.3347A,\quad A_p' = r_p A = 0.057A$$

合振动与入射面的夹角，即反射光电矢量的方位角为

$$\alpha = \arctan\left(\frac{A_s'}{A_p'}\right) = -80.34^\circ$$

1.4.4　菲涅耳定律的讨论

1.4.4.1　反射和折射时的振幅关系讨论

1. 光从光疏介质入射到光密介质($n_1 < n_2$)

当光从光疏介质入射到光密介质时，r_s、r_p、t_s、t_p 随着入射角度 θ_1 的变化曲线如图 1.4-11 所示。

1) 入射角 $\theta_1 = 0^\circ$，即光束垂直入射到两介质分界面处时，r_s、r_p、t_s、t_p 都不为零，即光束垂直入射到两介质分界面时存在反射波和折射波。

2) 入射角 $\theta_1 = 90^\circ$，此时 $|r_s| = |r_p| = 1$，t_s=t_p=0，即光束掠入射时没有折射光。

3) 入射角 $\theta_1 = \theta_B$，此时 $|r_p| = 0$，即入射角等于布儒斯特角时，反射光中没有 p 波，只有 s 波，即发生了全偏振现象。

2. 光从光密介质入射到光疏介质（$n_1 > n_2$）

当光从光密介质入射到光疏介质时，r_s、r_p、t_s、t_p 随着入射角度 θ_1 的变化曲线如图 1.4-12 所示。

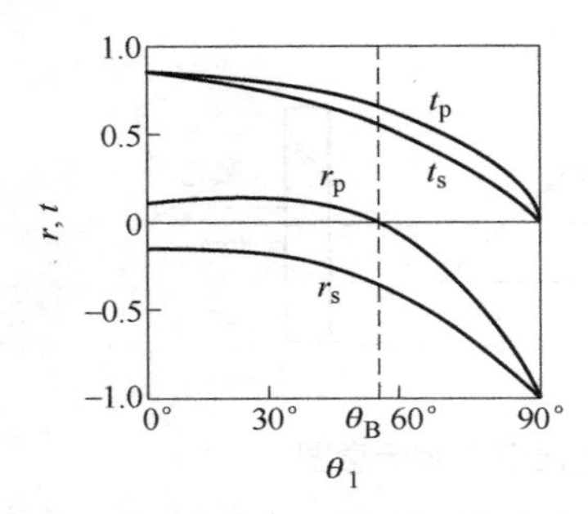

图 1.4-11 光从光疏介质入射到光密介质时反射系数与透射系数随着入射角的变化曲线

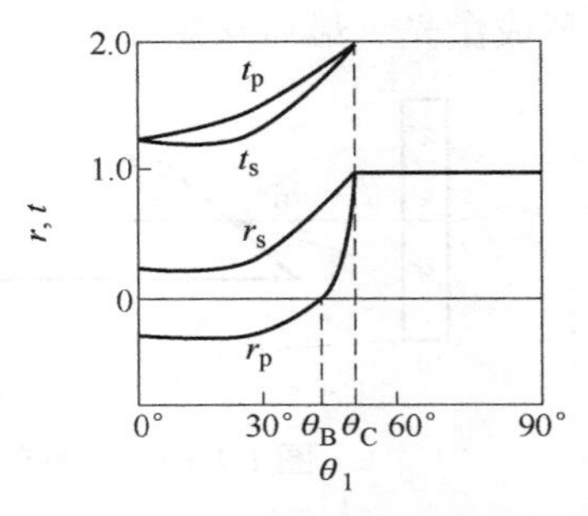

图 1.4-12 光从光密介质入射到光疏介质时反射系数与透射系数随着入射角的变化曲线

1) 入射角 $\theta_1 = 0°$，即光束垂直入射到两介质分界面处时，r_s、r_p、t_s、t_p 都不为零，即光束垂直入射到两介质分界面时存在反射波和折射波。

2) 入射角 $\theta_1 = \theta_C$，此时 $|r_s| = |r_p| = 1$，即发生了**全反射**，没有折射光。

折射角 $\theta_2 = 90°$ 时对应的入射角 θ_C，称为**临界角**。由折射定律可知 $\theta_C = \arcsin\dfrac{n_2}{n_1}$。如果 $\theta_1 > \theta_C$，由于 $n_1 > n_2$，根据折射定律可知

$$\sin\theta_2 = \frac{n_1}{n_2}\sin\theta_1 = \frac{\sin\theta_1}{n} > 1 \tag{1.4-78}$$

显然式(1.4-78)不可能求出任何实数的折射角，但可以求出复数的折射角，即

$$\cos\theta_2 = \pm \mathrm{i}\sqrt{\left(\frac{\sin\theta_1}{n}\right)^2 - 1} \tag{1.4-79}$$

将式(1.4-78)和式(1.4-79)代入菲涅耳公式式(1.4-70)和式(1.4-72)，分别得到 s 波的反射系数和 p 波的反射系数：

$$r_s = \frac{\cos\theta_1 - \mathrm{i}\sqrt{\sin^2\theta_1 - n^2}}{\cos\theta_1 + \mathrm{i}\sqrt{\sin^2\theta_1 - n^2}} \tag{1.4-80}$$

$$r_p = \frac{n^2\cos\theta_1 - \mathrm{i}\sqrt{\sin^2\theta_1 - n^2}}{n^2\cos\theta_1 + \mathrm{i}\sqrt{\sin^2\theta_1 - n^2}} \tag{1.4-81}$$

r_s 和 r_p 均为复数，可以写成如下形式：

$$r_s = |r_s|\exp(\mathrm{i}\delta_s) \tag{1.4-82}$$

$$r_p = |r_p|\exp(\mathrm{i}\delta_p) \tag{1.4-83}$$

式(1.4-82)和式(1.4-83)复数的模 $|r_s|$、$|r_p|$ 表示反射光和入射光实数振幅的比值，复数的辐角 δ_s、δ_p 表示反射时的相位变化。

式(1.4-80)和式(1.4-81)中分子和分母是一对共轭复数，所以有$|r_s|=|r_p|=1$，表明发生全反射时入射光被全部反射，不存在折射光。由于发生全反射时光能没有透射损失，所以很多光学仪器利用全反射实现光束传播方向的改变和实现像的倒转，在光纤技术中，也是利用光的全反射实现光能传导。

近几年光纤通信技术已经将地区间的信息传输量提升了近百倍，进而促进互联网技术发生了深刻的变革，正如 2009 年诺贝尔奖得主华裔物理学家高锟介绍他在光纤通信领域的工作时指出的那样“这项工作已经从根本上改变了人们的日常生活方式”。没有光学技术，今天家喻户晓的互联网只能是天方夜谭。正是光学技术的发展，促进了通信和互联网技术的迅速发展。

光波是一种频率高达 10^{14} Hz 的电磁波，利用光波作为介质所传递的通信容量原则上应比微波高 10^4～10^5 倍。人类从未放弃过对理想光传输介质的寻找，经过科学家们不懈的努力，发现了透明度很高的石英玻璃丝可以传光。这种玻璃丝叫作光学纤维，简称“光纤”。光纤的损耗程度用 dB/km 为单位来衡量。直到 20 世纪 60 年代，最好的玻璃纤维的衰减损耗仍在 1000dB/km 以上，也就是说输入信号传送 1km 后只剩下 $1/10^{100}$ 了，这种损耗情况下是无法用于通信的。

激光器的发明，使人们看到了光通信的曙光。光纤的损耗要达到可用于通信的要求，从 1000dB/km 降到 20dB/km 似乎不太可能。出生于上海的英籍华人**高锟**(K. C. Kao)博士，通过在英国标准电信实验室所做的大量研究，对光波通信作出了一个大胆的设想。他认为，既然电可以沿着金属导线传输，光也应该可以沿着导光的玻璃纤维传输。1966 年 7 月，高锟发表论文预言只要能设法降低玻璃纤维的杂质，就有可能使光纤的损耗从 1000dB/km 降到 20dB/km。高锟也因为在光纤发明上的重大贡献而获得了 2009 年的诺贝尔物理学奖。

1970 年美国康宁玻璃公司的 3 名科研人员成功地制成了传输损耗只有 20dB/km 的光纤。这是什么概念呢？与玻璃的透明程度比较，光透过玻璃功率损耗一半(3dB)的长度分别为：普通玻璃是几厘米，高级光学玻璃最多也只有几米，光纤的长度可达 150m。也就是说，光纤的透明程度比玻璃高出了几百倍。1974 年美国贝尔研究所发明了低损耗光纤制法——气相沉积法，使得光纤损耗降低到 1dB/km。1977 年世界上第一条光纤通信系统在美国芝加哥市投入商用，速率为 45Mbit/s。进入实用阶段后，光纤通信的应用发展极为迅速，通信容量和中继距离成倍增长。

3) 入射角 $\theta_1=\theta_B$，此时$|r_p|=0$，即入射角等于布儒斯特角时，反射光中没有 p 波，只有 s 波，即发生了**全偏振现象**。

例题 1.9　光从光密介质入射到光疏介质时，布儒斯特角能大于临界角吗？为什么？

解：当光从光密介质入射到光疏介质时，全反射的临界角正弦为

$$\sin\theta_C=\frac{n_2}{n_1}$$

布儒斯特角正切为

$$\tan\theta_B=\frac{n_2}{n_1}$$

因为

$$\tan\theta_B = \frac{\sin\theta_B}{\cos\theta_B} = \frac{\sin\theta_B}{\sqrt{1-\sin^2\theta_B}} = \frac{n_2}{n_1}$$

所以

$$\sin\theta_B = \frac{n_2}{n_1}\frac{1}{\sqrt{1+\left(\frac{n_2}{n_1}\right)^2}}$$

显然，$\sin\theta_B < \sin\theta_C$。所以，当光从光密介质入射到光疏介质时，布儒斯特角不可能大于临界角。

1.4.4.2 反射和折射时的相位关系讨论

r_s、r_p、t_s、t_p 随着入射角 θ_1 的变化，只会出现正值或者负值的情况，表明所考虑的两个场同相位（振幅比取正值），相应地相位变化是 0；或者两个场反相位(振幅比取负值)，相应地相位变化是 π。

对于折射光，t_s、t_p 都是正值，表明折射光和入射光的相位总是相同的，s 波和 p 波的折射光的电场矢量取向与规定的正向相同，即光通过两介质分界面时，折射光不发生相位改变。

下面讨论反射光的相位关系。

1. 光从光疏介质入射到光密介质($n_1 < n_2$)

(1) 反射光的 s 波相位讨论

根据图 1.4-11 所示，$r_s < 0$，表明光入射到两介质分解面处，反射光的 s 波在界面上发生了 π 相位变化【注：$-1 = e^{i\pi}$】，即当 $\boldsymbol{E}_{1s}$ 在入射光中取正向时，$\boldsymbol{E}'_{1s}$ 在反射光中取负向。

(2) 反射光的 p 波相位讨论

对于反射光的 p 波而言，根据图 1.4-11 所示，分以下几种情况：

1) 入射角 $\theta_1 < \theta_B$，$r_p > 0$，p 波相位变化为 0，即 $\boldsymbol{E}_{1p}$ 和 $\boldsymbol{E}'_{1p}$ 在入射光和反射光中同取正向或者同取负向。

2) 入射角 $\theta_1 = \theta_B$，$r_p = 0$，发生了全偏振现象，反射光中没有 p 波，只有 s 波。

3) 入射角 $\theta_1 > \theta_B$，$r_p < 0$，p 波相位变化为 π，即 $\boldsymbol{E}_{1p}$ 和 $\boldsymbol{E}'_{1p}$ 在入射光和反射光中分别取正向和负向。

图 1.4-13 所示为不同入射角情况下，光从光疏介质入射到光密介质，两介质分界面反射和折射时电矢量的取向情况。

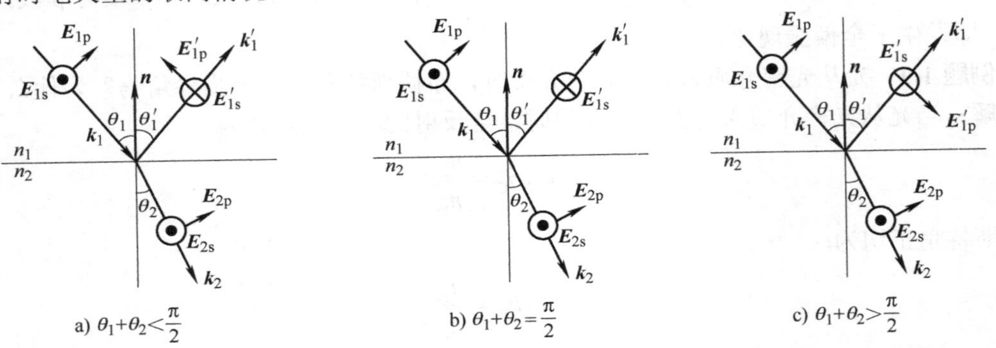

图 1.4-13 光从光疏介质入射到光密介质，不同入射角情况下反射和折射时电矢量的取向情况

由图 1.4-13 可以看出，在入射角很小(垂直入射，见图 1.4-13b 当 θ_1=0° 时)或者入射角接近 90° (掠入射，见图 1.4-13c 当 θ_1=90° 时)两种情况下，$\boldsymbol{E}_{1s}$ 和 $\boldsymbol{E}'_{1s}$ 以及 $\boldsymbol{E}_{1p}$ 和 $\boldsymbol{E}'_{1p}$ 的方向都正好相反，因此 $\boldsymbol{E}_1$ 和 $\boldsymbol{E}'_1$ 的方向也正好相反，表明在光垂直入射或者掠入射两种情况下，反射光振动和入射光振动反相，即反射光振动相对于入射光振动发生了 π 相位改变，称这种相位突变为“半波损失”现象，**相当于反射光相对于入射光出现了半个波长的光程差**。图 1.4-14 所示为垂直入射时的“半波损失”情况。

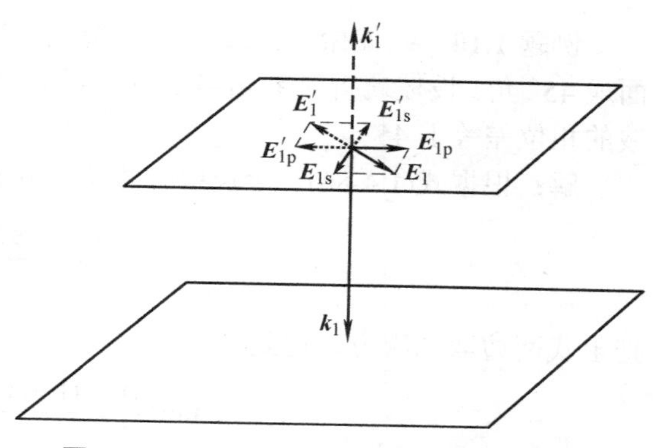

图 1.4-14 垂直入射时的“半波损失”现象

2. 光从光密介质入射到光疏介质($n_1 > n_2$)

(1) 反射光的 s 波相位讨论

对于反射光的 s 波而言，根据图 1.4-12 所示，分以下两种情况：

1) 入射角 $\theta_1 < \theta_C$，$r_s > 0$，s 波相位变化为 0，即 $\boldsymbol{E}_{1s}$ 和 $\boldsymbol{E}'_{1s}$ 在入射光和反射光中同取正向或者同取负向。

2) 入射角 $\theta_1 > \theta_C$，发生了全反射现象，此时反射光的 s 波的相位改变随着入射角度的变化而缓慢变化。

由式(1.4-80)和式(1.4-82)可以得到

$$\tan\frac{\delta_s}{2} = -\frac{\sqrt{\sin^2\theta_1 - n^2}}{\cos\theta_1} \tag{1.4-84}$$

由式(1.4-81)和式(1.4-83)可以得到

$$\tan\frac{\delta_p}{2} = -\frac{\sqrt{\sin^2\theta_1 - n^2}}{n^2\cos\theta_1} \tag{1.4-85}$$

当 n=1/1.5 时，δ_s 和 δ_p 随入射角 θ_1 变化的关系曲线如图 1.4-15 所示。

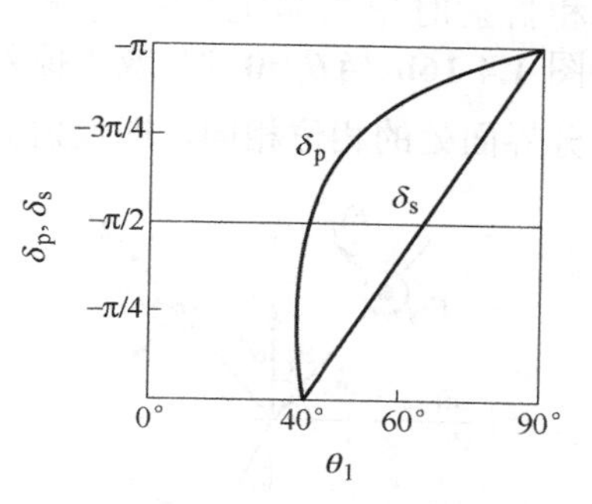

图 1.4-15 全反射时相位变化

可见，在全反射条件下，s 波和 p 波在界面上有不同的相位跃变。反射光中 s 波和 p 波的相位差与入射角的关系为

$$\tan\frac{\delta}{2} = \tan\frac{\delta_s - \delta_p}{2} = \frac{\cos\theta_1\sqrt{\sin^2\theta_1 - n^2}}{\sin^2\theta_1} \tag{1.4-86}$$

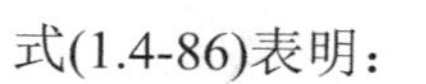

式中，δ 是反射光中 s 波和 p 波的相位差，$\delta=\delta_s - \delta_p$。

式(1.4-86)表明：

① 当入射角等于临界角即 $\theta_1 = \theta_C$ 时，反射光中 s 波和 p 波的相位差 δ 为零，若入射光为线偏振光，则反射光也为线偏振光；

② 当入射角大于临界角即 $\theta_1 > \theta_C$ 时，且入射的线偏振光的振动方向与入射面的交角既不是 0° 也不是 90°，此时反射光中 s 波和 p 波存在相位差 δ，且 $\delta \neq 0°, \delta \neq \pi$，此时反射光将为椭圆偏振光，这部分内容将在 2.3 节阐明。

例题 1.10 线偏振光在玻璃-空气界面上发生全反射，线偏振光电矢量的振动方向与入射面成 45° 角。设玻璃折射率 n_1=1.5，问线偏振光应以多大的角度入射才能使反射光的 s 波和 p 波的相位差等于 45°。

解：根据式(1.4-86)，全反射时相位差 δ 和入射角 θ_1 的关系为

$$\tan\frac{\delta}{2}=\frac{\cos\theta_1\sqrt{\sin^2\theta_1-n^2}}{\sin^2\theta_1}$$

把上式两边取二次方，得到

$$\tan^2\frac{\delta}{2}=\frac{(1-\sin^2\theta_1)(\sin^2\theta_1-n^2)}{\sin^4\theta_1}$$

因此有

$$\left(1+\tan^2\frac{\delta}{2}\right)\sin^4\theta_1-(n^2+1)\sin^2\theta_1+n^2=0$$

因为 $n=\dfrac{1}{1.5}$，$\tan\dfrac{\delta}{2}=\tan\dfrac{45^\circ}{2}$，代入上式得到

$$\theta_1=53^\circ15'29'' \text{ 或 } \theta_1=50^\circ13'45''$$

(2) 反射光的 p 波相位讨论

对于反射光的 p 波而言，根据图 1.4-12 所示，分以下三种情况：

1) 入射角 $\theta_1<\theta_B$，$r_p<0$，p 波相位变化为 π，即 $\boldsymbol{E}_{1p}$ 和 $\boldsymbol{E}'_{1p}$ 在入射光和反射光中分别取正向和负向。

2) 入射角 $\theta_1=\theta_B$，$r_p=0$，发生了全偏振现象，反射光中没有 p 波，只有 s 波。

3) 入射角 $\theta_C>\theta_1>\theta_B$，$r_p>0$，p 波相位变化为 0，即 $\boldsymbol{E}_{1p}$ 和 $\boldsymbol{E}'_{1p}$ 在入射光和反射光中同取正向或者同取负向。

图 1.4-16 所示为不同入射角情况下，光从光密介质入射到光疏介质，两介质分界面反射和折射时电矢量的取向情况。显然，**当光从光密介质入射到光疏介质，接近正入射(见图 1.4-16b 当 θ_1=0° 时)或者掠入射(见图 1.4-16c 当 $\theta_1=90^\circ$ 时)时，入射光与反射光在两介质分界面处的相位相同，即反射光在分界处不产生相位跃变。**

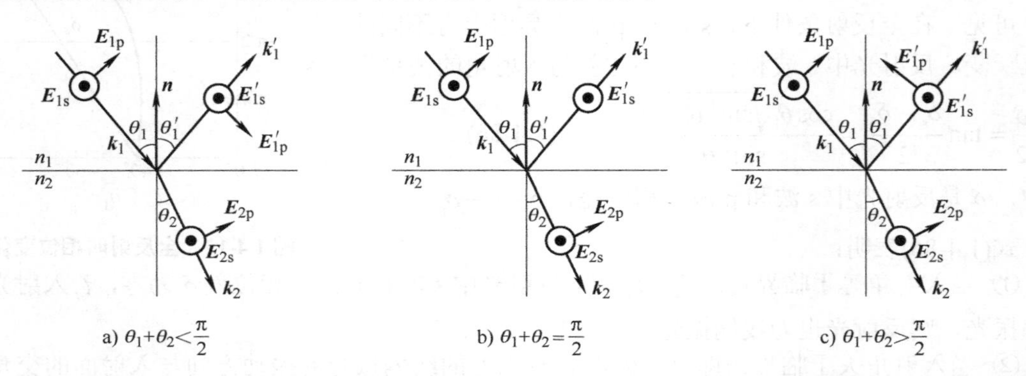

图 1.4-16 光从光密介质入射到光疏介质，不同入射角情况下反射和折射时电矢量的取向情况

例题 1.11 光入射到平行平面薄膜出两个表面被反射出两束光，分析两束反射光的附加

相位差的情况。

解： 对于从平行平面薄膜两表面反射的光束，设薄膜的折射率为 n_2，介质的折射率为 n_1，薄膜放置于介质当中，有以下四种情况：(1)$n_1 < n_2$，$\theta_1 < \theta_B$；(2)$n_1 < n_2$，$\theta_1 > \theta_B$；(3)$n_1 > n_2$，$\theta_1 < \theta_B$；(4)$n_1 > n_2$，$\theta_1 > \theta_B$。

图 1.4-17 所示为不同入射角情况下反射和折射时的电场矢量取向。

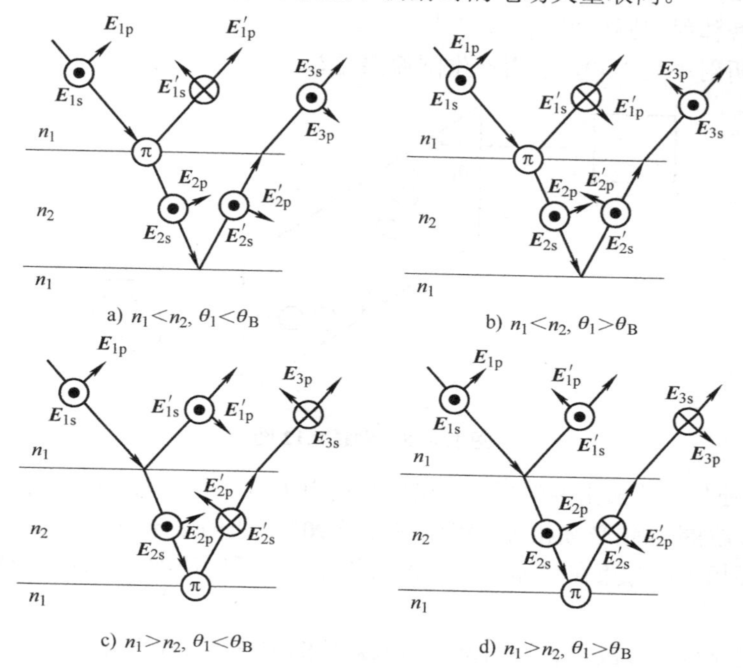

图 1.4-17　不同入射角情况下反射和折射时的电场矢量取向

如图 1.4-17a 所示，在 $n_1 < n_2$，$\theta_1 < \theta_B$ 条件下，当光入射到薄膜上表面时，由于 $n_1 < n_2$，根据图 1.4-11 可知，当 $\theta_1 < \theta_B$ 时，$r_s < 0$，$r_p > 0$，$t_s > 0$，$t_p > 0$，所以薄膜上表面反射光 $\boldsymbol{E}'_{1s}$ 和入射光 $\boldsymbol{E}_{1s}$ 取反向，反射光 $\boldsymbol{E}'_{1p}$ 和入射光 $\boldsymbol{E}_{1p}$ 取同向，当光垂直入射到薄膜上表面时，反射光相对于入射光发生了半波损失；薄膜上表面的透射光 $\boldsymbol{E}_{2s}$ 和入射光 $\boldsymbol{E}_{1s}$ 取同向，透射光 $\boldsymbol{E}_{2p}$ 和入射光 $\boldsymbol{E}_{1p}$ 取同向。

当光入射到薄膜下表面时，由于 $n_2 > n_1$，根据图 1.4-12 可知，当入射角小于布儒斯特角时，$r_s > 0$，$r_p < 0$，$t_s > 0$，$t_p > 0$，所以薄膜下表面反射光 $\boldsymbol{E}'_{2s}$ 和入射光 $\boldsymbol{E}_{2s}$ 取同向，反射光 $\boldsymbol{E}'_{2p}$ 和入射光 $\boldsymbol{E}_{2p}$ 取反向。

当光从薄膜上表面折射到介质 n_1 中后，由于 $n_2 > n_1$，根据图 1.4-12 可知，$t_s > 0$，$t_p > 0$，折射光 $\boldsymbol{E}_{3s}$ 和入射光 $\boldsymbol{E}'_{2s}$ 取同向，折射光 $\boldsymbol{E}_{3p}$ 和入射光 $\boldsymbol{E}'_{2p}$ 取同向。

对于其他三种情况，进行同样分析，可以得到图 1.4-17b、图 1.4-17c 和图 1.4-17d 反射和折射时的电场矢量取向。

可以看到，当薄膜上下两侧介质相同时，薄膜上、下表面的反射光的光场相位差除了有光程差的贡献外，还有由于半波损失引入的 π 的附加相位差。

如果薄膜上下两侧介质的折射率分别为 n_1 和 n_3，当 $n_1> n_2> n_3$，或者 $n_1< n_2< n_3$ 时，两束光的反射性质完全相同，即没有“半波损失”现象发生。

例题 1.12　全反射产生的相位变化，可用来从线偏振光产生圆偏振光。菲涅耳的设计方案如图 1.4-18 所示，玻璃棱体的顶角为 α，折射率为 1.5。线偏振光的电矢量与图面呈 45°，垂直入射到棱体的一个表面。问：

(1) 要使从棱体射出圆偏振光，α 应为多大?

(2) 若棱体折射率为 1.49，能否产生圆偏振光?

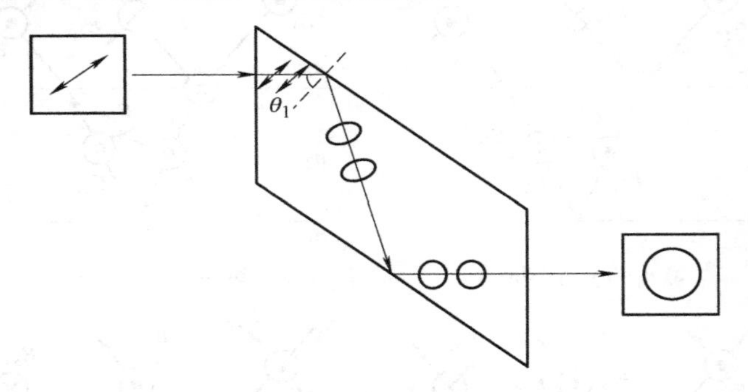

图 1.4-18　例题 1.12 图

解：(1) 要使从棱体射出圆偏振光，出射光的电矢量平行于入射面的分波(p 波)和垂直于入射面的分波(s 波)的振幅必须相等，相位差等于 90°。线偏振光的电矢量与图面呈 45°，则 s 波和 p 波振幅相等；光束在棱体内，在相同条件下全反射两次，每次全反射的相位差必须等于 45°。

根据全反射条件下 s 波和 p 波相位差与入射角的关系式(1.4-86)：

$$\tan\frac{\delta}{2}=\tan\frac{\delta_{\mathrm{s}}-\delta_{\mathrm{p}}}{2}=\frac{\cos\theta_1\sqrt{\sin^2\theta_1-n^2}}{\sin^2\theta_1}$$

已知 n=1/1.5，为了使得 δ=45°，则有 θ_1=53°15′ 或者 θ_1=50°13′。

因为 $\alpha=\theta_1$，所以棱体的顶角可以选择 53°15′ 或者 50°13′。

(2) 对于一定的棱体折射率 n，相位差 δ 有一个极大值 δ_{m}，由下式决定：

$$\frac{\mathrm{d}}{\mathrm{d}\theta_1}\left(\tan\frac{\delta}{2}\right)=\frac{2n^2-(1+n^2)\sin^2\theta_1}{\sin^2\theta_1\sqrt{\sin^2\theta_1-n^2}}=0$$

因此，$\sin^2\theta_1=\dfrac{2n^2}{1+n^2}$。将此条件代入式(1.4-86)，有

$$\tan\frac{\delta_{\mathrm{m}}}{2}=\frac{2+n^2}{2n}$$

当 n=1/1.49 时，有

$$\tan\frac{\delta_{\mathrm{m}}}{2}=\frac{2+n^2}{2n}=0.4094,\quad \delta_{\mathrm{m}}=44°32'<45°$$

因此，光束在棱体内两次全反射后不能产生圆偏振光。

1.4.5 反射比和透射比

菲涅耳定律给出了入射光、反射光和折射光的振幅和相位的关系。为了表示反射光与入射光、折射光与入射光能量之间的关系，引入反射比和透射比的概念。

因为辐射强度满足

$$\boldsymbol{S}=\boldsymbol{E}\times\boldsymbol{H} \tag{1.4-87}$$

式中，矢量 $\boldsymbol{S}$ 为坡印廷矢量，是电磁场中能流密度矢量，表征了电磁场的能量传输特性，其大小表示单位时间通过垂直单位面积的能量，单位为 W/m^2，其矢量方向与波矢量 $\boldsymbol{k}$ 方向一致。

根据物质方程有 $\boldsymbol{B}=\mu\boldsymbol{H}$，$\dfrac{|\boldsymbol{E}|}{|\boldsymbol{B}|}=v$，$v=\dfrac{1}{\sqrt{\varepsilon\mu}}$，式(1.4-87)可写为

$$\boldsymbol{S}=v\varepsilon\boldsymbol{E}^2 \tag{1.4-88}$$

对于平面电磁波 $\boldsymbol{E}=\boldsymbol{E}_0\cos(\boldsymbol{k}\bullet\boldsymbol{r}-\omega t)$，代入上式中，有

$$\boldsymbol{S}=E_0^2\cos^2(\boldsymbol{k}\bullet\boldsymbol{r}-\omega t)v\varepsilon \tag{1.4-89}$$

在物理光学中，通常把辐射强度的平均值称为光强，用 I 表示，即

$$I=\frac{1}{T}\int_0^T\boldsymbol{S}\mathrm{d}t=v\varepsilon E_0^2\int_0^T\cos^2(\boldsymbol{k}\bullet\boldsymbol{r}-\omega t)\mathrm{d}t=\frac{1}{2}v\varepsilon E_0^2=\frac{1}{2}\sqrt{\frac{\varepsilon}{\mu}}E_0^2=\frac{1}{2}\sqrt{\frac{\varepsilon_0}{\mu_0}}nE_0^2 \tag{1.4-90}$$

式(1.4-90)表示单位时间内通过垂直于传播方向的单位面积的能量。显然，光强正比于介质折射率和电磁场振幅的二次方。

设入射光投射到两介质分界面上的面积为 S_0，则入射光正截面积为 $S_0\cos\theta_1$，反射光正截面积为 $S_0\cos\theta_1$，折射光正截面积为 $S_0\cos\theta_2$，在这里不考虑散射和吸收等损耗，入射光能量在反射光和折射光中重新分配，如图 1.4-19 所示。

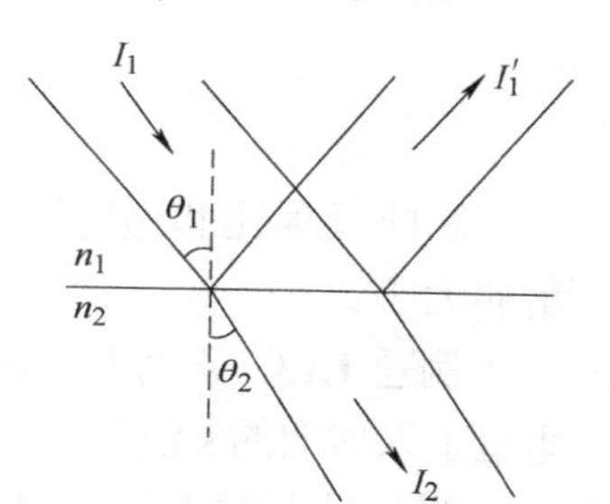

图 1.4-19 反射和折射时光束截面积的变化

设入射光、反射光、折射光的能量分别为 W_1、W_1'、W_2，则每秒入射到分界面的能量为

$$W_1=I_1S_0\cos\theta_1=\frac{1}{2}\sqrt{\frac{\varepsilon_0}{\mu_0}}n_1E_{10}^2S_0\cos\theta_1 \tag{1.4-91}$$

$$W_1'=I_1'S_0\cos\theta_1=\frac{1}{2}\sqrt{\frac{\varepsilon_0}{\mu_0}}n_1E_{10}'^2S_0\cos\theta_1 \tag{1.4-92}$$

$$W_2=I_2S_0\cos\theta_2=\frac{1}{2}\sqrt{\frac{\varepsilon_0}{\mu_0}}n_2E_{20}^2S_0\cos\theta_2 \tag{1.4-93}$$

式中，E_{10}、E_{10}'、E_{20} 分别是入射光、反射光和折射光的振幅；I_1、I_1'、I_2 分别是入射光、反射光和折射光的光强。

由此得到两介质分界面上反射光能流与入射光能流之比为

$$R=\frac{W_1'}{W_1}=\frac{E_{10}'^2}{E_{10}^2} \tag{1.4-94}$$

式中，R 称为反射比或反射率。

两介质分界面上折射光能流与入射光能流之比为

$$T=\frac{W_2}{W_1}=\frac{n_2\cos\theta_2}{n_1\cos\theta_1}\frac{E_{20}^2}{E_{10}^2} \tag{1.4-95}$$

式中，T 称为透射比或透射率。

根据能量守恒定律，有

$$R+T=1 \tag{1.4-96}$$

将菲涅耳定律代入式(1.4-94)和式(1.4-95)，得到 s 波和 p 波的反射比和透射比分别为

$$R_s=\frac{A_{1s}'^2}{A_{1s}^2}=r_s^2 \tag{1.4-97}$$

$$T_s=\frac{n_2\cos\theta_2}{n_1\cos\theta_1}\frac{A_{2s}^2}{A_{1s}^2}=\frac{n_2\cos\theta_2}{n_1\cos\theta_1}t_s^2 \tag{1.4-98}$$

$$R_p=\frac{A_{1p}'^2}{A_{1p}^2}=r_p^2 \tag{1.4-99}$$

$$T_p=\frac{n_2\cos\theta_2}{n_1\cos\theta_1}\frac{A_{2p}^2}{A_{1p}^2}=\frac{n_2\cos\theta_2}{n_1\cos\theta_1}t_p^2 \tag{1.4-100}$$

根据能量守恒定律，同样有

$$R_s+T_s=1 \tag{1.4-101}$$

$$R_p+T_p=1 \tag{1.4-102}$$

影响反射比和透射比的主要因素有界面两边介质的特性，以及入射光的偏振特性和入射角的大小。

例题 1.13 入射到两种不同介质分界面上的偏振光波的电矢量与入射面成 α 角度，若电矢量垂直于入射面的 s 波和平行于入射面的 p 波的反射比分别为 R_s 和 R_p，写出总反射比的表达式。

解： 设入射光的振幅为 $\boldsymbol{A}_1$，入射光的 s 波和 p 波的振幅分别为 $\boldsymbol{A}_{1s}$ 和 $\boldsymbol{A}_{1p}$；设反射光的振幅为 $\boldsymbol{A}_1'$，反射光的 s 波和 p 波的振幅分别为 $\boldsymbol{A}_{1s}'$ 和 $\boldsymbol{A}_{1p}'$。

对于入射光满足 $A_1'^2=A_{1s}'^2+A_{1p}'^2$，因此有

$$R=\left(\frac{A_1'}{A_1}\right)^2=\left(\frac{A_{1s}'}{A_1}\right)^2+\left(\frac{A_{1p}'}{A_1}\right)^2$$

入射到两种不同介质分界面上的偏振光波的电矢量与入射面成 α 角度，所以 $\boldsymbol{A}_{1s}=\boldsymbol{A}_1\sin\alpha$，$\boldsymbol{A}_{1p}=\boldsymbol{A}_1\cos\alpha$，因此有

$$R=\left(\frac{A_{1s}'}{A_{1s}}\right)^2\sin^2\alpha+\left(\frac{A_{1p}'}{A_{1p}}\right)^2\cos^2\alpha$$

或者写为

$$R=R_s\sin^2\alpha+R_p\cos^2\alpha$$

同理可以得到

$$T = T_s \sin^2 \alpha + T_p \cos^2 \alpha$$

在正入射或入射角很小的情况下，有以下简单的形式：

$$R_s = R_p = \left(\frac{n_2 - n_1}{n_2 + n_1}\right)^2 \tag{1.4-103}$$

$$T_s = T_p = \frac{4n_1 n_2}{(n_2 + n_1)^2} \tag{1.4-104}$$

1.5　倏逝波

倏逝波

1.5.1　倏逝波的概念

光从光密介质(折射率为 n_1)入射到光疏介质(折射率为 n_2)中，在两种介质分界面上电场和磁场不可能中断，满足电磁场的边界条件。因此当发生全反射时，光疏介质中一定会存在透射波。实验结果表明，透射到光疏介质的透射波振幅急剧衰减，仅透入介质约一个波长的厚度，并沿两介质分界面传播波长量级的一小段距离最后返回光密介质。称透入光疏介质的这个波为**倏逝波**。

由式(1.4-20)可知，透射波的波函数为

$$\boldsymbol{E}_2 = \boldsymbol{A}_2 \exp\left[-\mathrm{i}(\omega_2 t - \boldsymbol{k}_2 \cdot \boldsymbol{r})\right]$$

若选取入射面为 xOz 平面，如图 1.4-5 所示，则

$$\boldsymbol{k}_2 \cdot \boldsymbol{r} = k_{2x} x + k_{2z} z \tag{1.5-1}$$

根据式(1.4-29)可以得到

$$\begin{cases} k_{2x} = k_2 \sin\theta_2 = k_2 \dfrac{\sin\theta_1}{n} \\ k_{2y} = 0 \\ k_{2z} = k_2 \cos\theta_2 = \pm \mathrm{i} k_2 \sqrt{\dfrac{\sin^2\theta_1}{n^2} - 1} \end{cases} \tag{1.5-2}$$

显然 k_{2z} 是虚数，将 k_{2z} 写为 $k_{2z} = \pm \mathrm{i}\kappa$，其中 $\kappa = k_2\sqrt{\dfrac{\sin^2\theta_1}{n^2} - 1}$ 是正实数。

因此，透射波的波函数可以写为

$$\boldsymbol{E}_2 = \boldsymbol{A}_2 \exp(\mp\kappa z)\exp\left[\mathrm{i}(k_{2x} x - \omega_2 t)\right] \tag{1.5-3}$$

式(1.5-3)表明，透射波是一个沿 x 方向传播，振幅在 z 方向按照指数规律变化的波，这个波就是倏逝波。

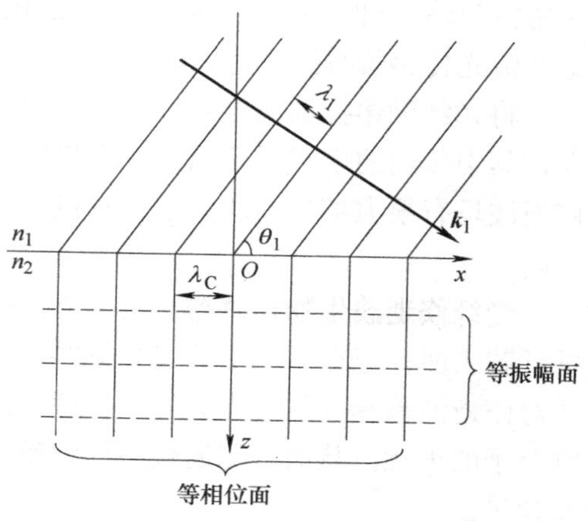

图 1.5-1　全反射时投入光疏介质中的倏逝波

倏逝波的等振幅面是 x 为常数的平面，等相位面是 z 为常数的平面，等振幅面和等相位面互相垂直，如图 1.5-1 所示。在这里需要注意的是，一般

的平面电磁波等振幅面和等相位面是重合的，即为均匀平面波。因此，倏逝波通常称为**非均匀平面波**。

式(1.5-3)表明倏逝波的振幅因子为 $\boldsymbol{A}_2\exp(\mp\kappa z)\exp(\mathrm{i}k_{2x}x)$，显然 κ 前只能取负号。因为 κ 前取正号时表示离开界面透射入光疏介质的光振幅值随着传播距离的增大而增大，显然是不可能的。可以看到倏逝波的振幅随着 x 的增加骤然衰减。

定义透射光振幅减小到界面(x=0)振幅 1/e 的深度为穿透深度。

根据式(1.5-3)，得到倏逝波的穿透深度为

$$z_0=\frac{1}{\kappa}=\frac{n}{k_2\sqrt{\sin^2\theta_1-n^2}} \tag{1.5-4}$$

若 n_1=1.5，n_2=1，入射角为 $\theta_1=60°$ 时，倏逝波的穿透深度为 $0.288\lambda_1$；入射角为 $\theta_1=90°$ 时，倏逝波的穿透深度为 $0.214\lambda_1$。可见，倏逝波的穿透深度为波长量级。

倏逝波的波长为

$$\lambda_{\mathrm{C}}=\frac{2\pi}{k_{2z}}=\frac{\lambda_1}{\sin\theta_1} \tag{1.5-5}$$

虽然全反射时在光疏介质中存在倏逝波，但其并不向光疏介质内部传输能量。

1947 年，Fritz Goos 和 Hilda Lingdberg-Hänchen 用实验表明，一束被全反射的光，会从此光束入射到界面上的位置做微小移动 Δx，如图 1.5-2 所示，这个位移称为 Goos-Hänchen 位移，这是造成全反射时反射光相位跃变的原因。一般而言，光的反射并不是精确地发生在界面上。Goos-Hänchen 位移随着光的偏振不同而略有不同，$\Delta x\approx 2\Delta y\tan\theta_1$，与入射光的波长同一量级。

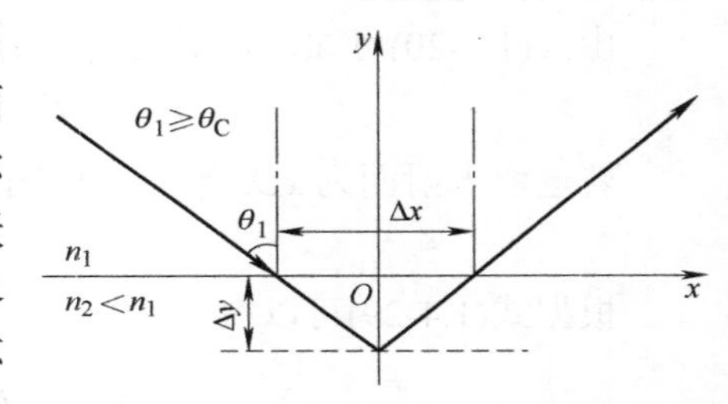

图 1.5-2　Goos-Hänchen 位移

1.5.2　倏逝波的应用

由于倏逝波的振幅以指数衰减，在离界面几个波长处已经变得十分微弱，所以倏逝波效应常被忽略。自 1975 年 Kronick 和 Little 第一次利用倏逝波进行一项荧光免疫检定以来，倏逝波荧光传感器得到快速发展。

将光纤融熔拉制成锥光纤后，锥腰很细，其典型大小为几微米量级。此时原纤芯已不存在，其中传输的模式属于以空气为包层的细线的模。由于锥腰很细，与光波长同一数量级，倏逝波场有很大部分的能量透入到包层中，光纤外、内传输的能量比例达 50%～70%，甚至更高。

光纤倏逝波生物传感器是基于光波在光纤内以全反射方式传输时产生倏逝波，来激发光纤纤芯表面标记在分子上的荧光染料。如图 1.5-3 所示，由于透射深度 d_{p} 只有波长量级，只能对倏逝波范围内的荧光染料进行萤光激发和收集，不受待测样品溶液中其他荧光物质和生物分子的干扰，从而检测通过特异性反应附着于纤芯表面倏逝波场范围内的生物物质的属性及含量。

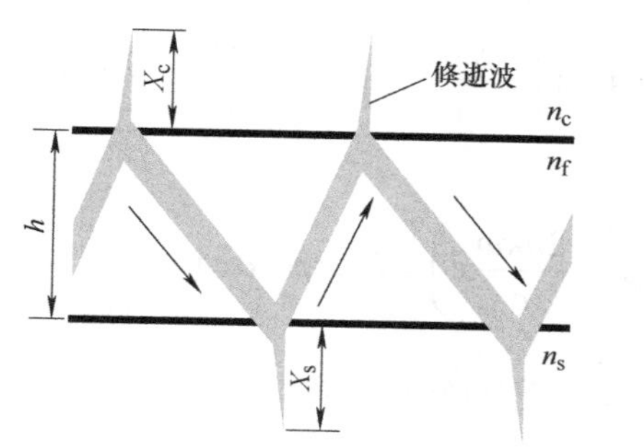

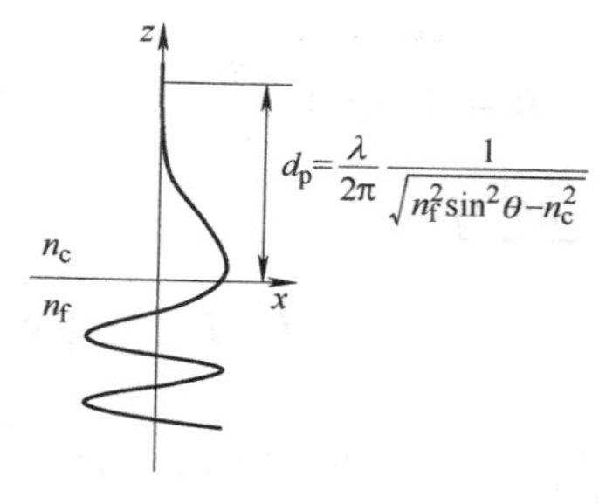

图 1.5-3　光纤倏逝波生物传感器检测原理示意图

光纤倏逝波生物传感器的应用广泛，如环境检测、毒品药品检测、临床疾病检测、微生物检测、DNA 检测和生物战剂检测等，具有灵活小巧、屏蔽效果好、灵敏度高、生物特异性强、测量速度快、便于实施动态监测的优点。但同其他生物传感器相比，光纤倏逝波生物传感器的线性范围较窄，长期稳定性、可靠性和一致性还不是很理想。

在锥光纤与光学微腔光通信器件中，锥形光纤的锥角处倏逝场比较强，利用此处的倏逝场与平面环形微腔表面的倏逝场进行耦合。如图 1.5-4 所示，当光在光纤中传播时，光在锥形区域部分会产生以光纤的芯径为轴的倏逝波光场，锥形光纤表面的倏逝波比较强，当平面环形微腔和锥形光纤有较好的耦合参数时，光会以倏逝波的形式耦合进平面环形微腔。当倏逝波的频率与环形微腔赤道面上的本征频率相等时，环形微腔的光发生共振现象，也就是通过不断的全反射产生回音壁模式。锥形光纤有效地提高了耦合系统的耦合效率，并且体积紧凑，便于集成，可广泛应用于光纤通信中，如做光源、放大器等。

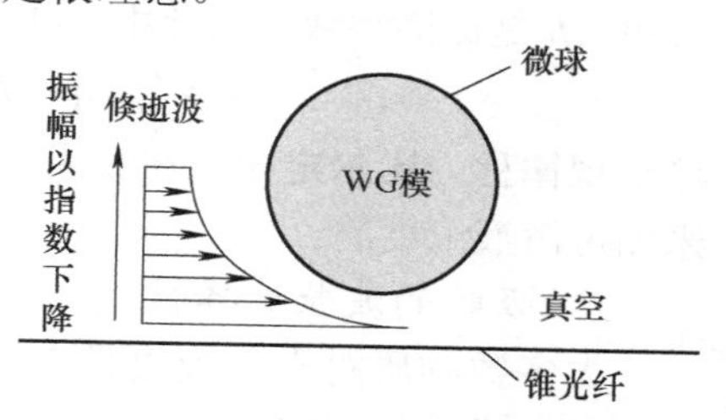

图 1.5-4　锥形光纤锥角处的倏逝波

1.6　光的吸收、色散和散射

光的吸收

1.6.1　光的吸收

任何物质对光波都会或多或少地吸收。前面讨论过的透明介质，因为吸收比较小，所以没有考虑它的吸收效应。从光与物质相互作用来看，透明介质也存在吸收。光在介质内传播时，介质中的束缚电子在光波电场的作用下做受迫振动，因此光波要消耗能量来激发电子的振动。这些能量的一部分又以次波的形式与入射波叠加成透射光波而射出介质。另外，由于与周围原子和分子的相互作用，束缚电子受迫振动的一部分能量将变为其他形式的能量，如分子热运动的能量，这一部分能量损耗就是介质对光的吸收。

1. 吸收定律

介质的吸收形式上也可以引入一个复折射率来描述。若令吸收介质的折射率为

$$\tilde{n}=n(1+\mathrm{i}\kappa) \tag{1.6-1}$$

则在介质内沿 z 轴方向传播的平面波(见图 1.6-1)的电场可以写为

$$E = A\exp\left[\mathrm{i}\left(\frac{\omega\tilde{n}}{c}z - \omega t\right)\right] = A\exp\left(-\frac{n\kappa\omega}{c}z\right)\exp\left[\mathrm{i}\left(\frac{\omega n}{c}z - \omega t\right)\right] \tag{1.6-2}$$

平面波的强度为

$$I = E \cdot E^* = |A|^2 \exp\left(-\frac{2n\kappa\omega}{c}z\right) = I_0 \exp(-\bar{\alpha} z) \tag{1.6-3}$$

式中，$I_0 = |A|^2$，是 z=0 处的光强；$\bar{\alpha} = \dfrac{2n\kappa\omega}{c}$ 称为物质的吸收系数。式(1.6-3)表明光波的强度随着光波进入介质的距离 Z 的增大按指数规律衰减，衰减的快慢取决于物质的吸收系数 $\bar{\alpha}$ 的大小。式(1.6-3)通常称为布格尔定律或朗伯定律。实验证明，该定律式相当精确地成立。

当光通过溶解于透明溶剂中的物质而被吸收时，实验证明，吸收系数 $\bar{\alpha}$ 与溶液的浓度 C 成正比：

$$\bar{\alpha} = \beta C \tag{1.6-4}$$

式中，β 是比例常数。因此由式(1.6-3)，溶液的吸收可以表示为

$$I = I_0 \exp(-\beta C z) \tag{1.6-5}$$

这一规律称为**比尔定律**。在吸收光谱分析中，就是利用比尔定律来测定溶液浓度的。

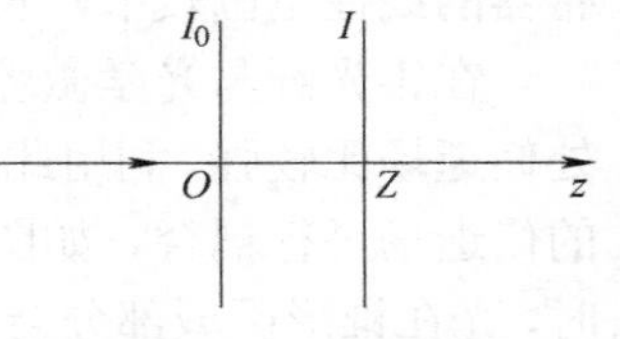

图 1.6-1　光的吸收

2. 吸收的波长选择性

大多数物质对光的吸收具有波长选择性。对于不同波长的光，物质的吸收系数不同。对可见光进行选择吸收，会使白光变成彩色光。绝大部分物体呈现颜色，都是其表面或体内对可见光进行选择吸收的结果。例如，红玻璃对红光和橙光吸收很小，而对绿光、蓝光和紫光几乎全部吸收，所以当白光射到红玻璃上时，只有红光能够透过，因此呈红色。如果红玻璃用绿光照射，则由于全部光能被吸收，看到的玻璃将是黑色的。

另外，普通光学材料在可见光区是相当透明的，它们对各种波长的可见光都吸收很少。但是，在紫外和红外光区，它们则表现出不同的选择吸收，因此它们的透明区可能是很不相同的(见表 1.6-1)。

表 1.6-1　几种光学材料的透光波长范围

光学材料	透光波长范围/nm	光学材料	透光波长范围/nm
冕牌玻璃	350～2000	萤石	125～9500
火石玻璃	380～2500	岩盐	175～14500
石英	180～4000	氯化钾	180～23000

物质吸收的选择性可用它们的吸收系数和波长的关系曲线表示，如图 1.6-2 所示。在一定的波长范围内物质的吸收很强，而且有一个极大值，这个吸收范围称为吸收带。在带外的波长区域，物质的吸收很小，是透明区。一般情况，固体和液体的吸收带都比较宽。

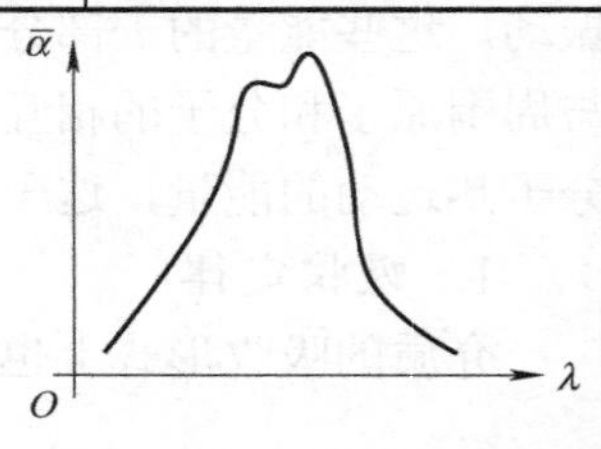

图 1.6-2　光的吸收带示意图

1.6.2　光的色散

光的色散效应是指光在介质中传播时其折射率(或者速度)随着频率(或者波长)而改变的现象。前面讨论光在介质中传播的性质时，都没有考虑色散效应。

1. 正常色散

发生在物质透明区内的色散随着光的波长的增大，折射率减小，因而色散曲线(n-λ 关系曲线)是单调下降的，如图 1.6-3 所示。这种情况的色散称为**正常色散**，这也是实际中经常碰到的色散现象。

对于正常色散的描述可以利用柯西色散公式，它是柯西(A. L. Cauchy，1789—1857)在 1836 年通过实验总结出来的经验公式，其形式为

$$n = a + \frac{b}{\lambda^2} + \frac{c}{\lambda^4} \tag{1.6-6}$$

式中，a、b、c 是与物质有关的常数。只要测量出三个已知波长的 n 值，根据式(1.6-6)就可以得到 a、b、c 三个常数。常用光学材料的常数值可在有关的光学手册中查到。如果考查的波长范围不大，柯西公式可以只取前两项，即

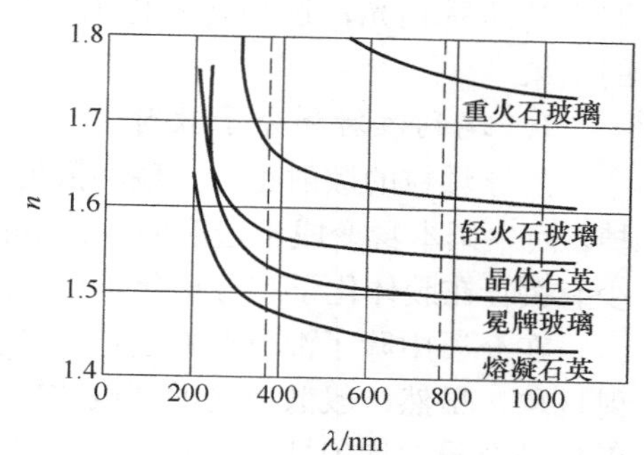

图 1.6-3　光学材料的色散曲线

$$n = a + \frac{b}{\lambda^2} \tag{1.6-7}$$

2. 反常色散

在物质吸收区域内，物质的折射率随波长的增大而增大，这一情况与正常色散正好相反，称为**反常色散**。图 1.6-4 中的虚线为氢的反常色散曲线，可见反常色散区域与物质的吸收区域相对应，而正常色散区域(图 1.6-4 中实线表示正常色散曲线)与物质的透明区域相对应。因此，整个色散曲线是一段段正常色散曲线和反常色散曲线组成的。

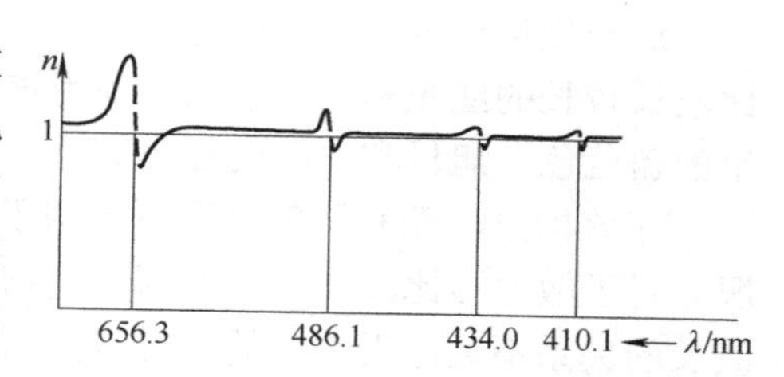

图 1.6-4　氢在可见光区的色散曲线

3. 光波在色散介质中的传播

考虑介质的色散时，如果在介质中传播的光波是由许多不同频率的单色波组成的复杂波(也称波包)，那么由于各个单色分量以不同的速度传播，整个波包在传播过程中形状将会随之改变。这时必须引入一些新的概念来描述波包的传播，关于这个问题将在 2.4 节讨论。

另外，由于介质的色散，介质的介电常数 ε 是 ω 的函数，所以关系式 $\boldsymbol{D} = \varepsilon \boldsymbol{E}$ 只对单色波成立，对于波包关系式不成立。因此当考虑介质的色散时，1.1 节中导出的波动方程式(1.1-56)和式(1.1-57)只描述单色波的传播，而不能描述波包。对于单色波，其电场可以写为

$$\boldsymbol{E} = \widetilde{\boldsymbol{E}} \exp(-\mathrm{i}\omega t) \tag{1.6-8}$$

式中，$\widetilde{\boldsymbol{E}}$ 是复振幅，包括振幅和空间相位因子。将式(1.6-8)代入式(1.1-56)，得到

$$\nabla^2 \boldsymbol{E} + k^2 \widetilde{\boldsymbol{E}} = 0 \tag{1.6-9}$$

式中，$k=\omega\sqrt{\mu\varepsilon}$ 是波数。式(1.6-9)称为亥姆霍兹方程。它是单色波满足的波动方程，其解 $\widetilde{\boldsymbol{E}}$ 代表单色波场在空间的分布，每一种可能的形式称为一种**模式或波型**。

1.6.3 光的散射

光在均匀介质中传播时，是有确定的传播方向的。光射到两种折射率不同的介质的分界面上发生的反射和折射，其方向也是确定的。但是如果介质均匀，介质内有折射率不同的悬浮颗粒存在(如浑水、牛奶、有灰尘的空气等)，这时即使不正对着入射光的方向，也能够清楚地看到光，这种现象称为**光的散射**。它是介质中的悬浮微粒把光波向四面八方散射的结果。

1. 瑞利散射和分子散射

悬浮颗粒的散射也称为**瑞利散射**。这种散射通常很强，如牛奶，可以把入射光全部散射掉，而牛奶本身变成不透明的。显然散射光的强度与溶液的浓度和浑浊度有关(与含微粒的多少有关)，在胶体化学和分析化学中，常根据对散射光强度的测量来确定溶液的浓度和浑浊度。

在介质中除了混有微粒引起光的散射外，在非常纯净的气体和液体中，也可以观察到散射现象，虽然一般散射光的强度比较小。这种纯净物质中的散射现象称为**分子散射**。分子散射也是介质的均匀性遭到破坏的结果。

2. 散射规律

散射光的强度与入射光波长的四次方呈反比，即

$$I\propto\frac{1}{\lambda^4}\tag{1.6-10}$$

这一规律称为瑞利散射定律。它表明，当以白光入射时，波长较短的紫光和蓝光的散射比波长较长的红光和黄光强烈。利用该定律可以解释很多日常生活中常见的散射现象，如天空的蔚蓝色、旭日和夕阳的红色等。

应该指出，瑞利散射定律只适用于散射体(微粒或分子密度不均匀性)比光波波长小的情况。对于散射体比波长大的所谓大块物质的散射，瑞利散射定律不适用，这时散射光强度与波长的关系不大。天空中的云雾(大气中的水滴组成)呈白色就是这个原因。

当入射光是自然光时，散射光的强度与观察方向有关，其关系为

$$I_\theta=I_{\pi/2}(1+\cos^2\theta)\tag{1.6-11}$$

式中，I_θ 是与入射光方向呈 θ 角的方向上的散射光强度；$I_{\pi/2}$ 是 $\theta=\pi/2$ 方向上的散射光强度。

当用自然光入射时，散射光有一定程度的偏振。在与入射光垂直的方向上，散射光是完全偏振光；在入射光的方向上，散射光仍为自然光；而在其他方向上，散射光为部分偏振光。散射光的偏振性质，实际上是由光波的横波性所决定的。

3. 拉曼散射

前面讨论的是散射光频率与入射光频率相同的散射现象。精确的研究表明，非常纯净的液体和晶体的散射光谱中，除了有频率与入射光频率 ω_0 相同的谱线外，还有频率为 $\omega_0\pm\omega_1$, $\omega_0\pm\omega_2,\cdots$ 的强度较弱的谱线，其中 $\omega_1,\omega_2,\cdots$ 对应于散射物质的分子固有振动频率。这种散射现象称为**拉曼散射**。拉曼散射方法是研究分子结构的一种很重要的方法。

习题

1.1　一个线偏振光在玻璃中传播时可以表示为 $E_x = 10^2 \cos\left[\pi \times 10^{15}\left(\frac{z}{0.65c} - t\right)\right]$，$E_y = 0$，$E_z = 0$。试求：(1) 光的频率；(2) 光的波长；(3) 玻璃的折射率。

1.2　利用波矢量 $\boldsymbol{k}$ 在直角坐标系的方向余弦 $\cos\alpha$, $\cos\beta$, $\cos\gamma$ 写出平面简谐波的波函数，并且证明它是三维波动微分方程[式(1.1-56)]的解。

1.3　在与一平行光束垂直的方向上插入一透明薄玻璃片，其厚度 $h = 0.01\text{mm}$，折射率 $n = 1.5$，若光波的波长 $\lambda = 500\text{nm}$，试计算插入玻璃片前后光束光程和相位的变化。

1.4　沿空间 $\boldsymbol{k}$ 方向传播的平面波可以表示为

$$E = 100\exp\{\mathrm{i}[(2x + 3y + 4z) - 16 \times 10^8 t]\}$$

试求 $\boldsymbol{k}$ 方向的单位矢量 $\boldsymbol{k}_0$。

1.5　一束线偏振光以 45° 角入射到空气-玻璃界面，线偏振光的电矢量垂直于入射面。假设玻璃的折射率为 1.5，试求反射系数和透射系数。

1.6　假设窗玻璃的折射率为 1.5，斜照的太阳光(自然光)的入射角为 60°，试求太阳光的透射比。

1.7　光波在折射率分别为 n_1 和 n_2 的二介质界面上反射和折射，当入射角为 θ_1 时(折射角为 θ_2，见习题 1.7 图 a)，s 波和 p 波的反射系数分别为 r_s 和 r_p，透射系数分别为 t_s 和 t_p。若光波反过来从 n_2 介质入射到 n_1 介质，且当入射角为 θ_2 时(折射角为 θ_1，习题 1.7 图 b)，s 波和 p 波的反射系数分别 r_s' 和 r_p'，透射系数分别为 t_s' 和 t_p'。试利用菲涅耳公式证明：

(1) $r_s = -r_s'$；(2) $r_p = -r_p'$；(3) $t_s t_s' = T_s$；(4) $t_p t_p' = T_p$。

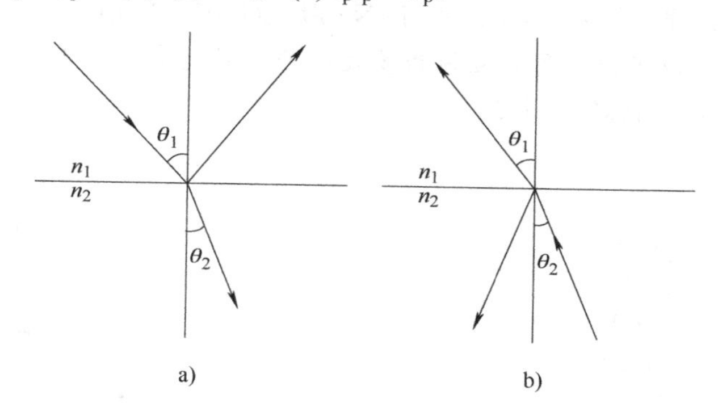

习题 1.7 图

1.8　利用菲涅耳公式证明：(1) $R_s + T_s = 1$；(2) $R_p + T_p = 1$。

1.9　导出光束正入射或以小角度入射到两介质界面时的反射系数和透射系数的表达式。

1.10　光波垂直入射到玻璃-空气界面，折射率 $n = 1.5$，试计算反射系数、透射系数、反射比和透射比。

1.11　证明当入射角 $\theta_1 = 45°$ 时，光波在任何两种介质界面上的反射都有 $r_p = r_s^2$。

1.12　光矢量垂直于入射面和平行于入射面的两束等强度的偏振光(光强度均为 I_0)，以 50° 角入射到一块折射率为 1.5 的平行平板玻璃上，试比较两者透射光的强度(见习题 1.12 图)。

1.13　证明光波以布儒斯特角入射到两种介质的界面上时，$t_p=1/n$，其中 $n=n_2/n_1$。

1.14　光束垂直入射到 45° 直角棱镜的一个侧面，光束经斜面反射后从第二个侧面透出(见习题 1.14 图)。若入射光强度为 I_0，问从棱镜透出的光束的强度为多少？设棱镜的折射率为 1.52，并且不考虑棱镜的吸收。

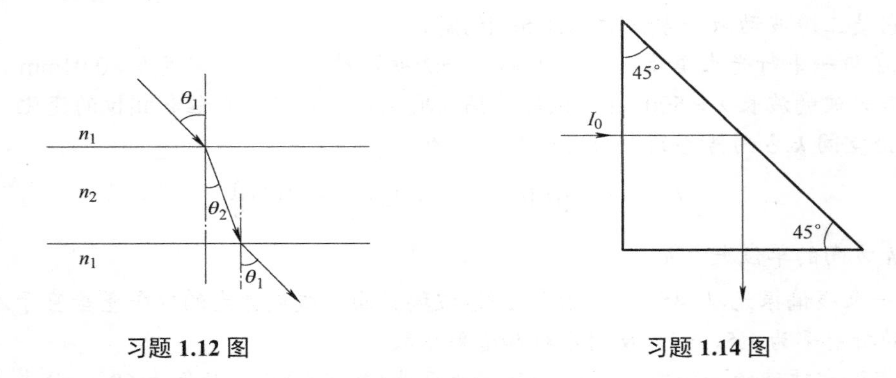

习题 1.12 图　　　　习题 1.14 图

1.15　一个光学系统由两片分离的透镜组成，两片透镜的折射率分别为 1.5 和 1.7，求此系统的反射光能损失。如透镜表面镀上增透膜，使表面反射比降为 1%，问此系统的光能损失又是多少？假设光束接近于正入射通过各反射面。

1.16　光束以很小的入射角射到一块平行平板上，试求相继从平板反射的两支光束1′、2′和透射的两支光束1″、2″的相对强度(见习题 1.16 图)。设平板的折射率 n=1.5。

1.17　如习题 1.17 图所示，棱镜折射率 n=1.52，用棱镜改变光束方向，并使光束垂直棱镜表面射出，入射光是平行于纸面振动的 He-Ne 激光(λ=632.8nm)。问入射角 θ_1 等于多少时透射最强。由此计算出该棱镜底角 α 应该为多大？若入射光是垂直纸面振动的 He-Ne 激光，则能否满足反射损失小于 1%的要求？

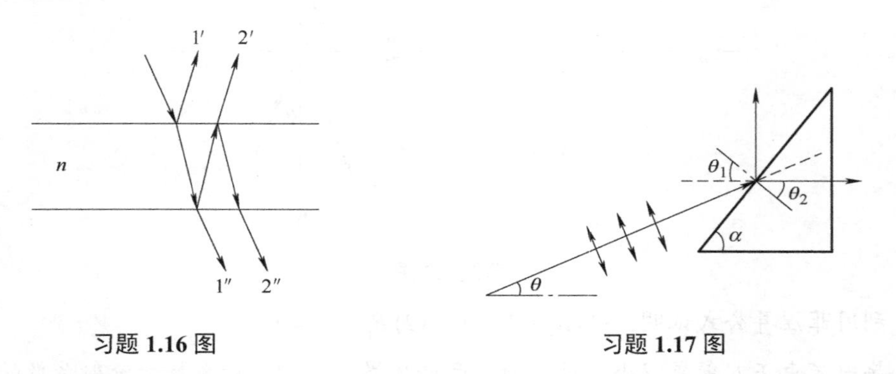

习题 1.16 图　　　　习题 1.17 图

1.18　如习题 1.18 图所示，玻璃块周围介质(水)的折射率为 1.33。若光束射向玻璃块的入射角为 45°，问玻璃块的折射率至少应为多大才能使透入的光束发生全反射。

1.19　线偏振光在 n_1 和 n_2 介质的界面上发生全反射，线偏振光电矢量的振动方向与入射面成 45°。证明当 $\cos\theta=\sqrt{\dfrac{n_1^2-n_2^2}{n_1^2+n_2^2}}$ (θ 是入射角)时，反射光 s 波和 p 波的相位差有最大值。

1.20　习题 1.20 图所示是一根弯曲的圆柱形光纤，其纤芯和包层的折射率分别为 n_1 和 n_2 ($n_1>n_2$)，纤芯的直径为 D，曲率半径为 R。

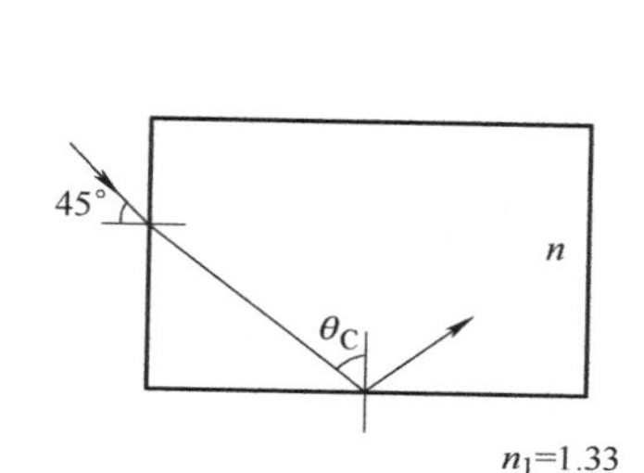

习题 1.18 图

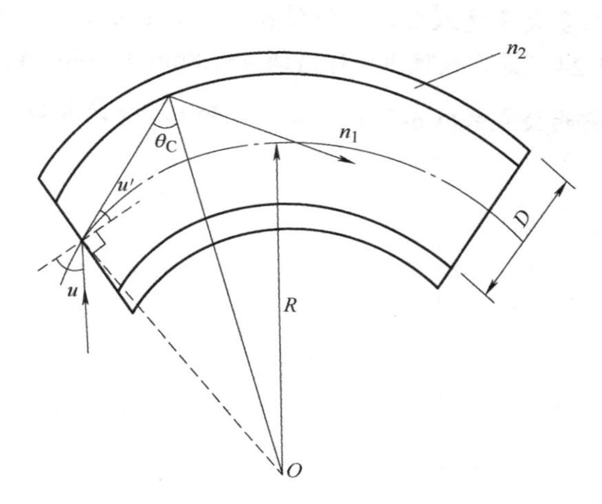

习题 1.20 图

(1) 证明入射光的最大孔径角 $2u$ 满足关系式 $\sin u=\sqrt{n_1^2-n_2^2\left(1+\dfrac{D}{2R}\right)^2}$。

(2) 若 $n_1=1.62, n_2=1.52, D=70\mu\text{m}, R=12\text{mm}$，则最大孔径角等于多少？

1.21　浦耳弗里奇(Pulfrich)折射计的原理如习题 1.21 图所示。会聚光照明载有待测介质的折射面 AB，然后用望远镜从棱镜的另一侧 AC 进行测量。由于 $n_g>n$，所以在棱镜中没有折射角大于 θ_C(θ_C 是棱镜-待测介质界面全反射的临界角)的光线，由望远镜观察到的视场将是半明半暗的，中间分界线与折射角为 θ_C 的光线相应。

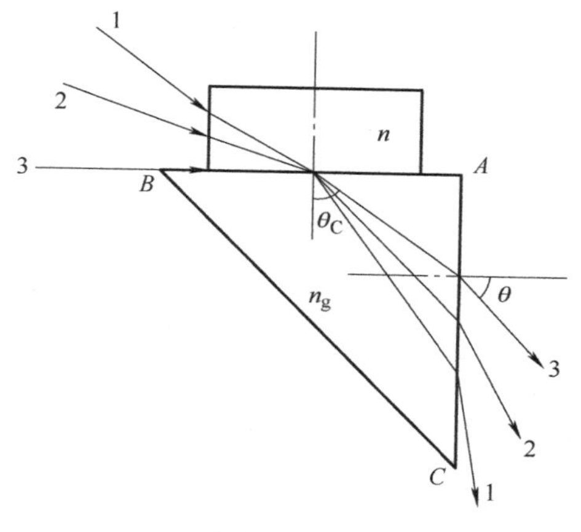

习题 1.21 图

(1) 证明 n 与 n_g、θ 的关系为 $n=\sqrt{n_g^2-\sin^2\theta}$。

(2) 棱镜的折射率 n_g=1.6，对某种被测介质测出 θ=30°，问该介质的折射率等于多少？

1.22　一束振动方向垂直于入射面的线偏振光自空气射向一透明液体表面，入射角为60°，此时测得光强反射比为 14%。求此液体的折射率是多少？光束在此界面上入射时的布儒斯特角为多少？

1.23　一线偏振光在红宝石-空气界面上全反射，红宝石的折射率 n_1=1.769，试问该线偏振光以多大角度入射，才能使反射光的 s 分量与 p 分量间的相位差等于 45°。

1.24　冕牌玻璃 K9 对谱线 435.8nm 和 546.1nm 的折射率分别为 1.52626 和 1.51829，试确定柯西公式式(1.6-7)中的常数 a 和 b，并计算玻璃对波长 486.1nm 的折射率和色散率 $\dfrac{\mathrm{d}n}{\mathrm{d}\lambda}$。

第 2 章

光波的叠加

当两列及以上光波在空间相遇时，在重叠区域将发生光波的叠加。波的叠加满足波的叠加原理：几个波在相遇点的合振动是各个波在该点的振动矢量和，即 $\boldsymbol{E}(P)=\boldsymbol{E}_1(P)+\boldsymbol{E}_2(P)$。当两列波相遇后再分开，仍保持原有特性按原方向传播。需要注意的是，叠加结果为振幅的矢量和，不是光强的和。波的叠加原理表明光的传播具有独立性，叠加后的合成光矢量仍然满足波动方程的通解。

2.1　两频率相同、振动方向相同的单色光波的叠加

从 S_1 点和 S_2 点发出的频率为 ω 的光波在 P 点相遇，P 点到 S_1 和 S_2 的距离分别为 r_1 和 r_2，如图 2.1-1 所示。设两束光的波数为 k。

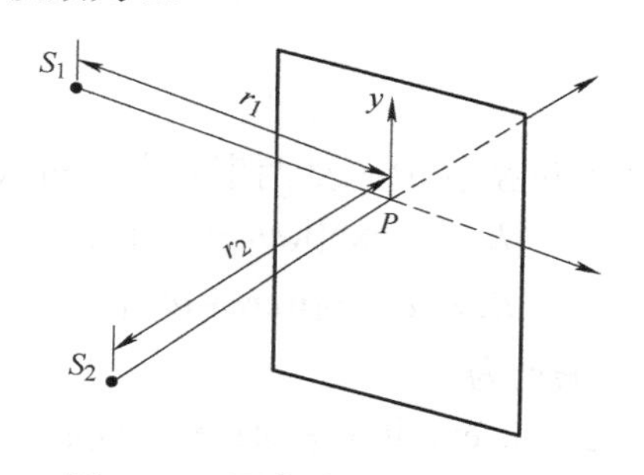

图 2.1-1　两光波在 P 点的叠加

两频率相同、振动方向相同的单色光波的叠加

2.1.1　代数加法

光源 S_1 和 S_2 在 P 点处两束光产生的振动分别为

$$E_1=a_1\cos(kr_1-\omega t) \tag{2.1-1}$$

$$E_2=a_2\cos(kr_2-\omega t) \tag{2.1-2}$$

式中，a_1 和 a_2 分别是两个光波在 P 点处的振幅。

则在 P 点处合振动为

$$E=E_1+E_2=a_1\cos(kr_1-\omega t)+a_2\cos(kr_2-\omega t) \tag{2.1-3}$$

令 $\alpha_1=kr_1$，$\alpha_2=kr_2$，式(2.1-3)可以化简为

$$E = E_1 + E_2 = a_1\cos(\alpha_1 - \omega t) + a_2\cos(\alpha_2 - \omega t) \tag{2.1-4}$$

利用三角函数两角差的余弦公式，上式可以展开为

$$\begin{aligned} E &= a_1\cos\alpha_1\cos\omega t + a_1\sin\alpha_1\sin\omega t + a_2\cos\alpha_2\cos\omega t + a_2\sin\alpha_2\sin\omega t \\ &= (a_1\cos\alpha_1 + a_2\cos\alpha_2)\cos\omega t + (a_1\sin\alpha_1 + a_2\sin\alpha_2)\sin\omega t \end{aligned} \tag{2.1-5}$$

因为a_1、a_2、α_1、α_2是常数，所以令

$$a_1\cos\alpha_1 + a_2\cos\alpha_2 = A\cos\alpha \tag{2.1-6}$$

$$a_1\sin\alpha_1 + a_2\sin\alpha_2 = A\sin\alpha \tag{2.1-7}$$

则 P 点处的合振动可以写为

$$E = A\cos(\alpha - \omega t) \tag{2.1-8}$$

式(2.1-6)和式(2.1-7)分别平方再相加，可以得到合振动的振幅 A：

$$A^2 = a_1^2 + a_2^2 + 2a_1a_2\cos(\alpha_2 - \alpha_1) \tag{2.1-9}$$

式(2.1-7)与式(2.1-6)相除，可以得到合振动的相位 α：

$$\tan\alpha = \frac{a_1\sin\alpha_1 + a_2\sin\alpha_2}{a_1\cos\alpha_1 + a_2\cos\alpha_2} \tag{2.1-10}$$

若两个光波的初始相位不为零，则 P 点处两束光产生的振动分别为

$$E_1 = a_1\cos(kr_1 - \omega t + \phi_{01}) \tag{2.1-11}$$

$$E_2 = a_2\cos(kr_2 - \omega t + \phi_{02}) \tag{2.1-12}$$

此时可以令

$$\alpha_1 = kr_1 + \phi_{01} \tag{2.1-13}$$

$$\alpha_2 = kr_2 + \phi_{02} \tag{2.1-14}$$

2.1.2 复数加法

采用复数表达式时，光源 S_1 和 S_2 在 P 点处两束光产生的振动分别为

$$E_1 = a_1\exp[\mathrm{i}(kr_1 - \omega t)] \tag{2.1-15}$$

$$E_2 = a_2\exp[\mathrm{i}(kr_2 - \omega t)] \tag{2.1-16}$$

令 $\alpha_1 = kr_1, \alpha_2 = kr_2$，$P$ 点处的合振动为

$$\begin{aligned} E &= E_1 + E_2 = a_1\exp[\mathrm{i}(kr_1 - \omega t)] + a_2\exp[\mathrm{i}(kr_2 - \omega t)] \\ &= [a_1\exp(\mathrm{i}\alpha_1) + a_2\exp(\mathrm{i}\alpha_2)]\exp(-\mathrm{i}\omega t) \end{aligned} \tag{2.1-17}$$

令

$$A\exp(\mathrm{i}\alpha) = a_1\exp(\mathrm{i}\alpha_1) + a_2\exp(\mathrm{i}\alpha_2) \tag{2.1-18}$$

则 P 点处的合振动为

$$E = A\exp[\mathrm{i}(\alpha - \omega t)] \tag{2.1-19}$$

P 点处的光强为

$$\begin{aligned} I &= [A\exp(\mathrm{i}\alpha)][A\exp(\mathrm{i}\alpha)]^* \\ &= [a_1\exp(\mathrm{i}\alpha_1) + a_2\exp(\mathrm{i}\alpha_2)][a_1\exp(\mathrm{i}\alpha_1) + a_2\exp(\mathrm{i}\alpha_2)]^* \\ &= a_1^2 + a_2^2 + a_1a_2\{\exp[\mathrm{i}(\alpha_2 - \alpha_1)] + \exp[-\mathrm{i}(\alpha_2 - \alpha_1)]\} \\ &= a_1^2 + a_2^2 + 2a_1a_2\cos(\alpha_2 - \alpha_1) \end{aligned} \tag{2.1-20}$$

而式(2.1-18)可以展开为

$$A\exp(\mathrm{i}\alpha)=a_1\exp(\mathrm{i}\alpha_1)+a_2\exp(\mathrm{i}\alpha_2)=(a_1\cos\alpha_1+a_2\cos\alpha_2)+\mathrm{i}(a_1\sin\alpha_1+a_2\sin\alpha_2) \tag{2.1-21}$$

根据复数的性质，有

$$\tan\alpha=\frac{a_1\sin\alpha_1+a_2\sin\alpha_2}{a_1\cos\alpha_1+a_2\cos\alpha_2} \tag{2.1-22}$$

可以看到，代数加法的结果式(2.1-9)和式(2.1-10)分别与复数加法的结果式(2.1-20)和式(2.1-22)得到的结果完全相同。

例题 2.1　两个振动方向相同的单色光波在空间某一点产生的振动分别表示为 $E_1=a_1\cos(\alpha_1-\omega t)$，$E_2=a_2\cos(\alpha_2-\omega t)$，若 ω=2π×10^{15} rad/s，a_1=6 V/m，a_2=8 V/m，α_1=0，α_2=π/2，求合振动表达式。

解：合振动表达式为

$$E=E_1+E_2=a_1\cos(\alpha_1-\omega t)+a_2\cos(\alpha_2-\omega t)=A\cos(\alpha-\omega t)$$

根据式(2.1-9)，有合成波的振幅为

$$A^2=a_1^2+a_2^2+2a_1a_2\cos(\alpha_2-\alpha_1)=(6\mathrm{V/m})^2+(8\mathrm{V/m})^2+ 2\times(6\mathrm{V/m})\times(8\mathrm{V/m})\cos\left(\frac{\pi}{2}-0\right)=100(\mathrm{V/m})^2$$

所以合振动的振幅为 10V/m。

根据式(2.1-10)，有合成波的相位为

$$\tan\alpha=\frac{a_1\sin\alpha_1+a_2\sin\alpha_2}{a_1\cos\alpha_1+a_2\cos\alpha_2}=\frac{6\sin0+8\sin\left(\frac{\pi}{2}\right)}{6\cos0+8\cos\left(\frac{\pi}{2}\right)}=\frac{4}{3},\quad \alpha=53^\circ7'48''$$

则有合成波的表达式为

$$E=A\cos(\alpha-\omega t)=10\cos(53^\circ7'48''-2\pi\times10^{15}t)$$

例题 2.2　利用波的复数表达式求以下两个波的合成波：

$$E_1=a\cos(kx+\omega t),\quad E_2=-a\cos(kx-\omega t)$$

解：两个波的复数表达式分别为

$$E_1=a\exp[\mathrm{i}(kx+\omega t)],\quad E_2=-a\exp[\mathrm{i}(kx-\omega t)]$$

则合成波为

$$\begin{aligned}E&=E_1+E_2=a\exp[\mathrm{i}(kx+\omega t)]-a\exp[\mathrm{i}(kx-\omega t)]\\&=a\exp(\mathrm{i}kx)[\exp(\mathrm{i}\omega t)-\exp(-\mathrm{i}\omega t)]\\&=a[\cos(kx)+\mathrm{i}\sin(kx)][\cos(\omega t)+\mathrm{i}\sin(\omega t)-\cos(\omega t)+\mathrm{i}\sin(\omega t)]\\&=a[\cos(kx)+\mathrm{i}\sin(kx)]\times2\mathrm{i}\sin(\omega t)\\&=-2a\sin(kx)\sin(\omega t)+2\mathrm{i}a\cos(kx)\sin(\omega t)\end{aligned}$$

取实部，得到合成波为

$$E=-2a\sin(kx)\sin(\omega t)$$

2.1.3 合成光波的光强分布

P 点处的合振动与两个分振动的性质相同，频率和振动方向也与两个分振动相同。

若两个分振动的振幅相同，即 $a_1=a_2=a$，则有

$$A^2 = 2a^2 + 2a^2\cos(\alpha_2-\alpha_1) = 2a^2[1+\cos(\alpha_2-\alpha_1)] \tag{2.1-23}$$

令 $\alpha_2-\alpha_1=\delta$，表示两个光波在 P 点处的相位差，则

$$A^2 = 2a^2(1+\cos\delta) = 4a^2\cos^2\frac{\delta}{2} \tag{2.1-24}$$

令单个光波的光强为 $I_0=a^2$，所以

$$I = 4I_0\cos^2\frac{\delta}{2} \tag{2.1-25}$$

根据式(2.1-25)可以看到，合振动的光强取决于相位差 δ。设 $I_{\max}$ 表示光强的极大值，$I_{\min}$ 表示光强的极小值，则有

$$\delta = \pm 2m\pi,\ m=0,1,2,\cdots \Rightarrow I_{\max}=4I_0 \tag{2.1-26}$$

$$\delta = \pm(2m+1)\pi,\ m=0,1,2,\cdots \Rightarrow I_{\min}=0 \tag{2.1-27}$$

$$\pm 2m\pi < \delta < \pm(2m+1)\pi,\ m=0,1,2,\cdots \Rightarrow I_{\min} < I < I_{\max} \tag{2.1-28}$$

在这里，相位差可以进行化简，将 $\alpha_1=kr_1$，$\alpha_2=kr_2$ 代入 $\delta=\alpha_2-\alpha_1$ 得到

$$\delta = \alpha_2-\alpha_1 = k(r_2-r_1) = \frac{2\pi}{\lambda}(r_2-r_1) = \frac{2\pi}{\lambda_0}n(r_2-r_1) = k_0 n(r_2-r_1) \tag{2.1-29}$$

式中，λ 是介质中光波的波长；λ_0 是真空中光波的波长；k_0 是真空波数。

为便于计算光通过不同介质时的相位差，引入光程的概念，定义光在真空中走过的距离为光程。光振动的相位沿光的传播方向逐点落后，光传播一个波长的距离，相位变化 2π。定义折射率与光程的乘积即为光波在介质中位移。定义 $\varDelta=n(r_2-r_1)$ 为两束光波的光程差。

可以用光程差表示极大和极小的光强条件，当光强为 $I_{\max}$ 时，有

$$\delta = \pm 2m\pi = k_0\varDelta_{\max} \tag{2.1-30}$$

将上式化简，可以得到

$$\varDelta_{\max} = \pm\frac{2m\pi}{k_0} = \pm\frac{\lambda_0}{2\pi}\times 2m\pi = \pm m\lambda_0 \tag{2.1-31}$$

式(2.1-31)表明，当光程差为波长的整数倍时，合成光的光强有极大值。

当光强为 $I_{\min}$ 时，有

$$\delta = \pm(2m+1)\pi = k_0\varDelta_{\min} \tag{2.1-32}$$

将上式化简，可以得到

$$\varDelta_{\min} = \pm\frac{(2m+1)\pi}{k_0} = \pm\frac{\lambda_0}{2\pi}\times(2m+1)\pi = \pm(2m+1)\frac{\lambda_0}{2} \tag{2.1-33}$$

式(2.1-33)表明，当光程差为半波长的奇数倍时，合成光的光强有极小值。

当 $\pm(2m+1)\dfrac{\lambda_0}{2} < \varDelta < \pm m\lambda_0$ 时，合成光波的光强 $I_{\min} < I < I_{\max}$。

由以上分析可以看到，光强是位置的函数，在光波的叠加区域内不同位置有不同的光强大小。如果两个光波的初始相位不变，在整个叠加区域内将出现稳定的光强的周期性变化，称为光波的干涉现象，叠加的两束光波称为相干光波。

2.2　驻波

驻波

频率相同、振动方向相同、传播方向相反的光波叠加将形成驻波。驻波的波形不传播，是介质质点的一种集体振动形态。

2.2.1　驻波表达式

假设反射面是 z=0 的平面，z 的正方向指向入射波所在的介质，介质的折射率为 n_1，反射面后的介质折射率为 n_2，如图 2.2-1 所示。

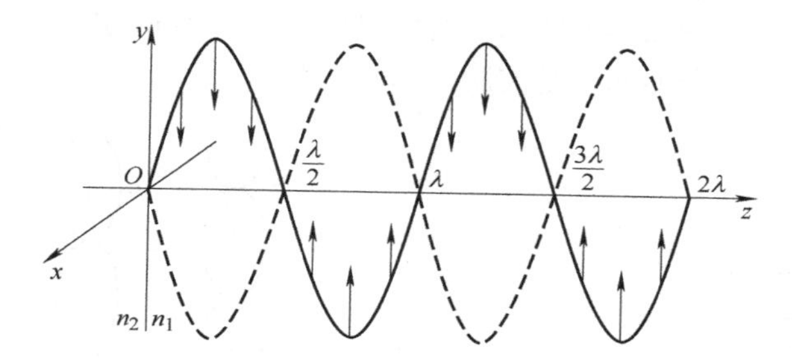

图 2.2-1　两频率相同、振动方向相同、传播方向相反的光波示意图

假设反射比为 1，则入射光与反射光的振幅相同，设入射光与反射光的电场表达式为

$$E_1 = a\cos(kz + \omega t) \tag{2.2-1}$$

$$E_2 = a\cos(kz - \omega t + \phi_0) \tag{2.2-2}$$

式中，ϕ_0 是反射时的相位变化。

入射光 E_1 从 z 向 O 传播(负向)，反射光 E_2 从 O 向 z 传播(正向)。

入射光与反射光叠加后的合成驻波电场表达式为

$$E = E_1 + E_2 = 2a\cos\left(kz + \frac{\phi_0}{2}\right)\cos\left(\omega t - \frac{\phi_0}{2}\right) \tag{2.2-3}$$

根据式(2.2-3)可以看到，驻波不具有 $f(x+\omega t)$的形式，驻波在 z 方向上每一点的振动仍然是角频率为 ω 的简谐振动，它的波形不在空间运动。振动的振幅为

$$A = \left|2a\cos\left(kz + \frac{\phi_0}{2}\right)\right| \tag{2.2-4}$$

式(2.2-4)表明驻波的振幅随着 z 的变化而变化，不同的 z 值有不同的振幅。振幅为零的点称为波节，相邻两波节之间中点是振幅最大的点，称为波腹。根据式(2.2-4)可得到波节的位置：

$$kz + \frac{\phi_0}{2} = \pm(2m+1)\frac{\pi}{2}，\ m = 0, 1, 2, \cdots \tag{2.2-5}$$

振幅在波节处经零值改变符号，因此在每一个波节两边点的振动相位是相反的。

根据式(2.2-4)可得到波腹的位置：

$$kz + \frac{\phi_0}{2} = \pm m\pi，\ m = 0, 1, 2, \cdots \tag{2.2-6}$$

相邻两个波节或波腹之间的距离为$\frac{\lambda}{2}$，波节与最靠近的波腹的距离为$\frac{\lambda}{4}$。

相位因子$\cos\left(\omega t - \frac{\phi_0}{2}\right)$与$z$无关，式(2.2-3)所示的合成光波不会沿$z$方向传播，所以称为驻波。

如果两介质分界面上的反射比不是 1，则入射光与反射光的振幅不等，这时合成波除了驻波外还有一个行波，因此波节处的振幅不再等于零，由于包含行波，将有能量传播。

根据第 1 章的讨论，光在光疏介质到光密介质的分界面上反射时，电矢量有 π 的相位跃变，但是磁矢量没有相位跃变，如图 2.2-2 所示。所以电场反射后形成的驻波在分界面上是波节，而磁场反射后形成的驻波在分界面上是波腹，如图 2.2-3 所示。

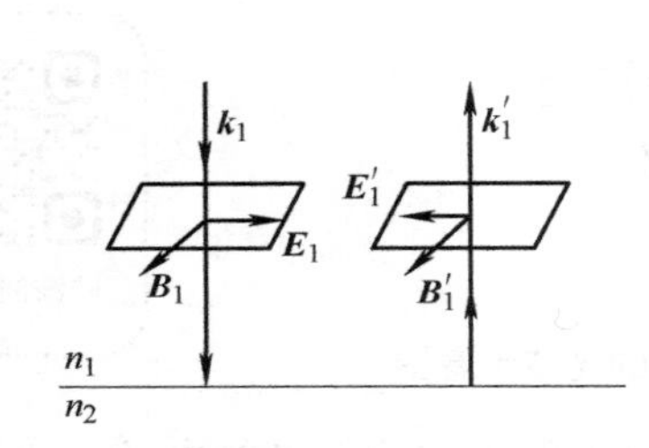

图 2.2-2　反射时 E 和 B 的方向

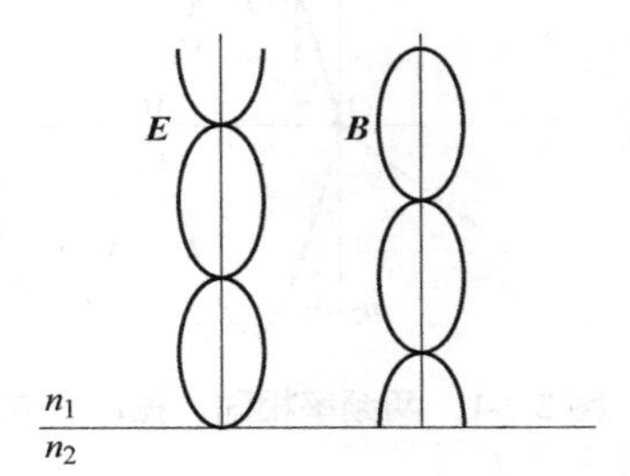

图 2.2-3　电场和磁场的驻波示意图

2.2.2　驻波在生活中的应用

驻波在生活中极为常见，如吉他的弦、跳水板的振动为一维的驻波，鼓的表面振动或者轻轻摇动的水桶水面振动为二维驻波，一个演出厅的歌唱声音为三维驻波。

声音很难通过肉眼被人们发现，但是有一种特殊的现象可以帮助人们看到声音的“形状”——驻波现象。如图 2.2-4 所示，琴键发出的声音可以通过特殊扬声器传导给极易振动的平面，平面上放置有若干细小沙粒，当发出固定频率的声音时，平面和沙粒分别随着振幅相同的两列相干波在同一直线上沿相反方向传播，沙粒会排列成不同的花纹：波腹处，由两列波引起的振动同向，相互加强，故振幅最大，沙粒难以停留；波节处，由两列波引起的振动反向，相互抵消，故静止不动，沙粒向此处聚集。

当声音的频率发生变化时，声音的“形状”也会有所不同。如图 2.2-5 所示，声音频率越高，两列相干波的波节和波腹就越密集，产生的图案就越复杂。这种驻波现象又称为“克拉尼图形”，在音响、乐器中体现得非常普遍。例如，设计和制造小提琴和其他弦乐器时，需要测试各个孔的最佳位置、木材的厚度以及内部钢筋的位置等因素。这时就可以通过克拉尼板原理将小提琴发声时各种振动的声波进行可视化，从而发现其中的优劣，将乐器制作得更完美。

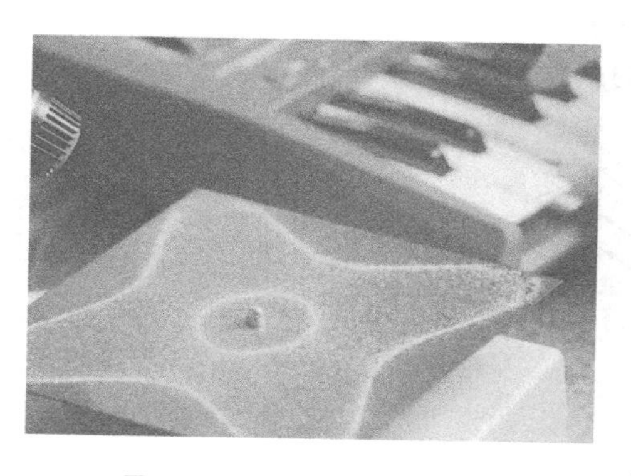

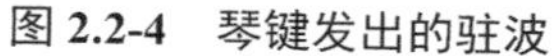

图 2.2-4 琴键发出的驻波

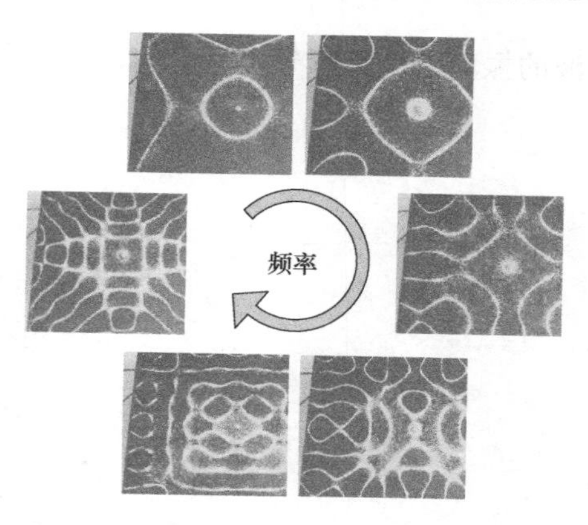

图 2.2-5 不同频率对声音驻波的影响

如果驻波系统是由一个振动源驱动，振动和系统的某一驻波模式匹配，系统将有效地吸收能量，这个过程称为共振。例如，一架飞机低飞或者一辆载重货车开过时，附近的房子会共振而嗡嗡作响。如果振动源不断供给能量，波就不断建立起来，直到系统的内耗等于输入的能量，达到平衡为止。这种维持和简化输入能量的能力是驻波系统一个极为重要的特性。

在超音速领域，也会出现驻波现象。比如，航空发动机和火箭喷射气体前进时，由于速度与大气压力的影响，所喷射气体压缩和膨胀过程也会重复发生，其尾部的火焰也会形成马赫环，如图 2.2-6 所示。这是当压缩波与膨胀波的频率一致时，两列相干波在同一直线上传播形成驻波导致的。

在激光器的谐振腔中，光波经光学谐振腔的两个平面反射镜来回反射后形成驻波，如图 2.2-7 所示。在激光理论中，把这种稳定的驻波图样称为纵模，能够形成稳定的振荡的光波频率是分立的，每一个分立的频率为 1 个纵模。纵模频率间隔相等，相邻纵模的频率间隔为 $\Delta f_{\mathrm{q}}=\dfrac{c}{2n_{\mathrm{m}}L_{\mathrm{R}}}$，$c$ 为光速，L_{R} 为激光腔长，n_{m} 为激光工作物质的折射率。纵模的频率间隔与谐振腔的长度 L_{R} 成反比，腔长 L_{R} 越长，纵模间隔越小。光波从腔体内某一点出发，往返一周回到出发位置时产生的相位差为 2π 的整数倍，该条件也称为驻波条件。

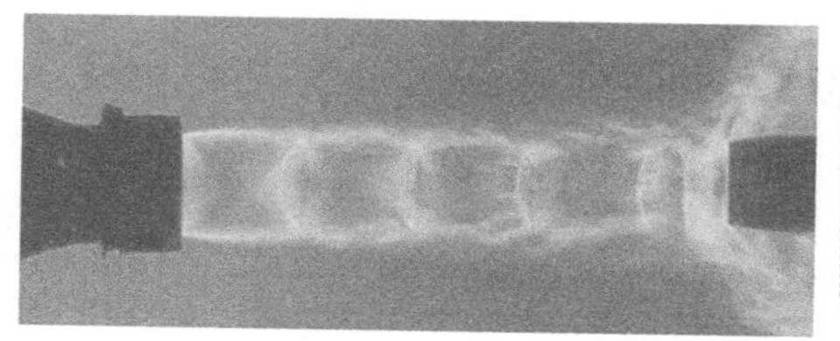

图 2.2-6 马赫环

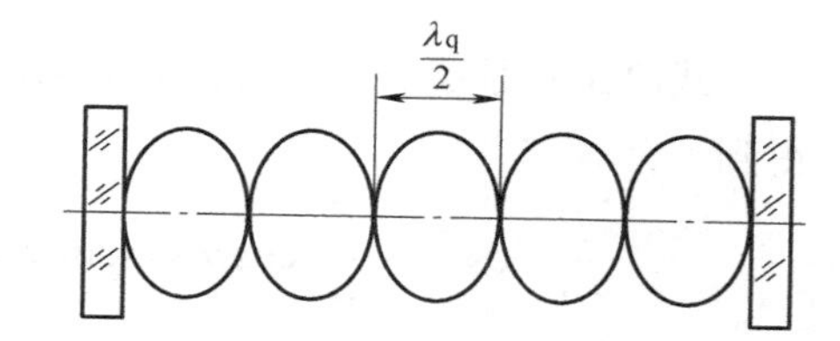

图 2.2-7 激光器谐振腔内的驻波

2.3 两频率相同、振动方向相互垂直的光波的叠加

两频率相同、振动方向相互垂直的光波的叠加

2.3.1 椭圆偏振光

如图 2.3-1 所示，假设光源 S_1 和 S_2 发出的单色光波频率相同，但振动方向相互垂直，一

个波的振动方向平行于 x 轴方向，另一个波的振动方向平行于 y 轴。

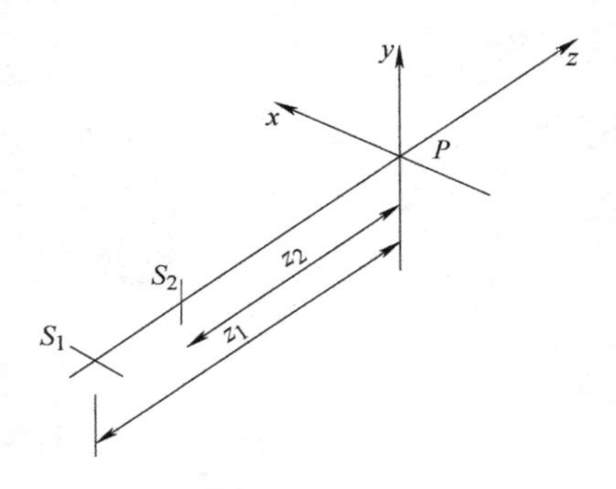

图 2.3-1　振动方向相互垂直的光波的叠加

两个波在 P 点相遇，设在 S_1 和 S_2 两点振动的初始位相为零，两个光波在 P 点产生的光振动可以写为

$$E_x = a_1 \cos(kz_1 - \omega t) \tag{2.3-1}$$

$$E_y = a_2 \cos(kz_2 - \omega t) \tag{2.3-2}$$

式中，a_1 和 a_2 分别是两个光波的振幅；z_1 和 z_2 分别是两光源到 P 点的距离。

设 x 和 y 轴的单位矢量分别为 $\boldsymbol{x}_0$ 和 $\boldsymbol{y}_0$，则 P 点处的合振动为

$$\boldsymbol{E} = \boldsymbol{x}_0 E_x + \boldsymbol{y}_0 E_y = \boldsymbol{x}_0 a_1 \cos(kz_1 - \omega t) + \boldsymbol{y}_0 a_2 \cos(kz_2 - \omega t) \tag{2.3-3}$$

式(2.3-3)为两个矢量的叠加，合振动的幅值和方向都随时间 t 变化。在这里，求合矢量末端轨迹运动方程，目的是消去时间 t，看空间轨迹。

令 $\alpha_1 = kz_1$，$\alpha_2 = kz_2$，式(2.3-1)可以转化为

$$\frac{E_x}{a_1} = \cos(\alpha_1 - \omega t) = \cos\alpha_1 \cos\omega t + \sin\alpha_1 \sin\omega t \tag{2.3-4}$$

式(2.3-2)可以转化为

$$\frac{E_y}{a_2} = \cos(\alpha_2 - \omega t) = \cos\alpha_2 \cos\omega t + \sin\alpha_2 \sin\omega t \tag{2.3-5}$$

式(2.3-4)等号两边同时乘以 $\cos\alpha_2$，式(2.3-5)等号两边同时乘以 $\cos\alpha_1$，然后再相减，得到

$$\frac{E_x}{a_1}\cos\alpha_2 - \frac{E_y}{a_2}\cos\alpha_1 = (\sin\alpha_1\cos\alpha_2 - \cos\alpha_1\sin\alpha_2)\sin\omega t = \sin(\alpha_1 - \alpha_2)\sin\omega t \tag{2.3-6}$$

式(2.3-4)等号两边同时乘以 $\sin\alpha_2$，式(2.3-5)等号两边同时乘以 $\sin\alpha_1$，然后再相减，得到

$$\frac{E_x}{a_1}\sin\alpha_2 - \frac{E_y}{a_2}\sin\alpha_1 = (\cos\alpha_1\sin\alpha_2 - \sin\alpha_1\cos\alpha_2)\cos\omega t = \sin(\alpha_2 - \alpha_1)\cos\omega t \tag{2.3-7}$$

将式(2.3-6)和式(2.3-7)平方后再相加，即可消去时间 t 得到合矢量末端运动轨迹的方程式：

$$\left(\frac{E_x}{a_1}\right)^2 + \left(\frac{E_y}{a_2}\right)^2 - 2\frac{E_x}{a_1}\frac{E_y}{a_2}\cos(\alpha_2 - \alpha_1) = \sin^2(\alpha_2 - \alpha_1) \tag{2.3-8}$$

式(2.3-8)是一个椭圆方程，即合成矢量末端沿着一个椭圆运动。由于两叠加光波的角频

率为 ω，显然 P 点合矢量沿椭圆旋转的角频率也为 ω。

令两束线偏振光的相位差为 $\delta=\alpha_2-\alpha_1$，则椭圆偏振光表达式可以写为

$$\left(\frac{E_x}{a_1}\right)^2+\left(\frac{E_y}{a_2}\right)^2-2\frac{E_x}{a_1}\frac{E_y}{a_2}\cos\delta=\sin^2\delta \tag{2.3-9}$$

2.3.2　几种特殊情况

根据式(2.3-9)，椭圆形状和空间取向由两个叠加光波的相位差 δ 和振幅比 a_2/a_1 决定，下面进行不同情况的讨论：

1) 当 $\delta=0$ 或者 $\delta=\pm2\pi$ 的整数倍时，式(2.3-9)可化简为

$$E_y=\frac{a_2}{a_1}E_x \tag{2.3-10}$$

式(2.3-10)表明合矢量末端的运动沿着一条经过坐标原点而斜率为 a_2/a_1 的直线进行，如图 2.3-2a 所示。

2) 当 $\delta=\pm\pi$ 的整数倍时，式(2.3-9)可化简为

$$E_y=-\frac{a_2}{a_1}E_x \tag{2.3-11}$$

式(2.3-11)表明合矢量末端的运动沿着一条经过坐标原点而斜率为 $-a_2/a_1$ 的直线进行，如图 2.3-2e 所示。

3) 当 $\delta=\pm\frac{\pi}{2}$ 的奇数倍时，式(2.3-9)可化简为

$$\left(\frac{E_x}{a_1}\right)^2+\left(\frac{E_y}{a_2}\right)^2=1 \tag{2.3-12}$$

式(2.3-12)表明合矢量末端的运动沿着标准椭圆进行，如图 2.3-2c、g 所示。

若 $a_1=a_2=a$，则式(2.3-12)可化简为

$$E_x^2+E_y^2=a^2 \tag{2.3-13}$$

式(2.3-13)表明合矢量末端的运动沿着圆进行，因此合成光波是圆偏振光。

4) 当 $0<\delta<\frac{\pi}{2}$，$\frac{\pi}{2}<\delta<\pi$，$\pi<\delta<\frac{3\pi}{2}$，$\frac{3\pi}{2}<\delta<2\pi$ 时，合矢量末端的运动沿着一般椭圆进行，分别如图 2.3-2b、d、f、h 所示。

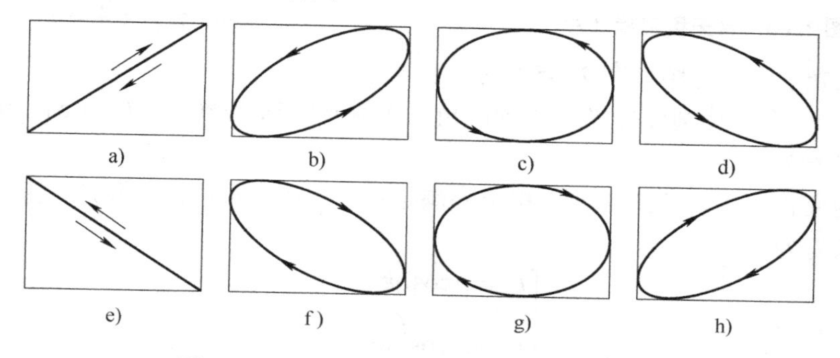

图 2.3-2　相位差不同情况下的椭圆偏振情况

2.3.3 左旋和右旋

两个叠加光波的相位差δ和振幅比a_2/a_1也决定了光的偏振态。根据合矢量旋转方向的不同，可以将椭圆(圆)偏振光分为右旋和左旋两种偏振方向。通常规定当迎着光的传播方向看去，合矢量是顺时针方向旋转时，椭圆偏振光是右旋的，反之是左旋的。可以看出，右旋情况下，$\sin\delta < 0$；左旋情况下，$\sin\delta > 0$。

以$\delta = \dfrac{\pi}{2}$为例，两个频率相同、振动方向相互垂直的光波表达式分别为

$$E_x = a_1 \cos(\alpha_1 - \omega t) \tag{2.3-14}$$

$$E_y = a_2 \cos\left(\alpha_2 - \omega t + \frac{\pi}{2}\right) \tag{2.3-15}$$

1) 若t=t_0时刻$\alpha_1 - \omega t_0$=0，则此时合矢量末端在A点，如图2.3-3所示，光振动可以表示为

$$E_x = a_1 \cos 0 = a_1 \tag{2.3-16}$$

$$E_y = a_2 \cos\left(0 + \frac{\pi}{2}\right) = 0 \tag{2.3-17}$$

2) $t = t_0 + \dfrac{T}{4}$时刻，此时合矢量末端在B点，光振动可以表示为

$$E_x = a_1 \cos\left[\alpha_1 - \omega\left(t_0 + \frac{T}{4}\right)\right] = a_1 \cos\left(\alpha_1 - \omega t_0 - \omega \times \frac{T}{4}\right) = a_1 \cos\left(0 - \frac{2\pi}{T} \times \frac{T}{4}\right) = 0 \tag{2.3-18}$$

$$E_y = a_2 \cos\left[\alpha_1 - \omega\left(t_0 + \frac{T}{4}\right) + \frac{\pi}{2}\right] = a_2 \cos\left(\alpha_1 - \omega t_0 - \omega \times \frac{T}{4} + \frac{\pi}{2}\right) = a_2 \cos\left(0 - \frac{2\pi}{T} \times \frac{T}{4} + \frac{\pi}{2}\right) = a_2 \tag{2.3-19}$$

B点位置如图2.3-4所示。从A点到B点，显然合矢量末端是逆时针方向旋转的，因此椭圆偏振光是左旋的。

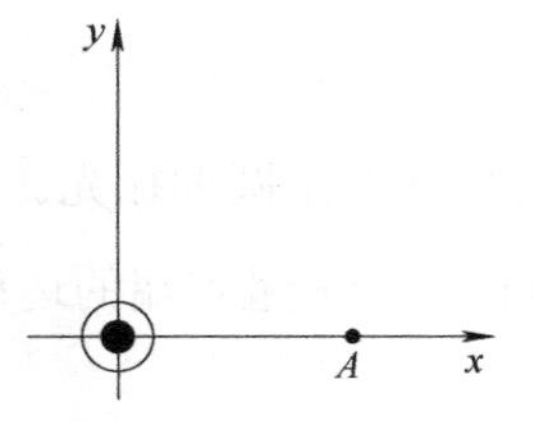

图 2.3-3 合矢量末端 A 点

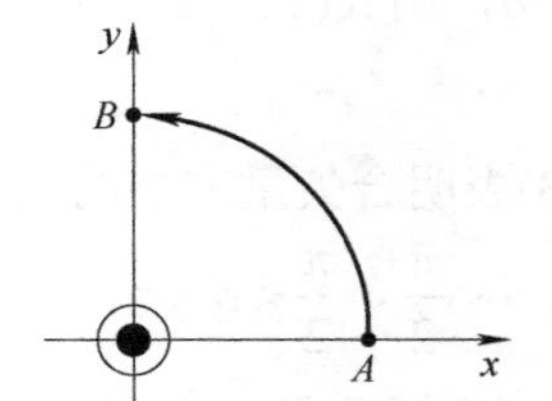

图 2.3-4 合矢量末端 B 点

椭圆偏振光空间示意图如图2.3-5所示。

例题 2.3 一个右旋圆偏振光，在50°角下入射到空气-玻璃界面(n=1.5)，试确定反射光和透射光的偏振态。

解： 当两束相互垂直的线偏振光相位差满足$\sin\delta < 0$时为右旋偏振光，因此入射的右旋圆偏振光可以写为

$$\begin{cases} E_s = a\cos\omega t \\ E_p = a\cos\left(\omega t - \dfrac{\pi}{2}\right) \end{cases}$$

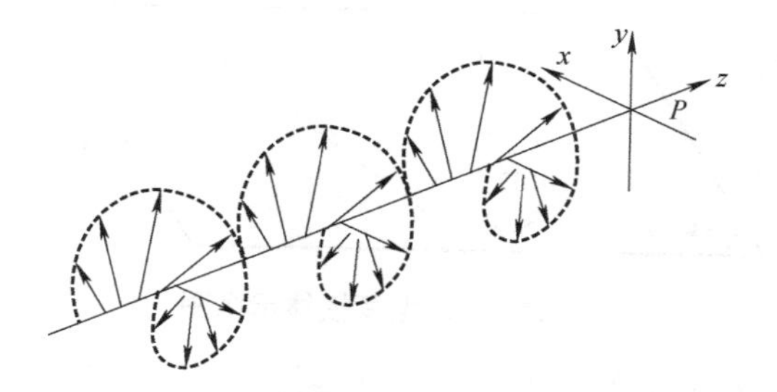

图 2.3-5 椭圆偏振光空间示意图

布儒斯特角为

$$\theta_{\mathrm{B}} = \arctan(n) = \arctan(1.5)=56.3^\circ$$

因为入射角 $\theta_1 = 50^\circ < \theta_{\mathrm{B}} = 56.3^\circ$，所以光从光疏介质入射到光密介质，根据图 1.4-11 有 $r_{\mathrm{s}} < 0$，$r_{\mathrm{p}} > 0$。

反射光可以写为

$$\begin{cases} E'_{\mathrm{s}} = -|r_{\mathrm{s}}| a\cos\omega t = |r_{\mathrm{s}}| a\cos(\omega t + \pi) \\ E'_{\mathrm{p}} = |r_{\mathrm{p}}| a\cos\left(\omega t - \dfrac{\pi}{2}\right) \end{cases}$$

可以看到反射光相互垂直的两束线偏振光的相位差为 $\delta = -\dfrac{\pi}{2} - \pi = -\dfrac{3\pi}{2}$，显然 $\sin\delta > 0$。

所以反射光为左旋椭圆偏振光。

透射光电矢量为

$$\begin{cases} E''_{\mathrm{s}} = t_{\mathrm{s}} a\cos\omega t \\ E''_{\mathrm{p}} = t_{\mathrm{p}} a\cos\left(\omega t - \dfrac{\pi}{2}\right) \end{cases}$$

可以看到透射光相互垂直的两束线偏振光的相位差为 $\delta = -\dfrac{\pi}{2}$，显然 $\sin\delta < 0$。

所以透射光为右旋椭圆偏振光。

2.3.4 利用全反射产生椭圆和圆偏振光

根据第 1 章菲涅耳定律的讨论可知，发生全反射情况下，由于反射光的 s 波和 p 波之间有相位差 δ，两个波的合成结果使得全反射条件下反射光为椭圆偏振光。

在特殊情况下，对于玻璃-空气分界面，若玻璃的折射率为 1.51，当入射角为 54° 37′或者 48° 37′时，根据式(1.4-86)全反射后 s 波和 p 波的相位差 δ=45°。若在其中一个入射角度下连续反射两次，则反射后 s 波和 p 波的相位差 δ=90°。此时，若入射线偏振光的振动方向与入射面成 45°，则全反射后 s 波和 p 波的振幅相等，因而反射光变为圆偏振光。

图 2.3-6 所示为菲涅耳棱体，菲涅耳棱体是一个简单的未镀膜玻璃棱镜，呈平行六面体形状。其入射的线偏振光如果振动方向与棱体的主平面成 45°，经过棱体在 54° 37′入射角度下全反射两次后，出射光为圆偏振光。

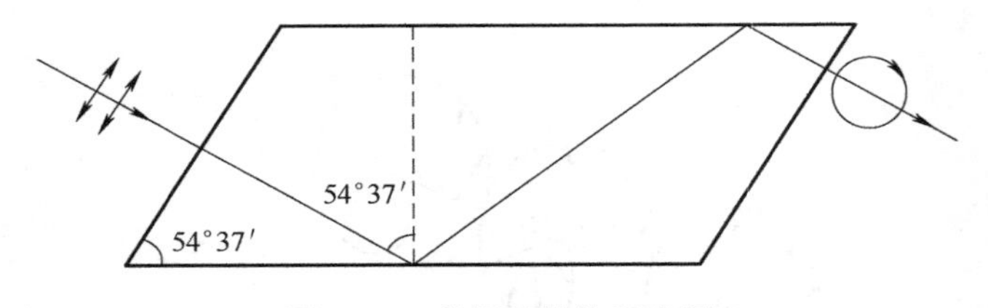

菲涅耳棱体仿真

图 2.3-6　菲涅耳棱体示意图

菲涅耳棱体仿真动画显示了入射光在菲涅耳棱体中的线偏振光，经第一次全反射后反射光为椭圆偏振光，经过第二次全反射后反射光为圆偏振光。

2.4　两频率不同的光波的叠加

两频率不同的光波的叠加

两束及两束以上的频率相同、振幅和相位不同的光波叠加，合成波仍然是单色光波。但是两束频率不同的单色光波叠加，其合成波不是单色波，而是复色波。

2.4.1　光学拍

两束传播方向相同、振动方向相同、振幅相同，但是频率相差很小的两个单色光波叠加，其合成波表达式将通过以下方法求得。

设振幅同为 a、角频率分别为 ω_1 和 ω_2 的两束单色光波沿着 z 轴方向传播，两束光波电场实数表达式分别为

$$E_1 = a\cos(k_1 z - \omega_1 t) \tag{2.4-1}$$

$$E_2 = a\cos(k_2 z - \omega_2 t) \tag{2.4-2}$$

两束光波叠加后，合成波为

$$\begin{aligned} E &= E_1 + E_2 = a\cos(k_1 z - \omega_1 t) + a\cos(k_2 z - \omega_2 t) \\ &= 2a\cos\left[\frac{(k_1+k_2)z-(\omega_1+\omega_2)t}{2}\right]\cos\left[\frac{(k_1-k_2)z-(\omega_1-\omega_2)t}{2}\right] \end{aligned} \tag{2.4-3}$$

设 $\overline{\omega}=\dfrac{\omega_1+\omega_2}{2}$，$\overline{k}=\dfrac{k_1+k_2}{2}$，$\omega_{\mathrm{m}}=\dfrac{\omega_1-\omega_2}{2}$，$k_{\mathrm{m}}=\dfrac{k_1-k_2}{2}$，分别称为平均角频率、平均波数、调制角频率、调制波数。则式(2.4-3)可以化简为

$$E = 2a\cos(k_{\mathrm{m}} z - \omega_{\mathrm{m}} t)\cos(\overline{k}z - \overline{\omega}t) \tag{2.4-4}$$

式(2.4-4)表明，合成波的频率为 $\overline{\omega}$，振幅为 $A = 2a\cos(k_{\mathrm{m}} z - \omega_{\mathrm{m}} t)$，振幅是受调制的波并随时间缓慢变化。合成波的光强为

$$I = A^2 = 4a^2\cos^2(k_{\mathrm{m}} z - \omega_{\mathrm{m}} t) = 2a^2[1+\cos 2(k_{\mathrm{m}} z - \omega_{\mathrm{m}} t)] \tag{2.4-5}$$

图 2.4-1 表示了频率相差很小的两束光波的叠加情况。其中，图 2.4-1a 表示两个单色光波，图 2.4-1b 表示合成波，图 2.4-1c 表示合成波振幅的变化曲线，图 2.4-1d 表示合成波强度的变化曲线。

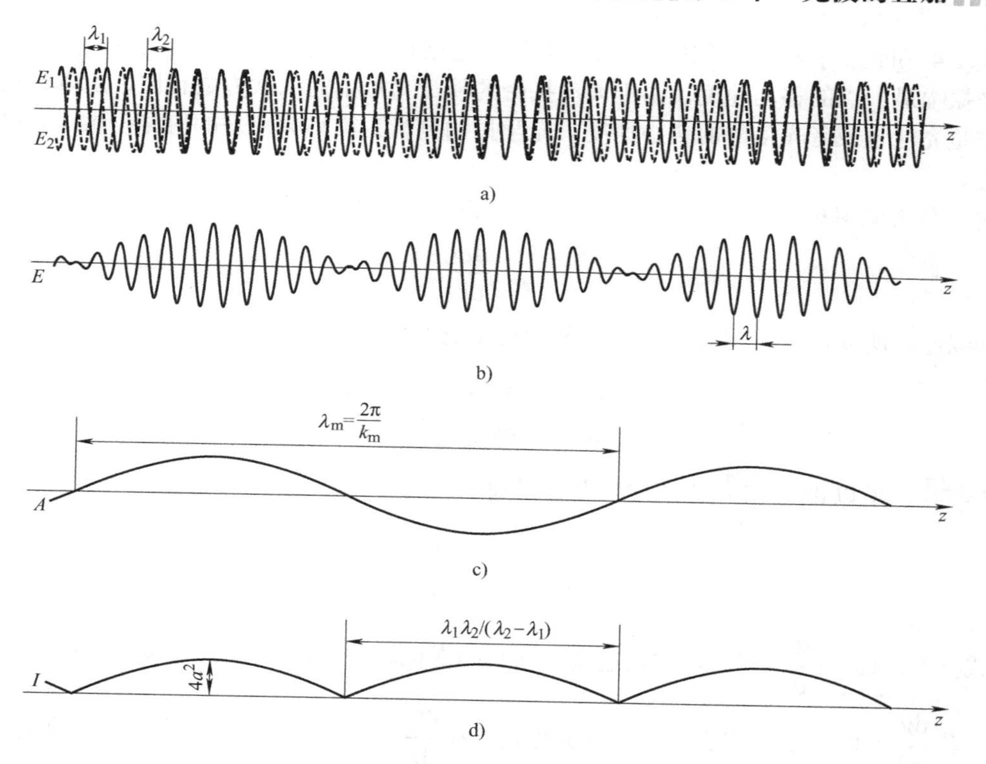

图 2.4-1　频率不同的两束光波的叠加

由式(2.4-5)可以看到，当时间变化时，合成波的强度在 $0\sim4a^2$ 之间周期性变化。光强随时间缓慢变化，每变化一个周期，称为一“拍”，拍频为 $2\omega_m=\omega_1-\omega_2$，为两束单色光波频率之差，是振幅调制频率的两倍。

2.4.2　相速度与群速度

可以看到两束频率不同的单色光波的合成是一个较复杂的光波，包含两个传播速度：等相位面的传播速度和等振幅面的传播速度。

根据式(2.4-4)，等相位面的条件为

$$\bar{k}z-\bar{\omega}t=\text{常数} \tag{2.4-6}$$

对上式求导可以得到

$$v_p=\frac{dz}{dt}=\frac{\bar{\omega}}{\bar{k}} \tag{2.4-7}$$

式(2.4-7)即为等相位面的传播速度，称为相速度。

根据式(2.4-4)，等振幅面的条件为

$$k_m z-\omega_m t=\text{常数} \tag{2.4-8}$$

对上式求导可以得到

$$v_g=\frac{dz}{dt}=\frac{\omega_m}{k_m}=\frac{\Delta\omega}{\Delta k} \tag{2.4-9}$$

式中，$\Delta\omega=\omega_1-\omega_2$，$\Delta k=k_1-k_2$。

式(2.4-9)即为等振幅面的传播速度，即振幅包络移动的速度，称为群速度。群速度可以看作是振幅最大点的移动速度。由于波动携带的能量与振幅的二次方成正比，所以群速度可以看作是光能量或者光信号的传播速度。光学拍的测量为微小频率差的检测提供了一种很好的方法。

对于两束频率相差很小(即 $\Delta\omega$ 很小)的光波叠加，合成波的群速度可以写为

$$v_{\mathrm{g}} = \frac{\mathrm{d}\omega}{\mathrm{d}k} \tag{2.4-10}$$

因为 $\omega=kv_{\mathrm{p}}$，所以可以得到群速度 v_{g} 与相速度 v_{p} 之间的关系为

$$v_{\mathrm{g}} = \frac{\mathrm{d}\omega}{\mathrm{d}k} = \frac{\mathrm{d}(kv_{\mathrm{p}})}{\mathrm{d}k} = v_{\mathrm{p}} + k\frac{\mathrm{d}v_{\mathrm{p}}}{\mathrm{d}k} \tag{2.4-11}$$

因为 $k=\dfrac{2\pi}{\lambda}$，所以 $\mathrm{d}k=-\dfrac{2\pi}{\lambda^2}\mathrm{d}\lambda$，代入上式得到

$$v_{\mathrm{g}} = v_{\mathrm{p}} - \lambda\frac{\mathrm{d}v_{\mathrm{p}}}{\mathrm{d}\lambda} \tag{2.4-12}$$

式(2.4-12)表明 $\dfrac{\mathrm{d}v_{\mathrm{p}}}{\mathrm{d}\lambda}$ 越大，即相速度随波长的变化越大时，群速度 v_{g} 和相速度 v_{p} 相差也越大。若 $\dfrac{\mathrm{d}v_{\mathrm{p}}}{\mathrm{d}\lambda}>0$，则群速度 v_{g} 小于相速度 v_{p}；若 $\dfrac{\mathrm{d}v_{\mathrm{p}}}{\mathrm{d}\lambda}<0$，则群速度 v_{g} 大于相速度 v_{p}；对于无色散介质，$\dfrac{\mathrm{d}v_{\mathrm{p}}}{\mathrm{d}\lambda}=0$，则群速度 v_{g} 等于相速度 v_{p}。

以上讨论的是两个频率相差很小的单色光波的叠加。事实表明，对于多个不同频率的单色光波合成的波包，只要各个波的频率相差不大，它们只集中在某一“中心”频率附近，同时介质的色散也不大，则仍然可以讨论波包的群速度问题，且式 (2.4-11)和式 (2.4-12)仍然适用。

例题 2.4 两列振幅相同、振动方向相同、频率分别为 $\omega+\mathrm{d}\omega$ 和 $\omega-\mathrm{d}\omega$ 的平面波沿 z 轴方向传播，求：

(1) 合成波表达式，并证明波的振幅不是一个常数；

(2) 合成波的相速度和群速度。

解：(1) 设两列波的振动方向沿着 y 轴方向，则

$$E_1 = A\cos\left[\frac{\omega+\mathrm{d}\omega}{c}z-(\omega+\mathrm{d}\omega)t\right]$$

$$E_2 = A\cos\left[\frac{\omega-\mathrm{d}\omega}{c}z-(\omega-\mathrm{d}\omega)t\right]$$

则合成波为

$$\begin{aligned} E = E_1 + E_2 &= A\cos\left[\frac{\omega+\mathrm{d}\omega}{c}z-(\omega+\mathrm{d}\omega)t\right] + A\cos\left[\frac{\omega-\mathrm{d}\omega}{c}z-(\omega-\mathrm{d}\omega)t\right] \\ &= 2A\cos\left(\frac{\mathrm{d}\omega}{c}z-\mathrm{d}\omega\bullet t\right)\cos\left(\frac{\omega}{c}z-\omega t\right) \end{aligned}$$

令$\dfrac{\mathrm{d}\omega}{c}=\mathrm{d}k$，$\dfrac{\omega}{c}=k$，所以振幅为$2A\cos(\mathrm{d}k\cdot z-\mathrm{d}\omega\cdot t)$，显然振幅是$z$和$t$的函数，不是常数。

(2) 设t时刻相位为$kz-\omega t=b$，$t+\Delta t$时刻的相位为$k(z+\Delta z)-\omega(t+\Delta t)=b$，因此有

$$k(z+\Delta z)-\omega(t+\Delta t)=kz-\omega t$$

即

$$k\Delta z=\omega\Delta t$$

所以相速度为

$$v_{\mathrm{p}}=\frac{\Delta z}{\Delta t}=\frac{\omega}{k}$$

设t时刻振幅为$\mathrm{d}k\cdot z-\mathrm{d}\omega\cdot t=d$，$t+\Delta t$时刻的振幅为$\mathrm{d}k(z+\Delta z)-\mathrm{d}\omega(t+\Delta t)=d$，因此有

$$\mathrm{d}k(z+\Delta z)-\mathrm{d}\omega(t+\Delta t)=\mathrm{d}k\cdot z-\mathrm{d}\omega\cdot t$$

即

$$\mathrm{d}k\Delta z=\mathrm{d}\omega\Delta t$$

所以群速度为

$$v_{\mathrm{g}}=\frac{\Delta z}{\Delta t}=\frac{\mathrm{d}\omega}{\mathrm{d}k}$$

例题 2.5 试计算下面两种色散规律的群速度(表达式中，v表示相速度)：

(1) 电离层中电磁波，$v=\sqrt{c^2+b^2\lambda^2}$，其中$c$是真空中的光速，$\lambda$是介质中的电磁波波长，$b$是常数；

(2) 充满色散介质($\varepsilon=\varepsilon(\omega)$，$\mu=\mu(\omega)$)的直波导管中的电磁波，$v=\dfrac{c\omega}{\sqrt{\omega^2\varepsilon\mu-c^2a^2}}$，其中$c$是真空中的光速，$a$是与波导管截面有关的常数。

解：(1) 电离层中的群速度为

$$v_{\mathrm{g}}=\frac{\mathrm{d}\omega}{\mathrm{d}k}=v-\lambda\frac{\mathrm{d}v}{\mathrm{d}\lambda}=v-\lambda\frac{2b^2\lambda}{2\sqrt{c^2+b^2\lambda^2}}=v-\frac{b^2\lambda^2}{v}=\frac{v^2-b^2\lambda^2}{v}=\frac{c^2}{v}$$

(2) 因为

$$k=\frac{\omega}{v}=\frac{1}{c}\sqrt{\omega^2\varepsilon\mu-c^2a^2}$$

则

$$\frac{\mathrm{d}k}{\mathrm{d}\omega}=\frac{1}{c}\times\frac{1}{2}\times\frac{2\omega\varepsilon\mu+\omega^2\dfrac{\mathrm{d}(\varepsilon\mu)}{\mathrm{d}\omega}}{\sqrt{\omega^2\varepsilon\mu-c^2a^2}}$$

所以

$$v_{\mathrm{g}}=\frac{\mathrm{d}\omega}{\mathrm{d}k}=\frac{2c\sqrt{\omega^2\varepsilon\mu-c^2a^2}}{2\omega\varepsilon\mu+\omega^2\dfrac{\mathrm{d}(\varepsilon\mu)}{\mathrm{d}\omega}}=\frac{c^2}{\varepsilon\mu}\frac{1}{v\left[1+\dfrac{\omega}{2\varepsilon\mu}\dfrac{\mathrm{d}(\varepsilon\mu)}{\mathrm{d}\omega}\right]}$$

2.4.3 光学拍的应用

拍在声音中很常见，如钢琴调音师使振动的弦和调音用的音叉成拍来调试钢琴。

光的拍效应在 1955 年由 A. T. Forrester、R. A. Gudmundsen 和 P. O. Johson 第一次观测到【Photo-electric Mixing of Incoherent Light. Phys. Rev. 99，1691 – Published 15 September 1955】，将汞原子放到放电管中，磁场作用于放电管，原子的能级发生了分裂(塞曼效应)获得了频率稍有不同的两个波 f_1 和 f_2，两个波的频率差与外加磁场的大小成正比。当两束光在光电混频管的表面叠加时就产生了拍频 f_1–f_2。特别是调节磁场使得 f_1–f_2=10^{10}Hz，这个频率很方便提供了一个相当于 3cm 的微波信号。

1. 激光陀螺

激光器的出现使得用光来观测拍现象变得容易的多。具有陀螺仪功能的环形激光器，利用拍来测量由系统转动引起的频差，如图 2.4-2 所示。在环形闭合光路中，从某一观察点发出的一对光波沿相反方向运行一周后又回到该点时，这对光波的光程(或相位)将由于闭合光路相对于惯性空间的旋转而不同，其光程差(或相位差)与闭合光路的旋转角速度成正比(Sagnac 效应)。

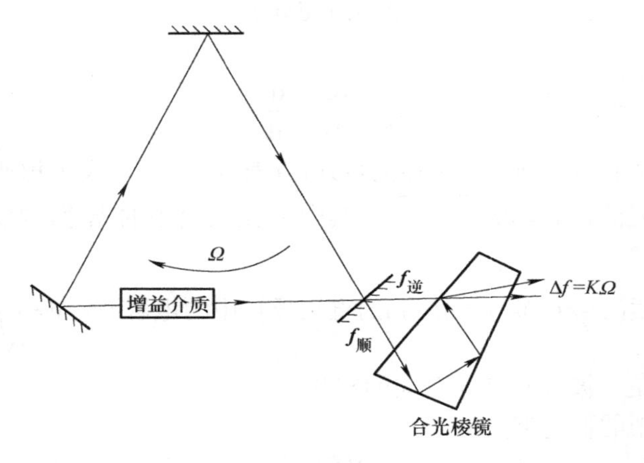

图 2.4-2　陀螺仪测量原理图

图 2.4-3 彩图

在复杂的海陆空多种多样的武器中，有一种基本设备却长期成为军事大国客机的核心设备，这就是陀螺仪。缺少了高精度陀螺仪(见图 2.4-3)，潜艇就不能下海，轰炸机也不能出航，战斗机也只能在海岸线附近几十公里范围飞翔。陀螺仪最大的优点就是抗干扰能力无限，而且陀螺仪还可以在地下、水下、封闭空间内使用。

图 2.4-3　激光陀螺

激光陀螺从 20 世纪 60 年代开始研发，中国从 70 年代开始跟踪，最终在 1994 年产品定型，1998 年使用在东风系列弹道导弹上。我国国防科技大学高伯龙院士，努力 20 余载，一次跨越两代，从 0 开始追击，跳过当时国际成熟的二频机械抖动激光陀螺，直接研发更新一代四频差动激光陀螺，精度更高，使用动态范围更大，满足了中国多款先进武器之用，包括飞豹战斗机、歼-10 战斗机等，打破了国际封锁。目前中国在激光陀螺技术上达到国际领先水平。

2. 拍频在相干扫描干涉仪中的应用

19 世纪 90 年代初，德国科学家 Dresel 首次研制出用于测量表面形貌信息的相干扫描干涉仪(Coherence Scanning Interferometry，CSI)样机。后来，各厂商基于此技术开发出不同的品牌，如德国 Polytec 公司的白光干涉仪(White Light Interferometry，WLI)和英国 Taylor Hobson 公司的相干相关干涉仪(Coherence Correlation Interferometry，CCI)等。尽管各厂商对仪器的命名不同，但是它们的测量原理相同。目前，市场主流相干扫描干涉仪产品的主要技术参数如表 2.4-1 所示。

表 2.4-1　市场主流相干扫描干涉仪产品的主要技术参数

品牌		ZYGO	TAYLOR HOBSON	CHOTEST
型号		New View 9000	CCI	Super View W1
技术参数	扫描范围	20mm	2.2mm	10mm
	最大扫描速度	171μm/s	100μm/s	45μm/s
	RMS 重复性	0.008nm	0.02nm	0.005nm
	横向分辨力	0.34μm	0.30μm	0.10μm
	位移台行程	XY: 150mm	XY: 150mm	XY: 200mm
	位移台倾角	±3°	±4°	±5°

相干扫描干涉仪使用宽频带光源，不同频率的光在叠加的过程中会出现拍频现象，形成波包。相干扫描干涉仪正是利用宽频带光波在零光程差时所有频率的光能同时产生最亮的明条纹的特性来实现表面形貌测量的，如图 2.4-4 所示。

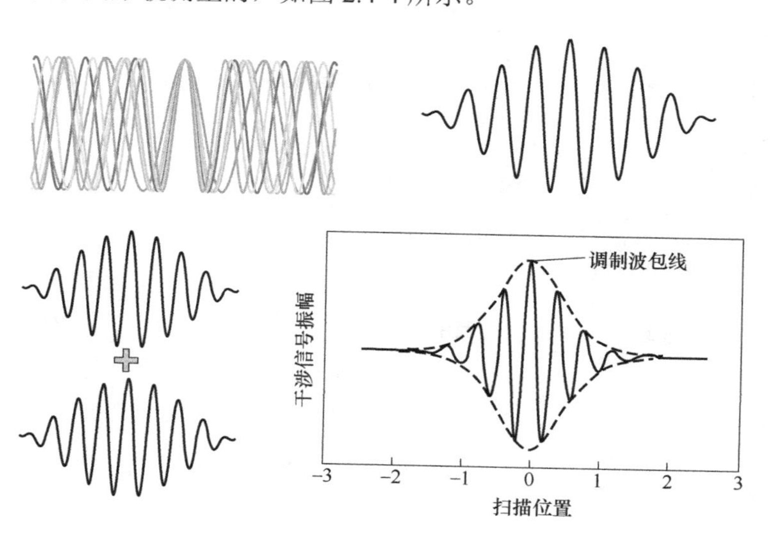

图 2.4-4　宽频带光源的拍频以及干涉现象

相比单一波长的光波而言，混合光叠加的成分越多，拍频现象越明显，波包相干长度就越小，同时相同波包再次出现的周期也越长，这正符合相干相关干涉仪的测量要求，如图 2.4-5 所示。

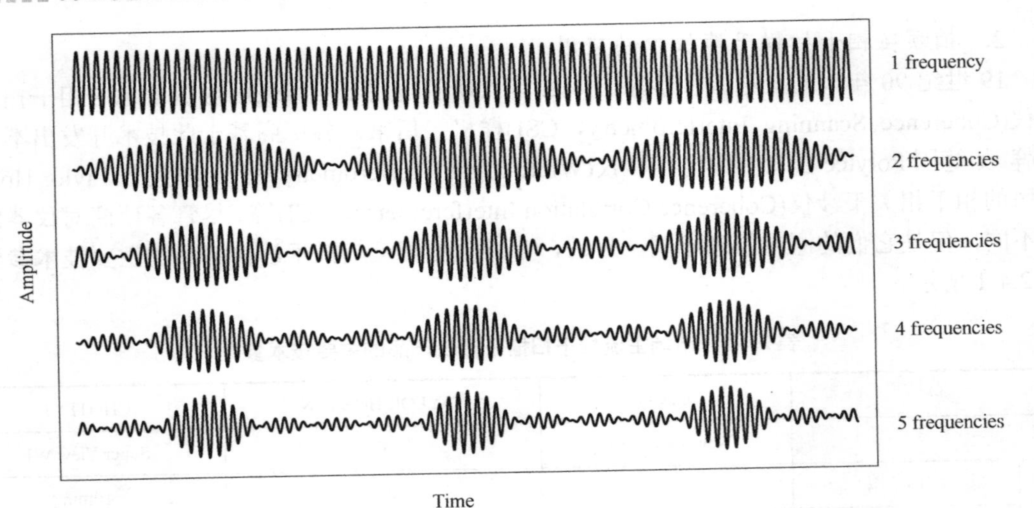

图 2.4-5　波包相干长度和周期随叠加频率次数的变化

如图 2.4-6 所示的白光干涉仪，即相干相关干涉仪在测量时，光源发出的宽频带光经过透镜组的准直后，通过 Mirau 物镜(一款干涉显微物镜)照射到被测表面上。Mirau 物镜的独特之处在于内部装有一个反射镜和分光镜，并且反射镜和焦平面关于分光镜对称设计。只要被测表面位于物镜的焦平面上，其测量光程就和参考光程相等，此时所有频率的光同时产生明条纹。通过 CCD 相机采集亮条纹的位置，完成被测表面数据的提取。

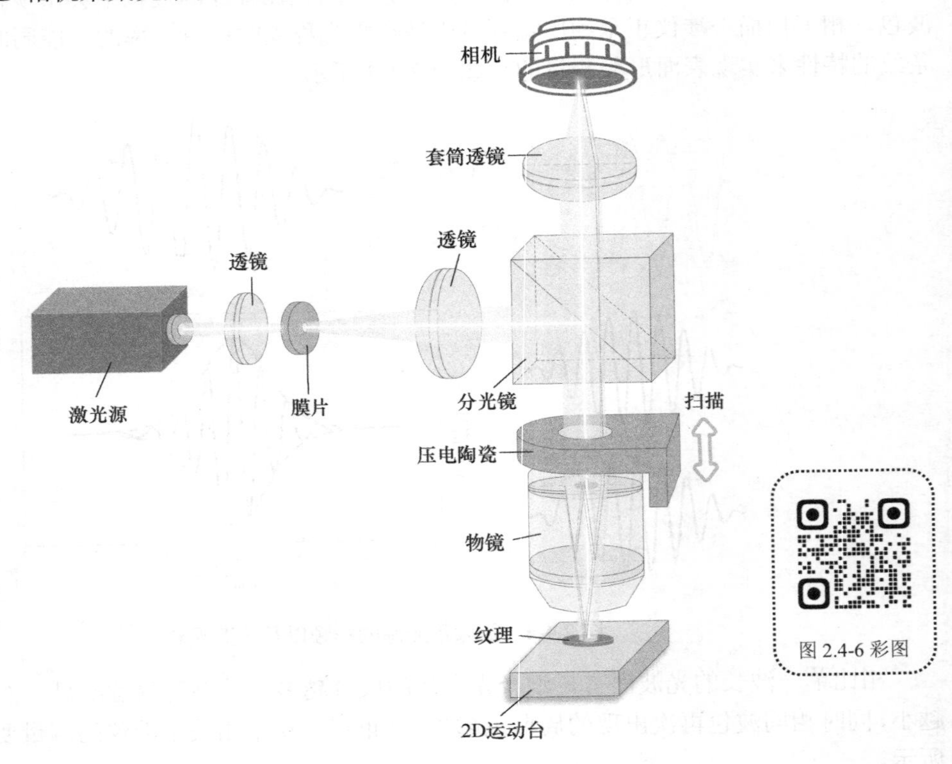

图 2.4-6　白光干涉仪的结构示意图

习题

2.1 两个振动方向相同，沿 x 方向传播的波可表示为

$$E_1 = a\sin[k(x+\Delta x)-\omega t]\text{，}\quad E_2 = a\sin(kx-\omega t)$$

试证明合成波的表达式为

$$E = 2a\cos\left(\frac{k\Delta x}{2}\right)\sin\left[k\left(x+\frac{\Delta x}{2}\right)-\omega t\right]$$

2.2 一束角频率为 ω 的线偏振光沿 z 方向传播，其电矢量的振动面与 zOx 平面成 30°角，试写出该线偏振光的表达式。

2.3 考虑两个在真空中沿 z 方向传播的单色波的叠加，即

$E_1 = a\cos 2\pi\left(ft-\dfrac{z}{\lambda}\right)$，$E_2 = a\cos 2\pi\left[(f-\Delta f)t-\dfrac{z}{\lambda+\Delta\lambda}\right]$，若 a=100V/m，f=6×10^{4}Hz，Δf=10^{8}Hz，求：

(1) z=0，z=1m，z=1.5m 各处合成波的强度随时间的变化；

(2) 合成波振幅周期变化和强度周期变化的空间周期。

2.4 如习题 2.4 图所示，光束 $E_1 = E_{10}\cos(kz+\omega t)$ 和 $E_2 = E_{20}\cos(kz-\omega t)$ 的电矢量方向之间的夹角为 α，且有 $E_{10}\cos\alpha = -E_{20}$。

(1) 两光束叠加形成的合光束是什么类型的光束？

(2) 求合光束的电矢量表达式。

(3) 求合光束的光强。

2.5 确定其正交分量是由下面两式表示的光波的偏振态：

$$E_z(z,t) = A\cos\left[\omega\left(\frac{z}{c}-t\right)\right]\text{，}\quad E_y(z,t) = A\cos\left[\omega\left(\frac{z}{c}-t\right)+\frac{5}{4}\pi\right]$$

2.6 设平面波以 θ 角入射到一平面反射面(见习题 2.6 图)，反射面的反射系数为 $r = r_0\exp(\mathrm{i}\delta)$。

(1) 证明入射波和反射波的合成场可以表示为

$$E = (1-r_0)A\cos\left[\omega\left(\frac{x\cos\theta-y\sin\theta}{c}-t\right)+\varphi\right]+2r_0A\cos\left[\omega\left(\frac{y\sin\theta}{c}-t\right)+\varphi+\frac{\delta}{2}\right]\cos\left(\omega\frac{x\cos\theta}{c}+\frac{\delta}{2}\right)$$

式中，A 为入射波的振幅，φ 为入射波的初相位。

(2) 解释该表达式的意义。

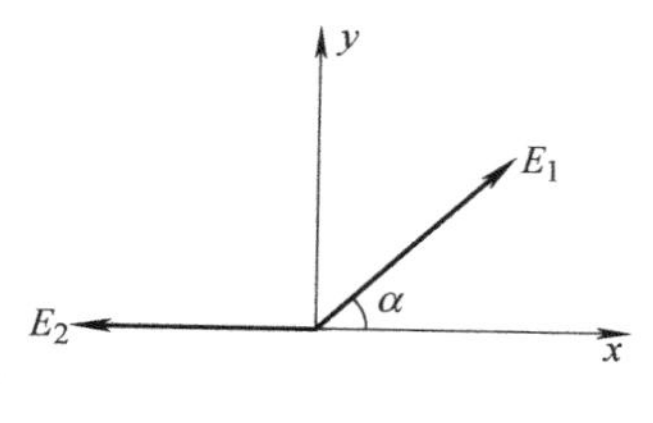

习题 2.4 图

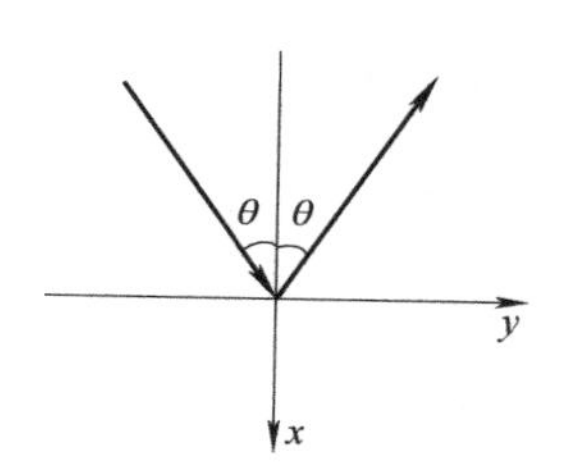

习题 2.6 图

2.7 证明群速度可以表示为$v_g = \dfrac{c}{n + \omega\left(\dfrac{dn}{d\omega}\right)}$。

2.8 证明光的折射率$n(\lambda)$有如下关系：$\dfrac{1}{v_g} = \dfrac{1}{v} - \dfrac{1}{c}\lambda\dfrac{dn(\lambda)}{d\lambda}$，其中$\lambda$为光在真空中的波长。

第 3 章

双光束干涉及应用

在湿的柏油马路面上的一层油膜会闪烁复杂的彩色图样，肥皂泡在阳光照射下的彩色条纹，光学镜头表面镀膜后光照射下的彩色，这些都是很常见的干涉现象。光的干涉现象是指两个或者多个光波在某叠加区域内形成的各点强度稳定的强弱分布现象。所谓稳定，是指用肉眼或记录仪器能观察到或记录到条纹分布，即在一定时间内存在着相对稳定的条纹分布。若两束光或多束光的相位差随着时间变化，使得光强度的条纹产生移动，当条纹移动的速度快到肉眼或者记录条纹的仪器无法分辨干涉条纹时，就观察不到干涉现象了。光的干涉现象、衍射现象和偏振现象是波动过程的基本特征，是物理光学研究的主要对象。

根据第 2 章的讨论可以知道，两个振动方向相同、频率相同的单色光波叠加将产生干涉现象。但是实际的光波不是理想的单色光波，要使它们发生干涉必须利用一定装置使其满足相干条件。历史上最早用实验方法研究光的干涉现象的科学家是杨氏(Thomas Young,1773—1829)，在 1802 年杨氏用双缝光源实现了干涉；菲涅耳等用波动理论解释了干涉现象的各项细节；1860 年麦克斯韦的电磁场理论为干涉技术奠定了坚实的理论基础。1881 年迈克尔逊(A. Michlson)设计了著名的干涉实验测量“以太”漂移，证明其不存在，并获得了 1907 年的诺贝尔物理学奖。至 19 世纪末，干涉理论已经比较完善。20 世纪 30 年代后，P. H. Van Cittert 和 F. Zernike 等发展了部分相干理论，使得干涉理论进一步完善。

光的干涉应用领域非常广泛，如长度测量、光谱研究、光学元件质量检测、镀膜等。自 1960 年梅曼(Maiman)研制成功第一台红宝石激光器，以及同一时期的微电子技术和计算机技术的飞速发展，使得干涉技术进入了快速发展阶段。

3.1 光干涉的基本条件及实现方法

光电接收器记录的是强度 I 的平均值，就像眼睛不能察觉到交流电所供给的白炽灯的亮度变化，只能看到某一不变的平均亮度一样。则时间 τ 内的平均强度表示为

$$\langle I\rangle=\frac{1}{\tau}\int_0^{\tau} I\mathrm{d}\tau \tag{3.1-1}$$

3.1.1 干涉的基本条件

首先研究任意两光波叠加其合振动的空间分布。

设两列光波的表达式分别为

$$\boldsymbol{E}_1 = \boldsymbol{A}_1 \exp[\mathrm{i}(\boldsymbol{k}_1 \cdot \boldsymbol{r} - \omega_1 t + \phi_{01})] \tag{3.1-2}$$

$$\boldsymbol{E}_2 = \boldsymbol{A}_2 \exp[\mathrm{i}(\boldsymbol{k}_2 \cdot \boldsymbol{r} - \omega_2 t + \phi_{02})] \tag{3.1-3}$$

设$\alpha_1 = \boldsymbol{k}_1 \cdot \boldsymbol{r} + \phi_{01}$，$\alpha_2 = \boldsymbol{k}_2 \cdot \boldsymbol{r} + \phi_{02}$，则两列光波可以表示为

$$\boldsymbol{E}_1 = \boldsymbol{A}_1 \exp[\mathrm{i}(\alpha_1 - \omega_1 t)] \tag{3.1-4}$$

$$\boldsymbol{E}_2 = \boldsymbol{A}_2 \exp[\mathrm{i}(\alpha_2 - \omega_2 t)] \tag{3.1-5}$$

则合成波的光振动可以写为

$$\boldsymbol{E} = \boldsymbol{E}_1 + \boldsymbol{E}_2 \tag{3.1-6}$$

在观察时间 t 内，应当有许多对波列通过空间相遇点 P 点，并且每一对波列都产生一个强度，因此在观察屏上，产生的强度的强弱分布是时间的平均值。考虑合成波的光振动可能是复数，则合成波光强可以写为

$$\langle I \rangle = \langle (\boldsymbol{E}_1 + \boldsymbol{E}_2) \cdot (\boldsymbol{E}_1 + \boldsymbol{E}_2)^* \rangle \tag{3.1-7}$$

则有

$$\begin{aligned}
\langle I \rangle &= \langle \boldsymbol{E}_1 \boldsymbol{E}_1^* + \boldsymbol{E}_2 \boldsymbol{E}_2^* + \boldsymbol{E}_1 \boldsymbol{E}_2^* + \boldsymbol{E}_1^* \boldsymbol{E}_2 \rangle \\
&= \langle A_1^2 + A_2^2 + \boldsymbol{A}_1 \cdot \boldsymbol{A}_2 \exp\{\mathrm{i}[(\alpha_1 - \alpha_2) + (\omega_1 - \omega_2)t]\} + \\
&\quad \boldsymbol{A}_1 \cdot \boldsymbol{A}_2 \exp\{-\mathrm{i}[(\alpha_1 - \alpha_2) + (\omega_1 - \omega_2)t]\} \rangle \\
&= \langle A_1^2 + A_2^2 + 2\boldsymbol{A}_1 \cdot \boldsymbol{A}_2 \cos[(\alpha_1 - \alpha_2) + (\omega_1 - \omega_2)t] \rangle
\end{aligned} \tag{3.1-8}$$

令$\delta = (\alpha_1 - \alpha_2) + (\omega_1 - \omega_2)t$，则任意两列光波的合成波光强可以写为

$$\langle I \rangle = A_1^2 + A_2^2 + 2\boldsymbol{A}_1 \cdot \boldsymbol{A}_2 \langle \cos\delta \rangle \tag{3.1-9}$$

式(3.1-9)中，$\langle \cos\delta \rangle$ 称为干涉项，两束光波叠加后相干，即干涉项不等于零，就是 $\langle \cos\delta \rangle \neq 0$。这一项的存在表明叠加的光强 I 不再是 I_1 和 I_2 的简单和，只有当$\langle \cos\delta \rangle \neq 0$ **且稳定**时，才能产生干涉现象。干涉项与两个光波的振动方向和相位有关。

1) 当两束光频率相等，即 $\omega_1 = \omega_2$ 时，由于 t 变化，$\cos\delta$ 的值为 0，则干涉光强不随时间变化，可以得到稳定的干涉条纹分布；当两光束的频率不等，即 $\omega_1 \neq \omega_2$ 时，干涉条纹将随时间产生移动，且频差越大，条纹移动速度越快。因此两叠加光波的**频率相同**，是产生干涉的**必要条件**。

两叠加光波频率相差比较大时，将引起依赖于时间变化迅速的相位差，因而在探测时间内把合成光强$\langle I \rangle$平均为零。如果两个光源都发射白光，白光为复色光，则红光和红光发生干涉，蓝光和蓝光发生干涉，数量众多的少许位移相似的单色干涉图样将重叠，产生了白光干涉，虽然白光干涉图样不像单色光干涉图样锐利，但是白光会产生可以观测的干涉。

2) $(\phi_{01} - \phi_{02})$ 与时间无关是恒定值的情况下，才能获得稳定的干涉图形，因此两叠加光波的**初始相位差恒定不变**，是产生干涉的**必要条件**。

3) $\boldsymbol{A}_1 \cdot \boldsymbol{A}_2 = A_1 A_2 \cos\varphi$，$\varphi$ 为两光波振幅矢量的夹角。

① 当$\varphi = \dfrac{\pi}{2}$时，即两光束振动方向互相垂直，$\boldsymbol{A}_1 \cdot \boldsymbol{A}_2 = 0$，此时不发生干涉；

② 当$\varphi=0$时，即两光束的振动方向相同，$\boldsymbol{A}_1\cdot\boldsymbol{A}_2=A_1A_2$，此时干涉条纹最清晰；

③ 当$0<\varphi<\dfrac{\pi}{2}$时，干涉条纹清晰度介于上面两种情况之间。

所以为了产生明显的干涉现象，要求两光束的振动方向相同。因此两叠加光波的**振动方向相同**，是产生干涉的**必要条件**。

在满足频率相同、振动方向相同、初始相位差恒定的条件下，合振动光强为

$$\langle I\rangle=A_1^2+A_2^2+2A_1A_2\cos\delta$$

由第 2 章式(2.1-26)～式(2.1-28)可知，可以根据相位差δ讨论合振动的光强分布；由第 2 章式(2.1-31)和式(2.1-33)可知，可以根据光程差Δ讨论合振动的光强分布。

可见，要获得稳定的干涉条纹，必须满足以下三个必要条件：

1) 两束光波的频率应当相同；

2) 两束光波在相遇处的振动方向应当相同；

3) 两束光波在相遇处应有固定不变的相位差。

上述条件称为相干条件。

3.1.2　实现干涉的基本方法

为了实现光束干涉，要求叠加的两束光波满足相干条件，满足相干条件的光波称为相干光波，产生相干光波的光源称为相干光源。

1. *原子发光的特点*

发光的本质是物质的原子或分子或离子处于较高的激发状态时，能从较高能级向低能级过渡，并自发地把过多的能量以光子的形式发射出来的结果。一个光源包含许多个发光的原子、分子或电子，每个原子、分子都是一个发光中心，我们看到的每一束光都是从大量原子发射和汇集出来的。但是每个单个原子的发光都不是无休止的，每次发光动作只能持续一定的时间，这个时间很短($<10^{-8}$s)，因而每次原子发光只能产生有限的一段波列。由光的辐射理论，普通光源的发光方式主要是自发辐射，即各原子都是一个独立的发光中心，其发光动作杂乱无章，彼此无关。因而，不同原子产生的各个波列之间、同一个原子先后产生的各个波列之间，都没有固定的相位关系，这样的光波叠加，不会产生干涉现象。在一极短时间内，其叠加结果可能加强，而在另一极短时间内，其叠加结果可能减弱，于是在有限观察时间τ内两光束叠加的强度是时间τ内的平均。如式(3.1-9)所示，如果在时间τ内各时刻到达的波列相位差δ无规则地变化，δ将在τ内多次(可能在10^8次以上)经历 0 与 2π 之间的一切数值，这样$\langle\cos\delta\rangle=0$。两光束叠加的平均光强恒等于两光波的光强之和，不发生干涉。

由此看来，不仅从两个普通光源发出的光不会产生干涉，就是从同一个光源的两个不同部分发出的光也是不相干的。因此，普通光源是一种非相干光源。

2. *实现干涉的方法*

由上面关于相干条件的讨论可知，利用两个独立的普通光源是不可能产生干涉的，即使使用两个相干性很好的独立激光器发出的激光束来进行干涉，也是相当困难的事，主要原因是它们的初相位关系不固定。

在光学中，获得相干光，产生明显可见干涉条纹的唯一方法就是把一个波列的光分成两

束或几束光波，然后再令其重合而产生稳定的干涉效应。这种“一分为二”的方法，可以使两干涉光束的初相位差保持恒定。

将一个光波分离成两个相干光波，一般有两种方法，即分波前法和分振幅法。

分波前法是让一个光波通过两个小孔、两个平行狭缝或者利用反射和折射把光波的波前分割出两个部分，这两个部分的光波必然是相干的。

分振幅法通常利用透明平板或楔板的两个表面，将入射光的振幅进行分割，从而产生两个或者多个反射光波和折射光波，再利用反射光波和折射光波产生干涉。

杨氏双缝干涉

3.2 杨氏双缝干涉

产生可持续干涉要解决的主要问题就是找到相干光源。两百年前，杨氏(Thomas Young)在他的经典双光束实验中解决了这个问题，巧妙地把一个波阵面分成两个相干的部分，并使它们发生干涉。杨氏干涉实验是利用分波前法产生干涉的著名的例子，通过杨氏双缝干涉的分析，可以了解分波前干涉的一些共同特点。

3.2.1 杨氏双缝干涉的原理

杨氏双缝干涉的实验装置如图 3.2-1 所示。S 为一个受光源照明的狭缝，从 S 发出的光波照射在距离为 R 的双狭缝 S_1 和 S_2 孔径上，双狭缝 S_1 和 S_2 孔的距离为 d，接收屏到双狭缝的距离为 D，显然双狭缝 S_1 和 S_2 发出的光波是同一个光波 S 的波前分离出来的，是相干光波，进而在接收屏上形成干涉图样。

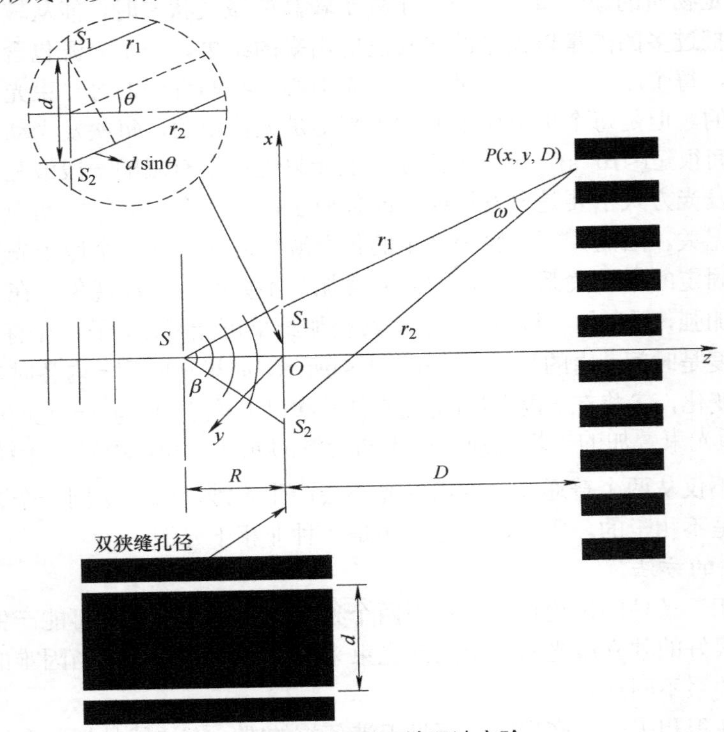

图 3.2-1 杨氏双缝干涉实验

3.2.2 杨氏双缝干涉的强度分布

考虑屏幕上一点 P，从 S_1 和 S_2 发出的光波在该点叠加产生的光强，根据式(3.1-9)有

$$I = I_1 + I_2 + 2\sqrt{I_1 I_2}\cos\delta \tag{3.2-1}$$

式中，I_1 和 I_2 分别是两束光波在屏幕上的光强；δ 是相位差。

如果 S_1 和 S_2 的两个狭缝大小相等，则有 $I_1=I_2=I_0$。由于 S_1 和 S_2 到 S 的距离相等，因此 S_1 和 S_2 发出的光波的相位相同。因此，P 点处叠加光波的相位差只依赖于 S_1 和 S_2 到 P 点的光程差。设 S_1 到 P 点的距离为 r_1，S_2 到 P 点的距离为 r_2，则 P 点的光程差为

$$\varDelta = n(r_2 - r_1) \tag{3.2-2}$$

式中，n 是介质的折射率。空气的折射率 n 近似为 1，则 S_1 和 S_2 到 P 点的相位差为

$$\delta = \frac{2\pi}{\lambda}(r_2 - r_1) \tag{3.2-3}$$

式中，λ 是光波在真空中的波长。因此 P 点的光强表达式可以写为

$$I = 2I_0 + 2I_0\cos\delta = 4I_0\cos^2\left(\frac{\delta}{2}\right) = 4I_0\cos^2\left[\frac{\pi}{\lambda}(r_2 - r_1)\right] \tag{3.2-4}$$

1) 当光程差满足

$$\varDelta = m\lambda,\ m = 0, \pm 1, \pm 2, \cdots \tag{3.2-5}$$

此时，光强有极大值 $I_{\max} = 4I_0$。

2) 当光程差满足

$$\varDelta = (2m+1)\frac{\lambda}{2},\ m = 0, \pm 1, \pm 2, \cdots \tag{3.2-6}$$

此时，光强有极小值 $I_{\min}=0$。

3) 当光程差为其他值时，光强处于 0 和 $4I_0$ 之间。

3.2.3 杨氏双缝干涉的条纹形状

3.2.3.1 干涉条纹的强度分布

为了确定观察屏上极大光强和极小光强的位置，选取坐标系 $Oxyz$，坐标系原点 O 位于 S_1 和 S_2 光源连线的中心，S_1 和 S_2 之间的距离为 d，x 轴的方向为 S_1 和 S_2 连线的方向，如图 3.2-1 所示。设屏上一点 $P(x,y,D)$，则有

$$r_1 = \sqrt{\left(x - \frac{d}{2}\right)^2 + y^2 + D^2} \tag{3.2-7}$$

$$r_2 = \sqrt{\left(x + \frac{d}{2}\right)^2 + y^2 + D^2} \tag{3.2-8}$$

由上面两式可以得到

$$r_2^2 - r_1^2 = 2xd \tag{3.2-9}$$

因此，光程差可以写为

$$\varDelta = r_2 - r_1 = \frac{2xd}{r_2 + r_1} \tag{3.2-10}$$

实际情况中 $d \ll D$，此时如果 x 和 y 也比 D 小得多，即在 z 轴附近观察，则可以用 $2D$ 代替 r_1+r_2，虽然存在误差，但误差不大。例如，d=0.02cm，D=50cm，x=0.5cm，y=0.5cm，则有 $r_1+r_2 \approx 100.005$cm，用 $2D$ 代替 r_1+r_2，误差大小为 0.005cm。因此，式(3.2-10)可以化简为

$$\varDelta = \frac{xd}{D} \tag{3.2-11}$$

根据式(3.2-5)，观察屏上极大强度点的位置取决于以下条件：

$$x = m\frac{D\lambda}{d}，\ m = 0, \pm 1, \pm 2, \cdots \tag{3.2-12}$$

根据式(3.2-6)，观察屏上极小强度点的位置取决于以下条件：

$$x = \left(m + \frac{1}{2}\right)\frac{D\lambda}{d}，\ m = 0, \pm 1, \pm 2, \cdots \tag{3.2-13}$$

m 称为干涉级次。

由式(3.2-4)可以得到干涉光强的分布表达式：

$$I = 4I_0 \cos^2\left(\frac{\pi xd}{\lambda D}\right) \tag{3.2-14}$$

式(3.2-14)表明干涉条纹的光强沿着 x 方向做余弦二次方变化，如图 3.2-2 所示。

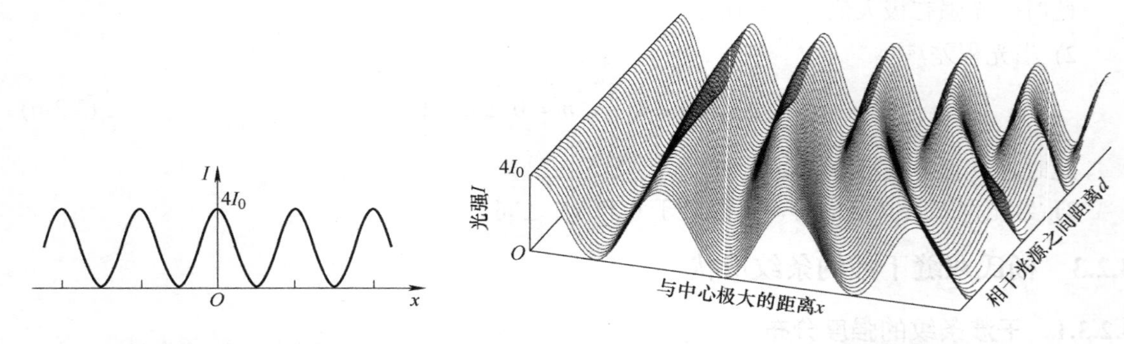

a) 理想情况下光强变化曲线

b) 条纹的距离与相干光源之间的距离成反比

图 3.2-2　干涉条纹强度变化曲线

3.2.3.2　干涉条纹的形状

干涉条纹可以用条纹的干涉级次 m 表征。亮条纹中最亮点的干涉级次为整数，暗条纹中最暗点的干涉级次为半整数。一般，用整数干涉级代表亮条纹的干涉级，用半整数干涉级代表暗条纹的干涉级。

式(3.2-14)表明，观察屏上 z 轴附近的**干涉条纹是一系列平行于 y 轴、等间距的干涉条纹**，条纹的走向与 S_1 和 S_2 连线方向(x 方向)垂直。在干涉条纹中，极大强度和极小强度之间是逐渐变化的。

相邻两个亮条纹或者两个暗条纹之间的距离称为条纹间距。根据式(3.2-12)可以得到条纹间距为

$$e = m\frac{D\lambda}{d} - (m-1)\frac{D\lambda}{d} = \frac{D\lambda}{d} \tag{3.2-15}$$

式(3.2-15)表明，条纹间距 e 与 S_1 和 S_2 之间的距离 d 成反比，与光源波长 λ 成正比，与光源到观察屏的距离 D 成正比。若要获得间距足够宽的干涉条纹，应该使 d 足够小。对于波长较长的光源，其干涉条纹较疏。当光源为白光时，观察屏上只有零级条纹是白色的，在零级两边各有一条黑色条纹，黑色条纹之外就是彩色条纹。

杨氏双缝干涉实验属于测定光波波长最早的一些方法之一。根据式(3.2-15)，如果在实验中测量出 D、d 和 e，就可以计算出波长 λ。

r_1 和 r_2 的夹角 ω 称为相干光束的会聚角。

在 $d \ll D$，$x,y \ll D$ 的情况下，有

$$\omega \approx \frac{d}{D} \tag{3.2-16}$$

因此条纹间距也可以表示为

$$e = \frac{\lambda}{\omega} \tag{3.2-17}$$

式(3.2-17)表明，条纹间距与会聚角 ω 成反比。

由以上分析可以看出，杨氏双缝干涉实验在观察屏上获得等间距的直线条纹是有条件的，即 $d \ll D$，且在 z 轴附近的小范围内观察。

实际上，观察屏的位置可以在 S_1 和 S_2 发出的两个光波交叠区域内任意放置，在观察屏任意放置的情况下，一般无法得到等间距的直线条纹。显然，干涉条纹的分布与光程差有关。干涉条纹是光程差相等的点的轨迹，即等光程差线的形状就是干涉条纹的形状。在空间中，光程差相等的点组成的空间曲面称为等光程差面，观察屏与等光程差面的交线即为等光程差线，也就是干涉条纹的形状。

根据图 3.2-1，设任意考查点 P 的坐标为(x,y,z)，则有

$$r_1 = \sqrt{\left(x - \frac{d}{2}\right)^2 + y^2 + z^2} \tag{3.2-18}$$

$$r_2 = \sqrt{\left(x + \frac{d}{2}\right)^2 + y^2 + z^2} \tag{3.2-19}$$

则光程差为

$$\varDelta = r_2 - r_1 = \sqrt{\left(x + \frac{d}{2}\right)^2 + y^2 + z^2} - \sqrt{\left(x - \frac{d}{2}\right)^2 + y^2 + z^2} \tag{3.2-20}$$

式(3.2-20)经化简后可以得到等光程差点的空间轨迹(等光程差面)方程式：

$$\frac{x^2}{\left(\frac{\varDelta}{2}\right)^2} - \frac{y^2 + z^2}{\left(\frac{d}{2}\right)^2 - \left(\frac{\varDelta}{2}\right)^2} = 1 \tag{3.2-21}$$

将 $\varDelta = m\lambda$ 代入上式中，可以得到

$$\frac{x^2}{\left(\frac{m\lambda}{2}\right)^2}-\frac{y^2+z^2}{\left(\frac{d}{2}\right)^2-\left(\frac{m\lambda}{2}\right)^2}=1 \tag{3.2-22}$$

式(3.2-22)表明，等光程差面是一组以 m 为参数的回转双曲面族，x 轴为回转轴。$m=0$，±1，±2，±3 的等光程差面示意图如图 3.2-3 所示，$m=0$ 的等光程差面就是 $x=0$ 的平面。

图 3.2-4 所示为条纹形状随着观察屏位置的变化。当观察屏设置在垂直于 z 轴方向上，且与 xOy 平面平行时，由式(3.2-22)可以得到干涉条纹是一组双曲线。若只考查 z 轴附近的条纹，则干涉条纹近似为直线(见图 3.2-4a)。当观察屏放置在与两个光源 S_1 和 S_2 的连线成一个角度的方向上时，条纹形状如图 3.2-4b 所示，条纹弯曲且间距不等。如果观察屏放置在 S_1 和 S_2 连线的方向上，条纹为一组同心圆环，如图 3.2-4c 所示。

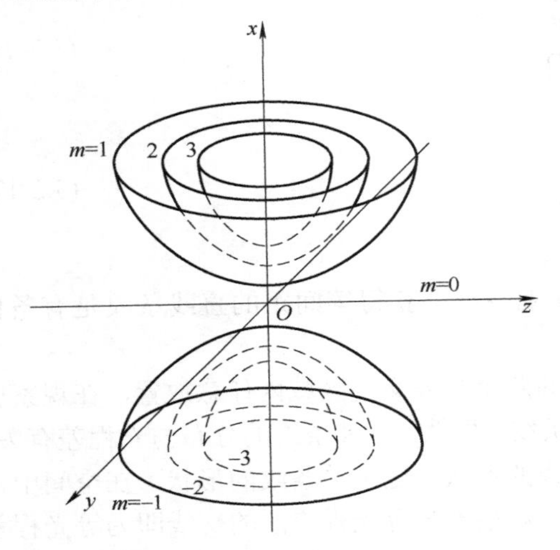

图 3.2-3　等光程差面示意图

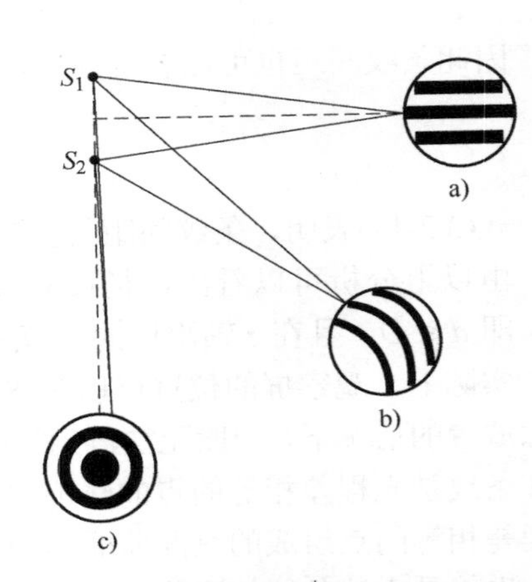

图 3.2-4　条纹形状随着观察屏位置的变化

例题 3.1　图 3.2-5 是一种利用干涉现象测定气体折射率的原理图。在缝 S_1 后面放一长为 l 的透明容器，在待测气体注入容器而将空气排出的过程中，屏幕上的干涉条纹就会移动。通过测定干涉条纹的移动数可以推知气体的折射率。问：若待测气体的折射率大于空气折射率,干涉条纹如何移动？

解：讨论干涉条纹的移动，可跟踪屏幕上某一条纹(如零级亮条纹)，研究它的移动就能了解干涉条纹的整体移动情况。

当容器未充气时，测量装置实际上是杨氏双缝干涉实验装置。其零级亮条纹出现在屏上与 S_1 和 S_2 对称的 P_0 点，从 S_1 和 S_2 射出的光在此处相遇时光程差为零。

容器充气后，S_1 射出的光线经容器时光程要增加，零级亮条纹应在 P_0 的上方某处 P'出现(见图 3.2-6)，因而整个条纹要向上移动。

例题 3.2　在杨氏干涉实验中，两个小孔的到为 0.5mm，观察屏到小孔的距离为 1m。当以氦氖激光束照射两个小孔时，测量出观察屏上干涉条纹的间距为 1.26mm。计算氦氖激光的波长。

解：已知 d=0.5mm，D=1000mm，e=1.26mm，代入式(3.2-15)中，得到氦氖激光的波长为

$$\lambda = \frac{ed}{D} = \frac{1.26\text{mm} \times 0.5\text{mm}}{1000\text{mm}} = 630\text{nm}$$

更精确的测定光波波长的实验表明，氦氖激光的波长为 632.8nm。

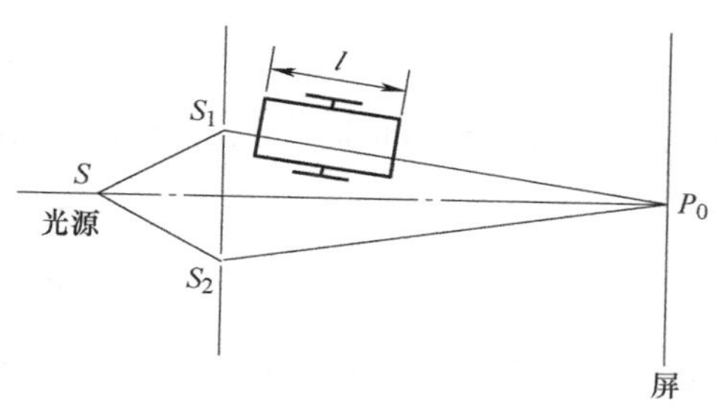

图 3.2-5　利用干涉现象测定气体折射率的原理图

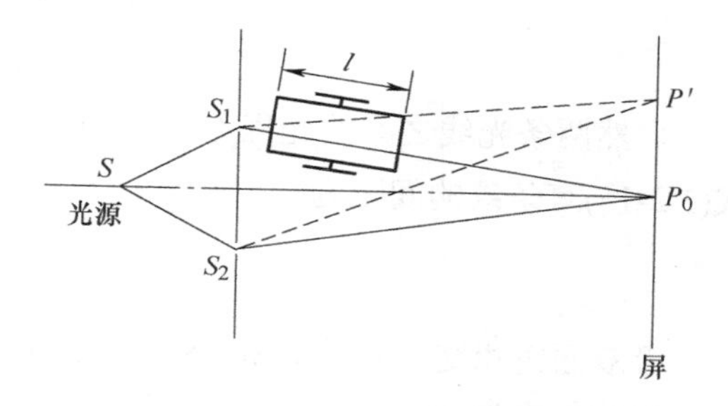

图 3.2-6　条纹移动方向示意图

例题 3.3　一个竖直放置的不透光屏上有两个水平狭缝，中心相聚 2.644mm，它们被滤光后的放电灯的黄色平面波照明，在距离屏 4.500m 处的竖直观察屏上生成水平干涉条纹，第 5 个亮条纹位于中心处零级亮条纹之上 5.000mm。试求：

(1) 照明光在空气中的波长；

(2) 若整个空间充满豆油，豆油的折射率为 1.4729，则第 5 级条纹应该在何处？

解：(1) 已知 D=4.5000m，d=2.644mm，x_5=5.000mm，干涉级次 m=5，根据式(3.2-12)可知，在空气中

$$\lambda = \frac{x_5 d}{5D} = \frac{5.000\text{mm} \times 2.644\text{mm}}{5 \times (4.5000 \times 10^3)\text{mm}} = 587.6\text{nm}$$

(2) 空气中充满豆油时，光波波长变短，根据式(3.2-15)可知条纹间距变窄，条纹新的位置更靠近观察屏中心零级条纹，所以

$$\lambda' = \frac{\lambda}{n} = \frac{587.6\text{nm}}{1.4729} = 398.9\text{nm}$$

$$x_5' = 5\frac{D\lambda'}{d} = \frac{5 \times (4.5000 \times 10^3)\text{mm} \times (398.9 \times 10^{-6})\text{mm}}{2.644\text{mm}} = 3.395\text{mm}$$

3.2.4　其他分波前干涉装置

其他分波前干涉装置

分波前干涉装置的共同特点是：

① 点光源发出的光波的波前分割出两个部分，并使其在干涉场内叠加产生干涉；

② 两束光的叠加区域内，到处都可以看到干涉条纹，只是不同的位置条纹的间距、形状不同；

③ 都有限制光束的狭缝或者小孔，因而干涉条纹的强度很弱。

3.2.4.1　菲涅耳双面镜

菲涅耳双面镜由两个前面镀银的平面反射镜彼此倾斜一个很小的角度构成，如图 3.2-7 所示。由点光源 S 发出的光波被不透明挡板阻挡，不能直接到达观察屏上，光波经反射镜 M_1 和 M_2 反射被分为两束相干光波，照射到观察屏上产生干涉。从反射镜 M_1 和 M_2 反射的两束相干光，可以看作是从光源 S 在两个反射镜中形成的两个距离为 d 的虚像 S_1 和 S_2 发出的，

因此 S_1 和 S_2 是一对相干光源。设 M_1 和 M_2 的夹角为 θ，观察屏和 S_1 和 S_2 的距离为 L，根据反射定律有 $\overline{SA}=\overline{S_1A}$，$\overline{SB}=\overline{S_2B}$，所以有

$$\overline{SA}+\overline{AP}=r_1 \tag{3.2-23}$$

$$\overline{SB}+\overline{BP}=r_2 \tag{3.2-24}$$

显然两条光线之间的光程差为 $\Delta=r_2-r_1$，当光程差为波长的整数倍时产生明条纹。根据式(3.2-15)有条纹的间距为

$$e=\frac{L\lambda}{d} \tag{3.2-25}$$

设双面镜相交于 C 点，$SC=S_1C=S_2C=R$，所以 S_1S_2 的垂直平分线也通过 C 点，因此 S_1 和 S_2 之间的距离为

$$d=2R\sin\theta \tag{3.2-26}$$

M_1 和 M_2 的夹角 θ 很小(通常小于 1°)情况下，d 也很小，所以观察屏上可以得到间距较大的条纹。

例题 3.4 设菲涅耳双反射镜的夹角 α 为 $20'$，缝光源到双面镜交线的距离 B 为 10cm，接收屏幕与光源经双反射镜所成的两个虚像连线平行，观察屏与双反射镜的交线距离 C 为 2.1m，光波长 λ 为 600nm，如图 3.2-8 所示。问：

(1) 干涉条纹的间距为多少？

(2) 在观察屏上能看到多少个条纹？

(3) 如果光源到双反射镜交线的距离增大一倍，干涉条纹有什么变化？

(4) 如果光源与双反射镜交线的距离保持不变，在横向有所移动，干涉条纹有什么变化？

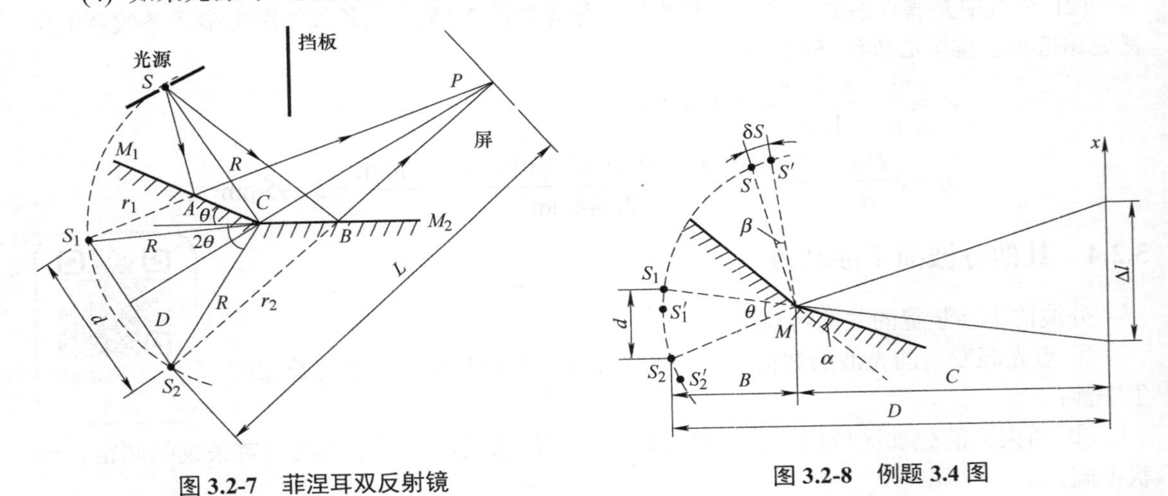

图 3.2-7 菲涅耳双反射镜　　　　图 3.2-8 例题 3.4 图

解：(1) 根据已知可知，两个虚缝光源到观察屏的距离为

$$D=B+C=10\text{cm}+210\text{cm}=220\text{cm}$$

根据式(3.2-26)，两个虚缝光源之间的距离 d 为

$$d=2\alpha B=2\times\frac{20'}{180\times 60'}\times\pi\times 100\text{mm}\approx 1.16\text{mm}$$

根据式(3.2-15)，干涉条纹间距为

$$e=\frac{D\lambda}{d}=\frac{2200\mathrm{mm}\times(600\times10^{-6})\mathrm{mm}}{1.16\mathrm{mm}}\approx1.14\mathrm{mm}$$

(2) 在观察屏上，相干叠加区域的宽度 Δl 为

$$\Delta l\approx2\alpha C=2\times\frac{20'}{180\times60'}\times\pi\times2100\mathrm{mm}\approx24.42\mathrm{mm}$$

所以观察屏上能看到的条纹数量为

$$N=\frac{\Delta l}{e}=\frac{24.42\mathrm{mm}}{1.14\mathrm{mm}}\approx22$$

(3) 菲涅耳双面镜装置中 $B\ll C$，所以当光源到双镜交线的距离增大一倍时，两个虚缝光源距观察屏的距离为

$$D'=2B+C=20\mathrm{cm}+210\mathrm{cm}=230\mathrm{cm}$$

两个虚缝光源之间的距离 d'为

$$d'=2\alpha\times2B=2\times\frac{20'}{180\times60'}\times\pi\times200\mathrm{mm}\approx2.32\mathrm{mm}$$

干涉条纹间距为

$$e'=\frac{D'\lambda}{d'}=\frac{2300\mathrm{mm}\times(600\times10^{-6})\mathrm{mm}}{2.32\mathrm{mm}}\approx0.59\mathrm{mm}$$

可以看出，条纹间距变得密集了一倍，而交叠区域的宽度 Δl 没有变化，因此可见条纹数量的最大值增大一倍。

(4) 若点光源 S 横向移动 δs，则虚像 S_1' 和 S_2' 随之在半径为 B 的圆弧上移动 $\delta s_1'$ 和 $\delta s_2'$，且有

$$\delta s=\delta s_1'=\delta s_2'$$

从而保持虚像 S_1' 和 S_2' 之间的距离 d 不变，因此条纹间距 e 不变。但是虚像 S_1' 和 S_2' 之间中垂线与观察屏的焦点位置，即零级条纹的位置随之移动，以 M 为中心转了一个角度：

$$\beta\approx\frac{\delta s}{B}$$

反映在观察屏上零级条纹移动的距离为

$$\delta x=\beta C=\frac{C}{B}\delta s$$

上式表明观察屏上的条纹总体都发生了平移。

从以上讨论可以看到，菲涅耳双面镜的夹角越小，条纹的间距越大，这对实际观察是有利的，但是此时光束的交叠区域变小，产生的干涉条纹数目很少。

3.2.4.2　菲涅耳双棱镜

菲涅耳双棱镜装置如图 3.2-9 所示，由两个相同的薄棱镜底面连在一起组成，两个棱镜的折射角 α 很小。从点光源 S 发出的光波，经过双棱镜折射后分为两束，在重叠区域内发生干涉。同

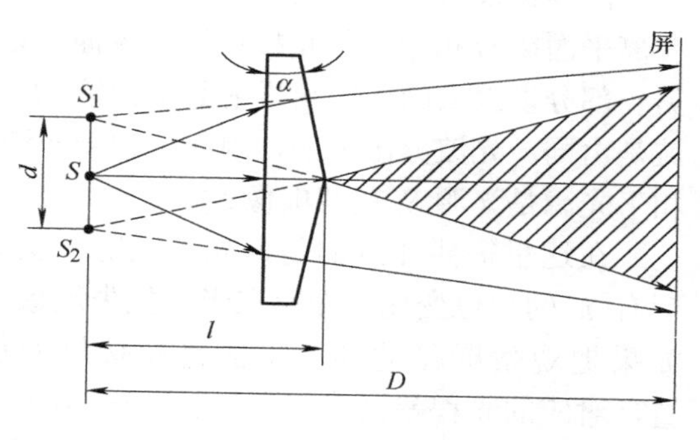

图 3.2-9　菲涅耳双棱镜

样存在两个虚光源 S_1 和 S_2，相距 d。设棱镜的折射率为 n，则棱镜对入射光束产生的角度偏转近似为$(n-1)\alpha$，因此 S_1 和 S_2 之间的距离可以表示为

$$d = S_1S_2 = 2l(n-1)\alpha \tag{3.2-27}$$

式中，l 是光源 S 到双棱镜的距离。

由于双棱镜的折射角 α 很小，所以 d 也很小。如果 D=1m，n=1.5，α=30′，l=2cm，λ=630nm，根据式(3.2-15)，得到屏上条纹的间距为

$$e = \frac{D\lambda}{d} = \frac{(1\times10^3)\text{mm}\times(630\times10^{-6})\text{mm}}{2\times20\text{mm}\times(1.5-1)\times\dfrac{30'}{180\times60'}\times\pi} = 3.62\text{mm}$$

例题 3.5 一点光源放置于透镜的焦点处，透镜后放置一双棱镜，双棱镜的顶角为3′30″，折射率为 1.5，观察屏与棱镜的距离为 5m，光源波长为 632.8nm，求观察屏上条纹的间距，屏幕上能出现几条干涉条纹？

解：已知 $\alpha = 3'30'' \approx \dfrac{3.5'}{180\times60'}\times\pi\text{rad} \approx 0.001\text{rad}$，$D$=5000mm，$\lambda$=632.8nm，由于棱镜对入射光束产生的角度偏转近似为$(n-1)\alpha$，两个虚光源 S_1 和 S_2 的距离为

$$d = 2l(n-1)\alpha$$

条纹间距为

$$e = \frac{D\lambda}{d} = \frac{D\lambda}{2l(n-1)\alpha}$$

由于点光源放置于透镜的焦点，经过透镜形成一束平行光正入射于双棱镜，条纹间距可以近似计算为

$$e \approx \frac{\lambda}{2(n-1)\alpha} = \frac{(632.8\times10^{-6})\text{mm}}{2\times(1.5-1)\times0.001} \approx 0.63\text{mm}$$

交叠区域的宽度为

$$\Delta l = 2\alpha D = 2\times0.001\times5000\text{mm} = 10\text{mm}$$

则观察屏上可以看到的条纹数量为

$$N = \frac{\Delta l}{e} = \frac{10\text{mm}}{0.63\text{mm}} \approx 16$$

3.2.4.3 洛埃镜

洛埃镜仅用一块平面镜 M 反射获得干涉条纹，实验装置如图 3.2-10 所示。点光源 S_1 放在离平面镜M相当远但是接近镜子表面的地方，S_1发出的光波一部分被直接投射到观察屏上，另一部分以很大的入射角投射到平面镜 M 上，再经过平面镜反射后到达观察屏上。两部分光波是由同一光波分出来的，因而是相干光波，相干光源是光源 S_1 及其虚像 S_2。

在这里需要注意的是，光经反射镜反射后有 π 的相位变化，即存在**半波损失现象**。如果把观察屏移动到与平面镜相接触的位置，对应的光程差是 $\lambda/2$，因此是一个暗点，这个现象也通过实验得到了证实。因此，在

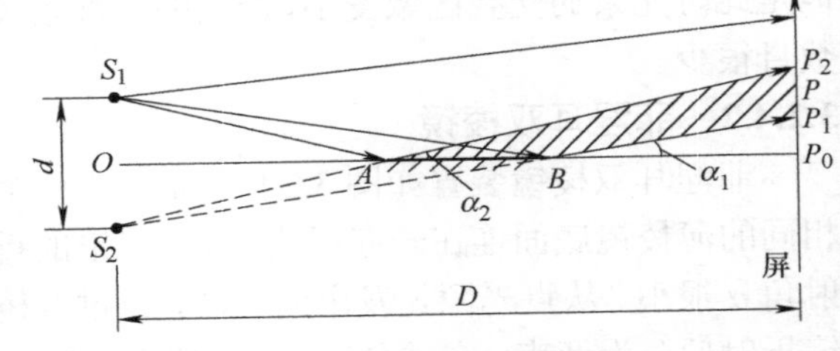

图 3.2-10 洛埃镜实验装置

计算观察屏上某一点 P 对应的两束相干光的光程差时，要把反射光的半波损失引起的**附加光程差**考虑进去。P_0 为镜平面与观察屏的交线在观察屏上的投影，光源 S_1 到观察屏的距离为 D，S_1 和 S_2 之间的距离为 d，根据式(3.2-11)，考虑附加光程差后，观察屏上某点 P 的光程差为

$$\varDelta = \frac{dx}{D} + \frac{\lambda}{2} \tag{3.2-28}$$

例题 3.6 如图 3.2-10 所示的洛埃镜装置中，光源 S_1 到观察屏的距离 D=1.5m，光源 S_1 到洛埃镜镜面的距离为 2mm，洛埃镜长度 AB 为 40cm，放在光源和观察屏的正中央。

(1) 确定观察屏上可以看见条纹的区域大小。

(2) 若光波波长 λ=500nm，则条纹间距为多少？在观察屏上可以看见多少条条纹？

(3) 写出干涉光强的表达式。

解：(1) 根据图 3.2-10 可知，干涉区域在 P_1P_2 范围内，因为

$$P_1P_0 = BP_0 \tan\alpha_1 = BP_0 \times \frac{S_1O}{OB} = (750\text{mm} - 200\text{mm}) \times \frac{2\text{mm}}{(750\text{mm} + 200\text{mm})} = 1.16\text{mm}$$

$$P_2P_0 = AP_0 \tan\alpha_2 = AP_0 \times \frac{S_1O}{OA} = (750\text{mm} + 200\text{mm}) \times \frac{2\text{mm}}{(750\text{mm} - 200\text{mm})} = 3.45\text{mm}$$

所以

$$P_1P_2 = P_2P_0 - P_1P_0 = (3.45 - 1.16)\text{mm} = 2.29\text{mm}$$

(2) 条纹间距为

$$e = \frac{D\lambda}{d} = \frac{1500\text{mm} \times (500 \times 10^{-6})\text{mm}}{4\text{mm}} = 0.19\text{mm}$$

所以可以观察到的条纹数量为

$$N = \frac{P_1P_2}{e} = \frac{2.29\text{mm}}{0.19\text{mm}} = 12$$

(3) 根据式(3.2-4)有

$$I = 4I_0 \cos^2\left(\frac{\delta}{2}\right)$$

由于 S_1 发出的光经掠入射到平面镜后被反射，反射时存在半波损失现象，因此相干光波的相位差为

$$\delta = \frac{2\pi}{\lambda}(r_2 - r_1) + \pi$$

所以，干涉光强的表达式为

$$I = 4I_0 \cos^2\left(\frac{\pi d}{D\lambda}x + \frac{\pi}{2}\right)$$

3.2.4.4 比累对切透镜

比累对切透镜是把一块凸透镜沿着直径方向剖开成两半制作而成的，两半透镜在垂直于光轴方向拉开一段距离，中间的空隙以不透光的光屏遮挡，如图 3.2-11 所示。点光源 S 经两半透镜形成两个实像 S_1 和 S_2，显然 S_1 和 S_2 是相干光源，通过 S_1 和 S_2 射出的光束在观察屏上产生干涉。S_1 和 S_2 到透镜的距离 l' 可以按照几何光学的成像公式计算：

$$\frac{1}{l}+\frac{1}{l'}=\frac{1}{f} \tag{3.2-29}$$

式中，l 是光源 S 到透镜的距离；f 是透镜的焦距。

S_1 和 S_2 之间的距离可由下列公式求出：

$$d=a\frac{l+l'}{l} \tag{3.2-30}$$

式中，a 是两个半透镜分开的距离。

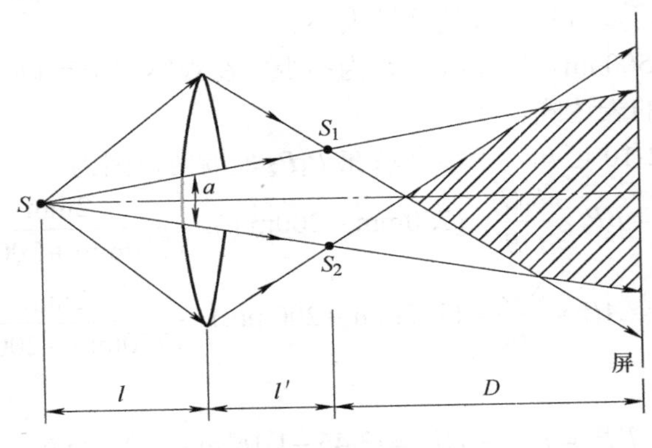

图 3.2-11　比累对切透镜

例题 3.7　在图 3.2-11 所示的比累对切透镜的实验中，透镜的焦距为 20cm，两个半透镜横向间距 a 为 0.5mm，光源 S 到透镜的距离 l 为 40cm，透镜到观察屏的距离为 1m，光源发出的单色光波长 λ 为 500nm，试求干涉条纹的间距。

解： 已知 $l'+D=1\text{m}=1000\text{mm}$，$l$=400mm，$f$=200mm，根据成像公式 $\frac{1}{l}+\frac{1}{l'}=\frac{1}{f}$ 得到

$$l'=\frac{lf}{l-f}=\frac{400\text{mm}\times200\text{mm}}{400\text{mm}-200\text{mm}}=400\text{mm}$$

根据式(3.2-30)得到 S_1 和 S_2 之间的距离为

$$d=a\frac{l+l'}{l}=0.5\text{mm}\times\frac{400\text{mm}+400\text{mm}}{400\text{mm}}=1\text{mm}$$

又因

$$D=1000\text{mm}-l'=(1000-400)\text{mm}=600\text{mm}$$

则条纹间距为

$$e=\frac{D\lambda}{d}=\frac{600\text{mm}\times(500\times10^{-6})\text{mm}}{1\text{mm}}=0.3\text{mm}$$

3.3　影响干涉条纹对比度的因素

干涉条纹的清晰程度不同情况下不同，所有干涉仪都希望获得清晰的干涉条纹。干涉场中某一点 P 附近的条纹清晰程度用对比度 K 衡量，即

$$K = \frac{I_{max} - I_{min}}{I_{max} + I_{min}} \tag{3.3-1}$$

式中，I_{max} 和 I_{min} 分别是 P 点附近条纹的强度极大值和极小值。

式(3.3-1)表明，条纹对比度与条纹亮暗差别有关，也与条纹背景光强度有关。

① 当 I_{min}=0 时，K=1，对比度有最大值，此时干涉条纹最清晰，这种情况称为完全相干；

② 当 I_{max}=I_{min} 时，K=0，对比度有最小值，此时完全看不到干涉条纹，这种情况称为非相干；

③ 一般情况下的干涉，$0<K<1$，这种情况为部分相干。

条纹对比度主要与三个因素有关：两相干光波的振幅比、光源的大小和光源的非单色性。下面分步讨论以上因素的影响，当论及某一个因素的影响时，另外两个因素看作是理想的。

3.3.1　两相干光波振幅比的影响

根据式(3.2-1)可以得到干涉条纹光强的极大值为

$$I_{max} = I_1 + I_2 + 2\sqrt{I_1 I_2} \tag{3.3-2}$$

干涉条纹光强的极小值为

$$I_{min} = I_1 + I_2 - 2\sqrt{I_1 I_2} \tag{3.3-3}$$

根据式(3.3-1)得到

$$K = \frac{2\sqrt{I_1 I_2}}{I_1 + I_2} = \frac{2\sqrt{\dfrac{I_1}{I_2}}}{1 + \dfrac{I_1}{I_2}} \tag{3.3-4}$$

或者以振幅比表示，上式可以表示为

$$K = \frac{2A_1 A_2}{A_1^2 + A_2^2} \tag{3.3-5}$$

根据式(3.3-5)可以看到，当 A_1=A_2 时，K=1；当 A_1 和 A_2 相差越大时，K 值越小。

根据式(3.3-4)，可以把式(3.2-1)写为

$$I = (I_1 + I_2)(1 + K\cos\delta) \tag{3.3-6}$$

式(3.3-6)表明，干涉条纹的光强分布，不仅与两相干光波的相位差 δ 有关，还与两相干光波的振幅比有关。因此，若把干涉条纹记录下来，也就把两相干光波的振幅比和相位差两方面的信息都记录下来了。

例题 3.8　用单色光做杨氏干涉实验时，如果把两个等宽狭缝中的一个加宽一倍，干涉图样会发生什么变化？给出此时的对比度。

解：使一个狭缝加宽一倍，振幅变为原来的 2 倍，光强变为原来的 4 倍，因此杨氏双缝发出的相关光光强分别为 I_0 和 $4I_0$，则有

$$I = I_0 + 4I_0 + 2\sqrt{4I_0 I_0}\cos\delta = 5I_0 + 4I_0\cos\delta$$

可以求得干涉光强极大值为 $I_{max} = 9I_0$，干涉光强极小值为 $I_{min} = I_0$，则对比度为

$$K = \frac{I_{\max} - I_{\min}}{I_{\max} + I_{\min}} = \frac{9I_0 - I_0}{9I_0 + I_0} = 0.8$$

显然，干涉条纹对比度降低了。

例题 3.9 例题 3.4 中，如果要在观察屏上产生有一定对比度的干涉条纹，允许缝光源的最大宽度为多少？

解： 设扩展光源宽度为 b，即光源边缘两点(S 和 S')间隔为 $\delta s=b$。当点光源 S 和点光源 S' 产生的条纹错开的距离(零级条纹平移量) $\delta x = e$ 时，条纹对比度降为零，因为

$$\delta x = \frac{C}{B} b$$

$$e = \frac{D}{d}\lambda = \frac{B+C}{2\alpha B}\lambda$$

所以，光源的临界宽度为

$$b_{\mathrm{C}} \approx \frac{\lambda}{2\alpha}$$

3.3.2 光源大小的影响

杨氏双缝干涉实验中，假定光源都是单色线光源，条纹最清晰。实际上光源总有一定的宽度，也就包含许多线光源，每一个线光源经过双缝都会产生各自的一组干涉条纹，由于不同线光源有不同的位置，所以各组干涉条纹之间将发生位移(见图 3.3-1)，干涉条纹的暗条纹强度不是 0，所以条纹的对比度下降。当光源大到一定程度后，对比度下降到零，干涉条纹完全消失。

3.3.2.1 光源大小对条纹对比度的影响

如图 3.3-2 所示，设光源以 S 为中心的扩展光源 $S'S''$是由许多无穷小的线光源组成的。整个扩展光源产生的强度便是这些线光源产生的强度积分。设每一个线光源的宽度为 $\mathrm{d}x'$，发出的光波经过 S_1 和 S_2 后到达干涉场的光强都是 $I_0\mathrm{d}x'$。

考查干涉场中的某一点 P，根据式(3.2-4)有

$$I = 2I_0[1+\cos(k\varDelta)] \tag{3.3-7}$$

则位于光源中心 S 点的线光源在 P 点产生的光强为

$$\mathrm{d}I_S = 2I_0\mathrm{d}x'[1+\cos(k\varDelta)] \tag{3.3-8}$$

式中，$\varDelta$ 是位于光源中心 S 点的线光源发出的光波经过 S_1 和 S_2 到达 P 点产生的光程差；I_0 是线光源单位宽度的光强。

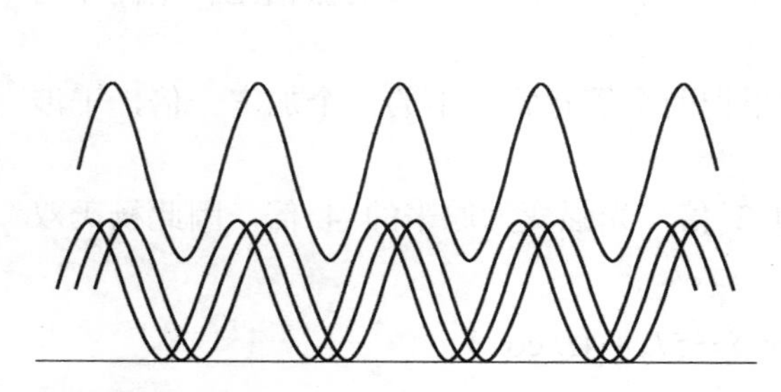

图 3.3-1 光源有一定宽度时干涉光强的分布曲线

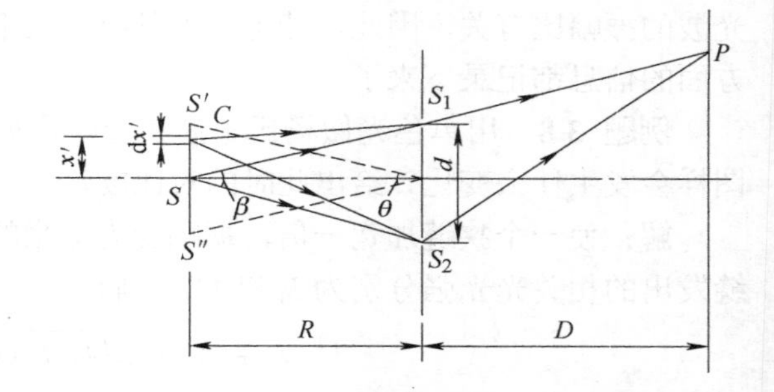

图 3.3-2 扩展线光源示意图

则距离 S 点为 x' 的 C 点处的线光源在 P 点产生的光强为

$$\mathrm{d}I = 2I_0\mathrm{d}x'[1+\cos(k\varDelta')] \tag{3.3-9}$$

式中，$\varDelta'$ 是位于 C 点处的线光源发出的光波经过 S_1 和 S_2 到达 P 点产生的光程差。

显然，根据图 3.3-2 可以看出

$$\varDelta' = \overline{CS_2} - \overline{CS_1} + \varDelta = \frac{x'}{R}d + \varDelta = x'\beta + \varDelta \tag{3.3-10}$$

式中，R 是线光源 S 到双缝的距离；$\beta = \dfrac{d}{R}$ 是干涉孔径角。所以有

$$\mathrm{d}I = 2I_0\mathrm{d}x'[1+\cos k(\varDelta + x'\beta)] \tag{3.3-11}$$

则宽度为 b 的扩展光源在 P 点产生的光强为

$$\begin{aligned} I &= \int_{-\frac{b}{2}}^{\frac{b}{2}} 2I_0[1+\cos k(\varDelta + x'\beta)]\mathrm{d}x' \\ &= 2I_0 b + 2I_0\int_{-\frac{b}{2}}^{\frac{b}{2}}[\cos(k\varDelta)\cos(kx'\beta) - \sin(k\varDelta)\sin(kx'\beta)]\mathrm{d}x' \\ &= 2I_0 b + 2I_0\frac{\lambda}{\pi\beta}\sin\left(\frac{\pi\beta b}{\lambda}\right)\cos(k\varDelta) \end{aligned} \tag{3.3-12}$$

式(3.3-12)表明：

① 第一项与 P 点的位置无关，表示干涉场的平均强度，但是该项随着光源宽度 b 的增大而增大；

② 第二项表示干涉场的光强度周期性随着光程差 $\varDelta$ 变化，且该项不超过 $2I_0\dfrac{\lambda}{\pi\beta}$。

综上表明，随着光源宽度 b 的增大，条纹对比度下降。

根据式(3.3-12)可以得到光强的极大值为

$$I_{\max} = 2I_0 b + 2I_0\frac{\lambda}{\pi\beta}\left|\sin\left(\frac{\pi\beta b}{\lambda}\right)\right| \tag{3.3-13}$$

光强的极小值为

$$I_{\min} = 2I_0 b - 2I_0\frac{\lambda}{\pi\beta}\left|\sin\left(\frac{\pi\beta b}{\lambda}\right)\right| \tag{3.3-14}$$

由此得到干涉条纹对比度为

$$K = \frac{I_{\max} - I_{\min}}{I_{\max} + I_{\min}} = \left|\frac{\sin\left(\dfrac{\pi\beta b}{\lambda}\right)}{\dfrac{\pi\beta b}{\lambda}}\right| \tag{3.3-15}$$

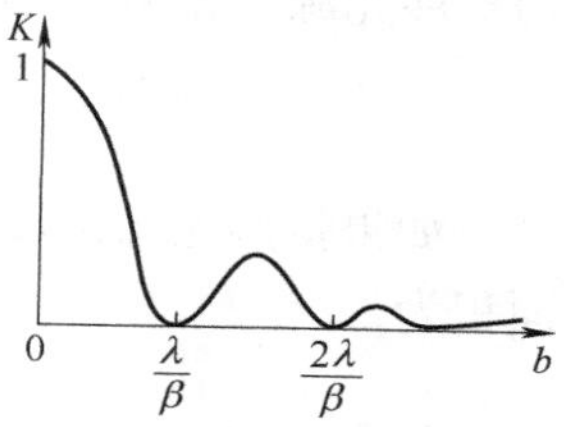

图 3.3-3　光源宽度与对比度的关系曲线

图 3.3-3 所示为对比度 K 随着光源宽度 b 的变化曲线。可见，随着 b 的增大，对比度 K 通过一系列极值和零值逐渐趋于零。

当 $\dfrac{\beta b}{\lambda} = 0$ 时，K=1，b=0；

当 $\dfrac{\beta b}{\lambda} = m$ (m=1,2,$\cdots$)时，K=0，$b = m\dfrac{\lambda}{\beta}$。称对比度为零(第一个零值)时的光源宽度为临

界宽度 b_C，满足

$$b_C=\frac{\lambda}{\beta}=\frac{\lambda R}{d} \tag{3.3-16}$$

虽然式(3.3-16)是以杨氏实验装置推导出来的，但可以证明该式适用于前述的几种干涉装置，所以它是表示光源临界宽度和干涉孔径关系的一个普遍公式。

一般认为，光源宽度不超过临界宽度的四分之一，当 $b\leqslant\frac{b_C}{4}$ 时，$K\geqslant 0.9$，此时的光源宽度称为允许宽度，用 b_P 表示，即

$$b_P=\frac{\lambda}{4\beta} \tag{3.3-17}$$

利用式(3.3-17)可以计算干涉仪中光源宽度的允许值。

3.3.2.2 空间相干性

考虑扩展光源 $S'S''$ 照射与之相距为 $R+D$ 的观察屏的情况，如图 3.3-2 所示，若通过 S_1 和 S_2 两点的光在观察屏上再度会合时能够发生干涉，则称通过空间这两点的光具有空间相干性。显然，光的空间相干性与光源的大小有着密切的关系。当光源是点光源时，观察屏上各点都是相干的；当光源是扩展光源时，观察屏上具有空间相干性的各点的范围与光源大小成反比。当光源宽度等于临界宽度时，没有发生干涉，通过 S_1 和 S_2 两点的光没有空间相干性。

光源大小对干涉条纹对比度的影响如图 3.3-4 所示。图 3.3-4a 所示，当光源较小时，干涉条纹的对比度较好；图 3.3-4b 所示，随着光源的增大，干涉条纹的对比度下降；图 3.3-4c 所示，随着光源的再增大，干涉条纹的对比度趋于零。

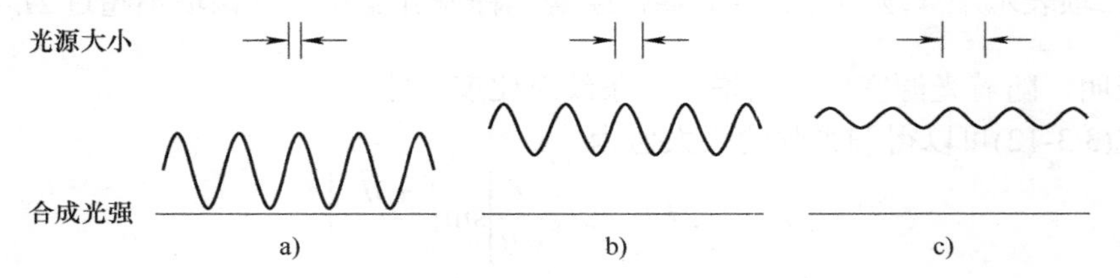

图 3.3-4　光源大小对干涉条纹对比度的影响

称 S_1 和 S_2 之间的距离为**横向相干宽度**，用 d_t 表示，则

$$d_t=\frac{\lambda R}{b} \tag{3.3-18}$$

用扩展光源对 S_1 和 S_2 连线的中点的张角 θ 表示为

$$d_t=\frac{\lambda}{\theta} \tag{3.3-19}$$

如果扩展光源是边长为 b 的正方形，则此光源照明的平面上的相干范围的面积，即相干面积为

$$A=d_t^2=\left(\frac{\lambda}{\theta}\right)^2 \tag{3.3-20}$$

对于圆形光源，其照明的平面上的横向相干宽度为

$$d_t=1.22\frac{\lambda}{\theta} \tag{3.3-21}$$

则相应的圆形光源照明的平面上的相干面积为

$$A=\frac{\pi}{4}d_t^2=\pi\left(\frac{1.22\lambda}{2\theta}\right)^2=\pi\left(\frac{0.61\lambda}{\theta}\right)^2 \tag{3.3-22}$$

例题 3.10 直径为 1mm 的圆形光源，当波长为 600nm 的光照射到距离光源 1m 的地方时，两个孔 S_1 和 S_2 之间的距离应满足什么条件才可以观察到干涉条纹？

解： 根据式(3.3-21)，可以得到

$$d_t=1.22\frac{\lambda}{\theta}=1.22\times\frac{(600\times10^{-6})\text{mm}}{1/1000}=0.73\text{mm}$$

所以两个孔 S_1 和 S_2 之间的距离必须小于 0.73mm，其发出的光在空间相遇才能产生干涉。

需要指出的是，**激光具有非常好的空间相干性**，如果激光直接入射到双缝装置上，只要激光束能够覆盖双缝，在观察屏上就可以观察到清晰的干涉条纹。

3.3.2.3 空间相干性的应用

利用空间相干性的概念，可以测量星体的角直径(星体直径对地面考查点的张角)。图 3.3-5 为迈克尔逊测星干涉仪结构示意图。图中，L 是望远镜物镜，D_1 和 D_2 是两个光阑，M_1～M_4 是反射镜，其中 M_1 和 M_2 可以沿着 D_1 和 D_2 连线方向精密移动，M_3 和 M_4 固定不动。会聚到望远镜物镜焦平面的两束光发生干涉。当干涉仪对准某个星体时，如果逐渐增大 M_1 和 M_2 之间的距离 d，则焦平面上的干涉条纹的对比度逐渐降低。当 $d=1.22\lambda/\theta$ 时，条纹对比度降为零，只要测量出此时 M_1 和 M_2 之间的距离 d，就可以计算出星体的角直径 θ。

例如，迈克尔逊(A. A. Michelson, 1852—1931)在观察星体参宿四时，在 λ=570nm 时，测量得到 d 为 121in(1in=0.0254m)，因此可以得到此时的这颗星的角直径为 0.047″，根据这颗星的已知距离，可以得到它的直径大约是太阳直径的 280 倍。

3.3.3 光源非单色性的影响

单色光指具有单一频率或者波长的光，实际上使用的单色光源并不是绝对的单色光，包含一定的光谱宽度 $\Delta\lambda$。由于 $\Delta\lambda$ 范围内的每一种波长的光都会产生各自的一组干涉条纹，且各组干涉条纹除了零级条纹以外，相互之间都有位移，各组条纹叠加的结果使得干涉条纹的对比度下降。光源非单色性情况下干涉光强的分布曲线如图 3.3-6 所示。

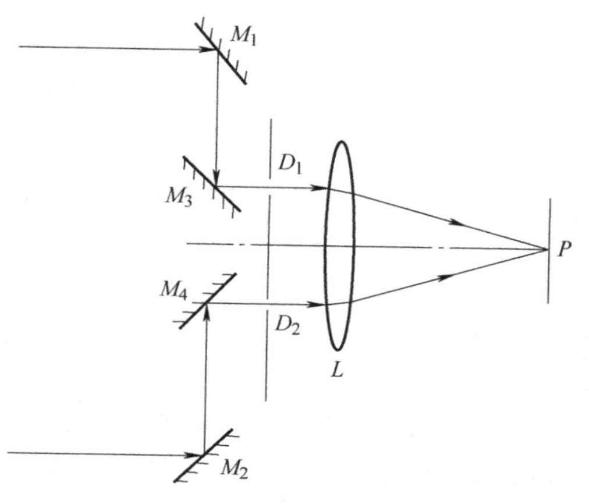

图 3.3-5 迈克尔逊测星干涉仪结构示意图

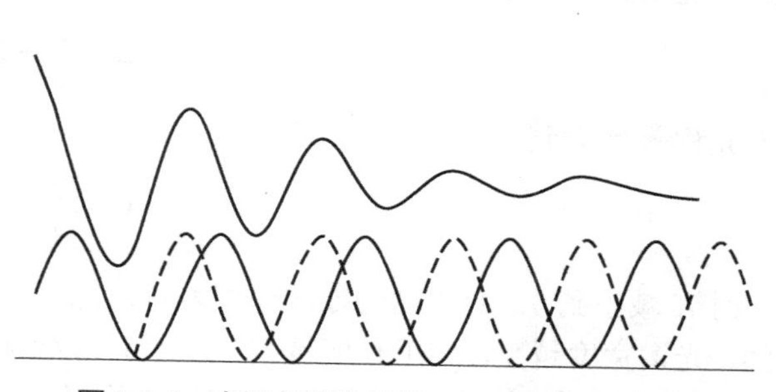
图 3.3-6 光源非单色性情况下的干涉光强分布

3.3.3.1 相干长度

由于光源具有一定的光谱宽度 $\Delta\lambda$，限制了所产生清晰干涉条纹的光程差。对于光谱宽度为 $\Delta\lambda$ 的光源，能够产生干涉条纹的最大光程差称为相干长度。显然，光源的光谱宽度将使条纹对比度随着光程差的增大而下降。设光源光谱结构为矩形分布，如图 3.3-7 所示，用波数 k 表示带宽，则位于波数 k_0 处的元谱线 $\mathrm{d}k$ 的光强为 $I_0\mathrm{d}k$，I_0 为光源的谱密度，即单位波数宽度的光强，则元谱线 $\mathrm{d}k$ 在干涉场 P 点产生的光强为

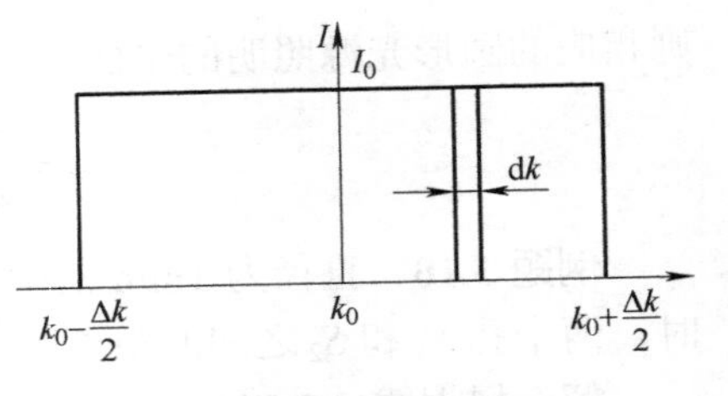

图 3.3-7 光源光谱的矩形分布

$$\mathrm{d}I = 2I_0\mathrm{d}k[1+\cos(k\Delta)] \tag{3.3-23}$$

P 点的总光强为整个光谱内的积分，即

$$\begin{aligned}
I &= \int \mathrm{d}I = \int_{k_0-\frac{\Delta k}{2}}^{k_0+\frac{\Delta k}{2}} 2I_0[1+\cos(k\Delta)]\mathrm{d}k \\
&= 2I_0\Delta k + \frac{2I_0}{\Delta}\sin(k\Delta)\Big|_{k_0-\frac{\Delta k}{2}}^{k_0+\frac{\Delta k}{2}} \\
&= 2I_0\Delta k + \frac{2I_0}{\Delta}\left[\sin\left(k_0+\frac{\Delta k}{2}\right)\Delta - \sin\left(k_0-\frac{\Delta k}{2}\right)\Delta\right] \\
&= 2I_0\Delta k + \frac{2I_0}{\Delta}\times 2\cos(k_0\Delta)\sin\left(\frac{\Delta k}{2}\Delta\right) \\
&= 2I_0\Delta k\left[1+\frac{\sin\left(\frac{\Delta k}{2}\Delta\right)}{\frac{\Delta k}{2}\Delta}\cos(k_0\Delta)\right]
\end{aligned} \tag{3.3-24}$$

式中，第一项是常数，表示干涉场的平均光强；第二项随着光程差的大小变化。根据式(3.3-24)可以得到条纹对比度为

$$K = \left|\frac{\sin\left(\frac{\Delta k}{2}\Delta\right)}{\frac{\Delta k}{2}\Delta}\right| \tag{3.3-25}$$

K 随着光程差的变化曲线如图 3.3-8 所示。当光程差 Δ 从 0 开始增大时，对比度 K 从 1 开始逐渐减小。由于

$$\Delta k = \frac{2\pi}{\lambda^2}\Delta\lambda \tag{3.3-26}$$

当光程差增大到

$$\Delta = \frac{2\pi}{\Delta k} = \frac{\lambda^2}{\Delta\lambda} \tag{3.3-27}$$

此时 K 减小到 0。对比度为零的光程差就是能够产生干涉现象的最大光程差，即相干长度。显然，光谱宽度越窄，相干长度越大。对于单色光源有 $\Delta\lambda=0$，无论光程差多大，显然 K 都等于 1。对于复色光源，只有光程差为零时保证 K 等于 1，光程差不是零时，对比度都会下降。

例题 3.11　在点光源的干涉实验中，若光源的光谱强度分布为高斯分布，如图 3.3-9 所示，即

$$I = I_0 \exp(-\alpha^2 x^2)$$

式中，$\alpha = \dfrac{2\sqrt{\ln 2}}{\Delta k}$，$x = k - k_0$。证明干涉条纹对比度表达式可以近似写为

$$K = \exp\left[-\left(\frac{\varDelta}{2\alpha}\right)^2\right]$$

并绘制出对比度随着光程差的变化曲线。

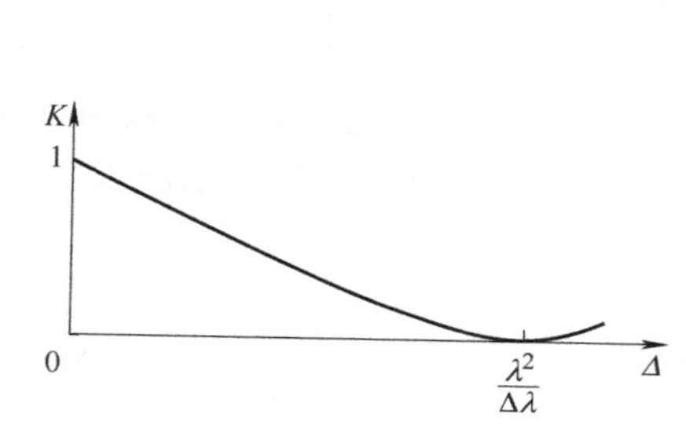

图 3.3-8　光源非单色性情况下的条纹对比度曲线

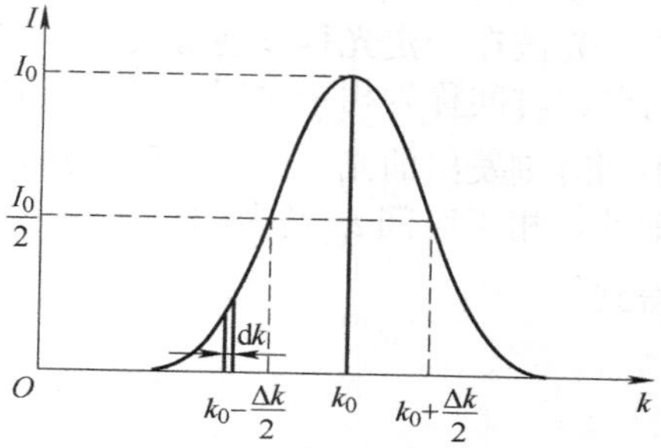

图 3.3-9　光源光谱的高斯分布

解： 根据式(3.3-23)，元谱线 dk 在干涉场 P 点产生的光强为

$$\mathrm{d}I' = 2I\mathrm{d}k[1+\cos(k\varDelta)]$$

所以，点光源在干涉场中产生的强度就是这些波数元 dk 内的光波产生的强度的积分，即

$$I = \int_{-\infty}^{\infty} 2I[1+\cos(k\varDelta)]\mathrm{d}k = \int_{-\infty}^{\infty} 2I_0 \exp(-\alpha^2 x^2)[1+\cos(k\varDelta)]\mathrm{d}k$$

进行平移变换，$x = k - k_0$，$\mathrm{d}x = \mathrm{d}k$，则

$$\int_{-\infty}^{\infty} \exp(-\alpha^2 x^2)\mathrm{d}k = \frac{\sqrt{\pi}}{\alpha}$$

$$\int_{-\infty}^{\infty} 2I_0 \exp(-\alpha^2 x^2)\cos(k\varDelta)\mathrm{d}k = 2I_0 \int_{-\infty}^{\infty} \exp[-\alpha^2 (k-k_0)^2]\frac{\exp(\mathrm{i}k\varDelta)+\exp(-\mathrm{i}k\varDelta)}{2}\mathrm{d}k$$

$$= \frac{2\sqrt{\pi}}{\alpha} I_0 \exp\left[-\left(\frac{\varDelta}{2\alpha}\right)^2\right]\cos(k_0\varDelta)$$

所以，总光强为

$$I = \frac{2\sqrt{\pi}}{\alpha} I_0 \left\{1+\exp\left[-\left(\frac{\varDelta}{2\alpha}\right)^2\right]\cos(k_0\varDelta)\right\}$$

由此可知光强的极大值和极小值分别为

$$I_{\max} = \frac{2\sqrt{\pi}}{\alpha} I_0 \left\{1+\exp\left[-\left(\frac{\varDelta}{2\alpha}\right)^2\right]\right\}$$

$$I_{\min} = \frac{2\sqrt{\pi}}{\alpha} I_0 \left\{1-\exp\left[-\left(\frac{\varDelta}{2\alpha}\right)^2\right]\right\}$$

条纹对比度为

$$K = \frac{I_{\max} - I_{\min}}{I_{\max} + I_{\min}} = \exp\left[-\left(\frac{\Delta}{2\alpha}\right)^2\right]$$

需要指出的是，光谱强度分布为等强度分布是不实际的。如果已知具体光谱强度分布函数形式，是可以把干涉场的强度分布和对比度求出来的。上述例题表明，采用高斯型的分布函数，求出的对比度曲线与图 3.3-8 所示的曲线基本相似，最大光程差仍然可以用式(3.3-27)表示。

3.3.3.2 时间相干性

光波在一定光程下能够发生干涉的事实表明了光波的时间相干性。把光通过相干长度所需要的时间称为相干时间，即可产生干涉的波列持续的时间。由同一个光源在相干时间 τ_C 内不同时刻发出的光，经过不同的路径到达干涉场将能产生干涉。光的这种相干性称为时间相干性。相干时间 τ_C 是光的时间相干性的度量，取决于光波的光谱宽度。根据式(3.3-27)可以得到

$$\Delta_{\max} = c\tau_C = \frac{\lambda^2}{\Delta\lambda} \tag{3.3-28}$$

式中，c 是光速。因此有

$$\tau_C = \frac{\Delta_{\max}}{c} = \frac{\lambda^2}{c\Delta\lambda} \tag{3.3-29}$$

因为波长与频率成反比，则 $\frac{\Delta\lambda}{\lambda} = \frac{\Delta f}{f}$，所以有

$$\tau_C \Delta f = 1 \tag{3.3-30}$$

式(3.3-30)表明，Δf 越小，τ_C 越大，光的时间相干性越好，即光谱线宽越窄其相干时间越长，相干长度越大。

但是光源的相干长度不仅取决于光源的谱线宽度，还受谱线的功率分布线型、激光光源的模系结构和稳频状态等的影响。表 3.3-1 列出了常用光源的相干长度，现代的激光光源可以做到几十千米的相干长度。

表 3.3-1 常用光源的相干长度

光源		波长/nm	相干长度/mm
白炽灯加干涉滤光片		550	0.06
汞灯	超高压汞灯	546.1	1
	低压汞灯	546.1	50
氦灯	D 谱线	587.56	—
钠灯	D 谱线	589.3	<10
单色同位素灯	Hg^{198}	546.1	500
	Cd^{114}	644.0	330
	Kr^{86}	605.7	710
激光器	He-Ne 半导体	632.8	>10^5

例题 3.12　在图 3.3-10 所示的杨氏干涉装置中，如果入射光波长宽度为 0.05nm，平均波长为 500nm，则在小孔 S_1 处贴上多厚的玻璃片可以使得 P_0 点附近的条纹消失？设玻璃的折射率为 1.5。

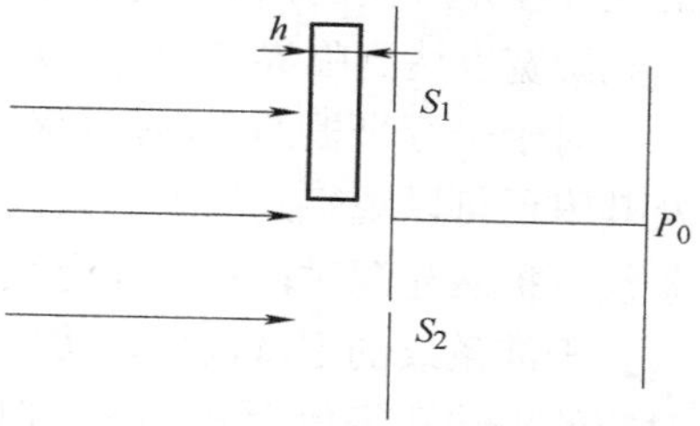

解：在小孔 S_1 处贴上厚度为 h 的玻璃片后，P_0 点对应的光程差为

$$\Delta=(n-1)h$$

如果这一光程差大于入射光的相干长度，则 P_0 点处观察不到干涉条纹。

图 3.3-10　杨氏干涉装置

入射光的相干长度为 $\Delta_{\max}=\dfrac{\lambda^2}{\Delta\lambda}$，因此 P_0 点处条纹消失的条件是

$$(n-1)h\geqslant\frac{\lambda^2}{\Delta\lambda}$$

根据已知条件可以得到

$$h\geqslant\frac{\lambda^2}{(n-1)\Delta\lambda}=\frac{[(500\times10^{-6})\text{mm}]^2}{(1.5-1)\times(0.05\times10^{-6})\text{mm}}=10\text{mm}$$

3.4　干涉条纹的类型和位置

干涉条纹的类型和位置

因为要在条纹的位置放置探测器(眼睛、照相机、望远镜)，所以干涉系统产生干涉条纹的位置很重要。

3.4.1　条纹的类型

条纹有实条纹和虚条纹。实条纹可以不用附加的聚焦系统直接在观察屏上看到，形成条纹的光线可以会聚到观察点。虚条纹的光线不会聚，没有聚焦系统就不能投射到观察屏上。

3.4.2　条纹的定域

设由点光源 S 发出的光入射到平行平板上，如图 3.4-1 所示，对于观察屏上的点 P，不管其位置如何，总有从 S 发出的两束光到达：一束光从平板的上表面反射到 P 点，另一束光经上表面折射，下表面反射，再由上表面折射到 P 点。只要光源的单色性足够好，两束光就是相干的，所以在观察屏上可以得到清晰的干涉条纹，干涉条纹也可以看作由 S 在平板的两个表面的虚像 S_1 和 S_2 组成的一对相干光源产生。

这种点光源照明产生的干涉，在空间一个有限的三维区域内处处存在，称为**非定域干涉**。非定域干涉的条纹是实条纹。

如果光源是以 S 为中心的扩展光源时，扩展光源上不同点发出的到达 P 点的两条相干光

的光程差是不同的，即光源上不同点在 P 点附近产生的条纹之间有位移，条纹的对比度下降，当光源宽度达到临界宽度时，对比度下降为零，条纹消失。

对于平行平板的干涉，存在一个平面，使用扩展光源条纹对比度不会降低，在这个面上及其附近可以观察到清晰的条纹，这个平面称为**定域面**，在定域面上观察到的条纹称为定域条纹。扩展光源时，只能在定域面及附近看到干涉条纹——**定域干涉**。

干涉条纹的定域问题，实质上是一个空间相干性的问题。若光源的横向宽度为 b，P 点对应的干涉孔径角为 β，$b\beta<\lambda$ 时可以看到干涉条纹，当 $b=b_C=\lambda/\beta$ 时，干涉条纹消失，但 $\beta=0$ 所确定的区域可以观察到清晰的干涉条纹。此时光源的临界宽度为∞。

平行平板情况对应 $\beta=0$ 时所确定的定域面距离平板无穷远。

对于楔形平板也可以产生非定域干涉和定域干涉。如图 3.4-2 所示，由点光源 S 照明时，假设光源的单色性很好，在楔形平板外空间任意地方放置观察屏都可以观察到干涉条纹，产生非定域干涉。如果光源是扩展光源，则干涉条纹是定域的。

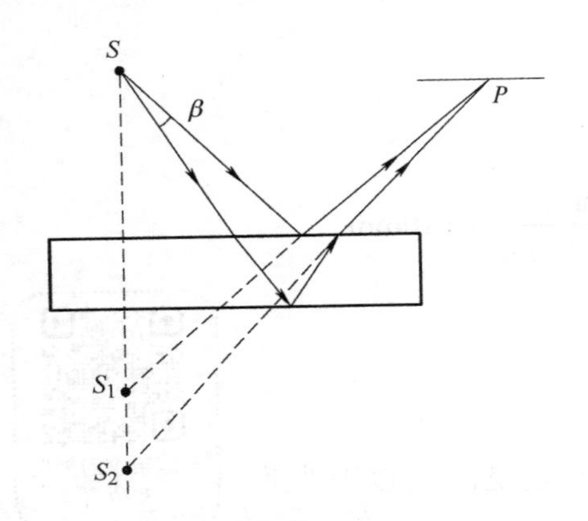

图 3.4-1　点光源照明平行平板产生的干涉

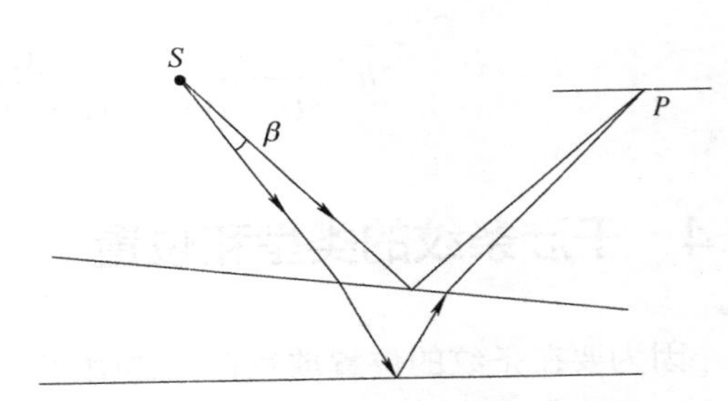

图 3.4-2　点光源照明楔形平板产生的干涉

3.4.3　条纹的位置

楔形平板定域面的位置，可以根据表征空间相干性的关系式 $b_C=\lambda/\beta$，由 $\beta=0$ 的作图法确定。

如图 3.4-3a 所示，以扩展光源照明楔形平板，在垂直于楔形板棱边的平面内，入射光 SA_1 和 SA_2 由楔形平板两表面反射形成的两对反射光分别相交于 P_1 和 P_2 点，因此 P_1 和 P_2 点的干涉孔径角为零，即 $\beta=0$。同样，可以画出交点 $P_3,P_4,P_5,\cdots$，则 $P_1,P_2,P_3,\cdots$构成的空间曲面即为干涉定域面。

可见，当光源与楔形平板的棱边各在一方时，定域面在楔形平板的上方，如图 3.4-3a 所示；当光源与楔形平板的棱边在同一方时，定域面在楔形平板的下方，如图 3.4-3b 所示。楔形平板两表面的楔角越小，定域面离平板越远，当平板为平行平板时，定域面过渡到无穷远。当楔形平板两表面的楔角不是太小或为厚度不规则变化的薄膜的情况下，如果厚度足够小，定域面很接近楔形平板和薄膜表面。此时观察薄板产生的定域干涉条纹，通常把眼睛、放大镜或显微镜调节在薄板的表面。

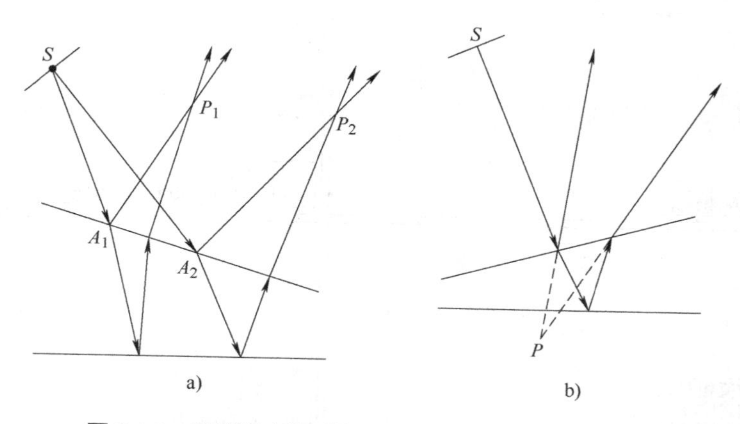

图 3.4-3　用扩展光源时楔形平板所产生的条纹的定域

需要指出的是，干涉条纹不仅发生在定域面上，在定域面附近的区域内也能看到干涉条纹，只是条纹的对比度随着离开定域面的距离增大而逐渐降低。如果将使用扩展光源时能够看到的干涉条纹的整个空间范围叫作定域区域，那么干涉定域是有一定深度的。显然，定域深度的大小与光源宽度成反比。光源为点光源时，定域深度为无限大，干涉也变为非定域干涉。定域深度也与平板的厚度有关，对于薄板干涉定域的深度很大。

3.5　平行平面膜的双光束干涉

平行平面膜的双光束干涉引言

1916 年，爱因斯坦发表了广义相对论，建立了著名的引力场方程，开辟了近代物理的新纪元。然而引力波确迟迟没有现身，引力波存在吗？有能量吗？能探测到吗？证明引力波的存在成为近百年来困扰科学家的一个物理学难题！经过科学家 100 年来坚持不懈的努力，2016 年 2 月 11 日，美国国家科学基金会宣布，2015 年 9 月 14 日，人类首次探测到引力波。引力波的发现是一个划时代的事件，是人类科学史上的一座丰碑，为人类打开了探索宇宙的新窗口，标志着一门崭新的科学领域——引力波天文学的正式开启！

引力波，大家会感到很神奇，那么科学家到底看到了什么？科学家直接看到的就是如图 3.5-1 所示的波形。这两个波形是在距离 3000km 的，位于美国路易斯安那州利文斯顿(Livingston)和位于美国华盛顿州汉福德(Hanford)的两台激光干涉仪引力波探测器同时捕捉到的。

科学家把探测到的引力波信号输入到声频以后，人类第一次听到了宇宙的声音！

引力波从哪里来？距离地球 13 亿光年，两个相互旋绕的黑洞，黑洞质量分别为 29 倍太阳质量和 36 倍太阳质量，不断旋近，碰撞到一起，最终形成了一个新的黑洞，质量为 62 倍太阳质量，碰撞过程中，损失了 3 倍太阳质量，由物质导入时空，释放了引力波。这就是人们观测到的一个引力波的波源——双黑洞合并。

为什么引力波很难探测？一个原因是引力波距离地球很远，13 亿光年；另一个原因，引力波信号非常的微弱，峰值应变幅度只有 10^{-21}，大质量天体的极端运动才能够产生足够人类探测到的引力波。人类探测到了在 10^{-18} 次方米量级的时空晃动，相当于质子直径的千分之一。

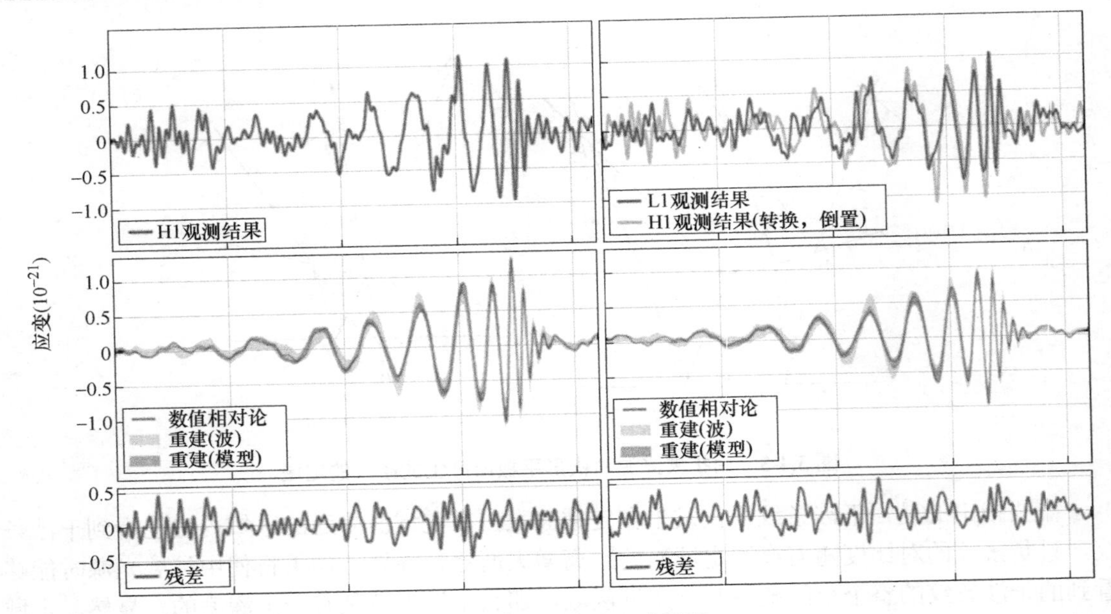

图 3.5-1　引力波信号波形图

引力波的探测经历了数十年艰苦而曲折的过程，几代科学家知难而上，摸索前进，付出了毕生的心血和精力，推动引力波不断向前发展。第一个着手探测引力波的人是美国物理学家约瑟夫 • 韦伯(Joseph Weber)，采用实心圆柱体金属铝棒探测引力波，如图 3.5-2 所示，实心圆柱金属铝棒长 2m，直径 1m，重 1t，韦伯在铝棒上贴了很多压电传感器。实心金属铝棒固有频率在 500～1500Hz 之间，韦伯预估引力波的频率大致与铝棒的固有频率相同。当引力波到来的时候，相同的频率会使铝棒产生共振，引起棒的收缩和拉伸，通过压电传感器检测出来。1969 年，韦伯发表论文声称先后两次接收到引力波信号，然而后续很多国家的引力波探测小组都无法重复韦伯的实验结果。

图 3.5-2　韦伯在金属铝棒上贴传感器

韦伯对引力波探测的执着、坚持和努力，将引力波从纯理论研究代入了可以进行实验探测的时代，激励了许多年轻的科学家探测引力波，将他们吸引到这个方向共同奋斗，在全世界掀起了引力波探测的热潮，几年之内就有 10 多台共振棒引力波探测器建成运转，中国科学院高能物理研究所和中山大学也加入了这个行列。韦伯提出的引力波测量原理很简单，但是实际操作起来非常困难！由于当时达到的探测灵敏度较低(10^{-15}～10^{-17} 量级)，探测频带很窄(约为几赫兹)，韦伯的实验没有取得预期的结果。20 世纪 90 年代，几乎所有的共振棒实验都关闭了。

韦伯的实验虽然没有成功，但他仍不愧为一代物理学大师，他所开创的引力波直接探测的研究一直延续下来，发明的共振棒引力波探测器也一直在改进、升级和应用，成为主流引力波探测器——激光干涉仪引力波探测器的补充和辅助。

用已经学过的知识能否解决引力波探测的难题呢？前面学习了分波面法的杨氏双缝干

涉，面光源发出的光波照射到狭缝上，由于存在限制光源的狭缝，限制了光束的能量，导致条纹的强度比较弱，使得干涉条纹达不到需要的亮度，妨碍了干涉条纹的测量。另外，光源的宽度对光波的空间相干性有较大影响。为了解决这个问题，发展了使用扩展面光源的分振幅法干涉。

3.5.1 平行平面膜的双光束干涉原理

已经知道，频率相同、振动方向相同、相位差恒定的两束光波相遇能够产生干涉。对于平行平面膜，其膜前后表面反射和透射的光波相位相关，膜厚必须要小于波列的长度，因此，平行平面膜必须是**薄膜**。对于给定的电磁辐射，薄膜的厚度与光源的波长同一量级。那么是否薄膜越薄越好呢？根据式(2.1-25)和式(2.1-29)可知，光程差决定了干涉光强的分布，当光程差为波长的整数倍时可以得到明条纹，当光程差为半波长的奇数倍时可以得到暗条纹。当薄膜厚度远远小于波长时，相干光的光程差为恒定值，不满足明条纹和暗条纹的条件，薄膜是透明无色的。

平行平面膜的双光束干涉原理

图 3.5-3 所示为平行平面膜的分振幅干涉，光源 S 发出的光入射到薄膜以后，经薄膜上下表面的反射和透射后分别形成反射光相干光和透射光相干光。显然相干光是平行光，为了便于观察，加入透镜将相干光会聚于透镜的焦平面观察干涉现象。

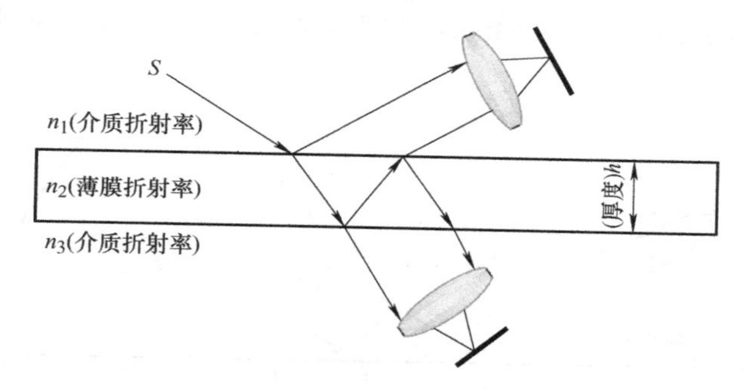

图 3.5-3 平行平面膜的分振幅干涉

3.5.1.1 平行平面膜反射光的干涉原理

如图3.5-4所示，从光源S发出的两束光$SADP$和$SABCEP$到达观察屏上任意一点P，发生干涉，由C点向光束AD作垂线，垂足为N，显然自N点和自C点到达P点的光程相等，因此两束相干光的光程差为

$$\Delta = n_2(AB + BC) - n_1 AN \tag{3.5-1}$$

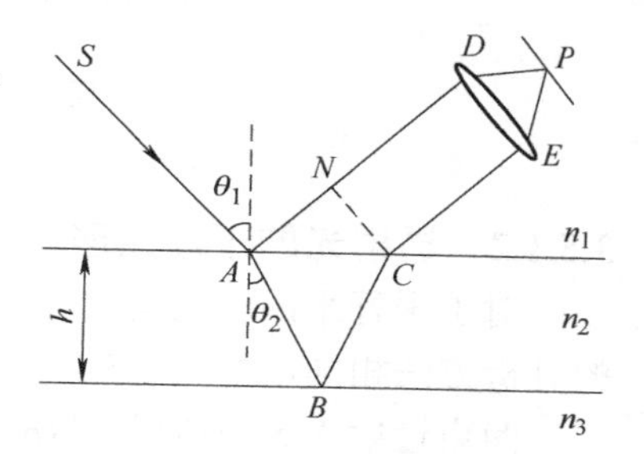

图 3.5-4 平行平面膜的反射光干涉

设平面膜的厚度为 h，平面膜的折射率为 n_2，上、下表面的介质折射率分别为 n_1 和 n_3，入射角为 θ_1，折射角为 θ_2，根据三角形的边、角关系可以得到

$$\Delta = n_2 \frac{2h}{\cos\theta_2} - n_1 \times 2h \frac{\sin\theta_2 \sin\theta_1}{\cos\theta_2} \tag{3.5-2}$$

为了进一步化简光程差公式，利用折射定律$n_1 \sin\theta_1 = n_2 \sin\theta_2$，式(3.5-2)可以化简为

$$\Delta = 2n_2 h\cos\theta_2 \tag{3.5-3}$$

式(3.5-3)是平行平面膜的几何光程差公式，是分析条纹特点的关键公式。其也可以写为

$$\Delta = 2h\sqrt{n_2^2 - n_1^2\sin^2\theta_1} \tag{3.5-4}$$

由于平行平面膜的折射率与周围介质的折射率不同，所以还要考虑光在平面膜表面反射时的半波损失引起的附加光程差。显然，当平面膜两边介质的折射率小于或大于平面膜的折射率时，从平面膜两个表面反射的两束反射光中只有一束反射光发生了半波损失(见 1.4 节)，当反射光相对于入射光存在半波损失现象时，对应光束的光程差改变$\frac{\lambda}{2}$。因此，相干光的总光程差为

$$\Delta = 2n_2 h\cos\theta_2 + \frac{\lambda}{2} \tag{3.5-5}$$

对于平面膜两边介质折射率不同的情况，如果两束相干光都有半波损失，或者都没有半波损失，此时附加光程差就是零，则相干光的总光程差为式(3.5-3)；如果两束相干光只有一束光存在半波损失，此时附加光程差为$\frac{\lambda}{2}$，则相干光的总光程差为式(3.5-5)。

对于折射率均匀的平行平面膜，折射率 n_2 和厚度 h 都为常数，两束相干光的光程差只由折射角 θ_2 决定，具有相同入射角的光束经平行平面膜反射后，其相遇点有相同的光程差，将形成同一干涉条纹。通常称这种与倾角有关的干涉为**等倾干涉**。若光源为扩展光源，显然相同入射角度的光束将形成同一个干涉条纹，增加了条纹的亮度，条纹对比度不会降低，如图 3.5-5 所示。

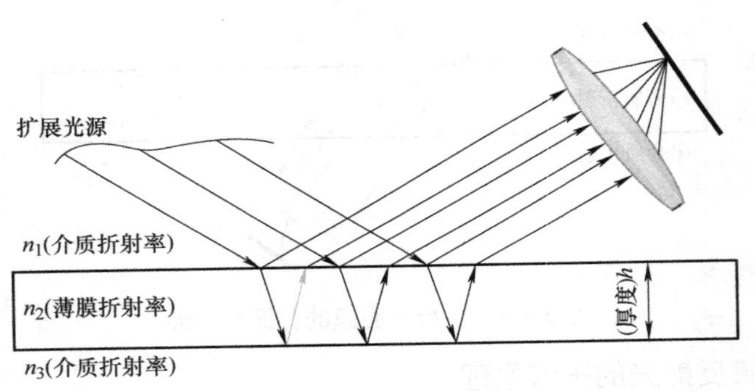

图 3.5-5　扩展光源照明下的平行平面膜干涉

3.5.1.2　透射光的干涉原理

对于平行平面膜的透射光干涉分析方法，与反射光干涉的分析方法相同，如图 3.5-6 所示。

两束透射光 *SABEP* 和 *SABCDFP* 到达观察屏上任意一点 *P*，发生干涉，显然两束相干光的几何光程差仍满足式(3.5-3)，附加光程差是否存在根据薄膜折射率 n_2 和介质折射率 n_1、n_3 进行判断。

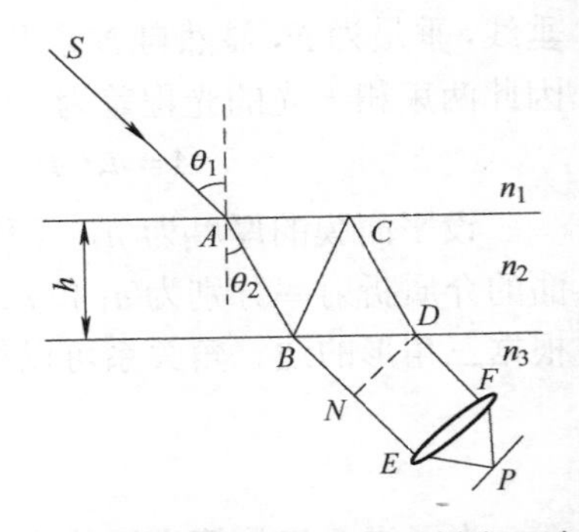

图 3.5-6　平行平面膜的透射光干涉

不难看出，对于同一入射角的光束来说，两束透射光的光程差和两束反射光的光程差正好相差 $\lambda/2$，相位差为 π。因

此，当对应某一入射角的反射光条纹是亮纹时，透射光条纹是暗纹，反之亦然。**所以，透射光的等倾干涉条纹图样和反射光的等倾干涉条纹图样是互补的。**

当平行平面膜的表面反射率很低时，如对于空气-玻璃分界面，接近正入射时的反射率约为 0.04，这时发生干涉的两束透射光的强度相差比较大，透射光干涉条纹的对比度比较差。对于反射光条纹，发生干涉的两束反射光的强度相差较小，所以反射光条纹的对比度比透射光条纹要好得多。因此，在平面膜反射率很低的情况下，通常使用反射光干涉条纹。

例题 3.13　在图 3.5-6 所示的平面膜干涉装置中，平面膜折射率 n=1.5，周围介质为空气，观察望远镜轴线与平面膜垂直。试计算从反射光方向和透射光方向观察到的条纹对比度。

解：先计算在接近正入射情况下，光束从平面膜的反射光方向和透射光方向相继出射的头两束光1′、2′ 和1″、2″ 的相对强度。

光束从空气-平面膜界面反射的反射率为

$$R=\left(\frac{n-1}{n+1}\right)^2=\left(\frac{1.5-1}{1.5+1}\right)^2=0.04$$

显然，光束从平面膜-空气界面反射的反射率也是 R=0.04。

设入射光的强度为 I，则第 1 支反射光束的强度为

$$I_1'=RI=0.04I$$

第 2 支反射光束的强度为

$$I_2'=(1-R)R(1-R)I=0.037I$$

第 1 支透射光束的强度为

$$I_1''=(1-R)(1-R)I=0.922I$$

第 2 支透射光束的强度为

$$I_2''=(1-R)RR(1-R)I=0.0015I$$

干涉条纹的对比度为

$$K=\frac{2\sqrt{I_1I_2}}{I_1+I_2}$$

因此，反射光方向观察到的条纹对比度为

$$K=\frac{2\sqrt{I_1'I_2'}}{I_1'+I_2'}=\frac{2\sqrt{0.04I\times0.037I}}{0.04I+0.037I}=0.999$$

透射光方向观察到的条纹对比度为

$$K=\frac{2\sqrt{I_1'I_2''}}{I_1'+I_2''}=\frac{2\sqrt{0.922I\times0.0015I}}{0.922I+0.0015I}=0.08$$

可见，反射光的条纹对比度比透射光的条纹对比度大得多，所以在平面膜反射率很低的情况下，总是利用平面膜的反射光干涉条纹。

3.5.1.3　等倾干涉图样

平行平面膜的反射光或者透射光的相干光的光程差只取决于入射光在平行平面膜上的入射角或者折射角。因此，具有相同入射角的光束经平行平面膜两表面反射后形成的反射光，或者经平行平面膜两表面透射后形成的透射光，在相遇点具有相同的光程差。

等倾干涉条纹的形状与观察的方位有关：

1) 透镜的光轴与平行平面膜的法线成一定的角度。此时透镜的焦平面与平行平面膜的表面也成一定的角度，透镜焦平面上的等倾条纹为**椭圆形状**。

2) 透镜的光轴与平行平面膜的法线平行。此时透镜的焦平面与平行平面膜的表面也平行，**等倾条纹是一组同心圆环条纹**，圆心位于透镜的焦点，这种等倾条纹通常称为**海定格条纹**。观察海定格条纹的装置如图 3.5-7a 所示，图中 M 是一块玻璃片，把来自扩展光源 S_1S_3 的光反射向平行平面膜 G，并透射一部分光射向物镜 L，物镜 L 将光会聚于焦平面 F 上发生干涉。等倾干涉条纹每一个条纹与光源各点发出的相同入射角(在不同入射面内)的光线相对应，圆心与入射角为零度的光线对应。光源大小对条纹对比度没有影响。等倾干涉条纹的位置只与形成条纹的光束的入射角有关，与光源的位置无关。扩展光源增加了条纹的强度。

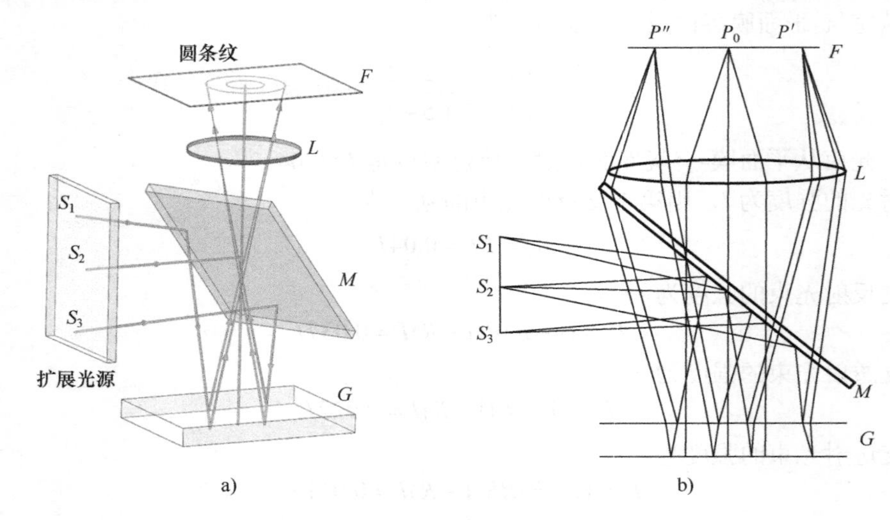

图 3.5-7　等倾干涉条纹观察装置

3.5.1.4　等倾干涉条纹特点分析

1. 条纹的疏密分布

根据式(3.5-5)可知，**越接近等倾干涉条纹的中心**，光束的折射角越小，光程差越大，因而**干涉级次也越高**。设等倾干涉条纹的中心干涉级次为 m_0，则有

$$2nh+\frac{\lambda}{2}=m_0\lambda \tag{3.5-6}$$

式中，h 是平板(薄膜)厚度；n 是平板(薄膜)折射率。m_0 不一定是整数，也就是干涉条纹的中心不一定是最亮的条纹，可以写为

$$m_0=m_1+\varepsilon \tag{3.5-7}$$

式中，m_1 是最靠近中心的亮环的整数干涉级次；$0<\varepsilon<1$。则从中心向外，第 N 个亮环的干涉级次为

$$m_N=m_1-(N-1) \tag{3.5-8}$$

第 N 个亮环的半径对物镜中心的张角 θ_{1N}，令空气折射率为 n'，可以根据折射定律

$n'\sin\theta_{1N} = n\sin\theta_{2N}$ 和下式进行计算：

$$2nh\cos\theta_{2N} + \frac{\lambda}{2} = [m_1 - (N-1)]\lambda \tag{3.5-9}$$

通常 θ_{1N} 和 θ_{2N} 都很小，因此 $n'\theta_{1N} \approx n\theta_{2N}$，$1-\cos\theta_{2N} \approx \frac{\theta_{2N}^2}{2}$，所以有

$$\theta_{1N} \approx \frac{1}{n'}\sqrt{\frac{n\lambda(N-1+\varepsilon)}{h}} \tag{3.5-10}$$

若透镜的焦距为 f，则第 N 个亮环的半径为

$$r_N = f\tan\theta_{1N} \approx f\theta_{1N} \approx \frac{f}{n'}\sqrt{\frac{n\lambda(N-1+\varepsilon)}{h}} \tag{3.5-11}$$

式(3.5-11)表明，条纹半径与 $\sqrt{h}$ 成反比。

显然，膜厚越大，等倾干涉条纹越密。

对于膜厚一定的情况下，可以通过相邻亮条纹角间距的变化判断条纹的疏密情况。

根据式(3.5-5)，将折射角 θ_2 和干涉级次 m 看作变量，对等式两边求导，则有

$$-2n_2h\sin\theta_2\,\mathrm{d}\theta_2 = \lambda\mathrm{d}m \tag{3.5-12}$$

对于相邻的亮条纹 dm=1，因此角间距为

$$\mathrm{d}\theta_2 = -\frac{\lambda}{2n_2h\sin\theta_2} \tag{3.5-13}$$

式(3.5-13)表明，**对于一定厚度的平板(薄膜)，越靠近条纹中心，角间距越大，条纹越疏；反之，越远离条纹中心，角间距越小，条纹越密**，如图 3.5-8 所示。

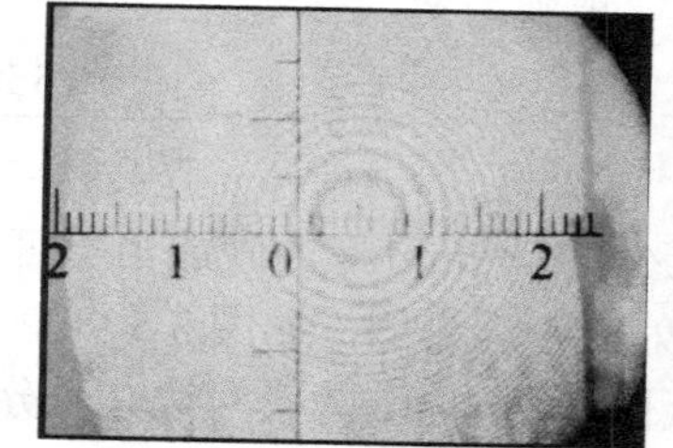

图 3.5-8 等倾干涉条纹

图 3.5-8 彩图

2. 膜厚变化情况下的条纹移动

可以看到，用较厚的平面膜产生的等倾条纹比用较薄的平面膜产生的相同干涉级次的等倾条纹半径要小一些。利用平行平面膜的这个性质，可以检测平面膜的质量。

等倾干涉条纹消失的实验现象

等倾干涉条纹冒出的实验现象

膜厚在变化情况下可以看到条纹的移动，条纹移动方向判定的依据是：条纹向着保持光程差恒定的方向移动。根据式(3.5-5)，**对于给定级次的干涉条纹，光程差保持不变时，当膜厚 h 增加时，折射角 θ_2 增大，同一干涉级次的条纹半径增大，此时中心有条纹冒出；当膜厚 h 减小时，折射角 θ_2 减小，同一干涉级次的条纹半径减小，此时中心有条纹消失。**

3.5.2 平行平面膜的双光束干涉应用

3.5.2.1 增透膜

薄膜干涉现象的一个重要应用就是用来减小透镜表面的反射率。

增透膜例题

例题 3.14 一个玻璃透镜(n_3=1.50)的一面镀了薄层氟化镁增透膜(MgF_2，n_2=1.38)，以便减弱从透镜表面的反射。问：至少镀多厚的膜能消除可见光谱中间区域的光(λ=550nm)的反射？设光垂直透镜表面入射，空气 n_1=1.00。

解：解决薄膜干涉问题的方法，首先要找到薄膜，其次找到相干光，然后计算相干光的总光程差，最后基于总光程差分析条纹特点，给出结论。

薄膜干涉的示意图如图 3.5-9 所示。

(1) 以反射光干涉为例，如图 3.5-9a 所示。

薄膜为氟化镁增透膜，薄膜两边介质分别为空气和玻璃，当光垂直入射到薄膜表面时，经薄膜上表面反射形成反射相干光束 1，垂直入射到薄膜上表面的光同时被透射后，又经薄膜下表面反射后经上表面出射，形成反射相干光束 2，显然光束 1 和光束 2 是相干光。

由于 $n_1 < n_2$，因此光束 1 在薄膜上表面反射时存在半波损失；由于 $n_2 < n_3$，光束 2 在薄膜下表面反射时存在半波损失。两束相干光都存在半波损失，因此附加光程差为 0，总光程差就是几何光程差，由于光束是垂直入射的，因此相干光的总光程差为

$$\Delta_{总} = 2n_2h$$

为了减弱透镜表面对光的反射，显然反射的相干光满足干涉相消的条件，设膜厚为 h，有

$$2n_2h = (2k+1)\frac{\lambda}{2}, \quad k = 0, 1, 2, \cdots$$

因此，膜厚的表达式为

$$h = (2k+1)\frac{\lambda}{4n_2}$$

当 $k=0$ 时，镀膜最薄，有

$$h_{\min} = \frac{\lambda}{4n_2} = \frac{(550\times10^{-6})\text{mm}}{4\times1.38} = 99.6\text{nm}$$

因此，至少镀 99.6nm 厚的膜能消除可见光谱中间区域的光(λ= 550 nm)的反射。

(2) 以透射光干涉为例，如图 3.5-9b 所示。

薄膜为氟化镁增透膜，薄膜两边介质分别为空气和玻璃，当光垂直入射到薄膜下表面时，经薄膜下表面透射后形成透射相干光束 1，垂直入射到薄膜下表面的光同时被反射后，又经薄膜上表面反射后经下表面出射，形成透射相干光束 2，显然光束 1 和光束 2 是相干光。

由于 $n_2 < n_3$，因此光束 2 在薄膜下表面反射的光存在半波损失；由于 $n_2 > n_1$，光束 2 在薄膜上表面反射时不存在半波损失。两束相干光有一束相干光存在半波损失，因此附加光程差为 $\frac{\lambda}{2}$，相干光的总光程差为

$$\Delta_{总} = 2n_2h + \frac{\lambda}{2}$$

为了减弱透镜表面对光的反射，显然透射光的相干光满足干涉相长的条件，设膜厚为 h，有

$$2n_2h + \frac{\lambda}{2} = k\lambda, \quad k = 0, 1, 2, \cdots$$

因此，膜厚的表达式为

$$h = (2k-1)\frac{\lambda}{4n_2}$$

当 $k=1$ 时，镀膜最薄，有

$$h_{\min}=\frac{\lambda}{4n_2}=\frac{(550\times10^{-6})\text{mm}}{4\times1.38}=99.6\text{nm}$$

因此，至少镀 99.6nm 厚的膜能消除可见光谱中间区域的光(λ= 550 nm)的反射。

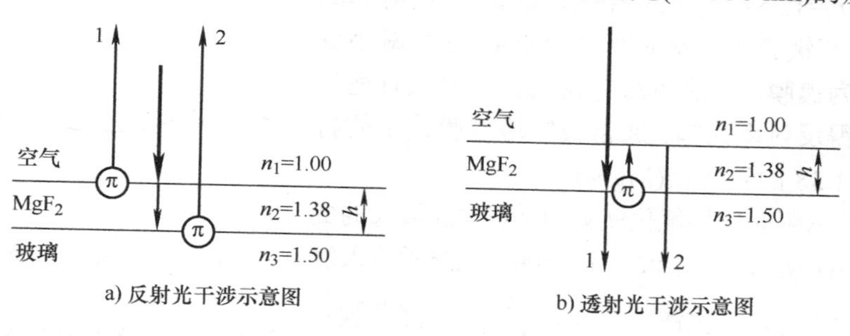

图 3.5-9　薄膜干涉示意图

3.5.2.2　平行平面膜双光束干涉的引申思考

平行平面膜双光束干涉的引申思考

【引申思考 1】薄膜是否能针对所有波长的光都可以消反射？

根据薄膜消反射的厚度公式 $h=(2k-1)\dfrac{\lambda}{4n_2}$ 可知，薄膜只能针对一种特定波长的光才能消反射。当光为复色光时，薄膜的消反射性能会下降。例如，冕牌玻璃表面镀一层氟化镁薄膜，当入射光波长为 500nm 时可以实现消反射，对于可见光谱中的红光或者紫光来说，反射率会提高约 0.5%，影响不是很严重。

【引申思考 2】消反射薄膜的反射率如何计算？

如图 3.5-10 所示，在玻璃(n_g=1.5)上镀一层氟化镁膜($n_f < n_g$)，在光接近正入射情况下，设空气折射率为 n_a，a 为入射光的振幅。根据第 1 章菲涅耳公式，反射光 2 和透射光 3 的振幅分别为 $-\dfrac{n_f-n_a}{n_f+n_a}a$ 和 $\dfrac{2n_a}{n_f+n_a}a$，光线 4 和光线 5 的振幅分别为 $-\dfrac{2n_a}{n_f+n_a}\dfrac{n_g-n_f}{n_f+n_a}a$ 和 $-\dfrac{2n_a}{n_f+n_a}\dfrac{n_g-n_f}{n_f+n_a}\dfrac{2n_f}{n_f+n_a}a$。由于发生反射光的相消干涉，因此光线 2 和光线 5 对应的光波振幅相等，所以有

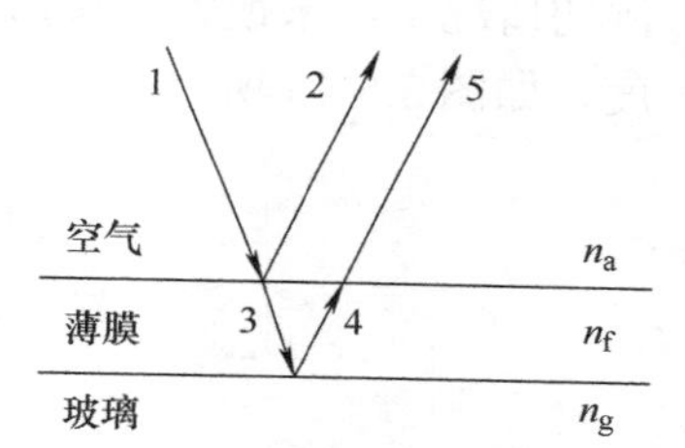

图 3.5-10　消反射薄膜示意图

$$-\frac{n_f-n_a}{n_f+n_a}a=-\frac{2n_a}{n_f+n_a}\frac{n_g-n_f}{n_f+n_a}\frac{2n_f}{n_f+n_a}a \tag{3.5-14}$$

事实上 $\dfrac{4n_a n_f}{(n_f+n_a)^2}\approx1$，有

$$n_f^2=n_a n_g \tag{3.5-15}$$

式(3.5-14)可以写为

$$\frac{n_f-n_a}{n_f+n_a}=\frac{n_g-n_f}{n_f+n_a} \tag{3.5-16}$$

因此，当薄膜厚度为 $\dfrac{\lambda}{4n_f}$ 时，薄膜的反射率为

$$R=\left(\frac{n_{\mathrm{f}}-n_{\mathrm{a}}}{n_{\mathrm{f}}+n_{\mathrm{a}}}+\frac{n_{\mathrm{g}}-n_{\mathrm{f}}}{n_{\mathrm{f}}+n_{\mathrm{a}}}\right)^{2} \tag{3.5-17}$$

当 n_a=1，n_f=1.38，n_g=1.5(轻冕玻璃)时，**反射率约为 1.3%**；而没有镀膜时，反射率约为 4%。这种**减小反射率的技术称为镀膜**。目前还没有找到折射率低且适于镀膜的材料使得反射率为零。通常镀制增透膜使用的材料是折射率为 1.38 的氟化镁(MgF_2)。

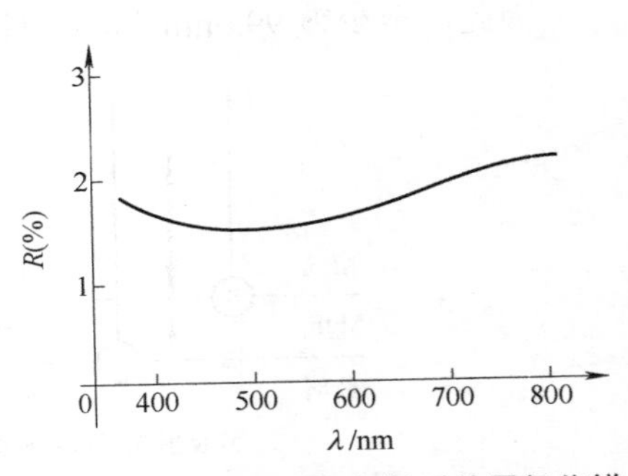

图 3.5-11　当光束垂直入射时单层氟化镁膜的反射率随波长的变化特性曲线

当光束垂直入射时单层氟化镁膜的反射率随波长的变化特性如图 3.5-11 所示。对于波长 λ=550nm 的光垂直入射到单层氟化镁膜上时，氟化镁膜厚度为 $\frac{\lambda}{4n_{\mathrm{f}}}$，显然薄膜对红光和蓝光的反射率较大，因此膜的表面呈现紫红色。

很多光学仪器都有许多个透镜表面，由于反射造成的强度损失可能很严重。例如，在接近正入射时，冕牌玻璃在空气中的反射率约为 0.043，即有 4%的入射光被反射。如果有许多个表面，那么这些表面的反射损失相当可观(见习题 1.15)。

例如，照相机内部透镜镀膜和未镀膜情况下拍摄照片的效果会完全不同。图 3.5-12a 所示为光学系统内的透镜镀膜情况下拍摄的照片；如果完全未镀膜的镜头拍摄，透射光的能量大幅度下降，在缺少光源情况下，未镀膜镜头拍摄的照片会变暗，如图 3.5-12b 所示。有光源的情况下，未镀膜镜头拍摄的照片产生巨大的且不可控的炫光效果，彻底破坏影像的对比度，如图 3.5-13 所示。

a) 镀膜

b) 未镀膜

图 3.5-12 彩图

图 3.5-12　在缺少光源情况下镀膜和未镀膜镜头拍摄照片的对比

a) 镀膜

b) 未镀膜

图 3.5-13 彩图

图 3.5-13　在强光照射情况下镀膜和未镀膜镜头拍摄照片的对比

因此，光学系统中每个光学表面都需要镀膜！

【引申思考 3】薄膜厚度采用 $h=(2k-1)\dfrac{\lambda}{4n_f}$ 都适用吗？

当 $n_a=1$，$n_f=1.38$，$n_g=1.5$(轻冕玻璃)，光波波长为 600nm，膜厚为 $\dfrac{3\lambda}{4n_f}$=367.35nm 和 $\dfrac{\lambda}{4n_f}$=122.45nm 时，薄膜的反射率随着波长的变化曲线如图 3.5-14 所示。显然，当膜厚为 $\dfrac{\lambda}{4n_f}$ 时，在可见光谱的整个范围内，反射率 R 的最小值范围宽，而且 R 很小。因此对于消反射膜，倾向于用最小膜厚。

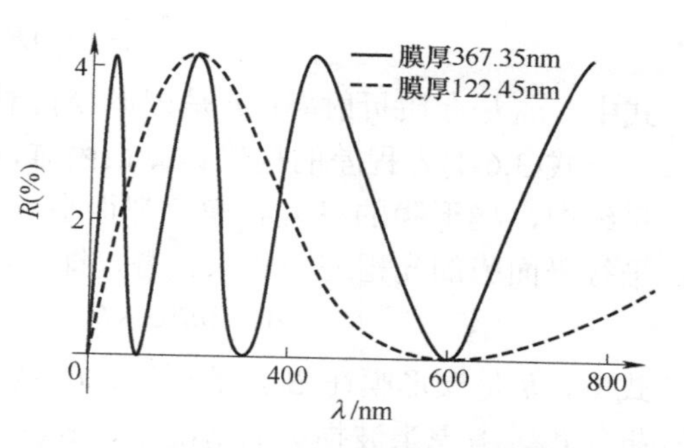

图 3.5-14　薄膜的反射率随波长的变化特性曲线

1935 年，德国卡尔·蔡司公司(Carl Zeiss AG)的 A.Smakula 在真空中加热蒸发低折射率氟化物形成薄膜，诞生了防反射薄膜处理方法。1971 年，多层镀膜技术广泛推广。

镀膜方式有很多种，单层镀膜技术有接近 100 年的历史。例如，玻璃基底沉积 SiO_2 技术，采用高斯型 GRIN GLAD 薄膜，光波范围 400～1100 nm 的平均透射率大于 99.7%；纳米压印光刻技术，采用 GaAs 抗反射纳米薄膜，光波范围 450～1650 nm 的平均反射率约为 2.7%。

还有复杂的多层镀膜技术，镀膜可以多达 100 层。例如，电子蒸发技术，采用 ZF_6 基底，TiO_2、SiO_2 宽波段增透膜，光波范围 400～800nm 的平均透射率约为 98.15%；离子束辅助沉积技术，光波范围 660～1550nm 的平均透射率大于 97%。

3.5.2.3　增反膜

薄膜干涉的另一个重要应用正好与增透膜相反，即在玻璃表面上镀一层适当的材料的薄膜来增大反射率。此时，膜的折射率大于玻璃的折射率，由空气-薄膜分界面和薄膜-玻璃分界面反射的光束将产生相长干涉。薄膜的厚度也是 $\dfrac{\lambda}{4n_f}$，n_f 为薄膜的折射率。例如，考虑折射率为 2.37 的硫化锌薄膜，其在空气中的反射率为 $\left(\dfrac{n_f-1}{n_f+1}\right)^2\approx 16\%$，将它镀在折射率为 1.5 的轻冕玻璃表面时，薄膜的反射率为 $\left(\dfrac{n_f-n_a}{n_f+n_a}+\dfrac{n_g-n_f}{n_f+n_a}\right)^2\approx 35\%$。

3.6　楔形膜的双光束干涉

对于楔形膜干涉，只讨论定域干涉。

3.6.1　楔形膜的双光束干涉原理

对于楔形膜产生的干涉示意图如图 3.6-1 所示，楔形膜两表面的楔角越小，定域面距离楔形膜越远，楔形膜为平行平面膜时，定域面过渡到无穷远。扩展光源 S 中某一点发出的一束光，经楔形膜两表面反射的两束光相交于 P 点，产生定域干涉，反射的两束相干光的光程差为

$$\Delta = n_0 AP - [n(AB + BC) + n_0 CP] \tag{3.6-1}$$

式中，n_0 是介质折射率；n 是楔形膜折射率。

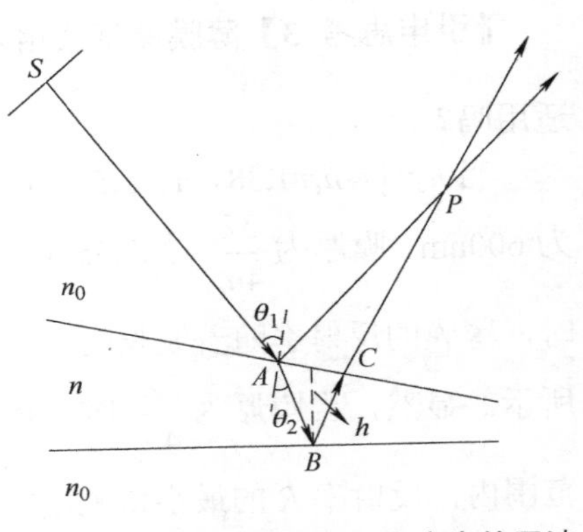

图 3.6-1　楔形膜在定域面上产生的干涉

式(3.6-1)光程差的精确计算很困难，由于实际的干涉系统中，楔形膜的厚度和楔角都很小，因此可以近似用平行平面膜的光程差公式来代替，即

$$\Delta = 2nh\cos\theta_2 \tag{3.6-2}$$

式中，h 是楔形膜在 B 点的厚度；θ_2 是入射光在 A 点的折射角。考虑半波损失的情况下，式(3.6-2)可以写为

$$\Delta = 2nh\cos\theta_2 + \frac{\lambda}{2} \tag{3.6-3}$$

当照明平行光垂直入射楔形膜时，$\theta_2=0$，因此楔形膜的反射光相干光的光程差公式可以化简为

$$\Delta = 2nh + \frac{\lambda}{2} \tag{3.6-4}$$

式(3.6-4)表明，对于折射率均匀的楔形膜，相干光的光程差只依赖于楔形膜内反射处的厚度 h，这种干涉也叫**等厚干涉**。

3.6.2　楔形膜的双光束干涉图样

楔形膜的双光束干涉图样

观察等厚干涉的装置如图 3.6-2 所示，扩展光源 S 位于透镜 L_1 的前焦平面上，S 发出的光束经透镜 L_1 准直后，经分光镜 M 反射后，垂直入射到楔形膜 G 上，由楔形膜 G 上下表面反射的光束经过反射镜 M、透镜 L_2 后入射到观察屏 F 上。

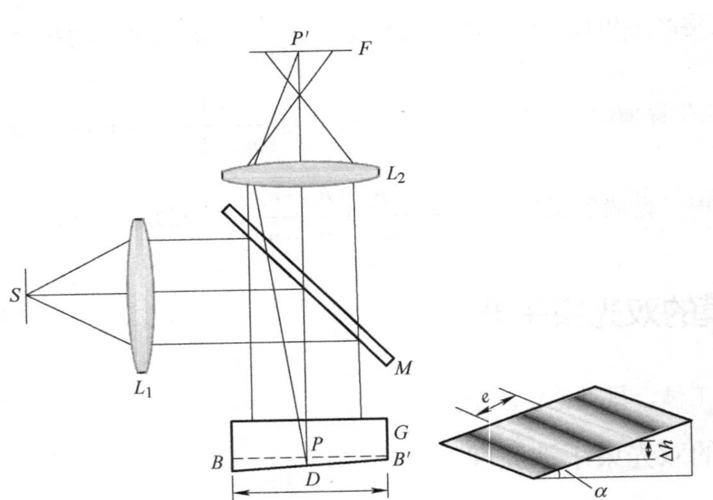

图 3.6-2　观察等厚干涉的装置

根据反射光相交位置可知，定域面在楔形膜内部的 BB'位置。在楔角很小的情况下，经等厚干涉装置后，将在楔形膜的下表面附近产生平行于楔棱的干涉条纹。

对于等厚干涉的亮条纹，其相干光的光程差满足

$$2nh+\frac{\lambda}{2}=m\lambda,\quad m=0,1,2,\cdots \tag{3.6-5}$$

对于等厚干涉的暗条纹，其相干光的光程差满足

$$2nh+\frac{\lambda}{2}=(2m+1)\frac{\lambda}{2},\quad m=0,1,2,\cdots \tag{3.6-6}$$

根据式(3.6-5)和式(3.6-6)可知，相邻条纹对应的楔形膜的厚度差为

$$\Delta h=\frac{\lambda}{2n} \tag{3.6-7}$$

如果楔形模的宽度为 D，在楔形膜的表面有 N 个条纹，则楔形膜的总厚度为

$$d=N\frac{\lambda}{2n} \tag{3.6-8}$$

相邻条纹之间的间距为

$$e=\frac{\Delta h}{\sin\alpha}=\frac{d}{N}=\frac{\lambda}{2n\alpha} \tag{3.6-9}$$

式(3.6-9)表明，条纹间距与楔角成反比，与波长成正比。波长较长的光，形成的条纹间距较大；波长较短的光，形成的条纹间距较小。当楔角一定，楔形膜折射率均匀时，楔形平板产生的干涉条纹为平行于楔棱的等间距直条纹。当使用白光照射时，除光程差等于零的零级亮条纹为白光条纹外，零级附近的条纹均为彩色条纹，因此可以利用白光条纹来确定零光程差的位置。

3.6.3　楔形膜双光束干涉的应用

如图 3.6-2 所示的等厚干涉装置，也可以观察任意其他形状平板的等厚条纹。图 3.6-3a 所示为由柱形表面的平板形成的平行于柱线的直线条纹，条纹中心疏边缘密；图 3.6-3b 所示为球形表面的平板形成的里疏外密的同心圆环条纹；图 3.6-3c 所示为任意形状的表面的平板形成的与等高线相似的干涉图样。柱形和球形表面的平板，根据式(3.6-9)可知其条纹由中心向外逐渐变密，因为柱形和球形表面的平板由中心向外倾角逐渐增大。

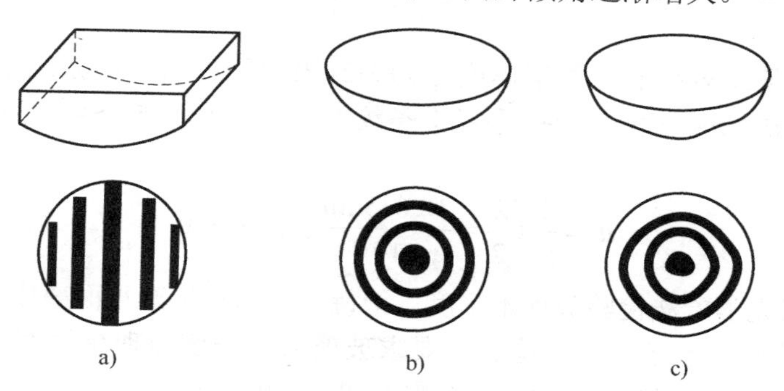

图 3.6-3　不同形状平板的等厚干涉条纹

由于等厚干涉条纹反映了两个表面所夹薄层的厚度变化情况，所以在精密测量和光学零件加工中，可以利用等厚干涉条纹的形状、条纹数目、条纹的移动，以及条纹间距等特征，

检测零件的表面质量、表面粗糙度、局部缺陷，测量微小角度、长度及其变化等。

3.6.3.1 薄片厚度的测量

如图 3.6-4 所示，两块平行平板 G_1 和 G_2，一端完全接触，另一端两个平板之间夹入厚度为 h 的薄片，两块平板之间形成了空气楔形薄层，薄层的一端厚度为零，另一端的厚度为薄片的厚度 h。将这一装置放置于图 3.6-2 所示的等厚干涉装置中代替平板 G 观察等厚干涉条纹。若已知光波的波长为 λ，测量出楔形空气薄层的长度为 D，等厚干涉条纹的间距为 e，则空气楔形薄层的最大厚度，即薄片的厚度为

$$h=\frac{D}{e}\frac{\lambda}{2} \tag{3.6-10}$$

例题 3.15 在玻璃平板 B 上放一标准平板 A，如图 3.6-5 所示。将一端垫一小片锡箔，使得 A 和 B 之间形成楔形空气层。求：

(1) 若 B 表面有一半圆形凹槽，凹槽方向与 A、B 交线垂直，则在单色光垂直照射下，看到的条纹形状如何？

(2) 若单色光波长为635nm，条纹的最大弯曲量为条纹间距的3/5，则凹槽的深度为多少？

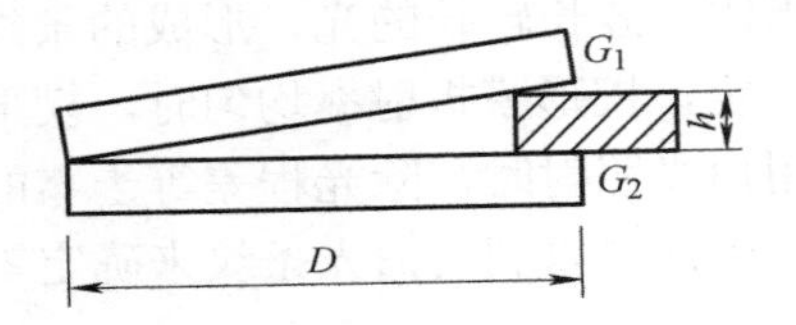

图 3.6-4 两块薄板所夹空气楔形薄层示意图

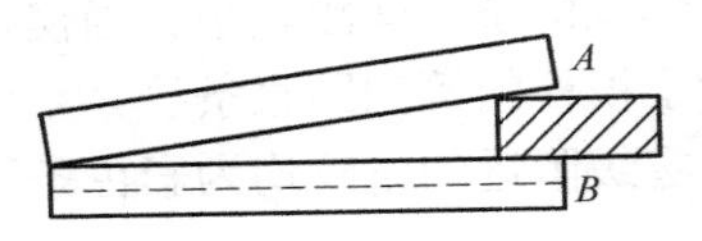

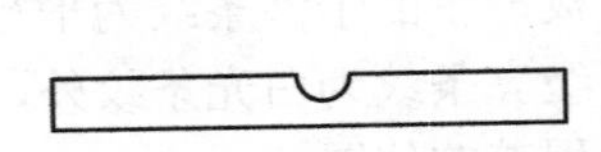

图 3.6-5 例题 3.15 图

解：(1) 根据等厚干涉条纹的性质，同一干涉条纹的各点对应的空气层厚度相同，所以在平板 A 和平板 B 表面没有缺陷的条件下，条纹是平行于 A、B 交线的等间距直条纹；当 B 表面有凹槽缺陷时，凹槽位置各点对应的空气层厚度将增加，经过凹槽位置的条纹将向着空气层厚度减小的方向弯曲(**条纹弯曲判断的原则是：向着光程差相同的方向弯曲**)，即向着 A、B 交线一方弯曲，如图 3.6-6 所示。

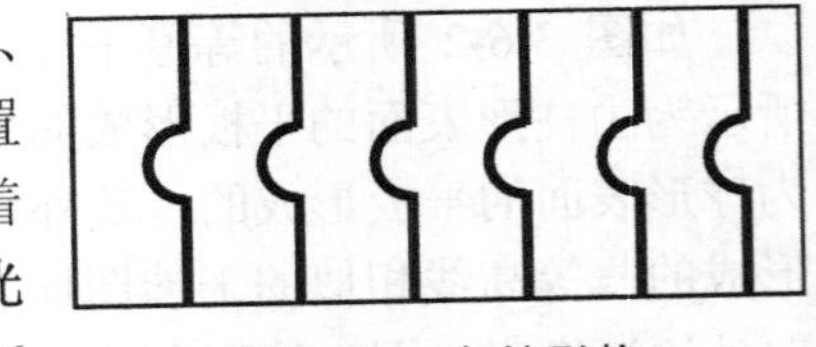

图 3.6-6 条纹形状

(2) 因为相邻条纹对应的空气层厚度差为 $\lambda/2$，表面凹槽引起的条纹最大弯曲量为条纹间距的 3/5，则凹槽的深度相当于在垂直于条纹方向上距离 3/5 条纹间距的两点对应的厚度差，即

$$h'=\frac{3}{5}\times\frac{\lambda}{2}=\frac{3\times635\text{nm}}{10}=190.5\text{nm}$$

例题 3.16 用光学方法检验玻璃不平度。把待测平面与标准平面叠成空气劈尖，用单色光垂直照射，用等厚干涉条纹进行检验。**要求玻璃的不平度与理想平面小于一个波长。**如图 3.6-7a 所示，已知干涉条纹间距 L，劈尖倾角 θ，单色光波长 λ，求缺陷处的凹凸程度 l。

解：对于等厚干涉条纹，同一条纹的光程差相同，如图 3.6-7b 所示同一条纹的 A 点和 P 点光程差相等，条纹 P 点对应缺陷 P' 为凸起。

条纹弯曲判断的原则是：向着光程差相同的方向弯曲。

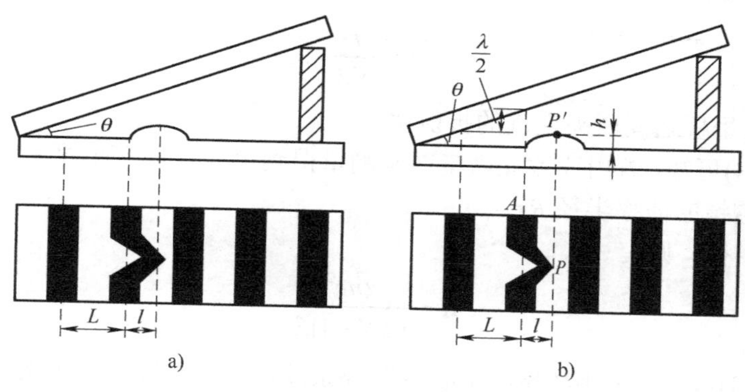

图 3.6-7　用光学方法检验玻璃不平度示意图

设缺陷 P' 在待测平面上突起高度为 h，则有

$$\sin\theta = \frac{h}{l}$$

由于相邻条纹对应空气层厚度差为 $\lambda/2$，有

$$\sin\theta = \frac{\lambda/2}{L}$$

所以，$h = \frac{\lambda}{2}\frac{l}{L}$。

要求玻璃的不平度与理想平面小于一个波长，即

$$h = \frac{\lambda}{2}\frac{l}{L} \leqslant \lambda$$

因此有 $l \leqslant 2L$ 时玻璃的平面度合格。

3.6.3.2　透镜曲率半径的测量

在一块平面玻璃上，放置一个曲率半径很大的平凸透镜，如图 3.6-8 所示，在透镜的凸表面和玻璃板的平面之间形成一个厚度由零逐渐增大的空气薄层。当以单色光垂直照射时，在空气层上形成一组以接触点为中心的中央疏边缘密的圆环条纹，称为**牛顿环**。

设由中心向外第 N 个暗环的半径为 r，该暗环对应的空气薄层的厚度为 d，光源波长为 λ，被测透镜的曲率半径为 R，则根据三角形几何关系可以得到

$$R^2 = (R-d)^2 + r^2 \tag{3.6-11}$$

由于 $R \gg d$，因此有

$$d = \frac{r^2}{2R} \tag{3.6-12}$$

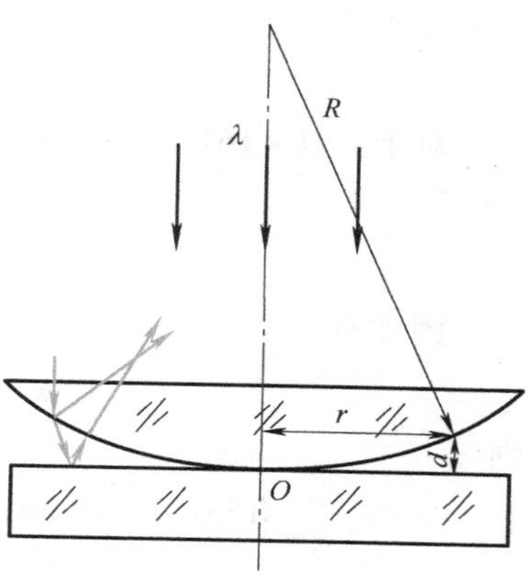

图 3.6-8　透镜曲率半径测量装置

对于第 N 个暗环，光程差公式满足

$$\Delta = 2nd + \frac{\lambda}{2} = (2N+1)\frac{\lambda}{2} \tag{3.6-13}$$

联立式(3.6-12)和式(3.6-13)，可以得到透镜的曲率半径为

$$R = \frac{nr^2}{N\lambda} \tag{3.6-14}$$

式中，n 是透镜与平板之间所夹空气的折射率。

根据式(3.6-14)可知，若用读数显微镜准确测量得到第 N 个暗环的半径 r，已知光波波长，就可以得到被测透镜的曲率半径 R。

若 r 为明环半径，则有

$$R = \frac{2nr^2}{(2N-1)\lambda} \tag{3.6-15}$$

根据式(3.6-13)可知，牛顿环条纹形状为圆环条纹，中心干涉条纹级次低，边缘干涉条纹级次高，与等倾干涉条纹正好相反。另外，图 3.6-8 所示的透镜曲率半径测量装置，对于牛顿环的中心，即在透镜凸表面和玻璃板的接触点上，因为厚度 d=0，两束反射光的相干光的光程差为 $\frac{\lambda}{2}$，因此牛顿环中心是一个暗点，如果此时牛顿环中心出现亮斑，显然可能是透镜与平面玻璃之间没有紧密接触，或者接触处有尘埃或破损、磨耗，产生了附加光程差；在透射光方向，也可以看到一组定域在空气层上的圆环干涉条纹，并且条纹的亮暗情况与反射光条纹正好相反，因此透射光牛顿环的中心是一个亮点。

例题 3.17 已知用紫光照射，借助于低倍测量显微镜测得牛顿环由中心往外数第 k 级明环的半径是 $5\sqrt{10}$ mm，k 级往里数第 16 个明环半径是 $3\sqrt{10}$ mm，平凸透镜的曲率半径 R=2.50m，求紫光的波长？

解： 根据式(3.6-15)有

$$r^2 = \left(k - \frac{1}{2}\right)\frac{R\lambda}{n}$$

式中，n 是空气的折射率，这里 n=1。

对于第 k 级明纹满足

$$r_k^2 = \left(k - \frac{1}{2}\right)\frac{R\lambda}{n}$$

对于第 $(k-16)$ 级明纹满足

$$r_{k-16}^2 = \left(k - 16 - \frac{1}{2}\right)\frac{R\lambda}{n}$$

因此有

$$r_{k-16}^2 - r_k^2 = 16R\lambda$$

则

$$\lambda = \frac{[(5.0\times\sqrt{10})\text{mm}]^2 - [(3.0\times\sqrt{10})\text{mm}]^2}{16\times(2.50\times10^3)\text{mm}}$$
$$= 4.0\times10^{-4}\text{mm}=400\text{nm}$$

例题 3.18 平板玻璃和平凸透镜构成牛顿环，全部浸入 n_2=1.60 的液体中，波长 λ=500nm 的光垂直入射，如图 3.6-9 所示。

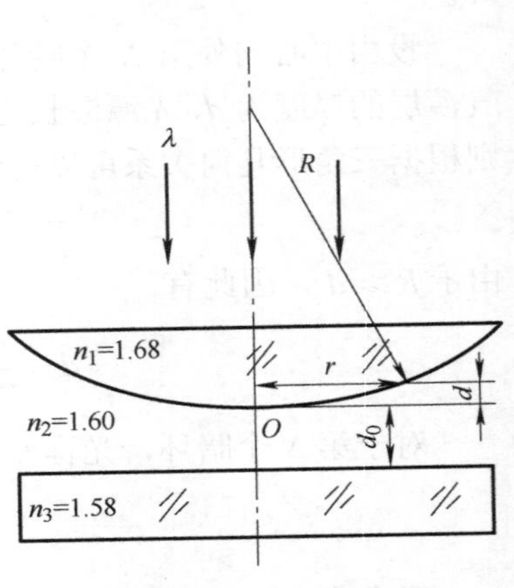

图 3.6-9 牛顿环装置

(1) 从上往下看到中心是暗斑，求凸透镜顶点 O 距离平板玻璃的距离 d_0 最小是多少？

(2) 已知透镜半径 R，光波长为 λ，第 N 个暗环半径为 r，则反射光形成的牛顿环的暗环半径表达式为什么？

解：(1)因为 $n_1>n_2>n_3$，所以反射光的相干光的附加光程差为零，总光程差为

$$\varDelta=2n_2(d+d_0)$$

式中，d 是牛顿环第 N 个条纹距离透镜顶点的距离。

因为牛顿环中心处为暗斑，所以有

$$\varDelta=2n_2d_0=(2N+1)\frac{\lambda}{2}$$

由此得到凸透镜顶点 O 距离平板玻璃的距离为

$$d_0=(2N+1)\frac{\lambda}{4n_2}$$

显然，当 N=0 时，凸透镜顶点 O 距离平板玻璃的距离 d_0 最小，即

$$d_{0\min}=\frac{\lambda}{4n_2}=\frac{500\text{nm}}{4\times1.60}=78.125\text{nm}$$

(2) 根据式(3.6-12)有

$$d=\frac{r^2}{2R}$$

第 N 个牛顿环是暗环，光程差满足

$$\varDelta=2n_2(d+d_0)=(2N+1)\frac{\lambda}{2}$$

将 d 的表达式带入光程差公式，得到

$$r=\sqrt{\left(N+\frac{1}{2}\right)\frac{\lambda R}{n_2}-2d_0R}$$

其中，干涉级次 N 满足 $N>\dfrac{2n_2d_0}{\lambda}-\dfrac{1}{2}$。

例题 3.19　牛顿环装置由曲率半径(R_1 和 R_2)很大的两个透镜组成，如图 3.6-10 所示，两个透镜紧密接触，凸透镜与凹透镜的接触点为 O，两个透镜的折射率分别为 n_1 和 n_3，空气折射率为 n_2，且满足 $n_1>n_3>n_2$。设入射光波长为 λ，求牛顿环的明暗环半径。

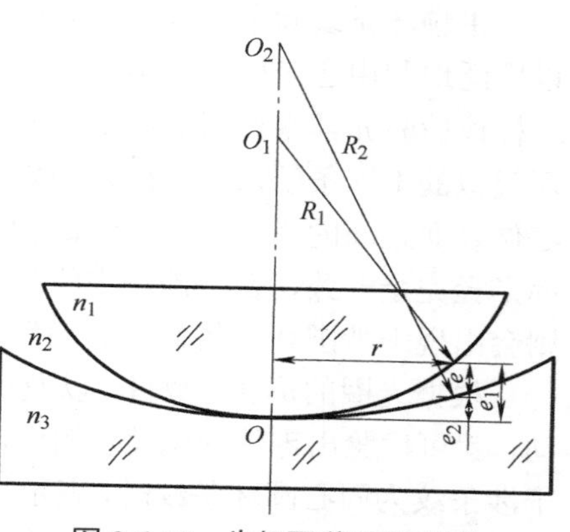

图 3.6-10　牛顿环装置示意图

解：如图 3.6-10 所示的牛顿环装置，因为 $n_1>n_3>n_2$，所以该装置反射光相干光的光程差公式满足

$$\varDelta=2n_2d+\frac{\lambda}{2}=\begin{cases}N\lambda，明环\\(2N+1)\dfrac{\lambda}{2}，暗环\end{cases}$$

设第 N 级干涉条纹的半径为 r，曲率半径 R_1 的透镜距离 O 点的距离为 d_1，曲率半径 R_2 的透镜距离 O 点的距离为 d_2，则有

$$R_1^2=(R_1-d_1)^2+r^2$$

$$R_2^2=(R_2-d_2)^2+r^2$$

由于 $R_1\gg d_1$，$R_2\gg d_2$，因此有

$$d_1=\frac{r^2}{2R_1}$$

$$d_2=\frac{r^2}{2R_2}$$

所以有

$$d=d_1-d_2=\frac{r^2}{2R_1}-\frac{r^2}{2R_2}$$

当第 N 级明条纹半径为 r 时，有

$$2n_2d+\frac{\lambda}{2}=2n_2\left(\frac{r^2}{2R_1}-\frac{r^2}{2R_2}\right)+\frac{\lambda}{2}=N\lambda$$

所以明环半径为

$$r=\sqrt{\frac{R_1R_2\left(N-\frac{1}{2}\right)\lambda}{n_2(R_2-R_1)}}$$

当第 N 级暗条纹半径为 r 时，有

$$2n_2d+\frac{\lambda}{2}=2n_2\left(\frac{r^2}{2R_1}-\frac{r^2}{2R_2}\right)+\frac{\lambda}{2}=(2N+1)\frac{\lambda}{2}$$

所以暗环半径为

$$r=\sqrt{\frac{R_1R_2N\lambda}{n_2(R_2-R_1)}}$$

3.6.3.3 光学零件表面质量的检验

牛顿环条纹除了用来测量透镜的曲率半径外，还可以广泛地利用它来检验光学零件的表面质量。常用的玻璃样板检验光学零件表面质量的方法，就是利用与牛顿环类似的干涉条纹，这种条纹形成在样板表面和待检验零件表面之间的空气层上，如果样板和待检验零件的曲率半径完全一致，在干涉场中将是暗区，如果不一致，则会出现干涉圆环，俗称“光圈”，如图 3.6-11 所示。

根据光圈的形状、数目，以及用手加压后条纹的移动，就可检验出零件的偏差。例如，当在干涉场获得的干涉条纹为同心圆环条纹时，表示待检验零件表面没有局部偏差，同心圆环条纹数目越多，表示待检验零件和样板的曲率差别越大。

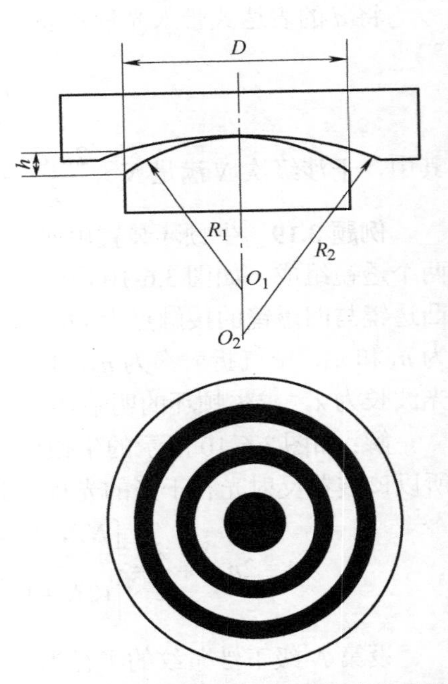

图 3.6-11 用样板检验光学零件表面质量

假设待检验零件的表面曲率半径为 R_1，样板的曲

率半径为 R_2，则两个表面的曲率差为

$$\Delta C = \frac{1}{R_1} - \frac{1}{R_2} \tag{3.6-16}$$

则由几何关系可得到

$$h = \frac{D^2}{8}\left(\frac{1}{R_1} - \frac{1}{R_2}\right) = \frac{D^2}{8}\Delta C \tag{3.6-17}$$

光圈数 N 与曲率差之间的关系为

$$N = \frac{D^2}{4\lambda}\Delta C \tag{3.6-18}$$

根据式(3.6-18)，在透镜的加工过程中，可以通过光圈数判断待检验零件的曲率半径是否符合要求。

3.7　双光束干涉仪

“没有测量就没有科学”，对物理量越来越精确的测量已成为现代科学和技术领域孜孜追求的目标。激光干涉精密测量具有可溯源，纳米甚至皮米高分辨力，以及数米、几公里甚至上千公里的超长测量范围等突出优点，广泛用于 IC 装备、数控机床、超精密微纳制造、引力波探测等先进技术和前沿科学等重大领域。激光干涉仪有以移相干涉原理、外差干涉原理为代表的各种干涉仪，激光干涉技术正向着超短波、超大口径、瞬动态，以及纳米、亚纳米分辨力和高准确度方向发展。在干涉仪中选择光源以及相干光路的设计过程中，为了保证获取良好的干涉条纹图形，应该以使光源同一发光原子发出的光波分离后又会合的光波之间的光程差不超过光源的波列长度为原则，即保证时间相干性。

3.7.1　迈克尔逊干涉仪

迈克尔逊干涉仪

迈克尔逊干涉仪的结构简图如图 3.7-1 所示，分光板 G_1 和补偿板 G_2 是两块折射率和厚度都相同并相互平行的平行平板，在 G_1 的背面是镀银或者镀铝的半反半透面 QQ。M_1 和 M_2 是两块平面反射镜，它们与 G_1 和 G_2 成 45°角。从扩展面光源 S 发出的光，在 G_1 的半反半透面上反射和透射后分为强度相等的两束光 Ⅰ 和 Ⅱ。光束 Ⅰ 射向反射镜 M_1，经 M_1 反射后再次经过 G_1，经透镜 L 后进入观察屏；光束 Ⅱ 通过 G_2 并经 M_2 反射后，再次经过 G_1，也经透镜 L 后进入观察屏。两束相干光相遇产生干涉。

在迈克尔逊干涉仪中，通常 M_2 是固定的，M_1 安装在一个有精密导轨的基座上，通过调节螺钉和测微螺旋调整其方位和位置。反射镜 M_2 经分光板 G_1 所成的虚像是 M_2'，与 M_1 构成了一个虚空气层平板。虚空气层平板的厚度和楔角可以通过调节反射镜 M_1 来实现。

1) 当 M_2 与 M_1 相互**垂直**时，利用迈克尔逊干涉仪可以观察到**等倾干涉**现象。

如果 M_1 移向 M_2'，则等倾干涉圆环条纹中心有条纹消失，发生吞条纹的现象。每当 M_1 移动 $\lambda/2$ 的距离，就会在中心消失一个条纹。此时条纹间距也会变大，条纹变得稀疏。

当 M_1 与 M_2' 完全重合时，视场是均匀的。

如果继续移动 M_1，使得 M_1 逐渐离开 M_2'，则等倾干涉圆环条纹中心有条纹冒出，发生

吐条纹的现象。每当 M_1 移动 $\lambda/2$ 的距离，就会在中心出现一个条纹。此时条纹间距变小，条纹变得密集。

2) 当 M_2 与 M_1 **不垂直**时，利用迈克尔逊干涉仪可以观察到**等厚**干涉现象，在虚楔形板表面或者附近形成等距的直线条纹。需要注意的是，在扩展光源照射的情况下，如果 M_1 与 M_2' 的距离增大，条纹将发生弯曲，弯曲的方向是朝向 M_1 与 M_2' 相交的一边，且条纹的对比度也不断下降，直到消失。

在干涉仪中，各个光学零件的每个面都会产生光的反射和折射，其中非期望的杂散光，能以多种可能的路径进入干涉场。解决杂散光的主要技术措施有：①光学零件表面正确镀增透膜或增反膜；②在光源处适当设置消除杂散光针孔光阑；③正确选择分光镜。如图 3.7-2 所示的平行平板分光镜产生的杂散光示意图，QQ 面镀增反膜，TT 面镀增透膜。增透膜的作用是为增强两支相干光 1 和 3 的光强，减弱 TT 面反射引起的 2 和 4 两支杂散光的光强；增反模的作用是调整 QQ 面的反射比和透射比接近相等，从而使相干光 1 和 3 的光强接近相等。

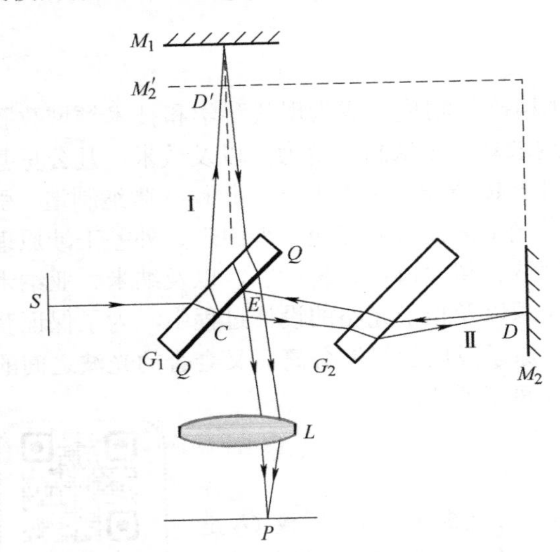

图 3.7-1　迈克尔逊干涉仪结构简图

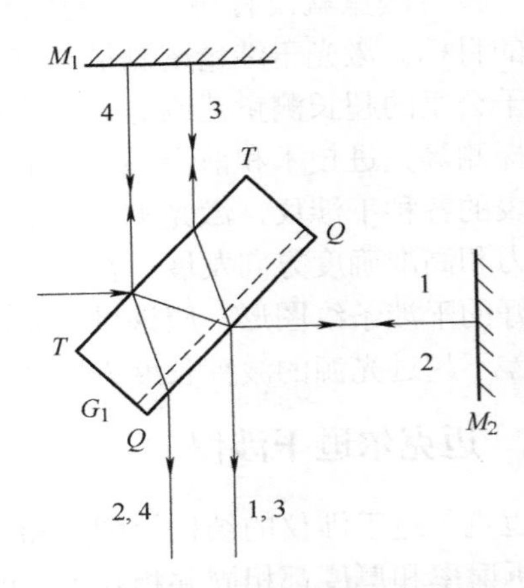

图 3.7-2　平行平板分光镜产生的杂散光示意图

迈克尔逊干涉仪中的补偿板有什么作用呢？单色光时，可以没有补偿板，因为由分光镜引入的附加光程可以通过平移 M_1 来补偿。但使用白光光源时，补偿板可以使得两个反射镜的任何光程差都只由实际光程差引起，消除了色散的影响。

迈克尔逊干涉仪的主要优点在于两束相干光可以完全分开，并且相干光的光程差可以由一个反射镜的平移来改变，因此便于在光路中放置被测件。迈克尔逊干涉仪是很多干涉仪的基础。

例题 3.20　迈克尔逊干涉仪可用来精确测量单色光波长。调整仪器，使得观察到单色光照射下产生的等倾圆环条纹。如果把可动臂移动了 0.03164mm，这时条纹移动了 100 个，试计算单色光波长。

解：对于圆环中心条纹，其光程差为

$$\Delta = 2h + \Delta' = m\lambda$$

式中，h 是虚平板的厚度；Δ'是附加光程差；m 是条纹的干涉级次。

显然，干涉级次每减小 1，h 变化 $\lambda/2$。所以，当干涉级次减小 100 个时，h 的变化为

$$h = 0.03164\text{mm} = 100 \times \frac{\lambda}{2}$$

因此，波长为

$$\lambda = \frac{2 \times 0.03164\text{mm}}{100} = 632.8\text{nm}$$

3.7.2　激光干涉仪引力波探测器

对引力波的探测是十分困难的，一直被列为人类尚未攻克的科学难题，成为当代物理学研究的前沿领域。LIGO(Laser Interferometer Gravitational-wave Observatory)是激光干涉仪引力波探测器的简称，是基于迈克尔逊干涉仪原理制造出来的超精密仪器，其结构示意图如图 3.7-3 所示。分光镜 BS 作为中心质量体，两个相互垂直方向上的反射镜——ETMX 和 ITMX、ETMY 和 ITMY，彼此之间形成法布里-珀罗腔，使得激光束在腔内谐振 200 次，起到了增加臂长的作用。LIGO 还引入了功率循环装置，即在分光镜 BS 和激光器 Laser 之间加入了一个镜子 PRM，使激光在干涉仪中尽可能长时间积累。用 LIGO 进行引力波探测的基本原理就是比较光在其相互垂直的两臂中度越时所用的时间。当引力波在垂直于干涉仪所在的平面入射时，由于特殊的偏振特性，它会以四极矩的形式使空间畸变，即以引力波的频率在一个方向上把空间拉伸，同时在与之垂直的方向上把空间压缩，反之亦然。比较光在相互垂直的两臂中度越时所用的时间的变化，就能探测引力波产生的效应，从而知道引力波是否存在。

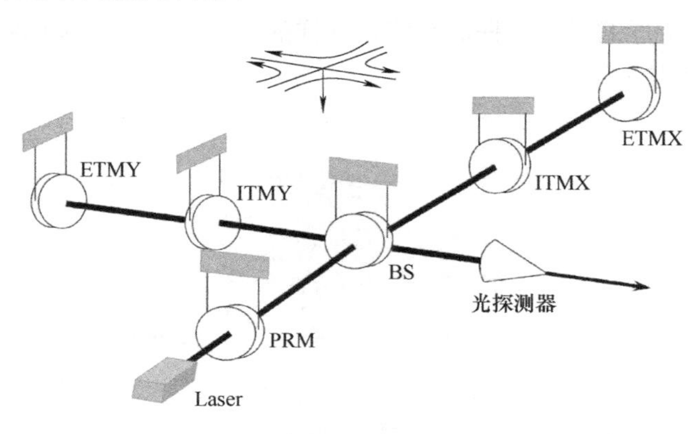

图 3.7-3　LIGO 结构示意图

用干涉仪探测引力波的想法是苏联科学家哥森史特因(Gertsenshtein)和普斯托瓦伊特(Pustovoit) 在 1963 年最先提出来的。美国麻省理工学院教授韦斯(Rainer Weiss)也独立地提出了这个观点，并在 1971 年对激光干涉仪进行了广泛深入的研究和设计，考虑几乎所有的关键部件，辨认出主要噪声源，并全面论述了控制这些噪声的方法。韦斯的工作标志着 LIGO 设计原型的诞生。LIGO 的出现给引力波探测带来了突破性进展，由于探测灵敏度高，频带宽度大，很快在世界各地蓬勃发展起来。

影响激光干涉仪引力波探测器灵敏度的因素是噪声，包括地面震动噪声、光量子噪声、热噪声、引力梯度噪声、杂散光子噪声、残余气体噪声等，噪声源的分析和噪声压制技术是设计和建造 LIGO 的关键。**工欲善其事，必先利其器。**LIGO 的 4km 臂长的管道内是超真空管道，是由 400 段长 20m 的管道组装而成的，只有万亿分之一个大气压，为了防止光线运动时受到空气分子散射引发噪声，真空系统的造价占了整个 LIGO 造价的 2/3。

LIGO 使用的反射镜，是用超高纯度石英制作的，如图 3.7-4a 所示，表面抛光精度达千分之一激光波长，并镀上了超低损耗电介质膜，每 330 万个光子打在上面只有一个光子被吸收。镜子采用四级悬挂系统，如图 3.7-4b 所示，尽可能地消除一切机械波的干扰。所有的措施都是为了提高灵敏度。

a)

b)

图 3.7-4 彩图

图 3.7-4　LIGO 的反射镜

未来人类要建设全球的引力波探测网络，这样的一个网络在美国已经运行，欧洲和日本正在建设，如图 3.7-5 所示。

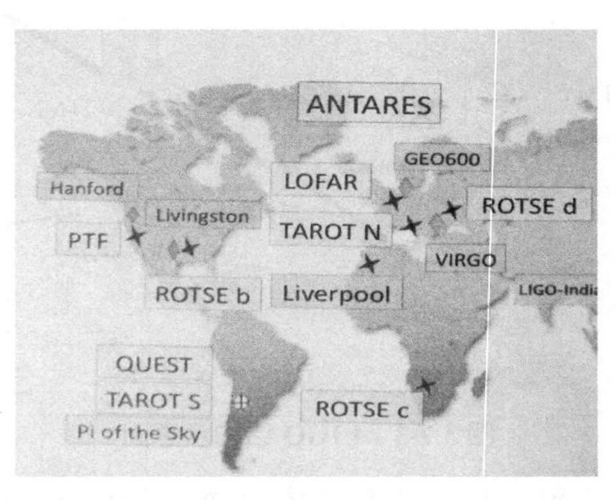

图 3.7-5　全球合力构建引力波探测网络

我国也在紧锣密鼓地计划中国主导下的引力波天文台的建设。2021 年 9 月 16 日，我国科学家第一次在顶尖国际杂志 ***Nature Astronomy*** 上对中国空间引力波探测计划做完整系统的介绍，对未来参与国际竞争与合作发出了中国声音，如图 3.7-6 所示为中国空间太极计划路线图。

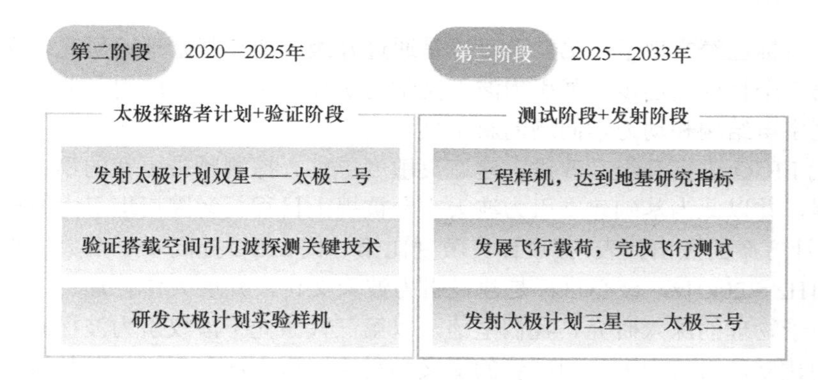

图 3.7-6 中国空间太极计划路线图

在激光干涉仪引力波探测器的发展过程中，一般把 21 世纪初建造的初级探测器位于美国路易斯安那州利文斯顿的臂长为 4km 的 LIGO(llo)、位于美国华盛顿州汉福德的两个臂长分别为4km和2km的LIGO(lho)、位于意大利比萨附近由意大利和法国联合建造的臂长为3km的 VIRGO、位于德国汉诺威由英国和德国联合建造的臂长为600m 的 GEO600、位于日本东京日本国立天文台臂长为 300m 的 TAMA300 等，统称为第一代激光干涉仪引力波探测器，应变灵敏度设计指标为 10^{-22} 量级，探测带宽为 50Hz～20kHz，给出引力波天文学领域中一些重要物理参数的上限，这种上限是具有挑战性的，是以往任何探测技术从未达到的。第一代激光干涉仪引力波探测器的目标是验证利用激光干涉仪来探测引力波原理上是正确的，经过不断的改进和精心的调整，这个目标实现了。图 3.7-7 就是第一代 LIGO 的灵敏度不断提高的曲线。

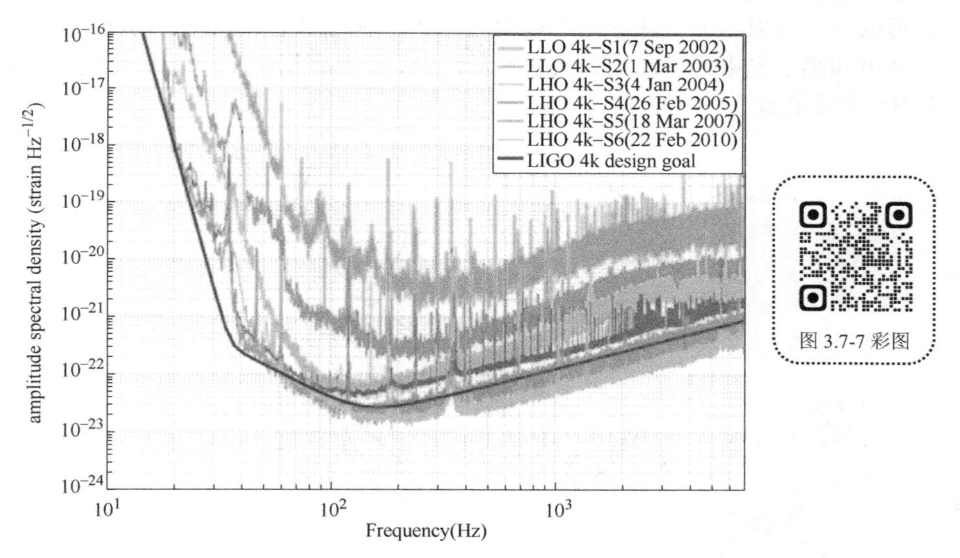

图 3.7-7 第一代 LIGO 的灵敏度曲线

资料来源：PITKIN M, REID S, ROWAN S, et al. Gravitational wave detection by interferometry(ground and space)[J]. Living Reviews in Relativity, 2011, 14(1): 5.

通过采用新技术新材料对第一代 LIGO 升级改造，降低噪声提高灵敏度到 10^{-23} 量级，扩展探测频带宽度到 10Hz～20kHz，这就是第二代激光干涉仪引力波探测器，如高级 LIGO、高级 VIRGO、GEO-HF 和 KAGRA 等。设计目标有三个：第一个是直接探测引力波，实现零的突破，这个目标已经实现了；第二个目标是通过升级改造和基础理论研究，探察 LIGO 的发展潜力；第三个目标是逐步开展引力波天文学的研究，目前已经取得了非常多的成果，引力波将是研究宇宙结构和动力学问题的新工具。

对第二代 LIGO 进行升级、改进，建造灵敏度更高、探测频带更宽的第三代激光干涉仪引力波探测器，并以此为基础建立引力波天文台被提上日程。爱因斯坦引力波望远镜就是第三代LIGO设计方案的杰出代表，其设计灵敏度比第二代LIGO提高了一个数量级，直指 10^{-24}，探测频带为 1Hz～20kHz，核心目标是建设引力波天文台，开展天体物理、宇宙学、广义相对论、天体粒子物理的深入研究！我们坚信，以第三代激光干涉仪引力波探测器为基础的引力波天文台的建立，必将迎来一门崭新的交叉学科——引力波天文学的蓬勃发展的新时代！

激光干涉仪引力波探测器在引力波的发现中发挥了关键作用，2017 年 10 月 3 日，诺贝尔物理学奖授予 3 位美国物理学家雷纳·韦斯(Rainer Weiss)、巴里·巴里什(Barry Barish)和基普·索恩(Kip Stephen Thorne)，以表彰他们对引力波探测器 LIGO 的决定性贡献及其对引力波的观测成果。

3.7.3 泰曼干涉仪

泰曼干涉仪

泰曼(Twyman)干涉仪是迈克尔逊干涉仪的一种变形，其光路系统结构如图 3.7-8 所示。图 3.7-8a 是测量透镜时的干涉光路，由光源 1 发出的单色光经过聚光镜 2 会聚于可变光阑 3 的小孔上，小孔位于准直物镜 4 的焦点上，光束通过物镜 4 后，成为平行光投射到分光镜 5 上，被分光镜 5 分为两部分，一部分光经参考反射镜 6 反射后形成参考光束，另一部分光经被测透镜 7 入射向测量反射镜 8 被反射后形成测量光束，参考光束和测量光束再次经过分光镜 5 后汇合，经观察物镜 9 聚焦在观察光阑 10 上，生成光阑 3 的两个小孔像。

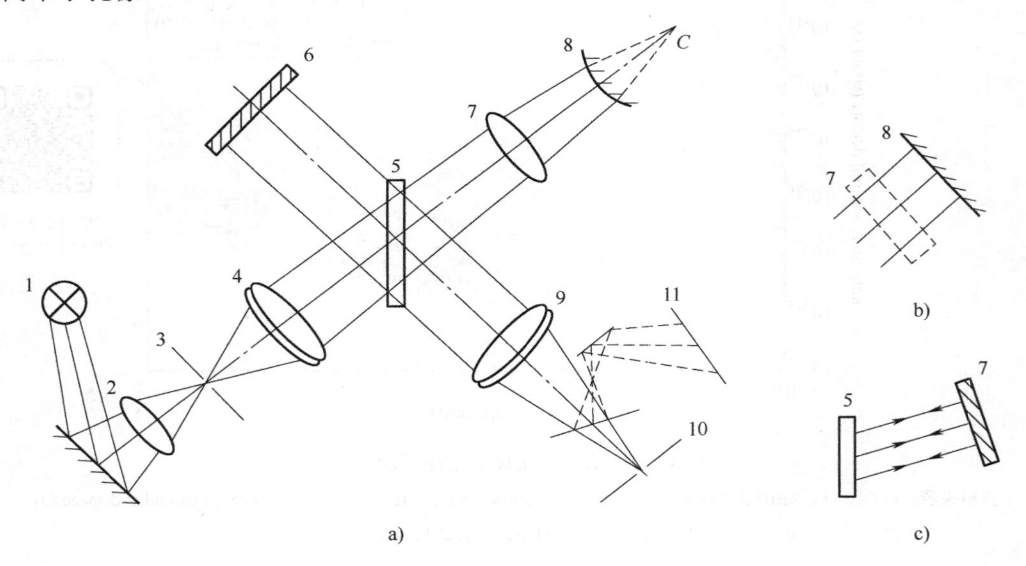

图 3.7-8 泰曼干涉仪光路系统结构

1—光源 2—聚光镜 3—可变光阑 4—准直物镜 5—分光镜 6—参考反射镜 7—被测透镜 8—测量反射镜 9—观察物镜 10—观察光阑 11—毛玻璃屏

操作者在距离光阑 10 约 250mm 处观察小孔像，调节测量反射镜 8 使得两个像重合，轴向移动参考反射镜 6，使得参考光束和测量光束光程大致相等，这时眼睛位于光阑 10 处向里观察，同时仔细调节测量反射镜 8，可以看到对比度较好的干涉条纹。

这种条纹属于等厚干涉条纹，其定域面位于参考反射镜 6 附近，但由于光阑 3 开孔很小，且参考光束和测量光束在前后很大范围内重叠在一起，因此可以在光阑 10 处较大深度范围内观察到清晰的干涉条纹。也可以在光阑 10 处或附近放置相机，调焦拍摄被测系统光瞳面上波像差所对应的干涉图。

如果将测试光路改为图 3.7-8b 或图 3.7-8c 所示的光路，则可以用于测量平面光学零件的波像差或表面面形，这样的干涉仪称为泰曼棱镜干涉仪，兼有两种用途的泰曼干涉仪统称为棱镜透镜干涉仪。图 3.7-9 示出了以标准平面为基准的各种典型面形的干涉条纹形状。由于泰曼干涉仪的参考镜面镀有高反射率的膜层，因此只适于测量反射率高的工件面形。

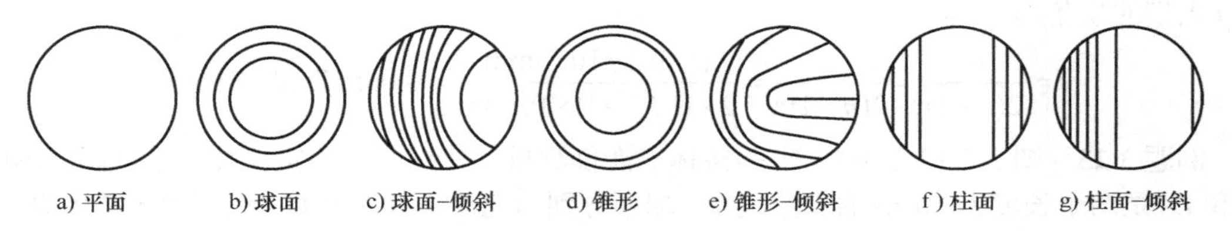

图 3.7-9 基于标准平面的各种典型面形的干涉条纹形状

例题 3.21 利用图 3.7-10 所示的泰曼-格林干涉系统可以测量大球面反射镜的曲率半径。图中，球面反射镜 M_2 的球心位于 OP_2 的延长线上，由 O 到 P_1 和到 P_2 的光程相等。假设半反射面 A 的镀膜恰使光束 1 和 2 的附加光程差为零。在准直的单色光照射下，系统产生一些同心圆环条纹。如果测量到第 10 个暗环的半径是 5mm，单色光波长为 550nm，问球面反射镜的曲率半径是多少？

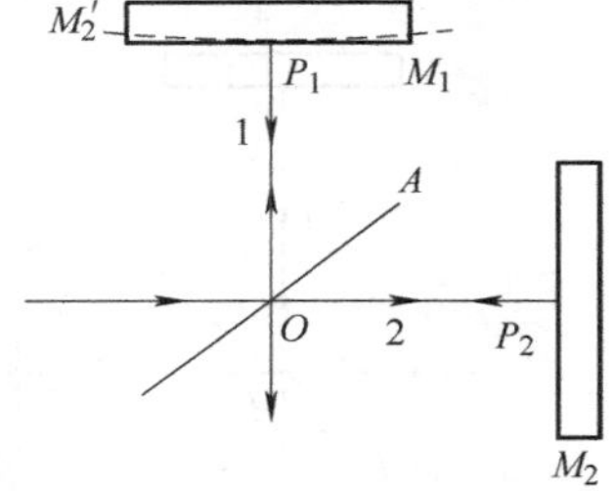

图 3.7-10 泰曼-格林干涉系统

解： 做出球面反射镜 M_2 在半反射面 A 中的虚像 M_2'，系统产生的条纹也可视为由虚空气薄层 M_1M_2' 所生成，因此条纹的计算类似于牛顿环。

根据已知，O 到 P_1 和 P_2 的光程相等，且附加光程差为零，所以圆环条纹中心为一亮点，其干涉条纹级次为零。由圆心向外，第 10 个暗环的干涉级次为 $10-1/2$，则对应的空气层厚度为

$$h=\left(10-\frac{1}{2}\right)\frac{\lambda}{2}$$

牛顿环半径 r 和空气层厚度 h 及球面曲率半径的关系为

$$r^2=2Rh$$

因此

$$r^2=2R\left(10-\frac{1}{2}\right)\frac{\lambda}{2}$$

所以

$$R=\frac{r^2}{\left(10-\frac{1}{2}\right)\lambda}=\frac{(5\text{mm})^2}{9.5\times(5.5\times10^{-4}\text{mm})}=4.78\text{m}$$

例题 3.22 泰曼-格林干涉仪也可用来测量小角度光楔的楔角。如图 3.7-11 所示，假设在 M_2 镜前放入光楔 P 后，原来是一片均匀的视场出现了一组等距直线条纹，条纹间距 e=0.1mm。若照明光波长 λ=589.3nm，光楔材料的折射率为 1.52，问光楔的楔角为多少？

解： 在未放入光楔 P 前，视场一片均匀；放入光楔 P 后，射向 M_2 的光束偏转$(n-1)\alpha$，n 是光楔的折射率，经 M_2 反射后通过光楔出射的光束偏转 $2(n-1)\alpha$。

因此，两光束产生的干涉条纹间距为

$$e=\frac{\lambda}{\omega},\quad \omega=2(n-1)\alpha$$

所以光楔的楔角为

$$\alpha=\frac{\omega}{2(n-1)}=\frac{\lambda}{2(n-1)e}=\frac{(589.3\times10^{-6})\text{mm}}{2\times(1.52-1)\times0.1\text{mm}}=0.00567\text{rad}=19'30''$$

例题 3.23 图 3.7-12 是利用泰曼-格林干涉仪测量气体折射率的实验装置示意图。图中，D_1 和 D_2 是两个长度为 10cm 的真空气室，端面分别与光束 1 和 2 垂直。在观察到单色光照射(λ=589.3nm)产生的条纹后，缓缓向气室 D_2 中注入氧气，最后发现条纹移动了 92 个。

(1) 计算氧气的折射率；

(2) 如果测量条纹变化的误差是 1/10 条纹，折射率测量的精度是多少？

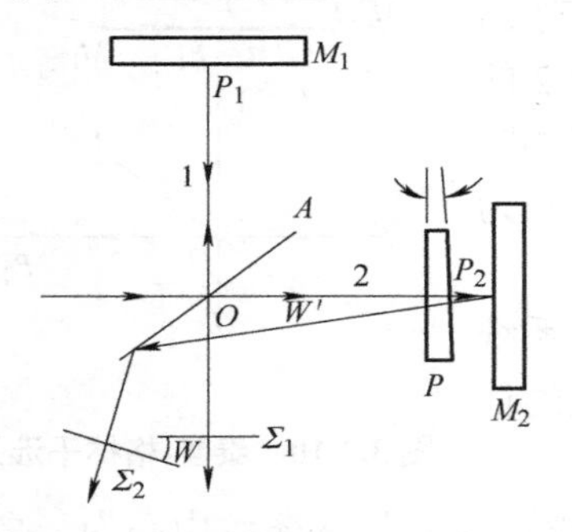

图 3.7-11 泰曼-格林干涉仪测量角度示意图

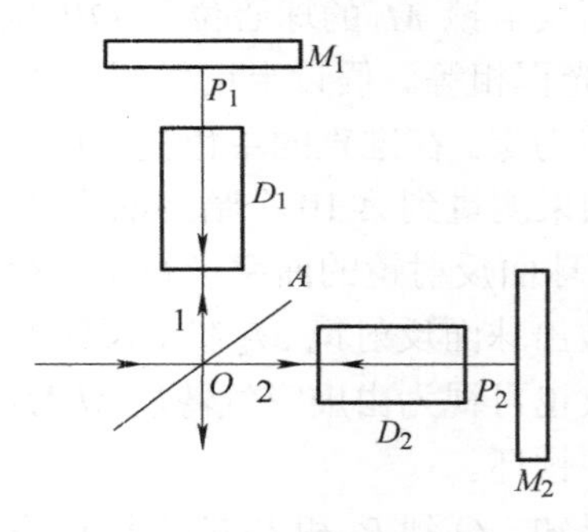

图 3.7-12 泰曼-格林干涉仪测量气体折射率的实验装置示意图

解： (1) 条纹移动了 92 个，表示光束 1 和 2 的光程差改变了 92λ，光程差改变源于由真空变成了氧气，即改变了 $2(n-1)l$，因子 2 是考虑到光线两次通过气室的结果，n 是氧气折射率，l 是真空气室长度。

因此

$$2(n-1)l=92\lambda$$

所以

$$n=1+\frac{92\lambda}{2l}=1+\frac{92\times(589.3\times10^{-6})\text{mm}}{2\times(100)\text{mm}}=1.000271$$

(2) 若条纹变化的测量误差为 ΔN，显然有

$$2l\Delta n=\Delta N\lambda$$

所以折射率的测量精度为

$$\Delta n=\frac{\Delta N\lambda}{2l}=\frac{\frac{1}{10}\times(589.3\times10^{-6})\text{mm}}{2\times100\text{mm}}=2.9\times10^{-5}$$

3.7.4 斐索干涉仪

斐索干涉仪的光路系统结构如图 3.7-13a 所示，图 3.7-13b 是在出瞳处观察到的调节过程示意图。

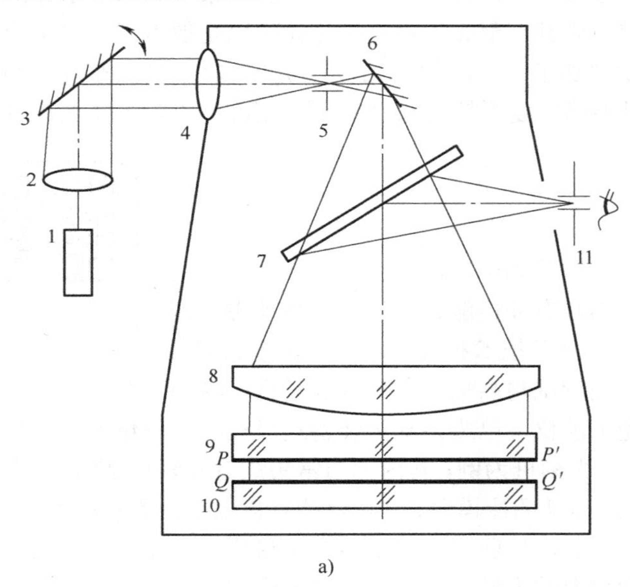

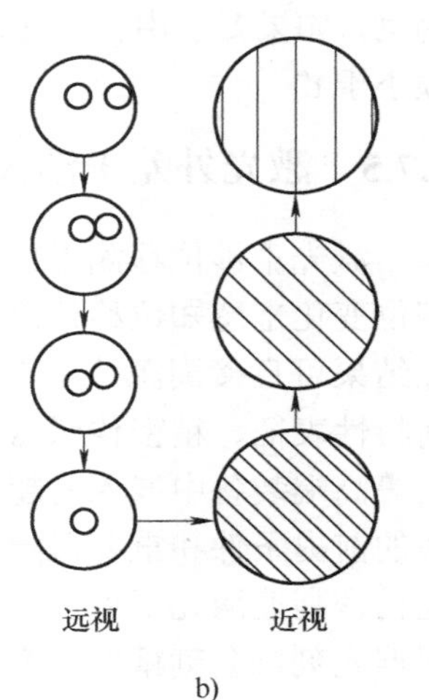

图 3.7-13 斐索干涉仪光路系统及调节过程示意图

1—激光器 2—扩束镜 3—转换反射镜 4—聚光镜 5—小孔光阑 6—反射镜 7—分光镜 8—准直物镜 9—标准平晶 10—被测件 11—出瞳 *PP′*—标准平面 *QQ′*—被测平面

激光器 1 出射的激光束经过扩束镜 2 后入射到转换反射镜 3，由聚光镜 4 会聚于准直物镜 8 焦点上的小孔光阑 5 处，经反射镜 6 反射后再经过分光镜 7 透射后，经过准直物镜 8 平行出射至标准平晶 9，标准平晶 9 的下表面是标准平面 *PP′*，被测件 10 放在标准平晶 9 的下方，被测件 10 的上表面是被测平面 *QQ′*。一部分光束从标准平面 *PP′*反射，另一部分光束透过标准平面 *PP′*后入射到被测平面 *QQ′*上，由被测平面 *QQ′*反射一部分光束。两部分反射的光束都经过分光镜 7 反射到出瞳处形成两个明亮的小孔像。

通过调节螺钉使得标准平面 *PP′*和被测平面 *QQ′*平行，在出瞳 11 处前方 250mm 处观察，可以看到两个小孔像逐渐趋于重合。此时观察者眼睛靠近出瞳 11 处可以看到干涉条纹，如图 3.7-13b 所示。

为了形成对比度良好的干涉条纹，采用激光光源的斐索干涉仪测量中需要注意以下几点：

1) 消除杂散光的影响。由图 3.7-13a 可以看出，平行光在标准平晶的上表面和被测件的下表面都会反射一部分光而产生非期望的杂散光，进而影响条纹对比度。一般有两种解决方法：一种方法是把标准平晶做成楔形板，进而阻止标准平晶上表面反射的光进入小孔光阑 5；另一种方法是在被测件的下表面涂抹油脂等，以减小其下表面产生的杂散光。

2) 标准平晶的标准平面是斐索干涉仪的测量基准，其面形误差必须很小，其测量口径必须大于被测件的口径。当标准平晶的口径大于 200mm 时，其加工和检验都十分困难。为了保证标准平面的准确度，必须要严格控制加工工艺，制作材料也要选用线膨胀系数小、残留应力小和均匀性好的光学玻璃，安装时要防止产生装夹应力。标准平晶的机械装调也十分重要，整个装配过程要求透镜无变形安装固定、空气间隔精确控制、透镜高精度定心。

3) 准直物镜的像差要满足要求。干涉仪中的准直物镜是为了给出一束垂直入射于标准平面的平行光，如果物镜存在较大的像差，则其出射光不再是平行光，以角像差 β 入射至空气隙上的光，在形成干涉条纹的光程差中增加了一个附加的光程差 $h\beta^2$。以空气隙厚度 50mm 为例，如果要求由物镜像差引起的材料不确定度不超过 0.01 光圈，则准直物镜的角像差 β 必须小于1′。

3.7.5 激光外差干涉仪

激光外差干涉仪

激光干涉位移测量技术是一种以激光波长为标尺，通过干涉光斑的频率、相位变化来感知位移信息的测量技术。因具有非接触、高精度、高动态、测量结果可直接溯源等特点，激光干涉位移测量技术和仪器广泛应用于材料几何特性表征、精密传感器标定、精密运动测试与高端装备集成等场合。特别是在微电子光刻机等高端装备中嵌入的**超精密高速激光干涉仪**，已成为支撑装备达成极限工作精度和工作效率的前提条件和重要保障。以目前的主流光刻机为例，其内部通常集成有 6 轴至 22 轴以上的超精密高速激光干涉仪，来实时测量高速运动的掩模台、硅片台的六自由度位置和姿态信息。根据光刻机套刻精度、产率等不同特性要求，目前对激光干涉的位移测量精度需求从数十纳米至数纳米，将进一步突破至原子尺度即亚纳米量级；位移测量速度需求，从数百毫米每秒到数米每秒。

激光外差干涉仪的测量原理示意图如图 3.7-14 所示。

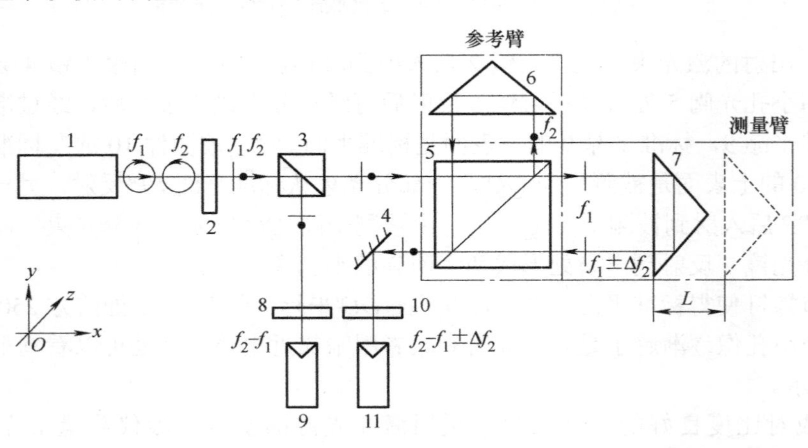

图 3.7-14 激光外差干涉仪的测量原理示意图

1—双频激光器 2—1/4 波片 3—分光镜 4—反射镜 5—偏振分光镜 6—参考角锥棱镜 7—测量角锥棱镜 8—检偏器 9—参考信号探测器 10—检偏器 11—测量信号探测器

双频激光器 1 发出两束强度相同、旋向相反的左右旋圆偏振光，两束光的频率分别为 f_1 和 f_2，但频差 $\Delta f=f_2-f_1$ 很小，两束圆偏振光经 1/4 波片 2 后变为两束振动方向正交的线偏振光，然后经过分光镜 3 分为两路光，其中反射光经检偏器 8 形成的拍频信号 I_0 由光电探测器 9 接收并作为参考信号，其表达式为

$$I_0 = A_0 \cos[2\pi(f_2 - f_1)t] \tag{3.7-1}$$

式中，A_0 是参考信号的幅值。

由分光镜 3 透射的光束进入干涉系统，偏振分光镜 5 将频率为 f_2 的线偏振光全部反射到参考角锥棱镜 6，将频率为 f_1 的线偏振光全部透射到测量角锥棱镜 7，这两束光分别由 6 和 7 反射回来在 5 处会合，经反射镜 4 反射至检偏器 10 后由光电探测器 11 接收，形成测量信号 I，当 7 移动时由于多普勒效应，频率为 f_1 的光波反射光的频率变为 $f_1\pm\Delta f_2$，测量信号 I 中附加了位移信息，测量信号为

$$I = A\cos[2\pi(f_2 - f_1 \pm \Delta f_2)t] \tag{3.7-2}$$

式中，A 是测量信号的幅值。

当测量角锥棱镜 7 移动速度为 v 时，由于测量光束光程变化为测量角锥棱镜 7 位移的 2 倍，则根据光波的多普勒频移公式，并忽略高次项的影响有

$$\Delta f_2 = f_1 \frac{2v}{c} \tag{3.7-3}$$

将测量信号与参考信号相减即可得到反映被测位移信息的多普勒频差 Δf_2，对多普勒频差 Δf_2 进行积分就可以得到与被测长度相对应的脉冲数 N：

$$N = \int_0^t \Delta f_2 \mathrm{d}t = \int_0^t f_1 \frac{2v}{c} \mathrm{d}t = \int_0^t \frac{2}{\lambda} \mathrm{d}L = \frac{2L}{\lambda} \tag{3.7-4}$$

式中，N 是计数脉冲；λ 是光波波长；L 是被测位移。

则被测位移为

$$L = \frac{\lambda}{2} N \tag{3.7-5}$$

式(3.7-5)即为由光波多普勒效应推导的激光外差干涉测长的基本公式。

由于被测信号载波在一个固定频差 f_2-f_1 上，整个系统成为交流系统，大大提高了抗干扰能力，特别适合现场条件下使用。仪器与不同光学部件组合，可测量长度、角度、速度、直线度、平行度、平面度、垂直度等。

对激光干涉位移测量技术和仪器而言，影响其测量精度和测量速度提升的主要瓶颈包括激光干涉测量的方法原理、干涉光源/干涉镜组/干涉信号处理卡等仪器关键单元特性以及实际测量环境的稳定性。围绕光刻机等高端装备提出的超精密高速测量需求，以美国 Keysight 公司(原 Agilent 公司)和 Zygo 公司为代表的国际顶级激光干涉仪企业和研发机构，长期在高精度激光稳频、高精度多轴干涉镜组、高速高分辨力干涉信号处理等方面持续攻关并取得不断突破，已可满足当前主流光刻机的位移测量需求。然而，一方面，上述超精密高速激光干涉测量技术和仪器已被列入有关国家的出口管制清单，不能广泛地支撑我国当前的光刻机研

发生产需求；另一方面，上述技术和仪器并不能完全满足国内外下一代光刻机研发所提出的更精准、更高速的位移测量需求。

针对我国光刻机等高端装备研发的迫切需求，哈尔滨工业大学先后探索了传统的共光路双频激光干涉测量方法和新一代的非共光路双频激光干涉测量方法，并在高精度激光稳频、光学非线性误差精准抑制、高速高分辨力干涉信号处理等关键技术方面持续突破，研制了系列超精密高速激光干涉仪，其激光真空波长准确度最高达 3.7×10^{-9}，位移分辨力 0.31nm，最低光学非线性误差 13pm，最大测量速度 5.37m/s，成功应用于上海微电子装备(集团)股份有限公司、中国计量科学研究院(National Institute of Metrology，NIM)、德国联邦物理技术研究院(Physikalisch-Technische Bundesanstalt, PTB)等十余家单位，不仅直接为我国当前微电子光刻机研发生产提供了关键技术支撑和核心测量手段，而且还可为我国 7nm 及以下节点光刻机研发提供了重要的共性技术储备。

3.7.6 白光干涉仪

白光干涉仪

利用白光进行干涉测量的技术有三类，分别是白光相干相关扫描干涉法、白光相移干涉法和白光消色差相移干涉法。本节只介绍业内使用最多的白光相干相关扫描干涉法。

白光干涉仪典型光路系统结构如图 2.4-6 所示。LED 白光光源是由宽频成分光构成的组合光源，其光谱覆盖了从波长约 400nm 的紫光到波长约 700nm 的红光范围。白光光源出射的宽频光经过透镜组的扩束后入射到分光镜上，被分光镜反射的白光一部分作为测量光束，直接透射过干涉物镜内部的分光镜，进而聚焦到被测物表面；另一部分白光作为参考光束，分别被干涉物镜内部的分光镜和反射镜反射，并在分光镜上表面与测量光束发生干涉。针对不同高度上的白光干涉信号扫描，就是白光干涉仪的动作目的。在求取三维表面信息上，白光干涉利用两束相同特性的白光在零光程差时条纹对比最明显之特性，来判定零光程差的发生位置，借此取得被测物体的三维表面形貌变化。如图 3.7-15 所示。

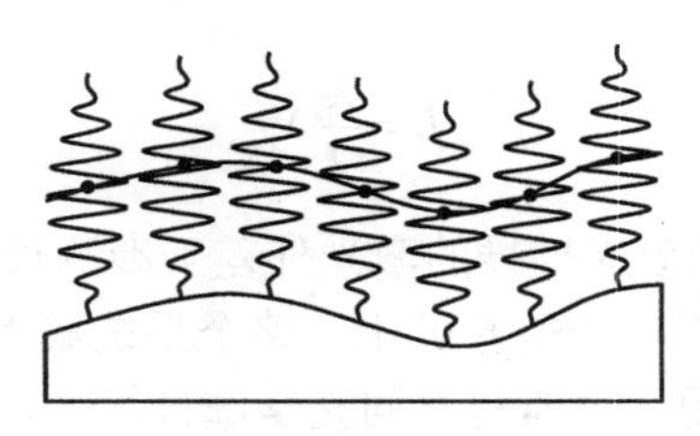

图 3.7-15　白光干涉扫描测量原理示意图

白光干涉仪是典型的面扫描干涉测量仪器，白光既作为测量光源又作为照明光源，因此被测物某一截面的形貌以及该截面的条纹同时被套筒透镜聚焦到 CCD 相机上。压电陶瓷物镜定位器带动干涉物镜在物镜的工作距离内对被测物表现进行扫描测量，在完成各截面的扫描测量后，得到完整的形貌图像以及图像上各像素点对应的干涉位移量 ζ。对应的干涉光强如下：

$$I(\zeta)=\int_0^\infty\int_0^1 g(\beta,f,\zeta)U(\beta)V(f)\beta\,\mathrm{d}\beta\mathrm{d}f \tag{3.7-6}$$

式中，$I(\zeta)$是宽频光的干涉光强；$g(\beta, f, \zeta)$是各单色光对干涉光强的分量；$U(\beta)$是光瞳上光斑的位置函数；$V(f)$是检测的光谱函数；f 和 β 分别是各单色光的频率和入射角的余弦值。

宽频光在叠加的过程中会形成波包，白光干涉仪正是利用宽频带光波在零光程差时所有频率的光能同时产生最亮的明条纹的特性来实现表面形貌测量的，即测量光的干涉波包和参考光的干涉波包信号相同时，CCD 相机的各像素点将接收到最强的干涉信号。叠加波包的频率 F 由各单色光的波长 λ_i 和入射角 ψ_i 决定：

$$F(\psi, f) \propto \frac{4\pi}{\lambda_i}\cos(\psi_i) \tag{3.7-7}$$

被测物表面的每一个与 CCD 相机像素对应的点都能够接收到从紫光到红光因零光程差而形成的干涉条纹。如图 3.7-16 所示，若将入射至干涉物镜的光束分为 n 束，每束光都会被透镜分为紫光到红光波段的单色光，且不同波长的光照射到被测物表面的位置不同，如图中的区域 1 和区域 n。不同区域会产生一定的重叠，换言之，被测表面上任意点 M 都会接收到不同光束色散后的单色光，并重新组合成宽频光，进而使测量光束的宽频光与参考光束的宽频光发生干涉，且在 CCD 相机上各像素点成像。

白光干涉仪的干涉显微物镜主要有三种结构，如图 3.7-17 所示，分别为 Mirau 物镜、Michelson 物镜和 Linnik 物镜。Mirau 物镜的原理如图 3.7-18 所示，光线入射到物镜 1 后，在分光镜 2 处被透射和反射，反射光束 3 入射到参考镜 4 后被反射，该反射光束 5 再次入射到分光镜 2 处被反射；在分光镜 2 处透射的光束 6 经被测物 7 反射后被分光镜 2 透射，参考镜反射的参考光与被测物表面反射的物光重新会合在分光镜 2 上经由分光镜反射回物镜 1，形成干涉。Mirau 物镜的结构最为紧凑，并且能够在一定程度上消除机械振动的影响，所以在白光干涉显微测量中应用最广。Mirau 物镜更适用于大数值孔径和高放大率(10 倍至 100 倍范围)的情况，但其工作距离非常短。Michelson 物镜的工作距离较长，但通常用在小数值孔径和低放大率(10 倍或者更低)的情况下。相比之下，Linnik 物镜具有更大的工作距离。

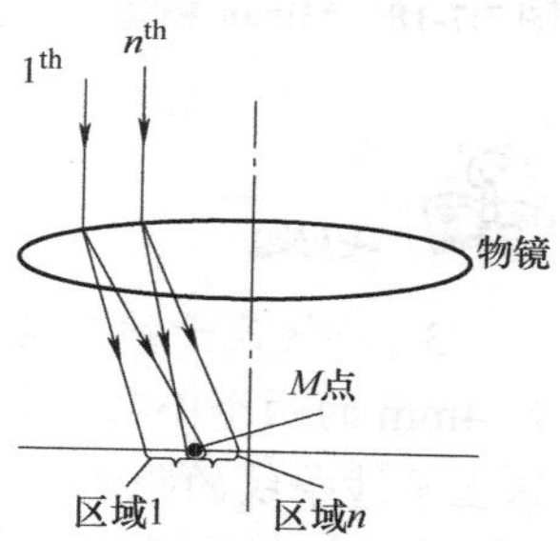

图 3.7-16　被测物上某点接收到的宽频光

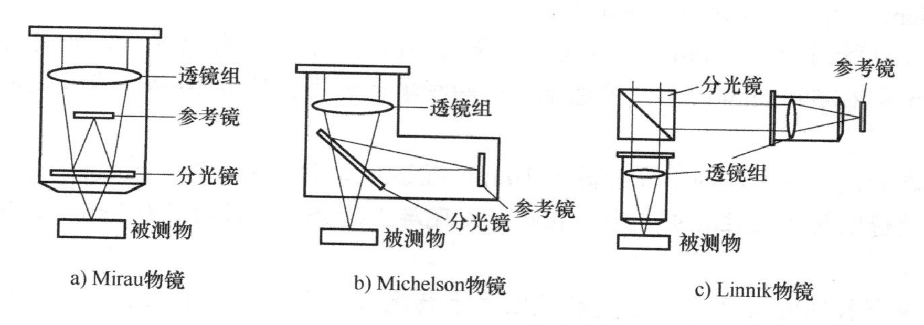

图 3.7-17　三种干涉显微物镜结构

蝠翼效应(Batwing Effect)存在于非常多的基于干涉测量原理的仪器中，是一种由于光在断层边缘处产生绕射现象而生成的错误的干涉信号。特别是对于白光干涉仪这种步进高度小于光源相干长度的面扫描干涉测量仪器，蝠翼效应尤为明显。白光干涉量测系统中，最常使用质心(Centroid)算法来计算表面高度，该算法会因光线绕射产生蝠翼效应，在某些位置产生错误高度计算，造成量测结果轮廓出现奇异点现象。当单步扫描高度差是测量光 1/4 波长的奇数倍时，蝠翼效应更为明显。图 3.7-19 所示为单步扫描高度差为 1/4 波长时的蝠翼效应。

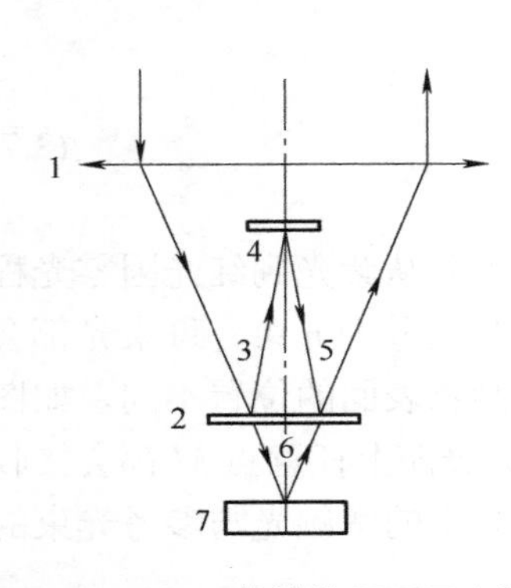

图 3.7-18　Mirau 物镜的原理示意图

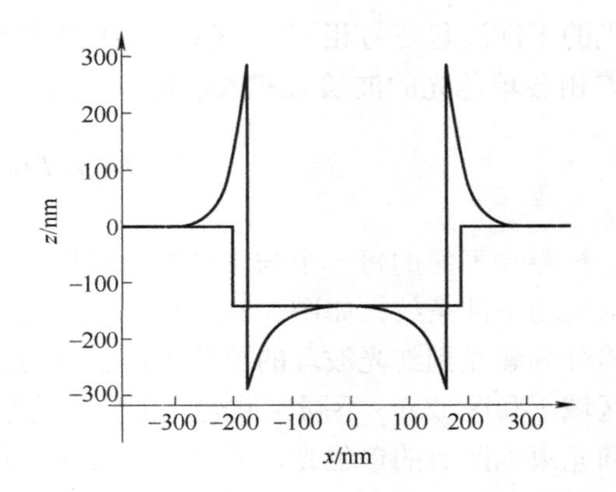

图 3.7-19　单步扫描高度差为 1/4 波长时的蝠翼效应

习题

第 3 章习题
参考答案

3.1　杨氏干涉实验中，以波长 632.8nm 的氦氖激光束垂直照射间距为 1.14mm 的两个小孔，小孔到屏幕的垂直距离为 1.50m。求下列两种情况下屏幕上干涉条纹的距离：

(1) 整个装置放在空气中；

(2) 整个装置放在折射率为 1.33 的水中。

3.2　在杨氏干涉实验中，若两小孔距离为 0.4mm，观察屏至小孔所在平面的距离为 100cm，在观察屏上测得干涉条纹的间距为 1.5mm，试求所用光波的波长。

3.3　波长为 589.3nm 的钠光照射在一双缝上，在距双缝 100cm 的观察屏上测量 20 个条纹共宽 2.4cm，试计算双缝之间的距离。

3.4　设双缝间距为 1mm，双缝离观察屏为 1m，用钠光灯作为光源，钠光灯发出波长 λ_1=589.0nm 和 λ_2=589.6nm 的两种单色光，问两种单色光各自的第 10 级亮条纹之间的距离是多少？

3.5　在杨氏实验中，两小孔距离为 1mm，观察屏离小孔的距离为 50cm。当用一片折射率为 1.58 的透明薄片贴住其中一个小孔时，发现屏上的条纹系移动了 0.5cm，试确定该薄片的厚度。

3.6　一个长 30mm 的充以空气的气室置于杨氏装置中的一个小孔前，在观察屏上观察到稳定的干涉条纹系。继后抽去气室中空气，注入某种气体，发现条纹系移动了 25 个条纹。已知照明光波波长 λ=656.28nm，空气折射率 n_a=1.000276，试求注入气室内的气体的折射率 n_g。

3.7　菲涅耳双面镜实验中，单色光波长 λ=500nm，光源和观察屏到双面镜交线的距离分别为 0.5m 和 1.5m，双面镜的夹角为 10^{-3}rad。试求：

(1) 观察屏上条纹的间距；

(2) 屏上最多可看到多少亮条纹？

3.8　菲涅耳双棱镜实验中，光源和观察屏到双棱镜的距离分别为 10cm 和 90cm，观察屏上条纹间距为 2mm，单色光波长为 589.3nm，试计算双棱镜的折射角(已知双棱镜的折射率为 1.52)。

3.9　对于洛埃镜装置，试证明光源的临界宽度 b_C 和干涉孔径角 β 之间有关系：$b_C=\lambda/\beta$。

3.10　在杨氏干涉实验中，照明两小孔的光源是一个直径为 2mm 的圆形光源，光源发光的波长为 500nm，它到小孔的距离为 1.5m，问两小孔能够发生干涉的最大距离是多少？

3.11　菲涅耳双棱镜实验中，光源到双棱镜和观察屏的距离分别为 25cm 和 1m，光的波长为 546nm，问要观察到清晰的干涉条纹，光源的最大横向宽度是多少？(双棱镜的折射率 n=1.52，折射角 α=30′。)

3.12　月球到地球表面的距离约为 3.8×10^5km，月球直径为 3477km。若把月球视为光源(光波长取 550nm)，试计算地球表面上的相干面积。

3.13　若光波的波长宽度为 $\Delta\lambda$，频率宽度为 $\Delta\nu$，试证明 $\left|\frac{\Delta\nu}{\nu}\right|=\left|\frac{\Delta\lambda}{\lambda}\right|$。式中，$\nu$ 和 λ 分别为该光波的频率和波长。对于波长为 632.8nm 的氦氖激光，波长宽度 $\Delta\lambda=2\times10^{-8}$nm，试计算它的频率宽度和相干长度。

3.14　在习题 3.14 图所示的干涉装置中，若照明光波的波长 $\lambda=600\text{nm}$，平板的厚度 $h=2\text{mm}$，折射率 $n=1.5$，其下表面涂上某种高折射率介质($n_H>1.5$)。问：

(1) 在反射光方向观察到的干涉圆环条纹的中心是亮斑还是暗斑？

(2) 由中心向外计算，第 10 个亮环的半径是多少？(观察望远镜物镜的焦距为 20cm。)

(3) 第 10 个亮环处的条纹间距是多少？

3.15　用氦氖激光照明迈克尔逊干涉仪，通过望远镜看到视场内有 20 个暗环，且中心是暗斑。然后移动反射镜 M_1，看到环条纹收缩，并一一在中心消失了 20 环，此时视场内只有 10 个暗环。试求：

(1) M_1 移动前中心暗斑的干涉级数(设干涉仪分光板 G_1 没有镀膜)；

(2) M_1 移动后第 5 个暗环的角半径。

3.16　图 3.5-7 所示的平行平面膜干涉装置中，若平面膜的厚度和折射率分别为 $h=3\text{mm}$ 和 $n=1.5$，望远镜的视场角为 6°，光的波长 $\lambda=450\text{nm}$，问通过望远镜能够看见几个亮条纹？

3.17　用等厚条纹测一玻璃光楔的楔角时，在长达 5cm 的范围内共有 15 个亮条纹。玻璃折射率 $n=1.52$，所用单色光波长 $\lambda=600\text{nm}$。问此光楔的楔角是多少？

3.18　牛顿环也可以在两个曲率半径很大的平凸透镜之间的空气层中产生。如习题 3.18 图所示，平凸透镜 A 和 B 凸面的曲率半径分别为 R_A 和 R_B，在波长 $\lambda=600\text{nm}$ 的单色光垂直照射下，观测到它们之间空气层产生的牛顿环第 10 个暗环的半径 $r_{AB}=4\text{mm}$。若有曲率半径

为 R_C 的平凸透镜 C，并且 B、C 组合和 A、C 组合产生的第 10 个暗环的半径分别为 $r_{BC}=4.5\text{mm}$ 和 $r_{AC}=5\text{mm}$，试计算 R_A、R_B 和 R_C。

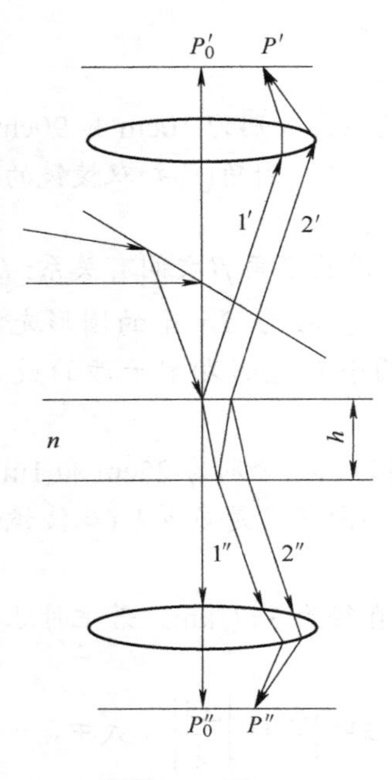

习题 3.14 图

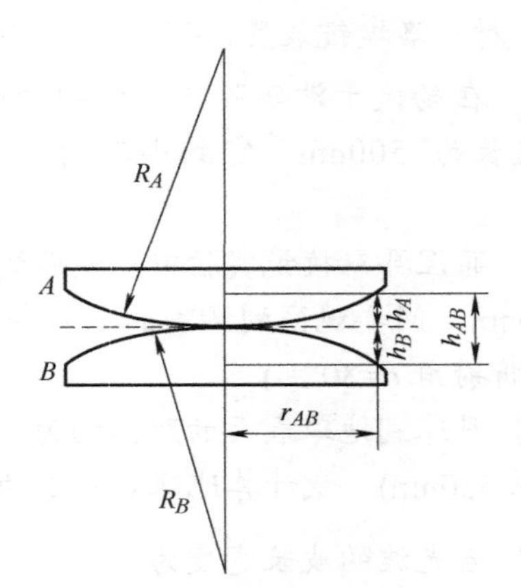

习题 3.18 图

3.19 如习题 3.19 图所示，平板玻璃由两部分组成，冕牌玻璃 n_1=1.50，火石玻璃 n_2=1.75，平凸透镜用冕牌玻璃制成，其间隙充满二硫化碳 n_3=1.62，此时牛顿环形状如何？

3.20 在习题 3.20 图中，A、B 是两块玻璃平板，D 为金属细丝，O 为 A、B 的交棱。

(1) 设计一测量金属细丝直径的方案。

(2) 若 B 表面有一半圆柱形槽，凹槽方向与 A、B 交棱垂直，问在单色光垂直照射下看到的条纹形状如何？

(3)若单色光波长 λ=632.8nm，条纹的最大弯曲量为条纹间距的 2/5，问凹槽的深度是多少？

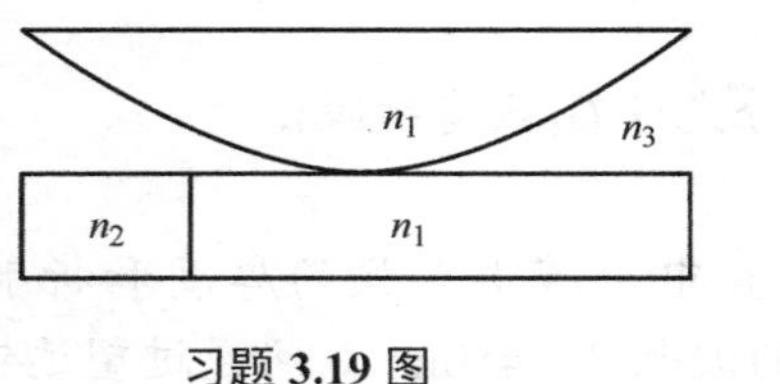

习题 3.19 图

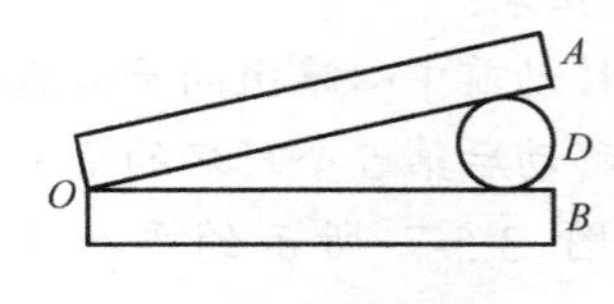

习题 3.20 图

3.21 在习题 3.21 图所示的端规测量装置中，单色光波长为 550nm，空气层形成的条纹间距为 1.5mm，两端规之间距离为 50mm，问两端规的长度差为多少？

3.22 如习题 3.22 图所示，长度为 10cm 的柱面透镜一端与平面玻璃相接触，另一端与平面玻璃相隔 0.1mm，透镜的曲率半径为 1m。问：

(1) 在单色光垂直照射下，看到的条纹形状怎样？

(2) 在两个相互垂直的方向(透镜长度方向和与之垂直的方向)上，由接触点向外计算，第

N 个暗条纹到接触点的距离是多少？(设照明光波长 λ=500nm。)

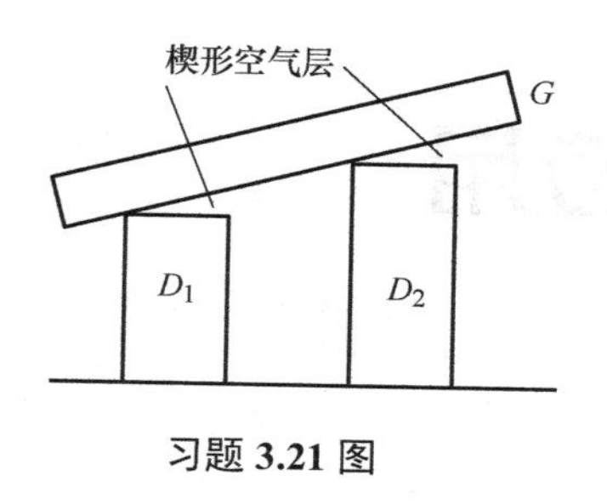

习题 3.21 图

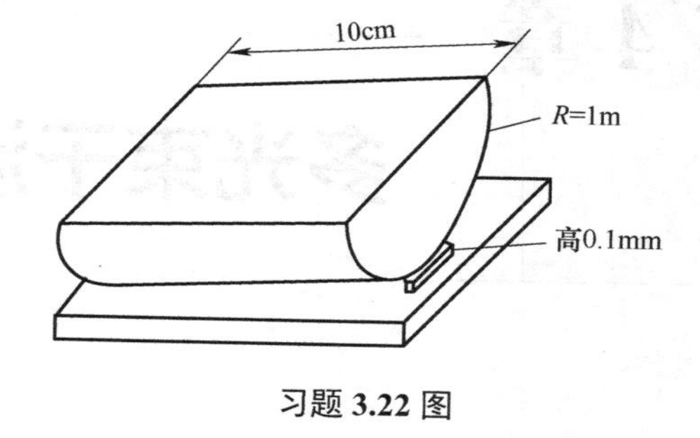

习题 3.22 图

第 4 章

多光束干涉及应用

前面讨论了平行平板和楔形平板的双光束干涉，但只是近似处理。双光束干涉产生的条纹能量不集中、边界模糊、不明锐。为了克服分波前法干涉的缺点，本章学习多光束干涉及其应用。

事实上，由于光波在平板内不断地反射和透射，必须考虑多光束参与干涉，特别是当平板表面的反射系数比较高时。

多光束干涉的原理

4.1 多光束干涉的原理

如图 4.1-1 所示，单色平面波以 θ_0 入射角入射到平行平板，由于光波不断地在平板内反射和透射，使得平板的反射光方向产生多光束 1,2,3,4,…，在透射光方向产生多光束$1', 2', 3', 4',\cdots$。要精确计算平板在反射光方向和透射光方向产生的干涉，必须考虑多光束效应。需要指出的是，当平板两表面的反射率很低时，只考虑头两束光的干涉是近似合理的。例如，当光波接近正入射从空气入射到玻璃平板内时，反射率约为 0.04，因此反射的第一束光 1 的强度将为入射光强度的 4%，反射光束 2 的强度约为入射光强度的 3.7%，反射光束 3 的强度约为入射光强度的 0.01%。可以看到，第三束反射光和继后各束完全可以略去不用考虑。但是，当光束掠入射或当平板表面镀有金属膜层或电介质膜层使得反射率很高时，就不能仅仅考虑头两束光的作用。例如，反射率为 0.9 时，不考虑平板的吸收作用，设入射光强度为 1，则各反射光束的强度依次为 0.9,0.009,0.0073,0.00577,0.00467,0.00318,…，各透射光强度依次为 0.01,0.0081,0.00656,0.00529, 0.00431,0.00349,…。可见，在反射光中，除了光束 1 以外，其他各光束的强度相差很小；在透射光中，各光束的强度都相差很小。在这种情况下，必须考虑多光束的干涉效应，要按照多光束的叠加精确计算干涉的强度分布。

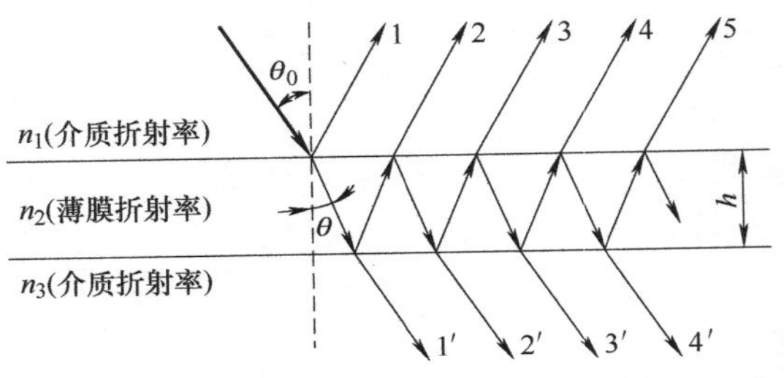

图 4.1-1　光束在平行平板内的多次反射和透射

4.1.1　多光束干涉的强度分布

以扩展光源照明平板产生多光束干涉，干涉场也是定域在无穷远处。利用透镜将反射光或者透射光会聚，干涉场定域在透镜的焦平面上。

下面计算干涉场中任一点 P 的光强度，透射光方向相应的点为 P'。如图 4.1-2 所示，设光以 θ_0 入射角入射到平行平板上，在平板内的折射角为 θ，则相继两束光的光程差为

$$\varDelta = 2nh\cos\theta \tag{4.1-1}$$

相应的相位差为

$$\delta = \frac{4\pi}{\lambda} nh\cos\theta \tag{4.1-2}$$

式中，nh 是平板的光学厚度；λ 是光波在真空中的波长。

假设光从周围介质入射到平板内时，反射系数为 r，透射系数为 t；从平板出射时，反射系数为 r'，透射系数为 t'，如图 4.1-3 所示。

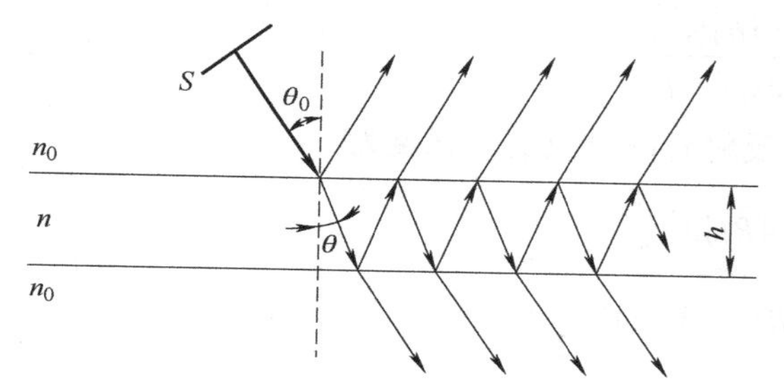

图 4.1-2　平板产生的多光束干涉

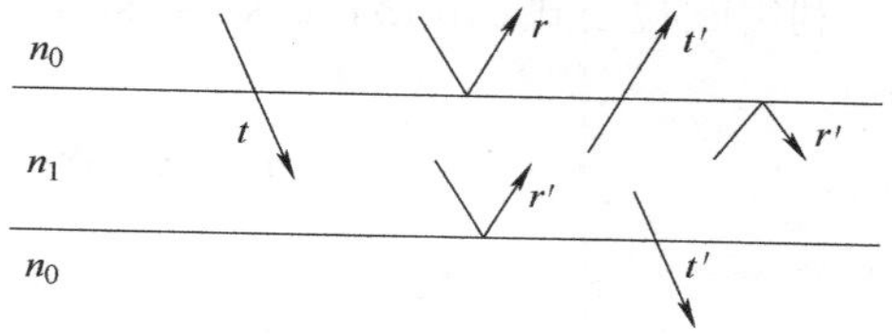

图 4.1-3　透明平板各界面的反射系数和透射系数

设入射光的振幅为 $A^{(i)}$，则从平板反射的各光束的振幅依次为

$$rA^{(i)}, tt'r'A^{(i)}, tt'r'^3A^{(i)}, tt'r'^5A^{(i)}, \cdots$$

从平板透射出来的各光束的振幅依次为

$$tt'A^{(i)}, tt'r'^2A^{(i)}, tt'r'^4A^{(i)}, tt'r'^6A^{(i)}, \cdots$$

将反射光束在 P 点的场分别写为

$$\begin{cases} E_1^{(r)} = rA^{(i)}\exp[-\mathrm{i}(\omega t - \delta_0)] \\ E_2^{(r)} = tt'r'A^{(i)}\exp[-\mathrm{i}(\omega t - \delta_0 - \delta)] \\ E_3^{(r)} = tt'r'^3A^{(i)}\exp[-\mathrm{i}(\omega t - \delta_0 - 2\delta)] \\ E_4^{(r)} = tt'r'^5A^{(i)}\exp[-\mathrm{i}(\omega t - \delta_0 - 3\delta)] \\ \quad\vdots \\ E_p^{(r)} = tt'r'^{(2p-3)}A^{(i)}\exp\{-\mathrm{i}[\omega t - \delta_0 - (p-1)\delta]\} \\ \quad\vdots \end{cases} \tag{4.1-3}$$

式中，ω 是光波的角频率；δ_0 是初始相位常数；p 是序号，p=2, 3, 4,⋯，p=1 除外，因为第一反射光表达式中不包含振幅反射系数 r'。

当不考虑共同的因子 $\exp[-\mathrm{i}(\omega t - \delta_0)]$ 后，P 点合成场的复振幅为

$$\tilde{E}^{(r)}=rA^{(i)}+tt'r'A^{(i)}\exp(\mathrm{i}\delta)+tt'r'^3A^{(i)}\exp(\mathrm{i}2\delta)+tt'r'^5A^{(i)}\exp(\mathrm{i}3\delta)+\cdots+ tt'r'^{(2p-3)}A^{(i)}\exp\{\mathrm{i}[(p-1)\delta]\}+\cdots$$
$$=\left\{r+r'tt'\exp(\mathrm{i}\delta)[1+r'^2\exp(\mathrm{i}\delta)+r'^4\exp(\mathrm{i}2\delta)+\cdots+r'^{(2p-4)}\exp(\mathrm{i}(p-2)\delta)+\cdots]\right\}A^{(i)} \tag{4.1-4}$$

式(4.1-4)中括号内为无穷递减等比级数，其公比为$r'^2\exp(\mathrm{i}\delta)$，当平板足够长时，反射光的数量很多，在光束数目趋于无穷大的极限情况下，可以得到

$$\tilde{E}^{(r)}=\left\{r+tt'r'\exp(\mathrm{i}\delta)\sum_{p=2}^{\infty}[r'^2\exp(\mathrm{i}\delta)]^{p-2}\right\}A^{(i)}=\left[r+\frac{tt'r'\exp(\mathrm{i}\delta)}{1-r'^2\exp(\mathrm{i}\delta)}\right]A^{(i)} \tag{4.1-5}$$

利用斯托克斯倒逆关系，即$r=-r'$，$tt'=1-r^2$，式(4.1-5)可以化简为

$$\tilde{E}^{(r)}=-\frac{r'[1-(r'^2+tt')\exp(\mathrm{i}\delta)]}{1-r'^2\exp(\mathrm{i}\delta)}A^{(i)} \tag{4.1-6}$$

又因为$r^2=r'^2=R$，$tt'=1-R$，则式(4.1-6)可以写为

$$\tilde{E}^{(r)}=-\frac{[1-\exp(\mathrm{i}\delta)]\sqrt{R}}{1-R\exp(\mathrm{i}\delta)}A^{(i)} \tag{4.1-7}$$

利用欧拉公式$\exp(\mathrm{i}\delta)=\cos\delta+\mathrm{i}\sin\delta$，得到反射光在$P$点的光强度为

$$I^{(r)}=\tilde{E}^{(r)}\tilde{E}^{(r)*}=\frac{4R\sin^2\dfrac{\delta}{2}}{(1-R)^2+4R\sin^2\dfrac{\delta}{2}}I^{(i)} \tag{4.1-8}$$

式中，$I^{(i)}=A^{(i)}A^{(i)*}$是入射光的强度。

利用同样的方法，可以得到透射光在P'点的合成场复振幅为

$$\tilde{E}^{(t)}=tt'A^{(i)}+tt'r'^2A^{(i)}\exp(\mathrm{i}\delta)+tt'r'^4A^{(i)}\exp(\mathrm{i}2\delta)+tt'r'^6A^{(i)}\exp(\mathrm{i}3\delta)+\cdots+ tt'r'^{(2p-2)}A^{(i)}\exp\{\mathrm{i}[(p-1)\delta]\}+\cdots$$
$$=\left\{tt'+tt'r'^2\exp(\mathrm{i}\delta)[1+r'^2\exp(\mathrm{i}\delta)+r'^4\exp(\mathrm{i}2\delta)+\cdots+r'^{(2p-4)}\exp(\mathrm{i}(p-2))\delta+\cdots]\right\}A^{(i)} \tag{4.1-9}$$

当平板足够长时，透射光的数量很多，在光束数目趋于无穷大的极限情况下，可以得到

$$\tilde{E}^{(t)}=\frac{tt'}{1-r'^2\exp(\mathrm{i}\delta)}A^{(i)} \tag{4.1-10}$$

因此，透射光在P'点的光强度为

$$I^{(t)}=\tilde{E}^{(t)}\tilde{E}^{(t)*}=\frac{T^2}{(1-R)^2+4R\sin^2\dfrac{\delta}{2}}I^{(i)} \tag{4.1-11}$$

式(4.1-8)和式(4.1-11)分别为反射光干涉场和透射光干涉场的光强分布公式，也称为艾里(Airy)公式。

4.1.2 多光束干涉图样的特点

基于多光束干涉场的光强分布公式分析多光束干涉图样的特点。

由于 $1-R=T$，根据式(4.1-8)和式(4.1-11)，可以得到

$$\frac{I^{(r)}}{I^{(i)}}+\frac{I^{(t)}}{I^{(i)}}=1 \tag{4.1-12}$$

式(4.1-12)表明，平板的多光束反射光干涉和透射光干涉图样是互补的。也就是说，对于任意方向的入射光，当反射光干涉为亮条纹时，透射光干涉为暗条纹，反之亦然。两者强度之和等于入射光强度。

为了讨论方便，引入**精细度系数**：

$$F=\frac{4R}{(1-R)^2} \tag{4.1-13}$$

式(4.1-8)可以写为

$$\frac{I^{(r)}}{I^{(i)}}=\frac{F\sin^2\dfrac{\delta}{2}}{1+F\sin^2\dfrac{\delta}{2}} \tag{4.1-14}$$

式(4.1-11)可以写为

$$\frac{I^{(t)}}{I^{(i)}}=\frac{1}{1+F\sin^2\dfrac{\delta}{2}} \tag{4.1-15}$$

根据式(4.1-14)和式(4.1-15)，当反射率 $R=0$ 时，反射光强 $I^{(r)}$为零，入射到平行平板上的光全部透射，即 $I^{(t)}=I^{(i)}$；当反射率 $R=1$ 时，精细度系数 F 为无穷大，显然，入射到平行平板上的光透射后光强 $I^{(t)}$是零，而 $I^{(r)}=I^{(i)}$。那是不是全部透射光的光强都是零呢？从式(4.1-14)和式(4.1-15)可以看到，函数表达式中 F 不是独立的函数，包含 F 与正弦函数的乘积项。所以，透射光光强不是处处光强为零，正弦函数的零点处，也就是相位差 δ 为 2π 的整数倍情况下，透射光强 $I^{(t)}$有极大值，而其他相位处，透射光强 $I^{(t)}$为零。

定义 $\dfrac{I^{(t)}}{I^{(i)}}=\left(1+F\sin^2\dfrac{\delta}{2}\right)^{-1}$ 为艾里函数，其物理含义表示透射的光通量密度分布，可以看到艾里函数依赖于折射角 θ 的变化而变化。观察图 4.1-4 所示艾里函数随着相位差的变化曲线，可以看到光通量密度曲线的每个尖峰都对应于一个特定的相位差 δ 值，因而对应于一个特定的角度值。对于透射光干涉条纹，如图 4.1-4a 所示，当 R 趋近于 1 时，透射的光通量密度很小，只有在 $\delta/2=m\pi(m=0,\pm1,\pm2,\cdots)$ 附近有尖锐的峰，因而透射光干涉条纹为几乎全黑背景上的窄亮纹；对于反射光干涉条纹，如图 4.1-4b 所示，当 R 趋近于 1 时，透射的光通量密度很大，只有在 $\delta/2=m\pi(m=0,\pm1,\pm2,\cdots)$ 附近为零，因此反射光干涉条纹为均匀亮背景上的窄暗纹。由于暗条纹不如亮条纹看起来清楚，因此，多光束干涉的实际应用中，都是采用透射光的干涉条纹，平行平板的透射光干涉条纹极为明锐。

在这里进行仿真对比，如图 4.1-5 所示，为不同反射率(精细度系数)条件下的反射光干涉条纹和透射光干涉条纹。当反射率 $R=0.04(F=0.17)$时，多光束的反射光干涉条纹和透射光干涉条纹分别如图 4.1-5a 和图 4.1-5b 所示；当反射率 $R=0.8(F=80)$时，多光束的反射光干涉条纹和透射光干涉条纹分别如图 4.1-5c 和图 4.1-5d 所示。可见，反射率 R 越大，多光束干涉的条纹对比度越好，条纹越细锐。

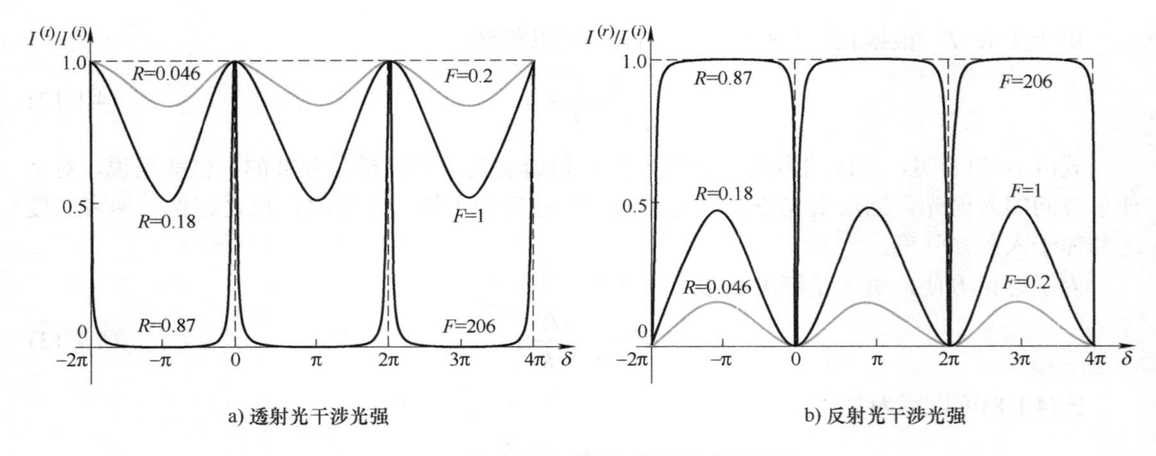

a) 透射光干涉光强　　b) 反射光干涉光强

图 4.1-4　艾里函数随着相位差的变化曲线

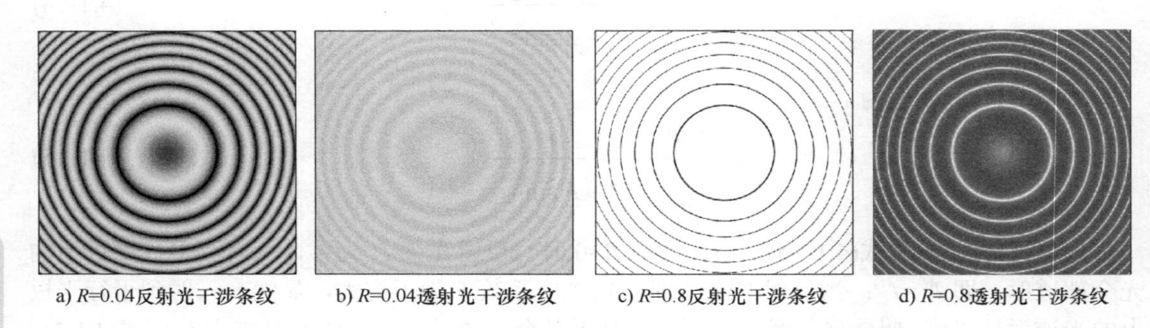

a) R=0.04反射光干涉条纹　b) R=0.04透射光干涉条纹　c) R=0.8反射光干涉条纹　d) R=0.8透射光干涉条纹

图 4.1-5　不同反射率(精细度系数)条件下的多光束干涉条纹

4.1.3　干涉条纹的锐度

为了表示透射多光束干涉条纹极为明锐这一特点，仅用条纹对比度这个参数已经不能完全表达，因此，引入干涉条纹的**锐度**。条纹的锐度用条纹的相位差半宽度来表示。相位差半宽度指条纹中强度等于峰值强度一半的两点间的相位差距离，记为$\Delta\delta$，如图 4.1-6 所示。

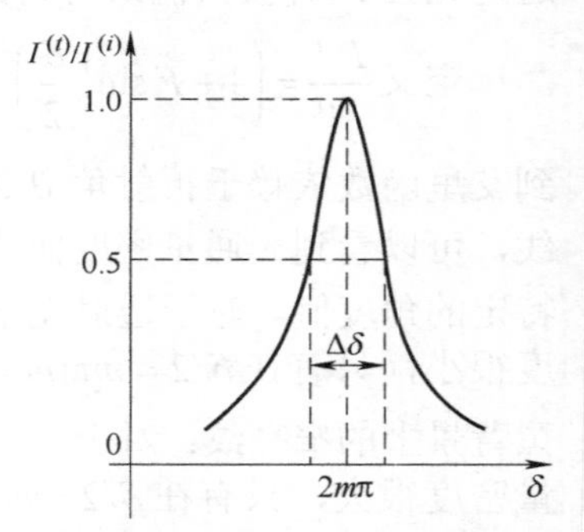

图 4.1-6　条纹的半宽度示意图

对于第 m 级条纹，两个半强度点对应的相位差为

$$\delta=2m\pi\pm\frac{\Delta\delta}{2},\ m=0,1,2,\cdots \tag{4.1-16}$$

代入式(4.1-15)中，得到

$$\frac{1}{1+F\sin^2\dfrac{\Delta\delta}{4}}=\frac{1}{2} \tag{4.1-17}$$

因为$\Delta\delta$很小，所以$\sin\dfrac{\Delta\delta}{4}\approx\dfrac{\Delta\delta}{4}$，则可以得到条纹的相位差半宽度为

$$\Delta\delta=\frac{4}{\sqrt{F}}=\frac{2(1-R)}{\sqrt{R}} \tag{4.1-18}$$

式(4.1-18)表明，R 越大，$\Delta\delta$ 越小，条纹越尖锐。当 R 接近 1 时，条纹的相位差半宽度趋于零。

除了用 $\Delta\delta$ 表示条纹的锐度外，也常用相邻两条纹间的相位差距离 2π 和条纹的相位差半宽度 $\Delta\delta$ 之比表示条纹的锐度，这个比值称为**条纹的精细度**，记为 S，因此

$$S=\frac{2\pi}{\Delta\delta}=\frac{\pi\sqrt{F}}{2}=\frac{\pi\sqrt{R}}{1-R} \tag{4.1-19}$$

可见，当 R 趋于 1 时，条纹的精细度趋于无穷大，条纹将变得极细，这对于测量非常有利。

对于双光束干涉条纹的读数精确度为条纹间距的 1/10，而多光束干涉条纹的读数精确度为条纹间距的 1/100 甚至 1/1000。因此，在实际工作中，常利用多光束干涉进行精密的测量，如在光谱技术中测量光谱线的超精细结构，在精密光学加工中检验高质量的光学零件等。

例题 4.1 若产生双光束干涉的相干光的光强相等，试计算双光束干涉时的相位差半宽度的大小。

解：将式(4.1-16)代入式(3.2-4)，有

$$\frac{I}{I_0}=4\cos^2\frac{2m\pi\mp\dfrac{\Delta\delta}{2}}{2}=\frac{1}{2}$$

因为 $\cos^2(m\pi\mp\delta)=\cos^2\delta$，所以上式可以写为

$$\frac{I}{I_0}=4\cos^2\frac{\delta}{2}=4\left[1-\sin^2\left(\frac{\Delta\delta}{4}\right)\right]=4\left[1-\left(\frac{\Delta\delta}{4}\right)^2\right]=\frac{1}{2}$$

由此得到双光束干涉时的相位差半宽度为

$$\Delta\delta=\sqrt{14}$$

可见，双光束干涉时，相位差的半宽度远大于多光束干涉时的相位差半宽度。

4.2 法布里-珀罗干涉仪

法布里-珀罗干涉仪(Fabry-Pérot interferometer)是法国物理学家夏尔 • 法布里(Charles Fabry，1867—1945)和让 •巴蒂斯特 •阿尔弗雷德 •珀罗(Jean-Baptiste Alfred Perot,1863—1925)于 1899 年共同发明的仪器，产生的条纹十分清晰明锐，是研究光谱线精细结构的精密仪器，也称为法-珀腔(F-P Cavity)或者 F-P 腔。本节将介绍法布里-珀罗干涉仪的结构、原理及应用。

4.2.1 法布里-珀罗干涉仪的结构和原理

法布里-珀罗干涉仪的结构和原理

1. 法布里-珀罗干涉仪的结构

法布里-珀罗干涉仪结构示意图如图 4.2-1 所示，由两块相互平行的玻璃板或石英板 G_1 和 G_2 组成，两板的内表面镀一层银膜或铝膜，或者多层介质膜，以提高表面的反射率。为了获得锐度大的条纹，对两涂镀表面的平面度要求很高，一般要达到 $\lambda/20$～$\lambda/100$，同时两表面应严格保持平行。这两个具有很高反射率的表面之间的空气层就是产生

多光束干涉的平行平板。干涉仪的两块玻璃板(或石英板)通常做成有一个小的楔角(1′～10′)，以避免没有涂镀表面反射光的干扰。需要注意的是，如果法布里-珀罗干涉仪两玻璃板的内表面镀金属膜，由于金属膜的反射情况复杂，还存在吸收情况，所以前面推导的光强公式不适用。

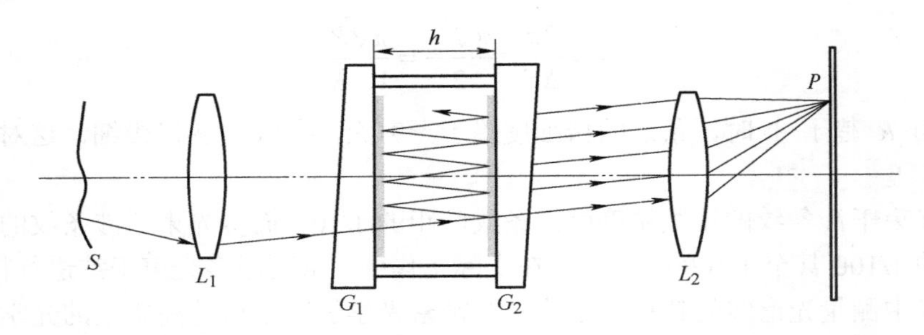

图 4.2-1　法布里-珀罗干涉仪结构示意图

法布里-珀罗干涉仪两块玻璃板中的一块固定不动，另一块可以平行移动，以改变两板之间的距离 h。这种结构很难保证两玻璃板之间严格保持平行。常采用另一种结构形式，即在两板之间放置一个间隔圈——一种铟钢(一种膨胀系数很小的镍铁合金钢)制成的空心圆柱形间隔器，使得两玻璃板之间的距离固定不变。这种间隔固定的法布里-珀罗干涉仪通常称为法布里-珀罗标准具。

2. 法布里-珀罗干涉仪的基本原理

法布里-珀罗干涉仪采用扩展准单色光源照明，其中一支光的光路如图 4.2-1 所示，在透镜 L_2 的焦平面上将形成一系列细锐的等倾干涉同心圆环条纹。若透镜 L_2 的光轴和干涉仪的板面垂直，则在透镜的焦平面上形成的亮条纹是一组同心圆，如图 4.2-2a 所示。与图 4.2-2b 所示的迈克尔逊干涉仪产生的等倾干涉条纹相比，条纹非常细锐。

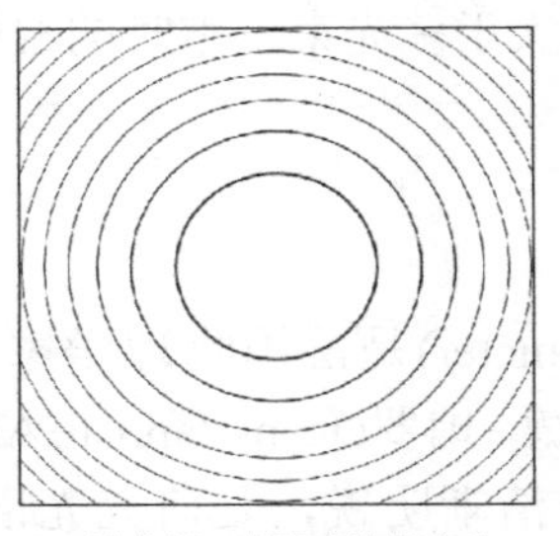

a) 法布里–珀罗干涉仪产生的等倾干涉条纹

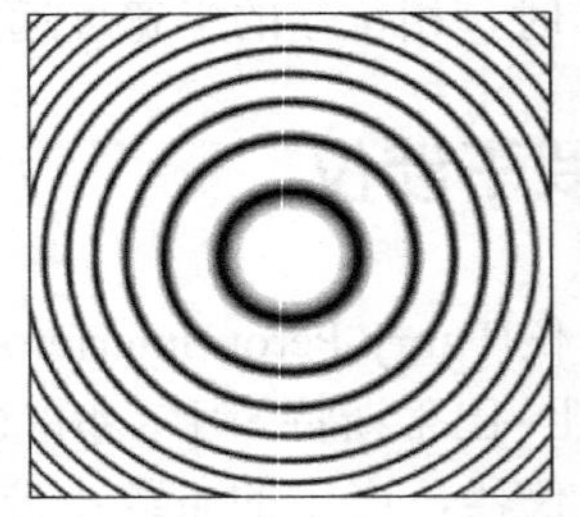

b) 迈克尔逊干涉仪产生的等倾干涉条纹

图 4.2-2　多光束干涉条纹和双光束干涉条纹

法布里-珀罗干涉仪产生的多光束干涉条纹的角半径和角间距也可以用式(3.5-10)和式(3.5-13)计算。条纹的干涉级次由空气平板的厚度 h 决定。通常法布里-珀罗干涉仪的使用范围是 1～200mm，特殊装置中空气平板的厚度 h 可达 1m。当空气平板的厚度 h=5mm，光源波长为 500nm 时，多光束干涉条纹的中心条纹干涉级次可以达到 20000，可见干涉级次很高。因此，法布里-珀罗干涉仪只适用于单色性很好的光源。

应当指出，当法布里-珀罗干涉仪两玻璃板的内表面镀金属膜时，由于光在金属膜表面的反射情况复杂，还存在吸收情况，所以前面推导的光强公式不适用。但是，如果两玻璃板的镀膜层是相同的，式(4.1-8)仍然成立，只是 R 要理解为在金属膜内表面的反射率，此时相邻两光束的相位差为

$$\delta=\frac{4\pi}{\lambda}h\cos\theta+2\phi \tag{4.2-1}$$

式中，ϕ 是在金属内表面反射时的相变。由于光通过金属膜时会发生强烈的吸收，使得整个干涉图样的强度降低。设金属膜的吸收率为 A(吸收光强度与入射光强度的比值)，根据能量关系应有

$$R+T+A=1 \tag{4.2-2}$$

因此，考虑金属膜层吸收时透射光干涉图样的光强公式式(4.1-11)变为

$$I^{(t)}=\frac{(1-R-A)^2}{(1-R)^2+4R\sin^2\dfrac{\delta}{2}}I^{(i)}=\frac{(1-R-A)^2/(1-R)^2}{1+\dfrac{4R}{(1-R)^2}\sin^2\dfrac{\delta}{2}}=\left(1-\frac{A}{1-R}\right)^2\frac{1}{1+F\sin^2\dfrac{\delta}{2}} \tag{4.2-3}$$

式(4.2-3)表明，金属膜的吸收使得透射光图样的峰值强度降低了，严重时峰值强度只有入射光强度的几十分之一。例如，厚度为 50nm 的金属膜，R 约为 0.94，而 T 和 A 分别为 0.01 和 0.05，这时亮条纹峰值强度只有入射光强度的 1/36。

法布里-珀罗干涉仪的应用

4.2.2 法布里-珀罗干涉仪的应用

1. 研究光谱线的精细结构

间隔固定的法布里-珀罗干涉仪(F-P 标准具)常用来测量波长相差非常小的两条光谱线的波长差，即光谱线的超精细结构。用一般的光学仪器，如棱镜和光栅光谱仪是不容易把这种结构分开的。

用 F-P 标准具测量光谱线超精细结构的原理：设含有 λ_1 和 λ_2 两种波长的光投射到标准具上，由于两种波长的同级条纹的角半径稍有差异，因而将得到对应于波长 λ_1 和 λ_2 的两组条纹，如图 4.2-3 所示。

Δe
e

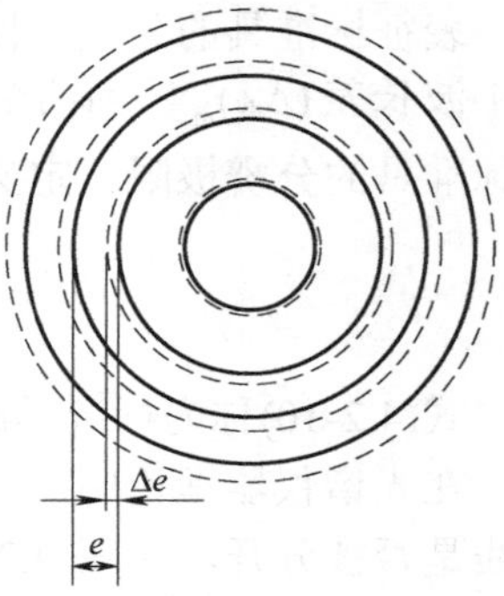

图 4.2-3 波长 λ_1 和 λ_2 的两组条纹

实线条纹组对应于波长 λ_2，虚线条纹组对应于波长 λ_1。为了分析波长 λ_1 和 λ_2 的大小，考查 m 级次干涉条纹，根据等倾干涉的光程差公式有

$$2nh\cos\theta_1=m\lambda_1 \tag{4.2-4}$$

$$2nh\cos\theta_2=m\lambda_2 \tag{4.2-5}$$

式中，θ_1 和 θ_2 分别是对应 λ_1 和 λ_2 的 m 级干涉条纹的折射角。由于虚线条纹组在实线条纹组的外侧，因此有 $\theta_1>\theta_2$，所以 $\cos\theta_1<\cos\theta_2$，即 $\lambda_1<\lambda_2$。

对于空气隙金属膜标准具，根据式(4.2-1)可以得到光程差：

$$\Delta=2nh\cos\theta+\frac{\lambda\phi}{\pi} \tag{4.2-6}$$

对于靠近条纹中心($\theta \approx 0$)的某一点，两组干涉条纹的干涉级次分别为 m_1 和 m_2，则有

$$\Delta m = m_1 - m_2 = \left(\frac{2nh}{\lambda_1} + \frac{\phi}{\pi}\right) - \left(\frac{2nh}{\lambda_2} + \frac{\phi}{\pi}\right) = \frac{2nh(\lambda_2 - \lambda_1)}{\lambda_1 \lambda_2} \tag{4.2-7}$$

由于 $\Delta m = \Delta e / e$，Δe 是 λ_1 和 λ_2 的同级条纹的相对位移，e 是同一波长的条纹间距，因此得到两个波长的波长差表达式为

$$\Delta\lambda = \lambda_2 - \lambda_1 = \frac{\Delta e}{2he}\bar{\lambda}^2, \quad \bar{\lambda} = \frac{\lambda_1 + \lambda_2}{2} \tag{4.2-8}$$

式中，$\bar{\lambda}$ 是平均波长，其值可以由分辨本领低的仪器预先测量出；h 是 F-P 标准具的间隔。只要测量出 e 和 Δe 便可以计算出波长差 $\Delta\lambda$。

对于 F-P 标准具有三个重要的参数：自由光谱范围、分辨本领和角色散。

(1) 自由光谱范围

当应用 F-P 标准具进行测量时，一般不应使两组条纹的相对位移 Δe 大于条纹间距 e，否则会发生不同级条纹的越级重叠现象。把 $\Delta e = e$ 对应的波长差称为标准具常数或者标准具的自由光谱范围。

根据式(4.2-8)得到标准具的自由光谱范围为

$$(\Delta\lambda)_{\mathrm{S.R}} = \frac{\bar{\lambda}^2}{2h} \tag{4.2-9}$$

标准具的自由光谱范围是标准具所能测量的最大波长差。一般标准具的自由光谱范围很小，如对于 h=5mm 的标准具，若光波平均波长 $\bar{\lambda}$=500nm，则自由光谱范围为 $(\Delta\lambda)_{\mathrm{S.R}} =$ 0.025nm。

(2) 分辨本领

表征标准具的分光特性，除了自由光谱范围外，还有另一个重要参数，就是能够分辨的最小波长差 $(\Delta\lambda)_{\mathrm{m}}$。当两个波长的波长差小于这个值时，两组条纹就不能被分开。$(\Delta\lambda)_{\mathrm{m}}$ 称为标准具的**分辨极限**。定义

$$G = \frac{\bar{\lambda}}{(\Delta\lambda)_{\mathrm{m}}} \tag{4.2-10}$$

式(4.2-10)称为标准具的**分辨本领**。

在光谱仪器理论中，一般采用瑞利判据判断两条等强度曲线是否被分开。如图 4.2-4 所示，两个波长的亮条纹只有当它们的合强度曲线中央的极小值低于两边极大值的 81% 时才能被分开。

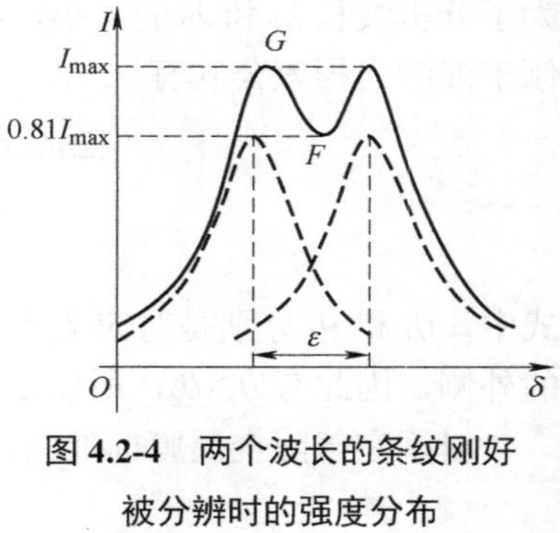

图 4.2-4　两个波长的条纹刚好被分辨时的强度分布

不考虑标准具的吸收时，根据式(4.2-3)，对应于 λ_1 和 λ_2 的两个靠得很近的条纹的合强度为

$$I = \frac{I^{(i)}}{1 + F\sin^2\frac{\delta_1}{2}} + \frac{I^{(i)}}{1 + F\sin^2\frac{\delta_2}{2}} \tag{4.2-11}$$

式中，δ_1 和 δ_2 是干涉场上同一点两波长条纹对应的相位差。设 $\delta_1 - \delta_2 = \varepsilon$，那么在合强度曲

线中央极小值处(图 4.2-4 中 F 点)，$\delta_1 = 2m\pi + \varepsilon/2$，$\delta_2 = 2m\pi - \varepsilon/2$，$m = 0, 1, 2, \cdots$，因此极小值强度为

$$I_{\min} = \frac{I^{(i)}}{1 + F\sin^2\left(m\pi + \dfrac{\varepsilon}{4}\right)} + \frac{I^{(i)}}{1 + F\sin^2\left(m\pi - \dfrac{\varepsilon}{4}\right)} = \frac{2I^{(i)}}{1 + F\sin^2\dfrac{\varepsilon}{4}} \tag{4.2-12}$$

在合强度极大值处(图 4.2-4 中 G 点)，$\delta_1 = 2m\pi$，$\delta_2 = 2m\pi - \varepsilon$，$m = 0, 1, 2, \cdots$，因此极大值强度为

$$I_{\max} = I^{(i)} + \frac{I^{(i)}}{1 + F\sin^2\dfrac{\varepsilon}{2}} \tag{4.2-13}$$

根据瑞利判据，两波长条纹恰能分辨的条件是 $I_{\min} = 0.81 I_{\max}$。因此根据式(4.2-12)和式(4.2-13)，有

$$\frac{2I^{(i)}}{1 + F\sin^2\dfrac{\varepsilon}{4}} = 0.81\left(I^{(i)} + \frac{I^{(i)}}{1 + F\sin^2\dfrac{\varepsilon}{2}}\right) \tag{4.2-14}$$

由于 ε 很小，因此有 $\sin\dfrac{\varepsilon}{2} \approx \dfrac{\varepsilon}{2}$，$\sin\dfrac{\varepsilon}{4} \approx \dfrac{\varepsilon}{4}$，则式(4.2-14)可以化简为

$$(F\varepsilon^2)^2 - 15.506(F\varepsilon^2) - 30.024 = 0 \tag{4.2-15}$$

解上述方程，根据式(4.1-19)得到

$$\varepsilon = \frac{4.156}{\sqrt{F}} = \frac{2.078\pi}{S} = \frac{6.528}{S} \tag{4.2-16}$$

根据式(4.2-1)，如果标准具的 h 较大，ϕ 相比 δ 可以忽略，则有

$$|\Delta\delta| = \frac{4\pi h\cos\theta}{\lambda^2}\Delta\lambda = 2m\pi\frac{\Delta\lambda}{\lambda} \tag{4.2-17}$$

当两波长的条纹刚好被分辨开时，$\Delta\delta = \varepsilon$，因此标准具的分辨本领为

$$G = \frac{\bar{\lambda}}{(\Delta\lambda)_{\mathrm{m}}} = 2m\pi\frac{S}{2.078\pi} = \frac{0.962m\pi\sqrt{R}}{1 - R} \tag{4.2-18}$$

可以看出，标准具的分辨本领与条纹的干涉级次和精细度成正比。由于标准具的多光束干涉条纹的宽度极窄，精细度 S 极大，因此标准具的分辨本领是很高的。

例题 4.2　一个法布里-珀罗标准具的间隔 h 为 5mm，若光波的平均波长为 500nm，反射率为 0.9 情况下，试求：

(1) F-P 标准具的自由光谱范围是多少？

(2) F-P 标准具在接近正入射时的分辨本领是多少？

解：(1) F-P 标准具的自由光谱范围为

$$(\Delta\lambda)_{\mathrm{S.R}} = \frac{\bar{\lambda}^2}{2h} = \frac{[(500 \times 10^{-6})\mathrm{mm}]^2}{2 \times 5\mathrm{mm}} = 0.025\mathrm{nm}$$

(2) F-P 标准具在接近正入射时的干涉级次为

$$m=\frac{2h}{\overline{\lambda}}=\frac{2\times 5\text{mm}}{(500\times 10^{-6})\text{mm}}=2\times 10^{4}$$

F-P 标准具在接近正入射时的分辨本领为

$$\frac{\overline{\lambda}}{(\Delta\lambda)_{\text{m}}}=\frac{0.962m\pi\sqrt{R}}{1-R}=\frac{0.962\times 2\times 10^{4}\times 3.142\times\sqrt{0.9}}{1-0.9}=5.735\times 10^{5}$$

F-P 标准具的分辨极限为

$$(\Delta\lambda)_{\text{m}}=8.72\times 10^{-4}\,\text{nm}$$

对于重火石玻璃的棱镜光谱仪，其分辨极限为 0.1nm，对于光栅光谱仪周期数 T=25000 的分辨极限为 0.01nm，显然 F-P 标准具的分辨极限 8.72×10^{-4}nm 是极高的，也是一般的棱镜光谱仪和光栅光谱仪无法达到的。

应当注意，为便于讨论，这里把两种波长很接近的谱线看作是单色的，但实际上任何谱线本身都有一定的宽度，因此标准具实际上不会达到理论计算的分辨本领。

例题 4.3　已知汞绿谱线的超精细结构为 Hg^{198}，Hg^{200}，Hg^{202}，Hg^{204}，它们对应波长分别为 546.0753nm，546.0745nm，546.0734nm，546.0728nm，用 F-P 标准具(板面反射率 R=0.9)分析这一光谱结构时，如何选择 F-P 标准具的间距？

解：1) 标准具的自由光谱范围应大于超精细结构的最大波长差，才能保证超精细结构全部谱线的测量，因此有

$$(\Delta\lambda)_{\text{S.R}}=\frac{\overline{\lambda}^{2}}{2h}>(\Delta\lambda)_{\max}$$

根据已知可知，$\overline{\lambda}=546.074\text{nm}$，超精细结构的最大波长差为

$$(\Delta\lambda)_{\max}=(546.0753-546.0728)\text{nm}=0.0025\text{nm}$$

因此

$$h<\frac{\overline{\lambda}^{2}}{2(\Delta\lambda)_{\max}}=\frac{(546.074\text{nm})^{2}}{2\times 0.0025\text{nm}}=59.64\text{mm}$$

2) 标准具的分辨极限必须要小于超精细结构的最小波长差，才能保证超精细结构全部谱线的测量，因此有

$$(\Delta\lambda)_{\text{m}}=\frac{\overline{\lambda}^{2}}{0.962\times 2h}\times\frac{1-R}{\pi\sqrt{R}}<(\Delta\lambda)_{\min}$$

根据已知可知，超精细结构的最小波长差为

$$(\Delta\lambda)_{\min}=(546.0734-546.0728)\text{nm}=0.0006\text{nm}$$

因此

$$h>\frac{\overline{\lambda}^{2}}{0.97\times 2(\Delta\lambda)_{\min}}\times\frac{1-R}{\pi\sqrt{R}}=8.6\text{mm}$$

所以，标准具间距的选取应满足 $8.6\text{mm}<h<59.64\text{mm}$。

(3) 角色散

角色散定义为单位波长间隔的光经分光仪所分开的角度，用 $d\theta/d\lambda$ 表示。由法布里-珀罗干涉仪透射光强极大值条件：$\Delta = 2nh\cos\theta = m\lambda$，两边取微分，得到

$$\frac{d\theta}{d\lambda} = \left|\frac{m}{2nh\sin\theta}\right| = \left|\frac{\cot\theta}{\lambda}\right| \tag{4.2-19}$$

显然，角度 θ 越小，仪器的角色散越大。因此，法布里-珀罗干涉仪的干涉环中心处光谱最纯。

2. 激光器谐振腔的选频

激光 Laser 的英文全称为 Light Amplification by Stimulated Emission of Radiation，即光的受激辐射光放大。激光的英文全称表达了生成激光的主要过程。激光基本理论发展经历了三个重要的时期：1917 年，爱因斯坦(Albert Einstein)提出了受激辐射理论，为激光的出现奠定了理论基础；之后激光技术蓬勃发展，1954 年托马斯(Charles H. Townes) 和赫伯特・蔡格(Herbert J. Zeiger)首次实现了粒子数的反转，研制了受激辐射微波放大器(Microwave Amplification by Stimulated Emission of Radiation, MASTER)，即一种在微波波段的受激辐射放大器，开创了向 Laser(Light Amplification by Stimulated Emission of Radiation)进军的道路；1960 年 7 月，梅曼(Theodore H. Maiman)发明了第一台红宝石激光器，在红宝石两端镀膜实现 F-P 谐振腔的功能，开创了激光技术的先河。1961 年，我国科学家邓锡铭、王之江制成我国第一台红宝石激光器，称为“光学量子放大器”，随后我国科学家钱学森建议统一翻译成“激光”或“激光器”。

激光器主要由光学谐振腔、激光介质和激光泵浦等组成，如图 4.2-5 所示。光学谐振腔作为激光器组成的重要部件，其作用体现在两个方面：一是让光束在谐振腔内部来回反射，增大激光介质与光束的作用距离，从而能够将光束放大到足够程度；二是对激光的工作模式进行选择。光学谐振腔其实就是 F-P 腔。由于激光的输出必须同时满足一定频率条件和振荡阈值条件，所以激光输出实际上只有少数几种频率，如图 4.2-6 所示的 A、B、C 几个频率。在激光理论中，每一种输出频率称为一个振荡纵模，每一种输出频率的频宽称为单模线宽，而相邻两个纵模频率之间的间隔称为纵模间隔。

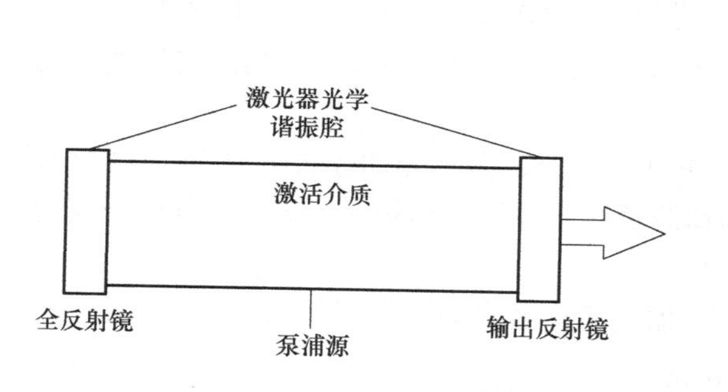

图 4.2-5　激光器构成简图

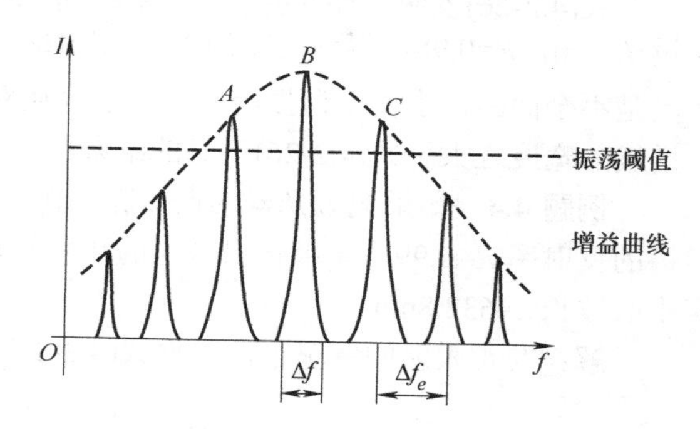

图 4.2-6　激光器的纵模

(1) 纵模频率

把光学谐振腔看作一个标准具时，谐振腔的输出频率必须满足干涉亮纹的条件，在正入射情况下满足

$$2nL = m\lambda,\ \ m = 1, 2, 3, \cdots \tag{4.2-20}$$

式中，n 和 L 分别是谐振腔内介质的折射率和腔体长度；m 是干涉级次。

则根据式(4.2-20)可以得到谐振腔的输出频率应当满足的条件是

$$f_m = m\frac{c}{2nL},\ \ m = 1, 2, 3, \cdots \tag{4.2-21}$$

(2) 纵模间隔

根据式(4.2-21)，可以得到纵模间隔为

$$\Delta f_e = f_{m+1} - f_m = \frac{c}{2nL} \tag{4.2-22}$$

(3) 单模线宽

根据多光束干涉条纹的相位差半宽公式式(4.1-18)，当光波包含许多波长时，取 $\Delta\delta$ 因 λ 变化的微分，可以求得与相位差半宽度相应的波长差。因为

$$\delta = k\Delta = \frac{2\pi}{\lambda}2nL \tag{4.2-23}$$

所以，有

$$\mathrm{d}\delta = -4\pi nL\frac{\mathrm{d}\lambda}{\lambda^2} \tag{4.2-24}$$

因此

$$\Delta\lambda = \frac{\lambda^2}{4\pi nL}\left|\Delta\delta\right| = \frac{\lambda^2}{2\pi nL}\frac{(1-R)}{\sqrt{R}} \tag{4.2-25}$$

所以，以频率表示的线宽为

$$\Delta f = \frac{c\Delta\lambda}{\lambda^2} = \frac{c}{2\pi nL}\frac{(1-R)}{\sqrt{R}} \tag{4.2-26}$$

式(4.2-26)表明，谐振腔的反射率越高，或者腔长越长，线宽越小。以 He-Ne 激光器为例，设 L=1m，R=0.98，得到线宽为 $\Delta f \approx$1MHz。应当指出，把激光器谐振腔单纯看作 F-P 标准具是不全面的，事实上谐振腔内的激活介质对激光输出的单色性有很大的影响，这将使激光谱线的宽度远大于式(4.2-26)计算的结果。

例题 4.4 如果把激光器的谐振腔看作一个 F-P 标准具，激光器的腔长 L=0.5m，两反射镜的反射率 R=0.99，试求输出激光的频率间隔和波长线宽。设气体折射率 n=1，输出谱线的中心波长 λ=632.8nm。

解：在正入射的情况下，根据式(4.2-22)，谐振腔输出激光的频率间隔为

$$\Delta f_e = \frac{c}{2nL} = \frac{3\times10^8\,\mathrm{m/s}}{2\times1\times0.5\mathrm{m}} = 300\,\mathrm{MHz}$$

根据式(4.2-26)，可得输出谱线的波长宽度为

$$\Delta\lambda = \frac{\lambda^2}{2\pi nL}\frac{(1-R)}{\sqrt{R}} = \frac{(632.8\mathrm{nm})^2}{2\times3.14\times1\times(0.5\times10^{-9}\,\mathrm{nm})}\times\frac{1-0.99}{\sqrt{0.99}} = 1.28\times10^{-6}\,\mathrm{nm}$$

4.3　薄膜波导

薄膜在控制光的反射和透射方面有着特殊的应用，这也是薄膜光学研究的基本问题。本节讨论薄膜波导，即把薄膜作为光波导的问题，这个问题是由于集成光学发展的需要而提出来的。集成光学把一些光学元件，如发光元件、光放大元件、光传输元件、光耦合元件和接收元件等，以薄膜形式集成在同一衬底上，构成一个具有独立功能的微型光学系统。这种集成光路具有体积小、性能稳定可靠、效率高、功耗小等特点。薄膜波导理论是集成光学的基础。

4.3.1　薄膜波导的传播模式

薄膜波导的传播模式

薄膜波导如图 4.3-1 所示，实际上是沉积在衬底上的一层薄膜。薄膜的上层为覆盖层，一般是空气，也可以是别的介质。薄膜波导的厚度 h 为 1～10μm。薄膜的折射率 n 比覆盖层和衬底的折射率 n_0 和 n_G 要大。覆盖层和衬底的折射率相同的薄膜波导称为对称型波导，而覆盖层和衬底的折射率不同的薄膜波导称为非对称型波导。通常非对称型波导使用较多。两种波导的常用材料及折射率如表 4.3-1 所示。

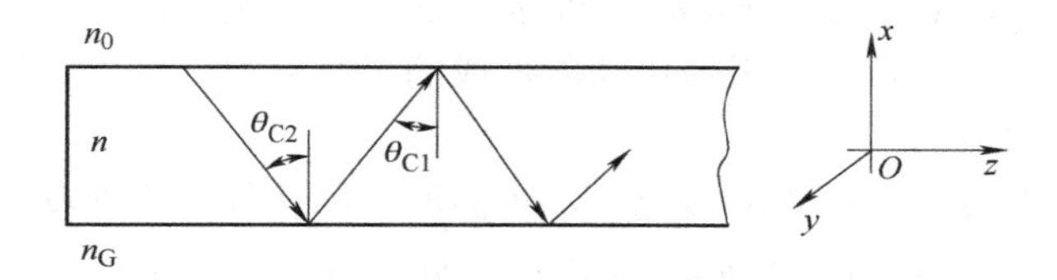

图 4.3-1 薄膜波导

表 4.3-1　薄膜波导常用材料及折射率

材　料	折射率	型　式
GaAs 和 GaAlAs	n=3.6,n_0=3.55,n_G=3.55	对称型
溅射玻璃	n=1.62,n_0=1,n_G=1.515	非对称型
$LiNbO_3$	n=2.215,n_0=1,n_G=2.214	非对称型
$LiTaO_3$	n=2.16,n_0=1,n_G=2.15	非对称型

为了使光在薄膜波导中传播的损耗尽可能小，光在薄膜两表面上的反射必须满足全反射条件。而全反射时的损耗主要来自薄膜表面的散射。由于薄膜很薄，光沿着薄膜每传播 1cm 需要经历 1000 余次的来回反射，如果表面有缺陷，每次反射都散射一些光，则总损耗会很严重。

如图 4.3-1 所示考查薄膜里向下表面传播的光线，因为薄膜折射率 n 比衬底折射率 n_G 大，当入射角大于临界角 $\theta_{C2}=\arcsin\dfrac{n_G}{n}$ 时，光将在薄膜下表面全反射，反射光向上表面传播。同样地，当入射角大于临界角 $\theta_{C1}=\arcsin\dfrac{n_0}{n}$ 时，光将在薄膜上表面全反射，反射光向下表面传播。可见，光将在薄膜里沿着锯齿形路径向 z 方向传播。

从波动光学看，上面讨论的光线代表一个平面波，光线的方向就是平面波波矢量 $\boldsymbol{k}$ 的方向。设薄膜在 y 和 z 方向上是无限广延的，光在薄膜中的入射面为 xOz 平面。平面波可以分解为沿波导方向(z 方向)和沿横方向(x 方向)行进的两个分量，相应的传播常数为 $\beta=k_z=kn\sin\theta_i$ 和 $\gamma=k_x=kn\cos\theta_i$，且满足 $(kn)^2=\beta^2+\gamma^2$。$k=\dfrac{2\pi}{\lambda}$ 是光波在真空中的波数，θ_i 是光波在薄膜表面的入射角。

1. 模式方程

考查某一时刻向下表面传播的平面波 A 和向上表面传播的平面波 B，波矢量分别为 $\boldsymbol{k}_A$ 和 $\boldsymbol{k}_B$，如图 4.3-2 所示。

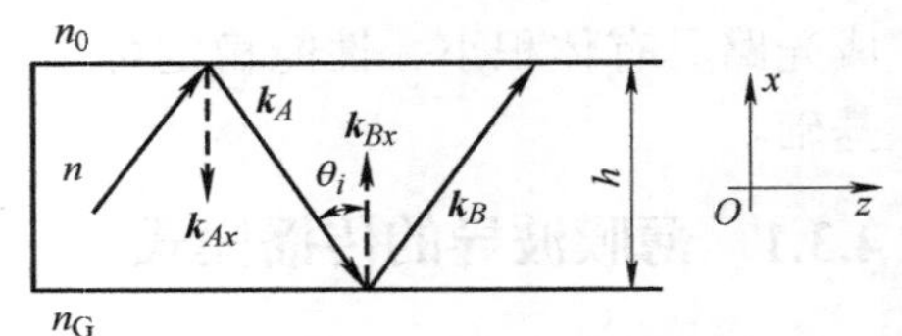

图 4.3-2 波导内平面波的分解

A 波和 B 波都可以分解为平行于波导和垂直于波导的两个波，平行于波导的波在波导内沿着 z 方向传播，垂直于波导的波在上下表面之间来回反射。设 A 波垂直于波导的分波的波矢量为 $\boldsymbol{k}_{Ax}$，B 波垂直于波导的分波的波矢量为 $\boldsymbol{k}_{Bx}$。因为 $|\boldsymbol{k}|=|\boldsymbol{k}_A|=|\boldsymbol{k}_B|$，所以 $|\boldsymbol{k}_{Ax}|=|\boldsymbol{k}_{Bx}|=|\boldsymbol{k}|\cos\theta_i$，$\boldsymbol{k}_{Ax}$ 和 $\boldsymbol{k}_{Bx}$ 的方向相反。

在波导内存在两个传播方向相反的平面波将形成驻波。如果在波导内每来回一次全反射，都可以在波导横方向(x 方向)上形成一个驻波，那么波在两表面之间来回传播一次的相位变化正好是 2π 的整数倍，则多次来回传播所形成的多个驻波，都可以用一个驻波方程来描述。这样的驻波场是稳定的。

在波导两个表面都发生全反射的情况下，平面波来回传播一次在横方向上的相位差为

$$\delta=|k_{Ax}|2nh+\delta_1+\delta_2=2nhk\cos\theta_i+\delta_1+\delta_2 \tag{4.3-1}$$

式中，δ_1 和 δ_2 分别是光波在薄膜上表面和下表面反射时的相变。

对于 s 波(在波导理论中通常称为 TE 波)，根据式(1.4-84)，δ_1 由下式决定：

$$\tan\frac{\delta_1}{2}=-\frac{\left|\sin^2\theta_i-\left(\dfrac{n_0}{n}\right)^2\right|^{\frac{1}{2}}}{\cos\theta_i} \tag{4.3-2}$$

同样可知，δ_2 由下式决定：

$$\tan\frac{\delta_2}{2}=-\frac{\left|\sin^2\theta_i-\left(\dfrac{n_G}{n}\right)^2\right|^{\frac{1}{2}}}{\cos\theta_i} \tag{4.3-3}$$

对于 p 波(在波导理论中通常称为 TM 波)，根据式(1.4-85)，δ_1 由下式决定：

$$\tan\frac{\delta_1}{2}=-\left(\frac{n}{n_0}\right)^2\frac{\left|\sin^2\theta_i-\left(\dfrac{n_0}{n}\right)^2\right|^{\frac{1}{2}}}{\cos\theta_i} \tag{4.3-4}$$

同样可知，δ_2 由下式决定：

$$\tan\frac{\delta_2}{2}=-\left(\frac{n}{n_G}\right)^2\frac{\left|\sin^2\theta_i-\left(\frac{n_G}{n}\right)^2\right|^{\frac{1}{2}}}{\cos\theta_i} \tag{4.3-5}$$

当平面波在波导内形成稳定的场分布时，有

$$\delta=2nkh\cos\theta_i+\delta_1+\delta_2=2m\pi,\ m=0,1,2,\cdots \tag{4.3-6}$$

式(4.3-6)称为**模式方程**，这是波导光学中的基本方程。如果波导中传播的波包含不同的波长(频率)，则对应于某一个 m 值，对不同的波长会有不同的 θ_i。因此，式(4.3-6)也称为**色散方程**。

对于一定的波导(n、n_0、n_G、h 是常数)，对应于不同 m 值，有不同的 θ_i。对应于 m=0,1,2,3，光波在波导中所走的锯齿形路径如图 4.3-3 所示(其中 m=3 的图中虚线表示临界角)。它们分别与场分布的不同模式相对应，与 m=0 对应的 TE 波模式记为 TE_0，TM 波模式记为 TM_0，与 m=1 对应的 TE 波模式为 TE_1，TM 波模式为 TM_1，以此类推。m 是波在波导中传播的模阶数。

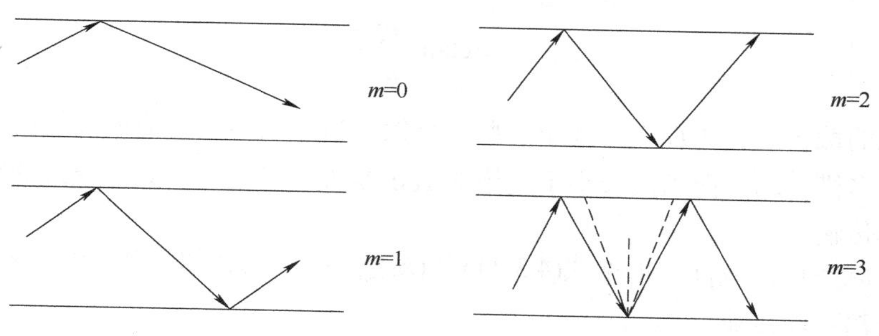

图 4.3-3　薄膜波导中不同 m 值对应的锯齿形路径

能够在薄膜波导中传输的光波，在横方向(x 方向)表现为驻波，在波导方向(z 方向)上是具有传播常数 β 的行波，相应的波导波长为

$$\lambda_g=\frac{2\pi}{\beta} \tag{4.3-7}$$

通常，将薄膜波导中能够传输的光波称为导模，将不能满足全反射条件，不能在薄膜波导中有效传输的光波称为辐射模。

2. 单模传输条件

对于 TE 波传播的情形，假定波导是非对称型的，且 $n_G>n_0$。若入射角 $\theta_i=\theta_{C2}$ (波在薄膜下表面的全反射角)，则波在薄膜下表面反射处于全反射的临界状态，在薄膜上表面为全反射。因此

$$\delta_2=0 \tag{4.3-8}$$

利用 $\cos\theta_i=\sqrt{1-\sin^2\theta_i}=\left[1-\left(\frac{n_G}{n}\right)^2\right]^{\frac{1}{2}}$，得到

$$\delta_1 = -2\arctan\frac{\left|\sin^2\theta_i - \left(\frac{n_0}{n}\right)^2\right|^{\frac{1}{2}}}{\cos\theta_i} = -2\arctan\left(\frac{n_G^2 - n_0^2}{n^2 - n_G^2}\right)^{\frac{1}{2}} \tag{4.3-9}$$

则模式方程式(4.3-6)可以写为

$$kh(n^2 - n_G^2)^{\frac{1}{2}} = m\pi + \arctan\left(\frac{n_G^2 - n_0^2}{n^2 - n_G^2}\right)^{\frac{1}{2}},\ m = 0, 1, 2, \cdots \tag{4.3-10}$$

根据式(4.3-10)，当波长大于 $\frac{2\pi}{k}$ 时，光在波导中传播将不满足全反射条件，因此称由式(4.3-10)决定的波长 $\lambda_c = \frac{2\pi}{k}$ 为**截止波长**。显然，不同模式(m)光波的截止波长不同，对于不同薄膜波导厚度 h，截止波长也不同。

对于基模 TE_0，截止波长为

$$(\lambda_c)_{m=0} = \frac{2\pi h(n^2 - n_G^2)^{\frac{1}{2}}}{\arctan\left(\frac{n_G^2 - n_0^2}{n^2 - n_G^2}\right)^{\frac{1}{2}}} \tag{4.3-11}$$

其他模式的截止波长比 $(\lambda_c)_{m=0}$ 要小一些。显然，当波长小于其他模式的截止波长 $(\lambda_c)_{m\neq 0}$ 时，就会发生多模传输。而当波长小于基模的截止波长，但是大于其他模式的截止波长时，可以进行单模传输。

对于对称波导 $(n_0 = n_G)$，根据式(4.3-11)有 $(\lambda_c)_{m=0}=\infty$，表明对称波导的基模没有截止波长，任何波长都可以传输。

3. 多模传输的模式数

如果波导尺寸大，或者波长小，光波导多模传输，则能够传播模式的数目可以根据式(4.3-10)得到。

对于对称波导情况，式(4.3-10)可以化简为

$$kh(n^2 - n_G^2)^{\frac{1}{2}} = m\pi,\ m = 0, 1, 2, \cdots \tag{4.3-12}$$

因此模式数 m 为

$$m = \frac{2h}{\lambda}(n^2 - n_G^2)^{\frac{1}{2}} \tag{4.3-13}$$

对非对称波导，模式数 m 由式(4.3-10)计算。但若 m 的值比较大，式(4.3-10)等号右边第二项可以略去，近似地也可以用式(4.3-13)计算。

4.3.2 薄膜波导中的场分布

薄膜波导中的场分布

波导中的模式是光波电磁场在波导中的一种稳定分布。由电磁场的波动方程，结合波导的边界条件，可以求出各种模式的电磁场的分布形式。

下面讨论 TE 模的场分布，TM 模的讨论与此类似。

对于 TE 模，在如图 4.3-4 所示的坐标系中，其场分量为 $\boldsymbol{E}_y$、$\boldsymbol{H}_x$、$\boldsymbol{H}_z$。TE 模的其他场分量为零。由于电场和磁场有确定的关系，只要求出电场的表达式就可以得到磁场的表达式。

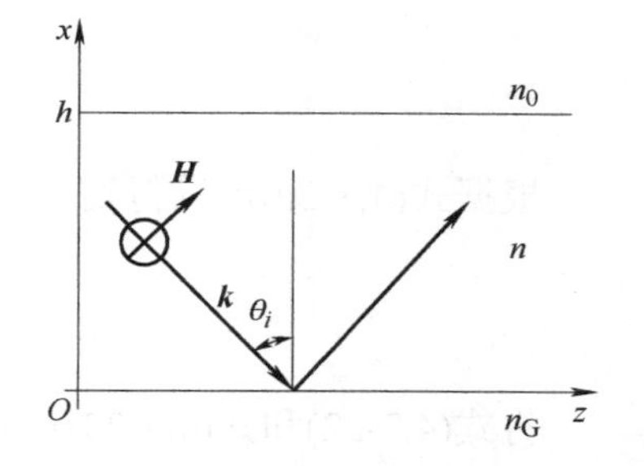

图 4.3-4 薄膜波导中 TE 模的场分量

对于单色平面波，电磁场满足的波动方程为亥姆霍兹方程，见式(1.2-6)：

$$\nabla^2\boldsymbol{E}+k^2\boldsymbol{E}=0$$

对于 TE 模，$\boldsymbol{E}_y=\boldsymbol{y}_0E_y$，为了简化推导过程省略时间相位因子，波导模在 z 方向上的表达式可以写为

$$E_y=E_y(x)\exp(\mathrm{i}k_zz)=E_y(x)\exp(\mathrm{i}\beta z) \tag{4.3-14}$$

式中，$E_y(x)$表示场沿 x 方向的变化，指数因子 $\exp(\mathrm{i}k_zz)$是电磁场沿 z 方向传播的传播因子，而 $\beta=k_z$ 是波矢量沿 z 方向的分量，也称**传播常数**。

根据麦克斯韦方程式(1.1-42)及物质方程式(1.1-46)，光波导为非磁物质，有

$$\nabla\times\boldsymbol{E}=-\mu_0\frac{\partial\boldsymbol{H}}{\partial t} \tag{4.3-15}$$

根据麦克斯韦方程式(1.1-43)及物质方程式(1.1-45)，光波导为非磁物质，式(1.1-62)成立，有

$$\nabla\times\boldsymbol{H}=\varepsilon_0n^2\frac{\partial\boldsymbol{E}}{\partial t} \tag{4.3-16}$$

为了研究上的简化，在坐标系的选择上使得电磁场在 y 方向上不发生变化，即$\frac{\partial}{\partial y}=0$。因为$\boldsymbol{E}_x=0$，$\boldsymbol{E}_z=0$，根据式(1.1-27)，结合式(4.3-14)，有

$$\nabla\times\boldsymbol{E}=\left(\frac{\partial E_z}{\partial y}-\frac{\partial E_y}{\partial z}\right)\boldsymbol{i}+\left(\frac{\partial E_x}{\partial z}-\frac{\partial E_z}{\partial x}\right)\boldsymbol{j}+\left(\frac{\partial E_y}{\partial x}-\frac{\partial E_x}{\partial y}\right)\boldsymbol{k}=-\frac{\partial E_y}{\partial z}\boldsymbol{i}+\frac{\partial E_y}{\partial x}\boldsymbol{k}=(\mathrm{i}\beta E_y)\boldsymbol{i}+\frac{\partial E_y}{\partial x}\boldsymbol{k} \tag{4.3-17}$$

因为$\boldsymbol{H}_y=0$，根据式(1.1-27)，结合式(4.3-14)，有

$$\nabla\times\boldsymbol{H}=\left(\frac{\partial H_z}{\partial y}-\frac{\partial H_y}{\partial z}\right)\boldsymbol{i}+\left(\frac{\partial H_x}{\partial z}-\frac{\partial H_z}{\partial x}\right)\boldsymbol{j}+\left(\frac{\partial H_y}{\partial x}-\frac{\partial H_x}{\partial y}\right)\boldsymbol{k}=\frac{\partial H_z}{\partial y}\boldsymbol{i}+\left(\frac{\partial H_x}{\partial z}-\frac{\partial H_z}{\partial x}\right)\boldsymbol{j}-\frac{\partial H_x}{\partial y}\boldsymbol{k} \tag{4.3-18}$$

结合式(4.3-15)和式(4.3-16)，可以得到

$$\mathrm{i}\beta E_y=-\mathrm{i}\omega\mu_0H_x \tag{4.3-19}$$

$$\frac{\partial E_y}{\partial x}=-\mathrm{i}\omega\mu_0H_z \tag{4.3-20}$$

$$-\mathrm{i}\beta H_x-\frac{\partial H_z}{\partial x}=\mathrm{i}\omega\varepsilon_0n^2E_y \tag{4.3-21}$$

根据式(4.3-19)可以得到

$$H_x = -\frac{\beta E_y}{\mu_0 \omega} \tag{4.3-22}$$

根据式(4.3-20)可以得到

$$H_z = \frac{\mathrm{i}}{\mu_0 \omega} \frac{\partial E_y}{\partial x} \tag{4.3-23}$$

将式(4.3-22)和式(4.3-23)代入式(4.3-21)，因为波导沿 y 方向很宽，场沿 y 方向的变化与沿 x 方向的变化相比缓慢得多，可以略去电场对 y 的二次偏导数，得到

$$\frac{\partial^2 E_y}{\partial x^2} + (n^2 k^2 - \beta^2) E_y = 0 \tag{4.3-24}$$

同样，在覆盖层和衬底也有方程：

$$\frac{\partial^2 E_y}{\partial x^2} + (n_0^2 k^2 - \beta^2) E_y = 0 \tag{4.3-25}$$

$$\frac{\partial^2 E_y}{\partial x^2} + (n_{\mathrm{G}}^2 k^2 - \beta^2) E_y = 0 \tag{4.3-26}$$

对于 $n_{\mathrm{G}}>n_0$ 的非对称型波导，当 $n_{\mathrm{G}}k<\beta<nk$ 时，方程式(4.3-25)和式(4.3-26)的解为指数函数，而方程式(4.3-24)的解为余弦(或正弦)函数。因此，在覆盖层、波导和衬底内，场可以写为

$$E_y = \begin{cases} A_0 \exp[-k_x'(x-h)] & x>h \\ A\cos(k_x - \varphi) & h>x>0 \\ A_{\mathrm{G}} \exp(k_{\mathrm{G}x}' x) & x<0 \end{cases} \tag{4.3-27}$$

式中，A_0、A、A_{G} 是对应于三个区域的电场振幅；$k_x' = -\mathrm{i}k_x$，$k_{\mathrm{G}x}' = -\mathrm{i}k_{\mathrm{G}x}$，而 k_x 和 $k_{\mathrm{G}x}$ 分别是覆盖层和衬底层内波矢量沿 x 方向的分量；φ 是相位。

根据 1.5 节的讨论，可知 k_x 和 $k_{\mathrm{G}x}$ 是虚数，k_x' 和 $k_{\mathrm{G}x}'$ 都是正实数。所以，式(4.3-27)中第一项和第三项表示覆盖层和衬底里的电磁场随着离开界面距离的增大而指数衰减。式(4.3-27)中第二项表示在波导内沿 x 方向是一个驻波场分布。也就是说，在波导内沿 z 方向是一个行波，而沿着与之垂直的 x 方向是一个驻波。

将式(4.3-27)代入亥姆霍兹方程式(4.3-24)～式(4.3-26)，得到

$$\begin{cases} n_0^2 k^2 - \beta^2 = -k_x'^2 = k_x^2 \\ n^2 k^2 - \beta^2 = k_x^2 \\ n_{\mathrm{G}}^2 k^2 - \beta^2 = -k_{\mathrm{G}x}'^2 = k_{\mathrm{G}x}^2 \end{cases} \tag{4.3-28}$$

由模式方程 $2k_x h + \delta_1 + \delta_2 = 2m\pi$，可以求得对于不同 m 的 β、k_x、k_x' 和 $k_{\mathrm{G}x}'$。

A_0、A、A_{G} 的相对关系可以从电磁场满足的边界条件求得。

对于图 4.3-4 所示的坐标，边界条件为在 x=0，x=h 处，电磁场的切向分量连续，对 TE 波来说，E_y 和 H_z 连续。由于 H_z 与 $\frac{\partial E_y}{\partial x}$ 连续。因此，在 x=0 处有

$$\begin{cases} A\cos\varphi = A_{\mathrm{G}} \\ k_x A\sin\varphi = k'_{\mathrm{G}x} A_{\mathrm{G}} \end{cases} \tag{4.3-29}$$

根据上式，可知

$$\tan\varphi = \frac{k'_{\mathrm{G}x}}{k_x} \tag{4.3-30}$$

在 $x=h$ 处有

$$\begin{cases} A_0 = A\cos(k_x h - \varphi) \\ k_x A_0 = k_x A\cos(k_x h - \varphi) \end{cases} \tag{4.3-31}$$

由此得到覆盖层、波导和衬底内的场分布 $E_{ym}(x)$。

图 4.3-5 所示为 TE_0、TE_1、TE_2 三种模式的归一化场分布图形。可以看出，在波导内，场呈余弦分布，且对于非对称波导，场的最大值或最小值不在波导的中线；在覆盖层和衬底内，场按指数衰减。覆盖层与衬底的折射率与薄膜的折射率相差越大，场在覆盖层和衬底内的衰减就越快，电磁场越集中得好。m 越大，衰减得越慢，所以高次模的电磁场伸到覆盖层和衬底内比较长，芯层中的能量所占比重也越小。

对于平板光波导的 TE 模有可能存在导模，也有可能不存在导模，但是对称的平板光波导至少有一个导模 TE_0，因此 TE_0 也称为基模。当平板光波导的 TE 模存在多个导模时，其模序数 m 表示其横向电场 E_y 的驻波场取零值的次数。如图 4.3-5 所示，基模 TE_0 取零的次数为 0，TE_1 模取零的次数为 1，TE_2 模取零的次数为 2。对于给定平板光波导的参数和工作波长时，模数 m 越大，传播常数 β 就越小，则该模式的传播速度也越小，即各模式之间存在模式色散。

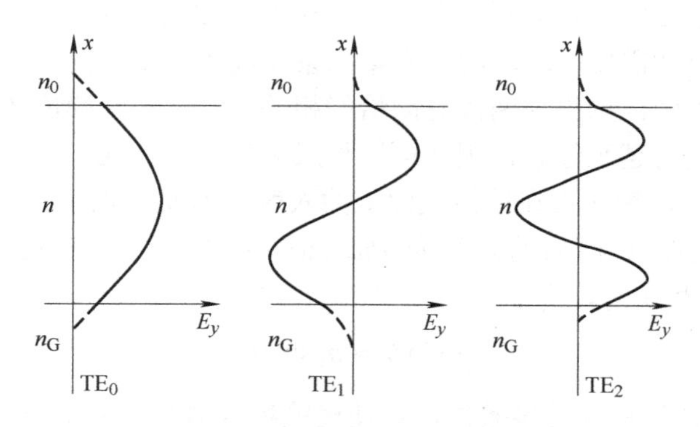

图 4.3-5　三种模式的场分布

4.3.3　薄膜波导的光耦合

为了处理将外面的光波耦合到薄膜里面或者将在薄膜里面传播的光波耦合到外面的问题，要把外面的光直接对准薄膜的端面入射薄膜，即横向光耦合，如图 4.3-6 所示，同时入射光波的场与薄膜波导中一定模式的场要匹配，这都是非常困难的。另外，由于薄膜波导的端面不是完全平直和清洁的，所以这种耦合方式的效率一般都比较低。普遍采用的耦合方式有以下几种。

1. 棱镜耦合

如图 4.3-7 所示，将一个棱镜放在薄膜上面，让棱镜底面与薄膜上表面之间保持一个很小的空气隙，其厚度为 $\lambda/8$～$\lambda/4$。选择入射光适当的入射角，使得光入射到棱镜底面时发生全反射。则此时将由一个按指数衰减的场(倏逝波场)延伸到棱镜底面之下，并且通过这个场的作用，棱镜中的光能量转换到薄膜中。反过来，当把薄膜中的能量输出时，也可以通过倏逝波场把能量转移到棱镜中。

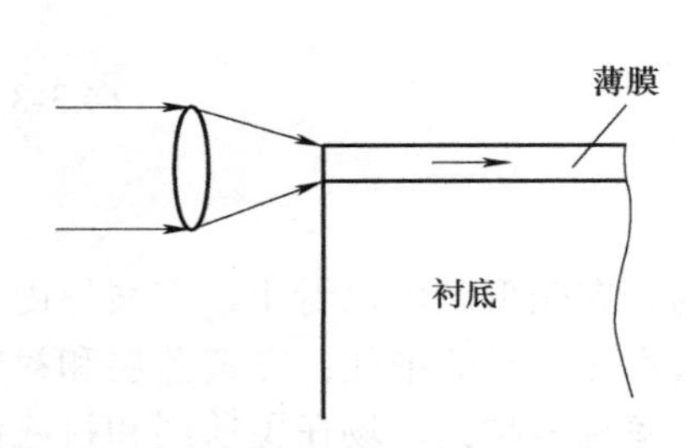

图 4.3-6　薄膜波导的横向光耦合

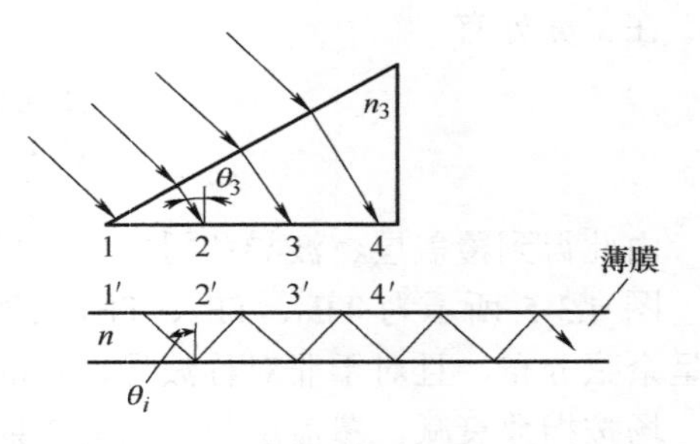

图 4.3-7　棱镜耦合

在图 4.3-7 中画出了入射到棱镜中的光的四条等间距光线，它们入射到棱镜底面上的 1、2、3、4 四个点，假设这四个点分别与薄膜波导中以某种模式传播的光波的锯齿形路径 1′、2′、3′、4′点对应。当第一条光线到达 1 点时，它就在薄膜中正对着的 1′点处激起一个波导中传播的波，这个波沿 z 方向的传播速度为

$$v = \frac{\omega}{\beta} = \frac{c}{n\sin\theta_i} \tag{4.3-32}$$

当第二条光线到达 2 时，也同样在薄膜中正对着的 2′位置激起一个波。由第一条光线激起的波从点 1′传播到点 2′需要一段时间，而第二条光线到达点 2 的时刻也比第一条光线到达点 1 的时刻滞后一段时间。如果这两段时间恰好相等，那么在薄膜内传播的波由于不断地有新的同相波加入，将变得越来越强，因此可以形成某种传播模式。

设棱镜折射率为 n_3，激光束在棱镜底面上的入射角为 θ_3，点 1 和点 2 之间的距离为 d，光线到达点 2 比到达点 1 滞后的时间为 $dn_3\sin\theta_3/c$；波导内的波从点 1′到点 2′的时间是 $dn\sin\theta_i/c$。当两个时间相等时，有

$$n\sin\theta_i = n_3\sin\theta_3 \tag{4.3-33}$$

式(4.3-33)表示的条件称为**同步条件**，要使棱镜耦合器有效地工作，必须满足这一条件。

对任意波导模，入射角 θ_i 都是一定的，因此总可以调整入射到棱镜上的激光束的方向，使得满足 θ_3 同步条件。这样，棱镜中的光波就被耦合到波导模中。

棱镜耦合是非常有效的，通常有 80%以上的光能量被耦合到薄膜中。

2. 光栅耦合

图 4.3-8 所示为一个光栅耦合器。在薄膜表面用全息方法或其他方法形成一个光栅层，当激光束入射到光栅

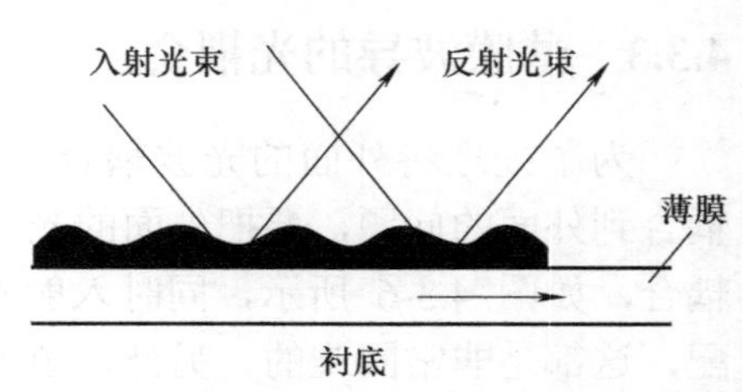

图 4.3-8　光栅耦合器

上时将发生衍射。如果某一级衍射波的波矢量沿着薄膜波导方向的分量与薄膜中某个模式的传播常数 β 相等，则与棱镜耦合的情形类似，这一级衍射波在薄膜中激起的波就满足同步条件，这一级衍射波就与这个模式发生耦合，光能量被输入薄膜。光栅耦合比较稳定可靠，结构紧凑，耦合效率可达 70%以上。

3. 楔形薄膜耦合

楔形薄膜耦合器的原理与棱镜耦合器和光栅耦合器的原理完全不同，是利用非对称波导的截止特性实现耦合的。根据式(4.3-10)，对每种模式都存在一个截止膜厚。如果膜厚小于这个值，该模式便不能传播。这时由于该模式在下表面的入射角小于临界角，光束将折射到衬底里。在图 4.3-9 中，膜厚从 x_a 到 x_b 逐渐减小到零，在 x_c 处恰好等于截止膜厚，x_a 到 x_b 的距离一般为 10～100 个波长。经过详细的计算，在 x_c 附近 8 个波长的范围内，能量逐渐地从薄膜耦合到衬底中。在衬底中 80%以上的能量集中在薄膜表面附近 15°的范围内。利用相反的过程也可以把能量从衬底里耦合到薄膜中去。

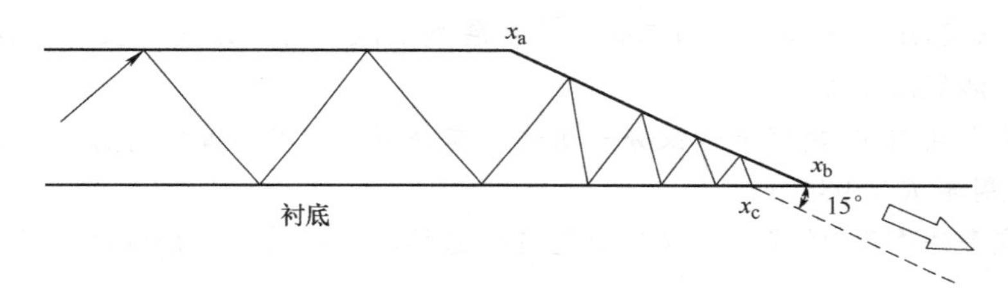

图 4.3-9　楔形薄膜耦合

例题 4.5　在一个薄膜波导中(见图 4.3-4)，传播着一个 $\beta = 0.8nk$ 的模式，波导的 $n = 2.0$，$h = 3\mu\text{m}$，光波波长 $\lambda = 900\text{nm}$，则光波在 z 方向每传输 1cm，在波导一个表面上将经受多少次反射？

解：根据传播常数 $\beta = kn\sin\theta_i$ 可知，$\theta_i = \arcsin 0.8$，光波沿着 z 方向传播一个周期的长度为 $2h\tan\theta_i$，则传输 1cm 在波导一个表面上的反射次数为

$$N = \frac{L}{2h\tan\theta_i} = \frac{(1\times 10^4)\mu\text{m}}{2\times 3\mu\text{m}\times\tan(\arcsin 0.8)} = 1250$$

例题 4.6　通信光纤芯径为 50μm，芯径和包层的折射率分别为 1.52 和 1.5，问此光纤能传输波长为 1550nm 光膜的多少个模式？

解：根据式(4.3-13)，模式数为

$$m = \frac{2h}{\lambda}(n^2 - n_G^2)^{\frac{1}{2}} = \frac{2\times 50\mu\text{m}}{1.55\mu\text{m}}\sqrt{1.52^2 - 1.5^2} = 15.8$$

因此，可以传输 15 个模式。

例题 4.7　对于实用波导，$n + n_G \approx 2n$，试证明厚度为 h 的对称波导传输 m 阶模的必要条件为 $\Delta n = n - n_G \geqslant \dfrac{m^2\lambda^2}{8nh^2}$，其中 λ 为光波在真空的波长。

证明：根据式(4.3-13)可知，对于对称波导，有

$$m_{\max}=\frac{2h}{\lambda}(n^2-n_{\mathrm{G}}^2)^{\frac{1}{2}}$$

即能够传输的模式为 $0, 1, 2,\cdots, m_{\max}$。

因此，对于厚度为 h 的对称波导 m 阶模需要满足 $m\leqslant\frac{2h}{\lambda}(n^2-n_{\mathrm{G}}^2)^{\frac{1}{2}}$，则

$$\Delta n=n-n_{\mathrm{G}}\geqslant\frac{m^2\lambda^2}{4h^2(n+n_{\mathrm{G}})}=\frac{m^2\lambda^2}{8nh^2}$$

习题

第 4 章习题参考答案

4.1　多光束干涉与双光束干涉相比，两者在处理方法和强度分布方面有什么共同和不同之处？干涉条纹各有什么特点？

4.2　设法布里-珀罗干涉仪长为 5cm，用扩展光源做实验，光波波长为 600nm。求：

(1) 中心干涉级次是多少？

(2) 若用这个法布里-珀罗干涉仪分辨谱线，其分辨本领有多高？可分辨的最小波长间隔为多少？(设反射率 R=0.98。)

(3) 若用这个法布里-珀罗干涉仪对白光进行选频，透射最强的谱线有几条？每条谱线宽度为多少？

4.3　F-P 标准具的间隔 $h=2\text{mm}$，所使用的单色光波长 $\lambda=632.8\text{nm}$，聚焦透镜的焦距 $f=30\text{cm}$，试求条纹图样中第 5 个环条纹的半径。(设条纹图样中心正好是一亮点。)

4.4　将一个波长稍小于 600nm 的光波与一个波长为 600nm 的光波在 F-P 干涉仪上进行比较，当 F-P 干涉仪两镜面间距离改变 1.5mm 时，两光波的条纹系就重合一次，试求未知光波的波长。

4.5　F-P 标准具的间隔为 2.5mm，问对于 $\lambda=500\text{nm}$ 的光，条纹系中心的干涉级是多少？如果照明光波包含波长 500nm 和稍小于 500nm 的两种光波，它们的环条纹距离为1/100 条纹间距，求未知光波的波长。

4.6　在 4.2 题中，如果标准具两镜面的反射率 R=0.98，求：

(1) 标准具所能测量的最大波长差；

(2) 所能分辨的最小波长差。

4.7　F-P 干涉仪两反射镜的反射率为 0.5，试求它的最大透射率和最小透射率。若干涉仪两反射镜以折射率 $n=1.6$ 的玻璃平板代替，最大透射率和最小透射率又是多少？(不考虑系统的吸收。)

4.8　F-P 标准具两镜面的间隔为 1cm，在其两侧各放一个焦距为 15cm 的准直透镜 L_1 和会聚透镜 L_2，如习题 4.8 图所示。直径为 1cm 的光源(中心在光轴上)置于 L_1 的焦平面，光源发射波长为 589.3nm 的单色光，空气的折射率为 1。

(1) 计算 L_2 焦点处的干涉级。在 L_2 的焦平面上能观察到多少个亮条纹？其中半径最大条纹的干涉级和半径是多少？

(2) 若将一片折射率为 1.5、厚为 0.5mm 的透明薄片插入标准具两镜面之间，插至一半位置，干涉环条纹将发生怎样的变化？

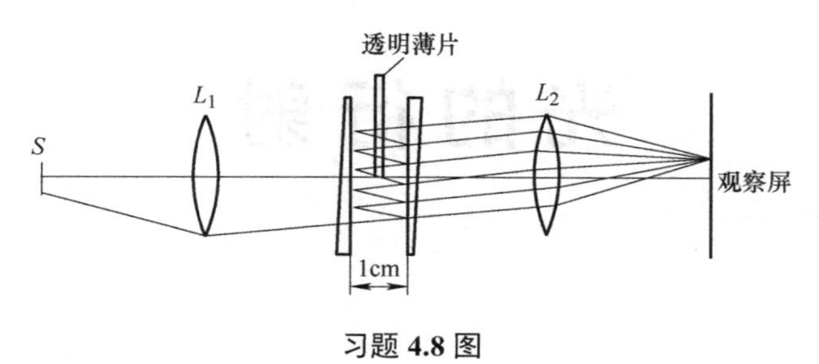

习题 4.8 图

第 5 章

光的衍射

光在传播过程中遇到障碍物时，会偏离原来的传播方向弯入障碍物的几何阴影区域内，并在几何阴影区和几何照明区域内形成光强的不均匀分布，这种现象称为光的衍射。使得光波发生衍射的障碍物可以是开有小孔或狭缝的不透明光屏、光栅，也可以是使入射光波的振幅和相位分布发生某种变化的透明光屏，这些光屏统称为衍射屏。

光的衍射是光的波动性的主要标志之一。建立在光的直线传播定律基础上的几何光学不能解释光的衍射，这种现象的解释要依赖于波动光学。历史上最早运用波动光学原理解释衍射现象的是菲涅耳，他把惠更斯在 17 世纪提出的惠更斯原理用于干涉理论加以补充，发展成为惠更斯-菲涅耳原理，从而完善地解释了光的衍射。在电磁理论出现之后，人们知道光是一种电磁波，因而光波通过小孔之类的衍射问题应该作为电磁场的边值问题来解决。本章将介绍基尔霍夫(G. Kirchhoff, 1824—1887)的标量衍射理论，这也是一种近似理论。

衍射现象通常分为两类：菲涅耳衍射和夫琅禾费(J. Fraunhofer, 1787—1826)衍射。菲涅耳衍射是观察屏在距离衍射屏不是太远时观察到的衍射现象；夫琅禾费衍射是光源和观察屏距离衍射屏都相当于无限远时的衍射。夫琅禾费衍射一般利用平面波入射，并在透镜的焦平面上形成衍射图样分布，使得夫琅禾费衍射图样在条纹的强度和倾斜程度等方面都强于菲涅耳衍射图样，这也使得夫琅禾费衍射在物质光谱分析和研究中有着更广泛的应用。

惠更斯-菲涅耳原理

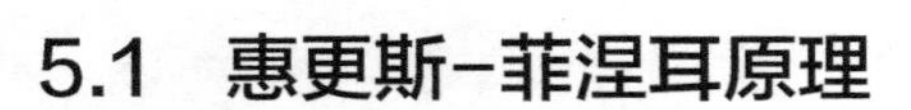

5.1 惠更斯-菲涅耳原理

5.1.1 惠更斯原理

1690 年，惠更斯为了说明光波在空间各点逐步传播的机理，提出了一种假设：波阵面上的每一点都可以看作是一个次波扰动中心，发出子波；在后一时刻，这些子波的包络面就是新的波阵面。惠更斯的这一假说，通常称为**惠更斯原理**。波前的法线方向就是光波的传播方向，所以应用惠更斯原理可以决定光波从一个时刻到另一时刻的传播。

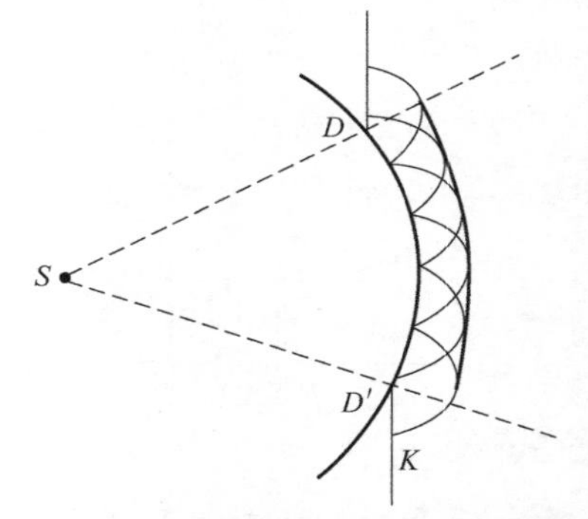

图 5.1-1 光波通过圆孔的惠更斯作图法

利用惠更斯原理可以说明衍射现象的存在。如图 5.1-1 所示，单色点光源 S 发出的球面波到达圆孔边缘时，波前只有 DD'部分暴露在圆孔范围内,其余部分受光屏 K 阻挡。按照惠更斯原理，暴露在圆孔范围内的波前上的各点可以看作为次级扰动中心，发出球面子波，并且这些子波的包络面决定圆孔后的新的波前。新的波前扩展到 SD、SD'锥体之外，在锥体外光波不再沿着原光波方向传播，这就是衍射。

虽然惠更斯原理可以说明衍射现象的存在，但是不能确定光波通过圆孔后不同方向传播光波的振幅大小，因而也就无法确定衍射图样中光强分布。

5.1.2　惠更斯-菲涅耳原理的数学表达式

菲涅耳在研究了光的干涉现象以后，考虑到惠更斯子波来自同一光源，它们应该是相干的，因而波前外任意一点的光振动应该是波前上所有子波相干叠加的结果。用“子波相干叠加”思想补充的惠更斯原理称为**惠更斯-菲涅耳原理**。

惠更斯-菲涅耳原理是研究衍射问题的基础，为了应用这一原理定量地计算衍射问题，下面推导该原理的数学表达式。

考查单色点光源 S 对于空间任意一点 P 的光作用，如图 5.1-2 所示。

因为 S 和 P 之间没有任何阻挡物，所以可以选取 S 和 P 之间任意一个波阵面 Σ，并以波面上各点发出的子波在 P 点相干叠加的结果代替 S 对 P 的作用。因为单色点光源 S 在波阵面 Σ 上任意一点 Q 产生的复振幅为

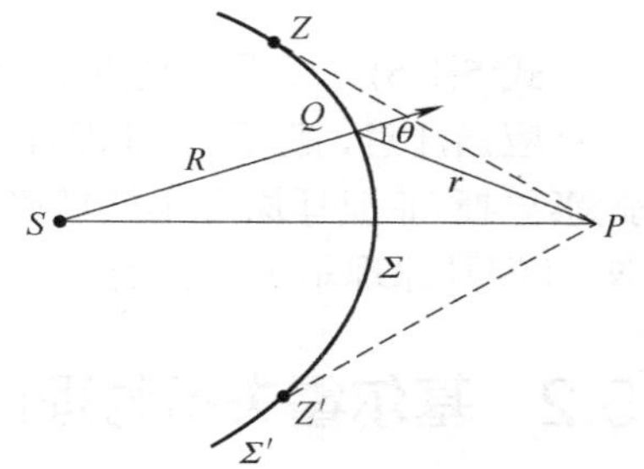

图 5.1-2　点光源 S 对 P 点的光作用

$$\tilde{E}_Q=\frac{A}{R}\exp(\mathrm{i}kR) \tag{5.1-1}$$

式中，A 是距离点光源 S 单位距离处的振幅；R 是波阵面 Σ 的半径。在 Q 点处取波面元 $\mathrm{d}\sigma$，则按照菲涅耳假设，面元 $\mathrm{d}\sigma$ 发出的子波在 P 点产生的复振幅与入射波在面元 $\mathrm{d}\sigma$ 上的复振幅 $\tilde{E}_Q$、面元大小和倾斜因子 $K(\theta)$ ($K(\theta)$表示子波的振幅随着面元法线与 QP 的夹角 θ(衍射角)的变化)成正比。因此，面元 $\mathrm{d}\sigma$ 在 P 点产生的复振幅可以表示为

$$\mathrm{d}\tilde{E}(P)=CK(\theta)\frac{A\exp(\mathrm{i}kR)}{R}\frac{\exp(\mathrm{i}kr)}{r}\mathrm{d}\sigma \tag{5.1-2}$$

式中，C 是常数；r 是 Q 点和 P 点之间的距离。

菲涅耳还假设：当 θ=0 时，倾斜因子 $K(\theta)$有最大值；随着 θ 的增大，$K(\theta)$不断减小；当 $\theta \geqslant 90^\circ$ 时，$K(\theta)$=0。因此，在图 5.1-2 中，在波面上的 Z 和 Z'两点处，波面法线与这两点到 P 点的连线垂直，即 $\theta=90^\circ$。因此，这两点处面元发出的子波对 P 点的复振幅没有贡献。只有 ZZ'范围内的波面 Σ 上的面元发出的子波对 P 点产生作用，它们产生的复振幅总和为

$$\tilde{E}(P)=\frac{CA\exp(\mathrm{i}kR)}{R}\iint_{\Sigma}\frac{\exp(\mathrm{i}kr)}{r}K(\theta)\mathrm{d}\sigma \tag{5.1-3}$$

或者写为

$$\tilde{E}(P)=C\tilde{E}_Q\iint_{\Sigma}\frac{\exp(\mathrm{i}kr)}{r}K(\theta)\mathrm{d}\sigma \tag{5.1-4}$$

式中，$\tilde{E}_Q = \dfrac{A\exp(\mathrm{i}kR)}{R}$。

式(5.1-3)和式(5.1-4)就是惠更斯-菲涅耳原理的菲涅耳表达式。利用它们原则上可以计算任意形状的孔径或屏障的衍射问题。但应当注意的是，只有在孔径范围内的波面 Σ 对 P 点起作用。这部分波面的各面元发出的子波在 P 点的干涉将决定 P 点的振幅和强度。只要对波面 Σ 完成积分，便可以求得 P 点的振幅和强度。但是，这一积分在一般情况下计算起来很困难，只有在某些简单的情形才能精确地求解。

实际上，式(5.1-4)的积分面可以选取波面，也可以选取 S 和 P 之间的任何一个曲面或平面，这时曲面或平面上各点的振幅和相位是不同的。设所选取的曲面或平面上各点的复振幅分布为 $\tilde{E}(Q)$，则这一曲面或平面上的各点发出的子波在 P 点产生的复振幅就可以表示为

$$\tilde{E}(P) = C\iint_{\Sigma} \tilde{E}(Q)\frac{\exp(\mathrm{i}kr)}{r}K(\theta)\mathrm{d}\sigma \tag{5.1-5}$$

式(5.1-5)可以看作是惠更斯-菲涅耳原理的推广。

应当注意，惠更斯-菲涅耳公式中的倾斜因子是引入的，并没有给出其具体的表达式，因此惠更斯-菲涅耳原理不能精确地得到观察屏上衍射图样的复振幅分布，从理论上讲，惠更斯-菲涅耳原理是不完善的。

5.2 基尔霍夫衍射理论

利用惠更斯-菲涅耳原理对一些简单形状孔径的衍射现象进行计算，虽然计算出的衍射光强分布与实际的结果符合得很好，但是菲涅耳理论本身是不严格的。基尔霍夫弥补了菲涅耳理论的不足，从微分波动方程出发，利用场论中的格林定理，给惠更斯-菲涅耳原理找到了较为完善的数学表达式，得到了菲涅耳理论中没有确定的倾斜因子的具体形式。

基尔霍夫理论只适用于标量波的衍射，所以又称为标量衍射理论，它可以处理光学工程中遇到的大多数衍射问题。

亥姆霍兹-基尔霍夫积分定理

5.2.1 亥姆霍兹-基尔霍夫积分定理

如图 5.2-1 所示，假设有一单色光波通过闭合曲面 Σ' 传播，在 t 时刻，空间 P 点处的光电场为

$$E(P,t) = \tilde{E}(P)\exp(-\mathrm{i}\omega t) \tag{5.2-1}$$

若 P 点是无源的，光波电磁场的任一直角分量的复振幅 $\tilde{E}$ 满足亥姆霍兹方程[式(1.2-6)]：

$$\nabla^2\tilde{E} + k^2\tilde{E} = 0 \tag{5.2-2}$$

如果不考虑电磁场其他分量的影响，孤立地把 $\tilde{E}$ 看成一个标量场，并用曲面上的 $\tilde{E}$ 和 $\dfrac{\partial\tilde{E}}{\partial n}$ 值表示面内任一点的 $\tilde{E}$，这种理论就是标量衍射理论。

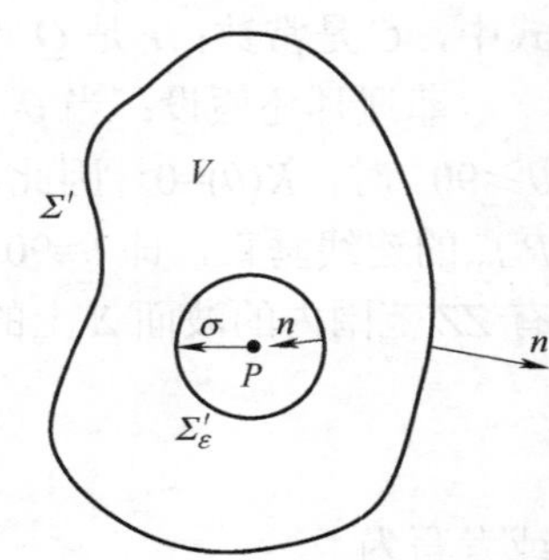

图 5.2-1　积分曲面

利用场论中的格林定理，可以把 $\tilde{E}$ 与曲面上的值联系起来。假定 $\tilde{E}$ 和另一个位置坐标的

任意复函数 $\tilde{G}$ 在曲面 Σ' 上和 Σ' 内都有连续的一阶和二阶偏微商，则由格林定理有

$$\iiint_V (\tilde{G}\nabla^2\tilde{E} - \tilde{E}\nabla^2\tilde{G})\mathrm{d}v = \iint_{\Sigma'}\left(\tilde{G}\frac{\partial\tilde{E}}{\partial n} - \tilde{E}\frac{\partial\tilde{G}}{\partial n}\right)\mathrm{d}\sigma \tag{5.2-3}$$

式中，V 是闭合曲面 Σ' 所包围的体积；$\frac{\partial}{\partial n}$ 表示在 Σ' 上每一点沿向外法线方向的偏微商。如果 $\tilde{G}$ 也满足亥姆霍兹方程，即

$$\nabla^2\tilde{G} + k^2\tilde{G} = 0 \tag{5.2-4}$$

则由式(5.2-2)和式(5.2-4)可知，式(5.2-3)等号左边的被积函数在 V 内处处为零，因而有

$$\iint_{\Sigma'}\left(\tilde{G}\frac{\partial\tilde{E}}{\partial n} - \tilde{E}\frac{\partial\tilde{G}}{\partial n}\right)\mathrm{d}\sigma = 0 \tag{5.2-5}$$

根据 $\tilde{G}$ 所满足的条件，选取 $\tilde{G}$ 为球面波的波函数：

$$\tilde{G} = \frac{\exp(\mathrm{i}kr)}{r} \tag{5.2-6}$$

式中，r 是 Σ' 内考查点 P 与任一点 Q 之间的距离。

$\tilde{G}$ 在 r=0 时，有一个奇异点(不连续)，不满足格林定理成立条件，因此必须从积分域中将此点除去。为此，以 P 为圆心做一个半径为 ε 的小球，并取积分域为复合曲面 $\Sigma' + \Sigma'_\varepsilon$ 。则式(5.2-5)可以表示为

$$\iint_{\Sigma'+\Sigma'_\varepsilon}\left(\tilde{G}\frac{\partial\tilde{E}}{\partial n} - \tilde{E}\frac{\partial\tilde{G}}{\partial n}\right)\mathrm{d}\sigma = 0 \tag{5.2-7}$$

或者写为

$$\iint_{\Sigma'}\left(\tilde{G}\frac{\partial\tilde{E}}{\partial n} - \tilde{E}\frac{\partial\tilde{G}}{\partial n}\right)\mathrm{d}\sigma = -\iint_{\Sigma'_\varepsilon}\left(\tilde{G}\frac{\partial\tilde{E}}{\partial n} - \tilde{E}\frac{\partial\tilde{G}}{\partial n}\right)\mathrm{d}\sigma \tag{5.2-8}$$

根据式(5.2-6)可知

$$\frac{\partial\tilde{G}}{\partial n} = \frac{\partial}{\partial n}\left[\frac{\exp(\mathrm{i}kr)}{r}\right] = \cos(\boldsymbol{n},\boldsymbol{r})\left(\mathrm{i}k - \frac{1}{r}\right)\frac{\exp(\mathrm{i}kr)}{r} \tag{5.2-9}$$

式中，$\cos(\boldsymbol{n},\boldsymbol{r})$ 是积分面外向法线 $\boldsymbol{n}$ 与从 P 到积分面上 Q 的矢量 $\boldsymbol{r}$ 之间夹角的余弦。

对于 Σ'_ε 上的 Q 点，$\cos(\boldsymbol{n},\boldsymbol{r}) = -1$，$\tilde{G} = \frac{\exp(\mathrm{i}k\varepsilon)}{\varepsilon}$，因此

$$\frac{\partial\tilde{G}}{\partial n} = \frac{\partial}{\partial n}\left[\frac{\exp(\mathrm{i}k\varepsilon)}{\varepsilon}\right] = \frac{\exp(\mathrm{i}k\varepsilon)}{\varepsilon}\left(\frac{1}{\varepsilon} - \mathrm{i}k\right) \tag{5.2-10}$$

设 ε 为无穷小量，并且由于已经假定函数 $\tilde{E}$ 及其偏微商在 P 点连续，因此

$$\iint_{\Sigma'_\varepsilon}\left(\tilde{G}\frac{\partial\tilde{E}}{\partial n} - \tilde{E}\frac{\partial\tilde{G}}{\partial n}\right)\mathrm{d}\sigma = 4\pi\varepsilon^2\left[\frac{\partial\tilde{E}(P)}{\partial n}\frac{\exp(\mathrm{i}k\varepsilon)}{\varepsilon} - \tilde{E}(P)\frac{\exp(\mathrm{i}k\varepsilon)}{\varepsilon}\left(\frac{1}{\varepsilon} - \mathrm{i}k\right)\right]_{\varepsilon\to 0} = -4\pi\tilde{E}(P) \tag{5.2-11}$$

则式(5.2-8)可以化简为

$$\tilde{E}(P)=\frac{1}{4\pi}\iint_{\Sigma'}\left(\tilde{G}\frac{\partial\tilde{E}}{\partial n}-\tilde{E}\frac{\partial\tilde{G}}{\partial n}\right)\mathrm{d}\sigma \tag{5.2-12}$$

或者写为

$$\tilde{E}(P)=\frac{1}{4\pi}\iint_{\Sigma'}\left\{\frac{\partial\tilde{E}}{\partial n}\left[\frac{\exp(\mathrm{i}kr)}{r}\right]-\tilde{E}\frac{\partial}{\partial n}\left[\frac{\exp(\mathrm{i}kr)}{r}\right]\right\}\mathrm{d}\sigma \tag{5.2-13}$$

式(5.2-13)就是亥姆霍兹-基尔霍夫积分定理。它的意义在于：把封闭曲面 Σ' 内任一点 P 的电磁场值 $\tilde{E}(P)$ 用曲面上的场值 $\tilde{E}$ 及 $\frac{\partial\tilde{E}}{\partial n}$ 表示出来，因而它可以看作为惠更斯-菲涅耳原理的一种数学表示。事实上，在式(5.2-13)的被积函数中，因子 $\frac{\exp(\mathrm{i}kr)}{r}$ 可看作由曲面 Σ'上的 Q 点向内空间的 P 点传播的波，波源的强弱由 Q 点上的 $\tilde{E}$ 及 $\frac{\partial\tilde{E}}{\partial n}$ 值确定。因此，曲面上每一点可以看作一个次级光源，发射出子波，而曲面内空间各点的场值取决于这些子波的叠加。

5.2.2 菲涅耳-基尔霍夫衍射公式

尽管亥姆霍兹-基尔霍夫积分定理表达了惠更斯-菲涅耳原理的基本概念，但是它对于曲面上各点发射出的子波所做的解释比菲涅耳所做的假设要复杂很多，不好理解。

在某些近似条件下，上述定理可以化为一种与菲涅耳表达式基本相同的形式。

如图 5.2-2 所示，考查单色点光源 S 发出的球面波照明无限大不透明屏上孔径 Σ 的情况，P 点为孔径右边空间某点。假定孔径 Σ 的线度比波长大，但比孔径到 S 和到 P 的距离小得多。

为应用亥姆霍兹-基尔霍夫积分定理求小孔衍射后任意一点 P 的光场分布，选取包围 P 点的闭合曲面，这个闭合曲面由三个部分组成：

① 孔径 Σ；

② 不透明屏部分右侧面积 Σ_1；

③ 以 P 为中心、R 为半径的球的部分球面 Σ_2。

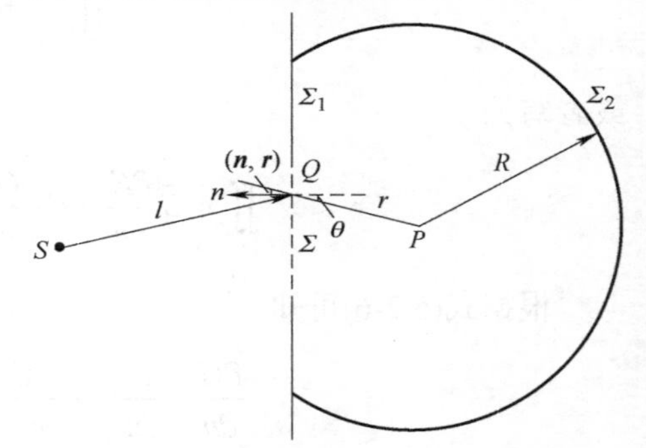

图 5.2-2 球面波在孔径 Σ 上的衍射

则式(5.2-13)中的积分域包括以上三个部分面积，即

$$\tilde{E}(P)=\frac{1}{4\pi}\iint_{\Sigma+\Sigma_1+\Sigma_2}\left\{\frac{\partial\tilde{E}}{\partial n}\left[\frac{\exp(\mathrm{i}kr)}{r}\right]-\tilde{E}\frac{\partial}{\partial n}\left[\frac{\exp(\mathrm{i}kr)}{r}\right]\right\}\mathrm{d}\sigma \tag{5.2-14}$$

根据式(5.2-14)可知，确定了三个面 Σ、Σ_1 和 Σ_2 的 $\tilde{E}$ 及 $\frac{\partial\tilde{E}}{\partial n}$ 值，就可以得到小孔衍射后任意一点的光场分布。

1) 在孔径 Σ 上，$\tilde{E}$ 及 $\frac{\partial\tilde{E}}{\partial n}$ 值由入射波决定，与不存在不透明屏时完全相同。因此

$$\begin{cases} \tilde{E}=\dfrac{A\exp(\mathrm{i}kl)}{l} \\ \dfrac{\partial \tilde{E}}{\partial n}=\cos(\boldsymbol{n},\boldsymbol{l})\left(\mathrm{i}k-\dfrac{1}{l}\right)\dfrac{A\exp(\mathrm{i}kl)}{l} \end{cases} \tag{5.2-15}$$

式中，A 是离点光源单位距离处的振幅；$\cos(\boldsymbol{n},\boldsymbol{l})$ 是外向法线 $\boldsymbol{n}$ 与从 S 到 Σ 上某点 Q 的矢量之间夹角的余弦。

2) 在不透明屏右侧面积 Σ_1 上，$\tilde{E}=0$，$\dfrac{\partial \tilde{E}}{\partial n}=0$。这两个假定通常称为基尔霍夫边界条件。

应当指出，两个假定都是近似的，因为屏的存在必然会干扰 Σ 上的场，特别是孔径边缘附近的场。对于 Σ_1，场值也不是绝对地处处为零。

3) 对于大球面 Σ_2 上，$r=R$，$\cos(\boldsymbol{n},\boldsymbol{R})=1$，且有

$$\frac{\partial}{\partial n}\left[\frac{\exp(\mathrm{i}kR)}{R}\right]=\left(\mathrm{i}k-\frac{1}{R}\right)\frac{\exp(\mathrm{i}kR)}{R}\approx \mathrm{i}k\frac{\exp(\mathrm{i}kR)}{R}$$

因此，式(5.2-14)在面 Σ_2 上的积分为

$$\begin{aligned} &\frac{1}{4\pi}\iint_{\Sigma_2}\left\{\frac{\partial \tilde{E}}{\partial n}\left[\frac{\exp(\mathrm{i}kR)}{R}\right]-\tilde{E}\frac{\partial}{\partial n}\left[\frac{\exp(\mathrm{i}kR)}{R}\right]\right\}\mathrm{d}\sigma \\ &=\frac{1}{4\pi}\iint_{\Sigma_2}\left\{\frac{\partial \tilde{E}}{\partial n}\left[\frac{\exp(\mathrm{i}kR)}{R}\right]-\mathrm{i}k\tilde{E}\frac{\exp(\mathrm{i}kR)}{R}\right\}\mathrm{d}\sigma \\ &=\frac{1}{4\pi}\int_{\Omega}\left[\frac{\exp(\mathrm{i}kR)}{R}\right]\left(\frac{\partial \tilde{E}}{\partial n}-\mathrm{i}k\tilde{E}\right)R^2\mathrm{d}\omega \end{aligned} \tag{5.2-16}$$

式中，Ω 是 Σ_2 对 P 点所张的立体角；$\mathrm{d}\omega$ 是元立体角。

索末菲(A.Sommerfeld)指出，辐射场中有

$$\lim_{R\to\infty}\left(\frac{\partial \tilde{E}}{\partial n}-\mathrm{i}k\tilde{E}\right)R=0 \tag{5.2-17}$$

式(5.2-17)称为索末菲辐射条件。

当 $R\to\infty$ 时，积分式(5.2-16)为零。只要选取球面的半径足够大，就可以不考虑球面 Σ_2 对 P 点的贡献。

通过对以上三个面的讨论，可知在式(5.2-14)中，只需要考虑孔径面 Σ 的积分，即

$$\tilde{E}(P)=\frac{1}{4\pi}\iint_{\Sigma}\left\{\frac{\partial \tilde{E}}{\partial n}\left[\frac{\exp(\mathrm{i}kr)}{r}\right]-\tilde{E}\frac{\partial}{\partial n}\left[\frac{\exp(\mathrm{i}kr)}{r}\right]\right\}\mathrm{d}\sigma \tag{5.2-18}$$

把式(5.2-9)和式(5.2-15)代入式(5.2-18)中，并忽略法线微商中的 $1/r$ 和 $1/l$，得到

$$\tilde{E}(P)=\frac{A}{\mathrm{i}\lambda}\iint_{\Sigma}\frac{\exp(\mathrm{i}kl)}{l}\frac{\exp(\mathrm{i}kr)}{r}\left[\frac{\cos(\boldsymbol{n},\boldsymbol{r})-\cos(\boldsymbol{n},\boldsymbol{l})}{2}\right]\mathrm{d}\sigma \tag{5.2-19}$$

式(5.2-19)称为菲涅耳-基尔霍夫衍射公式。它是基尔霍夫衍射定理的一种近似形式，且和菲涅耳对惠更斯-菲涅耳原理的数学表述[式(5.1-5)]基本相同。若令

$$C=\frac{1}{\mathrm{i}\lambda},\ \tilde{E}(Q)=\frac{A\exp(\mathrm{i}kl)}{l},\ K(\theta)=\frac{\cos(\boldsymbol{n},\boldsymbol{r})-\cos(\boldsymbol{n},\boldsymbol{l})}{2}$$

式(5.2-19)就是式(5.1-5)。因此，式(5.2-19)也可以按照惠更斯-菲涅耳原理的基本思想予以解释：P 点的场是由孔径 Σ 上无穷多个虚设的子波源产生的，子波源的复振幅与入射波在该点的复振幅 $\tilde{E}(Q)$ 和倾斜因子 $K(\theta)$ 成正比，与波长 λ 成反比；并且因子 $\frac{1}{\mathrm{i}}[=\exp(-\mathrm{i}\pi/2)]$ 表明，子波源的振动相位超前于入射波 90°。

基尔霍夫公式给出了倾斜因子的具体形式，它表示子波的振幅在各个方向上不同，其值在 0 和 1 之间。如果点光源离开孔径足够远，使入射光可以看成为垂直入射到孔径的平面波，那么对于孔径上各点都有 $\cos(\boldsymbol{n},\boldsymbol{l})=-1$，$\cos(\boldsymbol{n},\boldsymbol{r})=\cos\theta$，因而 $K(\theta)=\frac{1+\cos\theta}{2}$。当 $\theta=0$ 时，$K(\theta)=1$，有最大值；当 $\theta=\pi$ 时，$K(\theta)=0$。这一结论说明菲涅耳关于子波的假设 $K(\pi/2)=0$ 是不正确的。

5.2.3 巴俾涅原理

由基尔霍夫理论可以得出关于互补屏衍射的一个重要原理。所谓互补屏，是指其中一个屏的通光部分正好对应另一个屏的不透光部分，反之亦然。例如，图 5.2-3 所示就是一对儿互补屏。

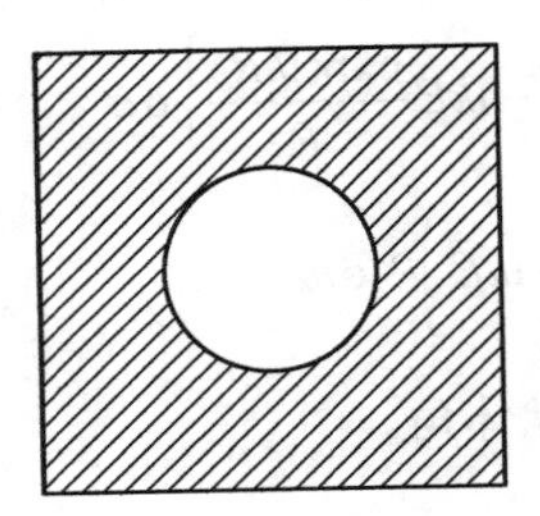
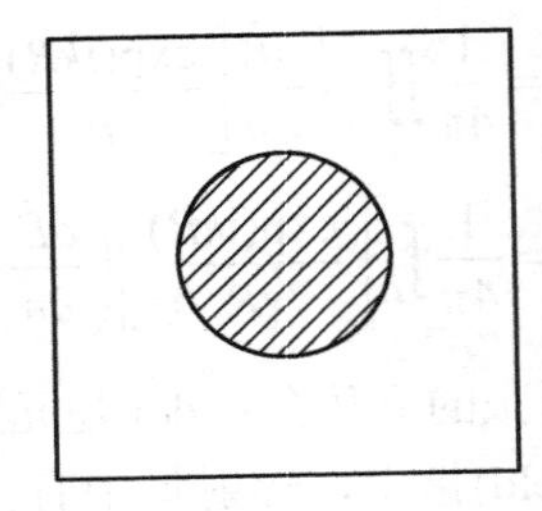

图 5.2-3 两个互补屏

设 $\tilde{E}_1(P)$ 和 $\tilde{E}_2(P)$ 分别表示两个互补屏单独放在光源和考查点 P 之间时 P 点的复振幅，$\tilde{E}(P)$ 表示两个屏都不存在时考查点 P 的复振幅。那么，根据式(5.2-19)，$\tilde{E}_1(P)$ 和 $\tilde{E}_2(P)$ 可以分别表示成对的两个互补屏各自通光部分的积分，而两个屏的通光部分合起来正好和不存在屏时一样，因此有

$$\tilde{E}(P)=\tilde{E}_1(P)+\tilde{E}_2(P) \tag{5.2-20}$$

式(5.2-20)表示两个互补屏单独产生的衍射场的复振幅之和等于没有屏时的复振幅。这一结果称为巴俾涅原理。

5.3 菲涅耳衍射和夫琅禾费衍射

光的衍射可以分为菲涅耳衍射和夫琅禾费衍射两类，下面介绍这两类衍射现象的特点，然后根据衍射公式式(5.2-19)计算衍射问题。

5.3.1　两类衍射现象的特点

考查单色平面波垂直照射不透明屏上的圆孔发生的衍射现象，实验示意图如图 5.3-1 所示。实验表明，在圆孔后不同距离上的三个区域(图 5.3-1 中 A、B、C 表示)内，在观察屏上看到的光波通过圆孔的光强分布，即衍射图样是很不相同的。

1) 对于靠近圆孔的 A 区内的观察屏，看到的是边缘清晰，形状和大小与圆孔基本相同的圆形光斑。它可以看成是圆孔的投影，即光的传播可看成是直线进行的，衍射现象不明显。

2) 当观察屏向后移动，进入 B 区时，光斑略为变大，边缘逐渐模糊，光斑内出现亮暗相间的圆形条纹，衍射现象已较为明显。在 B 区内，若观察屏继续后移，光斑将不断扩大，且光斑内圆形条纹数减少，光斑中心有亮暗交替的变化。在 B 区内随着距离的变化，衍射光强分布的大小、范围和形式都发生变化。在 B 区内发生的衍射即为菲涅耳衍射。

3) C 区是距离圆孔很远的区域，观察屏在 C 区内移动时，屏上衍射图样只有大小变化而形式不变。此时的衍射属于夫琅禾费衍射。

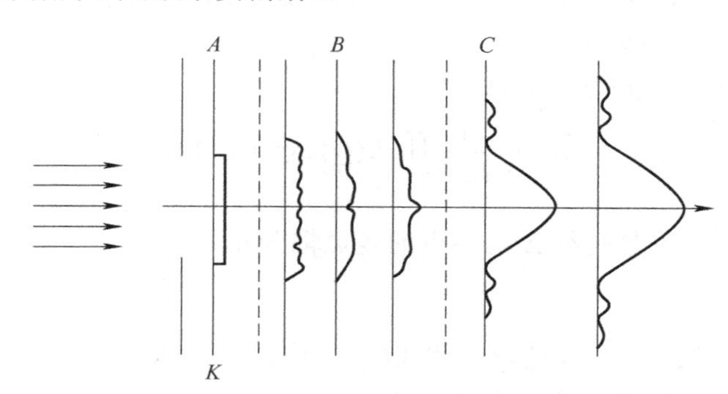

图 5.3-1　菲涅耳衍射和夫琅禾费衍射的观察

通常，B 区称为近场区，C 区称为远场区。对于一定波长的光，圆孔越大，相应的距离也要越远。由于 C 区距离远大于衍射圆孔的直径，所以通常把夫琅禾费衍射看成是无穷远处发生的衍射。

5.3.2　两类衍射的近似计算公式

由于基尔霍夫衍射公式被积函数的形式比较复杂，因此利用基尔霍夫衍射公式来计算衍射问题很难得到解析形式的积分结果。所以，有必要根据实际的衍射问题对公式做某些近似处理。

1. *傍轴近似*

一般的光学系统中，对成像起主要作用的是那些与光学系统光轴夹角很小的傍轴光线。考查无穷大的不透明屏上的孔径 Σ 对垂直入射的单色平面波的衍射，如图 5.3-2 所示。

通常情况下，衍射孔径的线度比观察屏到孔径的距离要小得多，在观察屏上的考查范围也是比观察屏到孔径的距离小得多。因此傍轴近似如下：

1) $\cos(\boldsymbol{n},\boldsymbol{r})=\cos\theta\approx 1$，因此倾斜因子 $K(\theta)=\dfrac{1+\cos\theta}{2}\approx 1$，即近似地把倾斜因子看成常量，不考虑它的影响。

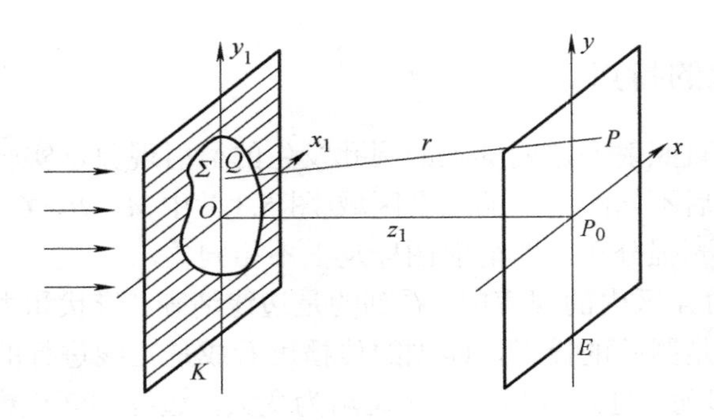

图 5.3-2　孔径 Σ 的衍射

2) 由于在孔径范围内，任意点 Q 到观察屏上考查点 P 点的距离 r 的变化不大，在式(5.2-19)分母中 r 的变化只影响孔径范围内各子波源发出的球面子波在 P 点的振幅，这种影响比较小，可以取 $1/r \approx 1/z_1$，z_1 为观察屏和衍射屏之间的距离。但对于式(5.2-19)中的指数 r，它所影响的是子波的相位，r 每变化光波波长的 1/2，相位 kr 变化 π，这对于 P 点的子波干涉效应将产生显著影响，所以它不可以取为 z_1。

取以上两点近似后，式(5.2-19)可以写为

$$\tilde{E}(P)=\frac{1}{\mathrm{i}\lambda z_1}\iint_{\Sigma}\tilde{E}(Q)\exp(\mathrm{i}kr)\mathrm{d}\sigma \tag{5.3-1}$$

式中，$\tilde{E}(Q)=\dfrac{A\exp(\mathrm{i}kl)}{l}$，是孔径 Σ 内各点的复振幅分布。

2. 菲涅耳近似

式(5.3-1)的被积函数中的 r 虽然不可以取 z_1，但对于具体的衍射问题还可以做更精确的近似。为此，在孔径平面和观察平面分别取直角坐标系 Ox_1y_1 和 P_0xy，如图 5.3-2 所示。因此 r 可以写为

$$r=\sqrt{z_1^2+(x-x_1)^2+(y-y_1)^2}=z_1\sqrt{1+\left(\frac{x-x_1}{z_1}\right)^2+\left(\frac{y-y_1}{z_1}\right)^2} \tag{5.3-2}$$

式中，(x_1,y_1)和(x,y)分别是孔径上任一点 Q 和观察屏上考查点 P 的坐标值。对上式进行二项式展开，得到

$$r=z_1\left\{1+\frac{1}{2}\left[\frac{(x-x_1)^2+(y-y_1)^2}{z_1^2}\right]-\frac{1}{8}\left[\frac{(x-x_1)^2+(y-y_1)^2}{z_1^2}\right]^2+\cdots\right\} \tag{5.3-3}$$

对于式(5.3-3)，如果取前几项近似地表示 r，那么 r 的近似精度将不仅取决于项数的多少，还取决于孔径、观察屏上的考查范围和距离 z_1 的相对大小。显然 z_1 越大，就可以用越少的项数来达到足够的近似精度。当 z_1 大到使得第 3 项及以后各项对相位 kr 的作用远小于 π 时，第 3 项及以后各项便可以忽略，即

$$\frac{k}{8}\times\frac{[(x-x_1)^2+(y-y_1)^2]_{\max}^2}{z_1^3}\ll\pi \tag{5.3-4}$$

因为 $k=\dfrac{2\pi}{\lambda}$，式(5.3-4)也可以写为

$$z_1^3 \gg \frac{1}{4\lambda}[(x-x_1)^2+(y-y_1)^2]_{\max}^2 \tag{5.3-5}$$

因此用前两项表示 r：

$$r = z_1\left\{1+\frac{1}{2}\left[\frac{(x-x_1)^2+(y-y_1)^2}{z_1^2}\right]\right\} = z_1 + \frac{x^2+y^2}{2z_1} - \frac{xx_1+yy_1}{z_1} + \frac{x_1^2+y_1^2}{2z_1} \tag{5.3-6}$$

式(5.3-6)称为**菲涅耳近似**。

观察屏置于菲涅耳近似区域内所观察到的衍射现象就是**菲涅耳衍射**。

在菲涅耳近似条件下，球面波相位因子 exp(ikr)取如下形式：

$$\exp(\mathrm{i}kr) \approx \exp\left\{\mathrm{i}kz_1 + \frac{\mathrm{i}k}{2z_1}[(x-x_1)^2+(y-y_1)^2]\right\} \tag{5.3-7}$$

将式(5.3-7)代入式(5.3-1)，可以得到菲涅耳衍射的计算公式，P 点的光场复振幅为

$$\tilde{E}(x,y)=\frac{\exp(\mathrm{i}kz_1)}{\mathrm{i}\lambda z_1}\iint_{\Sigma}\tilde{E}(x_1,y_1)\exp\left\{\frac{\mathrm{i}k}{2z_1}[(x-x_1)^2+(y-y_1)^2]\right\}\mathrm{d}x_1\mathrm{d}y_1 \tag{5.3-8}$$

式(5.3-8)的积分域是孔径 Σ，由于在 Σ 之外复振幅 $\tilde{E}(x_1,y_1)=0$，则其可以写成对整个 x_1Oy_1 平面的积分：

$$\tilde{E}(x,y)=\frac{\exp(\mathrm{i}kz_1)}{\mathrm{i}\lambda z_1}\int_{-\infty}^{\infty}\int_{-\infty}^{\infty}\tilde{E}(x_1,y_1)\exp\left\{\frac{\mathrm{i}k}{2z_1}[(x-x_1)^2+(y-y_1)^2]\right\}\mathrm{d}x_1\mathrm{d}y_1 \tag{5.3-9}$$

如果把式(5.3-9)中的二次项展开，可以得到

$$\begin{aligned}\tilde{E}(x,y)=&\frac{\exp(\mathrm{i}kz_1)}{\mathrm{i}\lambda z_1}\exp\left[\frac{\mathrm{i}k}{2z_1}(x^2+y^2)\right]\int_{-\infty}^{\infty}\int_{-\infty}^{\infty}\tilde{E}(x_1,y_1)\exp\left[\frac{\mathrm{i}k}{2z_1}(x_1^2+y_1^2)\right]\times\\&\exp\left[-\mathrm{i}2\pi\left(\frac{x}{\lambda z_1}x_1+\frac{y}{\lambda z_1}y_1\right)\right]\mathrm{d}x_1\mathrm{d}y_1\end{aligned} \tag{5.3-10}$$

如果令 $u=\dfrac{x}{\lambda z_1}, v=\dfrac{y}{\lambda z_1}$，$C=\dfrac{1}{\mathrm{i}\lambda z_1}\exp\left[\mathrm{i}k\left(z_1+\dfrac{x^2+y^2}{2z_1}\right)\right]$，则式(5.3-10)可以写为

$$\tilde{E}(x,y)=C\int_{-\infty}^{\infty}\int_{-\infty}^{\infty}\tilde{E}(x_1,y_1)\exp\left[\frac{\mathrm{i}k}{2z_1}(x_1^2+y_1^2)\right]\exp[-\mathrm{i}2\pi(ux_1+vy_1)]\mathrm{d}x_1\mathrm{d}y_1 \tag{5.3-11}$$

式(5.3-11)就是菲涅耳衍射的傅里叶积分表达式，其表明除了积分号前的一个与 x_1、y_1 无关的振幅和相位因子外，菲涅耳衍射的复振幅分布是孔径平面复振幅分布和一个二次相位因子乘积的傅里叶积分。由于参与变换的二次相位因子与 z_1 有关，因此菲涅耳衍射的场分布也与 z_1 有关，位于不同 z_1 位置的观察屏将接收到不同的衍射图样。

3. 夫琅禾费近似

如果将观察屏移到离衍射孔径更远的地方，则在菲涅耳近似的基础上还可以进一步的处理。在菲涅耳近似式(5.3-6)中，第 2 项和第 4 项分别取决于观察屏上的考查范围和孔径线度相对于 z_1 的大小。当 z_1 很大使得第 4 项对相位的贡献远小于 π 时，即

$$k\frac{(x_1^2+y_1^2)_{\max}}{2z_1}\ll\pi \tag{5.3-12}$$

因为$k=\dfrac{2\pi}{\lambda}$，式(5.3-12)也可以写为

$$z_1\gg\frac{(x_1^2+y_1^2)_{\max}}{\lambda} \tag{5.3-13}$$

当式(5.3-13)成立时，菲涅耳近似的第4项可以忽略。菲涅耳近似中第2项也是一个比z_1小得多的量，但可以比第4项大很多。这是因为随着z_1的增大，衍射光波的范围将不断扩大，相应的考查范围也随着增大。因此在满足式(5.3-13)的条件下，式(5.3-6)可以进一步写为

$$r\approx z_1+\frac{x^2+y^2}{2z_1}-\frac{xx_1+yy_1}{z_1} \tag{5.3-14}$$

这一近似称为**夫琅禾费近似**。在夫琅禾费区内观察到的衍射现象就是夫琅禾费衍射。

把式(5.3-14)代入式(5.3-1)中，可以得到夫琅禾费衍射的计算公式，P点的光场复振幅为

$$\tilde{E}(x,y)=\frac{\exp(\mathrm{i}kz_1)}{\mathrm{i}\lambda z_1}\exp\left[\frac{\mathrm{i}k}{2z_1}(x^2+y^2)\right]\iint_{\Sigma}\tilde{E}(x_1,y_1)\exp\left[-\frac{\mathrm{i}k}{z_1}(xx_1+yy_1)\right]\mathrm{d}x_1\mathrm{d}y_1 \tag{5.3-15}$$

或者为

$$\tilde{E}(x,y)=\frac{\exp(\mathrm{i}kz_1)}{\mathrm{i}\lambda z_1}\exp\left[\frac{\mathrm{i}k}{2z_1}(x^2+y^2)\right]\int_{-\infty}^{\infty}\int_{-\infty}^{\infty}\tilde{E}(x_1,y_1)\exp\left[-\mathrm{i}2\pi\left(\frac{x}{\lambda z_1}x_1+\frac{y}{\lambda z_1}y_1\right)\right]\mathrm{d}x_1\mathrm{d}y_1 \tag{5.3-16}$$

如果令$u=\dfrac{x}{\lambda z_1}$，$v=\dfrac{y}{\lambda z_1}$，$C=\dfrac{1}{\mathrm{i}\lambda z_1}\exp\left[\mathrm{i}k\left(z_1+\dfrac{x^2+y^2}{2z_1}\right)\right]$，则式(5.3-16)可以写为

$$\tilde{E}(x,y)=C\int_{-\infty}^{\infty}\int_{-\infty}^{\infty}\tilde{E}(x_1,y_1)\exp[-\mathrm{i}2\pi(ux_1+vy_1)]\mathrm{d}x_1\mathrm{d}y_1 \tag{5.3-17}$$

式(5.3-17)就是夫琅禾费衍射的傅里叶积分表达式。其积分号内复指数函数的相位因子是坐标x_1、y_1的线性函数，而式(5.3-11)中复指数函数的相位因子是坐标x_1、y_1的二次函数，这就是通常夫琅禾费衍射比菲涅耳衍射计算相对简单的根本原因。

在计算夫琅禾费衍射的光强分布时，C中的二次相位因子不起作用，**夫琅禾费衍射的光强分布可以由傅里叶变换式直接求出**。夫琅禾费衍射公式的这一意义，不仅表明可以用傅里叶变换方法计算夫琅禾费衍射问题，而且表明傅里叶变换的模拟运算可以利用光学方法来实现，这在现代光学中具有十分重要的意义。

例题 5.1　不透明屏上圆孔的直径为2cm，受波长为600nm的平行光垂直照射，试估算菲涅耳衍射区和夫琅禾费衍射区起点到圆孔的距离。

解：对于菲涅耳衍射，衍射屏和观察屏之间的距离满足条件式(5.3-5)，由于菲涅耳衍射光斑只有略微扩大，可以取$[(x-x_1)^2+(y-y_1)^2]_{\max}=2\text{cm}^2$，则

$$z_1^3\gg\frac{1}{4\lambda}[(x-x_1)^2+(y-y_1)^2]_{\max}^2=\frac{(2\text{cm}^2)^2}{4\times(600\times10^{-7})\text{cm}}\approx16000\text{cm}^3$$

所以，菲涅耳衍射区起点到圆孔的距离$z_1\gg25\text{cm}$。

对于夫琅禾费衍射，衍射屏和观察屏之间的距离满足条件式(5.3-13)，可以取$(x_1^2+y_1^2)_{\max}=$

1cm²，则

$$z_1 \gg \frac{(x_1^2+y_1^2)_{\max}}{\lambda} = \frac{1\text{cm}^2}{(600\times10^{-7})\text{cm}} \approx 160\text{m}$$

所以，夫琅禾费衍射区起点到圆孔的距离 $z_1 \gg 160\text{m}$。

5.4　矩形孔和单缝的夫琅禾费衍射

夫琅禾费衍射的计算相对简单，特别是对于简单形状孔径的衍射，通常能够以解析形式求出积分。夫琅禾费衍射也是光学仪器中最常见的衍射现象。

5.4.1　夫琅禾费衍射装置

观察夫琅禾费衍射需要把观察屏放置在离衍射孔径很远的地方，其垂直距离满足式(5.3-13)。这一条件是相当苛刻的。从例题 5.1 可以看到，对于光波波长 600nm、孔径宽度为 2cm 的夫琅禾费衍射，衍射屏和观察屏之间的距离必须大于 160m。这一条件在实验室中一般很难实现。因此，可以通过在衍射孔径后放置透镜的方式，在透镜的焦平面上形成夫琅禾费衍射图样。透镜的作用可以用图 5.4-1 说明。

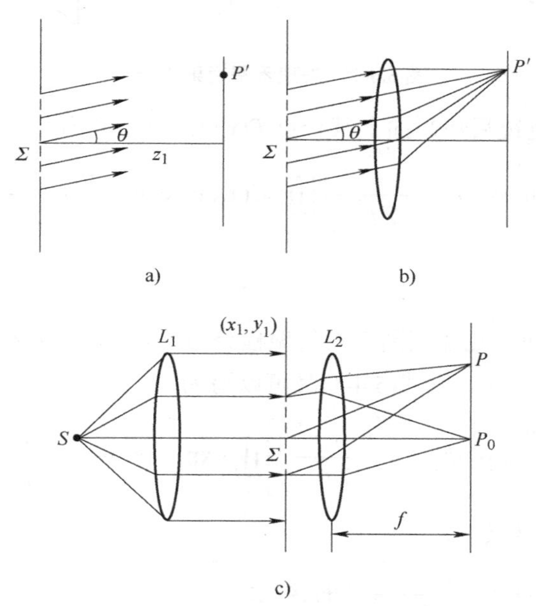

图 5.4-1　夫琅禾费衍射装置

在图 5.4-1a 中，P'点是远离衍射孔径 Σ 的观察屏上任一点，由于 P'点很远，所以在 P'点的光振动可以认为是 Σ 面上各点向同一方向(θ 方向)发出的光振动。

如果在孔径后紧靠孔径处放置一个焦距为 f 的透镜，如图 5.4-1b 所示，则由透镜的性质，对应于 θ 方向的光波将通过透镜会聚于焦平面上的一点 P'。在焦平面上观察到的衍射图样与没有透镜时在远场观察到的衍射图样相似，只是大小比例缩小为 f/z_1。

根据以上讨论，夫琅禾费衍射实验装置通常采用图 5.4-1c 所示的系统：单色点光源 S 发出的光波经过透镜 L_1 准直后，垂直地透射到孔径 Σ 上，孔径的夫琅禾费衍射在透镜 L_2 的后焦平面上观察。

夫琅禾费衍射公式的意义

5.4.2 夫琅禾费衍射公式的意义

夫琅禾费衍射装置的光路如图 5.4-2 所示，分别在孔径平面和透镜焦平面建立坐标系 Ox_1y_1 和 P_0xy，两个坐标系的原点 O 和 P_0 在透镜的光轴上。图中将透镜和孔径的距离画得夸大了，实际上透镜是紧靠孔径的。

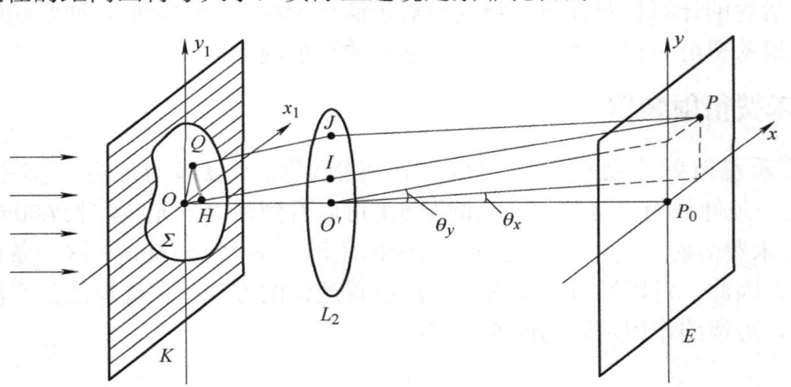

图 5.4-2 夫琅禾费衍射光路

根据式(5.3-15)，在透镜后焦平面上某一点 $P(x,y)$的复振幅为

$$\tilde{E}(x,y)=\frac{C}{f}\exp\left[\mathrm{i}k\left(f+\frac{x^2+y^2}{2f}\right)\right]\iint_{\Sigma}\tilde{E}(x_1,y_1)\exp\left[-\frac{\mathrm{i}k}{f}(xx_1+yy_1)\right]\mathrm{d}x_1\mathrm{d}y_1 \tag{5.4-1}$$

式中，$C=\dfrac{1}{\mathrm{i}\lambda}$。

$\tilde{E}(x_1,y_1)$ 是 x_1Oy_1 平面上孔径范围内的复振幅分布，由于假定孔径受平面波垂直照射，因此 $\tilde{E}(x_1,y_1)$ 应为常数，设为 A'，则式(5.4-1)又可以写为

$$\tilde{E}(x,y)=\frac{CA'}{f}\exp\left[\mathrm{i}k\left(f+\frac{x^2+y^2}{2f}\right)\right]\iint_{\Sigma}\exp\left[-\mathrm{i}k\left(\frac{x}{f}x_1+\frac{y}{f}y_1\right)\right]\mathrm{d}x_1\mathrm{d}y_1 \tag{5.4-2}$$

下面说明式(5.4-2)的含义。

1) 复指数因子 $\exp\left[\mathrm{i}k\left(f+\dfrac{x^2+y^2}{2f}\right)\right]$ 的含义：

由于在菲涅耳近似下，根据式(5.3-6)，孔径面的坐标原点 O 到 P 的距离 r 为

$$r\approx f+\frac{x^2+y^2}{2f} \tag{5.4-3}$$

则复指数因子 $\exp(\mathrm{i}kr)$为 ***O* 处的子波到达 *P* 点的相位延迟**。

2) 复指数因子 $\exp\left[-\dfrac{\mathrm{i}k}{f}(xx_1+yy_1)\right]$ 的含义：

作出由 Q 点和 O 点发出的子波到达 P 点的路径，分别为 QJP 和 OIP，如图 5.4-2 所示，H 为自 Q 向 OI 所引垂线的垂足。显然，$QJ//OI$，由透镜的性质可知从 Q 到 P 的光程与从 H 到 P 的光程相等。则由 Q 点和 O 点发出的子波到达 P 点的光程差为

$$\varDelta = \overline{OIP} - \overline{QJP} = \boldsymbol{q} \cdot \overline{OQ} \tag{5.4-4}$$

式中，$\boldsymbol{q}$ 是 OI 方向的单位矢量。

在傍轴近似下，OI 的方向余弦为

$$\begin{cases} \sin\theta_x = \dfrac{x}{r} \approx \dfrac{x}{f} \\ \sin\theta_y = \dfrac{y}{r} \approx \dfrac{y}{f} \end{cases} \tag{5.4-5}$$

式中，θ_x 和 θ_y 分别是 OI 与 x_1 轴和 y_1 轴夹角的余角，称为**二维衍射角**。

因此，式(5.4-4)所述光程差又可以表示为

$$\varDelta = \boldsymbol{q} \cdot \overline{OQ} = \sin\theta_x x_1 + \sin\theta_y y_1 = \frac{x}{f} x_1 + \frac{y}{f} y_1 \tag{5.4-6}$$

对应的相位差为

$$\delta = k\varDelta = k\left(\frac{x}{f} x_1 + \frac{y}{f} y_1\right) \tag{5.4-7}$$

显然，式(5.4-2)正是表示孔径面内各点发出的子波在方向余弦 $\sin\theta_x$ 和 $\sin\theta_y$ 方向上的叠加，叠加的结果取决于各点发出的子波和参考点 O 发出的子波的相位差。由于透镜的作用，$\sin\theta_x$ 和 $\sin\theta_y$ 代表的方向上的子波聚焦在透镜焦平面上的 P 点。

矩形孔的夫琅禾费衍射

5.4.3　矩形孔的夫琅禾费衍射

如图 5.4-3 所示，在夫琅禾费衍射装置中，若衍射孔径是矩形孔，在透镜的后焦平面上便可以获得矩形孔的夫琅禾费衍射图样。一个沿 x_1 方向宽度 a 比沿 y_1 方向宽度 b 小的矩形孔的衍射图样如图 5.4-4 所示，衍射图样主要特征是衍射亮斑集中分布在互相垂直的两个轴(x 轴和 y 轴)上，并且 x 轴上亮斑的宽度比 y 轴上亮斑的宽度大，正好与矩形孔在两个轴方向上的宽度关系相反。

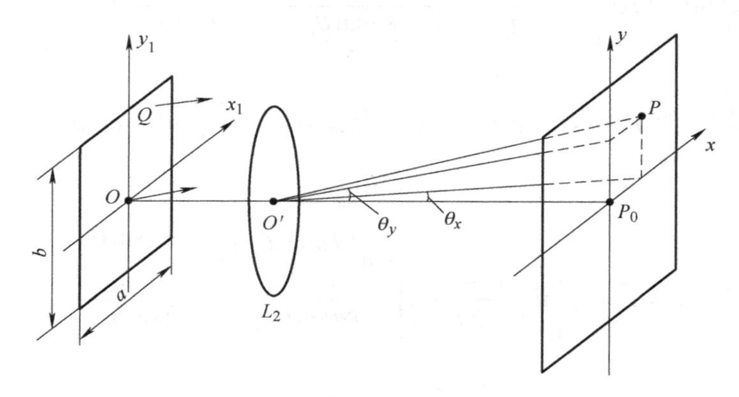

图 5.4-3　矩形孔夫琅禾费衍射

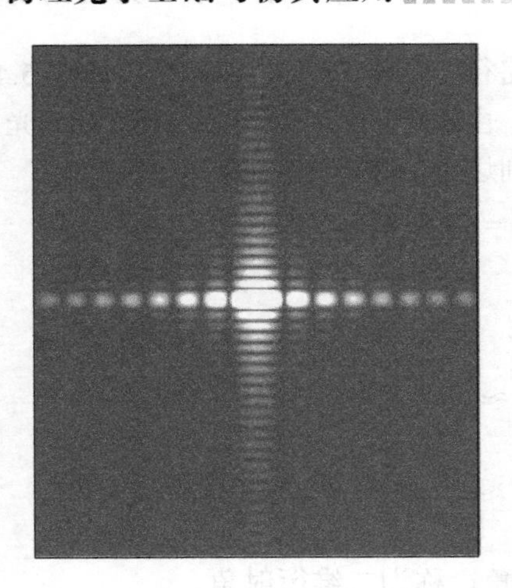
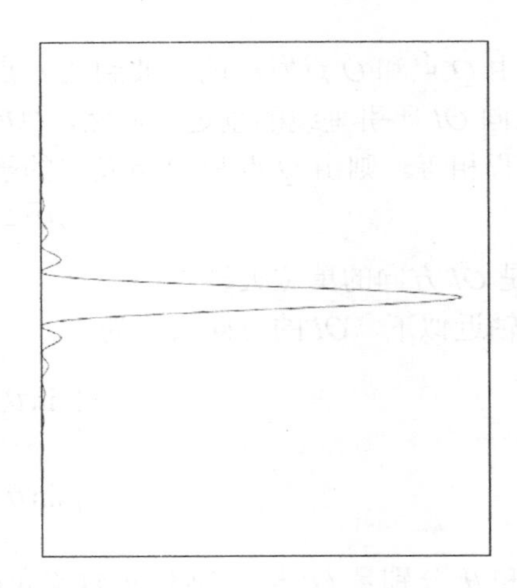

图 5.4-4　矩形孔夫琅禾费衍射图样

1．矩形孔夫琅禾费衍射图样的强度分布公式

矩形孔夫琅禾费衍射图样的强度分布可以根据式(5.4-2)来计算。选取矩形孔的中心 O 作为坐标原点，根据式(5.4-2)，观察屏上 P 点的复振幅为

$$\tilde{E}=\frac{CA'}{f}\exp(\mathrm{i}kf)\exp\left[\mathrm{i}k\left(\frac{x^2+y^2}{2f}\right)\right]\int_{-\frac{a}{2}}^{\frac{a}{2}}\int_{-\frac{b}{2}}^{\frac{b}{2}}\exp[-\mathrm{i}k(\sin\theta_x x_1+\sin\theta_y y_1)]\mathrm{d}x_1\mathrm{d}y_1$$

$$=\frac{CA'}{f}\exp(\mathrm{i}kf)\exp\left[\mathrm{i}k\left(\frac{x^2+y^2}{2f}\right)\right]\int_{-\frac{a}{2}}^{\frac{a}{2}}\exp(-\mathrm{i}k\sin\theta_x x_1)\mathrm{d}x_1\int_{-\frac{b}{2}}^{\frac{b}{2}}\exp(-\mathrm{i}k\sin\theta_y y_1)\mathrm{d}y_1$$

$$=\frac{CA'}{f}\exp(\mathrm{i}kf)\exp\left[\mathrm{i}k\left(\frac{x^2+y^2}{2f}\right)\right]\left\{-\frac{1}{\mathrm{i}k\sin\theta_x}\left[\exp\left(-\frac{\mathrm{i}ka\sin\theta_x}{2}\right)-\exp\left(\frac{\mathrm{i}ka\sin\theta_x}{2}\right)\right]\right\}\times$$
$$\left\{-\frac{1}{\mathrm{i}k\sin\theta_y}\left[\exp\left(-\frac{\mathrm{i}kb\sin\theta_y}{2}\right)-\exp\left(\frac{\mathrm{i}kb\sin\theta_y}{2}\right)\right]\right\}$$

$$=\frac{CA'}{f}ab\exp(\mathrm{i}kf)\exp\left[\mathrm{i}k\left(\frac{x^2+y^2}{2f}\right)\right]\frac{\sin\left(\frac{ka\sin\theta_x}{2}\right)}{\frac{ka\sin\theta_x}{2}}\frac{\sin\left(\frac{kb\sin\theta_y}{2}\right)}{\frac{kb\sin\theta_y}{2}} \tag{5.4-8}$$

对于透镜光轴上的 P_0 点，$x=y=0$，P_0 点的复振幅 $\tilde{E}_0=\frac{CA'}{f}ab\exp(\mathrm{i}kf)$，因此 P 点的复振幅为

$$\tilde{E}=\tilde{E}_0\exp\left[\mathrm{i}k\left(\frac{x^2+y^2}{2f}\right)\right]\frac{\sin\left(\frac{ka\sin\theta_x}{2}\right)}{\frac{ka\sin\theta_x}{2}}\frac{\sin\left(\frac{kb\sin\theta_y}{2}\right)}{\frac{kb\sin\theta_y}{2}} \tag{5.4-9}$$

则 P 点的强度为

$$I=\tilde{E}\tilde{E}^*=I_0\left[\frac{\sin\left(\frac{ka\sin\theta_x}{2}\right)}{\frac{ka\sin\theta_x}{2}}\right]^2\left[\frac{\sin\left(\frac{kb\sin\theta_y}{2}\right)}{\frac{kb\sin\theta_y}{2}}\right]^2 \tag{5.4-10}$$

或者简写为

$$I=I_0\left(\frac{\sin\alpha}{\alpha}\right)^2\left(\frac{\sin\beta}{\beta}\right)^2 \tag{5.4-11}$$

式中，I_0 是 P_0 点的强度；$\alpha=\dfrac{ka\sin\theta_x}{2}=\dfrac{\pi a\sin\theta_x}{\lambda}$；$\beta=\dfrac{kb\sin\theta_y}{2}=\dfrac{\pi b\sin\theta_y}{\lambda}$。

式(5.4-10)或式(5.4-11)就是**矩形孔夫琅禾费衍射的强度分布公式**。

2. 矩形孔夫琅禾费衍射图样的强度分布曲线

由于矩形孔夫琅禾费衍射图样的强度分布与坐标 x 和坐标 y 都有关，因此对 x 轴和 y 轴的强度分布分别讨论。

对于 x 轴上点的衍射强度分布，$\sin\theta_y=0$，此时衍射强度分布公式式(5.4-11)变为

$$I=I_0\left(\frac{\sin\alpha}{\alpha}\right)^2 \tag{5.4-12}$$

根据式(5.4-12)画出的强度分布曲线如图 5.4-5 所示。在 $\alpha=0$ 处，对应于 P_0 点，衍射光强有主极大值；在 $\alpha=\pm\pi,\ \pm2\pi,\ \pm3\pi,\cdots$ 处，有极小值 0，即

$$a\sin\theta_x=\pm m\lambda,\quad m=1, 2, 3,\cdots \tag{5.4-13}$$

可以看出，相邻两个零强度点之间的距离与宽度 a 成反比。在两个相邻零强度点之间有一个强度次极大，次极大的位置满足 $\dfrac{\mathrm{d}}{\mathrm{d}\alpha}\left(\dfrac{\sin\alpha}{\alpha}\right)^2=\dfrac{2\sin\alpha(\alpha\cos\alpha-\sin\alpha)}{\alpha^3}=0$，显然

$$\alpha\cos\alpha-\sin\alpha=0\Rightarrow\tan\alpha=\alpha \tag{5.4-14}$$

利用图解法求解方程式(5.4-14)，如图 5.4-6 所示，得到

$$\alpha\approx\pm\left(m+\frac{1}{2}\right)\pi,\quad m=1, 2, 3,\cdots$$

因此得到**次极大**位置满足

$$a\sin\theta_x=\pm(2m+1)\frac{\lambda}{2},\quad m=1, 2, 3,\cdots \tag{5.4-15}$$

矩形孔衍射在 y 轴上的强度分布由 $I_0\left(\dfrac{\sin\beta}{\beta}\right)^2$ 决定，可以利用上述同样的方法讨论。如果矩形孔宽度 a 和 b 不等，那么沿着 x 轴和 y 轴相邻暗点的间距不同。在 x 轴和 y 轴外各点的光强度，根据式(5.4-11)计算。根据图 5.4-4 可以看出，矩形孔夫琅禾费衍射图样中央亮斑的强度最大，其他亮斑的强度比中央亮斑要小得多，所以绝大部分光能量集中在中央亮斑内。中央亮斑可以认为是衍射扩展的主要范围，它的边缘在 x 轴和 y 轴上分别由条件 $a\sin\theta_x=\pm\lambda$

和 $b\sin\theta_y = \pm\lambda$ 决定。若以坐标表示，则有

$$\begin{cases} x_0 = \pm\dfrac{\lambda}{a}f \\ y_0 = \pm\dfrac{\lambda}{b}f \end{cases} \tag{5.4-16}$$

可见，衍射扩展与矩形孔的宽度成反比，而与光波波长成正比。当光源波长 λ 远远小于孔径宽度时，衍射效应可以忽略，所得到的结果与几何光学的结果一致。

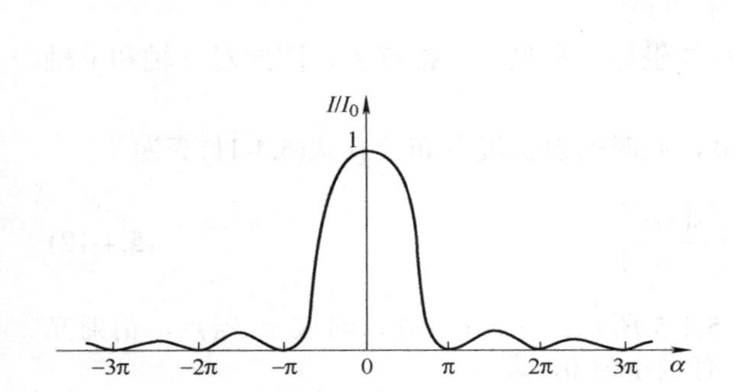

图 5.4-5　矩形孔衍射在 x 轴上的强度分布曲线

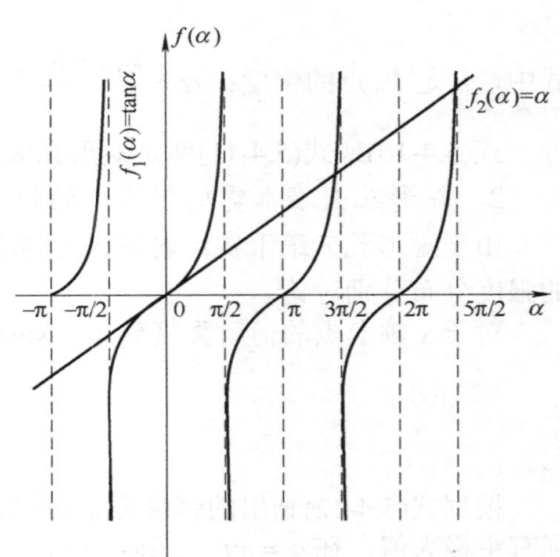

图 5.4-6　图解法求方程式(5.4-14)

5.4.4　单缝的夫琅禾费衍射

如果矩形孔一个方向的宽度比另一个方向的宽度大得多，矩形孔就变成了狭缝。当 $b \gg a$ 时，单缝的夫琅禾费衍射图样如图 5.4-7 所示。

显然，单缝衍射在 x 轴上的衍射强度分布公式为

$$I = I_0\left(\frac{\sin\alpha}{\alpha}\right)^2 \tag{5.4-17}$$

式中，$\alpha = \dfrac{ka\sin\theta_x}{2} = \dfrac{\pi a\sin\theta_x}{\lambda}$，$\theta_x$ 称为衍射角。$\left(\dfrac{\sin\alpha}{\alpha}\right)^2$ 在衍射理论中称为单缝衍射因子。

单缝衍射图样的中央亮纹在由下式决定的两个暗点范围内：

$$x_0 = \pm\frac{\lambda}{a}f \tag{5.4-18}$$

这一范围集中了单缝衍射的绝大部分能量。在宽度上，中央亮纹是其他亮纹宽度的两倍。其他亮纹的宽度相同，亮度逐级下降。单缝缝宽越小，条纹越宽。光波波长越大，条纹越宽。对于白光光源的衍射，中央特亮，其余呈彩色分布。对于缝宽一定的单缝，波长越长，各级衍射角越大，中央亮条纹越宽，如图 5.4-8 所示。

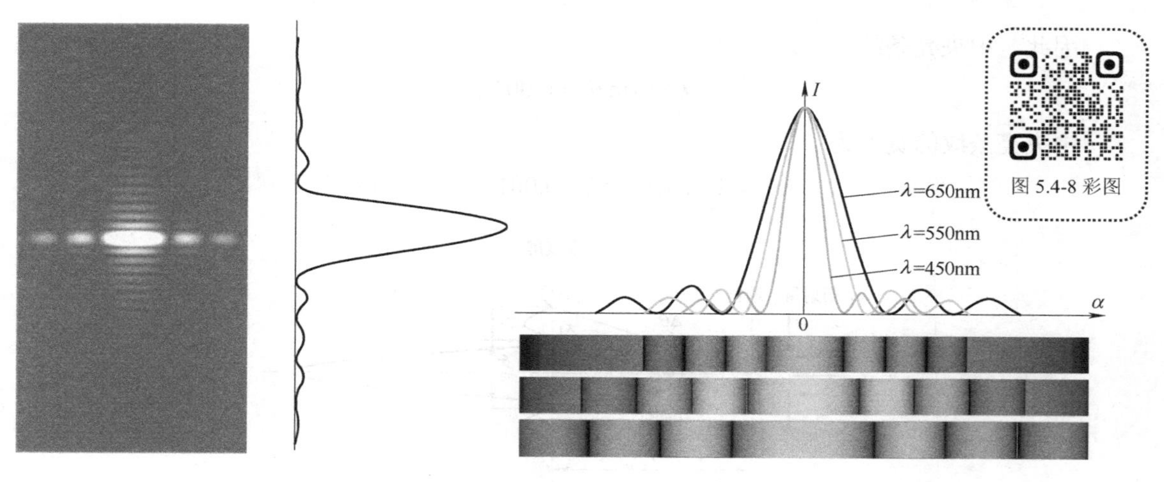

图 5.4-7　单缝夫琅禾费衍射图样　　　图 5.4-8　相同单缝宽度不同光源波长下的单缝衍射光强

例题 5.2　波长 λ=632.8 nm 的 He-Ne 激光垂直地透射到缝宽 a=0.0209 mm 的狭缝上，现有一焦距 f=50 cm 的凸透镜放置于狭缝后面，如图 5.4-9 所示。试求：

(1) 由中央亮条纹的中心到第 1 级暗纹的角距离为多少？

(2) 在透镜的焦平面上所观察到的中央亮条纹的线宽度是多少？

解：(1) 单缝衍射光强极小值位置公式式(5.4-13)为

$$a\sin\theta_x = \pm m\lambda,\quad m = 1, 2, 3, \cdots$$

令 m=1，得到

$$\sin\theta_1 = \frac{\lambda}{a} = \frac{(632.8\times10^{-6})\text{mm}}{0.0209\text{mm}} = 0.03$$

$$\theta_1 \approx \sin\theta_1 = 0.03\text{rad} = 1^\circ 42'$$

(2) θ_1 很小，第 1 级暗纹到中央亮纹中心的距离为

$$x_1 = f\tan\theta_1 \approx f\sin\theta_1 \approx 50\text{cm}\times0.03 = 1.5\text{cm}$$

中央亮条纹的宽度为 $2x_1 = 3\text{cm}$ 。

例题 5.3　波长为 500nm 的平行光垂直照射一个单缝，若缝宽为 0.5mm，透镜的焦距为 1m，求：

(1) 中央亮条纹的衍射角及中央亮条纹的宽度；

(2) 衍射图样的第 1 级和第 2 级暗条纹之间的距离；

(3) 若观察屏上一点 P 观察到一个亮条纹，该条纹中心距离屏中心 O 的距离为 3.5mm，则 P 点是第几级亮条纹？

解：(1) 单缝衍射光强极小值位置公式式(5.4-13)为

$$a\sin\theta_x = \pm m\lambda,\quad m = 1, 2, 3, \cdots$$

令 m=1，得到

$$\sin\theta_1 = \frac{\lambda}{a} = \frac{(500\times10^{-6})\text{mm}}{0.5\text{mm}} = 0.001$$

因此，中央亮条纹的衍射角为

$$\theta_1 \approx \sin\theta_1 = 0.001\text{rad}$$

中央亮条纹的宽度为

$$\Delta x_0 = 2f\tan\theta_1 \approx 2\times 0.001\times 1\text{m} = 2\text{mm}$$

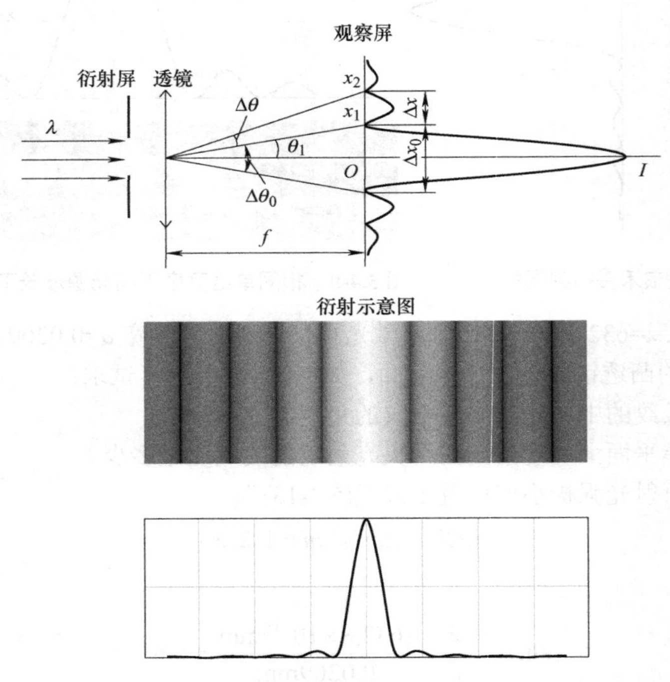

图 5.4-9　例题 5.2 图

(2) 对于第 2 级暗条纹有

$$\sin\theta_2 = 2\frac{\lambda}{a} = \frac{2\times(500\times 10^{-6})\text{mm}}{0.5\text{mm}} = 0.002$$

所以衍射图样的第 1 级和第 2 级暗条纹之间的距离为

$$\Delta x_{21} = f(\tan\theta_2 - \tan\theta_1) \approx f(\sin\theta_2 - \sin\theta_1) \approx f(\theta_2 - \theta_1) = 1\text{mm}$$

(3) 单缝衍射光强极大值位置公式式(5.4-15)为

$$a\sin\theta_x = \pm(2m+1)\frac{\lambda}{2}，\ m = 1, 2, 3, \cdots$$

在衍射角很小的情况下，有

$$\sin\theta_x \approx \tan\theta_x \approx \frac{x}{f}$$

由于 x=3.5mm，所以

$$a\sin\theta_x = a\frac{x}{f} = \pm(2m+1)\frac{\lambda}{2}$$

$$m = \frac{ax}{f\lambda} - \frac{1}{2} = \frac{0.5\text{mm} \times 3.5\text{mm}}{10^3\text{mm} \times (500 \times 10^{-6})\text{mm}} - \frac{1}{2} = 3$$

5.5　圆孔的夫琅禾费衍射

光学仪器的光瞳通常是圆形的，讨论圆孔衍射对分析光学仪器的衍射现象具有重要意义。

5.5.1　强度公式

假定圆孔的半径为 a，圆孔中心 O 位于光轴上，圆孔具有对称性，采用如图 5.5-1 所示的极坐标。圆孔中任意点 Q 的位置，用直角坐标表示时为 x_1、y_1，用极坐标表示时为 r_1、ψ_1，两种坐标有如下关系：

$$x_1 = r_1 \cos\psi_1,\ \ y_1 = r_1 \sin\psi_1$$

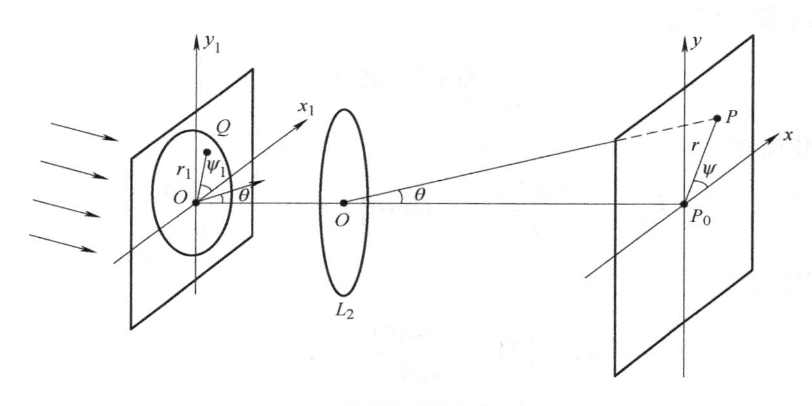

图 5.5-1　计算圆孔衍射采用的极坐标

观察平面上任意点 P 的位置可以用极坐标 r、ψ 表示，它们和直角坐标的关系为

$$x = r\cos\psi,\ \ y = r\sin\psi$$

式(5.4-2)是计算夫琅禾费衍射普遍适用的公式。在计算圆孔衍射时，积分域 Σ 是圆孔面积。式中面元 $\mathrm{d}\sigma$，用极坐标表示时为

$$\mathrm{d}\sigma = r_1\mathrm{d}r_1\mathrm{d}\psi_1$$

又因为

$$\frac{x}{f} = \frac{r\cos\psi}{f} = \theta\cos\psi,\ \ \frac{y}{f} = \frac{r\sin\psi}{f} = \theta\sin\psi$$

θ 是衍射角，即衍射方向 OP 与光轴的夹角。将以上关系式代入式(5.4-2)，得到 P 点的复振幅为

$$\begin{aligned}\tilde{E}(P) &= C'\int_0^a\int_0^{2\pi} \exp[-\mathrm{i}k(r_1\theta\cos\psi_1\cos\psi + r_1\theta\sin\psi_1\sin\psi)]r_1\mathrm{d}r_1\mathrm{d}\psi_1 \\ &= C'\int_0^a\int_0^{2\pi} \exp[-\mathrm{i}kr_1\theta\cos(\psi_1 - \psi)]r_1\mathrm{d}r_1\mathrm{d}\psi_1\end{aligned} \tag{5.5-1}$$

式中，$C'=\frac{CA'}{f}\exp(\mathrm{i}kf)$，相位因子$\exp\left[\mathrm{i}k\left(\frac{x^2+y^2}{2f}\right)\right]$在计算强度时将被消去，为使计算简便，省略该相位因子。

根据零阶贝塞尔函数的积分表示式：

$$\mathrm{J}_0(Z)=\frac{1}{2\pi}\int_0^{2\pi}\exp(\mathrm{i}Z\cos\psi)\mathrm{d}\psi \tag{5.5-2}$$

式(5.5-1)可以表示为

$$\tilde{E}(P)=C'\int_0^a 2\pi\mathrm{J}_0(-kr_1\theta)r_1\mathrm{d}r_1 \tag{5.5-3}$$

利用贝塞尔函数为偶函数的性质，式(5.5-3)可以写为

$$\tilde{E}(P)=2\pi C'\int_0^a \mathrm{J}_0(kr_1\theta)r_1\mathrm{d}r_1=\frac{2\pi}{(kr\theta)^2}C'\int_0^{ka\theta}\mathrm{J}_0(kr_1\theta)(kr_1\theta)\mathrm{d}(kr_1\theta) \tag{5.5-4}$$

根据贝塞尔函数的递推关系：

$$\frac{\mathrm{d}}{\mathrm{d}Z}\left[Z\mathrm{J}_1(Z)\right]=Z\mathrm{J}_0(Z) \tag{5.5-5}$$

式(5.5-4)可以化简为

$$\tilde{E}(P)=\frac{2\pi C'}{(kr\theta)^2}\left[kr_1\theta\mathrm{J}_1(kr_1\theta)\right]=\pi a^2C'\frac{2\mathrm{J}_1(ka\theta)}{ka\theta} \tag{5.5-6}$$

则 P 点的光强度为

$$I=(\pi a^2)^2\left|C'\right|^2\left[\frac{2\mathrm{J}_1(ka\theta)}{ka\theta}\right]^2=I_0\left[\frac{2\mathrm{J}_1(Z)}{Z}\right]^2 \tag{5.5-7}$$

式中，$I_0=(\pi a^2)^2\left|C'\right|^2$ 是轴上点 P_0 的强度；$Z=ka\theta$。式(5.5-7)即为圆孔衍射的强度分布公式。

5.5.2 衍射图样分析

式(5.5-7)表示 P 点的强度与它对应的衍射角 θ 有关，或者由于 $\theta=r/f$，强度与 r 有关，而与 ψ 无关。因此，r 相等处的光强相同，所以衍射图样是圆环形条纹，如图 5.5-2 所示。

一阶贝塞尔函数是一个随 Z 做振荡变换的函数，可以用级数表示为

$$\mathrm{J}_1(Z)=\sum_{m=0}^{\infty}(-1)^m\frac{1}{m!(1+m)!}\left(\frac{Z}{2}\right)^{2m+1}=\frac{Z}{2}-\frac{1}{2}\left(\frac{Z}{2}\right)^3+\frac{1}{2!3!}\left(\frac{Z}{2}\right)^5-\cdots \tag{5.5-8}$$

强度分布曲线如图 5.5-3 所示。

在 $Z=0$ 处(对应轴上 P_0 点)，有极大值(主极大)。当 Z 满足 $\mathrm{J}_1(Z)=0$ 时，有极小值，这些 Z 值决定衍射暗环的位置。在相邻两个极小值之间有一个极大值，其位置由满足下式的 Z 值决定：

$$\frac{\mathrm{d}}{\mathrm{d}Z}\left[\frac{\mathrm{J}_1(Z)}{Z}\right]=-\frac{\mathrm{J}_2(Z)}{Z}=0 \tag{5.5-9}$$

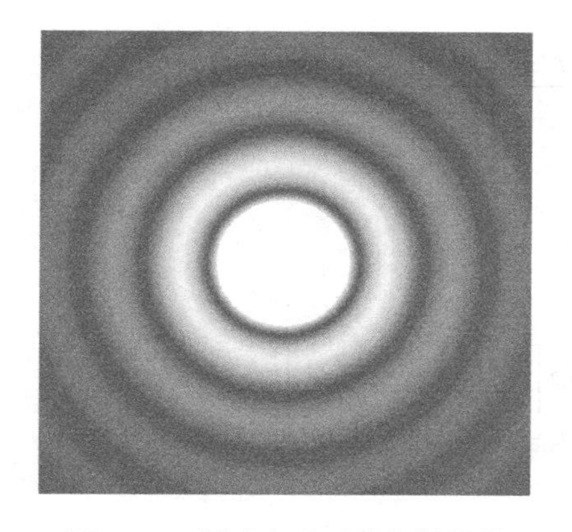

图 5.5-2　圆孔夫琅禾费衍射图样

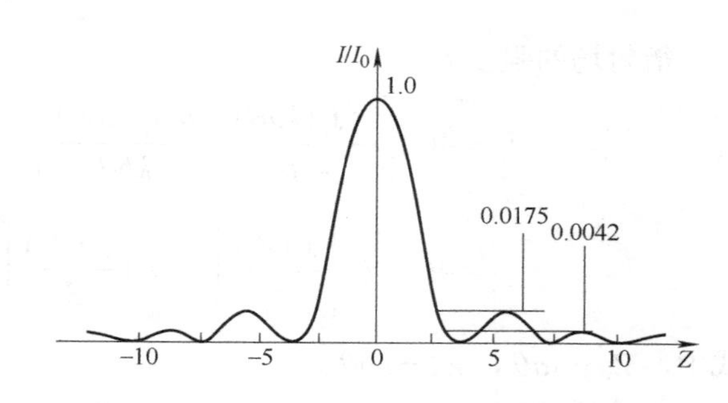

图 5.5-3　圆孔衍射强度分布曲线

满足式(5.5-9)的 Z 值决定衍射亮环的位置。

可以看到，两相邻暗环的间距并不相等，这一点有别于矩形孔和单缝衍射光强的分布。但是，与矩形孔和单缝衍射类似，次极大的强度都比中央主极大的强度要小得多。因此，在圆孔衍射图样中，光能也是大部分集中在中央亮斑内，这一亮斑称为艾里斑，它的半径 r_0 由对应于第一个强度为零的 Z 值决定：

$$Z=\frac{kar_0}{f}=1.22\pi \tag{5.5-10}$$

因此

$$r_0=1.22f\frac{\lambda}{2a} \tag{5.5-11}$$

或者以角半径表示为

$$\theta_0=\frac{r_0}{f}=0.61\frac{\lambda}{a} \tag{5.5-12}$$

式(5.5-12)表明，衍射大小和圆孔半径成反比，与光波波长成正比。

例题 5.4　(1) 利用式(5.5-6)推导出外径和内径分别为 a 和 b 的圆环(见图 5.5-4)的衍射强度公式。

(2) 求出当 $b=a/2$ 时，圆环衍射与半径为 a 的圆孔衍射的中央强度之比，以及圆环衍射第 1 个强度零点的角半径。

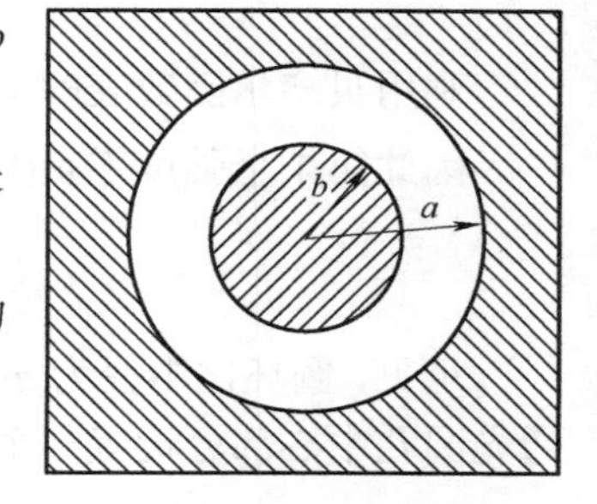

图 5.5-4　圆环衍射屏

解： (1) 根据式(5.5-6)，半径为 a 的圆孔在衍射场上产生的振幅为

$$E_a=E_0\frac{2J_1(ka\theta)}{ka\theta}=Ca^2\frac{2J_1(ka\theta)}{ka\theta}$$

半径为 b 的圆孔在衍射场上产生的振幅为

$$E_b=Cb^2\frac{2J_1(kb\theta)}{kb\theta}$$

半径为 b 的圆屏在衍射场产生的振幅 E_s，根据巴俾涅原理应等于 $-E_b$。

因此，圆环在衍射场产生的振幅为

$$E_r = E_a + E_s = 2C\left[\frac{a^2 J_1(ka\theta)}{ka\theta} - \frac{b^2 J_1(kb\theta)}{kb\theta}\right]$$

衍射场的强度为

$$I_r = 4C^2\left[\frac{a^2 J_1(ka\theta)}{ka\theta} - \frac{b^2 J_1(kb\theta)}{kb\theta}\right]^2$$

$$= 4C^2\left\{a^4\left[\frac{J_1(Z_1)}{Z_1}\right]^2 + b^4\left[\frac{J_1(Z_2)}{Z_2}\right]^2 - 2a^2b^2\left[\frac{J_1(Z_1)}{Z_1}\right]\left[\frac{J_1(Z_2)}{Z_2}\right]\right\}$$

式中，$Z_1 = ka\theta$，$Z_2 = kb\theta$。

对于衍射场的中心，Z_1=0，Z_2=0，根据贝塞尔函数的级数表示有

$$J_1(x) = \frac{x}{2}\left[1 - \frac{x^2}{2\times 4} + \frac{x^4}{2\times 4^2\times 6} - \frac{x^6}{2\times 4^2\times 6^2\times 8} + \cdots\right]$$

则相应的强度为

$$(I_r)_0 = 4C^2\left(\frac{a^4}{4} + \frac{b^4}{4} - \frac{a^2b^2}{2}\right) = C^2(a^2 - b^2)^2$$

(2) 当 $b=a/2$ 时，有

$$(I_r)_0 = C^2\left[a^2 - \left(\frac{a}{2}\right)^2\right]^2 = \frac{9}{16}C^2a^4$$

因此

$$\frac{(I_r)_0}{(I_a)_0} = \frac{\frac{9}{16}C^2a^4}{C^2a^4} = \frac{9}{16}$$

圆环衍射的第 1 个强度零值满足

$$\frac{a^2 J_1(ka\theta)}{ka\theta} - \frac{b^2 J_1(kb\theta)}{kb\theta} = 0$$

利用贝塞尔函数表解上述方程，得到 $Z_1 = ka\theta = 3.144$。

因此第 1 个强度零点(暗环)的角半径为

$$\theta = 3.144\frac{\lambda}{2\pi a} = 0.51\frac{\lambda}{a}$$

可见，圆环比半径为 a 的圆孔衍射的艾里斑的角半径要小。在一些大型的天文望远镜中，通光圆孔中心部分设置一个反射镜而形成环孔，目的就是提高望远镜的分辨本领。

5.6 光学成像系统的衍射和分辨本领

光学成像系统的衍射和分辨本领

5.6.1 成像系统的衍射现象

在几何光学中，一个理想光学成像系统使得点物成点像。但实际上由于任何光学系统有

限制光束的光瞳，其带来的衍射效应是无法消除的，使得光学系统所成的点物的像是一个衍射像斑。通常光学系统的光瞳都比光波的波长大得多，因而衍射效应极小，因此衍射像斑非常接近于点像。用足够倍数的显微镜观察光学系统所成的衍射像斑，则能清楚地看到像斑结构。

夫琅禾费衍射是以平行光入射，在透镜的焦平面上观察衍射现象。对于光学成像系统，比较多的情形是对近处的点物成像，此时在像面上观察到的衍射像斑是否可以应用夫琅禾费衍射公式来计算？下面讨论这个问题。

考虑如图 5.6-1 所示的成像装置。图中 S 是物点，L 代表成像系统，S'是成像系统对 S 所成的像，D 是系统的孔径光阑。假设成像系统没有像差，忽略衍射效应，则像 S'为点像。

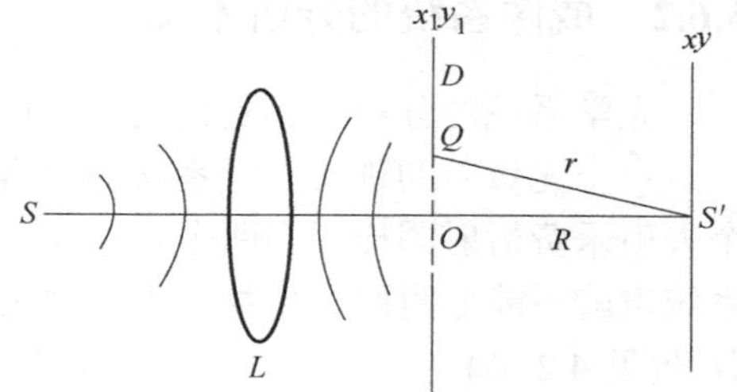

图 5.6-1　成像系统对近处点物成像

用波动光学描述上述过程，就是系统 L 将发自 S 的发散球面波改变为会聚于点 S'的会聚球面波。由于孔径光阑 D 的限制，使得系统的成像 S'应是会聚球面波在孔径光阑 D 上的衍射像斑。

通常光阑面到像面的距离 R 比光阑的口径 D 要大得多，一般不能用夫琅禾费衍射公式计算像面上的复振幅分布，只能利用菲涅耳衍射的计算公式。

在孔径光阑面上建立坐标系 Ox_1y_1，在像面上建立坐标系 $S'xy$，两个坐标系的原点 O 和 S' 在光轴上，根据式(5.3-8)，像面上的复振幅分布为

$$\tilde{E}(x,y)=\frac{\exp(\mathrm{i}kR)}{\mathrm{i}\lambda R}\iint_{\Sigma}\tilde{E}(x_1,y_1)\exp\left\{\frac{\mathrm{i}k}{2R}[(x-x_1)^2+(y-y_1)^2]\right\}\mathrm{d}x_1\mathrm{d}y_1 \tag{5.6-1}$$

式中，Σ 是光阑的面积；$\tilde{E}(x_1,y_1)$ 是光阑面上的复振幅分布。

由于光阑受会聚球面波照射，所以在光阑面上的复振幅分布为

$$\tilde{E}(x_1,y_1)=\frac{A\exp(-\mathrm{i}kr)}{r} \tag{5.6-2}$$

式中，A 是会聚球面波在离像面坐标原点 S'单位距离处的振幅；r 是光阑面上坐标为(x_1, y_1)的 Q 点到原点 S'的距离。

在傍轴近似下，$r\approx R$；在菲涅耳近似下，球面波相位因子取为

$$\exp(-\mathrm{i}kr)\approx\exp\left[-\mathrm{i}k\left(R+\frac{x_1^2+y_1^2}{2R}\right)\right] \tag{5.6-3}$$

因此有

$$\tilde{E}(x_1,y_1)=\frac{A}{R}\exp(-\mathrm{i}kR)\exp\left[-\frac{\mathrm{i}k}{2R}(x_1^2+y_1^2)\right] \tag{5.6-4}$$

式中，A/R 是入射波在光阑面上的振幅。

将式(5.6-4)代入式(5.6-1)，得到

$$\tilde{E}(x,y)=\frac{A}{\mathrm{i}\lambda R^2}\exp\left[\frac{\mathrm{i}k}{2R}(x^2+y^2)\right]\iint_{\Sigma}\exp\left\{-\mathrm{i}k\left(\frac{x}{R}x_1+\frac{y}{R}y_1\right)\right\}\mathrm{d}x_1\mathrm{d}y_1 \tag{5.6-5}$$

比较式(5.6-5)和式(5.4-2)所示的夫琅禾费衍射公式，可以看到两式中的积分是一样的，只是式(5.6-5)用 R 代替了式(5.4-2)中的 f。

因此，式(5.6-5)可以解释为单色平面波垂直入射到孔径光阑，并在一个焦距为 R 的透镜的后焦平面上产生的夫琅禾费衍射的复振幅分布。说明在像面上观察到的近处点物的衍射像也是孔径光阑的夫琅禾费衍射图样，对于光学成像系统，在像面上观察到的衍射像斑可以应用夫琅禾费衍射公式来计算。

5.6.2 成像系统的分辨本领

光学系统的分辨本领是指它能分辨开两个靠近的点物或物体细节的能力。

一个无像差的理想光学系统的分辨本领是无限的，但由于光学系统对点物所成的像是一个夫琅禾费衍射图样，当两个点物非常靠近时，它们的衍射图样有可能分辨不开，因而光学系统也就不能分辨两个点物。光学理论中，一般采用瑞利判据判断两点物的衍射图样是否被分开(见 4.2 节)。

不同的光学系统成像，其分辨本领有不同的表示方法。

1. 望远镜的分辨本领

望远镜物镜是用于对远处物体成像的。对于望远镜物镜，用两个恰能分辨的点物对物镜的张角表示其分辨本领。

设望远镜物镜的圆形通光孔径的直径为 D，根据式(5.5-12)它对远处点物所成的像的艾里斑角半径为

$$\theta_0 = 1.22\frac{\lambda}{D} \tag{5.6-6}$$

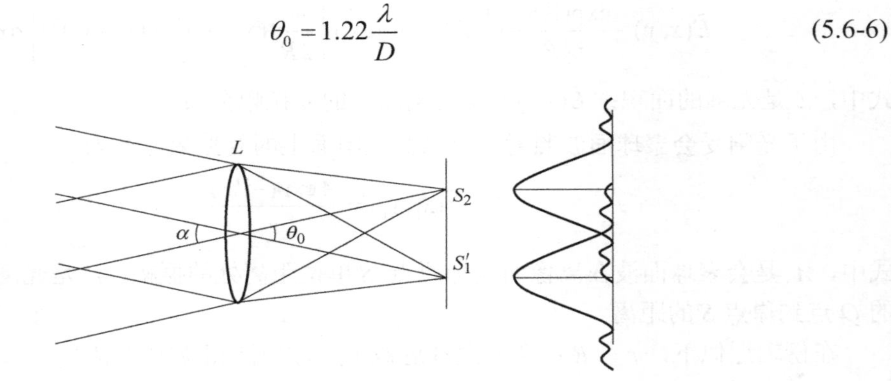

图 5.6-2 望远镜的最小分辨角

如果两个点物恰好被望远镜分辨，根据瑞利判据，两个点物对望远镜物镜的张角为

$$\alpha = \theta_0 = 1.22\frac{\lambda}{D} \tag{5.6-7}$$

式(5.6-7)即为望远镜的最小分辨角公式，表明物镜的直径 D 越大，望远镜的分辨本领越高。

天文望远镜物镜的直径都做得很大，原因之一就是为了提高分辨本领。表 5.6-1 所示为现今世界上最先进的天文望远镜的主要参数。

表 5.6-1　天文望远镜的主要参数及结构特点

望远镜名称	位置	口径	结构特点	图片
日本国家天文台昴星团望远镜(Subaru Telescope)	美国夏威夷莫纳克亚山	8.3m	世界上最大口径的单面反射镜：镜面薄，可实现 0.1″的高精度跟踪	
甚大望远镜(Very Large Telescope, VLT)	智利塞罗-帕拉纳山	8.2m	由 4 台相同的口径为 8.2m 的望远镜组成；作为干涉仪工作时，具有相当于口径 16m 的望远镜的聚光能力和口径 130m 的望远镜的角分辨本领	
双子星天文台(Gemini Observatory)	北双子望远镜，位于美国夏威夷毛纳基山，南双子望远镜位于智利的安底斯山	8.1m	每一台望远镜配备一台先进的 Gemini 多目标光谱成像仪，配有 3 个 2048×4608 CCD，构成了世界上最精细的望远镜	
加那利大型望远镜(Gran Telescopio Canarias，GTC)	西班牙帕尔马加那利岛屿中的一个岛	10.4m	截至 2013 年，GTC 是世界上最大的光学和红外望远镜。主镜由 36 个六边形的片段，一起行动作为一个单一的镜子	
大双筒望远镜(Large Binocular Telescope，LBT)	格雷厄姆山	8.4m 等效 11.8m	由两个相邻的 8.4m 直径的望远镜组成，它们可以单独或协同工作	
凯克 10 米望远镜(Kech Ⅰ-Ⅱ)	夏威夷莫纳克亚山顶	等效 14m	36 片直径 1.8m、厚度 10cm 的六角形镜片拼接而成	

2. 照相物镜的分辨本领

照相物镜用像面上每毫米能分辨的直线数表示其分辨本领。照相物镜一般用于对较远的物体成像，并且所成的像由感光底片记录，底片的位置与照相物镜的焦平面大致重合。

若照相物镜的孔径为 D，则它能分辨的最靠近的两直线在感光底片上的距离为

$$\varepsilon' = f\theta_0 = 1.22 f \frac{\lambda}{D} \tag{5.6-8}$$

式中，f 是照相物镜的焦距。

照相物镜的分辨本领以像面上每毫米能分辨的直线数 N 表示，则有

$$N = \frac{1}{\varepsilon'} = \frac{1}{1.22\lambda}\frac{D}{f} \tag{5.6-9}$$

在照相物镜和感光底片所组成的照相系统中，为了充分利用照相物镜的分辨本领，所使用的感光底片的分辨本领应该大于或等于物镜的分辨本领。

3. 显微镜的分辨本领

显微镜的分辨本领用恰能分辨的两个物点的距离表示。显微镜物镜的成像示意图如图 5.6-3 所示。

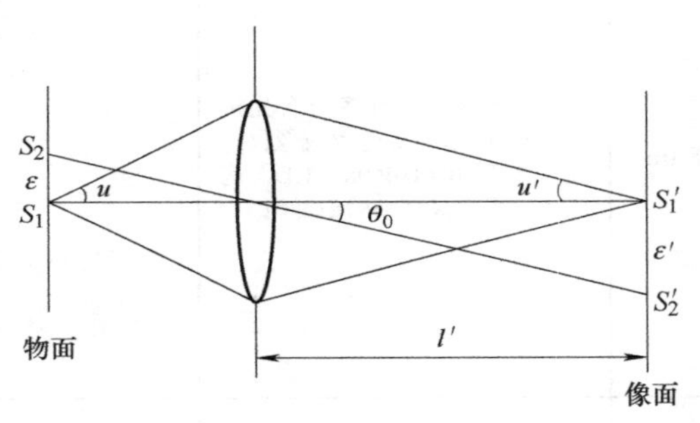

图 5.6-3 显微镜物镜的成像示意图

点物 S_1 和 S_2 位于物镜前焦点附近，由于物镜的焦距极端，所以 S_1 和 S_2 发出的光波以很大的孔径角入射到物镜，而它们的像 S_1'和 S_2'则距离物镜较远。像 S_1'和 S_2'是物镜边框(孔径光阑)的夫琅禾费衍射图样，其中艾里斑的半径为

$$r_0 = l'\theta_0 = 1.22 l' \frac{\lambda}{D} \tag{5.6-10}$$

式中，l'是像距；D 是物镜直径。则 $\varepsilon' = r_0$。

根据瑞利判据，两个衍射图样刚好可以分辨，则两个点物之间的距离 ε 就是物镜的最小分辨距离。

由于显微镜物镜的成像满足阿贝正弦条件：

$$n\varepsilon \sin u = n'\varepsilon' \sin u' \tag{5.6-11}$$

式中，n 和 n'分别是物方和像方的折射率。对于 n'=1，由于 $l' \gg D$，有

$$\sin u' \approx u' = \frac{D/2}{l'} \tag{5.6-12}$$

因此

$$\varepsilon = \frac{\varepsilon' \sin u'}{n \sin u} = 1.22 \frac{l'\lambda}{D} \frac{D/2}{l'} \frac{1}{n \sin u} = \frac{0.61\lambda}{n \sin u} \tag{5.6-13}$$

式中，$n\sin u$ 称为物镜的数值孔径，通常以 N.A.表示。

提高显微镜分辨本领的途径是：

1) 增大物镜的数值孔径。增大数值孔径有两种方法：一是减小物镜焦距，使孔径角 u 增大；二是用油浸没物体和物镜以增大物方折射率。

2) 减小波长。如果被观察的物体不是自发光的，只要用短波长的光照明即可。因此，一般显微镜的照明设备都附加一块紫色滤光片。近代电子显微镜利用电子束的波动性成像，由于电子束的波长比光波要小得多，因而电子显微镜的分辨本领比普通光学显微镜高千万倍以上。国际主流电子显微镜品牌有美国赛默飞世尔(FEI)、日本日立(Hitachi)和德国蔡司(Zeiss)，其典型产品的参数如表 5.6-2 所示。

表 5.6-2　电子显微镜参数表

品牌型号	FEI Tecnai T12	Hitachi SU8220	Zeiss Gemini 500
图　片			
分辨力	0.2nm	0.8nm@15kV 1.1nm@1kV	0.5nm@15kV 0.8nm@1kV 1.0nm@500V
加速电压	20.0～120.0kV	0.5～30.0kV	0.02～30.0kV
放大倍率	18～650000	20～2000000	50～2000000
扫描维度	5 轴	5 轴	6 轴

国产电子显微镜品牌(中科科仪)主要参数如表 5.6-3 所示。

表 5.6-3　国产电子显微镜参数表

品牌型号	KYKY-2800B	KYKY-EM8100
图　片		
分辨力	4.5nm	1.0nm@30kV 3.0nm@1kV
加速电压	0.1～30.0kV	0～30.0kV
放大倍率	15～250000	6～1000000
扫描维度	5 轴	5 轴

例题 5.5 一束直径为 2mm 的氦氖激光(λ=632.8nm)自地面射向月球，已知月球到地面的距离为 376×10³km，问在月球上接收到的光斑有多大？若把此激光束扩束到直径为 0.2m 再射向月球，月球上接收到的光斑有多大？

解：由式(5.5-12)，可得激光束的衍射发散角为

$$2\theta = 2.44\frac{\lambda}{D} = \frac{2.44\times(632.8\times10^{-6})\text{mm}}{2\text{mm}} = 7.7\times10^{-4}\,\text{rad}$$

因此，月球上接收到的激光束的直径为

$$D' = 2\theta L = 7.7\times10^{-4}\times(376\times10^{3})\text{km} \approx 290\text{km}$$

把激光束扩束为直径 0.2m 时，激光束的衍射发散角为

$$2\theta = 2.44\frac{\lambda}{D} = \frac{2.44\times(632.8\times10^{-6})\text{mm}}{(0.2\times10^{3})\text{mm}} = 7.7\times10^{-6}\,\text{rad}$$

则月球上接收到的激光束的直径为

$$D' = 2\theta L = 7.7\times10^{-6}\times(376\times10^{3})\text{km} \approx 2.9\text{km}$$

例题 5.6 一台显微镜的数值孔径 N.A.=0.9，照明波长 $\lambda = 550\text{nm}$，求：

(1) 它的最小分辨距离；

(2) 利用油浸物镜使数值孔径增大到 1.5，利用紫色滤光片使波长减小为 430nm，问它的分辨本领提高多少？

解：(1) 显微镜的最小分辨距离为

$$\varepsilon_1 = \frac{0.61\lambda}{\text{N.A.}} = \frac{0.61\times(550\times10^{-6})\text{mm}}{0.9} = 3.73\times10^{-4}\,\text{mm}$$

(2) 当 $\lambda = 430\text{nm}$，$\text{N.A.} = 1.5$ 时，显微镜的最小分辨距离为

$$\varepsilon_2 = \frac{0.61\lambda}{\text{N.A.}} = \frac{0.61\times(430\times10^{-6})\text{mm}}{1.5} = 1.75\times10^{-4}\,\text{mm}$$

分辨本领提高的倍数为

$$\frac{\varepsilon_1}{\varepsilon_2} - 1 = \frac{3.73\times10^{-4}\,\text{mm}}{1.75\times10^{-4}\,\text{mm}} - 1 = 1.13$$

5.6.3 光刻机突破衍射极限

光刻技术顾名思义是以光为刀，在晶圆上加工微型电路结构的技术。光刻机技术又称为大规模集成电路及成套工艺，正是因为用来加工的“光刀”极窄、精度极高，能够在小小的芯片上实现 7nm、5nm，甚至 3nm 制程的光刻工艺，实现逻辑元件的高密集集成。但是，为什么波长 193nm 的深紫外光刻机可以去制造 7nm 工艺的芯片？又是如何突破衍射极限的呢？

光刻机实际上也是一个复杂的光学系统，光源的分辨力和最后输出光线的分辨力并不是完全一致的，提升实际分辨力的手段有很多，实际分辨力通常按照下列公式计算：

$$\varepsilon = k_1 \lambda / \mathrm{N.A.} \tag{5.6-14}$$

式中，λ 是光源波长；k_1 是工艺因子。对于单次加工 k_1 的实际值为 0.25，双重加工可以使 $k_1<0.2$。

表 5.6-4 为 2020 年 ASML 公布的光刻机参数表。

表 5.6-4　光刻机参数表[⊖]

品牌型号	TWINSCAN NXE:3400B	NXT:2000i TWINSCAN NXT:2000i TWINSCAN NXT:2000i
图　片		
光波长	13.5nm	193nm
分辨力	13nm	≤38nm
物镜数值孔径	0.33	1.35
每小时处理晶圆数	≥125 片	≥275 片

为了克服衍射极限的限制，达到更小的光学分辨力，研究人员提出了多种方案，基于表面等离子激元的光刻技术是其中之一。所谓表面等离激元，是指在金属/电介质表面，金属表面电子与入射的光子相互作用，电子发生集体振荡，产生沿着金属表面传输的一种电磁波，如图 5.6-4 所示。

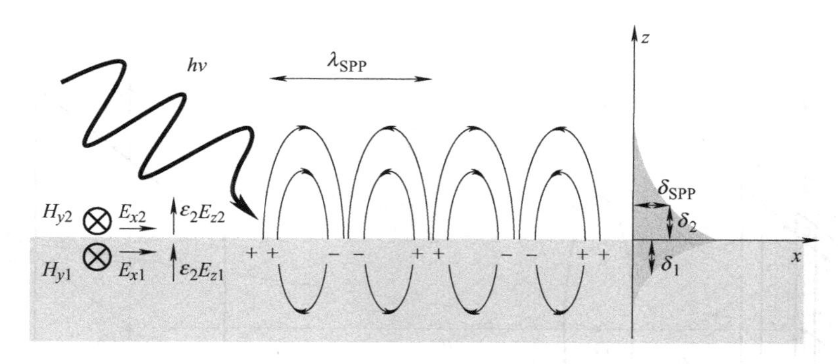

图 5.6-4　基于表面等离子激元的光刻技术原理示意图

在垂直于金属表面方向，电磁波以倏逝波的形式存在于金属表面附近，具有近场局域的性质，典型技术包括 SP 干涉结构和 SP 成像光刻，如图 5.6-5 所示。SP 干涉结构是指铝制备成光栅结构，光刻胶中形成两束传播方向相反的 SP，两者发生干涉，进而得到光刻图案。SP 成像光刻是指基于表面等离激元的特殊微纳结构，形成理想的透镜、超透镜等结构，克服光学衍射效应，进而构建高分辨力的成像系统。除此以外，还有很多提高光刻分辨力的先进技术，如多重曝光技术、冻结曝光技术等。

⊖ https://www.asml.com/en/products/euv-lithography-systems.

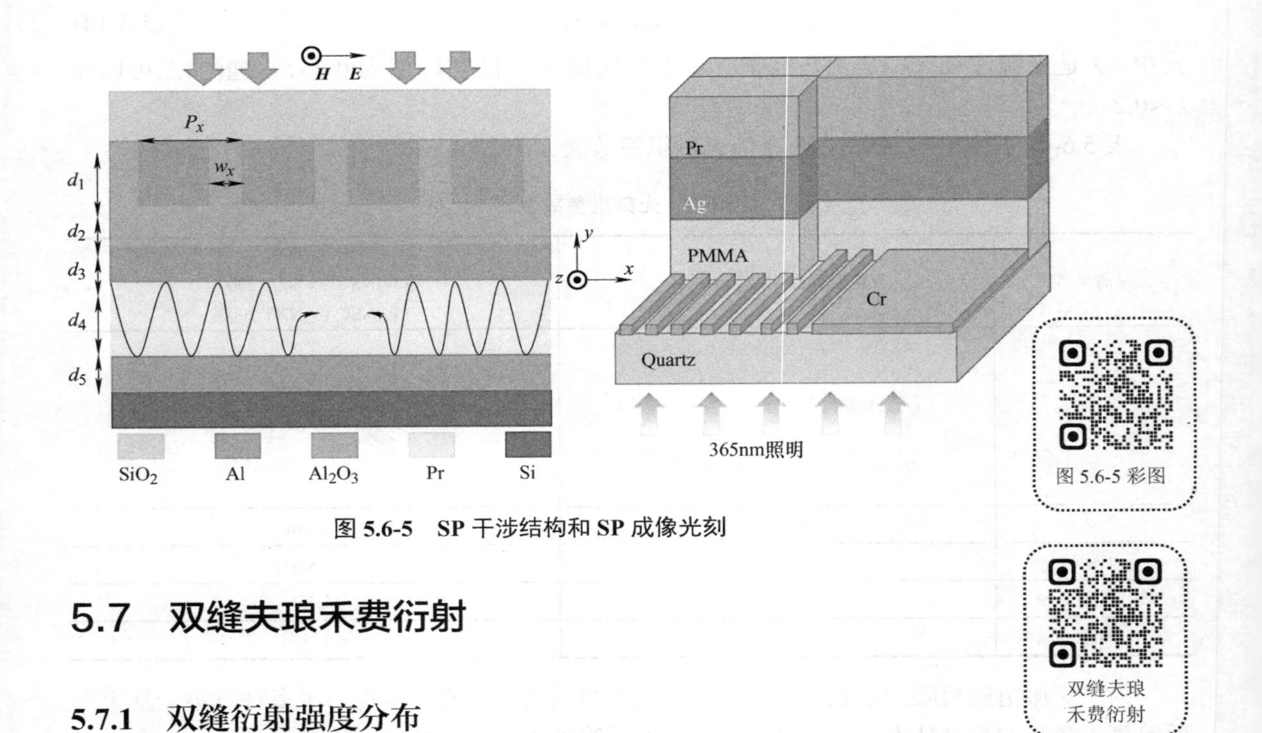

图 5.6-5　SP 干涉结构和 SP 成像光刻

5.7　双缝夫琅禾费衍射

5.7.1　双缝衍射强度分布

双缝夫琅禾费衍射装置如图 5.7-1 所示，缝的宽度为 a，缝的长度为 b，两个缝之间的距离为 d，双缝平行于 y_1 轴。下面计算双缝夫琅禾费衍射的光强分布，考虑双缝受平面波垂直照射的情况。

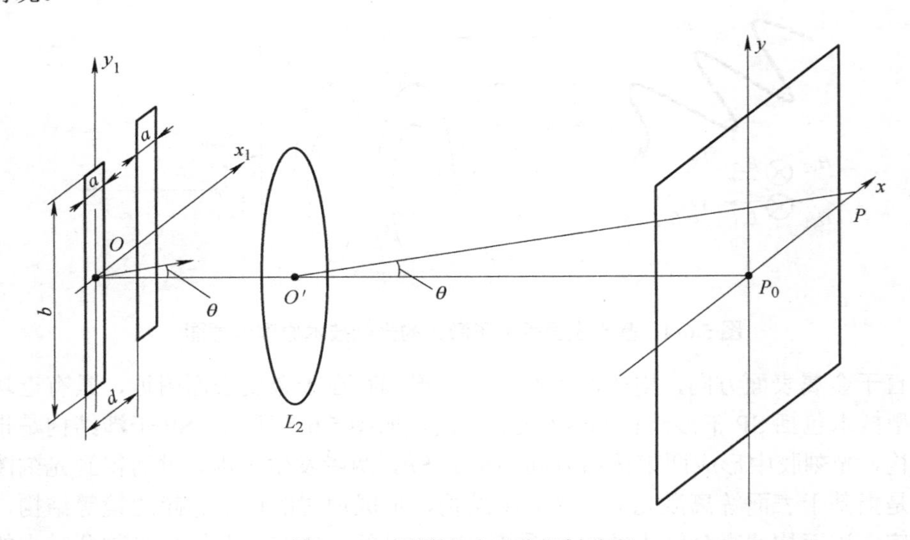

图 5.7-1　双缝夫琅禾费衍射装置

设两个狭缝露出的两部分波面分别为 Σ_1 和 Σ_2，根据式(5.4-1)，忽略对计算光强没有影响的二次相位因子，有

$$
\begin{aligned}
\tilde{E}(P) &= C'\iint_{\Sigma_1+\Sigma_2} \exp\left[-\mathrm{i}k\left(\frac{x}{f}x_1+\frac{y}{f}y_1\right)\right]\mathrm{d}x_1\mathrm{d}y_1 \\
&= C'\int_{-\frac{a}{2}}^{\frac{a}{2}}\exp\left(-\mathrm{i}k\frac{x}{f}x_1\right)\mathrm{d}x_1\int_{-\frac{b}{2}}^{\frac{b}{2}}\exp\left(-\mathrm{i}k\frac{y}{f}y_1\right)\mathrm{d}y_1 + C'\int_{d-\frac{a}{2}}^{d+\frac{a}{2}}\exp\left(-\mathrm{i}k\frac{x}{f}x_1\right)\mathrm{d}x_1\int_{-\frac{b}{2}}^{\frac{b}{2}}\exp\left(-\mathrm{i}k\frac{y}{f}y_1\right)\mathrm{d}y_1 \\
&= C'ab\frac{\sin\frac{kxa}{2f}}{\frac{kxa}{2f}}\frac{\sin\frac{kyb}{2f}}{\frac{kyb}{2f}} + C'b\frac{\sin\frac{kyb}{2f}}{\frac{kyb}{2f}}\int_{d-\frac{a}{2}}^{d+\frac{a}{2}}\exp\left(-\mathrm{i}k\frac{x}{f}x_1\right)\mathrm{d}x_1
\end{aligned}
\tag{5.7-1}
$$

式中，$C'=\dfrac{C}{f}\exp(\mathrm{i}kf)$。当只考虑沿着 x 轴的复振幅分布时，$\dfrac{\sin\frac{kyb}{2f}}{\frac{kyb}{2f}}=1$，又因为

$$
\int_{d-\frac{a}{2}}^{d+\frac{a}{2}}\exp\left(-\mathrm{i}k\frac{x}{f}x_1\right)\mathrm{d}x_1 = a\frac{\sin\frac{kxa}{2f}}{\frac{kxa}{2f}}\exp\left(-\mathrm{i}k\frac{x}{f}d\right) \tag{5.7-2}
$$

所以，x 轴上任意一点 P 的复振幅可以表示为

$$
\tilde{E}(P) = C'ab\left[\frac{\sin\frac{kxa}{2f}}{\frac{kxa}{2f}} + \frac{\sin\frac{kxa}{2f}}{\frac{kxa}{2f}}\exp\left(-\mathrm{i}k\frac{x}{f}d\right)\right] \tag{5.7-3}
$$

式(5.7-3)表明，在 x_1 方向上两个相距为 d 的平行狭缝在 P 点产生的复振幅有一个相位差：

$$
\delta = k\frac{x}{f}d = \frac{2\pi}{\lambda}d\sin\theta \tag{5.7-4}
$$

由图 5.7-2 所示，式(5.7-4)中相位差 δ 是双缝内对应点发出的子波到达 P 点的相位差。在考虑双缝在 P 点产生的复振幅叠加时，这个相位差起着重要作用。

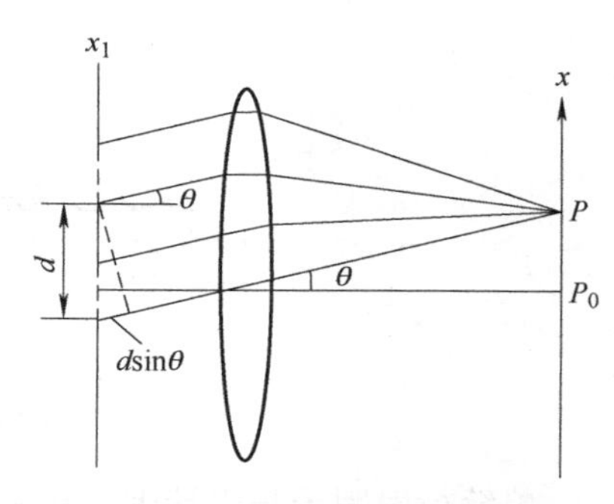

图 5.7-2　双缝衍射光在 θ 方向的相位差

根据式(5.7-3)，令 $\alpha=\dfrac{kxa}{2f}$，则 P 点的光强度为

$$
\begin{aligned}
I &= I_0\left(\frac{\sin\alpha}{\alpha}\right)^2\left[1+\exp\left(-\mathrm{i}k\frac{x}{f}d\right)\right]\left[1+\exp\left(-\mathrm{i}k\frac{x}{f}d\right)\right]^* \\
&= 4I_0\left(\frac{\sin\alpha}{\alpha}\right)^2\cos^2\left(\frac{kxd}{2f}\right) = 4I_0\left(\frac{\sin\alpha}{\alpha}\right)^2\cos^2\frac{\delta}{2}
\end{aligned}
\tag{5.7-5}
$$

式中，$I_0=(ab)^2|C'|^2$，是单缝衍射在轴上 P_0 点的光强。

式(5.7-5)就是双缝衍射的强度分布公式。

式(5.7-5)表明，双缝衍射图样的强度分布由两个因子决定：一个是单缝衍射因子 $\left(\dfrac{\sin\alpha}{\alpha}\right)^2$，表示宽度为 a 的单缝夫琅禾费衍射强度分布；另一个是 $4I_0\cos^2\dfrac{\delta}{2}$，表示相位差为 δ 的两束光产生的干涉图样的光强度分布。

可见，双缝的夫琅禾费衍射图样可以理解为单缝衍射图样和双光束干涉图样的组合，是衍射和干涉两个因素共同作用的结果。

双光束干涉因子和单缝衍射因子所对应的曲线如图 5.7-3a 和 b 所示，双缝夫琅禾费衍射的光强分布如图 5.7-3c 所示。

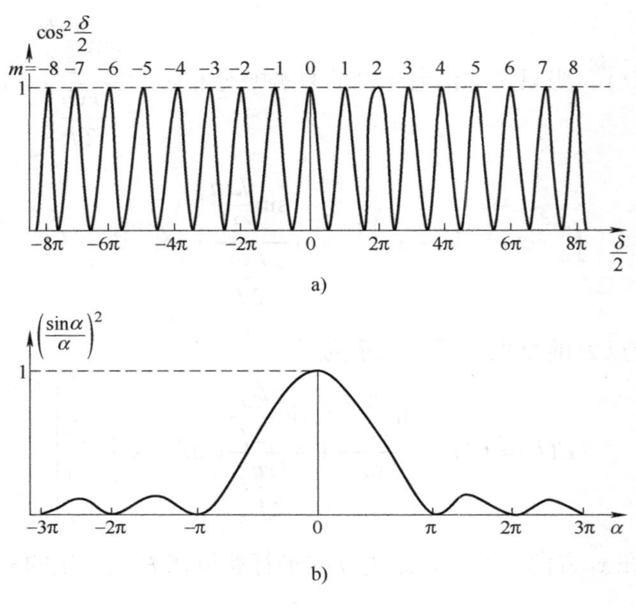

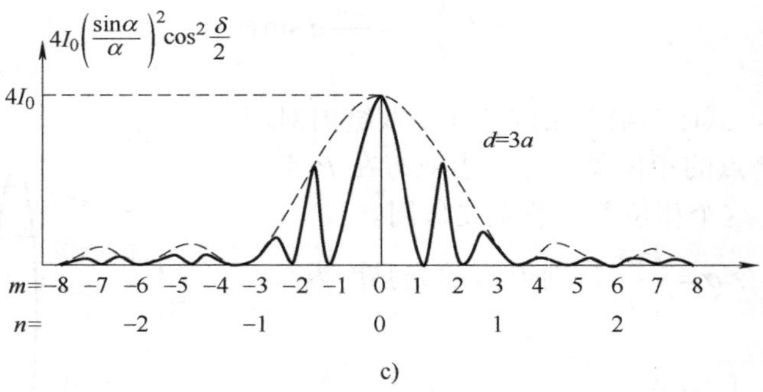

图 5.7-3　双缝衍射强度分布曲线

单缝衍射因子与干涉因子相乘后，各级干涉发生了变化，表明亮条纹的强度受到衍射因子的调制。当干涉极大与衍射极小的位置重合时，强度将被调制为零，对应的亮条纹也消失了，这种现象称为**缺级**。

当 $d/a=k$, k **为整数时**，$\pm k, \pm 2k, \pm 3k, \cdots$ 出现缺级。图 5.7-3c 为 $d=3a$ 的情况。

例题 5.7　有一个双缝，缝宽都是 a=0.08mm，缝间距离 d=0.4mm，用波长 λ=480nm 的

平行光垂直照射双缝，在双缝后面放置一个焦距 f=2m 的透镜，试求单缝衍射中央明条纹范围内的双缝干涉明条纹的数目是多少？

解：对于双缝干涉第 m 级明条纹条件为

$$d\sin\theta = m\lambda$$

第 m 级明条纹在观察屏上的位置为

$$x_m = f\tan\theta \approx f\sin\theta = f\frac{m\lambda}{d}$$

则相邻两干涉明条纹的距离为

$$\Delta x = x_{m+1} - x_m = f\frac{\lambda}{d} = \frac{(2\times10^3)\text{mm}\times(480\times10^{-6})\text{mm}}{0.4\text{mm}} = 2.4\text{mm}$$

单缝衍射中央明条纹的宽度为

$$\Delta X = 2f\tan\theta_1' = 2f\frac{\lambda}{a} = \frac{2\times(2\times10^3)\text{mm}\times(480\times10^{-6})\text{mm}}{0.08\text{mm}} = 24\text{mm}$$

所以，**在单缝衍射中央明纹的包迹内可能有主极大的数目为**

$$\frac{\Delta X}{\Delta x}+1 = \frac{24\text{mm}}{2.4\text{mm}}+1 = 11$$

又因为 $\dfrac{d}{a} = \dfrac{0.40\text{mm}}{0.08\text{mm}} = 5$，衍射第 5 级缺级，所以在单缝衍射中央明条纹范围内，双缝干涉明条纹的数目为 $11-2=9$，即 0,±1, ±2, ±3, ±4 各级明条纹。

5.7.2　双缝衍射的应用——瑞利干涉仪

瑞利干涉仪是利用双缝衍射和干涉原理制成的用来测定气体和液体折射率的仪器。图 5.7-4 是瑞利干涉仪的结构示意图。

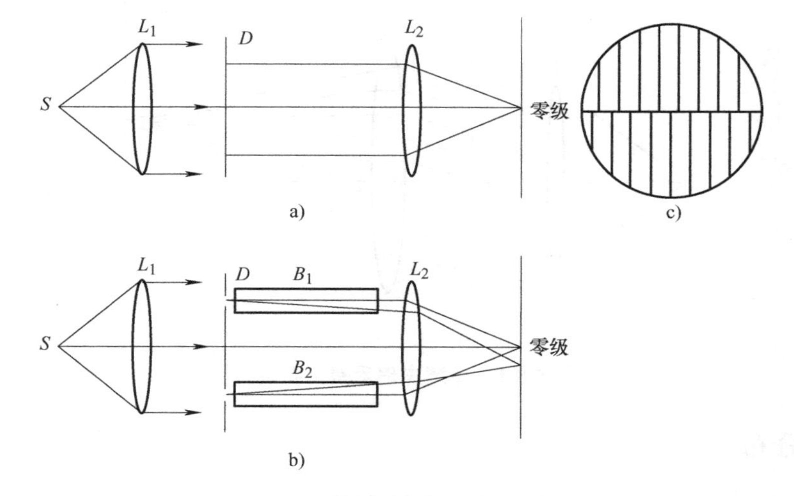

图 5.7-4　瑞利干涉仪结构示意图

一个被照亮的狭缝 S 作为光源，放置于透镜 L_1 的焦平面上，透镜后是双缝衍射屏 D，双

缝的方向与光源 S 平行。从 L_1 射出的平行光经过双缝衍射后在透镜 L_2 的焦平面上得到双缝衍射条纹，零级条纹位于光轴上(见图 5.7-4a)。两支长度相同的管子 B_1 和 B_2 放置在两个透镜之间，并只占据透镜的下半部(见图 5.7-4b)。一支管中装入已知折射率的物质，另一支管中装入待测物质，二者折射率相差比较小。两个光路的光程不同，因此在下半个视场中衍射条纹相对于上半个视场将发生移动(见图 5.7-4c)。若 B_2 中物质的折射率大于 B_1 中物质的折射率，则零级条纹移向 B_2 一边。测量出条纹移动的数目 Δm，可以根据下式计算出两管内物质的折射率差 Δn：

$$\Delta nl = (n_1 - n_2)l = \Delta m\lambda \tag{5.7-6}$$

式中，l 是管子长度；λ 是光波的波长。

瑞利干涉仪具有很高的精度，如干涉仪能读出条纹的最小的移动数 Δm 为 1/10 个条纹，若管长 l=100cm，λ=500nm，则测量精度为

$$\Delta n = \frac{\Delta m\lambda}{l} = \frac{0.1\times(500\times10^{-6})\text{mm}}{(10\times100)\text{mm}} = 5\times10^{-8}$$

由于瑞利干涉仪具有很高的精度，因此常用来测量折射率与 1 相差甚微的气体的折射率。

5.8 多缝夫琅禾费衍射

多缝夫琅禾费衍射

多缝夫琅禾费衍射装置如图 5.8-1 所示，光源 S 位于透镜 L_1 的焦平面上，G 是开有多个等宽等间距狭缝、缝间距为 d 的衍射屏，多缝的方向与线光源平行。多缝的衍射图样在透镜 L_2 的焦平面上观察。假定多缝的取向是 y_1 方向，则多缝的衍射图样的强度分布沿着 x 方向变化，衍射条纹是一些平行于 y 轴的亮暗条纹。

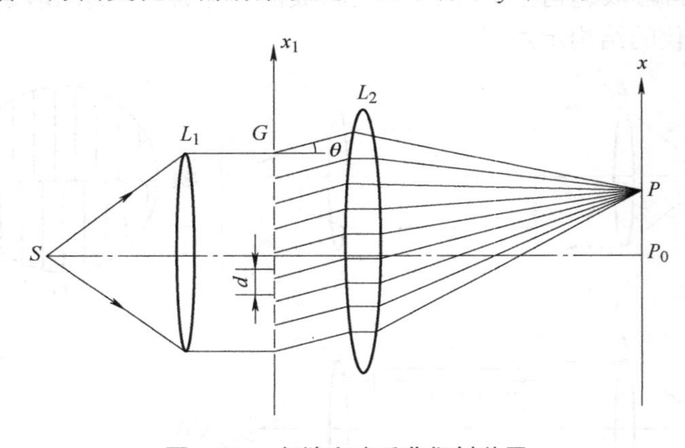

图 5.8-1　多缝夫琅禾费衍射装置

5.8.1 强度分布

应用夫琅禾费衍射公式式(5.4-1)计算多缝衍射图样的强度分布，此时积分域是多个狭缝露出的波面。根据 5.7 节已经证明，在 x_1 方向上两个相距为 d 的平行等宽狭缝在 P 点产生的

复振幅有一个相位差 $\delta=\frac{2\pi}{\lambda}d\sin\theta$，而单个缝在 P 点产生的振幅为

$$\left|\tilde{E}_S(P)\right|=\left|\tilde{E}_0\right|\frac{\sin\alpha}{\alpha} \tag{5.8-1}$$

式中，$\left|\tilde{E}_0\right|$ 是单缝在 P_0 点产生的振幅。因此，若选定多缝衍射屏边缘第 1 个缝在 P 点产生的复振幅的相位为零，即

$$\left|\tilde{E}_1(P)\right|=\left|\tilde{E}_0\right|\frac{\sin\alpha}{\alpha} \tag{5.8-2}$$

那么，第 2, 3, …各缝在 P 点产生的复振幅依次为

$$\left|\tilde{E}_0\right|\frac{\sin\alpha}{\alpha}\exp(\mathrm{i}\delta),\ \left|\tilde{E}_0\right|\frac{\sin\alpha}{\alpha}\exp(\mathrm{i}2\delta),\cdots$$

假设多缝的数目为 N，则多缝在 P 点产生的复振幅就是上述各个缝产生的复振幅之和，则有

$$\begin{aligned}
\left|\tilde{E}(P)\right|&=\left|\tilde{E}_0\right|\frac{\sin\alpha}{\alpha}+\left|\tilde{E}_0\right|\frac{\sin\alpha}{\alpha}\exp(\mathrm{i}\delta)+\left|\tilde{E}_0\right|\frac{\sin\alpha}{\alpha}\exp(\mathrm{i}2\delta)+\cdots+\left|\tilde{E}_0\right|\frac{\sin\alpha}{\alpha}\exp\left[\mathrm{i}(N-1)\delta\right]\\
&=\left|\tilde{E}_0\right|\frac{\sin\alpha}{\alpha}\{1+\exp(\mathrm{i}\delta)+\exp(\mathrm{i}2\delta)+\cdots+\exp[\mathrm{i}(N-1)\delta]\}\\
&=\left|\tilde{E}_0\right|\frac{\sin\alpha}{\alpha}\frac{[1-\exp(\mathrm{i}N\delta)]}{[1-\exp(\mathrm{i}\delta)]}\\
&=\left|\tilde{E}_0\right|\frac{\sin\alpha}{\alpha}\frac{\exp\left(\mathrm{i}N\frac{\delta}{2}\right)\left[\exp\left(-\mathrm{i}N\frac{\delta}{2}\right)-\exp\left(\mathrm{i}N\frac{\delta}{2}\right)\right]}{\exp\left(\mathrm{i}\frac{\delta}{2}\right)\left[\exp\left(-\mathrm{i}\frac{\delta}{2}\right)-\exp\left(\mathrm{i}\frac{\delta}{2}\right)\right]}\\
&=\left|\tilde{E}_0\right|\frac{\sin\alpha}{\alpha}\frac{\sin N\frac{\delta}{2}}{\sin\frac{\delta}{2}}\exp\left[\mathrm{i}(N-1)\frac{\delta}{2}\right]
\end{aligned} \tag{5.8-3}$$

因此，P 点的光强度为

$$I=I_0\left(\frac{\sin\alpha}{\alpha}\right)^2\left(\frac{\sin N\frac{\delta}{2}}{\sin\frac{\delta}{2}}\right)^2 \tag{5.8-4}$$

式中，$I_0=\left|\tilde{E}_0\right|^2$，是单缝衍射在 P_0 点产生的光强度。

式(5.8-4)即为 **N 缝衍射的强度分布公式**。当 N=2 时，式(5.8-4)即可化为双缝衍射的强度公式式(5.7-5)。

式(5.8-4)包含两个因子：

1) 单缝衍射因子 $\left(\frac{\sin\alpha}{\alpha}\right)^2$。该因子只与单缝本身的性质(包括缝宽、单缝范围内引入的

振幅和相位变换)有关。

2) 多光束干涉因子$\left(\dfrac{\sin N\dfrac{\delta}{2}}{\sin\dfrac{\delta}{2}}\right)^2$。该因子来源于狭缝的周期性排列，与单缝本身的性质无关。

以上分析表明，多缝衍射也是衍射和干涉两种效应共同作用的结果，多缝衍射图样具有等振幅、等相位差多光束干涉和单缝衍射的特征，实际上也可看作是等振幅多光束干涉受到单缝衍射的调制。

5.8.2 多缝衍射图样

多缝衍射图样中的亮纹和暗纹位置可以通过分析多光束干涉因子和单缝衍射因子的极大值和极小值条件得到。

由多光束干涉因子可知，当

$$d\sin\theta = m\lambda,\ m = 0, \pm 1, \pm 2, \cdots \tag{5.8-5}$$

多光束干涉的光强有极大值，其数值为N^2。这些极大值称为主极大。

当$N\dfrac{\delta}{2} = m\pi$，且$\dfrac{\delta}{2} \neq m\pi$时，即

$$d\sin\theta = \left(m + \frac{m'}{N}\right)\lambda,\ m = 0, \pm 1, \pm 2, \cdots,\quad m' = 1, 2, \cdots, N-1 \tag{5.8-6}$$

多光束干涉的光强有极小值，其数值为零。

显然，在两个相邻主极大之间有 $N-1$ 个零值。相邻两个零值之间的角距离 $\Delta\theta$，根据式(5.8-6)可得

$$\left.\begin{aligned} d\sin\theta = \left(m + \frac{m'}{N}\right)\lambda \Rightarrow d\Delta\theta\cos\theta = \frac{\Delta m'}{N}\lambda \\ \Delta m' = 1 \end{aligned}\right\} \Rightarrow \Delta\theta = \frac{\lambda}{Nd\cos\theta} \tag{5.8-7}$$

主极大与相邻的一个零值之间的角距离也是$\Delta\theta$，所以主极大的半角宽度为

$$\Delta\theta = \frac{\lambda}{Nd\cos\theta} \tag{5.8-8}$$

表明缝数N越大，主极大的宽度越小。

在相邻两个零值之间也有一个极大值——次极大，它们的强度比主极大要弱得多。可以证明，次极大的强度与离开主极大的远近有关，但主极大旁边的最强的次极大，其强度也只有主极大强度的4%左右。

图5.8-2给出了对应于4个缝的干涉因子的曲线。相邻两个主极大之间有3个零点，2个次极大。图5.8-2a所示是单缝衍射因子的曲线，图5.8-2b所示是4个缝的干涉因子的曲线，两个因子相乘的曲线就是4个缝衍射的强度分布曲线，如图5.8-2c所示，各级主极大的强度受到单缝衍射因子的调制。

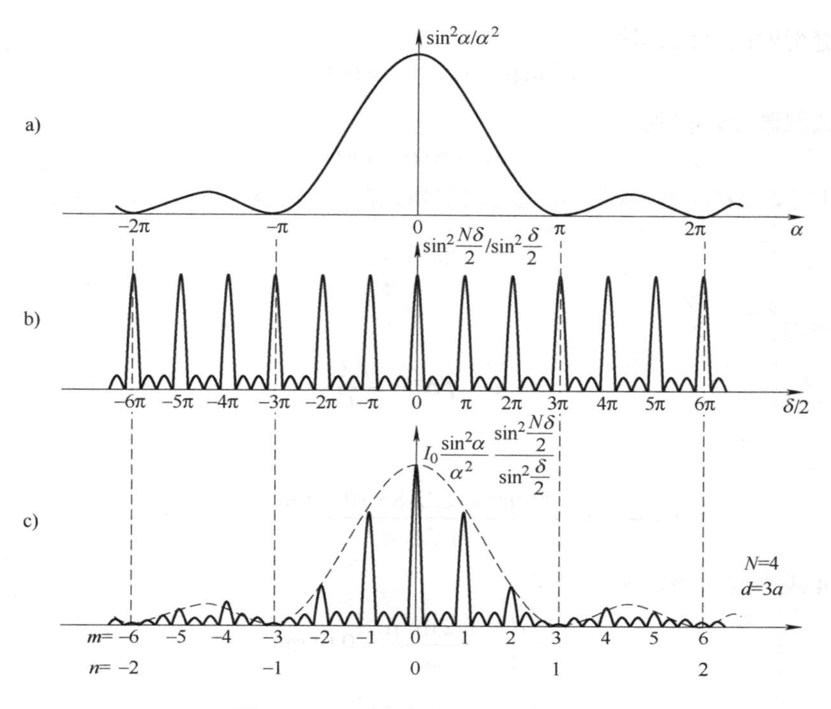

图 5.8-2　4 缝衍射的强度分布曲线

由于 $\lim\limits_{\delta\to 2m\pi}\dfrac{\sin\left(N\dfrac{\delta}{2}\right)}{\sin\left(\dfrac{\delta}{2}\right)}=N$，所以各级主极大的强度为

$$I_{\max}=N^2I_0\left(\frac{\sin\alpha}{\alpha}\right)^2 \tag{5.8-9}$$

各级主极大的相对强度与缝数 N 无关，只依赖于缝距 d 与缝宽 a。各级主极大是单缝衍射在各级主极大位置上产生的强度的 N^2 倍。

如果对应于某一级主极大的位置，$\left(\dfrac{\sin\alpha}{\alpha}\right)^2=0$，单缝衍射暗纹满足 $a\sin\theta=\pm k'\lambda$，多缝干涉明纹满足 $d\sin\theta=\pm k\lambda$，当 $\dfrac{d}{a}=\dfrac{a+b}{a}=\dfrac{k}{k'}=m$ 时，多缝干涉的 k 级极大处正好是单缝衍射的 k'级极小处，所以 m 的整倍数干涉明条纹将不出现，这就是缺级。

在多缝衍射中，随着狭缝数目的增加，衍射图样有两个显著的变化：

1) 光的能量向主极大的位置集中(为单缝衍射的 N^2 倍)；

2) 亮条纹变得更加细而亮(约为双光束干涉线宽的 $1/N$)。

对于一个 $N=10^4$ 的多缝来说，这将使主极大光强增为单缝的 10^8 倍，条纹宽度缩为双光束干涉线宽万分之一。

例题 5.8　在多缝的夫琅禾费衍射实验中，光波波长 λ=632.8nm，透镜的焦距 f=50cm，观察到两个相邻亮纹之间的距离 e=1.5mm，并且第 4 级亮纹缺级，试求多缝的缝距和缝宽。

解：多缝衍射的亮纹条件是

$$d\sin\theta = \pm k\lambda,\ k = 0, 1, 2, \cdots$$

上式两边取微分，得到

$$d\cos\theta\Delta\theta = \lambda\Delta k$$

当 $\Delta k = 1$ 时，$\Delta\theta$ 就是两相邻亮纹之间的角距离。一般 θ 很小，$\cos\theta \approx 1$，因此

$$\Delta\theta = \frac{\lambda}{d}$$

亮纹间距为

$$e = f\Delta\theta = \frac{f\lambda}{d}$$

所以

$$d = \frac{f\lambda}{e} = \frac{500\text{mm} \times (632.8 \times 10^{-6})\text{mm}}{1.5\text{mm}} = 0.21\text{mm}$$

因为第 4 级亮纹缺级，所以

$$a = \frac{d}{4} = \frac{0.21\text{mm}}{4} = 0.05\text{mm}$$

5.9 衍射光栅

通常把大量平行、等宽、等距狭缝排列起来形成的光学元件称为光栅。

1785 年，里顿豪斯(D. Rittenhouse)发现了衍射光栅的原理，但这个发现没有引起人们的注意。1819 年，夫琅禾费重新发现了这个原理，夫琅禾费最初发明的光栅是用很细的金属丝绕在两个平行螺钉之间做成的。绕线光栅制作比较容易，特别适合于红外长波范围使用。后来，夫琅禾费借助机器在玻璃板面的金淀积膜上刻划光栅，他还用金刚石作为刻尖，直接在玻璃面上进行刻线。

1883 年，罗兰(H.A.Rowland)使光栅制备技术取得了重大进展，他制造了几台性能优良的刻线机，还发明了凹面光栅。罗兰的刻线机能够刻 4 英寸高、6 英寸宽的光栅，每英寸能刻划大约 14000 条线，分辨本领超过 150000。后来迈克尔逊刻划了更大的光栅，宽度大大超过 6 英寸，分辨本领接近 400000。

早期的光栅大多刻在镜用合金和玻璃上，但是近代的工艺是在铝蒸发层上刻线。因为铝是一种软金属，它对刻尖(金刚石)的损害较小，而且在紫外区反射性能较好。

一个理想的光栅，它的全部刻线应该严格平行而且形状统一，但是实际上有误差。完全无规则的误差会使光谱变得模糊，但这种误差不像间距的周期误差等系统误差那样影响严重。这些误差会造成光谱中的伪线，又称为鬼线(Ghost Line)。区分伪线和真线常常很困难。

光栅能对入射光的振幅或相位或者二者同时进行空间调制。光栅主要用于光谱分析，测量光的波长、光的强度分布等。它还可以用于长度和角度的精密、自动化测量，以及作为调制元件等。

光栅按照用于透射光还是用于反射光来分类时，可以分为两类：透射光栅和反射光栅，

如图 5.9-1 所示。

(1) 透射光栅

透射光栅是在光学平板玻璃上刻划出一道道等宽等间距的刻痕制成的，刻痕处不透光，未刻处则是透光的狭缝。

(2) 反射光栅

反射光栅是在金属反射镜上刻划出一道道等宽等间距的刻痕制成的，刻痕上发生漫反射，未刻处在反射光方向发生衍射，相当于一组衍射狭缝。反射光栅按照反射镜的形状是平面或凹面，分为平面反射光栅和凹面反射光栅。

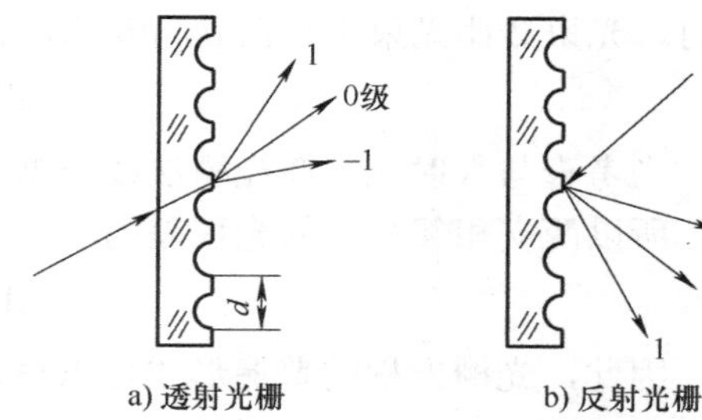

a) 透射光栅　　b) 反射光栅

图 5.9-1　透射光栅和反射光栅

光栅按照对入射光的调制作用来分类，可以分为振幅光栅和相位相栅。此外，还有矩形光栅和余弦光栅，一维、二维和三维光栅等。光栅最重要的作用是用作分光元件，使用光栅作为分光元件的光谱仪称为光栅光谱仪。

光栅的分光性能

5.9.1　光栅的分光性能

1. 光栅方程

光栅的分光原理可以从多缝夫琅禾费衍射图样中亮条纹位置的公式式(5.8-5)得到，即

$$d\sin\theta = m\lambda,\ \ m = 0, \pm 1, \pm 2, \cdots \tag{5.9-1}$$

式(5.9-1)表明，对应于亮条纹的衍射角 θ 与波长 λ 有关。

对于给定光栅常数 d 的光栅，当用复色光照明时，不同波长的同一级亮条纹，除了零级外，均不重合，发生了色散。这就是光栅的分光原理。对应于不同波长的各级亮条纹称为光栅光谱线。

在光栅理论中，式(5.9-1)称为**光栅方程**。

根据光栅方程式(5.9-1)，有

$$\sin\theta = m\frac{\lambda}{d}$$

显然，并非 λ/d 取任何值，都能观察到衍射现象。

1) 若 $\dfrac{\lambda}{d} > 1 \Rightarrow \lambda > d$，除了 m=0 外，看不到任何衍射级。对于可见光，最短波长为 400nm，若光栅常数 $d < 400\text{nm}$，即刻线密度高于 2500 条/mm，就观察不到衍射现象了。

2) 若 $\dfrac{\lambda}{d} \ll 1 \Rightarrow \lambda \ll d$，以至各级的衍射角太小，各级谱线距零级太近，仪器无法分辨，也观察不到衍射现象。

但是，式(5.9-1)只适用于入射光垂直入射到光栅面的情况。对于更普遍的斜入射情形，式(5.9-1)要进行修正。

以反射光栅为例，推导斜入射情形的光栅方程。

设平行光束以入射角 i 斜入射到反射光栅上，考查的衍射光与入射光分别处于光栅法线两侧，如图 5.9-2a 所示。光束到达光栅时，光束 1 比与之相邻的光束 2 超前 $d\sin i$；在离开光

栅时，光束 2 比光束 1 超前 $d\sin\theta$。所以两支相邻光束的光程差为

$$\Delta = d\sin i - d\sin\theta \tag{5.9-2}$$

当考查与入射光同在光栅法线一侧的衍射光时，如图 5.9-2b 所示，光束 1 总比光束 2 超前，所以两支相邻光束的光程差为

$$\Delta = d\sin i + d\sin\theta \tag{5.9-3}$$

因此，光栅方程的普遍形式可以写为

$$d(\sin i \pm \sin\theta) = m\lambda,\ m = 0, \pm 1, \pm 2, \cdots \tag{5.9-4}$$

式(5.9-4)对于透射光栅同样适用，如图 5.9-3 所示。在考查衍射光与入射光同处于光栅法线同侧时的衍射光谱时，式(5.9-4)取**正号**(见图 5.9-3a)；在考查衍射光与入射光分别处于光栅法线两侧时的衍射光谱时，式(5.9-4)取**负号**(见图 5.9-3b)。

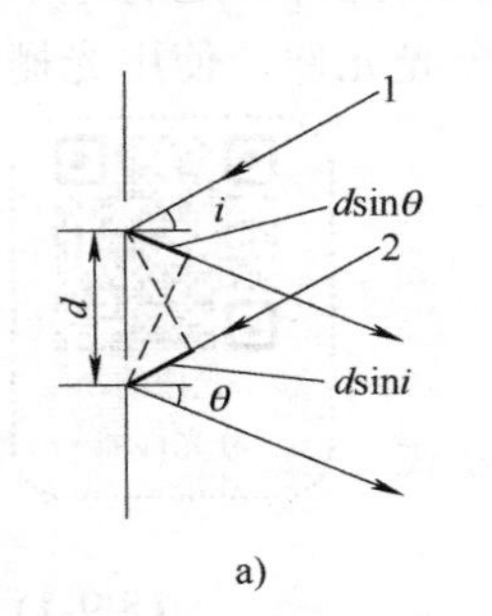

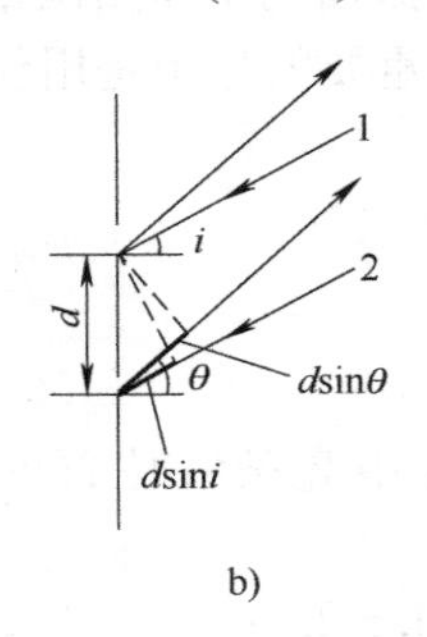

图 5.9-2　光束斜入射到反射光栅上发生的衍射

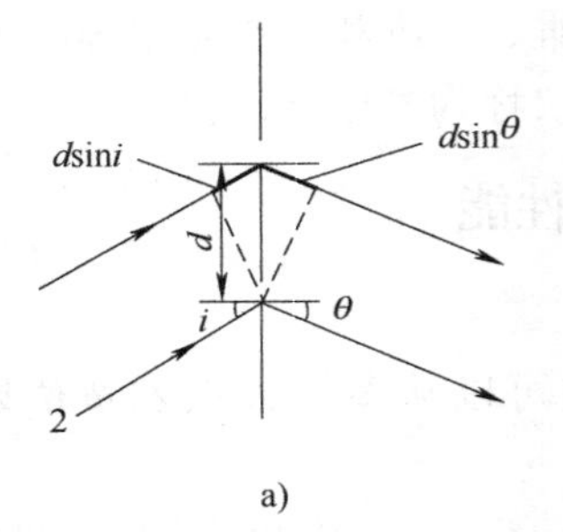

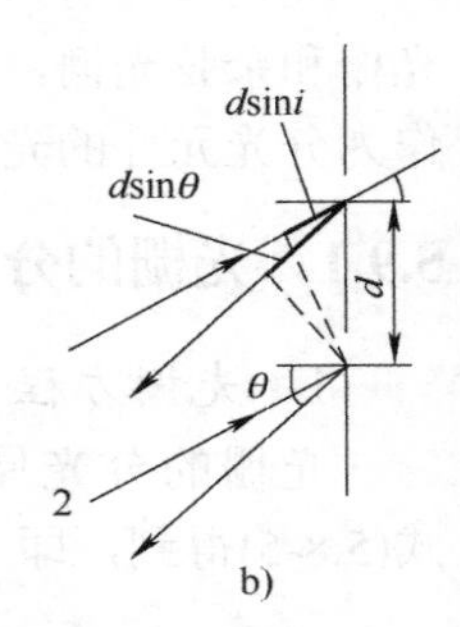

图 5.9-3　光束斜入射到透射光栅上发生的衍射

2. 色散本领

光栅的色散本领用**角色散和线色散**表示。

(1) 角色散本领

波长相差 0.1nm 的两条谱线分开的角距离称为光栅的角色散。对式(5.9-1)所示的光栅方程两边取微分，得到光栅常数 d 与谱线级次 m 之间的关系如下：

$$G_\theta = \frac{\mathrm{d}\theta}{\mathrm{d}\lambda} = \frac{m}{d\cos\theta} \tag{5.9-5}$$

式(5.9-5)表明，光栅的角色散与光栅常数 d 成反比，与级次 m 成正比，单位为 rad/nm。

(2) 线色散本领

聚焦物镜焦平面上波长相差 0.1nm 的两条谱线分开的距离称为光栅的线色散，有

$$G_l = \frac{\mathrm{d}l}{\mathrm{d}\lambda} = f\frac{\mathrm{d}\theta}{\mathrm{d}\lambda} = f\frac{m}{d\cos\theta} \tag{5.9-6}$$

式中，f 是物镜的焦距。线色散的单位为 mm/nm。

角色散和线色散是光谱仪的一个重要质量指标，光谱仪的色散越大，就越容易将两条靠近的谱线分开。光栅常数 d 通常很小(光栅通常每毫米有几百条甚至上千条刻线)，所以光栅具有很大的色散本领。

3. 色分辨本领

光谱仪的色分辨本领是指光谱仪分辨两条波长差很小的谱线的能力。

考查两条波长分别为 λ 和 $\lambda+\Delta\lambda$ 的谱线。根据瑞利判据，如果两波长的谱线由于色散分开的距离正好使得一条谱线的强度极大值和另一条谱线极大值边上的极小值重合，则这两条谱线刚好可以分辨，如图 5.9-4 所示。这时的波长差就是光栅所能分辨的最小波长差 $(\Delta\lambda)_m$。光栅的色分辨本领定义为

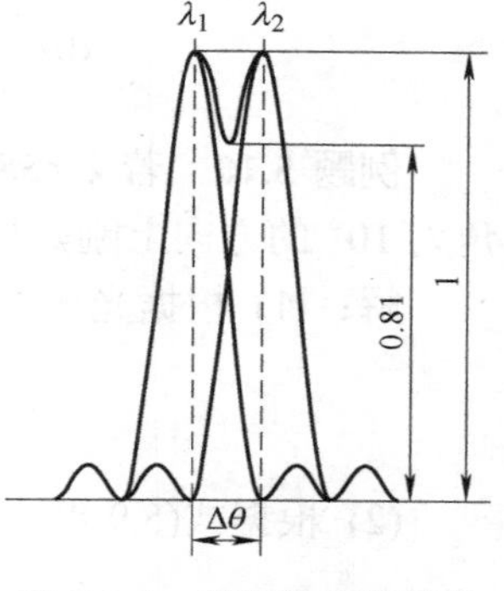

图 5.9-4　光栅的分辨极限

$$A=\frac{\lambda}{\Delta\lambda} \tag{5.9-7}$$

根据式(5.8-8)，谱线的半角宽度(谱线强度极大值到极小值的角宽度)为

$$\Delta\theta=\frac{\lambda}{Nd\cos\theta}$$

根据式(5.9-5)，与角距离 $\Delta\theta$ 对应的波长差为

$$\Delta\lambda=\left(\frac{\mathrm{d}\lambda}{\mathrm{d}\theta}\right)\Delta\theta=\frac{d\cos\theta}{m}\frac{\lambda}{Nd\cos\theta}=\frac{\lambda}{mN} \tag{5.9-8}$$

因此，光栅的色分辨本领为

$$A=\frac{\lambda}{\Delta\lambda}=mN \tag{5.9-9}$$

式(5.9-9)表明，光栅的色分辨本领正比于光谱级次 m 和光栅线数 N，与光栅常数 d 无关。当色分辨本领 A 大时，光谱级次 m 应该比较大，但是光强能量变小，干涉谱线几乎没有多少能量了。解决这个问题的方法是：

1) 将衍射的极大方向变换到高级谱线上，如闪耀光栅；

2) 增大光程差，提高衍射级次，如阶梯光栅。

光栅和法布里-珀罗标准具的分辨本领都很高，但它们的高分辨本领来自不同的途径：光栅来源于刻划数 N 很大，而法布里-珀罗标准具来源于高的干涉级次。

例题 5.9　宽度为 2.54cm 的光栅有 10000 条刻线。当钠黄光垂直入射时，其 λ_1=589.00nm 和 λ_2=589.59nm 钠双线的 1 级主极大对应的角距离为多少？

解：根据光栅方程 $d\sin\theta=m\lambda$，两边取微分，有

$$\frac{\mathrm{d}\theta}{\mathrm{d}\lambda}=\frac{m}{d\cos\theta}$$

根据已知有

$$\mathrm{d}\lambda=\lambda_2-\lambda_1=(589.59-589.00)\mathrm{nm}=0.59\mathrm{nm}$$

$$d=\frac{25.4\mathrm{mm}}{10000}=2.54\times10^{-3}\mathrm{mm}$$

又因为

$$\cos\theta=\sqrt{1-\sin^2\theta}=\sqrt{1-\left(\frac{m\lambda}{d}\right)^2}=\sqrt{1-\left(\frac{590}{2.54\times10^3}\right)^2}=0.9726$$

所以钠双线的 1 级主极大对应的角距离为

$$d\theta = \frac{m}{d\cos\theta}d\lambda = \frac{1\times 0.59\text{nm}}{(2.54\times 10^{-3})\text{mm}\times 0.9726} = 2.39\times 10^{-4}$$

例题 5.10 若 λ_1=589.00nm 和 λ_2=589.59nm 的钠黄光双线第 3 级两条衍射明条纹在衍射角为 10° 的方向上刚好被某光栅分辨，求：(1)光栅常数；(2)光栅的总宽度。

解：(1) 根据光栅方程 $d\sin\theta = m\lambda$，第 3 级衍射 m=3，衍射角 θ=10°，则光栅常数为

$$d = \frac{m\lambda}{\sin\theta} = \frac{3\times(590\times 10^{-6})\text{mm}}{\sin 10^{\circ}} = 10.2\mu\text{m}$$

(2) 根据式(5.9-8)，有

$$N = \frac{\lambda}{m\Delta\lambda} = \frac{590\text{nm}}{3\times 0.59\text{nm}} = 333$$

所以光栅的总宽度为

$$d\times N = (1.02\times 10^{-2})\text{mm}\times 333 = 3.4\text{mm}$$

例题 5.11 已知光波长为 λ=600nm，第 2 级衍射角为 28°，且第 3 级缺级。试求：(1)光栅常数；(2)光栅透光宽度 a 可能最小的宽度是多少？(3)在上述条件下，最多能看到多少条谱线？

解：(1) 根据光栅方程 $d\sin\theta = m\lambda$，有光栅常数为

$$d = \frac{m\lambda}{\sin\theta} = \frac{2\times(600\times 10^{-6})\text{mm}}{\sin 28^{\circ}} = 2.56\times 10^{-3}\text{mm}$$

(2) 因为第 3 级缺级，所以 $\frac{d}{a} = 3k$，k=1 时，有

$$a = \frac{d}{3} = \frac{(2.56\times 10^{-3})\text{mm}}{3} = 0.85\times 10^{-3}\text{mm}$$

(3) 根据光栅方程有 $m = \frac{d\sin\theta}{\lambda}$，显然衍射角 θ 最大取 90°，因此

$$m_{\max} = \frac{d}{\lambda} = \frac{(2.56\times 10^{-3})\text{mm}}{(600\times 10^{-6})\text{mm}} = 4.27$$

取整数 4，最多能看到 7 条谱线，对应衍射级次为 0, ±1, ±2, ±4。

4. 自由光谱范围

图 5.9-5 所示为一种光源在可见光区的光栅光谱。除了零级外，各级光谱都是按照紫色谱线在内，红色谱线在外排列。可以看出，从第 2 级光谱开始，发生了邻级光谱之间的重叠现象。这在应用光栅进行光谱分析时是不能允许的。因此，把光谱的不重叠区称为**自由光谱范围**。

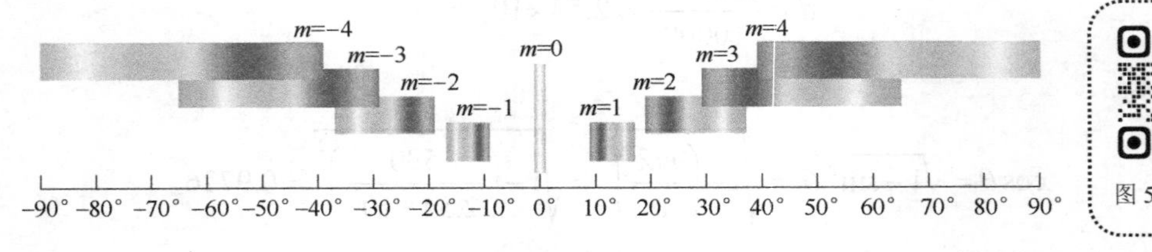

图 5.9-5 可见光区内的光栅光谱

当波长为 λ 的 m+1 级谱线和波长为 $\lambda+\Delta\lambda$ 的 m 级谱线重叠时，不会发生波长在 λ～$\lambda+\Delta\lambda$ 之内的不同级谱线重叠的现象。因此，光谱不重叠区 $\Delta\lambda$ 可由下式确定：

$$m(\lambda+\Delta\lambda)=(m+1)\lambda$$

则有

$$\Delta\lambda=\frac{\lambda}{m}$$

由于光栅使用的光谱级 m 很小，所以光栅的自由光谱范围比较大，可达几百纳米，可以在宽阔的光谱区内域使用。而法布里-珀罗标准具在使用时的干涉级次很高，只能在很窄的光谱区域内使用。

例题 5.12 波长为 532nm 的激光正入射到一块刻缝密度为 800 线/mm，有效宽度为 50mm 的光栅上，设聚焦物镜的焦距为 1000mm，求该光栅 1 级光谱的角色散本领和线色散本领。

解：800 线/mm 的光栅，光栅常数为

$$d=\frac{10^6\,\text{mm}}{800}=1250\text{nm}$$

根据式(5.9-5)，光栅 1 级光谱的角色散本领为

$$G_\theta=\frac{m}{d\cos\theta}=\frac{m}{d\sqrt{1-\sin^2\theta}}=\frac{m}{d\sqrt{1-\left(\dfrac{m\lambda}{d}\right)^2}}=\frac{m}{\sqrt{d^2-(m\lambda)^2}}$$

$$=\frac{1\text{rad}}{(\sqrt{1250^2-532^2})\text{nm}}=8.84\times10^{-4}\,\text{rad / nm}$$

根据式(5.9-6)，光栅 1 级光谱的线色散本领为

$$G_l=fG_\theta=1000\text{mm}\times8.84\times10^{-4}/\text{nm}=0.884\text{mm/nm}$$

5.9.2 闪耀光栅

根据 5.9.1 节的讨论可知，普通光栅光谱的级次越高，分辨本领和色散本领也越大，但光强度的分布却是级次越低，光强度越大，特别是无色散的零级占了总能量的很大一部分。因为单缝衍射的零级主极大方向与多缝干涉的零级主极大方向是相同的，但又不能用来做光谱分析，这对于光栅的应用是很不利的。闪耀光栅能够使光的能量转移到需要的级次上，它是 1910 年由伍德(R.W.Wood)特选金刚砂晶体的天然棱边作为刻尖，在铜板上刻成的。这种光栅每英寸有 2000～3000 条刻线，当用于可见光时，可以将很大一部分光送到第 15 序或第 30 序附近的光谱群中。在红外光谱学中，这种光栅具有重大的价值。下面介绍闪耀光栅的结构和分光原理。

1. 闪耀光栅的结构

闪耀光栅大部分是平面反射光栅，其截面示意图如图 5.9-6a 所示，显微电镜下的闪耀光栅实物如图 5.9-6b 所示。这种光栅是以磨光的金属板为坯子，用楔形钻石刀头在其表面上刻划出一系列等间距的锯齿形槽面制成的。由于金属铝反射率高，工作波段宽，比较容易加工，所以闪耀光栅通常用金属铝板制造。

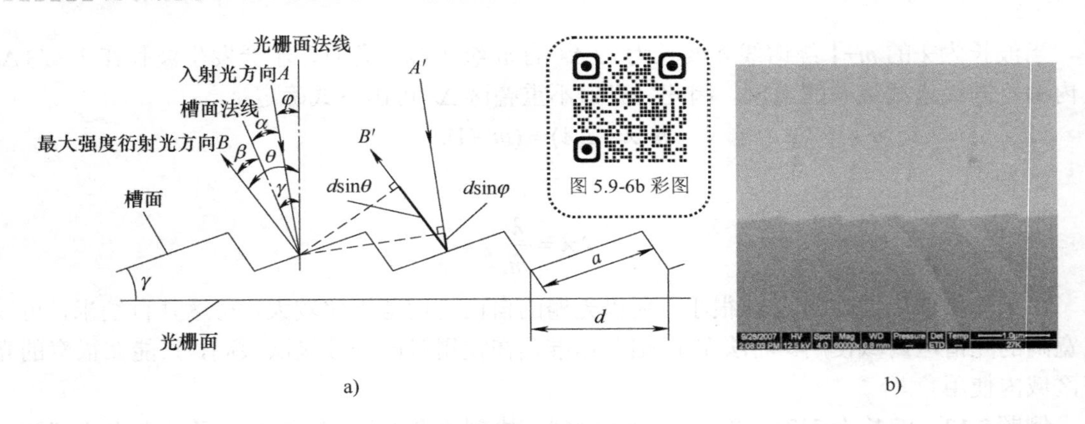

图 5.9-6　闪耀光栅

闪耀光栅的刻槽面与光栅面不平行，槽面与光栅平面之间有一个夹角 γ，称为**闪耀角**。闪耀角正好使得单个槽面衍射的零级主极大和诸槽面间干涉的零级主极大分开，从而使光能量从干涉零级主极大转移并集中到某一级光谱上去。

在这种结构中，光栅干涉的主极大方向是以光栅面法线方向为其零级方向，而衍射的中央主极大方向则是由槽面法线方向等其他因素决定。对于以 i 角入射的平行光束(显然 $i=\gamma$)，其单个槽面衍射中央主极大方向为其槽面镜面的反射方向，此时该反射方向的光很强，就如同光滑表面反射的耀眼的光一样，所以称为闪耀光栅。

2. 闪耀光栅的分光原理

如图 5.9-6a 所示，光栅周期为 d，刻槽宽度为 a，槽面与光栅平面夹角为闪耀角 γ，对于以 φ 角入射的光束，单槽面衍射主极大在 B 方向，而干涉主极大条纹满足

$$d(\sin\varphi+\sin\theta)=2d\sin\frac{\varphi+\theta}{2}\cos\frac{\varphi-\theta}{2}=m\lambda \tag{5.9-10}$$

要使得第 m 级干涉主极大条件在单槽面衍射主极大 B 方向，根据角度关系有

$$\begin{cases}\alpha=\gamma-\varphi\\ \beta=\theta-\gamma\end{cases} \tag{5.9-11}$$

B 方向是单槽面衍射主极大方向，有 $\alpha=\beta$，因此有

$$\begin{cases}\theta+\varphi=2\gamma\\ \theta-\varphi=2\alpha\end{cases} \tag{5.9-12}$$

因此，式(5.9-10)可以写为

$$2d\sin\gamma\cos\alpha=m\lambda \tag{5.9-13}$$

当 m、λ、φ、d 已知，即可以确定 γ。式(5.9-13)称为**闪耀光栅的衍射方程**。由于中央衍射有一定的宽度，所以闪耀波长附近的谱线也有相当大的强度，因而闪耀光栅可用于一定的波长范围。

1) 当光沿着**槽面法线** M 方向入射照明闪耀光栅时，如图 5.9-7a 所示，这种照明方式也称利特罗(Litterow)自准直系统，满足 $\alpha=\beta=0\rightarrow\varphi=\theta=\gamma$，此时有

$$2d\sin\gamma=m\lambda_M \tag{5.9-14}$$

式中，λ_M 是**闪耀波长**；m 是闪耀级次。这就是**主闪耀条件**。可见，闪耀波长和闪耀级次由闪耀角 γ 决定。当 m=1 时，得到 1 级闪耀波长为

$$\lambda_b = 2d\sin\gamma \tag{5.9-15}$$

根据式(5.9-15)，对波长 λ_b 的 1 级光谱闪耀的光栅，也对 $\lambda_b/2$、$\lambda_b/3$ 的 2 级和 3 级光谱闪耀。通常所称某光栅的闪耀波长是指在上述照明条件下的 1 级闪耀波长 λ_b。

2) 当光沿着**光栅面法线** N 方向入射照明闪耀光栅时，如图 5.9-7b 所示，$\alpha=\gamma$，式(5.9-13)可以写为

$$d\sin 2\gamma = n\lambda_N \tag{5.9-16}$$

式(5.9-16)也称为主闪耀条件，λ_N 称为**光栅的闪耀波长**，n 是相应的闪耀级次。假设一块闪耀光栅对波长为 λ_c 的 1 级光谱闪耀，则式(5.9-16)可以写为

$$d\sin 2\gamma = \lambda_c \tag{5.9-17}$$

由式(5.9-17)可以看出，对波长为 λ_c 的 1 级光谱闪耀的光栅，也对 $\lambda_c/2$、$\lambda_c/3$ 的 2 级和 3 级光谱闪耀。

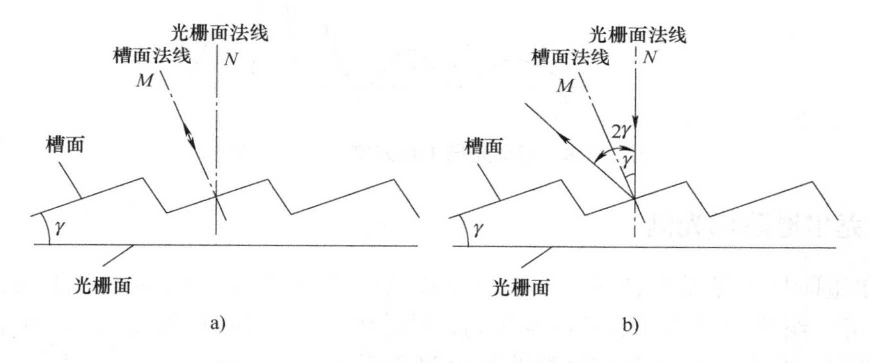

图 5.9-7　特殊角度光线入射闪耀光栅情况

综上所述，以上两种入射方式都可以使单槽面衍射的零级方向成为多个槽间干涉的非零级方向，从而产生高衍射效率的色散，克服了多缝光栅的缺点。

因为闪耀光栅的槽面宽度近似等于刻槽周期，即 $a\approx d$，此时，单槽衍射中央主极大方向正好落在 1 级谱线上，所以其他级次(包括零级)的光谱都几乎与单槽衍射的极小位置重合，致使这些级次光谱的强度很小，在总能量中它们所占的比例甚少，而大部分能量(80%以上)都转移并集中到 1 级光谱上了，如图 5.9-8 所示。

例题 5.13　一块每毫米 1000 个刻槽的反射式闪耀光栅，闪耀角 γ=15° 50′，以平行白光垂直于光栅面入射(见图 5.9-7b)，求 1 级光谱中哪个波长的光具有最大强度？(设入射光波各波长等强度。)

解：平行白光垂直于光栅面入射时，对于槽面而言，光束的入射角为 γ。因此单槽衍射的零级极大位置在槽面反射光方向，这一个方向与入射光方向的夹角为 2γ。在此方向上，相邻两个槽面衍射光的光程差为 $d\sin2\gamma$。根据式(5.9-17)，当 $d\sin2\gamma=\lambda$ 时，则在 1 级光谱中，波长为 λ 的光具有最大强度。

根据已知可知，$d=10^{-3}\,\text{mm}$，γ=15° 50′，因此

$$\lambda = d\sin 2\gamma = (10^{-3}\times 10^{6})\text{nm}\times\sin(2\times 15°50') = 525\text{nm}$$

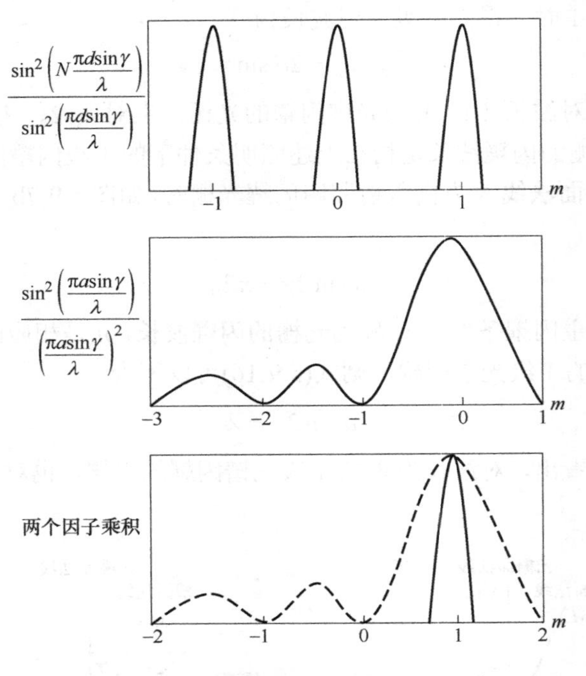

图 5.9-8　闪耀光栅 1 级光谱中光强分布

5.9.3　迈克尔逊阶梯光栅

迈克尔逊阶梯光栅是由许多平行平面厚玻璃板(厚度达 1～2cm)组成的一段阶梯，如图 5.9-9 所示。组成阶梯的玻璃板厚度相同，折射率相同，且每块玻璃板凸出的高度相等。当平行光通过光栅时，便在各玻璃板的凸出部分(阶梯)发生衍射，相当于多缝衍射。因为各阶梯的宽度比波长大得多，衍射效应被限制在很小的角度范围内，所以光绝大部分集中在方向 $\theta=0$ 附近某一两个光谱序中，而且其序数非常高，因为相邻光束的光程差达到很多个波长。

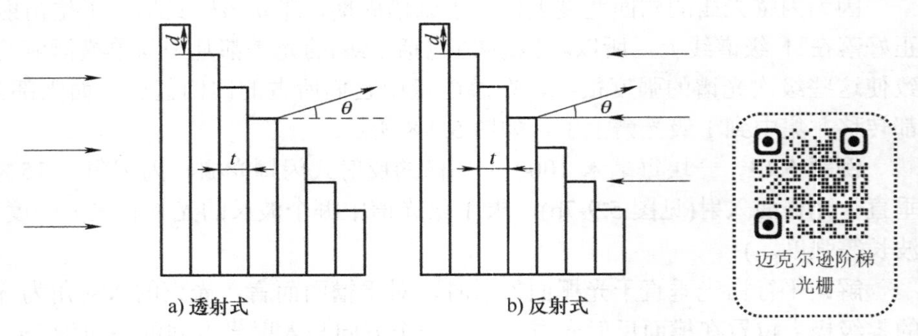

图 5.9-9　迈克尔逊阶梯光栅

对于透射式阶梯光栅(见图 5.9-9a)，相邻两阶梯衍射光在方向 θ 的光程差为

$$\Delta = (n-1)t + \theta d \tag{5.9-18}$$

因此，光栅方程为

$$(n-1)t+\theta d=m\lambda \tag{5.9-19}$$

式中，n 是玻璃板折射率；t 是玻璃板厚度；d 是阶梯高度。

对于由 20 块板组成的阶梯光栅，每块厚度 t=18mm，阶梯高度 d=1mm，若 n=1.5，对于波长 λ=500nm 的光源，则 m≈18000。

由于阶梯光栅的光谱级次 m 很大，它的自由光谱范围是很小的，因而这种光栅适合分析光谱线的精细结构，但只有落在单阶梯衍射零级极大范围内的一个或两个光谱线才有较大的光强度，也可以认为阶梯光栅是一种闪耀光栅。

对于反射式阶梯光栅(见图 5.9-9b)，每个阶梯都镀有金属膜，反射率很高，可以观察到反射光的光谱。反射式阶梯光栅和同样尺寸的透射式阶梯光栅相比，分辨本领要大 3～4 倍，因为此时各阶梯在相邻光束之间形成的光程差是 $2t$。反射式阶梯光栅分辨本领可以超过 100 万。反射式阶梯光栅的另一个优点是，可以用在玻璃有吸收的紫外光谱区。但是在制造技术上存在困难。由于将许多厚度相同的板在很窄的允许公差范围内装配在一起有困难，阶数实际限制在 40 左右。

5.9.4　莫尔条纹

莫尔条纹

莫尔(Moire)一词在法文中的原意是水波纹或波状花纹。当薄的两层丝绸重叠在一起并做相对运动时，则形成一种漂动的水波形花样，当时就将这种有趣的花样叫作莫尔条纹。一般来说，任何两组(或多组)有一定排列规律的几何线族的叠合，均能产生按新规律分布的莫尔条纹图案。

1874 年，英国物理学家瑞利首次将莫尔图案作为一种计测手段，根据条纹形态来评价光栅尺各线纹间的间隔均匀性，从而开创了莫尔测试技术。随着光刻技术和光电子技术水平的提高，莫尔技术获得较快发展，在位移测试、数字控制、伺服跟踪、运动比较等方面有广泛的应用。

把两块黑白长光栅尺刻面相对叠合，且两块光栅尺的栅线方向之间具有很小的夹角时，在近于与栅线垂直的方向上出现明暗相间的条纹，如图 5.9-10 所示。莫尔条纹的形成，实质是光通过光栅时光的衍射和干涉的结果，在不同场合，可以有多种解释方式。

1．*莫尔条纹几何光学原理*

如果所用的光源为非相干光源，光栅为节距较大的黑白光栅，光栅付栅线面之间间隙较小时，通常可以按照光是直线传播的几何光学原理，利用光栅栅线之间的遮光效应来解释莫尔条纹的形成，并推导出光栅付结构参数与莫尔条纹几何图形的关系。如图 5.9-11 所示，两块黑白长光栅栅面相互平行放置，光栅常数分别为 d_1 和 d_2，两光栅栅线方向夹角为 θ，取光栅常数为 d_1 的光栅的任一栅线为 y 轴，与其垂直的方向取为 x 轴，建立直角坐标系。

令 m 和 n 分别为两个光栅的栅线序数，两个光栅的交点连线Ⅰ由栅线序数($n,m=n$)组成，交点连线Ⅱ由栅线序数($n, m=n-1$)组成，交点连线Ⅲ由栅线序数($n, m=n-2$)组成。一般情况下，交点连线由栅线序数($n, m=n+k$)组成，$k=0, \pm1, \pm2,\cdots$。按照遮光效应，交点连线Ⅰ、Ⅱ、Ⅲ就是莫尔条纹的亮条纹。根据图 5.9-11b 的几何关系，显然有

$$x = nd_1 \tag{5.9-20}$$

$$x\cos\theta - y\sin\theta = md_2 \tag{5.9-21}$$

将式(5.9-21)化简，得到

$$y = \frac{x\cos\theta}{\sin\theta} - \frac{md_2}{\sin\theta} \tag{5.9-22}$$

根据式(5.9-20)有 $n=x/d_1$,同时将 $m=n+k$ 代入式(5.9-22)，得到

$$y = x\left(\frac{\cos\theta}{\sin\theta} - \frac{d_2}{d_1\sin\theta}\right) - \frac{kd_2}{\sin\theta} \tag{5.9-23}$$

式(5.9-23)表示一直线方程簇，每一个 k 值对应一条莫尔条纹的亮条纹，且各条纹的斜率为

$$\tan\beta = \frac{\cos\theta}{\sin\theta} - \frac{d_2}{d_1\sin\theta} \tag{5.9-24}$$

莫尔条纹间距 W 为式(5.9-23)中相邻两条直线之间的距离，根据两条平行直线间的距离公式，可以得到

$$W = \frac{\dfrac{d_2}{\sin\theta}}{\sqrt{\left(\dfrac{\cos\theta}{\sin\theta} - \dfrac{d_2}{d_1\sin\theta}\right)^2 + 1}} = \frac{d_1d_2}{\sqrt{d_1^2 + d_2^2 - 2d_1d_2\cos\theta}} \tag{5.9-25}$$

可见，图 5.9-11 所示的两块光栅叠合时所形成的莫尔条纹是由条纹斜率为 $\tan\beta$、条纹间距为 W 的平行线簇所组成的。当不同的 d_1、d_2、θ 值组合时，会出现不同的莫尔条纹花样，其中最典型的就是横向莫尔条纹和光闸莫尔条纹。

实际应用中，两光栅的节距往往相同，即 $d_1=d_2=d$，莫尔条纹明条纹间距为

$$W = \frac{d}{\sqrt{2(1-\cos\theta)}} = \frac{d}{2\sin\dfrac{\theta}{2}} \approx \frac{d}{\theta} \tag{5.9-26}$$

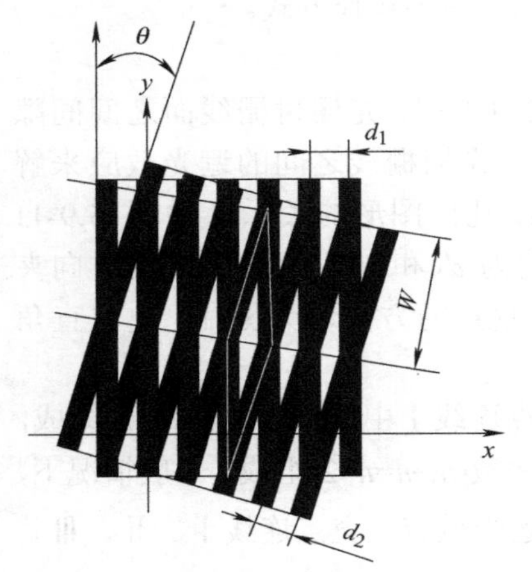

图 5.9-10　莫尔条纹的形成

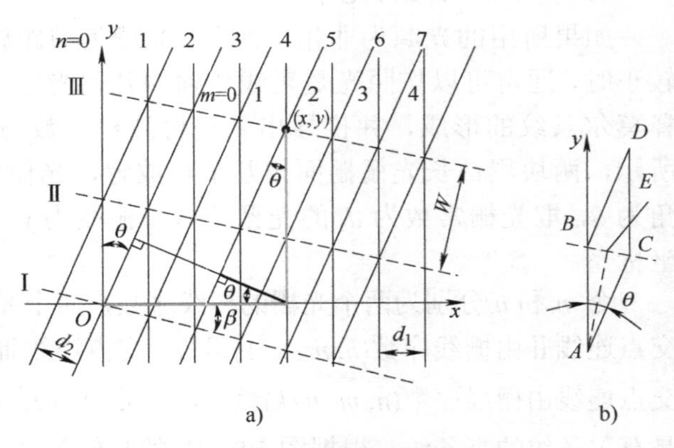

图 5.9-11　光栅栅线与莫尔条纹空间分布

例题 5.14　有两块光栅叠合使用，两块光栅的每毫米刻线数均为 50，主光栅与指示光栅的夹角为 θ=1.8°，求：

(1) 光栅尺的栅距 d 为多少？

(2) 产生的莫尔条纹的宽度为多少？

解：(1) d=1mm/50=0.02mm=20μm

(2) $W=\dfrac{d}{\theta}=\dfrac{0.02\text{mm}}{\dfrac{1.8}{180}\times 3.14}=0.637\text{mm}$

$$\frac{W}{d}=\frac{0.637\text{mm}}{0.02\text{mm}}\approx 32$$

可以看到莫尔条纹的宽度是栅距的 32 倍，莫尔条纹将光栅常数非常小、精度高、人眼不能直接观察的光栅进行放大，因而可以用小面积的光电池测量莫尔条纹的光强变化。另外，莫尔条纹呈周期变换，便于读数和消除随机误差。

2. 莫尔条纹的衍射原理

单纯利用几何光学原理，不可能说明许多在莫尔测量技术中出现的现象。例如：

1) 在使用相位光栅时，这种光栅处处透光，它对入射光波的作用仅仅是对其相位进行调制，然而，利用相位光栅亦能产生莫尔条纹，这就不可能用栅线的遮光作用予以说明。

2) 当使用细节距光栅时，在普通照明条件下就很容易观察到彩色衍射条纹。两块细节距光栅叠合形成的莫尔条纹中，往往会出现暗弱的次级条纹，这些现象必须应用衍射原理才能解释。

3) 在莫尔测量技术中用到的**光栅自成像现象**也是无法用几何光学原理解释的。

1836 年，H. F. Talbot 首次发表了他在布里斯托尔的英国协会上证明过的光学实验结果。当 Talbot 将一束白光通过一个透镜照射到一个光栅时，发现了一个现象：按照衍射原理，在光栅后的一定距离处，应该观察到模糊的衍射现象，但实际上在一定的距离处却出现了光栅清楚的像，而且这些图像包含了交互的条纹和互补的颜色，随着透镜的进一步后移，颜色的顺序重复发生变化，在特殊距离的整数倍距离处仍重复出现光栅的像。这种现象称为 **Talbot 效应，即光栅的自成像效应**。Talbot 效应在光学信息处理中有广泛的应用，如激光阵列的相位锁模、全息存储、光测量等领域。但在当时，Talbot 提出的这个现象，并没有引起大家的重视，直到 1881 年，Rayleigh 重新解释了 Talbot 效应才引起人们的关注。Rayleigh 指出 Talbot 距离是由 d^2/λ 决定的，其中 d 是光栅常数，λ 是光波的波长。

单色平行光入射到光栅常数相同、刻线方向平行的两光栅平行放置叠合(光栅付)时，照明光首先入射到第一光栅上，并产生衍射。假设两光栅平面间间隔很小，光栅尺寸很大，第二光栅能接收来自第一光栅的全部衍射，则第一光栅产生的各级衍射光入射到第二光栅上，在此发生衍射，产生不同级次的衍射光束。

光栅付出射的每一衍射光束，可以由它在两个光栅上衍射的级次序列表示，如图 5.9-12 所示。

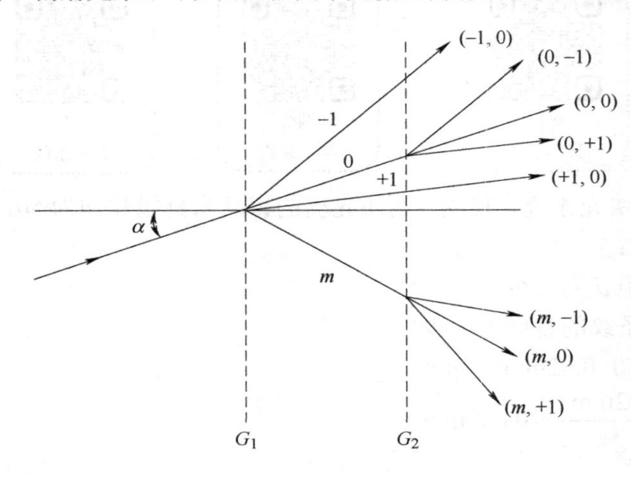

图 5.9-12　双光栅衍射

如果单色平行光对第一光栅 G_1 的入射角为 α，从 G_1 产生的第 p 级衍射光经 G_2 后产生第 q 级衍射光，则从光栅付出射的这一衍射光级次就可以表示为(p,q)。如果入射光经第一光栅衍射后，共产生 m 级衍射光，其中每一级衍射光经第二光栅后又产生 m 级衍射光，则从光栅付出射的光束数目应是 m^2 个。如图 5.9-13 所示，对于由光栅组合出射的等级序列为$(m,m+1)$级和$(m+1,m)$级两出射衍射光，由光栅方程式(5.9-4)可知，对$(m,m+1)$级出射衍射光，由第一光栅产生的 m 级衍射光的出射方向由下式决定：

$$\sin\theta_m = \sin(-\alpha) + \frac{m\lambda}{d} \tag{5.9-27}$$

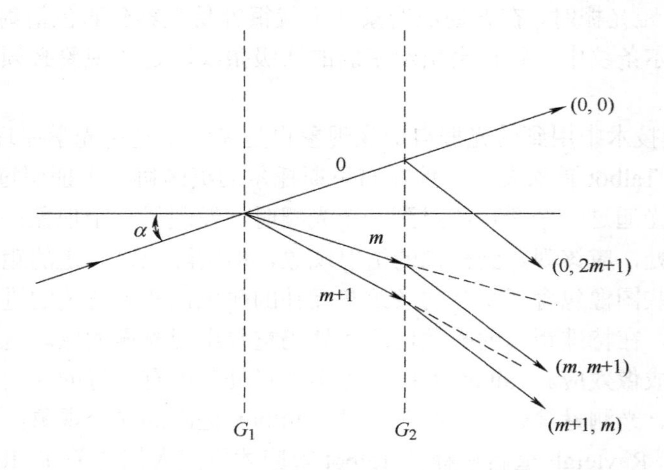

图 5.9-13　(m,m+1)级和(m+1,m)级传播方向关系

因为两光栅是平行放置的，显然 θ_m 就是第 m 级衍射光射向第二光栅的入射角，经第二光栅后产生的第 $m+1$ 级衍射光的方向为

$$\sin\theta_{(m,m+1)} = \sin\theta_m + \frac{(m+1)\lambda}{d} \tag{5.9-28}$$

式中，$\theta_{(m,m+1)}$是第二光栅的衍射角。将$\sin\theta_m$的表达式式(5.9-27)代入式(5.9-28)，有

$$\sin\theta_{(m,m+1)} = \sin(-\alpha) + \frac{\lambda}{d}(2m+1) \tag{5.9-29}$$

同理，对(m+1,m)级衍射光，得到

$$\sin\theta_{(m+1,m)} = \sin(-\alpha) + \frac{\lambda}{d}(2m+1) \tag{5.9-30}$$

根据式(5.9-29)和式(5.9-30)可以得到$\sin\theta_{(m,m+1)} = \sin\theta_{(m+1,m)}$，说明从光栅付出射的($m$,$m$+1)级和($m$+1,$m$)级的衍射光方向相同。

光栅付衍射光有多个方向，每个方向又有多个光束，它们之间相互干涉形成的条纹很复杂，形成不了清晰的莫尔条纹，可以在光栅付后面加透镜，在透镜的焦点处用一光阑只让一个方向的衍射光通过，滤掉其他方向的光束，以提高莫尔条纹的质量。

3. 莫尔条纹的应用

(1) 长度测量

莫尔条纹用于长度计量方面已经比较成熟，测量方法简单，可以获得较高的测量精度。在长度计量中，通常采用两块栅距相等、栅线夹角为θ的光栅叠合，其中一块光栅作为主光栅固定，另一块作为指示光栅可以移动。当一块光栅移动一个栅距时，莫尔条纹移动一个节距 W(见式(5.9-26))。通过对移动的莫尔条纹计数，可以求得两块光栅相对移动的距离。这通常称为光栅尺，或光栅位移传感器，常应用于数控机床的闭环伺服系统中。其主流的国际品牌包括德国 HEIDENHAIN、英国 RENISHAW、美国 PRECIZIKA、德国 SIKO、意大利 GIVIMISURE，国内主要品牌包括新天、信和、万豪、诒信、道尔等。

(2) 角位移测量

在角位移测量中主要采用径向圆光栅，利用莫尔条纹测量角位移的仪器主要是光电轴角编码器。把代表不同角度代码的信息刻划在码盘上，编码器的码盘及读取狭缝，实际上相当于一对计量光栅，计量光栅付输出的莫尔条纹信号是编码器测量的原始信号。当一个主光栅盘不动，另一个随着主轴转动时，主轴每转过一个栅距角，莫尔条纹移动一个间距，光电元件发出一个信号，由此实现对输入位移量的转换。通过光电接收元件及信号处理电路，可以得到码盘与狭缝间的相对位移量，实现对角度的测量。

(3) 偏心和振动测量

若将两组栅距相等且同心的圆环光栅叠合，则形成以圆心连线中点为中心对称分布的放射状莫尔条纹，在转动其中一块光栅时，这种放射状莫尔条纹是不动的，但当沿两光栅圆心连线方向移动其中一块光栅时，莫尔条纹数将随着光栅盘圆心距的增大而增多，且莫尔条纹总数 k、环形光栅栅距 d 与两环形光栅中心距 c 之间存在固定关系 $c=kd/4$，进而实现偏向或者振动测量。

(4) 应力变形测量

在材料试件的表面制造出一组栅线，称为“试件栅”，它与试件一起变形，在其上面重叠一块“基准栅”，则可以得到反映试件各点位移的莫尔条纹，进而计算出试件的应力变形。这种方法对材料没有光学性能的要求，因而是一种有效的实验力学研究方法。

(5) 三维轮廓测量

1970 年，H. Takasaki 首次提出用莫尔条纹进行三维轮廓面形的测量，其原理是将一个基准光栅与投影到被测物体表面并受被测物体表面高度调制的变形光栅叠合形成莫尔条纹。变形光栅可以理解为相位和振幅均被物体表面调制的空间载频信号，是光源透过光栅投射到物体表面的阴影形成的。莫尔条纹对应物体表面的等高线，通过分析莫尔条纹可以提取出被测物体的高度信息。

在最初的莫尔轮廓测量技术中根据变形光栅产生的方法及莫尔条纹产生原理不同，分为阴影莫尔法和投影莫尔法。阴影莫尔法要求在待测物体前方放置参考光栅，光源透过参考光栅照射在被测物体上并形成阴影栅线，莫尔条纹图案由参考光栅和变形栅线重叠而成。由于参考光栅的尺寸影响测量方位，因而阴影莫尔法形成的莫尔条纹图像分辨率和精度都较低。投影莫尔法是用平行光照射光栅，将光栅的像成在物体表面形成变形光栅，然后使用透镜对变形光栅成像，并在成像面放置参考光栅，变形光栅与参考光栅重合形成莫尔条纹。随着计算机技术发展，数字莫尔条纹技术出现，通过数字投影和采集的方式获得变形条纹图像，然后与计算机产生参考条纹图像(或者数字采集到的参考条纹图像)运算，并通过频域或空域滤波的方式提取出清晰的莫尔条纹。

习题

第 5 章习题
参考答案

5.1　试从场论中的散度公式 $\oiint \boldsymbol{F}\cdot \mathrm{d}\sigma = \iiint \nabla\cdot \boldsymbol{F}\mathrm{d}v$，导出格林公式：

$$\iiint_V (\tilde{G}\nabla^2\tilde{E} - \tilde{E}\nabla^2\tilde{G})\mathrm{d}v = \iint_\Sigma \left(\tilde{G}\frac{\partial \tilde{E}}{\partial n} - \tilde{E}\frac{\partial \tilde{G}}{\partial n}\right)\mathrm{d}\sigma$$

5.2　对习题 5.2 图所示的平面屏上孔径 Σ 的衍射，证明：若选取格林函数 $\tilde{G} = \dfrac{\exp(\mathrm{i}kr)}{r} - \dfrac{\exp(\mathrm{i}kr')}{r'}$ ($r=r'$，P 和 P'对衍射屏成镜像关系)，则 P 点的场值为

$$\tilde{E}(P) = \frac{A}{\mathrm{i}\lambda}\iint_\Sigma \frac{\exp(\mathrm{i}kl)}{l}\frac{\exp(\mathrm{i}kr)}{r}\cos(\boldsymbol{n},\boldsymbol{r})\mathrm{d}\sigma$$

5.3　波长 $\lambda = 500\mathrm{nm}$ 的单色光垂直入射到边长为 3cm 的方孔，在光轴(它通过方孔中心并垂直方孔平面)附近离孔 z 处观察衍射，试求出夫琅禾费衍射区的大致范围。

5.4　求矩形孔夫琅禾费衍射图样中，沿图样对角线方向第一个次极大和第二个次极大相对于图样中心的强度。

5.5　在白光形成的单缝夫琅禾费衍射图样中，某色光的第 3 极大与 600nm 的第 2 极大重合，问该色光的波长是多少？

5.6　如习题 5.6 图所示，证明：

(1) 平行光斜入射到单缝上时，单缝夫琅禾费衍射强度公式为

$$I = I_0\left\{\frac{\sin\left[\dfrac{\pi a}{\lambda}(\sin\theta - \sin i)\right]}{\dfrac{\pi a}{\lambda}(\sin\theta - \sin i)}\right\}^2$$

式中，I_0是中央亮纹中心强度；a是缝宽；θ是衍射角；i是入射角。

(2) 中央亮纹的半角宽度为$\Delta\theta=\dfrac{\lambda}{a\cos i}$。

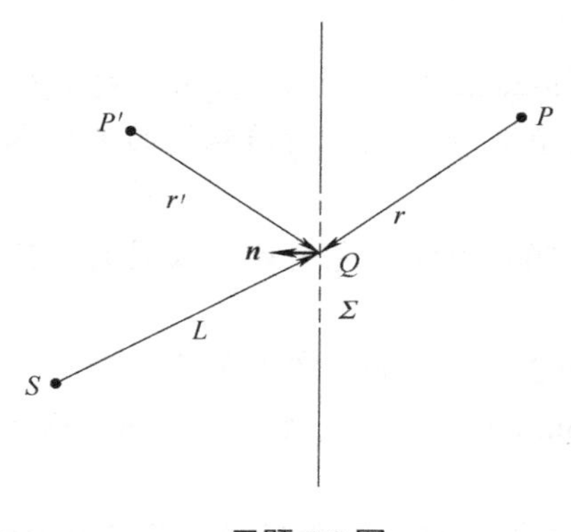

习题 5.2 图

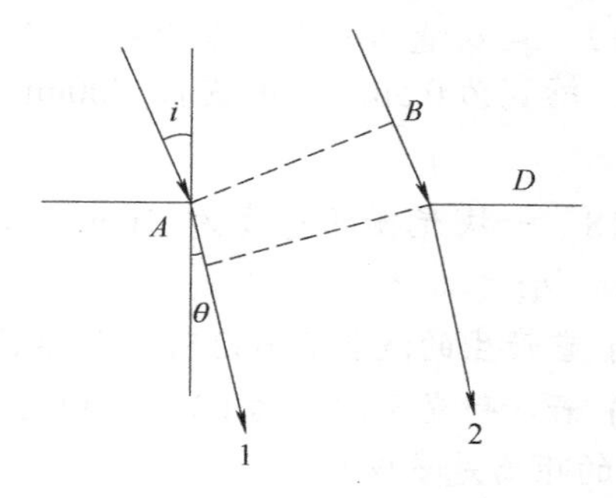

习题 5.6 图

5.7　在不透明细丝的夫朗禾费衍射图样中，测得暗条纹的间距为 1.5mm，所用透镜的焦距为 300mm，光波波长为 632.8nm，问细丝直径是多少？

5.8　用物镜直径为 4cm 的望远镜来观察 10km 远的两个相距 0.5m 的光源。在望远镜前置一可变宽度的狭缝，缝宽方向与两光源连线平行。让狭缝宽度逐渐减小，发现当狭缝宽度减小到某一宽度时，两光源产生的衍射像不能分辨，问这时狭缝宽度是多少？(设光波波长$\lambda=550\text{nm}$。)

5.9　在一些大型的天文望远镜中，把通光圆孔做成环孔。若环孔外径和内径分别为a和$a/2$，问环孔的分辨本领比半径为a的圆孔的分辨本领提高了多少？

5.10　用望远镜观察远处两个等强度的发光点 S_1 和 S_2。当 S_1 的像(衍射图样)中央和 S_2 的像的第一个强度零点相重合时，两像之间的强度极小值与两个像中央强度之比是多少？

5.11　一束直径为 2mm 的氩离子激光($\lambda=514.5\text{mnm}$)自地面射向月球，已知地面和月球相距 3.76×10^5km，问在月球上得到的光斑有多大？如果将望远镜反向作为扩束器将该光束扩展成直径为 2m 的光束，该用多大倍数的望远镜？将扩束后的光束再射向月球，在月球上的光斑为多大？

5.12　人造卫星上的宇航员声称，他恰好能够分辨离他 100km 地面上的两个点光源。设光波的波长为 550nm，宇航员眼瞳直径为 4mm，问这两个点光源的距离为多大？

5.13　若望远镜能分辨角距离为$3\times10^7\,\text{rad}$的两颗星，它的物镜的最小直径是多少？同时为了充分利用望远镜的分辨本领，望远镜应有多大的放大率？

5.14　若要使照相机感光胶片能分辨 2μm 的线距，问:

(1) 感光胶片的分辨本领至少是每毫米多少线数？

(2) 照相机镜头的相对孔径 D/f 至少有多大？(设光波波长为 550nm。)

5.15　一台显微镜的数值孔径为 0.85，问:

(1) 它用于波长 λ=400nm 时的最小分辨距离是多少？

(2) 若利用油浸物镜使数值孔径增大到 1.45，分辨本领提高了多少倍？

(3) 显微镜的放大率应设计成多大？(设人眼的最小分辨角为$1'$。)

5.16　在双缝夫琅禾费衍射实验中，所用光波波长 $\lambda = 632.8\text{nm}$，透镜焦距 $f = 50\text{cm}$，观察到两相邻亮条纹之间的距离 $e = 1.5\text{mm}$，并且第 4 级亮纹缺级。试求：

(1) 双缝的缝距和缝宽；

(2) 第 1、2、3 级亮纹的相对强度。

5.17　在双缝的一个缝前贴一块厚 0.001mm、折射率为 1.5 的玻璃片。设双缝间距为 1.5μm，缝宽为 0.5μm，用波长 500nm 的平行光垂直入射。试分析该双缝的夫琅禾费衍射图样。

5.18　一块光栅的宽度为 10cm，每毫米内有 500 条缝，光栅后面放置的透镜焦距为 500mm。问：

(1) 它产生的波长 λ=632.8nm 的单色光的 1 级和 2 级谱线的半宽度是多少？

(2) 若入射光是波长为 632nm 和波长与之差 0.5nm 的两种单色光，它们的 1 级和 2 级谱线之间的距离是多少？

5.19　一块宽度为 5cm 的光栅，在 2 级光谱中可分辨 500nm 附近的波长差 0.01nm 的两条谱线，试求这一光栅的栅距和 500nm 的 2 级谱线处的角色散。

5.20　一块闪耀光栅宽 260mm，每毫米有 300 个刻槽，闪耀角为 $77°12'$。

(1) 求光束垂直于槽面入射时，对于波长 $\lambda = 500\text{nm}$ 的光的分辨本领。

(2) 光栅的自由光谱范围有多大？

(3) 试与空气间隔为 1cm、精细度为 25 的法布里-珀罗标准具的分辨本领和自由光谱范围做一比较。

5.21　对于一块 1000 个/mm 刻槽的反射闪耀光栅，闪耀角为 $15°50'$，若以平行白光垂直于光栅面入射，问 1 级光谱中哪个波长的光具有最大强度？(设入射光各波长等强度。)

第 6 章

光的偏振

光的干涉和衍射现象充分显示了光的波动性质，但是不涉及光是横波还是纵波的问题，因为不管是横波还是纵波，都同样能产生干涉和衍射现象。而光的偏振现象则从实验上证实了光波是横波。偏振光是介质对自然光的反射、折射、吸收和散射等作用而产生的。光电偏振现象在激光技术、光信息处理、光同心等领域有着重要的应用。

6.1 偏振光概述

自然光和偏振光的特点

6.1.1 自然光和偏振光的特点

从普通光源发出的光是自然光。自然光可以看作是具有一切可能的振动方向的许多光波的总和，各个方向的振动同时存在或迅速无规则地互相替代。自然光的特点是振动方向的无规则性，从统计上来说，对于光的传播方向是对称的，在与传播方向垂直的平面上，无论哪一个方向的振动都不比其他方向更占优势，如图 6.1-1a 所示。自然光在传播过程中，如果受到外界的作用，造成各个振动方向上的强度不等，使得某一方向的振动比其他方向占优势，这种光叫作**部分偏振光**，如图 6.1-1b 所示。

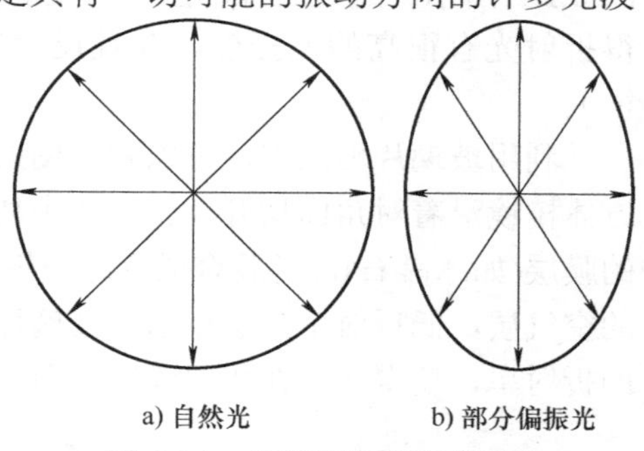
a) 自然光　　b) 部分偏振光

图 6.1-1　自然光和部分偏振光

麦克斯韦的电磁理论，阐明了光波是一种横波，即光波的光矢量始终与传播方向垂直。如果光矢量的振动方向在传播过程中保持不变，光矢量的大小随着相位改变，这种光称为**线偏振光**。线偏振光的光矢量与传播方向构成的面称为**振动面**。线偏振光是偏振光的一种，还有圆偏振光和椭圆偏振光。圆偏振光在传播过程中其光矢量的大小不变，而方向绕传播轴均匀地转动，端点的轨迹是一个圆。椭圆偏振光的光矢量的大小和方向在传播过程中都有规律地变换，光矢量端点沿着一个椭圆轨迹转动。

图 6.1-1 中部分偏振光的光矢量沿着垂直方向的振动比其他方向占优势，其强度用 I_{max} 表示，光矢量沿着水平方向的振动较之其他方向处于劣势，其强度用 I_{min} 表示，则偏振光的偏振度 P 可以表示为

$$P = \frac{I_{\max} - I_{\min}}{I_{\max} + I_{\min}} \tag{6.1-1}$$

对于自然光，各方向的强度相等，故 $P=0$；对于线偏振光，$P=1$；部分偏振光的偏振度 P 介于 0 与 1 之间。偏振光的偏振度数值越接近 1，光束的偏振化程度越高。

获得偏振光的方法

6.1.2 获得偏振光的方法

获得偏振光的方法归纳起来有 4 种：①利用反射和折射；②利用二向色性材料；③利用各向异性晶体 ；④利用散射介质。

1. 由反射和折射产生偏振光

由 1.4 节讨论可知，考虑自然光在介质分界面上的反射和折射时，可以把它分解为两部分，一部分是光矢量平行于入射面的 p 波，另一部分是光矢量垂直于入射面的 s 波。由于 s 波和 p 波的反射系数不同，因此反射光和折射光一般为部分偏振光。当入射光的入射角等于布儒斯特角时，反射光成为线偏振光。

一般情况下，只用一片玻璃的反射和折射来获得强反射的线偏振光、高偏振度的折射光是非常困难的。在实际应用中，经常采用由多片玻璃叠合而成的片堆，并使得入射角等于布儒斯特角，如图 6.1-2 所示。光经过片堆的多次反射和折射，使得折射光有很高的偏振度，并且反射光的强度也很大。

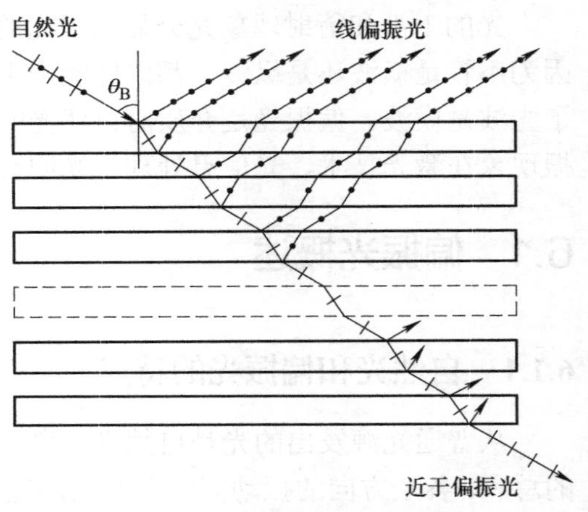

图 6.1-2　用玻璃片堆获得偏振光

利用玻璃片堆原理，可以制作偏振分光元件。如图 6.1-3 所示，偏振分光镜是把一块立方体棱镜沿着对角面切开，并在两个切面上交替地镀上高折射率的膜层(如 ZnS)和低折射率的膜层(如冰晶石)，再胶合成立方棱镜。在偏振分光镜中，高折射率膜层相当于玻璃片之间的空气层，低折射率膜层相当于玻璃片。为了使透射光获得最大的偏振度，应适当选择膜层的折射率，使得光线在相邻膜层界面上的入射角等于布儒斯特角。

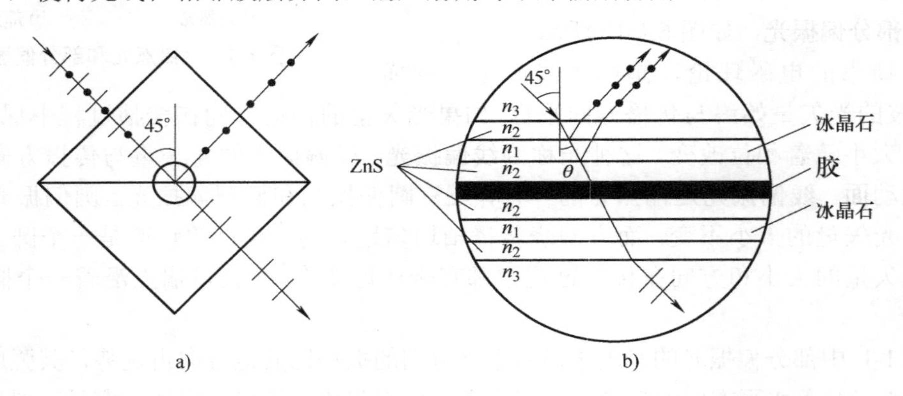

图 6.1-3　偏振分光镜

根据折射定律有

$$n_3 \sin 45^\circ = n_2 \sin\theta, \quad \tan\theta = \frac{n_1}{n_2} \tag{6.1-2}$$

式中，n_3是玻璃的折射率；n_1和n_2分别是冰晶石和硫化锌的折射率；θ是光线在硫化锌膜层中的折射角，也是硫化锌和冰晶石界面上的入射角。

因此有

$$n_3^2 = \frac{2n_1^2 n_2^2}{n_1^2 + n_2^2} \tag{6.1-3}$$

式(6.1-3)即为玻璃的折射率n_3和两种介质膜的折射率n_1、n_2之间应当满足的关系。

由于玻璃和介质膜的折射率是随着光的波长改变的，在用白光时，为了使各种波长的光都获得最大的偏振度，应当让各种波长的折射率都满足式(6.1-3)，这就要求玻璃的色散必须与介质膜的色散适当匹配。在可见光范围内，冰晶石的色散极小，可以把n_1看作不随波长变化的常数。对式(6.1-3)两边求微分，有

$$\mathrm{d}n_3 = \frac{\sqrt{2}n_1^3}{(n_1^2 + n_2^2)^{\frac{3}{2}}}\mathrm{d}n_2 \tag{6.1-4}$$

式(6.1-4)为玻璃的色散和硫化锌的色散之间应满足的关系式。

在偏振分光镜中，如果镀膜的层数很多，分光镜产生的反射光和透射光的偏振度很高。

2. 由二向色性产生线偏振光

二向色性是指某些各向异性晶体对不同振动方向的偏振光有不同的吸收系数的性质。在天然晶体中，电气石具有最强烈的二向色性。1mm 厚的电气石可以把一个方向振动的光全部吸收掉，使透射光成为振动方向与该方向垂直的线偏振光。一般地，晶体的二向色性还与光波的波长有关，因此当振动方向互相垂直的两束线偏振白光通过晶体后会呈现出不同的颜色，这就是二向色性这个名称的由来。

目前广泛使用的获得偏振光的器件，是一种人造的偏振片，称为 H 偏振片，就是利用二向色性获得偏振光。其制作方法是：把聚乙烯醇薄膜在碘溶液中浸泡后，在较高的温度下拉伸 3～4 倍，再烘干制成。浸泡过的聚乙烯醇薄膜经过拉伸后，碘-聚乙烯醇分子沿着拉伸方向规则地排列起来，形成一条条导电的长链。碘中具有导电能力的电子能够沿着长链方向运动。入射光波电场的沿着长链方向的分量推动电子，对电子做功，因而被强烈地吸收；而垂直于长链方向的分量不对电子做功，能够透过。这样，透射光就成为线偏振光。偏振片允许透过的电矢量的方向称为偏振片的**透光轴**。显然，偏振片的透光轴垂直于拉伸方向。

图 6.1-4 所示为 H 偏振片的透射率与波长的关系曲线。曲线 1 表示单片偏振片的透射率；曲线 2 表示两片偏振片的透光轴互相平行时的透射率；曲线 3 表示两片偏振片的透光轴互相垂直时的透射率。可见，当波长为 500nm 的自然光通过两片叠合的 H 偏振片时，如果它们的透光轴互相平行，透射率可达 36%；如果它们的透光轴互相垂直，透射率不到 1%。

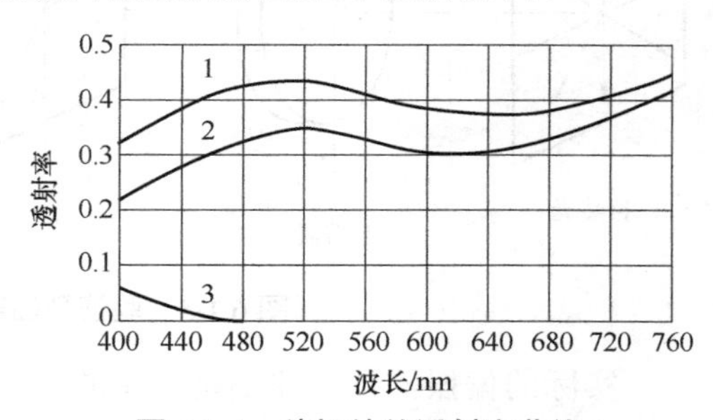

图 6.1-4 偏振片的透射率曲线

人造偏振片的面积可以做得很大，厚度很薄，通光孔径角几乎是 180°，造价低廉，尽管透射率较低且随着波长改变，人造偏振片还是得到了广泛的应用。

3. 各向异性晶体产生偏振光

当一束单色光从折射率为 n 的介质中，以 θ_i 角入射到晶体的界面上时，一般地可以产生两束振动方向相互垂直的折射光，分别称为 o 光和 e 光，对应的折射率分别为 n_o 和 n_e，则两束折射光满足的折射定律为

$$n\sin\theta_i = n_o \sin\theta_o \tag{6.1-5}$$

$$n\sin\theta_i = n_e \sin\theta_e \tag{6.1-6}$$

式中，θ_o 和 θ_e 是两束折射光的折射角。

由于 $n_o \neq n_e$，则 $\theta_o \neq \theta_e$，所以两束折射光将被分开，从而获得两束振动方向相互垂直的线偏振光。

4. 散射介质产生偏振光

当自然光在散射介质中传输时，通过散射介质在与光的传播方向相垂直的方向上观察，可以看到散射光是线偏振光；在与光的传播方向成一定角度的方向上观察，可以看到散射光是部分偏振光。使一束单色光入射到晶体的界面上时，产生两束振动方向相互垂直的折射光，然后再使这两束光通过散射介质，由于散射介质对两束光的散射不同，从而获得两束线偏振光。

马吕斯定律和消光比

6.1.3 马吕斯定律和消光比

为了检验偏振光器件的质量，可以再取一个同样的偏振光器件，让光相继通过两个器件。如图 6.1-5 所示，P_1 和 P_2 是两片相同的偏振片，P_1 用来产生偏振光，称为**起偏器**；P_2 用来检验偏振光，称为**检偏器**。当 P_1 和 P_2 相对转动时，透过两个偏振片的光强随着两偏振片的透光轴的夹角 θ 而变化。如果偏振是理想的，自然光通过偏振后成为完全的线偏振光。当 P_1 和 P_2 的透光轴相互垂直时，透射光强为零，称此状态为**消光**。当 P_1 和 P_2 的透光轴夹角 θ 为其他值时，透射光强由下式决定：

$$I = I_0 \cos^2\theta \tag{6.1-7}$$

式中，I_0 是两个偏振片透光轴平行(θ=0)时的透射光强。此式表示的关系称为**马吕斯定律**。

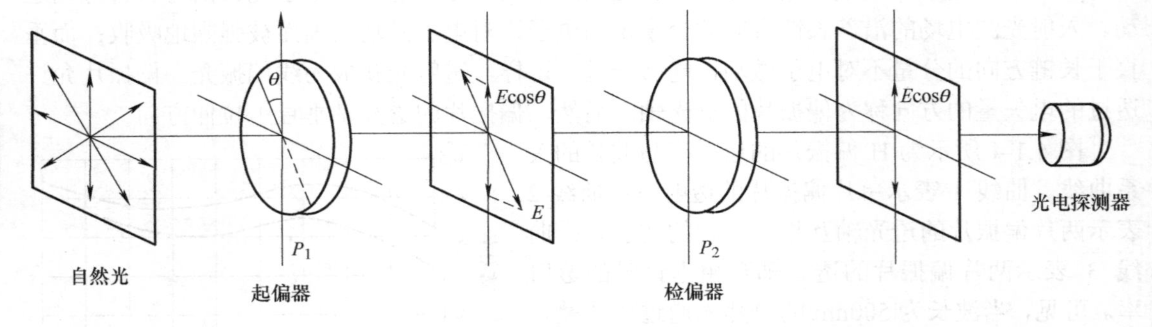

图 6.1-5 验证马吕斯定律和测定消光比的实验装置

实际的偏振器件往往不是理想的，自然光透过后得到的不是完全的线偏振光，而是部分偏振光。因此，即使两个偏振器件的透光轴相互垂直，透射光强也不是零。将此时的最小透

射光强与两偏振器件透光轴互相平行时的最大透射光强之比称为**消光比**。消光比是衡量偏振器件的重要参数，消光比越小偏振器件产生的偏振光的偏振度越高。人造偏振片的消光比约为 10^{-3}。

6.2　偏振器件

利用晶体的双折射现象，可以制成各种偏振棱镜。比较重要的偏振棱镜有尼科尔(Nicol)棱镜、格兰(Glan)棱镜和渥拉斯顿(Wollaston)棱镜等。

6.2.1　晶体的双折射

晶体的双折射

当一束单色光在各向同性介质的界面折射时，折射光只有一束，而且遵守折射定律。但是当一束单色光在各向异性晶体的界面折射时，一般可以产生两束折射光，这种现象称为**双折射**。晶体的双折射现象表示晶体在光学上是各向异性的，对于振动方向相互垂直的两个线偏振光在晶体中有着不同的传播速度(或折射率)，从光的电磁理论来看，晶体的这种特殊的光学性质是光波电磁场与晶体相互作用的结果。

1. 寻常光和非寻常光

在两束折射光中，有一束折射光总是遵循折射定律，即不论入射光束的方位如何，这束折射光总是在入射面内，并且折射角的正弦值与入射角的正弦值之比等于常数，把这束折射光称为**寻常光**，或 ***o* 光**；另一束折射光一般情况下不遵守折射定律，一般不在入射面内，折射角的正弦值与入射角的正弦值之比不为常数，这束折射光称为**非寻常光**，或 ***e* 光**，如图 6.2-1 所示。

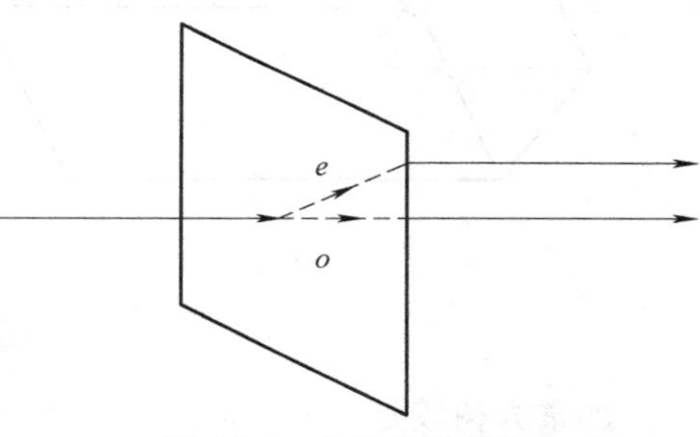

图 6.2-1　晶体的双折射

2. 晶体的光轴

在晶体中存在一个特殊的方向，当光在晶体中沿着这个方向传播时不会发生双折射。晶体内这个特殊的方向称为**晶体的光轴**。光轴并不是经过晶体的某一条特定的直线，而是一个方向。在晶体内的每一点，都可以作出一条光轴来。

各向异性晶体按照光学性质可以分为两类，即单轴晶体和双轴晶体。只有一个光轴的晶体称为单轴晶体，如方解石、石英、磷酸二氢钾(KDP)等。自然界中大部分晶体都有两个光轴，如云母、蓝宝石等，这类晶体称为双轴晶体。另外，像岩盐(NaCl)、萤石(CaF_2)这类属于立方晶系的晶体，是各向同性的，不产生双折射，这类晶体与各向同性介质一样。

3. 主平面和主截面

在单轴晶体内，由光波矢量和光轴组成的平面称为**主平面**。由 *o* 光波矢量和光轴组成的平面称为 *o* 光主平面；由 *e* 光波矢量和光轴组成的平面称为 *e* 光主平面。一般情况下，*o* 光主平面和 *e* 光主平面是不重合的。

由晶体表面法线和光轴组成的平面称为**主截面**。由入射光波矢量和晶体表面法线构成的平面称为**入射面**。主平面、主截面和入射面 3 个平面重合是选取特定条件下是实现的。若光线在主截面内入射，则 o 光和 e 光都在这个平面内，这个平面也是 o 光和 e 光共同的主平面。入射面与主截面重合，会使得研究双折射现象大为简化。

如果使用检偏器来检验晶体的双折射产生的 o 光和 e 光，会发现 o 光和 e 光都是线偏振光。并且，o 光的电矢量与 o 主平面垂直，因而总是与光轴垂直；e 光的电矢量在 e 平面内，因而与光轴的夹角随着传播方向的不同而改变。由于 o 主平面和 e 主平面一般情况下不重合，所以 o 光和 e 光的电矢量方向一般也不垂直；只有当主截面是 o 光和 e 光的共同主平面时，o 光和 e 光的电矢量才互相垂直。

6.2.2 偏振棱镜

偏振棱镜

1. 尼科尔棱镜

尼科尔棱镜的制法大致如图 6.2-2 所示。取一块长度约为宽度 3 倍的优质方解石晶体，将两个端面磨去 3°，使其主截面的角度由 70° 53′变为 68°，然后将晶体沿垂直于主截面及两端面的平面 *AB-CD* 切开，把切开的面磨成光学平面，再用加拿大树胶胶合起来，并将周围涂黑，就制成了尼科尔棱镜。

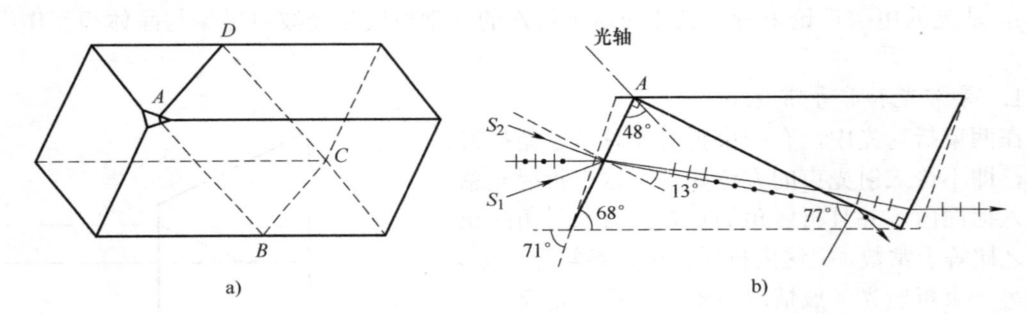

图 6.2-2 尼科尔棱镜

加拿大树胶是一种各向同性的物质，它的折射率 n_B 比寻常光的折射率小，但比非寻常光的折射率要大。例如，对于波长 λ=589.3nm 的钠黄光，寻常光的折射率为 n_o=1.6584， 非寻常光的折射率为 n_e=1.4864，加拿大树胶的折射率为 n_B=1.55，因此 o 光和 e 光在胶合层反射的情况是不同的。对于 o 光，它由光密介质(方解石)入射到光疏介质(胶层)，发生全反射的临界角为

$$\theta_C = \arcsin\frac{n_B}{n_o} \approx 69° \tag{6.2-1}$$

当自然光沿棱镜的纵长方向入射时，入射角为 22°，o 光的折射角约为 13°，因此在胶层的入射角约为 77°，比临界角大，发生全反射，被棱镜壁吸收。对于 e 光，由于 $n_e<n_B$，不发生全反射，可以透过胶层从棱镜的另一端射出。显然，透射的偏振光的光矢量与入射面平行。

尼科尔棱镜的孔径角约为±14°。如图 6.2-2b 所示，虚线表示未磨之前的端面位置，当入射光在 S_1 一侧与水平方向夹角超过 14° 时，o 光在胶层上的入射角小于临界角，不发生全反射；当入射光在 S_2 一侧与水平方向夹角超过 14° 时，由于 e 光的折射率增大而与 o 光同时发生全反射，结果没有光从棱镜射出。因此，尼科尔棱镜不适用于高度会聚或发散的光束。

晶莹纯粹的方解石天然晶体都比较小，制成的尼科尔棱镜的有效适用截面都很小，价格也十分昂贵。由于方解石天然晶体对可见光的透明度很高，能产生完善的偏振光，虽然有上述缺点，对于可见的平行光，特别是激光束，尼科尔棱镜仍然是一种优良的偏振器件。

2. 格兰棱镜

尼科尔棱镜的出射光束与入射光束不在一条直线上，这在使用中会带来不便。格兰棱镜是为改进尼科尔棱镜的缺点而设计的，如图 6.2-3 所示是它的截面图。

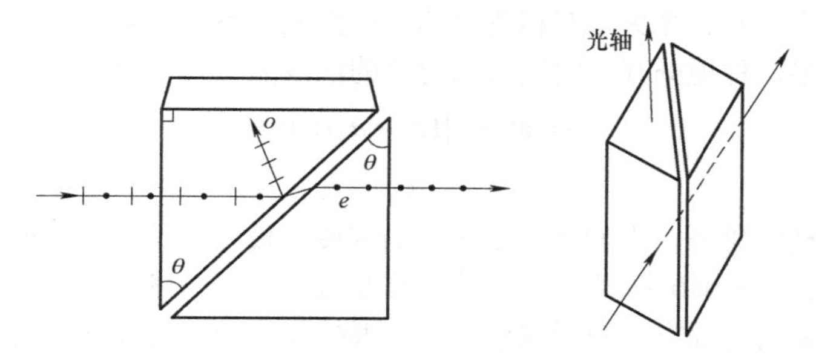

图 6.2-3　格兰棱镜

格兰棱镜也是由方解石制成的，其端面与底面垂直，光轴既平行于端面也平行于斜面。当光垂直于端面入射时，o 光和 e 光均不发生偏折，两束光的入射角等于棱镜斜面与直角面的夹角 θ。选择 θ 角使得对于 o 光来说入射角大于临界角，发生全反射而被棱镜壁的涂层吸收；对于 e 光入射角小于临界角，能够透过，从而从棱镜端面射出一束线偏振光。

组成格兰棱镜的两块直角棱镜之间可以用加拿大树胶胶合，此时 $\theta \approx 76.5°$，孔径角约为 ±13°。用加拿大树胶有两个缺点：

① 加拿大树胶对紫外光吸收很厉害；

② 胶合层容易被大功率的激光束所破坏。

在以上两种情况下，往往用聚四氟乙烯薄膜作为两块棱镜斜面的垫圈，一方面可以产生空气层来代替胶合层，此时 $\theta \approx 38.5°$，孔径角约为±7.5°，棱镜能透过波长短到 210nm 的紫外光；另一方面也具有使斜面微调平行的作用。

3. 渥拉斯顿棱镜

渥拉斯顿棱镜能产生两束互相分开的光矢量互相垂直的线偏振光。如图 6.2-4 所示，它是由两块直角方解石棱镜胶合而成的。这两个直角棱镜的光轴互相垂直，又都平行于各自的表面。

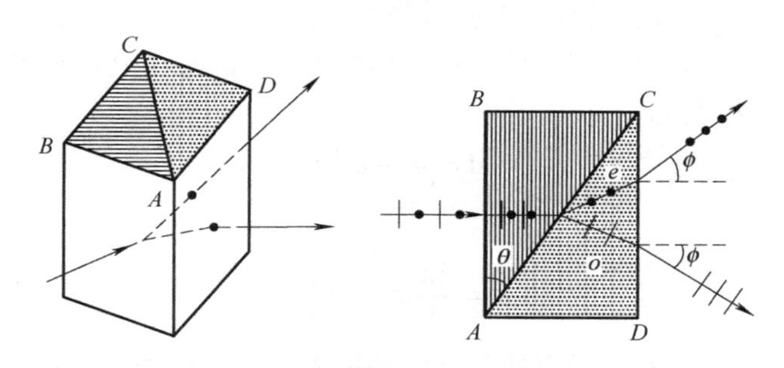

图 6.2-4　渥拉斯顿棱镜

当一束很细的自然光垂直入射到 AB 面上时，由第一块棱镜产生的 o 光和 e 光不分开，但以不同的速度前进。由于第二块棱镜的光轴相对于第一块棱镜转过了 90°，因此在截面 AC 处，o 光和 e 光发生了转化。在第一块棱镜中的 o 光，在第二块棱镜中却成了 e 光，由于方解石 $n_o>n_e$，这支光在通过界面时是从光密介质进入光疏介质，因此将远离界面法线传播。而光矢量平行于图面的这支光，它在第一块棱镜里是 e 光，在第二块棱镜里却成了 o 光，因此在通过界面时是从光疏介质进入光密介质，将靠近法线传播。这样，从渥拉斯顿棱镜射出来的是两束按一定角度分开、光矢量互相垂直的线偏振光。不难证明，当棱镜顶角 θ 不是很大时，这两支光差不多对称地分开，它们与出射面的法线的夹角 ϕ 为

$$\phi = \arcsin[(n_o - n_e)\tan\theta] \tag{6.2-2}$$

4. 其他棱镜

除了上述三种棱镜以外，人们还根据实际的需要，设计出了其他偏振棱镜。

洛匈(Rochon)棱镜两束出射光，一束沿法线方向，一束偏移法线方向。洛匈棱镜这样的设计是为了在原光束的传播方向获得线偏振光，渥拉斯顿棱镜的设计则是为了更大角度地分离两束线偏振光。对于相同的材料而言，渥拉斯顿棱镜的分离角是洛匈棱镜的两倍。

格兰-泰勒(Glan-Taylor)棱镜同样由两个直角棱镜制作而成，其中第一部分和第二部分光轴完全同向，因此两种线偏光不会在两部分之间发生变换。而在两部分中间加入了一层与两侧折射率不同的光胶， 光胶的折射率 n 介于 n_o 和 n_e 之间，当折射角足够大时，o 光通过光胶时会发生全反射，而 e 光则永远不会。当两种偏振光穿过光胶时， o 光发生了全反射，出射到一个侧面上被吸收；e 光则穿过光胶继续传播，且其传播方向只发生一个小的横向偏移。由此，不同偏振成分的两束光完成了分离。

格兰-激光(Glan-Laser)棱镜是针对高功率激光的格兰-泰勒棱镜的改进版，主要是将发生全反射的 o 光从一个侧面出射，降低因吸收激光而产生的过多热量。

6.2.3 波片

波片及补偿器

波片是由晶体制成的平行平面薄片。如图 6.2-5 所示，起偏器获得的线偏振光垂直入射到由单轴晶体制成的波片，波片的光轴与其表面平行，设为 y 轴方向。入射波片的线偏振光将被分解为 o 光和 e 光，它们的光矢量分别沿着 x 轴和 y 轴。习惯上，把两轴中的一个称为**快轴**，表示光矢量沿着快轴的那束光传播得快；另一个称为**慢轴**，表示光矢量沿着慢轴的那束光传播得慢。例如，对于负单轴波片，e 光比 o 光速度快，所以 e 光轴方向是快轴，与之垂直的方向是慢轴。由于 o 光和 e 光在波片中传播速度不同，它们通过波片后产生一定的相位差。设波片的厚度为 d，在波片中 o 光的光程是 n_od，e 光的光程是 n_ed，二者的光程差为

$$\Delta = |n_o - n_e| d \tag{6.2-3}$$

相位差为

$$\delta = \frac{2\pi}{\lambda}|n_o - n_e| d \tag{6.2-4}$$

可见，波片能使光矢量互相垂直的两支线偏振光产生相位相对延迟，所以波片也称为相位延迟片。

根据 2.3 节的讨论可知，两束光矢量互相垂直且有一定相位差的线偏振光，叠加结果一般为椭圆偏振光，椭圆的形状、方位、旋向随着相位差改变。

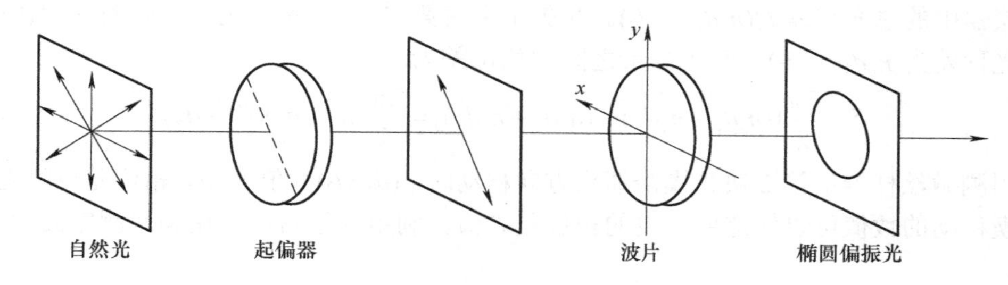

图 6.2-5　波片对光的变换作用

1. 1/4 波片

如果波片产生的光程差为

$$\Delta = \left| n_o - n_e \right| d = \left(m + \frac{1}{4} \right) \lambda \tag{6.2-5}$$

式中，m 是整数。这种波片称为 1/4 波片。

当入射的线偏振光的光矢量与波片的快轴或者慢轴成±45°时，通过 1/4 波片后得到圆偏振光。反之，1/4 波片可以使圆偏振光或椭圆偏振光变成线偏振光。

2. 1/2 波片

如果波片产生的光程差为

$$\Delta = \left| n_o - n_e \right| d = \left(m + \frac{1}{2} \right) \lambda \tag{6.2-6}$$

式中，m 是整数。这种波片称为 1/2 波片或半波片。

圆偏振光通过半波片后仍为圆偏振光，但旋向改变。线偏振光通过半波片后仍然是线偏振光，但光矢量的方向改变。设入射的线偏振光的光矢量与波片快轴(或慢轴)的夹角为 α，通过波片后光矢量向着快轴(或慢轴)的方向转过 2α，如图 6.2-6 所示。

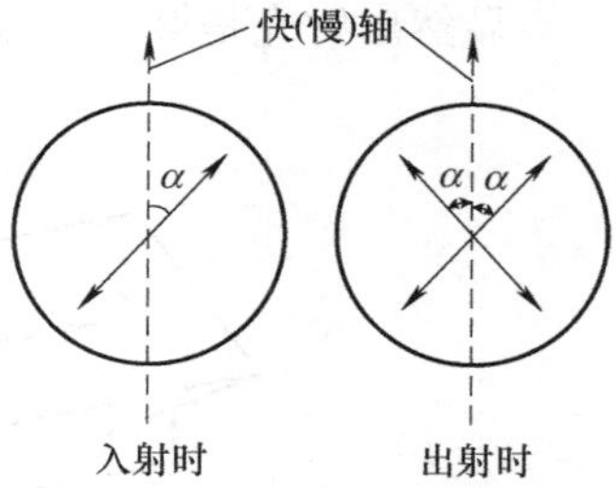

图 6.2-6　线偏振光通过半波片后光矢量的转动

3. 全波片

如果波片产生的光程差为

$$\Delta = \left| n_o - n_e \right| d = m\lambda \tag{6.2-7}$$

式中，m 是整数。这种波片称为全波片。

这里需要注意的是，所谓 1/4 波片、1/2 波片或全波片都是针对某一特定的波长而言。这是因为一个波片所产生的光程差 $\left| n_o - n_e \right| d$ 基本上是不随波长改变的，所以式(6.2-5)～式(6.2-7)都只对某一特定的波长才成立。

6.2.4　补偿器

波片只能产生固定的相位差，补偿器可以产生连续改变的相位差。如图 6.2-7 所示，巴俾涅补偿器由两块方解石或石英石制成的光楔组成，两块光楔的光轴互相垂直。当光垂直入射时，巴俾涅补偿器将光分解为光矢量互相垂直的两个分量。巴俾涅补偿器的楔角很小(2°～3°)，厚度也不大。设光在第 1 块光楔中通过的厚度为 d_1，在第 2 块光楔中通过的厚度为 d_2，光矢量沿着第 1 块光楔的光轴方向的分量在第 1 块光楔中属于 e 光，在第 2 块光楔中属于 o 光，则光在补偿器中的总光程差为$(n_e d_1+n_o d_2)$。光矢量沿着第 2 块光楔的光轴方向的分量在补偿器中的总光程差为$(n_o d_1+n_e d_2)$。两个分量之间的相位差为

$$\delta = \frac{2\pi}{\lambda}[(n_e d_1 + n_o d_2) - (n_o d_1 + n_e d_2)] = \frac{2\pi}{\lambda}(n_e - n_o)(d_1 - d_2) \tag{6.2-8}$$

当用测微丝杆推动第 2 块光楔沿箭头方向移动时，(d_1-d_2)的值变小，相位差也随之改变。根据光楔移动的数值可以知道所产生的相位差 δ 值。利用补偿器可以精确地测定波片产生的光程差。

例题 6.1　一束线偏振的钠黄光(λ=589.3nm)垂直通过一块厚度为 1.618×10^{-2}mm 的石英波片。波片折射率 n_o=1.54424，n_e=1.55335，光轴沿着 x 轴方向。求入射线偏振光的振动方向与 x 轴成 45° 时出射光的偏振态。

解：线偏振光在波片内分解为 o 光和 e 光，它们的振动方向分别垂直于光轴和平行于光轴。如图 6.2-8 所示，若入射线偏振光振幅为 A，则 o 光和 e 光的振幅为 $A_o=A\sin45°$，$A_e=A\cos45°$，显然 $A_o=A_e=A'$。由于 e 光在波片内的传播速度比 o 光慢，从波片出射时，o 光和 e 光的相位差为

$$\delta = \frac{2\pi}{\lambda}(n_e - n_o)d = \frac{2\pi\times(1.55335-1.54424)\times(1.618\times10^{-2})\text{mm}}{(589.3\times10^{-6})\text{mm}} = \frac{\pi}{2}$$

因此在波片后表面 o 光和 e 光的叠加可以表示为

$$\boldsymbol{E} = \boldsymbol{E}_o + \boldsymbol{E}_e = \boldsymbol{x}_0 A'\cos(k_e d - \omega t) + \boldsymbol{y}_0 A'\cos\left(k_e d - \omega t - \frac{\pi}{2}\right)$$

显然出射光是椭圆偏振光。

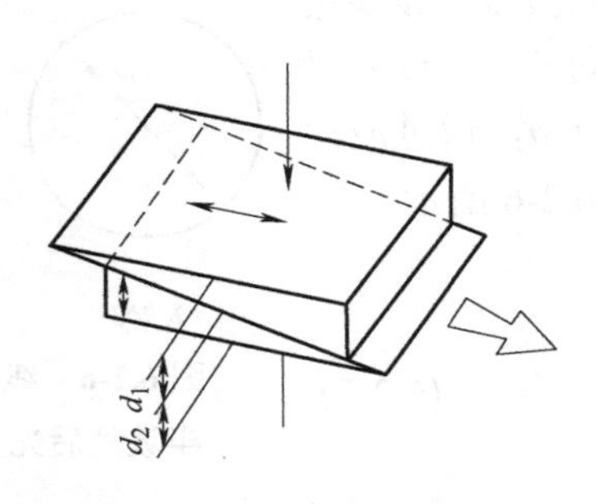

图 6.2-7　巴俾涅补偿器

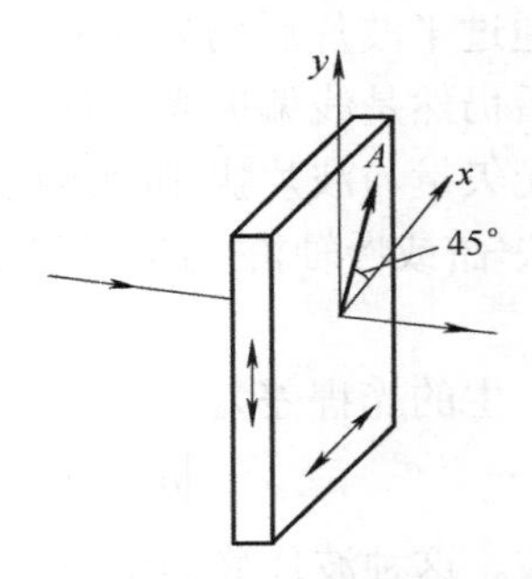

图 6.2-8　例题 6.1 图

偏振光的矩阵表示

6.3　偏振光和偏振器件的矩阵表示

6.3.1　偏振光的矩阵表示

根据 2.3 节讨论可知，沿 z 轴方向传播的任何一种偏振光，都可以表示为光矢量分别沿 x 轴和 y 轴的两个线偏振光的叠加：

$$\boldsymbol{E}=E_x\boldsymbol{x}_0+E_y\boldsymbol{y}_0=\boldsymbol{x}_0 a_1\exp[\mathrm{i}(\alpha_1-\omega t)]+\boldsymbol{y}_0 a_2\exp[\mathrm{i}(\alpha_2-\omega t)] \tag{6.3-1}$$

这两个线偏振光有确定的振幅比 a_2/a_1 和相位差 $\delta=\alpha_2-\alpha_1$。即任何一种偏振光的光矢量都可以用沿 x 轴和 y 轴的两个分量表示：

$$\begin{cases}\boldsymbol{E}_x=\boldsymbol{x}_0 a_1\exp[\mathrm{i}(\alpha_1-\omega t)]\\ \boldsymbol{E}_y=\boldsymbol{y}_0 a_2\exp[\mathrm{i}(\alpha_2-\omega t)]\end{cases} \tag{6.3-2}$$

这两个分量的振幅比和相位差决定该偏振光的偏振态。

当省略式(6.3-2)中的公共相位因子 $\exp(\mathrm{i}\omega t)$时，两个分量可以用复振幅表示为

$$\begin{cases}\widetilde{\boldsymbol{E}}_x=\boldsymbol{a}_1\exp(\mathrm{i}\alpha_1)\\ \widetilde{\boldsymbol{E}}_y=\boldsymbol{a}_2\exp(\mathrm{i}\alpha_2)\end{cases} \tag{6.3-3}$$

则任一偏振光可以用由它的光矢量的两个分量构成的一列矩阵表示，这一列矩阵称为**琼斯矢量**，记为

$$\boldsymbol{E}=\begin{bmatrix}\widetilde{\boldsymbol{E}}_x\\ \widetilde{\boldsymbol{E}}_y\end{bmatrix}=\begin{bmatrix}\boldsymbol{a}_1\exp(\mathrm{i}\alpha_1)\\ \boldsymbol{a}_2\exp(\mathrm{i}\alpha_2)\end{bmatrix} \tag{6.3-4}$$

偏振光的强度是两个分量的强度之和，即

$$I=\left|\widetilde{E}_x\right|^2+\left|\widetilde{E}_y\right|^2=a_1^2+a_2^2 \tag{6.3-5}$$

仅考虑强度的相对变化，因此把表示偏振光的琼斯矢量归一化，有

$$\boldsymbol{E}=\begin{bmatrix}\widetilde{\boldsymbol{E}}_x\\ \widetilde{\boldsymbol{E}}_y\end{bmatrix}=\frac{a_1\exp(\mathrm{i}\alpha_1)}{\sqrt{a_1^2+a_2^2}}\begin{bmatrix}1\\ a\exp(\mathrm{i}\delta)\end{bmatrix} \tag{6.3-6}$$

式中，$a=a_2/a_1$，$\delta=\alpha_2-\alpha_1$。

通常只关心相对相位差，因而式(6.3-6)中的公共相位因子 $\exp(\mathrm{i}\alpha_1)$可以略去，则归一化形式的琼斯矢量为

$$\boldsymbol{E}=\begin{bmatrix}\widetilde{\boldsymbol{E}}_x\\ \widetilde{\boldsymbol{E}}_y\end{bmatrix}=\frac{a_1}{\sqrt{a_1^2+a_2^2}}\begin{bmatrix}1\\ a\exp(\mathrm{i}\delta)\end{bmatrix} \tag{6.3-7}$$

常见偏振光的归一化琼斯矢量如表 6.3-1 所示。

表 6.3-1　常见偏振光的归一化琼斯矢量

偏振态	琼斯矢量
光矢量沿 x 轴的线偏振光	$\begin{bmatrix}1\\0\end{bmatrix}$
光矢量沿 y 轴的线偏振光	$\begin{bmatrix}0\\1\end{bmatrix}$
光矢量与 x 轴成±45°的线偏振光	$\frac{1}{\sqrt{2}}\begin{bmatrix}1\\ \pm 1\end{bmatrix}$
光矢量与 x 轴成$\pm\theta$的线偏振光	$\begin{bmatrix}\cos\theta\\ \pm\sin\theta\end{bmatrix}$

(续)

偏振态	琼斯矢量
右旋圆偏振光	$\frac{1}{\sqrt{2}}\begin{bmatrix}1\\-i\end{bmatrix}$
左旋圆偏振光	$\frac{1}{\sqrt{2}}\begin{bmatrix}1\\i\end{bmatrix}$

利用偏振光的琼斯矢量形式，很方便计算两个或多个给定的偏振光叠加的结果。

例如，两个振幅和相位相同、光矢量分别沿 x 轴和 y 轴的线偏振光的叠加，用琼斯矢量计算为

$$\begin{bmatrix}1\\0\end{bmatrix}+\begin{bmatrix}0\\1\end{bmatrix}=\begin{bmatrix}1\\1\end{bmatrix}$$

结果表明合成波是一个光矢量与 x 轴成 45° 的线偏振光，它的振幅是叠加的线偏振光振幅的 $\sqrt{2}$ 倍。

再例如，两个振幅相等、旋向相反的圆偏振光叠加，可以表示为

$$\frac{1}{\sqrt{2}}\begin{bmatrix}1\\-i\end{bmatrix}+\frac{1}{\sqrt{2}}\begin{bmatrix}1\\i\end{bmatrix}=\frac{1}{\sqrt{2}}\begin{bmatrix}1+1\\-i+i\end{bmatrix}=\frac{2}{\sqrt{2}}\begin{bmatrix}1\\0\end{bmatrix}$$

可以看出合成波是光矢量沿 x 轴的线偏振光，其振幅为圆偏振光振幅的 2 倍。

正交偏振

6.3.2 正交偏振

设有两列偏振光，其偏振态由复振幅 $\widetilde{\boldsymbol{E}}_1$ 和 $\widetilde{\boldsymbol{E}}_2$ 表示，如果 $\widetilde{\boldsymbol{E}}_1\cdot\widetilde{\boldsymbol{E}}_2^*=0$，则称这两列偏振光是**正交偏振**的。对于线偏振光，如果它们的光矢量的振动方向互相垂直，则它们的偏振态是正交的。对于圆(椭圆)偏振光的情况，右旋圆(椭圆)偏振光和左旋圆(椭圆)偏振光是一对正交偏振态，如图 6.3-1 所示。

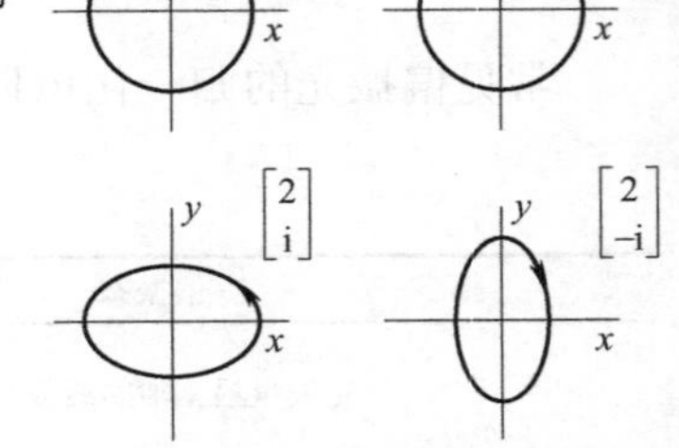

图 6.3-1 几对正交偏振态

可以证明，任何一种偏振态都可以分解为两个正交的偏振态。

例如，任何一种偏振态可以分解为两个正交的线偏振态：

$$\begin{bmatrix}A\\B\end{bmatrix}=A\begin{bmatrix}1\\0\end{bmatrix}+B\begin{bmatrix}0\\1\end{bmatrix} \tag{6.3-8}$$

也可以分解为两个正交的圆偏振态：

$$\begin{bmatrix}A\\B\end{bmatrix}=\frac{1}{2}(A+iB)\begin{bmatrix}1\\-i\end{bmatrix}+\frac{1}{2}(A-iB)\begin{bmatrix}1\\i\end{bmatrix} \tag{6.3-9}$$

6.3.3 偏振器件的矩阵表示

偏振器件的矩阵表示

偏振光通过偏振器件后其偏振态会发生变化。如图 6.3-2 所示，入射光

的偏振态用 $\boldsymbol{E}_{\mathrm{i}}=\begin{bmatrix}A_1\\B_1\end{bmatrix}$ 表示，透射光的偏振态用 $\boldsymbol{E}_{\mathrm{t}}=\begin{bmatrix}A_2\\B_2\end{bmatrix}$ 表示，偏振器件 $\boldsymbol{G}$ 起着入射光和透射光之间的变换作用。假定这种变换是线性的，即透射光的两个分量 A_2、B_2 是入射光的两个分量 A_1 和 B_1 的线性组合：

$$\begin{cases}A_2=g_{11}A_1+g_{12}B_1\\B_2=g_{21}A_1+g_{22}B_1\end{cases}\tag{6.3-10}$$

式中，g_{11}、g_{12}、g_{21}、g_{22} 是复常数。把上式写成矩阵形式：

$$\begin{bmatrix}A_2\\B_2\end{bmatrix}=\begin{bmatrix}g_{11}&g_{12}\\g_{21}&g_{22}\end{bmatrix}\begin{bmatrix}A_1\\B_1\end{bmatrix}\tag{6.3-11}$$

或者写成

$$\boldsymbol{E}_{\mathrm{t}}=\boldsymbol{G}\boldsymbol{E}_{\mathrm{i}}\tag{6.3-12}$$

式中：

$$\boldsymbol{G}=\begin{bmatrix}g_{11}&g_{12}\\g_{21}&g_{22}\end{bmatrix}\tag{6.3-13}$$

因此，一个偏振器件的特性可以用矩阵 $\boldsymbol{G}$ 描述。矩阵 $\boldsymbol{G}$ 称为偏振器件的**琼斯矩阵**。

1. 透光轴与 x 轴成 θ 角的线偏振器

入射光 $\begin{bmatrix}A_1\\B_1\end{bmatrix}$ 在 x 轴和 y 轴上的两个分量 A_1 和 B_1，如图 6.3-3 所示。入射光通过线偏振器件后，A_1 和 B_1 透出的部分分别为 $A_1\cos\theta$ 和 $B_1\sin\theta$，它们在 x 轴和 y 轴上的线性组合就是 A_2 和 B_2，即

$$\begin{cases}A_2=A_1\cos\theta\cos\theta+B_1\sin\theta\cos\theta=\cos^2\theta A_1+\dfrac{1}{2}\sin2\theta B_1\\B_2=A_1\cos\theta\sin\theta+B_1\sin\theta\sin\theta=\dfrac{1}{2}\sin2\theta A_1+\sin^2\theta B_1\end{cases}\tag{6.3-14}$$

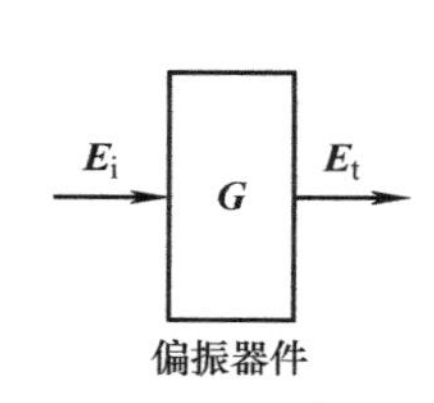

图 6.3-2　偏振器件对偏振光偏振态的变换

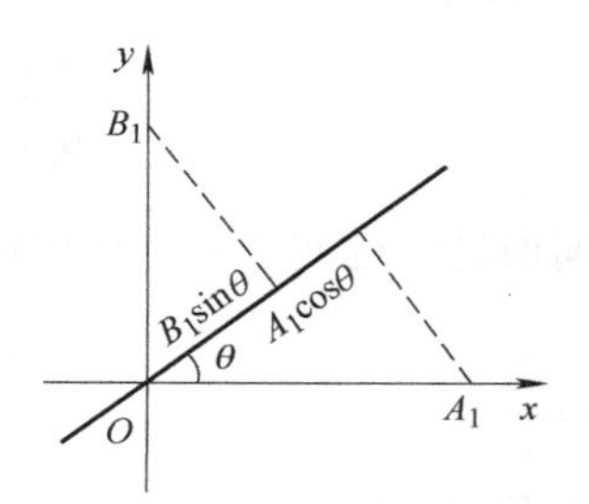

图 6.3-3　线偏振器件琼斯矩阵的求取

将式(6.3-14)写成矩阵形式：

$$\begin{bmatrix}A_2\\B_2\end{bmatrix}=\begin{bmatrix}\cos^2\theta&\dfrac{1}{2}\sin2\theta\\\dfrac{1}{2}\sin2\theta&\sin^2\theta\end{bmatrix}\begin{bmatrix}A_1\\B_1\end{bmatrix}\tag{6.3-15}$$

所以，该线偏振器的琼斯矩阵为

$$G=\begin{bmatrix}\cos^2\theta & \dfrac{1}{2}\sin 2\theta \\ \dfrac{1}{2}\sin 2\theta & \sin^2\theta\end{bmatrix} \tag{6.3-16}$$

2. 快轴在 x 方向的 1/4 波片

1/4 波片对入射偏振光$\begin{bmatrix}A_1\\B_1\end{bmatrix}$的作用是使其 y 轴分量相对于 x 轴分量产生 $\pi/2$ 的相位延迟，因此透射光的两个分量为

$$\begin{cases}A_2=A_1\\B_2=B_1\exp\left(\mathrm{i}\dfrac{\pi}{2}\right)=\mathrm{i}B_1\end{cases} \tag{6.3-17}$$

将式(6.3-17)写为矩阵形式：

$$\begin{bmatrix}A_2\\B_2\end{bmatrix}=\begin{bmatrix}1 & 0\\0 & \mathrm{i}\end{bmatrix}\begin{bmatrix}A_1\\B_1\end{bmatrix} \tag{6.3-18}$$

因此，1/4 波片的琼斯矩阵为$G=\begin{bmatrix}1 & 0\\0 & \mathrm{i}\end{bmatrix}$。

3. 快轴与 x 轴成 θ 角，产生的相位差为 δ 的波片

设入射偏振光为$\begin{bmatrix}A_1\\B_1\end{bmatrix}$，$A_1$、$B_1$ 在波片的快轴和慢轴上的分量和为(见图 6.3-4)：

$$\begin{cases}A_1'=A_1\cos\theta+B_1\sin\theta\\B_1'=A_1\sin\theta-B_1\cos\theta\end{cases} \tag{6.3-19}$$

图 6.3-4　波片琼斯矩阵的求取

将式(6.3-19)写成矩阵形式：

$$\begin{bmatrix}A_1'\\B_1'\end{bmatrix}=\begin{bmatrix}\cos\theta & \sin\theta\\ \sin\theta & -\cos\theta\end{bmatrix}\begin{bmatrix}A_1\\B_1\end{bmatrix} \tag{6.3-20}$$

因此，偏振光透过波片后，在快轴和慢轴上的复振幅分别为

$$\begin{cases}A_1''=A_1'\\B_1''=B_1'\exp(\mathrm{i}\delta)\end{cases} \tag{6.3-21}$$

或者写成矩阵形式：

$$\begin{bmatrix}A_1''\\B_1''\end{bmatrix}=\begin{bmatrix}1 & 0\\0 & \exp(\mathrm{i}\delta)\end{bmatrix}\begin{bmatrix}A_1'\\B_1'\end{bmatrix}=\begin{bmatrix}1 & 0\\0 & \exp(\mathrm{i}\delta)\end{bmatrix}\begin{bmatrix}\cos\theta & \sin\theta\\ \sin\theta & -\cos\theta\end{bmatrix}\begin{bmatrix}A_1\\B_1\end{bmatrix} \tag{6.3-22}$$

则透射光的琼斯矢量的分量为

$$\begin{cases}A_2=A_1''\cos\theta+B_1''\sin\theta\\B_2=A_1''\sin\theta-B_1''\cos\theta\end{cases} \tag{6.3-23}$$

写成矩阵形式：

$$\begin{bmatrix} A_2 \\ B_2 \end{bmatrix} = \begin{bmatrix} \cos\theta & \sin\theta \\ \sin\theta & -\cos\theta \end{bmatrix} \begin{bmatrix} A_1'' \\ B_1'' \end{bmatrix} \tag{6.3-24}$$

将式(6.3-22)代入式(6.3-24)，得到

$$\begin{aligned} \begin{bmatrix} A_2 \\ B_2 \end{bmatrix} &= \begin{bmatrix} \cos\theta & \sin\theta \\ \sin\theta & -\cos\theta \end{bmatrix} \begin{bmatrix} A_1'' \\ B_1'' \end{bmatrix} \\ &= \begin{bmatrix} \cos\theta & \sin\theta \\ \sin\theta & -\cos\theta \end{bmatrix} \begin{bmatrix} 1 & 0 \\ 0 & \exp(\mathrm{i}\delta) \end{bmatrix} \begin{bmatrix} \cos\theta & \sin\theta \\ \sin\theta & -\cos\theta \end{bmatrix} \begin{bmatrix} A_1 \\ B_1 \end{bmatrix} \\ &= \cos\frac{\delta}{2} \begin{bmatrix} 1-\mathrm{i}\tan\frac{\delta}{2}\cos 2\theta & -\mathrm{i}\tan\frac{\delta}{2}\sin 2\theta \\ -\mathrm{i}\tan\frac{\delta}{2}\sin 2\theta & 1+\mathrm{i}\tan\frac{\delta}{2}\cos 2\theta \end{bmatrix} \begin{bmatrix} A_1 \\ B_1 \end{bmatrix} \exp\left(\mathrm{i}\frac{\delta}{2}\right) \end{aligned} \tag{6.3-25}$$

因此，弃去公共相位因子 $\exp\left(\mathrm{i}\frac{\delta}{2}\right)$，波片的琼斯矩阵为

$$\boldsymbol{G} = \cos\frac{\delta}{2} \begin{bmatrix} 1-\mathrm{i}\tan\frac{\delta}{2}\cos 2\theta & -\mathrm{i}\tan\frac{\delta}{2}\sin 2\theta \\ -\mathrm{i}\tan\frac{\delta}{2}\sin 2\theta & 1+\mathrm{i}\tan\frac{\delta}{2}\cos 2\theta \end{bmatrix} \tag{6.3-26}$$

当 θ=45°时，波片的琼斯矩阵化简为

$$\boldsymbol{G} = \cos\frac{\delta}{2} \begin{bmatrix} 1 & -\mathrm{i}\tan\frac{\delta}{2} \\ -\mathrm{i}\tan\frac{\delta}{2} & 1 \end{bmatrix} \tag{6.3-27}$$

一些偏振器件的琼斯矩阵如表 6.3-2 所示。

表 6.3-2　一些偏振器件的琼斯矩阵

器　件	琼斯矩阵
线偏振器件：透光轴在 x 方向	$\begin{bmatrix} 1 & 0 \\ 0 & 0 \end{bmatrix}$
线偏振器件：透光轴在 y 方向	$\begin{bmatrix} 0 & 0 \\ 0 & 1 \end{bmatrix}$
线偏振器件：透光轴与 x 轴成±45°	$\frac{1}{2}\begin{bmatrix} 1 & \pm 1 \\ \pm 1 & 1 \end{bmatrix}$
线偏振器件：透光轴与 x 轴成 θ	$\begin{bmatrix} \cos^2\theta & \frac{1}{2}\sin 2\theta \\ \frac{1}{2}\sin 2\theta & \sin^2\theta \end{bmatrix}$
1/4 波片快轴在 x 方向	$\begin{bmatrix} 1 & 0 \\ 0 & \mathrm{i} \end{bmatrix}$

(续)

器　件	琼斯矩阵
1/4 波片快轴在 y 方向	$\begin{bmatrix}1 & 0\\0 & -\mathrm{i}\end{bmatrix}$
1/4 波片快轴与 x 轴成±45°	$\frac{1}{\sqrt{2}}\begin{bmatrix}1 & \mp\mathrm{i}\\\mp\mathrm{i} & 1\end{bmatrix}$
产生相位差为 δ 的一般波片快轴在 x 方向	$\begin{bmatrix}1 & 0\\0 & \exp(\mathrm{i}\delta)\end{bmatrix}$
产生相位差为 δ 的一般波片快轴在 y 方向	$\begin{bmatrix}1 & 0\\0 & \exp(-\mathrm{i}\delta)\end{bmatrix}$
产生相位差为 δ 的一般波片快轴与 x 轴成±45°	$\cos\frac{\delta}{2}\begin{bmatrix}1 & \mp\mathrm{i}\tan\frac{\delta}{2}\\\mp\mathrm{i}\tan\frac{\delta}{2} & 1\end{bmatrix}$
半波片快轴在 x 或 y 方向	$\begin{bmatrix}1 & 0\\0 & -1\end{bmatrix}$
半波片快轴与 x 轴成±45°	$\begin{bmatrix}0 & 1\\1 & 0\end{bmatrix}$
产生延迟为 ϕ 的各向同性相位延迟片	$\begin{bmatrix}\exp(\mathrm{i}\phi) & 0\\0 & \exp(\mathrm{i}\phi)\end{bmatrix}$
右旋圆偏振器	$\frac{1}{2}\begin{bmatrix}1 & 1\\-\mathrm{i} & -\mathrm{i}\end{bmatrix}$
左旋圆偏振器	$\frac{1}{2}\begin{bmatrix}1 & 1\\\mathrm{i} & \mathrm{i}\end{bmatrix}$

4. 琼斯矩阵的应用

若已知偏振器件的琼斯矩阵，光波通过偏振器件后的偏振态可以很方便地计算出来。下面举例说明琼斯变换的基本方法。

1) 快轴在 x 方向的半波片插入与 x 轴成 θ 角的偏振光中，出射光的偏振态为

$$\begin{bmatrix}E_{tx}\\E_{ty}\end{bmatrix}=\begin{bmatrix}1 & 0\\0 & -1\end{bmatrix}\begin{bmatrix}\cos\theta\\\sin\theta\end{bmatrix}=\begin{bmatrix}\cos\theta\\-\sin\theta\end{bmatrix}=\begin{bmatrix}\cos(-\theta)\\\sin(-\theta)\end{bmatrix} \tag{6.3-28}$$

可见，出射光是与 x 轴成 $-\theta$ 角的线偏振光，即入射光偏振光旋转了 2θ。

2) 快轴在 x 方向的 1/4 波片插入左旋圆偏振光中，出射光的偏振态为

$$\begin{bmatrix}E_{tx}\\E_{ty}\end{bmatrix}=\begin{bmatrix}1 & 0\\0 & \mathrm{i}\end{bmatrix}\frac{1}{\sqrt{2}}\begin{bmatrix}1\\\mathrm{i}\end{bmatrix}=\frac{1}{\sqrt{2}}\begin{bmatrix}1\\-1\end{bmatrix} \tag{6.3-29}$$

可见，出射光是与 x 轴成−45° 角的线偏振光。

3) 快轴在 y 方向的 1/4 波片插入与水平轴成 θ 角的线偏振光中，出射光的偏振态为

$$\begin{bmatrix}E_{tx}\\E_{ty}\end{bmatrix}=\begin{bmatrix}1 & 0\\0 & -\mathrm{i}\end{bmatrix}\begin{bmatrix}\cos\theta\\\sin\theta\end{bmatrix}=\begin{bmatrix}\cos\theta\\-\mathrm{i}\sin\theta\end{bmatrix} \tag{6.3-30}$$

可见，当 $\theta \neq 45°$ 时，出射光为右旋椭圆偏振光；当 $\theta=45°$ 时，出射光为右旋圆偏振光。

4) 左旋圆偏振器插入与 x 轴成 45° 角的线偏振光中，出射光的偏振态为

$$\begin{bmatrix} E_{tx} \\ E_{ty} \end{bmatrix} = \frac{1}{2}\begin{bmatrix} 1 & 1 \\ \mathrm{i} & \mathrm{i} \end{bmatrix}\frac{1}{\sqrt{2}}\begin{bmatrix} 1 \\ 1 \end{bmatrix} = \frac{1}{\sqrt{2}}\begin{bmatrix} 1 \\ \mathrm{i} \end{bmatrix} \tag{6.3-31}$$

可见，出射光为左旋圆偏振光。

如果将左旋圆偏振器插入与 x 轴成−45° 角的线偏振光中，将会出现消光现象。

5) 当光矢量在 x 方向的线偏振光相继通过快轴在水平方向和垂直方向的 1/4 波片后，出射光的偏振态为

$$\begin{bmatrix} E_{tx} \\ E_{ty} \end{bmatrix} = \begin{bmatrix} 1 & 0 \\ 0 & -\mathrm{i} \end{bmatrix}\begin{bmatrix} 1 & 0 \\ 0 & \mathrm{i} \end{bmatrix}\begin{bmatrix} 1 \\ 0 \end{bmatrix} = \begin{bmatrix} 1 \\ 0 \end{bmatrix} \tag{6.3-32}$$

可见，出射光仍然为原来的线偏振光。

6) 光矢量与 x 轴方向成 θ 角的线偏振光相继通过两个快轴在水平方向的 1/4 波片后，出射光的偏振态为

$$\begin{bmatrix} E_{tx} \\ E_{ty} \end{bmatrix} = \begin{bmatrix} 1 & 0 \\ 0 & \mathrm{i} \end{bmatrix}\begin{bmatrix} 1 & 0 \\ 0 & \mathrm{i} \end{bmatrix}\begin{bmatrix} \cos\theta \\ \sin\theta \end{bmatrix} = \begin{bmatrix} \cos\theta \\ -\sin\theta \end{bmatrix} \tag{6.3-33}$$

可见，当 $\theta \neq 45°$ 时，出射光为光矢量与 x 轴成 $-\theta$ 的线偏振光；当 $\theta=45°$ 时，出射光为光矢量与 x 轴成−45° 的线偏振光。

在复杂光路中，如图 6.3-5 所示，如果偏振光相继通过 n 个偏振器件，它们的琼斯矩阵分别为 $\boldsymbol{G}_1,\boldsymbol{G}_2,\cdots,\boldsymbol{G}_n$，则透射光的琼斯矢量为

$$\boldsymbol{E}_{\mathrm{t}} = \boldsymbol{G}_n \cdots \boldsymbol{G}_2 \boldsymbol{G}_1 \boldsymbol{E}_{\mathrm{i}} \tag{6.3-34}$$

由于矩阵运算不满足交换律，所以上式矩阵相乘的顺序不能颠倒。

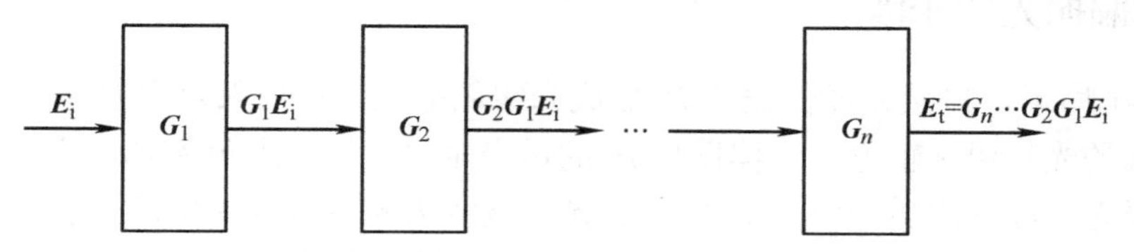

图 6.3-5　偏振光相继通过 n 个偏振器件

偏振光通过 1/4 波片和 1/2 波片后的偏振态列于表 6.3-3 中。

表 6.3-3　偏振光通过波片后的偏振态

入射偏振光	出射偏振光偏振态		
	通过快轴在 x 方向的 1/4 波片	通过快轴在 y 方向的 1/4 波片	通过 1/2 波片
y x	y x	y x	y x
y x	y x	y x	y x

(续)

入射偏振光	出射偏振光偏振态		
	通过快轴在 x 方向的 1/4 波片	通过快轴在 y 方向的 1/4 波片	通过 1/2 波片
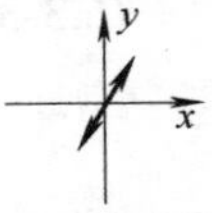 y x	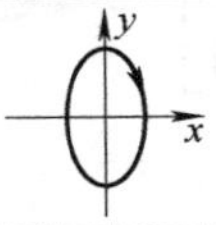 y x	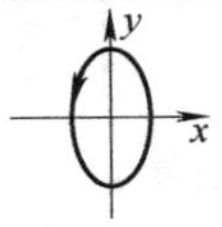 y x	 y x
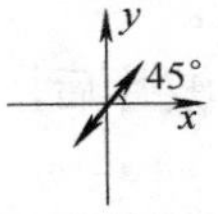 y 45° x	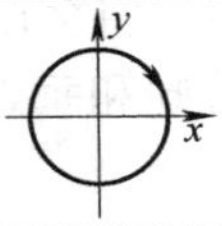 y x	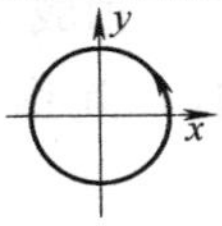 y x	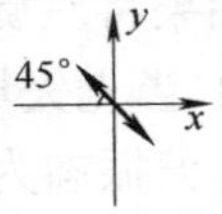 y 45° x
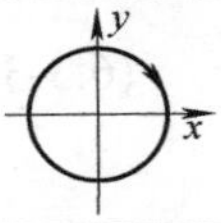 y x	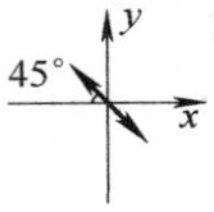 y 45° x	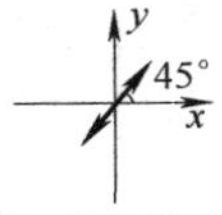 y 45° x	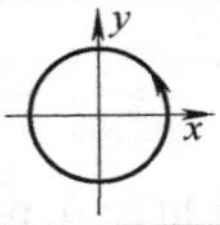 y x
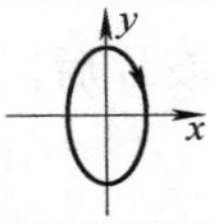 y x	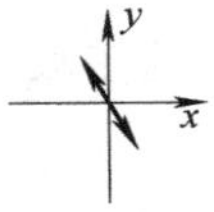 y x	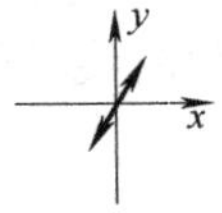 y x	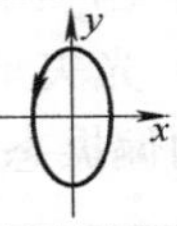 y x

6.4 偏振光的干涉

两个振动方向互相垂直的线偏振光的叠加，即便它们具有相同的频率、固定的相位差，也不能产生干涉。但是，如果让这样两束光再通过一块偏振片，则它们在偏振片的透光轴方向的振动分量就在同一个方向上，两束光可以产生干涉。偏振光的干涉可以分为两类：平行偏振光的干涉和会聚偏振光的干涉。

平行偏振光的干涉

6.4.1 平行偏振光的干涉

如图 6.4-1 所示，自然光经偏振片 P_1 后成为线偏振光，然后入射到波片 W 上。设波片的光轴沿 x 轴方向，偏振片 P_1 的透光轴与 x 轴的夹角为 θ，那么入射线偏振光在波片内将分解为 o 光和 e 光，这两束光由波片射出后一般地合成为椭圆偏振光。让它们再射向偏振片 P_2 时，则只有在偏振片透光轴方向上的振动分量可以通过，因此出射的两束光的振动在同一方向上，能够发生干涉。当入射光的波长为 500nm，o 光和 e 光的折射率分别为 1.666 和 1.466，波片 W 的厚度为 3mm 时，产生的平行偏振光干涉图形如图 6.4-2 所示。

在常见的偏振光干涉装置中，偏振片 P_1 和 P_2 的透光轴方向放置成互相垂直或互相平行。下面对这两种情况分别讨论。

1. 两偏振片的透光轴互相垂直

如图 6.4-3 所示，P_1、P_2 代表两偏振片的透光轴方向，A_1 是射向波片 W 的线偏振光的振幅，P_1 与波片光轴(x 轴)的夹角为 θ，因此波片内 o 光和 e 光的振幅分别为 $A_o=A_1\sin\theta$，$A_e=A_1\cos\theta$。o 光和 e 光的振动分别沿 y 轴和 x 轴方向。两束光透出波片再通过 P_2 时，只有振动方向平行于 P_2 透光轴方向的分量能透过，它们的振幅相等：

$$\begin{cases} A_{o2} = A_o \cos\theta = A_1 \sin\theta\cos\theta \\ A_{e2} = A_e \sin\theta = A_1 \cos\theta\sin\theta \end{cases} \tag{6.4-1}$$

两束光的振动方向相同，因而可以发生干涉，干涉的强度与两束光的相位差有关。两束光由波片射出后具有相位差：

$$\delta = \frac{2\pi}{\lambda}|n_o - n_e|d \tag{6.4-2}$$

式中，d 是波片厚度。另外，根据图 6.4-3 可知，两束光通过 P_2 时振动矢量在 P_2 轴上投影的方向相反，这表示 P_2 对两束光引入了附加的相位差 π。因此，两束光总的相位差为

$$\delta_\perp = \delta + \pi = \frac{2\pi}{\lambda}|n_o - n_e|d + \pi \tag{6.4-3}$$

根据双光束干涉的光强公式式(3.2-1)，上述两束光的干涉强度为

$$I_\perp = A_{o2}^2 + A_{e2}^2 + 2A_{o2}A_{e2}\cos\delta_\perp = A_1^2 \sin^2 2\theta \sin^2\frac{\delta}{2} \tag{6.4-4}$$

可见，当 $\delta=(2m+1)\pi$，$m=0,\pm1,\pm2,\cdots$ 时，干涉强度有最大值；当 $\delta=2m\pi$，$m=0,\pm1,\pm2,\cdots$ 时，干涉强度有最小值零。

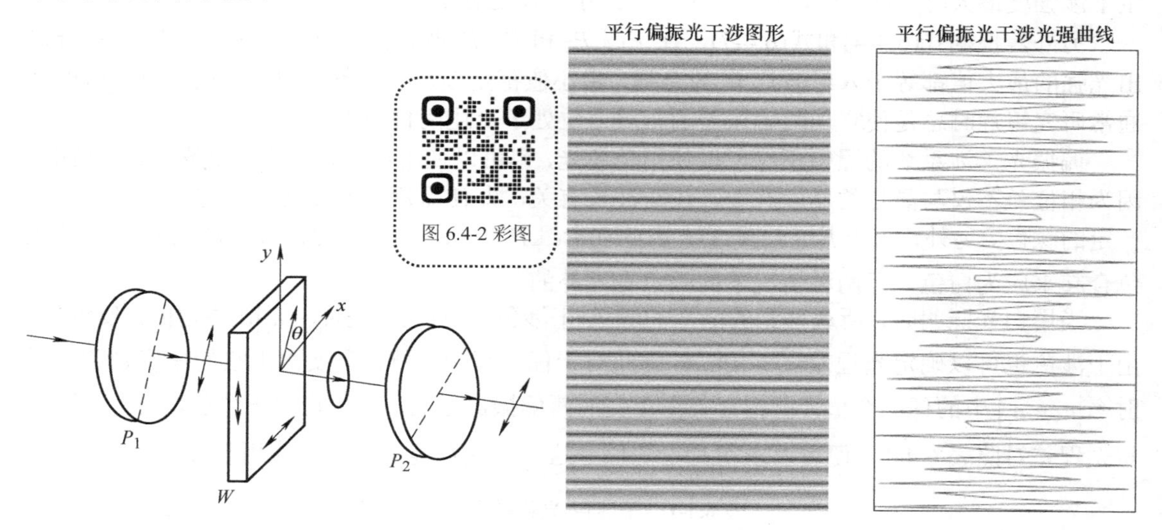

图 6.4-1　偏振光干涉装置　　**图 6.4-2　平行偏振光干涉图形**

2. 两偏振片的透光轴互相平行

如图 6.4-4 所示，当 $P_1 // P_2$ 时透过 P_2 的两束光的振幅一般不等，它们分别为

$$\begin{cases} A_{o2} = A_o \sin\theta = A_1 \sin^2\theta \\ A_{e2} = A_e \cos\theta = A_1 \cos^2\theta \end{cases} \tag{6.4-5}$$

由于两束光通过 P_2 时振动矢量在 P_2 轴上投影的方向相同，因此 P_2 对两束光没有引入附加相位差，所以两束光的相位差为

$$\delta_{//} = \delta = \frac{2\pi}{\lambda}|n_o - n_e|d \tag{6.4-6}$$

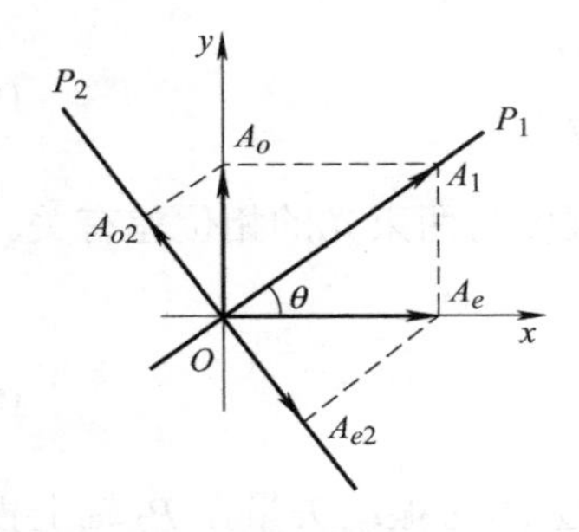

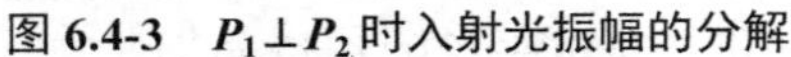
图 6.4-3 $P_1 \perp P_2$ 时入射光振幅的分解

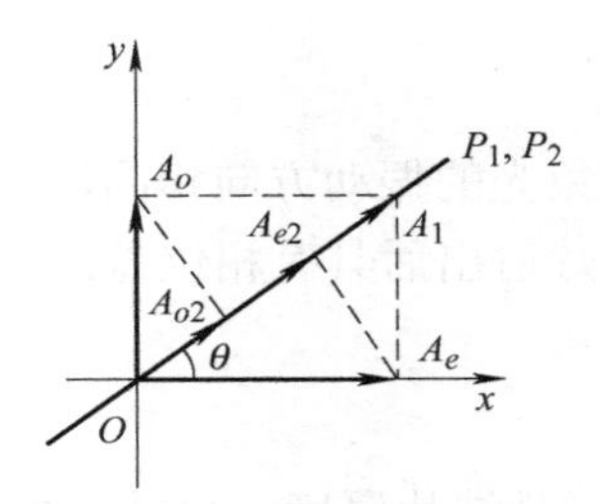

图 6.4-4 $P_1 // P_2$ 时入射光振幅的分解

根据双光束干涉的光强公式式(3.2-1)，上述两束光的干涉强度为

$$I_{//} = A_1^2 \left[1 - \sin^2 2\theta \sin^2 \frac{\delta}{2} \right] \tag{6.4-7}$$

由式(6.4-4)和式(6.4-7)可得

$$I_{\perp} + I_{//} = A_1^2 \tag{6.4-8}$$

式(6.4-8)表明 $P_1 \perp P_2$ 和 $P_1 // P_2$ 两种情形下，系统输出光强是互补的，在 $P_1 \perp P_2$ 情况下产生干涉强度最大时，$P_1 // P_2$ 情况下产生干涉最小，反之亦然。

另外，根据式(6.4-4)和式(6.4-7)，在 $P_1 \perp P_2$ 和 $P_1 // P_2$ 两种情形下，且 θ=45° 时，系统输出光强的最大值都等于入射波片 W 的光强，最小值都是零，因此条纹的对比度最好。这也是通常研究镜片时总是使它与两偏振器的相对方位处于上述两种情形的原因。

偏振光干涉系统的照明不仅可以使用单色光，也可以使用白光，这时干涉条纹是彩色的。因为相位差不仅与晶片的厚度有关，还与波长有关，即使晶片的厚度均匀，透射光也会带有一定的颜色。另外，由于 $I_{\perp} + I_{//} = A_1^2$，因此在 $P_1 \perp P_2$ 时透射光的颜色与 $P_1 // P_2$ 时透射光的颜色合起来应为白色，即两种情况下的颜色是互补的。

当用白光照明时，所观察到的晶片的颜色(干涉色)是由光程差 $|n_o - n_e|d$ 决定的。反过来，由干涉色也可以确定光程差 $|n_o - n_e|d$。因此对于任何单轴晶体，只要测出它的厚度 d 和双折射率 $|n_o - n_e|$ 中的任一个值，再将它夹在正交的两偏振器之间，观察它的干涉色，利用干涉色与光程差对照表 6.4-1，便可以求得另一个值。这种方法在地质工作中应用颇多。

表 6.4-1 干涉色-光程差对照表

光程差/nm		干涉色		光程差/nm		干涉色	
		$P_1 \perp P_2$	$P_1 // P_2$			$P_1 \perp P_2$	$P_1 // P_2$
第一级	0	黑	白	第一级	275	淡麦黄	暗红褐
	40	金属灰	白		281	麦黄	暗紫
	97	岩灰	鹅黄		306	黄	靛蓝
	158	灰蓝	鹅黄		332	亮黄	天蓝
	218	淡灰	黄褐		430	褐黄	灰蓝
	234	绿白	褐		505	红橙	淡蓝绿
	259	白	鲜红		536	火红	亮绿
	267	淡黄	洋红		551	暗红	黄绿

(续)

光程差/nm		干涉色		光程差/nm		干涉色	
		$P_1 \perp P_2$	$P_1 // P_2$			$P_1 \perp P_2$	$P_1 // P_2$
第二级	565	绛红	亮绿	第二级	866	绿黄	紫
	575	紫	绿黄		910	纯黄	靛蓝
	589	靛蓝	金黄		948	橙	暗蓝
	664	天蓝	橙		998	亮红橙	绿蓝
	728	浅青蓝	褐橙		1101	暗紫红	绿
	747	绿	洋红		1128	亮绿紫	黄绿
	826	亮绿	鲜绛红		1151	靛蓝	土黄
	843	黄绿	紫绛红		1258	浅蓝(带绿)	肉色

例题 6.2 在图 6.4-5 中，起偏器的透光轴 P_1 与 x 轴的夹角为 α，检偏器的透光轴 P_2 与 x 轴的夹角为 β，波片 W 的厚度为 d，入射波片的线偏振光振幅为 A，试求从检偏器射出的干涉光光强表达式。

解： 入射波片的线偏振光振幅为 A，则从波片透出的沿 x 轴和 y 轴方向振动的两束光(晶片内的 e 光和 o 光)的复振幅为

$$\tilde{\boldsymbol{E}}_x = \boldsymbol{A}\cos\alpha,\ \tilde{\boldsymbol{E}}_y = \boldsymbol{A}\sin\alpha\exp(\mathrm{i}\delta)$$

式中，$\delta = \dfrac{2\pi}{\lambda}|n_o - n_e|d$ 是相位延迟角。

这两束光通过检偏器时，只有光矢量平行于检偏器透光轴 P_2 的分量透过。两个分量分别为

$$E' = \tilde{E}_x\cos\beta = A\cos\alpha\cos\beta$$

$$E'' = \tilde{E}_y\sin\beta = A\sin\alpha\sin\beta\exp(\mathrm{i}\delta)$$

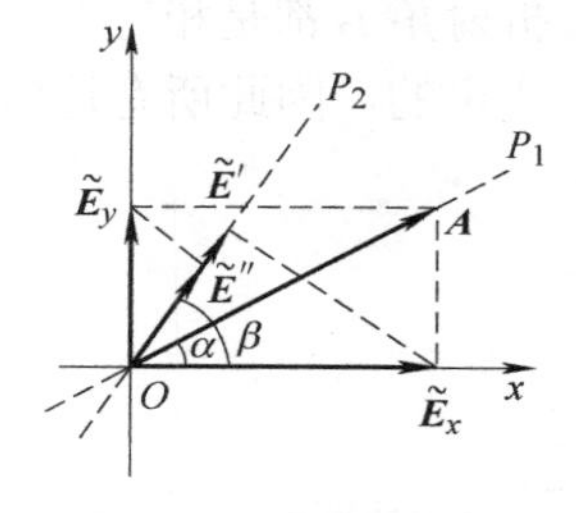

图 6.4-5 例题 6.2 图

这两个分量的振动方向相同，相位差恒定，其干涉光强为

$$I = A^2\cos^2\alpha\cos^2\beta + A^2\sin^2\alpha\sin^2\beta + 2A^2\cos\alpha\cos\beta\sin\alpha\sin\beta\cos\delta$$

将 $\cos\delta = 1 - 2\sin^2\dfrac{\delta}{2} = 1 - 2\sin^2\left[\dfrac{\pi}{\lambda}|n_o - n_e|d\right]$ 代入上式后，化简得到

$$I = A^2\cos^2(\alpha-\beta) + A^2\sin(2\alpha)\sin(2\beta)\sin^2\left[\frac{\pi}{\lambda}|n_o - n_e|d\right]$$

6.4.2 会聚偏振光的干涉

前面的讨论假定入射光与晶片是垂直的。如果让入射光逐渐倾斜，由于光程差的变化，干涉色也会变化，因而可以获得关于晶片的更丰富的资料。但是最好用会聚的偏振光照射晶片，这样就能同时看到在所有入射角下的干涉现象。

会聚偏振光的干涉装置如图 6.4-6 所示。从光源 S 发出的光被透镜 L_1 准直为平行光，通过尼科尔棱镜 N_1 后被短焦距的透镜 L_2 高度会聚，经过晶片 C 后又用一个类似透镜 L_3 使光束再变成平行光，在检偏器 N_2 后用另一个透镜 L_4 把 L_3 的后焦面成像于观察屏幕 M 上。这样就可以观察到各种角度的会聚光的干涉效应。显然，干涉效应与晶片的光轴方向有关，也与两偏振器透光轴之间的夹角有关。

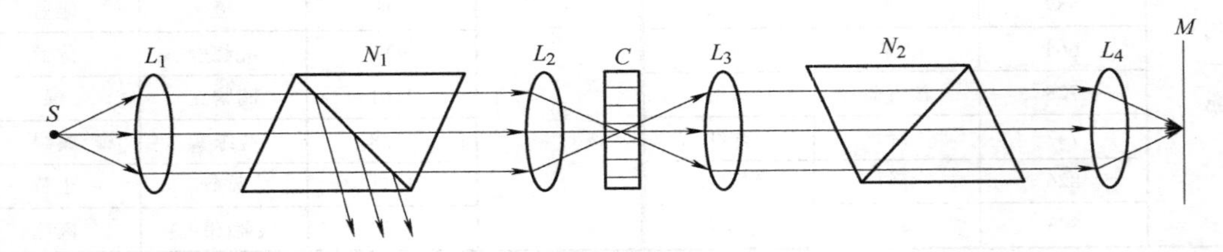

图 6.4-6 会聚偏振光干涉装置

会聚偏振光经过晶片的情形如图 6.4-7a 所示。沿着光轴前进的居中光线不发生双折射，其他与光轴有一定夹角的光线会发生双折射。同一条入射光线分出的 o 光和 e 光在射出晶片后仍然是平行的，因此在透过检偏器 N_2 后就会聚在屏幕 M 上的同一点。由于 o 光和 e 光在晶片中的速度不同，在射出晶片后会有一定的相位差，而且由于都经过检偏器 N_2 射出，在屏幕上会聚时振动方向也相同，所以发生干涉。

从对称性考虑，沿着以光轴为轴线的圆锥面入射的所有光线，如图 6.4-7b 中以 D 为顶点、顶角为 i 的圆锥面上的所有光线，在晶体中经过的距离相同，所分出的 o 光和 e 光的折射率差也相同，光程差都相等。图 6.4-7c 是晶片的后表面，光由 D 点到达该表面上某一圆周 $BGB'G'$，折射角 i_2 都是相等的，因此折射出来的 o 光和 e 光的相位差也是相等的。干涉色是由光程差决定的，因此所有这些光线形成同一干涉色的条纹。

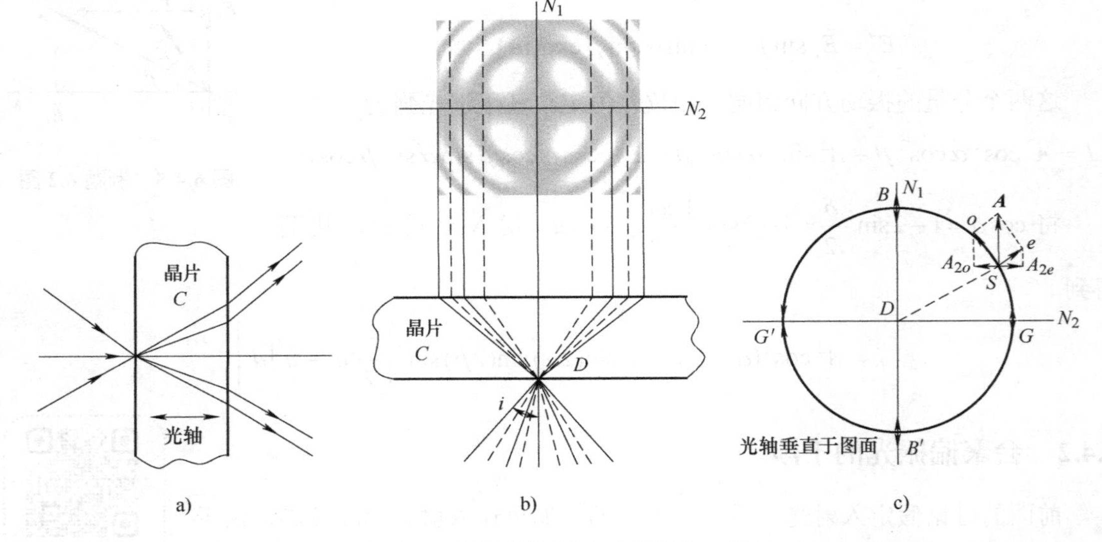

图 6.4-7 会聚偏振光经过晶片的示意图

设对于同一个入射角 i，在晶片内 o 光和 e 光的折射角分别为 i_o 和 i_e，则通过厚度为 d 的

晶片后，o 光和 e 光之间的相位差为

$$\delta=\frac{2\pi}{\lambda}d\left(\frac{n_o}{\cos i_o}-\frac{n_e}{\cos i_e}\right) \tag{6.4-9}$$

式中，n_e 是随着方向而变化的，但由于所用会聚光束的顶角不大，因此也可以认为是一个定值，而且 n_o 和 n_e 相差不大。如果近似地认为 i_o 和 i_e 相等，并用 i_2 表示，则上式可以近似地写为

$$\delta=\frac{2\pi}{\lambda}\frac{d}{\cos i_2}(n_o-n_e) \tag{6.4-10}$$

由此可见，相位差完全由 i_2 决定。

对应于会聚光束中不同的入射角 i，就对应于晶片中不同的折射角 i_2，即不同的圆周，相位差各有不同的值，在屏幕上形成的是类似于等倾干涉的明暗相间的圆环条纹。

应当注意，随着入射角 i 的增大，在晶片中经过的距离增加，且 o 光和 e 光的折射率差也增加，所以光程差随着入射角非线性地上升，从中心向外干涉环将变得越来越密，圆形条纹中间疏、边缘密。会聚偏振光干涉同时还与入射面相对于正交检偏器透光轴的方位角有关。

还要注意到，参与干涉的两支光束的振幅是随着入射面相对于正交的两偏振器透光轴的方位而改变的。这是由于在同一圆周上，由光线与光轴所构成的主平面的方向是逐点改变的。在图 6.4-7c 中光轴与图面垂直，到达某一点的光线与光轴所构成的主平面就是通过该点沿半径方向并垂直于图面的平面。例如，在 S 点，DS 平面就是主平面；在 B 点，DB 平面就是主平面。参与干涉的 o 光和 e 光的振幅随着主平面的方位而改变。下面分析 S 点的 o 光和 e 光的振幅。到达 S 点的光在透过起偏器 N_1 时，它的光矢量沿着 N_1 的透光轴方向，即 SA 方向，在晶片中它分解为在主平面 DS 上的分量(e 光)和垂直于主平面的分量(o 光)，然后经过检偏器 N_2 时再投影到 N_2 的光轴上。它们的大小为 $A_{2e}=A_{2o}=A\sin\theta\cos\theta$，$\theta$ 为 DS 与起偏器 N_1 的透光轴之间的夹角。当入射面趋近于起偏器或检偏器的透光轴时，即 S 点趋近于 B 或 G、B'、G'时，$\theta\rightarrow 0°$ 或 $90°$，A_{2e} 和 A_{2o} 这两部分都趋近于零，所以在其干涉图形中呈现出一个暗十字形，如图 6.4-8 所示。通常把这个十字形叫作十字刷。

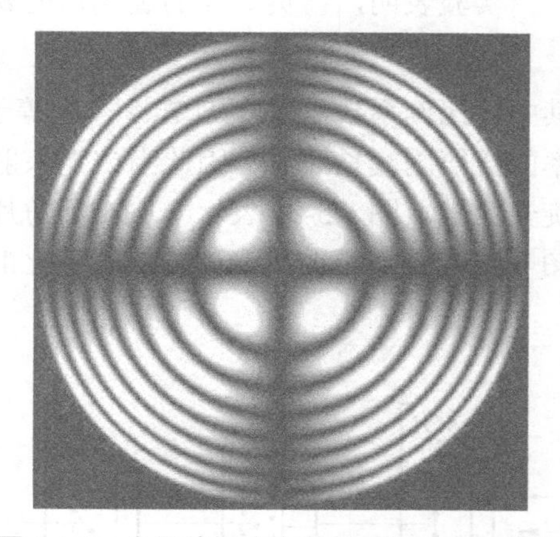

图 6.4-8　会聚偏振光在单轴晶体中干涉图样

正如平行偏振光的干涉一样，如果使两个偏振片的透光轴平行，则干涉图样与两个偏振片的透光轴垂直时的图样互补，这时暗十字刷变成了亮十字刷。对于用白光照明的干涉图样，各圆环的颜色则变成它的互补色。

6.5 旋光效应

线偏振光通过某些晶体和一些液体、气体时，其振动面随着光在该物质中传播距离的增大而逐渐旋转的现象称为**旋光性**。旋光效应是阿喇果(D.F. Arago, 1786—1853)在 1811 年首先

在石英晶片中观察到的。他发现当线偏振光沿石英晶片的光轴方向通过时，出射光仍为线偏振光，但其振动面相对于入射时的振动面转动了一个角度，如图 6.5-1 所示。

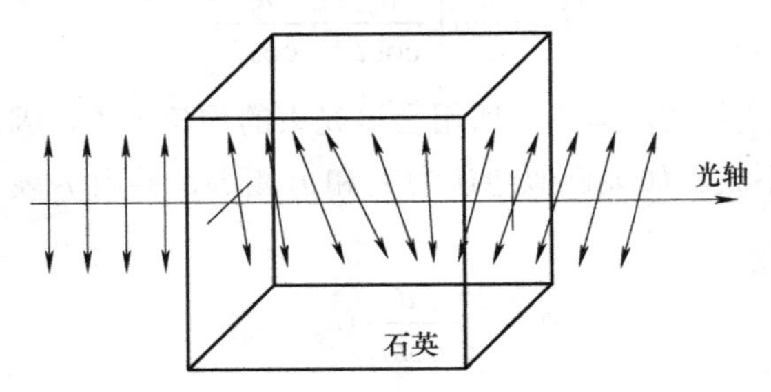

图 6.5-1　石英晶体的旋光现象

6.5.1　旋光测量装置

测量旋光的装置如图 6.5-2 所示，P_1、P_2 是一对正交偏振片，C 是一块表面与光轴垂直的石英晶片。显然，在 P_1、P_2 之间未插入石英晶片时，入射光不能通过该系统。但当把石英晶片放置在 P_1、P_2 之间时，可以看到 P_2 视场是亮的。这表明，从石英晶片出射的线偏振光的振动方向相对于入射时的方向已经转动了一个角度，不再与 P_2 的透光轴垂直。旋转偏振片 P_2，使得 P_2 视场变为全暗，P_2 转动的角度就是石英晶片的旋光角度。

实验表明，石英晶体的旋光角度 θ 与石英晶片的厚度 d 成正比：

$$\theta = \alpha d \tag{6.5-1}$$

其中，比例系数 α 称为旋光率，它等于线偏振光通过 1mm 厚度时振动面转动的角度。旋光率的数值因波长而异，因此当白光入射时，不同波长的振动面旋转的角度不同，这种现象叫旋光色散。图 6.5-3a 表示一块石英薄片的旋光色散，可见紫光振动面转动的角度比红光大；图 6.5-3b 是石英的旋光率随波长变化的曲线。

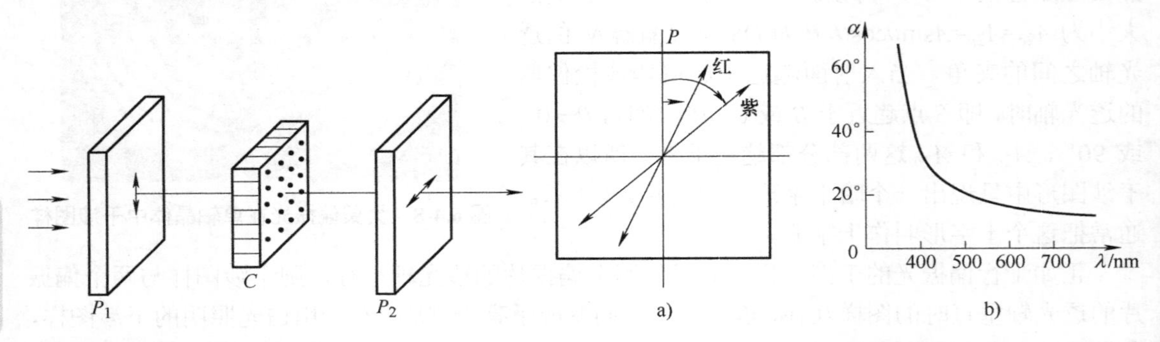

图 6.5-2　石英晶体的旋光测量装置　　　　图 6.5-3　石英的旋光色散

对于旋光的溶液，振动面转动的角度还与溶液的浓度 N 成正比，因此旋转角公式为

$$\theta = [\alpha] N d \tag{6.5-2}$$

比例系数[α]称为溶液的比旋光率，数值上等于光通过单位长度、单位浓度的溶液所引起振动面旋转的角度。如果已知溶液的比旋光率，测量出溶液对线偏振光旋转的角度 θ，就可

以确定溶液的浓度。这种测定溶液浓度的方法在工业中有广泛的应用。

实验还发现，具有旋光性的物质常常有左旋和右旋之分。当对着光传播方向观察时，使振动面顺时针旋转的物质叫右旋物质，逆时针旋转的物质叫左旋物质。

6.5.2　旋光效应的解释

旋光效应的解释

1825 年，菲涅耳对旋光现象提出了一种唯象解释。根据他的假设，可以把进入晶片的线偏振光看作左旋圆偏振光和右旋圆偏振光的组合。设线偏振光刚入射到旋光物质上时，光矢量是沿水平方向的，利用偏振光的矩阵表示方法可以把菲涅耳假设表示为

$$\begin{bmatrix}1\\0\end{bmatrix}=\frac{1}{2}\begin{bmatrix}1\\\mathrm{i}\end{bmatrix}+\frac{1}{2}\begin{bmatrix}1\\-\mathrm{i}\end{bmatrix} \tag{6.5-3}$$

菲涅耳还假设，左旋和右旋圆偏振光在旋光物质中的传播速度不同，因而折射率也不同。它们的波数分别为

$$\begin{cases}k_{\mathrm{L}}=\dfrac{n_{\mathrm{L}}\times 2\pi}{\lambda}\\[2ex] k_{\mathrm{R}}=\dfrac{n_{\mathrm{R}}\times 2\pi}{\lambda}\end{cases} \tag{6.5-4}$$

式中，n_{L} 和 n_{R} 分别是左旋和右旋圆偏振光的折射率；λ 是光在真空的波长。

两圆偏振光在晶体中沿着 z 轴(光轴)传播时的琼斯矢量表示为

$$\begin{cases}\boldsymbol{E}_{\mathrm{L}}=\dfrac{1}{2}\begin{bmatrix}1\\\mathrm{i}\end{bmatrix}\exp(\mathrm{i}k_{\mathrm{L}}z)\\[2ex] \boldsymbol{E}_{\mathrm{R}}=\dfrac{1}{2}\begin{bmatrix}1\\-\mathrm{i}\end{bmatrix}\exp(\mathrm{i}k_{\mathrm{R}}z)\end{cases} \tag{6.5-5}$$

在旋光物质中经过距离 d 后，合成波的琼斯矢量为

$$\begin{aligned}\boldsymbol{E}&=\frac{1}{2}\begin{bmatrix}1\\-\mathrm{i}\end{bmatrix}\exp(\mathrm{i}k_{\mathrm{R}}d)+\frac{1}{2}\begin{bmatrix}1\\\mathrm{i}\end{bmatrix}\exp(\mathrm{i}k_{\mathrm{L}}d)\\ &=\frac{1}{2}\exp\left[\mathrm{i}(k_{\mathrm{R}}+k_{\mathrm{L}})\frac{d}{2}\right]\left\{\begin{bmatrix}1\\-\mathrm{i}\end{bmatrix}\exp\left[\mathrm{i}(k_{\mathrm{R}}-k_{\mathrm{L}})\frac{d}{2}\right]+\begin{bmatrix}1\\\mathrm{i}\end{bmatrix}\exp\left[-\mathrm{i}(k_{\mathrm{R}}-k_{\mathrm{L}})\frac{d}{2}\right]\right\}\end{aligned} \tag{6.5-6}$$

引入

$$\begin{cases}\psi=\dfrac{1}{2}(k_{\mathrm{R}}+k_{\mathrm{L}})d\\[2ex] \theta=\dfrac{1}{2}(k_{\mathrm{R}}-k_{\mathrm{L}})d\end{cases} \tag{6.5-7}$$

则合成波的琼斯矢量可以写为

$$\boldsymbol{E}=\exp(\mathrm{i}\psi)\begin{bmatrix}\dfrac{1}{2}[\exp(\mathrm{i}\theta)+\exp(-\mathrm{i}\theta)]\\[2ex] \dfrac{1}{2}[-\mathrm{i}\exp(\mathrm{i}\theta)+\mathrm{i}\exp(-\mathrm{i}\theta)]\end{bmatrix}=\exp(\mathrm{i}\psi)\begin{bmatrix}\cos\theta\\\sin\theta\end{bmatrix} \tag{6.5-8}$$

它代表光矢量与水平方向成 θ 角的线偏振光。说明入射的线偏振光的光矢量转过了 θ 角。根据式(6.5-4)和式(6.5-7)得到

$$\theta=(n_{\mathrm{R}}-n_{\mathrm{L}})\frac{\pi d}{\lambda} \tag{6.5-9}$$

如果左旋圆偏振光传播得快，$n_{\mathrm{L}}<n_{\mathrm{R}}$，则 $\theta>0$，即光矢量是向逆时针方向旋转的；如果右旋圆偏振光传播得快，$n_{\mathrm{L}}>n_{\mathrm{R}}$，则 $\theta<0$，即光矢量是向顺时针方向旋转的。这就说明了左旋光物质与右旋光物质的区别。式(6.5-9)还指出 θ 与 d 成正比，也说明了 θ 与波长有关(旋光色散)，这些结果都与实验相符。

科组棱镜

6.5.3 科组棱镜

在光谱仪器中，石英晶体是优良的棱镜材料，但是由于旋光性的存在，会影响光谱的纯度。实验表明，钠黄光通过由整块石英晶体制成的 60° 棱镜后，可以观察到左旋部分与右旋部分之间有 27″ 的夹角，如图 6.5-4a 所示。因此使得一根谱线分裂成两根，这是不允许的。

为了避免旋光的影响，分别用左旋石英和右旋石英做成 30° 棱镜，然后把它们胶合成 60° 棱镜，如图 6.5-4b 所示。由于右旋部分和左旋部分速度的交换，在最小偏向角的位置上，两部分光以相同的角度从棱镜中射出。在光谱棱镜中使用的 60° 石英棱镜多数属于这种形式。这种棱镜称为科组棱镜。

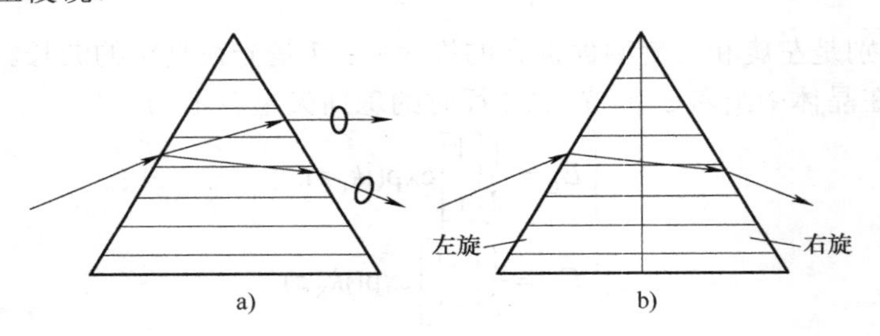

图 6.5-4　石英棱镜和科组棱镜

6.5.4 磁致旋光效应

1846 年，法拉第发现在磁场的作用下，本来不具有旋光性的物质也产生了旋光性，即它们能使光矢量发生旋转。这种现象叫作磁致旋光效应或法拉第效应。这个发现在物理学史上有着重要的意义，这是光学过程与电磁过程有密切联系的最早的证据。

利用图 6.5-5 所示的装置可以观察法拉第效应。两个偏振片 P_1 和 P_2 之间放置一个螺线管，管内有玻璃或水，甚至可以是空气。未通电流时，线偏振光不能透过 P_2，表面偏振光通过螺线管时其振动面不发生旋转。当螺线管通电流时，则偏振光有一部分透过 P_2，表面偏振光通过螺线管时其振动面发生旋转。再把 P_2 旋转一定的角度，使得偏振光不能透过，则 P_2 所转过的角度等于偏振光的振动面所转过的角度。

实验表明，光矢量旋转的角度 θ 与光在物质中通过的距离 L 和磁感应强度 B 成正比：

$$\theta=VBL \tag{6.5-10}$$

式中，V 是物质的特性常数，叫维尔德常数(Verdet Constant)，其单位为(′)/(T· m)[分/(特·米)]。表 6.5-1 给出了一些物质的维尔德常数。

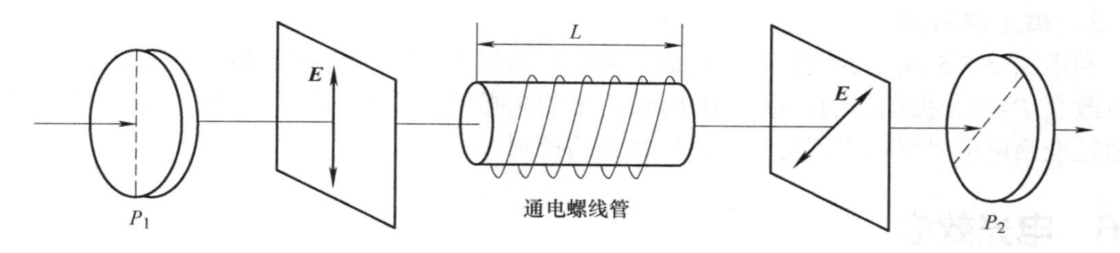

图 6.5-5　法拉第效应实验装置示意图

表 6.5-1　一些物质的维尔德常数

物　质	V/[(′)/(T·m)]	物　质	V/[(′)/(T·m)]	物　质	V/[(′)/(T·m)]
水	1.31×10^4	丙酮	1.11×10^4	磷	13.26×10^4
磷酸冕牌玻璃	1.61×10^4	氯化钠	3.59×10^4	水晶	1.66×10^4
轻火石玻璃	3.17×10^4	乙醇	1.11×10^4	空气	6.27
二硫化碳	4.23×10^4	二氧化碳	1.31×10^4	金刚石	1.20×10^4

磁致旋光的方向与磁场方向有关，而与光的传播方向无关，即法拉第效应具有不可逆性，这与旋光体的自然旋光不同。也就是说偏振光通过旋光体时，如果振动面是右旋的，那么从旋光体出来的透射光经过镜面反射沿原路返回时仍然是右旋的，振动面将回到初始位置。但是，只要磁场的方向不变，偏振光往返两次通过磁光介质时振动面的旋转角度将加倍。

虽然法拉第在 1846 年就发现了磁光效应，但是其后相当长时间内并未获得实质性的应用，只是不断在发现新的磁光效应和建立初步的磁光理论。直到 1956 年，贝尔实验室在偏光显微镜下，应用透射光观察到钇铁石榴单晶材料中的磁畴结构，才使得磁光效应的研究向应用领域发展。

1. 光隔离器

利用磁致旋光方向与光的传播方向无关的特点，可以制成光隔离器，其作用是只允许光从一个方向通过，而不允许光从相反方向通过。在激光放大器系统中，为了防止光路中各个光学端面的反射光对发光光源产生干扰，往往在各个放大级之间放置光隔离器。图 6.5-5 中，偏振片 P_1 和 P_2 透光轴成 45°。通过调整磁感应强度 B，使得从法拉第盒出来的光振动面相对 P_1 顺时针转过 45°，因此光恰好能通过 P_2。对于从放大器反射回来的光，透过 P_2 传播到 P_1 的光也沿着顺时针方向转过 45°，此时光振动面与 P_1 透光轴垂直，因此反射光被隔离不通过 P_1，从而实现光的单向传输。

2. 自动检测

在图 6.5-5 中将糖溶液放置在两个偏振片中间，依靠偏振片 P_2 的转动测量偏振光通过糖溶液后振动面的转动角度，利用式(6.5-2)计算出糖溶液的浓度。正交的 P_1 和 P_2 始终固定不动，当透过 P_1 的偏振光通过糖溶液时，振动面将发生转动，会有光从 P_2 透过。调节法拉第盒中电流，让振动面向相反的方向转过相同的角度，使得光无法从 P_2 透过，此时，测量出消光时螺线管中的电流，就可以得到振动面转动的角度。对浓度、转角和电流之间的关系进行标定，就可以实现浓度的自动检测。

3. 磁光调制器

利用图 6.5-5 所示的装置可以制成一种磁光调制器。当改变通电螺线管中的电流时，就可以改变 P_2 上光振动面的位置，由 P_2 透射出的光强就会按照马吕斯定律发生相应的变化，即通过变换电信号可以实现对系统输出光强的控制。

6.6 电光效应

偏振光干涉的一项重要应用是利用某些物质的电光效应进行光调制和光开关，在光通信、光信息处理、高速摄影等领域有广泛应用。

某些物质本来是各向同性的，但在强电场的作用下，变成了类似于单轴晶体那样的各向异性；还有一些单轴晶体在强电场作用下变成双轴晶体。这些效应称为电光效应。前者又称克尔效应，后者又称泡克尔效应。

克尔效应

6.6.1 克尔效应

图 6.6-1 是观察克尔效应的实验装置。图中，C 是一个密封的玻璃盒(克尔盒)，盒内充以硝基苯($C_6H_5NO_2$)液体，并安置一对平行板电极；P_1 和 P_2 是两块透光轴互相垂直的偏振片，它们的透光轴又与平板电极法线成 45°。

在两平板电极间未加上电场时，没有光从偏振片 P_2 射出。但当在两平板电极间加上强电场时，就有光从偏振片 P_2 射出，表明盒内硝基苯在强电场作用下已经呈现出如单轴晶体的性质。它的光轴方向与电场方向对应，线偏振光入射到盒内时，被分解为 o 光和 e 光，o 光和 e 光射出后的相位差与电场强度 E 的二次方成正比，即

$$\delta = 2\pi\kappa E^2 d \tag{6.6-1}$$

式中，d 是克尔盒长度；κ 是克尔常数。

硝基苯在 20℃对于钠黄光的克尔常数为 $244\times10^{-12}\mathrm{cm/V^2}$，是目前发现的克尔常数最大的物质。

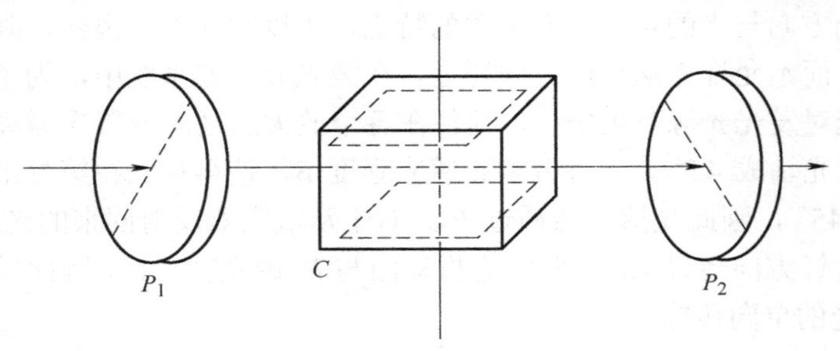

图 6.6-1 观察克尔效应实验装置

将式(6.6-1)代入式(6.4-4)，得到系统的输出光强为

$$I = I_1 \sin^2(\pi\kappa E^2 d) \tag{6.6-2}$$

式中，$I_1 = A_1^2$，是入射克尔盒的线偏振光光强。

可见，系统输出光强随电场强度而改变。若把一个信号电压加在克尔盒的两电极上，系统的输出光强就随信号而变化。这就是利用偏振光干涉系统进行光调制的原理。显然，这个系统也可用作电光开关：未加电压时，系统处于关闭状态，没有光输出；接通电源后，系统就处于打开状态。硝基苯克尔盒建立电光效应的时间(弛豫时间)极短，约为 10^{-9}s 量级，因此它适于作为高速快门，应用于高速摄影等领域。硝基苯克尔盒的缺点是要加万伏以上的高压，并且硝基苯有剧毒、易爆炸。

6.6.2　泡克尔效应

泡克尔效应

图 6.6-2 是演示 KDP 晶体的泡克尔效应装置图。图中 P_1 和 P_2 表示两透光轴正交的起偏器和检偏器，中间放置一块 KDP 晶体。

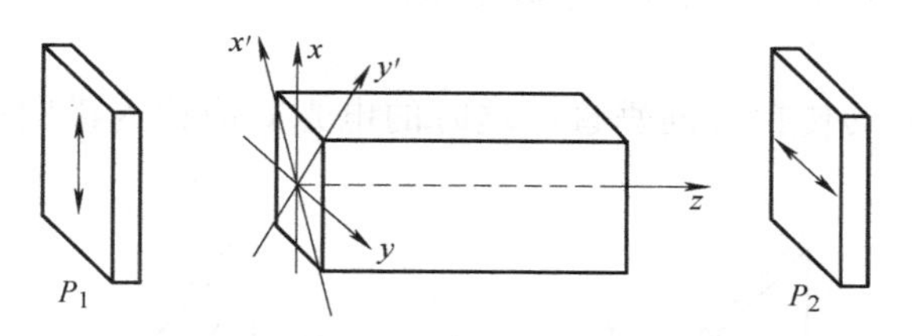

图 6.6-2　KDP 晶体的泡克尔效应装置图

KDP 是单轴晶体。晶体切成长方体，两端面与光轴垂直，端面的两边分别跟两个偏振器的透光轴平行。从起偏器透出的线偏振光沿 KDP 的光轴(z 轴)通过，因而从晶体射出时仍为线偏振光。而且，它的光矢量的方向不变，与检偏器的透光轴垂直，不能通过检偏器，视场是暗的。

1．纵向电光效应

外加电场的方向与光的传播方向平行，这时的电光效应称为纵向电光效应。当一束线偏振光沿着 z 轴方向入射晶体，进入晶体后即分解为沿 x'方向和沿 y'方向的两个垂直偏振分量。当两者的折射率不同时，它们通过长度为 L 的晶体后将产生光程差，对于 KDP 晶体，有

$$\Delta = (n_{y'} - n_{x'})L = n_o^3 \gamma_{63} EL \tag{6.6-3}$$

式中，γ_{63} 称为电光系数。

因此，这两个光波通过长度为 L 的晶体后产生的相位差，即电光相位延迟为

$$\delta = \frac{2\pi}{\lambda} n_o^3 \gamma_{63} EL = \frac{2\pi}{\lambda} n_o^3 \gamma_{63} V \tag{6.6-4}$$

式中，V=EL，是沿着 z 轴方向加的电压。可见，当晶体和光波确定后，相位差仅取决于外加的电压，即只要改变电压，就能使相位差成比例地变化。

在式(6.6-4)中，当 δ=π 时，相应于两个垂直偏振光分量的光程差为半个波长，此时的外加电压称为半波电压，通常用 V_π 或 $V_{\lambda/2}$ 表示。因此有

$$V_{\lambda/2} = \frac{\lambda}{2n_o^3 \gamma_{63}} \tag{6.6-5}$$

可见，半波电压只与材料特性和波长有关，它是表征电光晶体性能的一个重要参数。这

个电压越小越好。KDP 类晶体电光系数以及对不同波长的折射率和半波电压列于表 6.6-1 中。

表 6.6-1　KDP 类晶体的电光系数以及对不同波长的折射率和半波电压

晶体	γ_{63} / (10^{-12} m/V)	560nm		632.8nm		1064nm	
		n_o	$V_{\lambda/2}$/kV	n_o	$V_{\lambda/2}$/kV	n_o	$V_{\lambda/2}$/kV
ADP($NH_4H_2PO_4$)	8.5	1.53	9.2	1.53	1.2	1.51	1.6
KDP(KH_2PO_4)	10.5	1.51	7.6	1.51	1.0	1.49	1.4
KD^*P(KD_2PO_4)	26.5	1.52	3.4	1.51	0.4	1.49	0.5

由表 6.6-1 可以看出，KDP 类晶体纵向电光效应的半波电压都比较高，在实际应用中一般都是采用多个晶体串联的方式来降低半波电压。

2. 横向电光效应

外加电场方向与光的传播方向垂直，这时的电光效应称为横向电光效应，如图 6.6-3 所示。

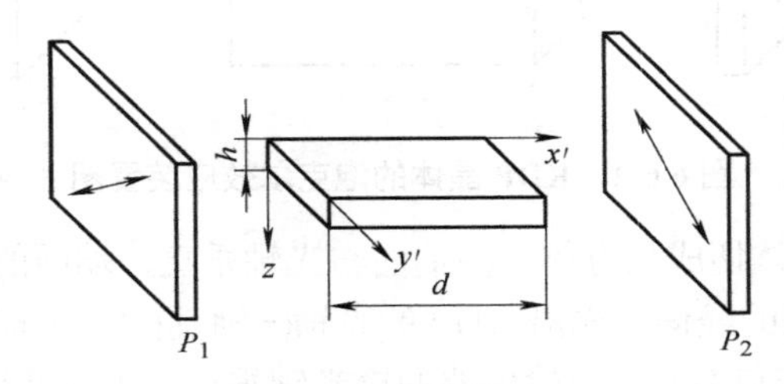

图 6.6-3　KDP 晶体的横向光电效应

对于 KDP 晶体，通光方向与 z 轴相互垂直，重新加工晶体，使得它的正方形界面的两边分别与 x'轴和 y'轴平行(与 x、y 轴成 45°)；让 x'轴与光的传播方向平行，电场加在 z 轴方向。当通过起偏器 P_1 入射到晶体上的线偏振光的光矢量与 y'轴和 z 轴成 45° 角时，与纵向电光效应类似，入射的线偏振光也分解为光矢量沿着 y'轴和 z 轴的两个线偏振光，它们通过晶体后的相位差为

$$\delta = \frac{2\pi}{\lambda}(n_{y'} - n_z)d = \frac{2\pi}{\lambda} n_o^3 \gamma' dE \tag{6.6-6}$$

式中，γ' 是晶体横向使用时的电光系数。

如果晶体在 z 轴方向上的厚度为 h，则电场强度与电压的关系为 $E=V/h$，因此有

$$\delta = \frac{2\pi}{\lambda} n_o^3 \gamma' \left(\frac{d}{h}\right) V \tag{6.6-7}$$

式(6.6-7)说明，相位差仍与电压成正比，另外还与因子 d/h 有关。将晶体加工成扁平形，使 $d/h>1$，就可以大大降低样品的半波电压，这是横向电光效应的一个重要优点。

6.6.3　激光的光强调制

激光的光强调制

电光效应可以用作光开关和光调制。在图 6.6-3 中如果把信号电压加在晶体上，输出光强就随着信号而变化。电光调制器的特性曲线如图 6.6-4 所示。

在图 6.6-4a 中，V 表示外加电压，I 表示输出光强，输出的光信号的调制频率是外加电压频率的两倍。为了使得输出信号的波形真实地反映原来的信号电压的波形，就必须让调制器工作在附近。为此需要在 KDP 晶体前放置一个 1/4 波片，并让其快轴和慢轴也与入射线偏振光的光矢量成 45°。这样，偏振光在射到晶体前，它的两个正交等幅的分量就已经具有 90° 相位差。这时若在 KDP 晶体上施加信号电压，只要它的幅度不太大，输出光强的调制频率就等于外加电压的频率，输出光强的变化规律也与信号电压相同，如图 6.6-4b 所示。

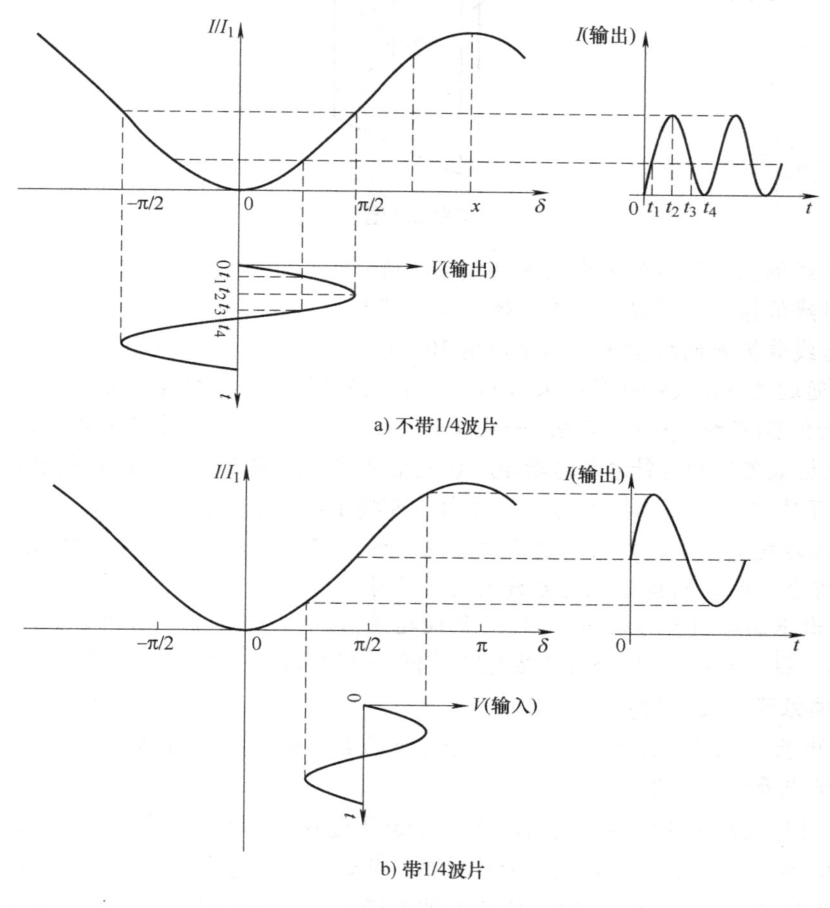

图 6.6-4　电光调制器的特性曲线

习题

6.1　一束自然光以 30° 入射到玻璃-空气界面，玻璃的折射率 n=1.54，试计算:

(1) 反射光的偏振度;

(2) 玻璃-空气界面的布儒斯特角;

(3) 在布儒斯特角下入射时透射光的偏振度。

6.2　一束线偏振的钠黄光(λ=589.3nm)垂直通过一块厚度为 8.0859×10^{-2}mm 的石英晶片，

晶片折射率为 n_o=1.54424，n_e=1.55335，光轴沿 y 轴方向，如习题 6.2 图所示。试对于以下三种情况，决定出射光的偏振态。

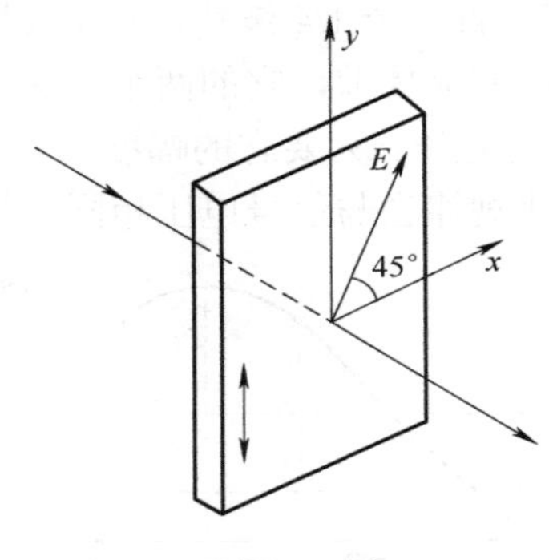

习题 6.2 图

(1) 入射线偏振光的振动方向与 x 轴成 45° 角；

(2) 入射线偏振光的振动方向与 x 轴成−45° 角；

(3) 入射线偏振光的振动方向与 x 轴成 30° 角。

6.3　当通过尼科尔棱镜观察一束圆偏振光时，强度随着尼科尔棱镜的旋转而改变。当强度极小时，在检偏器(尼科尔棱镜)前插入一块 1/4 波片，转动 1/4 波片使它的快轴平行于检偏器的透光轴，再把检偏器沿顺时针方向转动 40° 就完全消光。问椭圆偏振光是右旋的还是左旋的？

6.4　为了决定一束圆偏振光的旋转方向，可将 1/4 波片置于检偏器之前，再将后者转到消光位置。这时发现 1/4 波片快轴的方位是这样的：它须沿着逆时针方向转 45° 才能与检偏器的透光轴重合。问该圆偏振光是右旋的还是左旋的？

6.5　给出下面四种光学元件：① 两个线起偏器；② 一个 1/4 波片；③ 一个半波片；④ 一个圆偏振器。问在只用一灯(自然光光源)和一观察屏的情形下如何鉴别上述元件。如果只有一个线偏振器，又如何鉴别？

6.6　导出长、短轴之比为 2∶1，长轴沿 x 轴的右旋和左旋椭圆偏振光的琼斯矢量，并计算这两个偏振光叠加的结果。

6.7　为测定波片的相位延迟角 δ，可利用如习题 6.7 图所示的实验装置：使一束自然光相继通过起偏器、待测波片、1/4 波片和检偏器。当起偏器的透光轴和 1/4 波片的快轴沿 x 轴，待测波片的快轴与 x 轴成 45° 角时，从 1/4 波片透出的是线偏振光，用检偏器确定它的振动方向便可得到待测波片的相位延迟角。试用琼斯计算法说明这一测量原理。

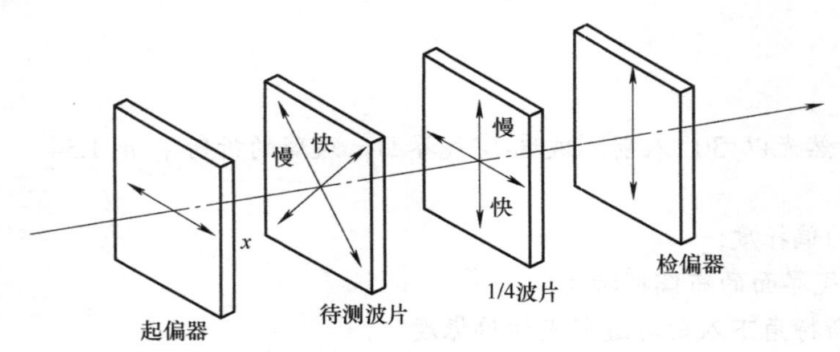

习题 6.7 图

6.8　一种右旋圆偏振器的琼斯矩阵为$\frac{1}{2}\begin{bmatrix} 1 & \mathrm{i} \\ -\mathrm{i} & 1 \end{bmatrix}$，试求出它的本征矢量。

6.9　试用矩阵方法证明：右(左)旋圆偏振光经过半波片后变成左(右)旋圆偏振光。

6.10　在两个正交的偏振器之间插入一块 1/2 波片，让强度为I_0的单色光通过这一系统。如果将波片绕光的传播方向旋转一周，问：

(1) 将看到几个光强极大值和极小值？求出极大值和极小值的数值和对应的波片方位。

(2) 用全波片和 1/4 波片代替 1/2 波片，结果又如何？

第 7 章

FDTD Solutions软件基础仿真及应用

对于微小尺寸的光学现象及光学元件分析，可以采用 FDTD 方法。FDTD 为有限差分时域(Finite-Difference Time Domain)的英文缩写，即将空间中的电磁场分割，以便计算光波在不同场及介质中的分布情况。Lumerical 公司于 2003 年推出了波动光学软件 FDTD Solutions，将 FDTD 方法程序化，便于用户操作，使用计算机获取空间场分布结果更为快捷精确。

本章简要介绍 FDTD 的基本思想，详细讲解 Ansys Lumerical 公司开发的 FDTD Solutions 仿真软件中的主要仿真功能以及仿真过程，并通过微小尺寸狭缝衍射和 V 形天线超薄透镜两个仿真示例介绍如何在科学研究中正确地使用 FDTD Solutions 软件获取所需求的结果。

7.1 FDTD Solutions 软件概述

FDTD Solutions
软件概述

7.1.1 Yee 元胞与 FDTD 空间节点算法

1966 年，Yee 提出了有限差分时域(Finite-Difference Time Domain, FDTD)法，这种方法旨在将麦克斯韦方程简化为差分方程。它是将电场分量 $\boldsymbol{E}$ 与磁场分量 $\boldsymbol{H}$ 进行时空交替排布，这种离散的排布方式使每个电场、磁场分量周围都有对应的磁场、电场分量包围，形成的 Yee 氏网格如图 7.1-1 所示。在这种离散分布下，麦克斯韦方程可以转化为

$$\begin{cases}\dfrac{\partial \boldsymbol{H}}{\partial t}=-\dfrac{1}{\mu}\nabla\times\boldsymbol{H}-\dfrac{\rho}{\mu}\boldsymbol{H}\\[2ex]\dfrac{\partial \boldsymbol{E}}{\partial t}=-\dfrac{1}{\varepsilon}\nabla\times\boldsymbol{E}-\dfrac{\sigma}{\varepsilon}\boldsymbol{E}\end{cases}\tag{7.1-1}$$

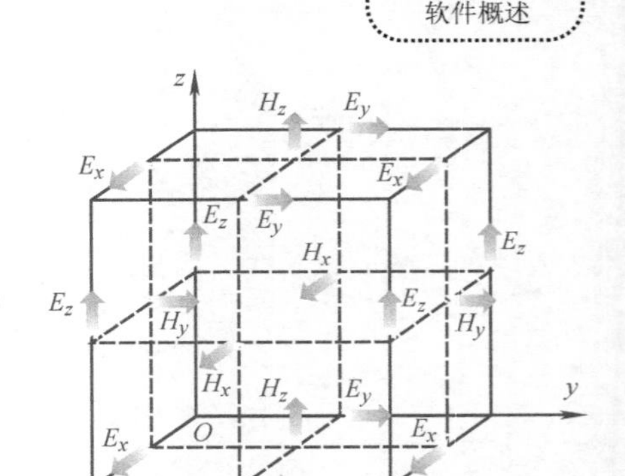

图 7.1-1　Yee 氏网格示意图

式中，$\boldsymbol{E}$ 是电场强度；$\boldsymbol{H}$ 是磁场强度；ε 是介电常数；μ 是磁导率；ρ、σ 分别是磁阻率、电导率。根据上式可以求出各电磁分量值。除此之外，Yee 氏网格还可以描述不同介质的材料参数。所以其能够计算一些复杂非均匀介质结构内电磁传播情况。

FDTD 分法要在整个电磁场区域内建立离散化的 Yee 氏元胞，这样一来就会产生很大的计算量，因此需要在正确的位置截断网络空间，从而形成一个有限区域。但这种方法会使电

磁波在边界部分出现散射、反射等情况，从而影响运算精度。因此，需要通过在边界截断处加入吸收边界来消除这些不利影响。Berenger 于 1994 年提出了完美匹配层(Perfect Matched Layer，PML)方法。这种采用吸收边界的特殊方法可有效解决边界截断问题。PML 和相邻介质波阻抗完美匹配，消除了因反射所带来的诸多问题，从而使其对入射波实现完美吸收。

7.1.2　Lumerical 公司与 FDTD Solutions 软件

Lumerical 公司主要开发光子仿真软件，是使产品设计人员能够理解光并预测其在复杂结构、电路和系统中的行为方式的工具。这些工具使科学家和工程师能够利用光子科学和材料处理的最新进展，在包括增强现实、数字成像、太阳能和量子计算在内的激动人心的领域开发高影响力的技术。自从 2003 年成立以来，Lumerical 公司推出的软件逐渐成为光子研究方向使用最广泛的工具之一。

Lumerical 公司推出的仿真软件除了用于微纳光学设计环境的 FDTD Solutions，还有用于波导设计环境的 MODE、用于多物理场光子设计的 DEVICE、集成光学设计和仿真平台 INTERCONNECT 等。2020 年 3 月，Ansys 公司宣布与 Lumerical 达成最终收购协议。

7.2　软件基本操作介绍

软件基本操作介绍

7.2.1　软件安装方法

登录 Ansys Lumerical 官方网站(https://www.lumerical.com/products/fdtd/)，根据网站提示注册账号，即可获得 30 天试用权。

7.2.2　用户界面

新建 FDTD Solutions 工程后打开初始化界面如图 7.2-1 所示，界面最上方为主工具栏，最左侧为操作栏，左侧靠上为元素树列表，左侧靠下为结果预览列表，中间为仿真结构的三视图以及 3D 模型展示，最右侧为脚本编辑器。下面对主工具栏与操作栏相关按钮进行详细介绍。

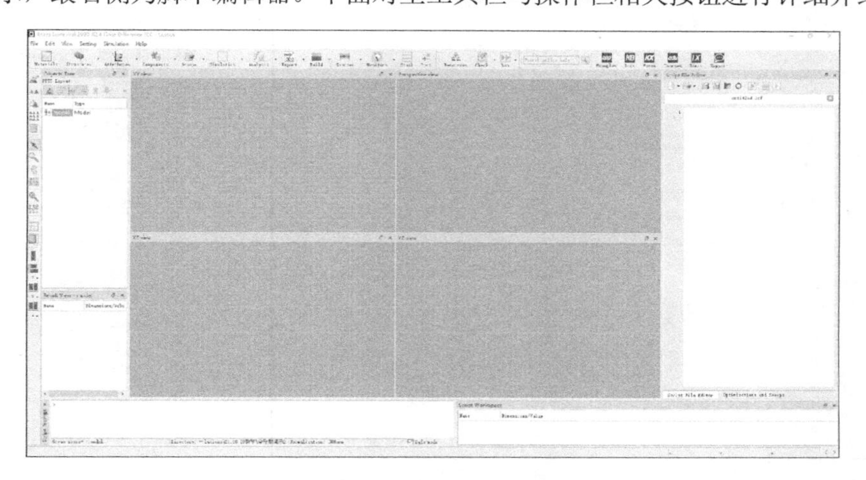

图 7.2-1　FDTD Solutions 布局编辑器界面

1. 主工具栏

建立新的仿真程序时，通常需要添加材料、结构、仿真区域、光源及监视器。如图 7.2-2 所示，界面上方的主工具栏包含了用于添加这些内容的工具。

图 7.2-2　主工具栏

单击 Materials(材料)按钮可以打开材料数据库，如图 7.2-3 所示，弹出的对话框中包含默认的常用材料列表，同时也可以单击右上角的 Add(添加)按钮，根据不同的材料模型或折射率、介电常数、电阻率或电导率等数据添加新的材料，同时可以定义空间变化材料、各向异性等。

单击 Structures(结构)按钮可以添加基本结构，如图 7.2-4 所示，单击 Structures 按钮旁的下三角按钮即可打开结构菜单，菜单内包含常用的基本结构，如 Triangle(三棱柱)、Rectangle(长方体)、Polygon(多面体)、Circle(柱体)、Ring(圆环)等，同时也内置了 Waveguide(导波)、Pyramid(三棱锥)、Planar Solid(平面实体)等。

Components(组件)按钮菜单中包含一些预构建的结构，如图 7.2-5 所示，如 Extruded polygons(凸多面体)、Gratings(光栅)、Integrated optics(集成光学)、Photonic crystals(光子晶体)等。

单击 Simulation(仿真)按钮添加 FDTD Region(仿真区域)，如图 7.2-6 所示，在仿真区域中设定仿真的几何形状、仿真时间、网格设置和边界条件。不在仿真区域内的任何结构对象将不会出现在仿真结果中。Mesh(网格覆盖区域)选项用于在需要更高分辨率的区域中制定更细分的网格。

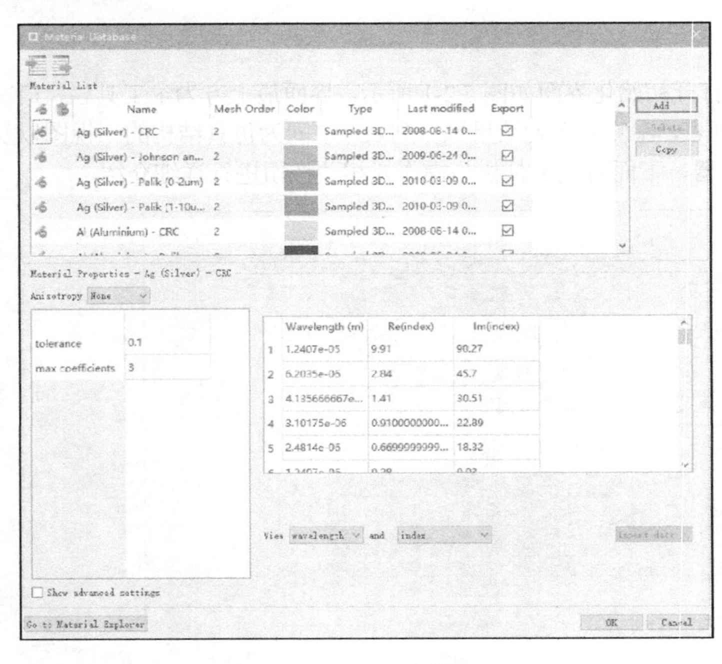

图 7.2-3　材料数据库界面

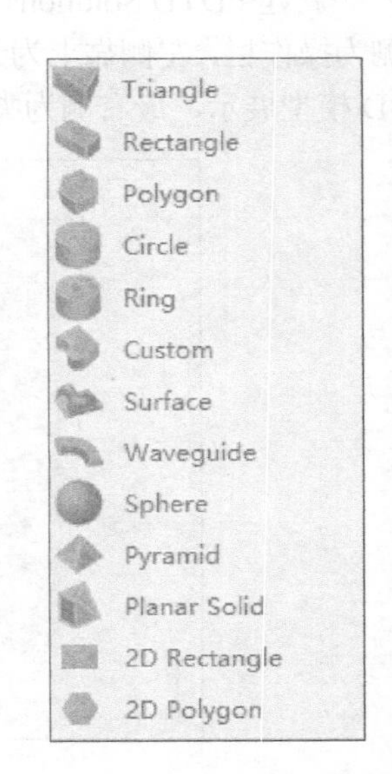

图 7.2-4　结构菜单

Sources(光源)按钮用于设置射入仿真区域的光的参数，如图 7.2-7 所示。可用的源类型包括：基本源，如 Dipole(偶极子)、Gaussian(高斯光束)、Plane wave(平面波)；更高级的源，如 Total-field scattered-field(全散射场)源，全散射场源可以将仿真分割成两个区域，可以仿真求解各类散射问题；Mode(波导模式)光源，可以仿真各类波导。

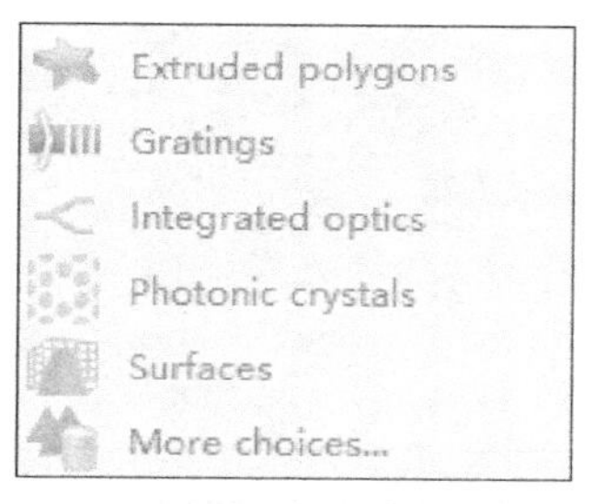

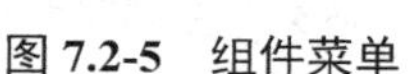
图 7.2-5　组件菜单

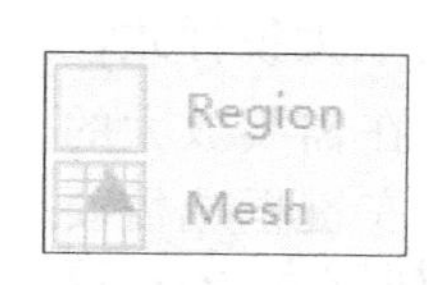

图 7.2-6　仿真菜单

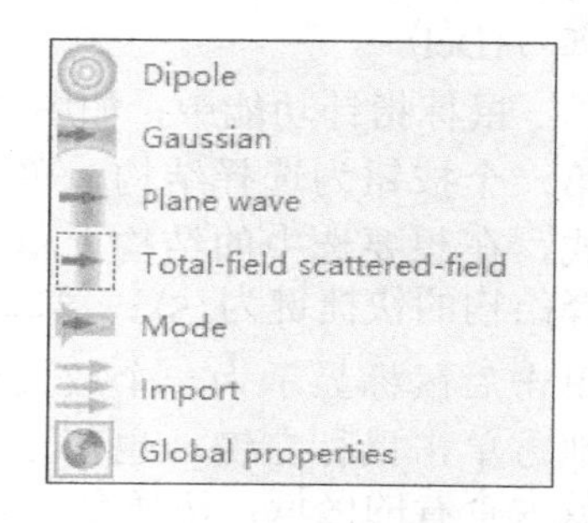

图 7.2-7　光源菜单

Monitors(监视器)按钮用于添加记录各项仿真结果的监视器，如图 7.2-8 所示。Refractive index(折射率)监视器用于获取整个空间的折射率分布，Field time(场时间)监视器用于记录场强随时间变化的衰减情况，Movie(影片)监视器用于生成场强随时间变化的动画，Frequency-domain field profile(频域场分布)监视器和 Frequency-domain field and power(频域场和功率)监视器用于获取连续波形、稳态传输频谱以及空间场分布，Mode expansion(波导扩展)监视器用于分析在波导或光纤的特定模式下传播的功率量。

Analysis(分析)与 Groups(组)按钮可用于对结构、源、监视器等进行分组并获取自定义的结果，如图 7.2-9 所示。分析库中可用的分析组示例包括：Transmission box(传输盒)，用于获取流经监视器的净功率；Power absorption analysis group(功率吸收分析组)，用于获取空间功率的吸收曲线；Q analysis group(Q 分析组)，用于获取谐振腔模式的 Q 因数等。也可以单击 Groups 按钮添加新的自定义分析组。

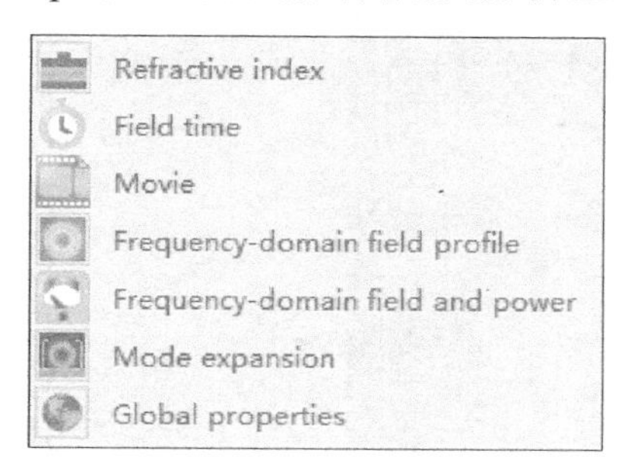

图 7.2-8　监视器菜单

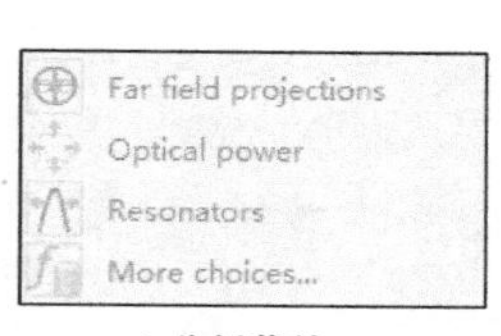

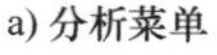
a) 分析菜单

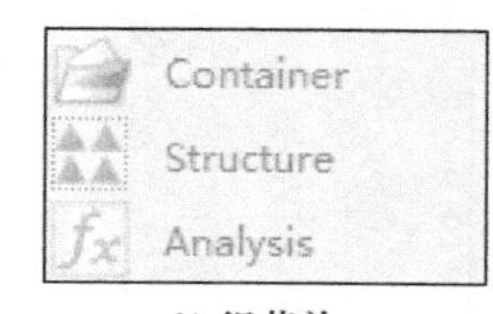

b) 组菜单

图 7.2-9　分析菜单和组菜单

2. 操作栏

操作栏位于主界面的左侧，主要分为三大类，如图 7.2-10 所示，从上至下依次为编辑操作、鼠标指针功能以及显示调整。

a) 编辑操作　b) 鼠标指针功能　c) 显示调整

图 7.2-10　操作栏分类

编辑操作中，如图 7.2-10a 所示，从上至下第一个按钮为编辑选中的结构参数，快捷键为〈E〉；第二个按钮为

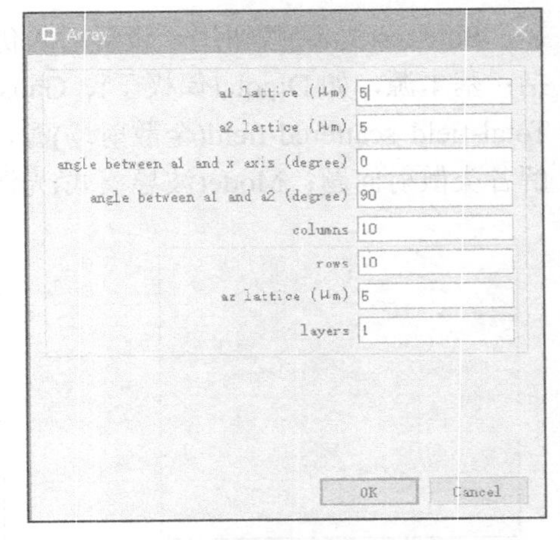

图 7.2-11　阵列参数编辑界面

复制选中的结构；第三个按钮为移动选中的结构；第四个按钮为根据选中的结构生成阵列，如图 7.2-11 所示，可以根据需要编辑行列个数、间隔、层数、分布角度等参数；最后一个按钮为删除选中的结构，快捷键为〈Del〉。

鼠标指针功能中，如图 7.2-10b 所示，从上至下第一个按钮为选择结构，单击后鼠标显示为指针样式，在想要选中的结构上单击即可选择，切换至选择结构的快捷键为〈S〉；第二个按钮为放大镜样式，单击后鼠标显示为一个放大镜，可以在需要放大的地方单击鼠标左键，也可以按住鼠标左键框选需要放大查看的区域，切换至放大镜的快捷键为〈Z〉；第三个按钮为移动仿真区域，单击后鼠标为右手样式，在视图界面单击鼠标左键并按住即可拖拽显示的内容，方便查看，切换至移动仿真区域的快捷键为〈P〉；最后一个按钮为标尺，单击后鼠标变为一个斜置的白色直尺，在屏幕上单击并按住即可测量鼠标移动过的距离值，并且在不同的视图中使用测量功能，还可以显示沿当前视图中坐标轴的长度变化，如在 *XY* 视图中会显示 d*x* 和 d*y* 的变化量，在 *XZ* 视图中则会变为显示 d*x* 和 dz 的变化量，测量结果在软件界面的左下角显示，如图 7.2-12 所示，图中测量的视图为 *XZ* 视图，则左下角显示为沿 *X* 轴和 *Z* 轴的变化量 d*x* 与 dz，*AB* 为鼠标移动的距离，即 *XZ* 视图中直角三角形斜边的长度，最后显示 microns 为单位微米(μm)，测量过程在其他三个界面中也有同步显示。

图 7.2-12 彩图

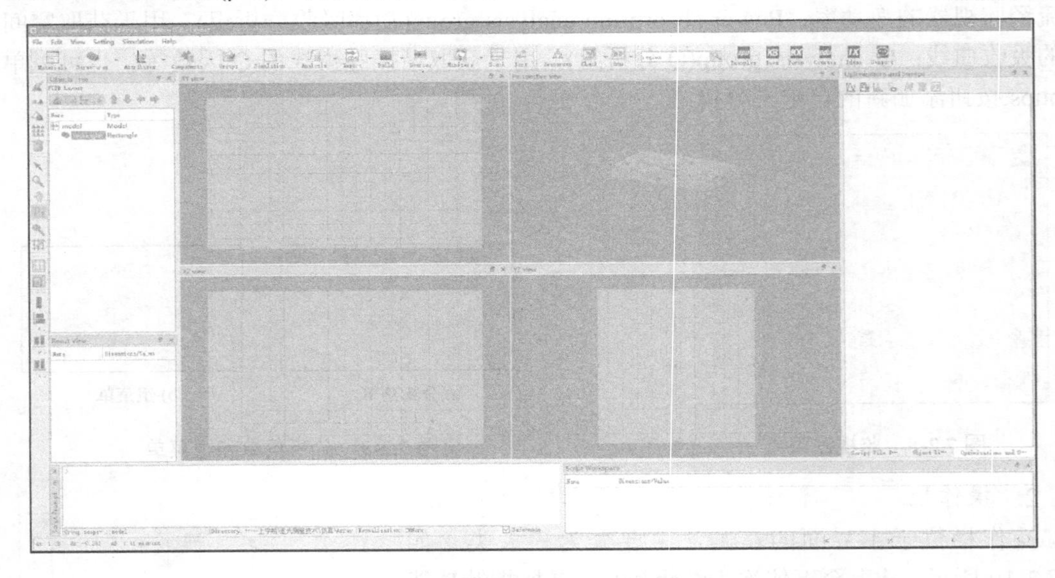

图 7.2-12　测量 *XZ* 视图中距离值

显示调整中，如图 7.2-10c 所示，第一个按钮为适配显示按钮，单击该按钮可以将当前选中的结构适配至三视图即 3D 模型视图中，快捷键为〈X〉；第二个按钮为编辑视图网格，如图 7.2-13 所示，可以自定义是否显示三视图中的网格(Show gird)，以及拖拽移动结构时是否贴靠网格交点(Snap to grid)，同时可以编辑显示网格的间距以及角度；第三个按钮为打开/关闭仿真网格显示，单击可以显示或者关闭仿真区域的网格划分情况；最后一个按钮为重新计算仿真区域网格，在添加了新的结构后，可以单击此按钮重新分配网格的划分情况。

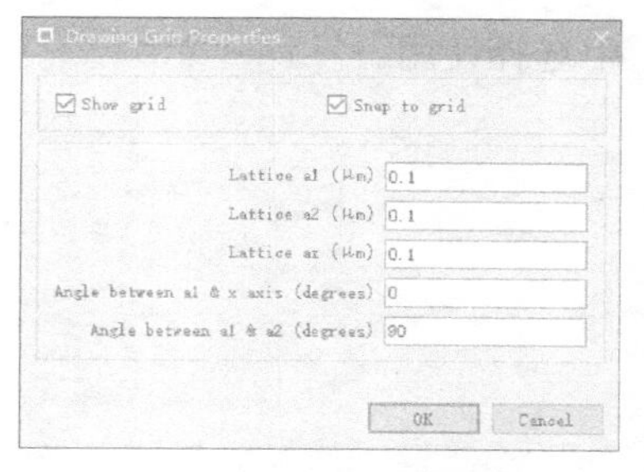

图 7.2-13　视图网格编辑界面

7.3　仿真建立与结果分析

仿真建立与结果分析

7.3.1　仿真流程

建立新的仿真程序时，如图 7.3-1 所示，如果默认材料数据库中没有提供仿真所需的材料数据，则标准工作流程的第一步为创建仿真所需的材料。定义材料后，就可以设置结构和 FDTD 仿真区域，在仿真区域中设置边界条件、网格和仿真时间。接下来，添加光源到仿真区域中，并添加监视器以记录数据。

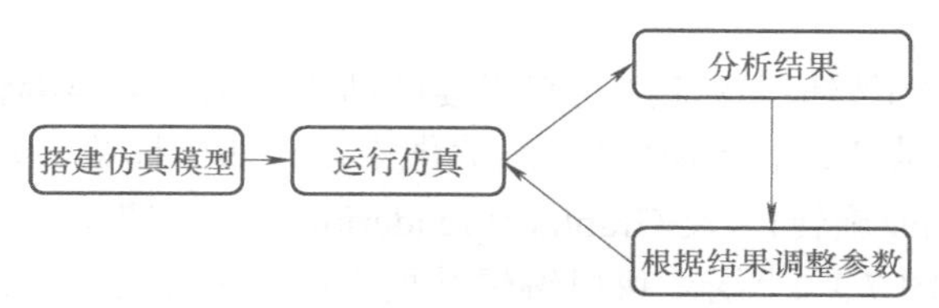

图 7.3-1　FDTD 仿真设计流程

在运行仿真前，可以进行检查以确保仿真中的材料属性都拟合正确，并且计算机具有足够的内存来运行仿真。仿真运行完成后，可以从监视器中收集数据，并可以通过绘制数据图、使用脚本等方法处理分析结果。

在设计仿真结构的过程中，通常需要多次修改结构的几何形状。通过多次重复“运行仿真、分析结果、调整结构参数”过程，直到获得需求的最佳设计参数为止。

7.3.2　创建材料

单击材料界面右侧 Add 按钮即可自定义新的材料属性，单击后会弹出下拉菜单，如图 7.3-2 所示，对于基本材料选择第一项(n,k) Material 即可添加折射率已知的材料。

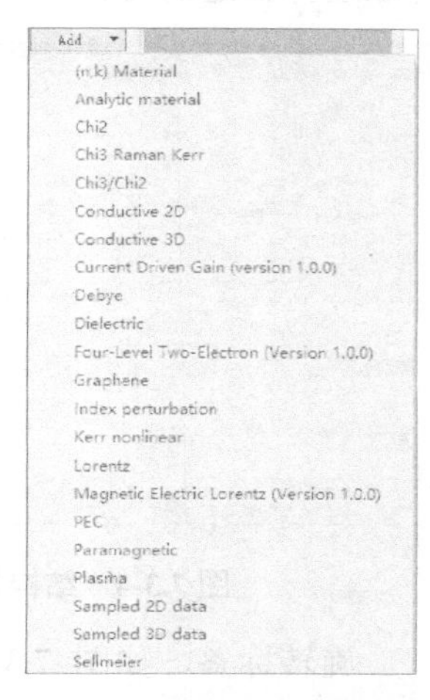

图 7.3-2　添加材料属性选择

选择后，会在材料库中生成一个新的材料数据 New material 1，如图 7.3-3 所示，在下方窗口可以输入新材料的折射率(Refractive Index)以及理想折射率(Imaginary Refractive Index)，同时上方窗口中材料的名称(Name)、网格划分顺序(Mesh Order)、颜色(Color)等参数都可以自由调节，创建好的材料数据即可在后续结构编辑界面中选择使用。

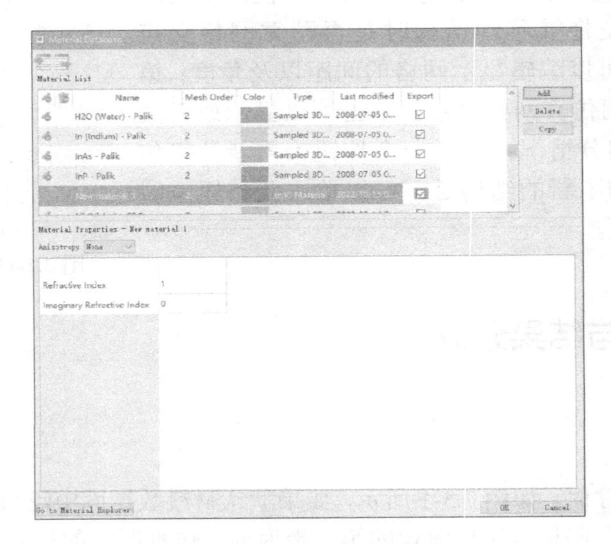

图 7.3-3　新材料编辑界面

7.3.3　仿真结构建立

单击 Structures(结构)按钮可以添加仿真需要的结构。选择需要编辑的结构，单击操作栏中的编辑按钮或按快捷键〈E〉打开编辑界面。界面中共有四个标签，分别为 Geometry(几何)、Material(材料)、Rotations(旋转)以及 Graphical rendering(图像渲染)。

在几何标签中，如图 7.3-4 所示，可以编辑结构中心的 x、y、z 坐标值与 x、y、z 长度(span)来确定结构的大小和在仿真空间中的位置，也可以通过设置 x、y、z 方向的最小值和最大值来确定。在一侧数据栏内输入数据后，另一侧数据会自动计算完成，无需重复填写。

在材料标签中，如图 7.3-5 所示，可以单击 material 下拉列表框，选择需要的材料，选择完毕后会在下方显示当前材料的折射率以及单位。若在 7.3.2 节中创建了新的材料，在此处也可以选择新建的材料。

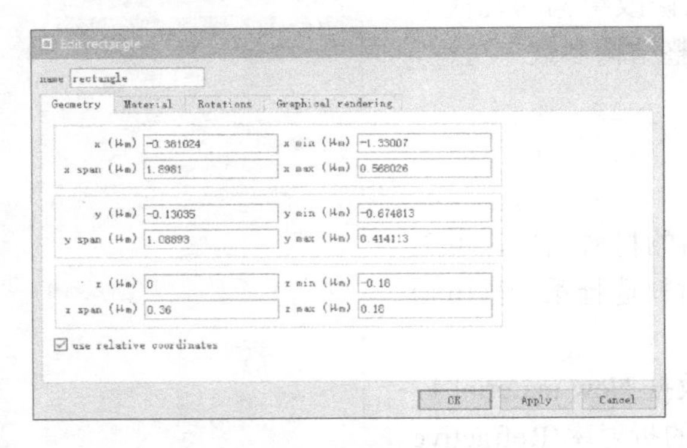

图 7.3-4　结构几何标签

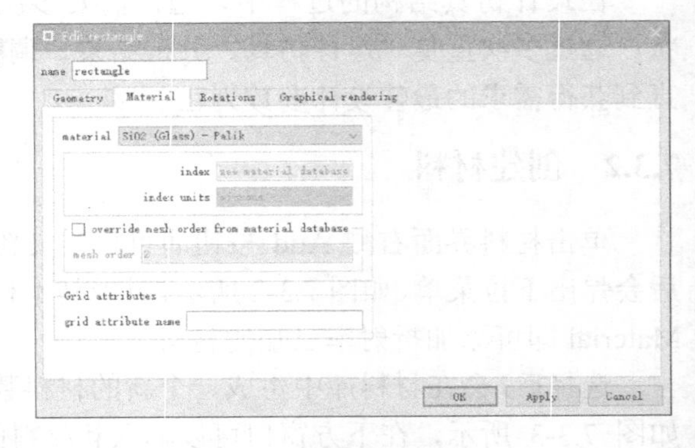

图 7.3-5　结构材料标签

旋转标签，如图 7.3-6 所示，可以将结构进行三次独立的旋转，需要先选择转轴，再填写旋转角度，转轴可以重复填写，如先绕 z 轴旋转 90°，之后绕 x 轴旋转 45°，最后再绕 z

轴旋转 70°。

图像渲染标签，如图 7.3-7 所示，可以根据仿真情况以及计算机运行配置选择渲染类型(render type)，可以选择渲染细节(detailed)或仅渲染边框(wireframe)，也可以通过下方滑块拖动决定渲染细致程度。

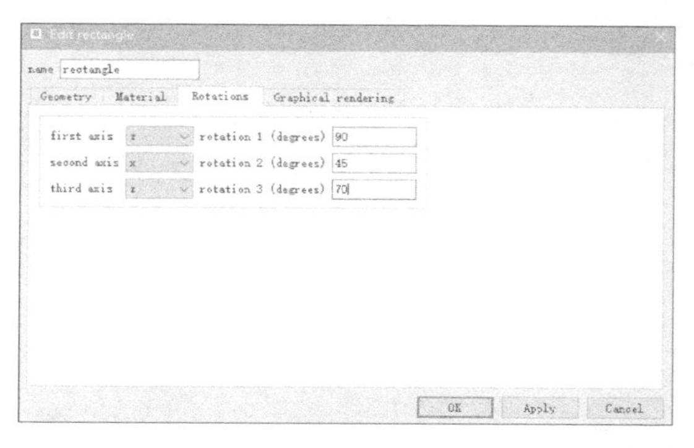

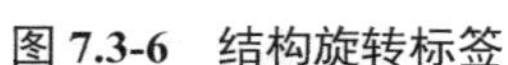
图 7.3-6　结构旋转标签

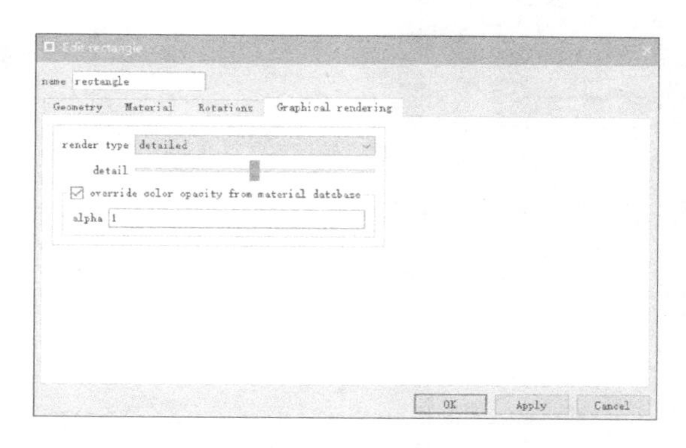

图 7.3-7　结构图像渲染标签

7.3.4　仿真区域建立

单击 Simulation(仿真)按钮即可添加仿真区域，如图 7.3-8 所示。编辑选中的仿真区域，即可打开编辑界面。界面中共有五个标签，分别为 General(通用)、Geometry(几何)、Mesh settings(网格设置)、Boundary conditions(边界条件)以及 Advanced options(高级选项)。

在仿真区域的通用标签中，可以选择仿真区域的维数(dimension)；仿真时间(simulation time)，单位为飞秒(fs)；仿真区域温度(simulation temperature)，单位为开尔文(K)。并且，仿真区域的背景材料(background material)也是可以设置的，默认情况下是无材料，折射率为 1.0。

仿真区域的几何标签设置与结构的几何标签完全一致，且后续的光源、监视器等几何标签设置皆相同，所以不再过多赘述几何标签设置。

网格设置标签，如图 7.3-9 所示，主要设置网格类型(mesh type)以及网格细分精度(Mesh accuracy)。网格类型分为自动非均匀(auto non-uniform)、自定义非均匀(custom non-uniform)以及均匀(uniform)。自动非均匀类型可根据当前仿真区域内的结构数量以及排列自动计算出推荐的细分方式，需要自定义某些结构的细分精度时要选择自定义非均匀类型，均匀类型则是根据右侧窗口中的时域步距(Time step)与最小步距(Minimum mesh step settings)均匀地网格化仿真区域。

边界条件是仿真区域非常重要的设置之一，如图 7.3-10 所示。设置正确的边界条件是成功获取仿真结果必不可少的步骤。在 FDTD Solutions 中，边界条件的类型共有七种，这里主要介绍大部分情况下常用的四种：理想边界(PML)，可以完全吸收所有接触到边界的波；金属边界(Metal)，可以完全反射所有接触到边界的波；周期性边界(Periodic)，需要同时设置一个轴向的两个边界，如将 x min 设置为周期性边界，那么 x max 也一定为周期性边界，周期性边界类似于将两个边界首尾相连，穿过一个周期性边界的波会立即出现在另一个周期性边界内；对称边界(Symmetric)，用于减小仿真运行的区域大小，将一个边界设置为对称边界后，该边界的负半轴仿真结果会与正半轴结果完全一致，且边界类型不可为周期性边界，若设置一个轴向的 min 边界为对称边界，则只会仿真负半轴，此时边界类型为 max 边界设置的类型，反之若设置 max 边界为对称边界，则只会仿真正半轴，此时边界类型为 min 边界设置的类型。

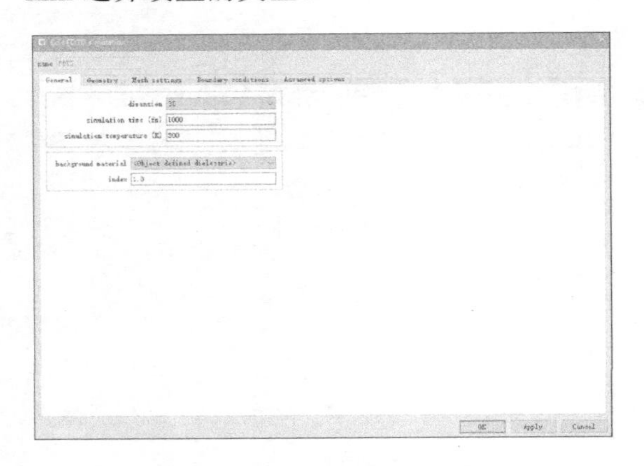

图 7.3-8　仿真区域通用标签

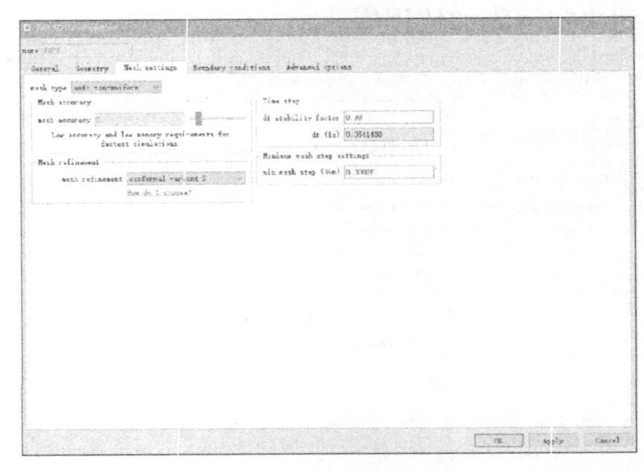

图 7.3-9　仿真区域网格设置标签

对于精度更高的仿真结果，或需要某些特定参数的情况，可以通过修改仿真区域的高级选项获得，如图 7.3-11 所示。高级选项包括 Simulation bandwidth(仿真带宽)、Mesh settings(网格设置)、Auto shutoff(自动停止仿真条件)、Parallel engine options(并行引擎选项)、Checkpoint options(检查点选项)、Miscellaneous(其他选项)、BFAST settings(BFAST 设置)等。

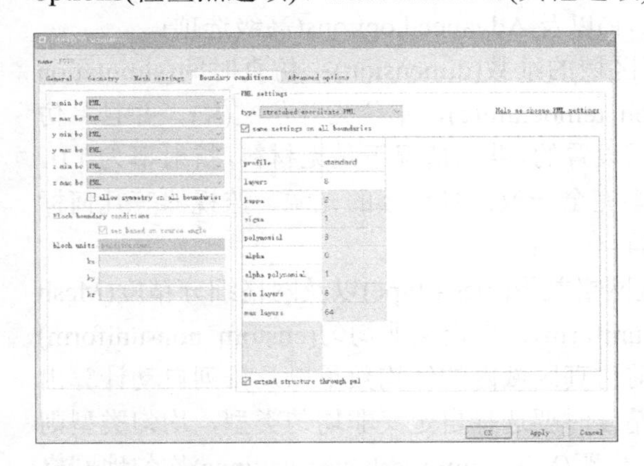

图 7.3-10　仿真区域边界条件标签

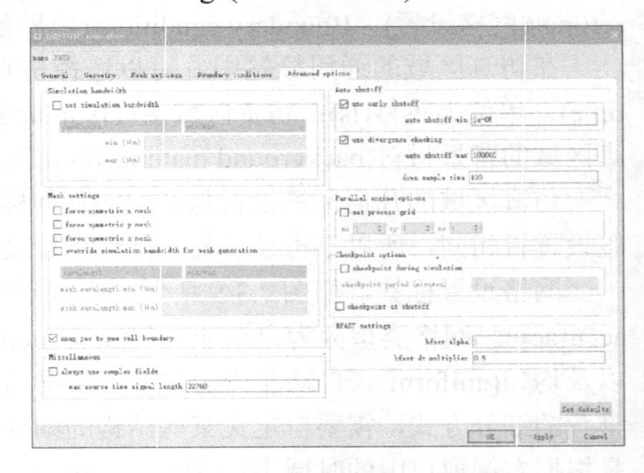

图 7.3-11　仿真区域高级选项标签

7.3.5　添加光源

对于物理光学相关实验仿真，常用的光源有 Plane wave(平面波)、Gaussian(高斯光束)等。单击 Sources(光源)按钮可以添加仿真需要的光源。编辑选中的光源，即可打开编辑界面。界面中共有四个标签，分别为 General(通用)、Geometry(几何)Frequency/Wavelength(频率/波长)以及 Beam options(光束选项)。

在光源的通用标签中，可以设置基本的光源参数，如光源类型(source shape)、振幅(amplitude)、相位(phase)，以及光源的入射轴、沿正方向或负方向、姿态角、偏振角(polarization angle)，如图 7.3-12 所示。

设置光源的频率/波长时，如图 7.3-13 所示，可以选择在频域中设置(set frequency/wavelength)，或者在时域中设置(set time domain)，可以根据不同的仿真需求输入不同的光源参数，设置的光源频域和时域图可以在右侧实时查看。标签的左下角有全局光源设定(Set global source settings)，在全局设定中输入的参数会同步至仿真程序中的所有光源。

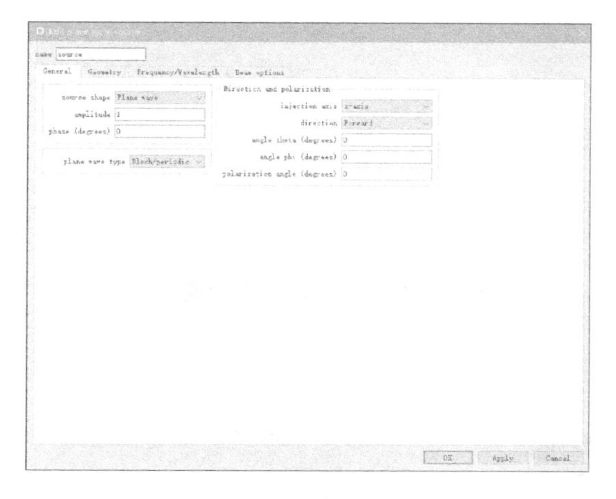

图 7.3-12　光源通用标签

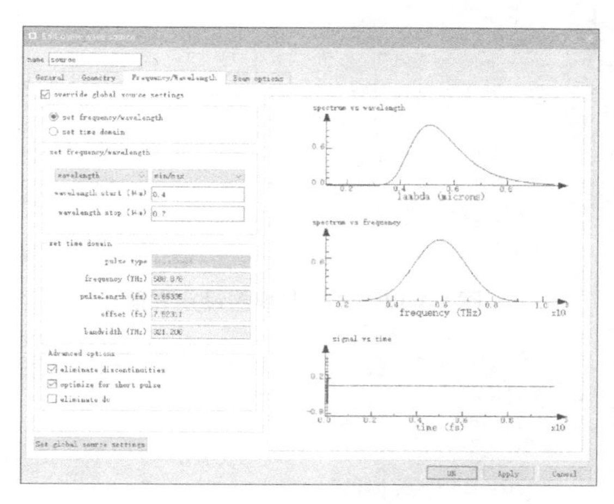

图 7.3-13　光源频率/波长标签

7.3.6　添加监视器

FDTD Solutions 提供了可以收集各类数据的不同监视器。单击 Monitors(监视器)按钮旁的下三角按钮可以添加不同种类的监视器。编辑选中的监视器，即可打开编辑界面。界面中共有三个标签，分别为 General(通用)、Geometry(几何)以及 Advanced(高级)。

不同的监视器通用标签有所不同，但在每种监视器的通用标签中都可以设置全局监视器设定(Set global monitor settings)。如图 7.3-14 所示，在全局设置中，可以设置监视器的采样空间为均匀(uniform)、切比雪夫(chebyshev)或是自定义(custom)，也可以设置采样的波长/频率范围，同时可以设置采样点个数(frequency points)。

在 Geometry(几何)标签中，除了常规的坐标点以及尺寸设置，还可以设置监视器类型(monitor type)为三维或二维沿某个轴向，如图 7.3-15 所示。

时间监视器的通用标签中可以设置采样终止方法(stop method)为直到仿真结束(End of Simulation)、选择终止时间(Choose Stop Time)或者选择截取次数(Choose Number of Snapshots)，如图 7.3-16 所示。

影片监视器的通用标签中可以设置水平分辨率(horizontal resolution)以及垂直分辨率(vertical resolution)，并且可以选择录制的场类型为电场强度或磁场强度，如图 7.3-17 所示。

在影片监视器的高级标签中，可以设置影片的另一个重要属性：帧率(frame rate)，如图 7.3-18 所示。

场分布及功率监视器的通用设置与全局设置同步，一般情况下无需单独修改。

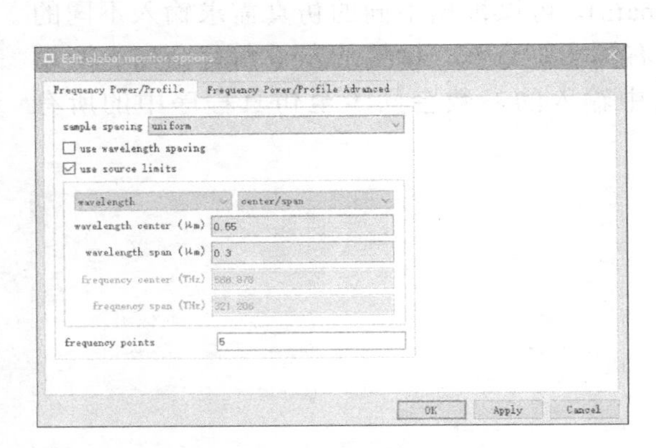

图 7.3-14　全局监视器设定界面

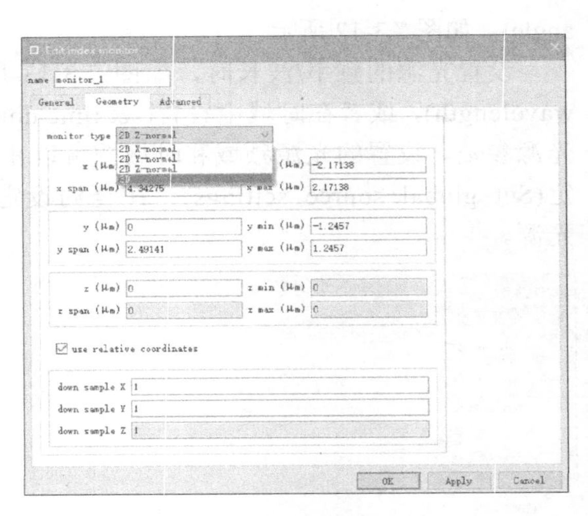

图 7.3-15　监视器类型设置

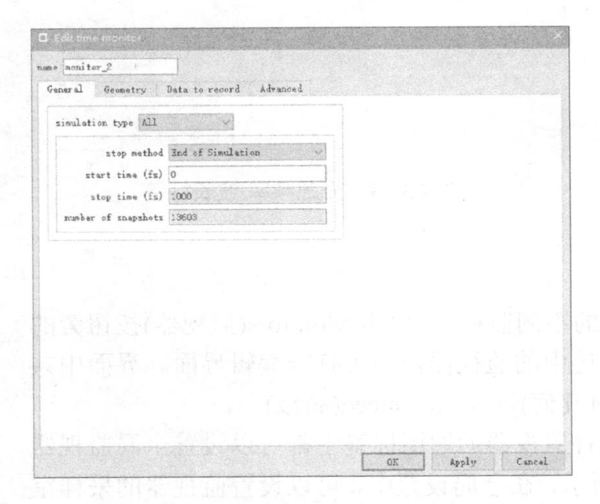

图 7.3-16　时间监视器通用标签

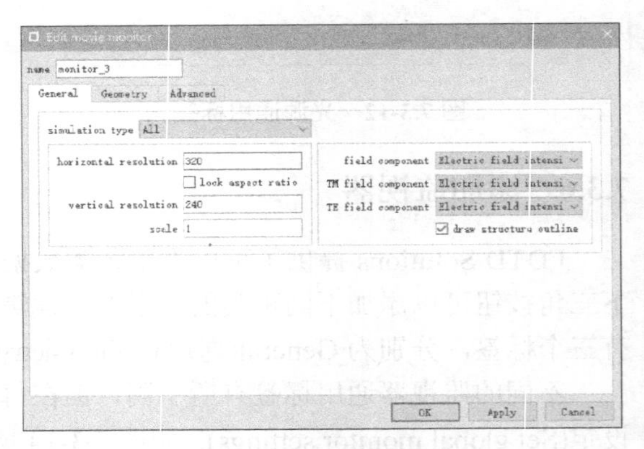

图 7.3-17　影片监视器通用标签

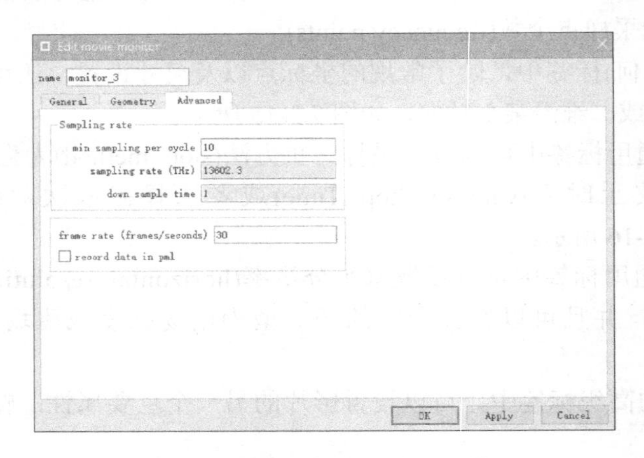

图 7.3-18　影片监视器高级标签

7.3.7　仿真前检查

完成仿真结构、仿真区域、光源及监视器的设置后，需要检查材料的拟合效果与计算机的内存需求。单击 Check(检查)按钮可以分别检查材料拟合(Material Explorer)及内存需求(Check simulation and memory requirement)，如图 7.3-19 所示。

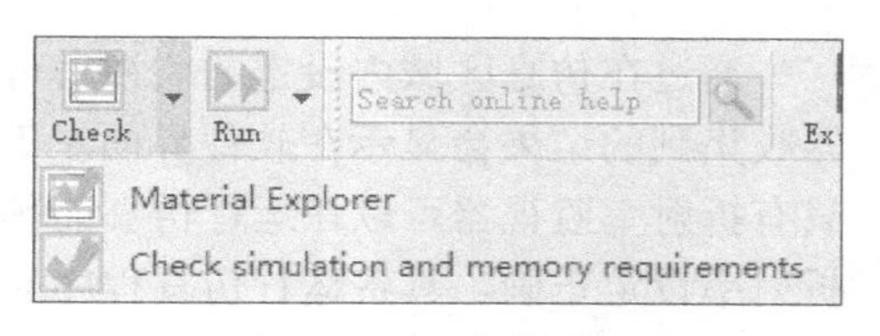

图 7.3-19　检查菜单

检查材料的拟合情况时，可以在界面左侧选择想要查看的材料，在右侧选择纵轴(vertical axis)和横轴(horizontal axis)的数据类型，单击右下方 Fit and plot(显示图像)按钮，可以查看 FDTD 模型拟合曲线与材料数据的拟合程度，如图 7.3-20 所示。

检查运行仿真的内存需求时，需要注意内存需求总量是否超出了运行仿真的计算机内存容量，若内存需求量过大，需要查看详细的内存使用情况(Memory details)，根据每个部分使用内存的情况调整仿真程序，使得仿真能够顺利运行完成，如图 7.3-21 所示。

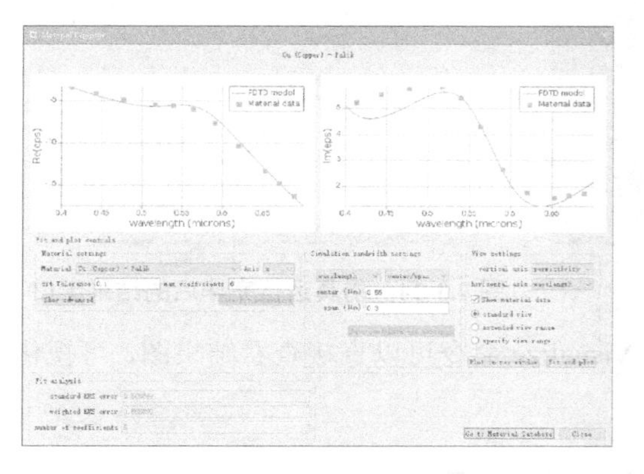

图 7.3-20　材料拟合检查

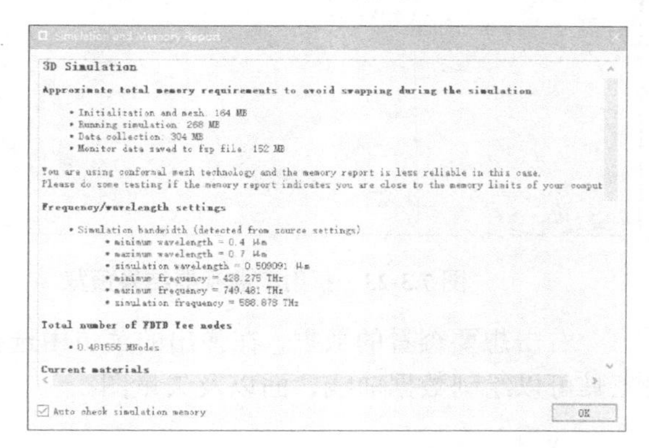

图 7.3-21　内存需求检查

7.3.8　开始仿真

检查完成后，单击 Run(运行)按钮开始运行仿真程序。仿真程序运行时会弹出 Job Manager(任务管理)对话框，实时显示仿真运行的状态(Status)。仿真运行状态分为五种：Initializing(初始化)、Meshing(网格化)、Running(运行中)、Saving(保存中)与 Wrapping up(打包数据中)。

如图 7.3-22 所示，运行完成后可以单击右下角 Quit & save(退出并保存)按钮；若运行期间发现参数有误或者需要修改仿真程序，可以单击 Quit & don’t save(退出但不保存)按钮；如果出现仿真卡死的情况，可以单击 Force quit(强制退出)按钮。

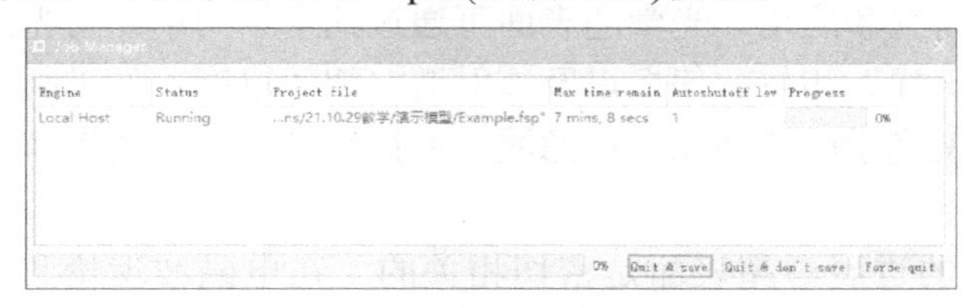

图 7.3-22　运行任务管理对话框

7.3.9 查看结果

通过在仿真区域内设定的监视器可以收集仿真程序运行的结果，如图 7.3-23 所示。监视器收集到的结果会显示在软件界面左下部分的结果窗口(Result View)中。在各类监视器中，只有折射率监视器可以在运行仿真前预览(index preview)，可以在运行仿真前确定仿真结构的折射率设定正确，具备运行仿真程序的条件。

在仿真程序成功运行后，影片监视器会在当前仿真的工作目录中创建单独的视频文件。其余监视器采集到的结果会显示在结果窗口中，包括电场(E)、磁场(H)、功率(P)、透射率(T)以及远场(farfield)等结果数据，如图 7.3-24 所示。

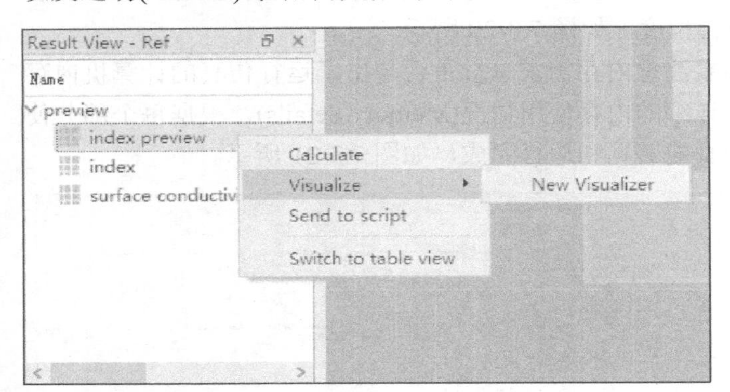

图 7.3-23 折射率监视器结果预览

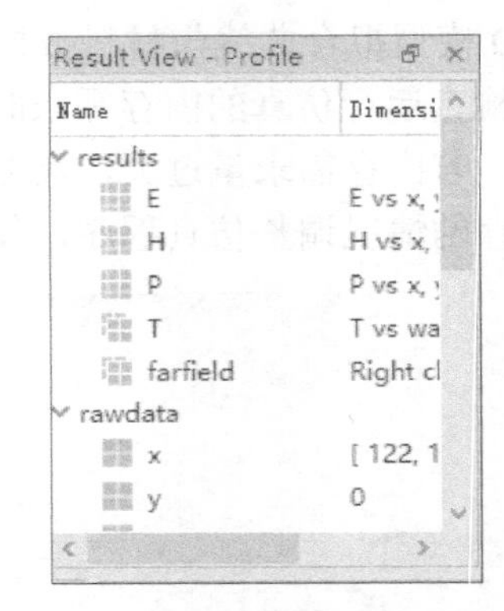

图 7.3-24 仿真运行完毕后的结果窗口

右击想要查看的数据，在弹出的菜单中选择 Visualize 命令可以直接查看结果图，可视化工具可以绘制数据曲线、面以及矢量图。

7.4 FDTD Solutions 在前沿技术中的应用

经过十余年的软件迭代，FDTD Solutions 当前已应用于诸多光学、物理学、电磁学相关科学研究中。超表面是一种光学薄层，其局部电磁响应可在纳米级别上表现，并伴随显著的光学调制效应，尺寸通常在亚波长范围内。本节介绍使用 FDTD Solutions 软件仿真在光学超表面研究中的一些应用。

7.4.1 光学超表面

光学超表面

超表面是由人工亚波长尺度单元构成的二维平面结构，由于其相对于传统光学元件具有体积极小的优势，并且可以实现对光场的任意调控，近年来在光学领域得到广泛研究和应用。光学超表面可通过纳米结构单元与光的相互作用进而在亚波长范围内调控光的振幅、相位、偏振以及透射谱。超薄厚度、便于制作、易于集成以及全域光场控制的优势，使光学超表面在彩色滤波、偏振转换、波前调控和异常透射与反射等方面得到广泛应用。

很多最新的光学的进展与超表面是密切相关的。在电磁波理论和技术的发展过程中，超材料和超表面在学术界受到了很多重视。而随着半导体技术的不断发展，在学术界热门已久的超材料和超表面技术找到了和半导体技术结合的一些重要应用，从而可望能将研究转化成实际产品，这也将成为半导体行业的一个新机会，从而改变一些重要器件的设计范式。

在传统的理论中，小于波长的器件对于电磁波的传播产生的影响有限。因此在传统的电磁波和光学设计中，器件尺寸往往和电磁波的波长接近(如天线)或者大于波长(如光学设计中的透镜)。而超材料(以及超表面)的理论和设计则直接超越了传统的电磁波设计智慧。单个小于电磁波波长尺度的器件对于电磁波传播能做得很有限，但是如果把大量小于电磁波波长的器件按照一定规律排布起来，则可以以较小的尺寸实现传统电磁波器件的同样功能，甚至实现传统电磁波设计无法实现的特性。所谓超材料，就是指使用大量亚波长尺寸器件按照一定规律排布实现特定电磁特性的设计方法，其中包括把这些亚波长器件按照特定规律在一维、二维或三维空间中排布；而超表面则是超材料中的一种特例，特指把这些亚波长尺寸器件在二维空间中排布实现特定的电磁特性。

超表面技术和半导体技术结合则来源于实际应用和半导体技术的发展。首先，在超表面设计中，需要实现亚波长尺寸的器件，因此需要能实现精细尺寸的器件。例如，在光学应用中，通常感兴趣的光波长在 500nm 左右，为了实现亚波长尺寸的器件通常需要工艺能完成 100nm 以下的精度，而目前来看半导体技术是能实现这类精度的最佳技术。此外，还有来自应用的推动。例如，随着无线技术的发展，感兴趣的无线频段的频率越来越高，因此波长也越来越小，随着太赫兹技术(频率大于 300GHz 频段的波)应用逐渐进入人们的视野，使用半导体技术来实现针对太赫兹频段的超表面阵列也成为了一个超表面很有前景的方向。

7.4.2　广义折反射定律

广义折反射定律

反射和折射是光波、电磁波等波动在界面上的基本行为，相应的定律早在数百年乃至数千年前已被人们认识到。反射和折射定律描述了波在界面反射和折射时所遵循的基本法则，由荷兰科学家斯涅耳(Snell,1580—1626)首次提出，并因此而得名。斯涅耳定律的基本内容为入射、反射和折射光线位于同一面内，入射角等于反射角，且折射角与入射角满足折射定律：

$$n_2 \sin\theta_t = n_1 \sin\theta_i \tag{7.4-1}$$

式中，n_1 与 n_2 是界面两侧介质的折射率；θ_i 与 θ_t 分别是入射角与折射角。

斯涅耳定律中规定介质的折射率 n 必须为正值，但 1968 年苏联科学家 Veselago 提出了负折射率的概念，即折射率可以为负值。但当时自然界中并没有折射率为负值的材料，因此他的论文发表后很长一段时间没有得到重视。随着负折射率超材料的预测和实现，近年来折射、反射现象以及相应的定律重新获得了人们的极大关注，并发展出了广义折射、反射定律。

R.A.Shelby 等在 2001 年首次成功制作了负折射率超材料。而在中国，黄志洵于 2001 年 11 月发表了题为“微波异常传播中的负折射率问题”的文章，最早向国内科学界介绍了这一领域的研究情况。此后，中国科学家对此展开了研究并取得了一定的进展。超材料导致的负折射现象是相位不连续引起的。通过近几年的发展，超表面已形成相对独立的体系，同时又与表面等离子体光学、超材料学等多个学科相互交融。超表面的用处有很多，而超表面的基础是广义折反射定律。

1. 负折射率材料

介电常数 ε 和磁导率 μ 描述的是不同的介质对电磁波的响应。图 7.4-1 所示为自然界材料的介电常数 ε 和磁导率 μ，可以看到水、玻璃等材料是没有磁响应的，μ 等于 1；金属材料的 ε 和 μ 在第二象限；少数的磁性材料在低频入射时有$-\mu$ 的磁响应。但是自然材料所包含的区域是很有限的，第三象限内，介电常数 ε 和磁导率 μ 同时为负的材料是不存在的。负折射率材料(第三象限的材料)在 2001 年由 R.A.Shelby 等首次制作完成。当 ε 和 μ 都小于 0 时，折射系数 $n^2=\varepsilon\mu$ 是存在的，此时电磁波就可以透过材料，且透射波的传播方向和入射波的传播方向相反。

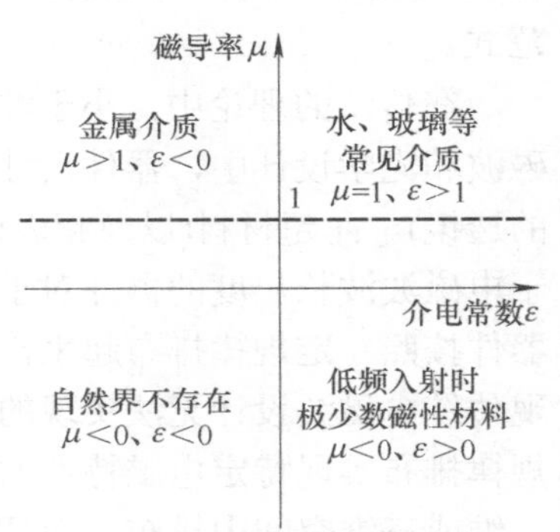

图 7.4-1　自然界中物质的磁导率和介电常数关系

2. 广义折反射定律原理

在两介质间的界面处引入一个突变相移(相位不连续)，就可以利用费马原理重新探讨反射和折射的规律。考虑角度为 θ_i 的平面波入射，如图 7.4-2 所示，假设这两条路径与实际光路非常接近，那么它们之间的相位差就为 0：

$$[k_0 n_i \sin\theta_i \mathrm{d}x + (\phi + \mathrm{d}\phi)] - [k_0 n_t \sin\theta_t \mathrm{d}x + \phi] = 0 \tag{7.4-2}$$

式中，θ_t 是折射角；ϕ 与 $\phi+\mathrm{d}\phi$ 分别是两光线在界面交界处的相位突变；n_i 与 n_t 是两种介质的折射率；$k_0=2\pi/\lambda_0$，λ_0 是真空中的波长。若沿界面的相位梯度为常数，则式(7.4-2)变为广义斯涅耳折射定律：

$$n_t \sin\theta_t - n_i \sin\theta_i = k_0 \frac{\mathrm{d}\phi}{\mathrm{d}x} \tag{7.4-3}$$

式(7.4-3)表明，当沿界面 $\mathrm{d}\phi/\mathrm{d}x$ 引入合适的相位梯度时，折射光束可以为任意方向。由于这种修正斯涅耳定律的方法存在非零的相位梯度，入射角$\pm\theta_i$ 会有不同的折射角度。因此，全反射现象会存在两个临界角，当 $n_i>n_t$ 时，临界角 θ_c 为

$$\theta_c = \arcsin\left(\pm\frac{n_t}{n_i} - \frac{k_0}{n_i}\frac{\mathrm{d}\phi}{\mathrm{d}x}\right) \tag{7.4-4}$$

同理，如图 7.4-3 所示，对菲涅耳反射定律进行修正：

$$\sin\theta_r - \sin\theta_i = \frac{k_0}{n_i}\frac{\mathrm{d}\phi}{\mathrm{d}x} \tag{7.4-5}$$

式中，θ_r 是反射角。修正后 θ_r 与 θ_i 之间存在着非线性关系，这与传统的镜面反射有明显的不同。式(7.4-5)表明总存在一个临界角 θ_m，满足：

$$\theta_m = \arcsin\left(1 - \frac{k_0}{n_i}\left|\frac{\mathrm{d}\phi}{\mathrm{d}x}\right|\right) \tag{7.4-6}$$

当入射角大于 θ_m 时，反射光会消失。

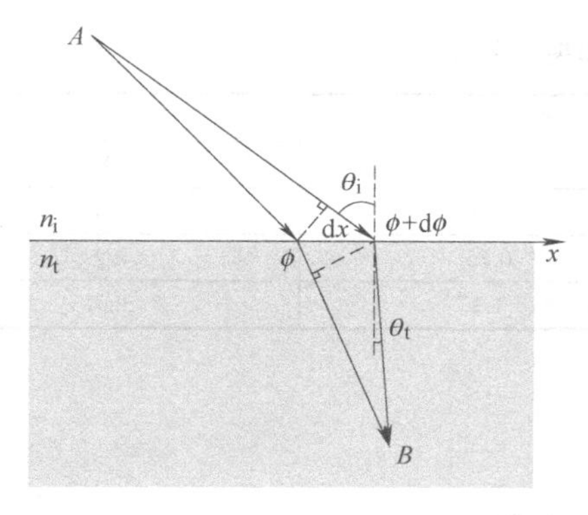

图 7.4-2　广义折射定律原理

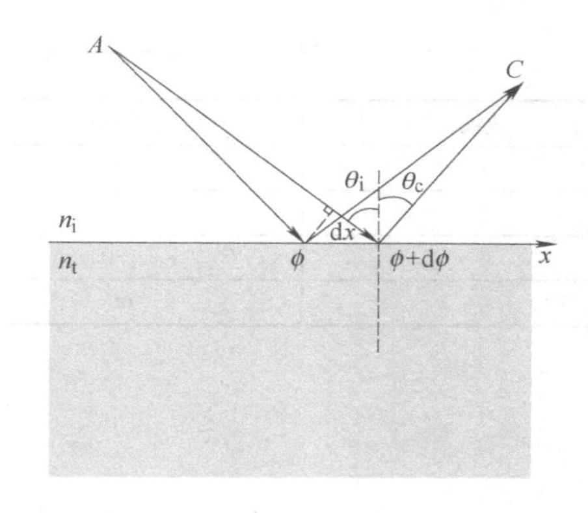

图 7.4-3　广义反射定律原理

3．使用 FDTD Solutions 仿真验证广义折反射定律并设计光涡旋

使用 FDTD Solutions 通过设计 V 形天线超构表面验证广义折反射定律及设计光涡旋。

(1) 基底建立

新建 FDTD Solutions 工程，单击 Structures 按钮旁的下三角按钮，在打开的下拉菜单中选择 Rectangle 结构，在 Geometry 界面中编辑纳米砖基底参数，设置几何参数为 3μm×3μm×1.7μm，其中心坐标为(0,0,0.6)(单位为 μm)，并在 Material 界面中选择材料为 Si(Silicon)-Palik，如图 7.4-4 所示。

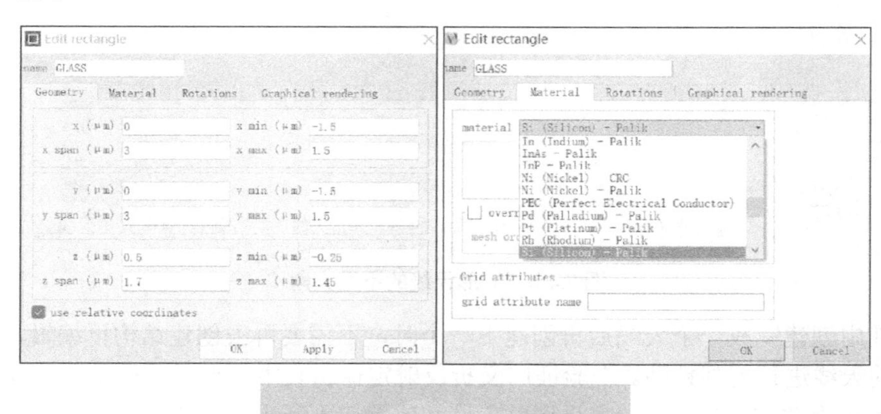

图 7.4-4　在软件中编辑对象的几何长度、位置和材料

(2) V 形天线建立

单击 Structures 按钮旁的下三角按钮，在打开的下拉菜单中再次选择 Rectangle 结构，天线的厚度 z 为 0.05μm，天线的宽度 y 为 0.05μm，臂长 x 和夹角 θ 数据如表 7.4-1 所示。天线 1～4 只能实现 0～π 的相位调制，为了实现 0～2π 的相位调制，根据几何相位调控的原理，需要将天线 1～4 逆时针旋转 90° 来实现 π 的附加几何相位生成天线 5～8，旋转后生成的天线如图 7.4-5 所示。

表 7.4-1　V 形天线臂长和夹角参数表

天线	夹角 θ/(°)	臂长 x / μm	相位调制
1	90	1.1	0
2	120	0.9	π/4
3	180	0.75	π/2
4	60	1.3	3π/4

图 7.4-5　V 形天线示意图

对建立的长方体进行旋转来实现天线的不同夹角，在编辑界面按照图 7.4-6a 所示的操作完成在 xOy 平面内的旋转，得到图 7.4-6b 所示的结果。图 7.4-6b 是夹角为 180° 的天线，其他角度的天线保证两长方体在图 7.4-6a 中旋转的角度之差为目标夹角。如要实现 60° 夹角的天线，则一个长方体旋转 15°，另一个长方体旋转 75°，两个旋转角度之差为目标夹角 60°。旋转是绕着几何中心旋转的，旋转后按照之前的操作修改两长方体的位置，使得两者头对头，结果如图 7.4-6c 所示。

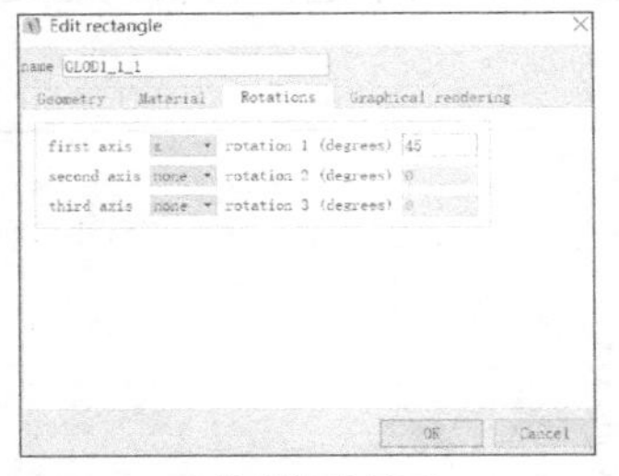

a) 编辑旋转界面

b) 旋转后的180°夹角天线

c) 拼接的60°夹角天线

图 7.4-6　V 形天线的不同夹角

在软件中创建完成一个天线后再创建下一个时，不需要再去创建结构再编辑，而是直接对创建好的天线进行复制粘贴。在验证广义折反射定律仿真中，水平平移 1.375μm(两天线水平方向间距)，如图 7.4-7 所示。之后调整角度和位置，不断重复完成一组天线的创建。然后依次将创建好的天线复制，顺时针转 90° 后依次排列，得到一个单元的天线，再对整个单元进行复制平移可得到整个超构表面。验证广义折反射定律的天线分布如图 7.4-8 所示，设计的光涡旋超表面如图 7.4-9 所示。

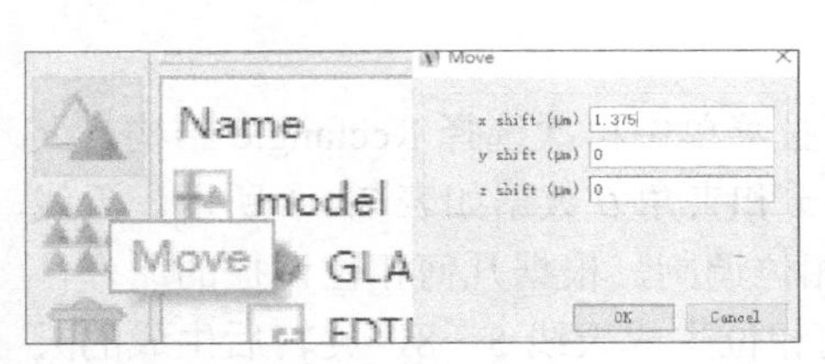

图 7.4-7　在软件中向右平移 1.375μm

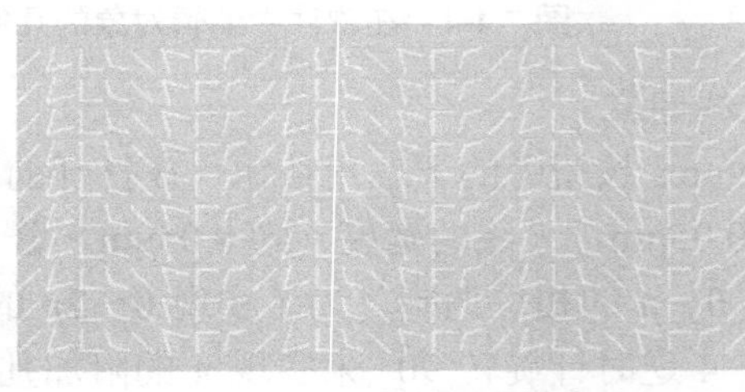

图 7.4-8　验证广义折反射定律超表面 V 形天线分布

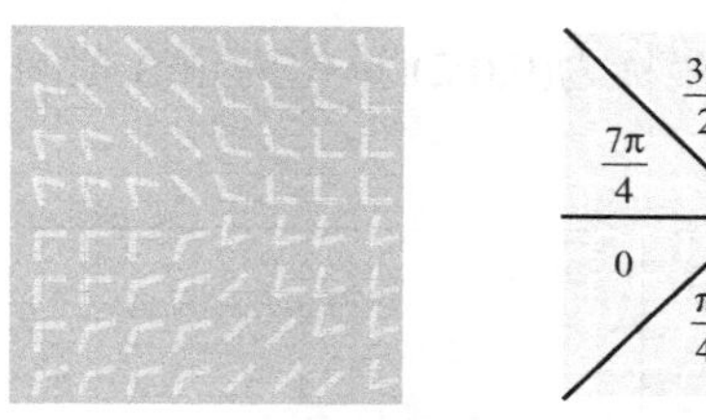

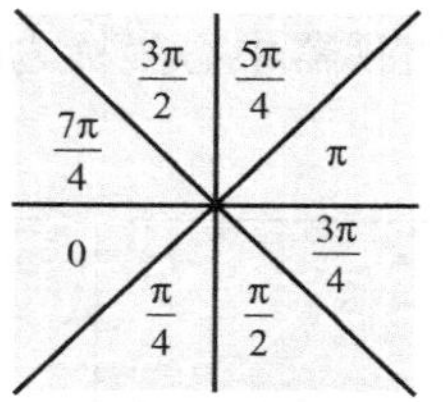

a) 设计的光涡旋超表面V形天线排布　b) 预期的光相位分布结果

图 7.4-9　设计的光涡旋超表面

(3) 设置仿真区域

仿真范围应包含光源以及待测区域。选择 Simulation 分类下的 Region，如图 7.4-10a 所示。其几何参数为 2.8μm×3μm×1.1μm，中心坐标为(0, 0, 1.7)(单位为 μm)，如图 7.4-10b 所示。设置 x、y、z 边界条件皆为周期性边界 Periodic，如图 7.4-11 所示。

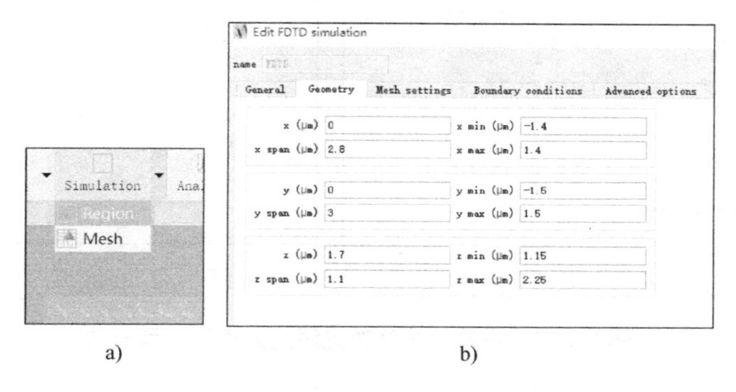

a)　　　　b)

图 7.4-10　在软件中创建仿真区域并修改几何参数

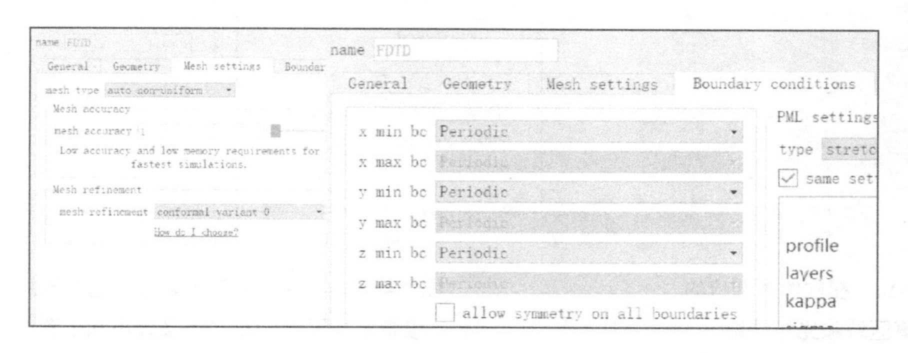

图 7.4-11　在软件中修改仿真区域网格精度、边界条件

(4) 设置光源

选择 Sources 分类下的 Plane wave，如图 7.4-12a 所示，几何参数设置为 5.6μm×5.8μm，中心坐标为(0, 0, 1.2)(单位为 μm)，传播方向为沿 z 轴向上传播，入射角度设置如图 7.4-12b 所示。光源的大小和位置设置如图 7.4-13a 所示，波长设置如图 7.4-13b 所示。

创建仿真区域和光源结果如图 7.4-14 所示。

(5) 设置监视器

为了监视系统远场光强分布情况，监视器类型选择 Frequency-domain field profile，监视方向选择 2D Z-normal，监视器中心坐标为(0,0,2)(单位为μm)，范围为 3.4μm×3.5μm，如图 7.4-15 所示。

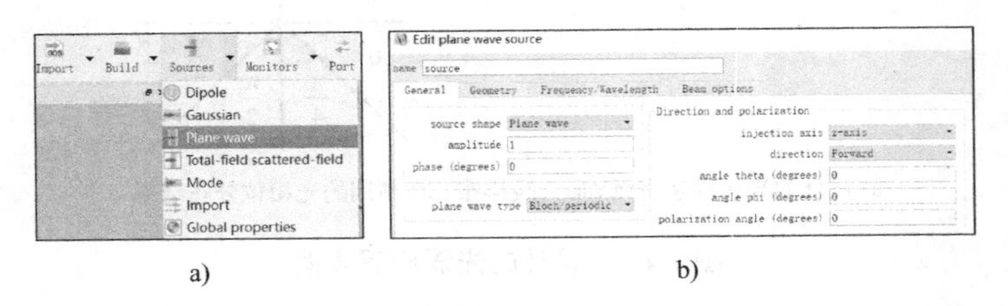

a) b)

图 7.4-12 在软件中创建平面波并设置入射角度

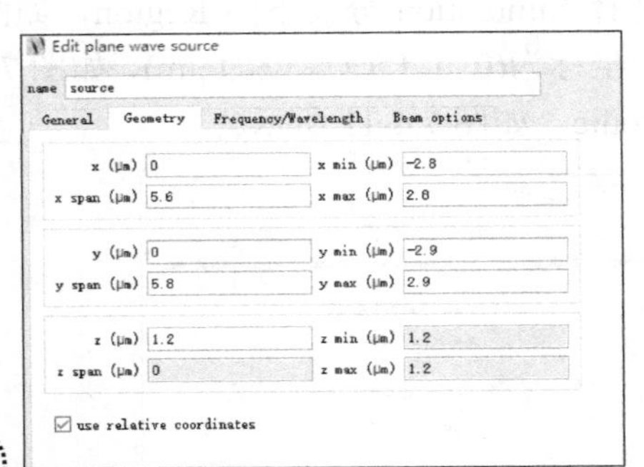

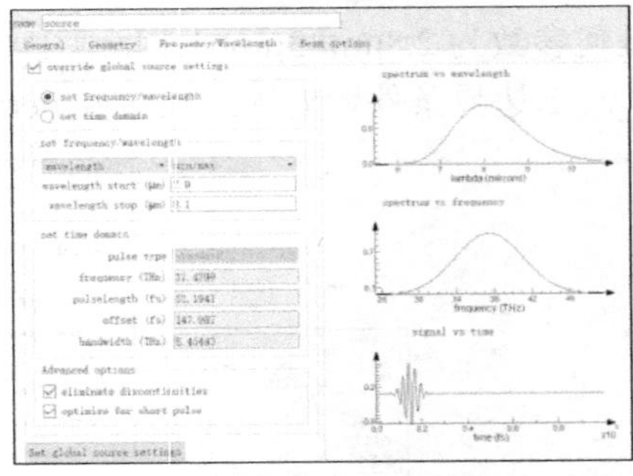

a) b)

图 7.4-13 在软件中修改光源的大小和位置及波长

图 7.4-14 彩图

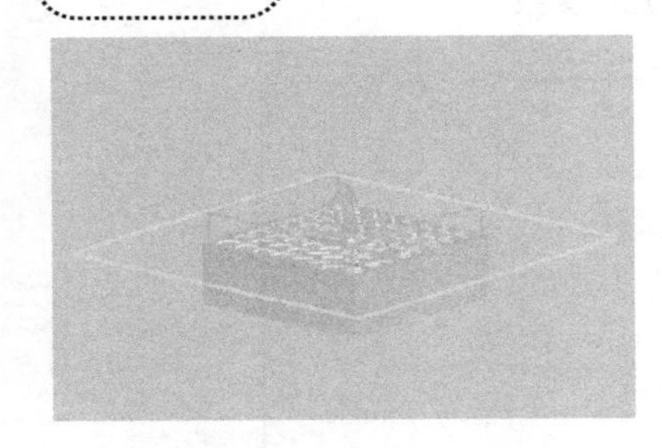

图 7.4-14 在软件中创建的仿真区域和光源结果

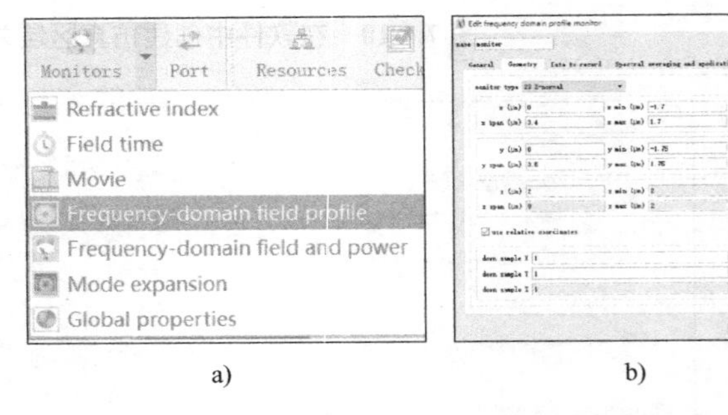

a) b)

图 7.4-15 在软件中创建场分布监视器并设置监视器为 xOy 二维及大小和位置

(6) 检查内存需求并运行仿真

与设计的仿真相关的创建、修改参数的操作已经介绍完毕，理论上准备好可以开始仿真了，但是为了防止因设置错误、计算机性能不够用而导致的仿真失败，推荐在开始仿真前检查仿真的内存需求，检查自己计算机的内存是否满足要求，操作如图 7.4-16 所示。

图 7.4-16 中，计算机是满足仿真的内存需求的，因此可以进行仿真。如果检查出极高的内存需求，则需检查是否监视器、仿真区域的参数设置错误，如将二维监视器设置成三维等。运行仿真如图 7.4-17 所示。

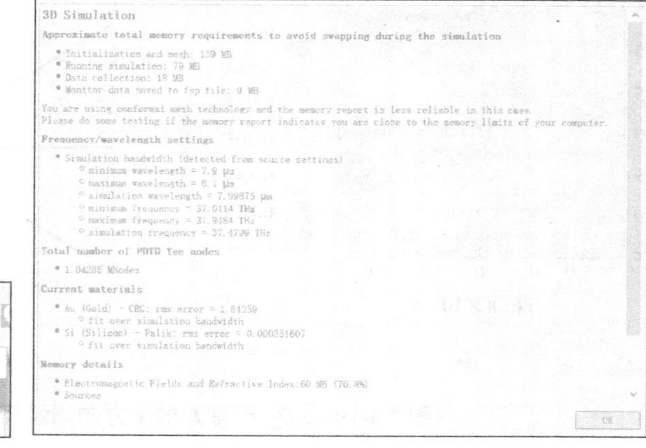

a)　　　　　　　　b)

图 7.4-16　在软件中检查内存需求

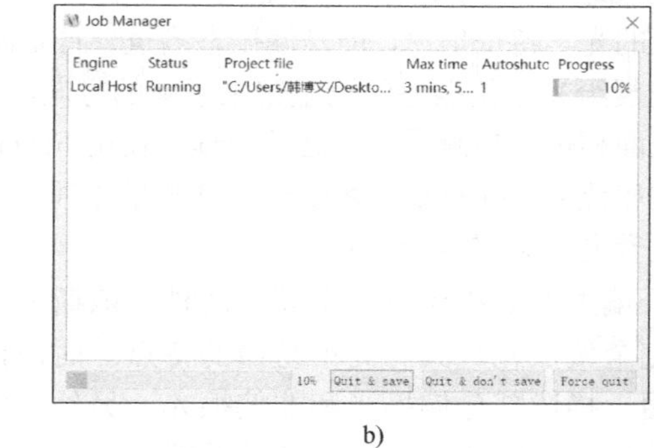

a)　　　　　　　　b)

图 7.4-17　在软件中运行仿真

等待进度条走完完成仿真，之后检查场分布监视器中电场强度 $\boldsymbol{E}$ 的图像。

(7) 验证广义折反射定律结果分析

验证广义折反射定律仿真结果如图 7.4-18 所示。正入射的光在经超构表面后，折射波传播方向与反射波传播方向相同，位于法线的一侧，基本验证了广义折射定律。

(8) 设计的光涡旋结果分析

设计的光涡旋仿真结果如图 7.4-19a 所示，可以看出图中有比较明显的涡旋现象，证明了广义折反射定律及 V 形天线对光具有一定的设计能力。各区域的光受 V 形天线的相位调制如图 7.4-19b 所示。

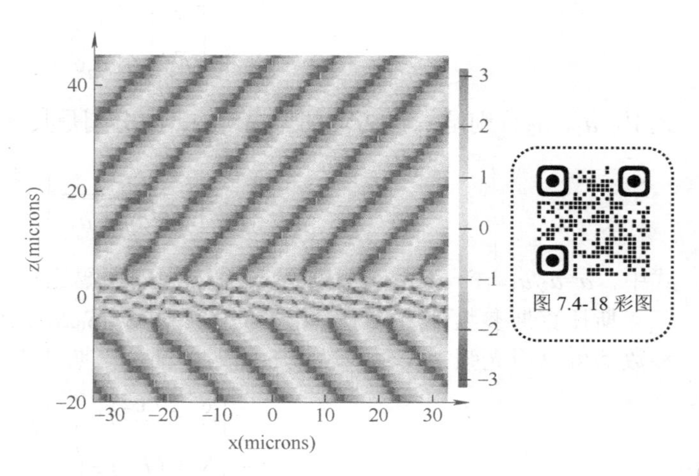

图 7.4-18　xOz 平面电场强度 $\boldsymbol{E}$ 的 y 方向相位

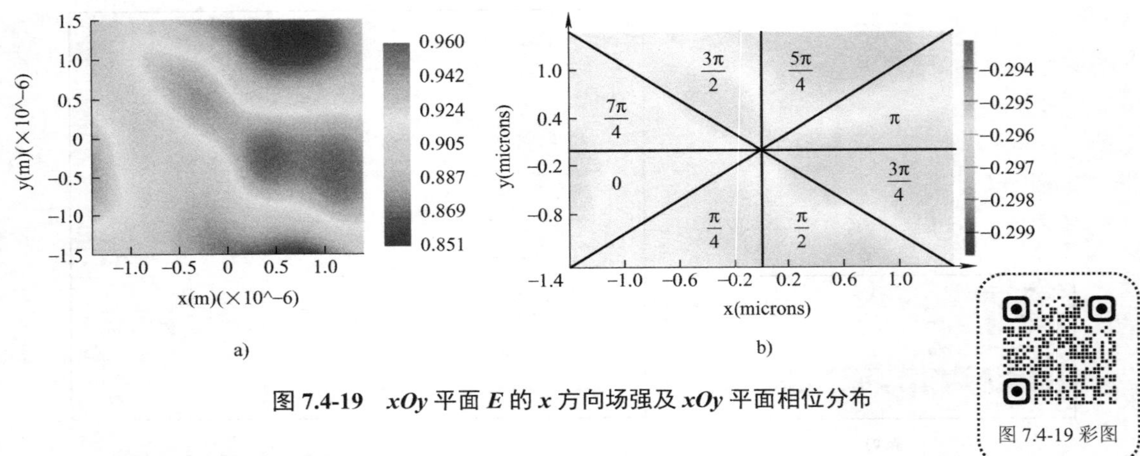

图 7.4-19 *xOy* 平面 *E* 的 *x* 方向场强及 *xOy* 平面相位分布

7.4.3 光学偏振态分析

激光技术的飞速发展带动了光学测量技术的发展，光学三大特征之一的偏振态包含了大量的光学特征信息，但是偏振态测量一直是困扰科学研究的难题。超表面材料的发展给光学偏振态的测量带来了新的方向，为了对比传统偏振态测量原理和超表面相位调控测量偏振态的原理，使用 FDTD Solutions 仿真分析基于超表面调控相位的斯托克斯参数快速连续测量原理。

1. 琼斯矢量与斯托克斯参数

目前，关于偏振态的描述方法主要有两种：琼斯矢量法和斯托克斯参量法。琼斯矢量法可以用来描述完全偏振光，具有简单易懂的特点。而斯托克斯参量法既可以用来描述完全偏振光，也可以用于描述部分偏振光和非偏振光。另外，由于斯托克斯参量法的四个参量都是光强的时间平均值，具有容易测量和计算的特点。

琼斯矢量使用一个列向量来描述光矢量的 x、y 分量：

$$\begin{bmatrix} E_x \\ E_y \end{bmatrix} = \begin{bmatrix} a_1 \mathrm{e}^{\mathrm{i}\alpha_1} \\ a_2 \mathrm{e}^{\mathrm{i}\alpha_2} \end{bmatrix} \tag{7.4-7}$$

式中，a_1、a_2 分别是 x、y 方向的振幅，α_1、α_2 分别是其各自的相位。琼斯矢量可以进行归一化：

$$\begin{bmatrix} E_x \\ E_y \end{bmatrix} = \frac{a_1}{\sqrt{{a_1}^2 + {a_2}^2}} \begin{bmatrix} 1 \\ a\mathrm{e}^{\mathrm{i}\delta} \end{bmatrix} \tag{7.4-8}$$

式中，$a=a_2/a_1$，$\delta=\alpha_2-\alpha_1$，分别是 x、y 方向的振幅比与相位差。

斯托克斯参数使用四个互相独立的参数 $S=(S_0,S_1,S_2,S_3)$来完全描述光线的偏振状态，每个参数都可以用光强来表示。若以 z 轴为光轴，则斯托克斯参数可以表示为

$$\begin{cases} S_0 = \left\langle E_x^2 \right\rangle + \left\langle E_y^2 \right\rangle \\ S_1 = \left\langle E_x^2 \right\rangle - \left\langle E_y^2 \right\rangle \\ S_2 = 2\left\langle E_x E_y \cos\delta \right\rangle \\ S_3 = 2\left\langle E_x E_y \sin\delta \right\rangle \end{cases} \tag{7.4-9}$$

式中，E_x、E_y 分别是光波在 x、y 方向上电场的振幅；δ 是 E_x、E_y 的相位差；$\langle\ \rangle$ 运算表示测量的时间平均值。若 S_1、S_2、S_3 分量中存在不为 0 的参数，则表示光波存在偏振特性。一组确定参数的斯托克斯参数对应一种光波的偏振状态。使用光强 I 同样可以表示斯托克斯参数：

$$\begin{cases} S_0 = I_x + I_y \\ S_1 = I_x - I_y \\ S_2 = I_{+\pi/4} - I_{-\pi/4} \\ S_3 = I_\tau - I_\varphi \end{cases} \tag{7.4-10}$$

式中，I_x、I_y、$I_{+\pi/4}$、$I_{-\pi/4}$ 分别是通过放置在与光轴垂直的线偏振片且偏光轴方向分别为 x 方向、y 方向、与 x 轴夹角 $+\pi/4$ 和 $-\pi/4$ 后的光强；I_τ、I_φ 分别是通过右旋和左旋的圆偏振片后的光强。则斯托克斯参数可以解释为：S_0 表示总入射光强，S_1 表示水平偏振光与垂直偏振光强度之差，S_2 表示 $+\pi/4$ 偏振光与 $-\pi/4$ 偏振光强度之差，S_3 表示右旋偏振光与左旋偏振光强度之差，如图 7.4-20 所示。

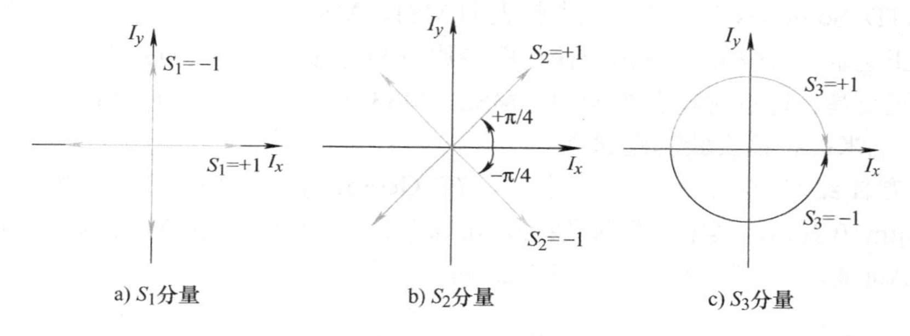

图 7.4-20　斯托克斯参数的几何表示

使用偏振度(Degree of Polarization，DOP)描述偏振光强与全部光强的比例：

$$\mathrm{DOP} = \frac{\sqrt{S_1^{\ 2} + S_2^{\ 2} + S_3^{\ 2}}}{S_0} \tag{7.4-11}$$

DOP 为 0～1 之间的无量纲数。DOP=0 时，表示该光为非偏振光；DOP=1 时，表示该光为全偏振光；0<DOP<1 时，表示该光为部分偏振光。使用偏振类型(Polarization Type，PTP)描述椭圆偏振光中椭圆的形状：

$$\mathrm{PTP} = \frac{S_3}{\sqrt{S_1^{\ 2} + S_2^{\ 2} + S_3^{\ 2}}} \tag{7.4-12}$$

当 PTP>0 时，该光为右旋偏振光；当 PTP<0 时，该光为左旋偏振光。

2. 偏振相机

随着智能制造的深入推进，市场对工业相机的应用提出了更高要求，普通工业相机在特定场景下，已经无法完全满足特殊工业应用需求。与光的强度和波长一样，光的偏振也提供了极其丰富的信息。根据斯托克斯参数计算偏振度原理，平行光源照射在被测物表面形成光的反射，反射光透过偏振片后，相机的图像传感器可从多个方向采集到图像数据，最终结合成的偏振度图像，能够体现出偏振图像特有的信息。与常见的可见光、遥感、红外成像等相比，偏振成像可以获取物体的多维度偏振信息，这在图像视觉领域中有十分显著和独到的优势。利用偏振相机获取到的偏振信息，可大幅增强被测物的细节特征体现。普通面阵相机难以辨别的缺陷，利用偏振相机可加以区分。偏振相机具备更强的缺陷识别能力，是各大检测行业的理想选择。

传统相机只对强度敏感，但在各种情况下，对偏振的了解可以揭示其他情况下看不见的特征。光偏振最完整描述的全斯托克斯参数的测定至少需要四个单独的测量。这导致光学系统通常体积庞大，依赖于移动部件，并且时间分辨率有限。

因此，引用一种处理近轴衍射光学偏振的形式——矩阵傅里叶光学，它提出了一种利用单个光学元件实现多个偏振器件并行的方法。这样便可以设计出一种新的光学元件，它的阶数可以作为任意选择的一组偏振态的偏振器。衍射序列上的光强由照明光的偏振决定，使这些光栅适用于全斯托克斯偏振成像。其中，衍射光栅是用介质超表面实现的，其亚波长、各向异性结构提供了可在可见光频率下可调谐的偏振控制，任意一组偏振态可以通过单个单元进行分析。

3. 使用 FDTD Solutions 仿真分析斯托克斯参数

使用 FDTD Solutions 分别仿真三个超表面 MS1、MS2、MS3。MS1 用于分离斯托克斯参数中 S_1 分量正交基，MS2 用于分离斯托克斯参数中 S_2 分量正交基，MS3 用于分离斯托克斯参数中 S_3 分量正交基。通过对超表面 MS1、MS2、MS3 远场光强的分析以得到斯托克斯参数。

(1) 单个纳米砖扫描实验基底建立

新建立方体结构作为纳米砖的基底，在 Geometry 界面中编辑纳米砖基底参数为 0.32μm×0.25μm×0.2μm，其中心坐标为(0,0,−0.1)(单位为 μm)，并在 Material 界面中将纳米砖的材料改为 Au(金)，如图 7.4-21 和图 7.4-22 所示。

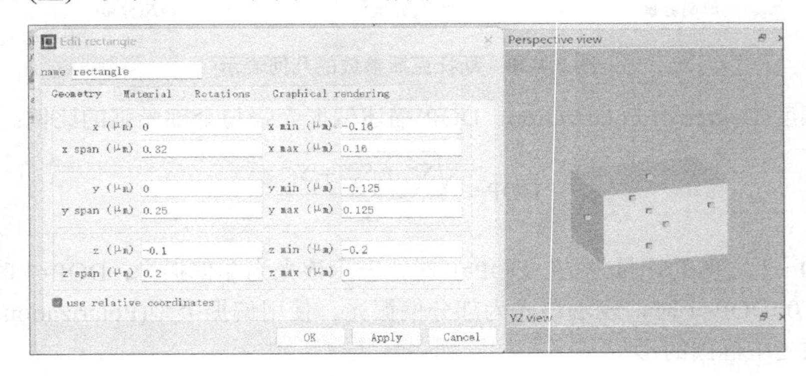

图 7.4-21　纳米砖基底的几何参数设置

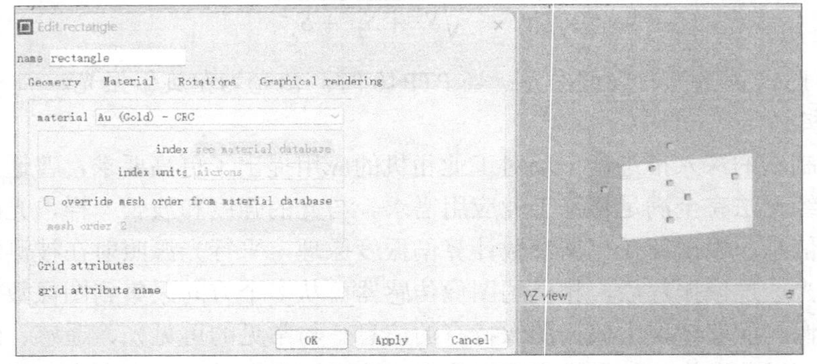

图 7.4-22　纳米砖基底的材料设置

用以上步骤再建立中间玻璃层，设置几何参数为 0.4μm×0.3μm×0.05μm，其中心坐标为(0,0,0.025)(单位为 μm)，使其完全覆盖在纳米砖基底上，如图 7.4-23 和图 7.4-24 所示。

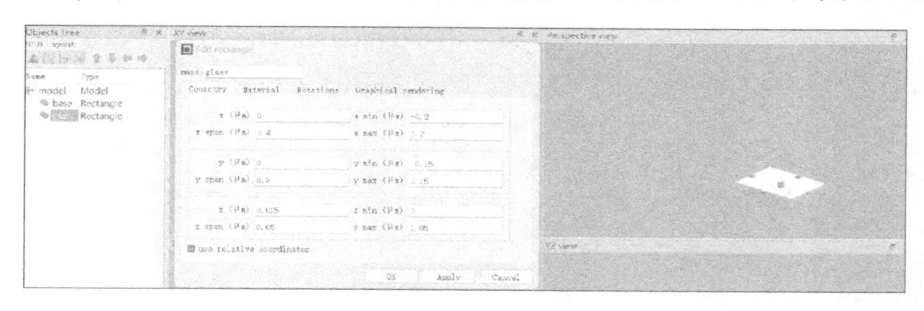

图 7.4-23 玻璃层的几何参数设置

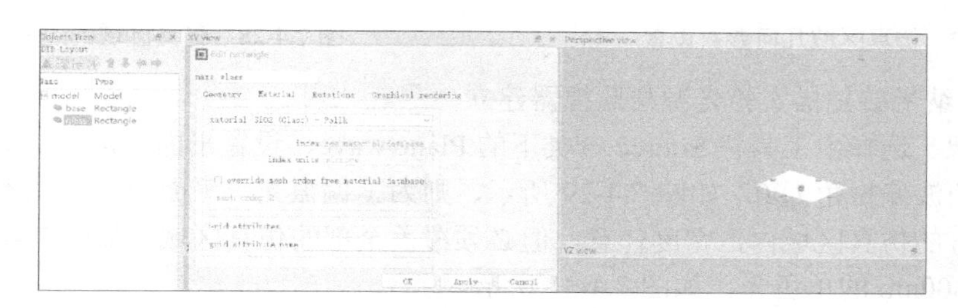

图 7.4-24 玻璃层的材料设置

使用同样的步骤建立纳米砖层，设置几何参数为 0.25μm×0.09μm×0.04μm，其中心坐标为(0,0,0.7)(单位为 μm)，如图 7.4-25 和图 7.4-26 所示。

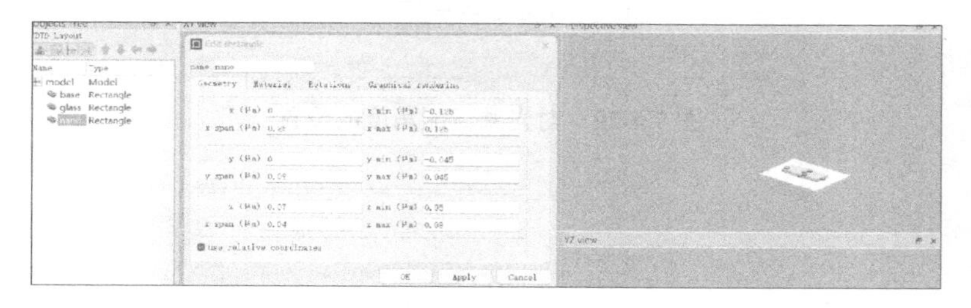

图 7.4-25 纳米砖的几何参数设置

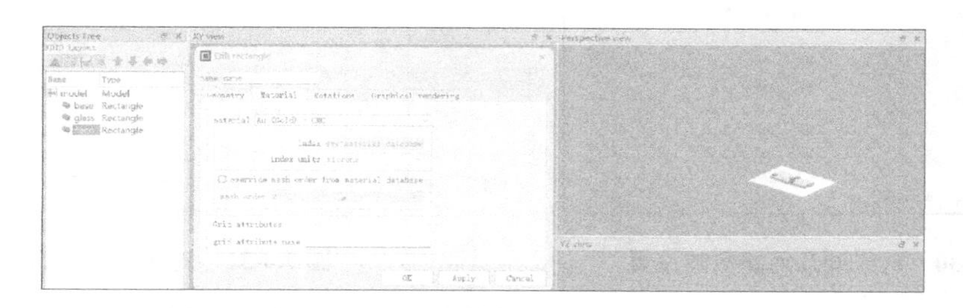

图 7.4-26 纳米砖的材料设置

(2) 单个纳米砖扫描实验仿真区域建立

设置仿真区域，如图 7.4-27 所示，选择主工具栏 Simulation 分类下的 region，并在 Geometry 标签中修改其几何参数，确定中心点位置，保证仿真区域上有一定的高度可供后面光源与监视器的放置，下有一定的高度覆盖到金属基底部分。之后设置仿真区域的边界条件，如图 7.4-28 所示，*x*、*y* 方向为周期性边界条件 Periodic，*z* 方向为完全吸收条件 PML。

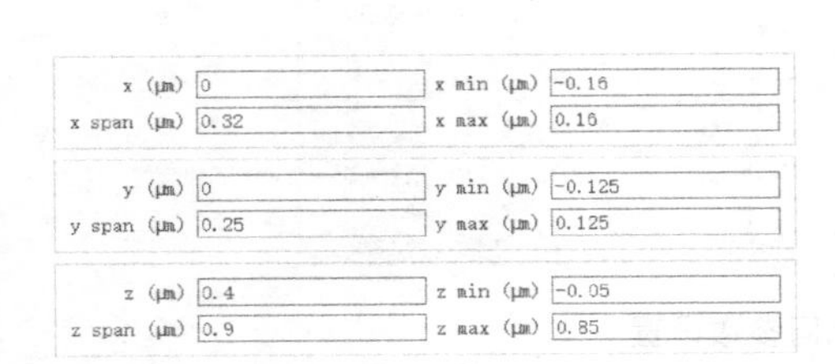

图 7.4-27　仿真区域几何参数设置

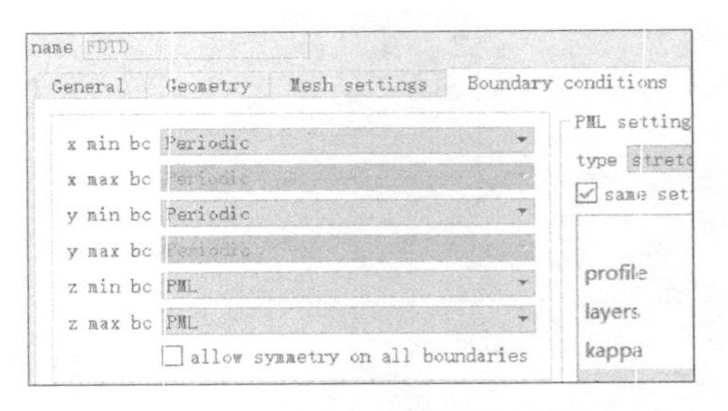

图 7.4-28　仿真区域的边界设置

(3) 单个纳米砖扫描实验光源与监视器建立

设置光源，选择主工具栏 Source 分类下的 Plane wave，设置平面波选项，选择 *z* 方向向下出射的平面波偏振角为 0，如图 7.4-29 所示，则为 *x* 偏振光，平面波位于纳米砖之上，且在监视器下方的仿真区域内，宽度任意，但必须覆盖全部的仿真区域，如图 7.4-30 所示，光源是波长为 800nm 的单色光，如图 7.4-31 所示。

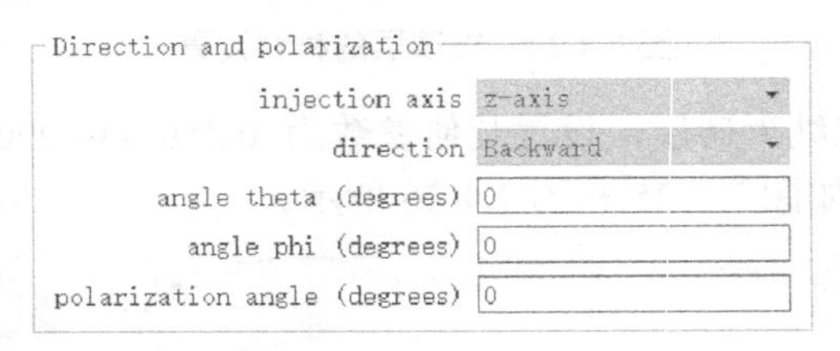

图 7.4-29　对光源偏振角度的设置

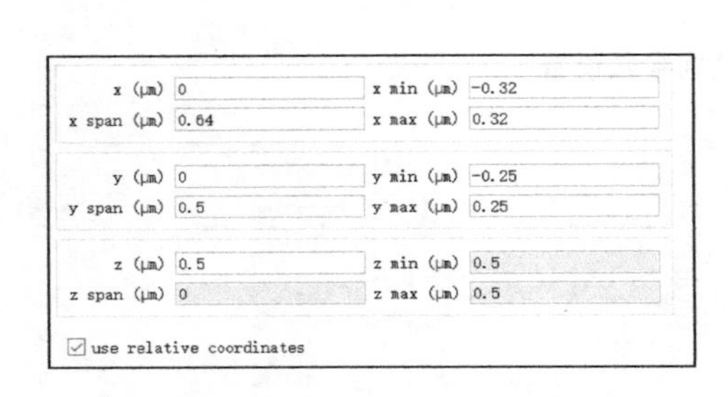

图 7.4-30　对光源几何参数的设置

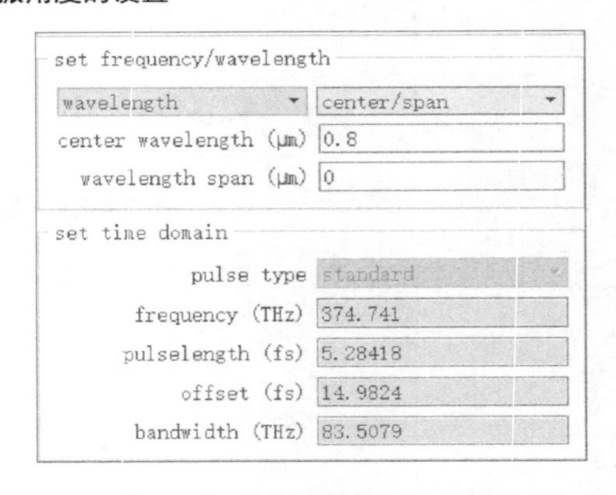

图 7.4-31　对光源波长的设置

为了观测光的反射和折射相位变化，选择设置 *z* 方向功率监视器，单击 Monitors 菜单中的 Frequency-domain field and power 命令，进入编辑监视器的选项后，单击 Set global monitor settings 按钮，进入全局监视器设置，并将采样频点设置为 200，其 *z* 轴方向的位置略高于光源即可，宽度任意，但同样也需要覆盖仿真区域，如图 7.4-32 和图 7.4-33 所示。运行前仿真模型搭建结果如图 7.4-34 所示。

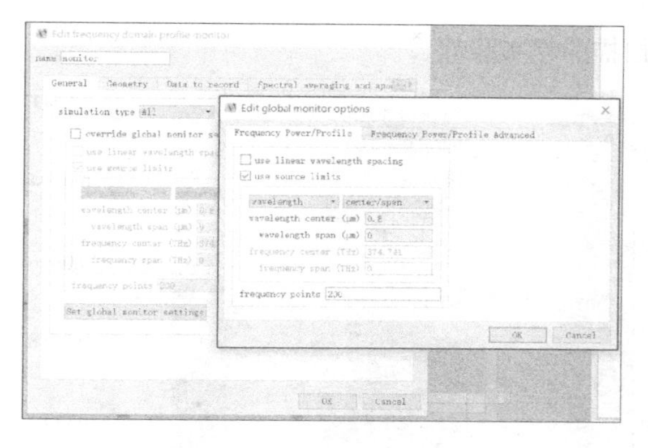

图 7.4-32　全局监视器设置界面

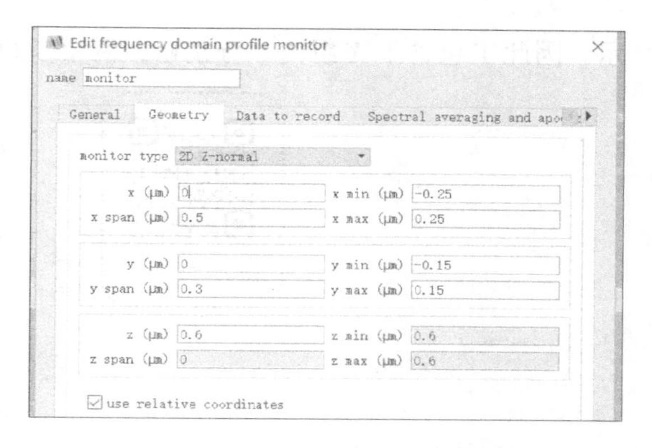

图 7.4-33　监视器的几何参数设置

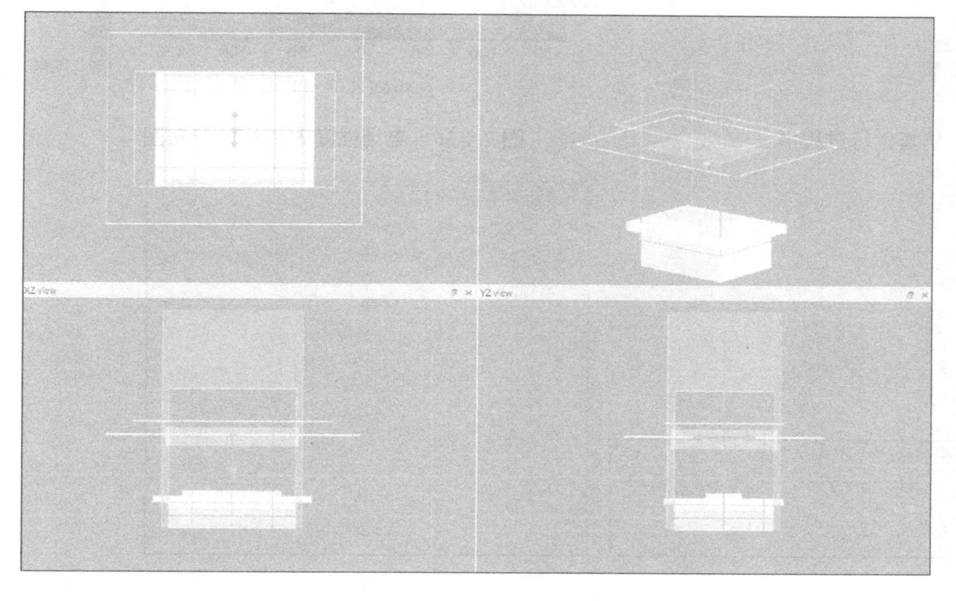

图 7.4-34　运行前仿真模型搭建结果

图 7.4-34 彩图

单击 Check 菜单中的 Check simulation and memory requirements 命令，检查运行内存符合计算本身的运行内存大小后，即可开始运行仿真，单击 Run 按钮后等待仿真运行完成，如图 7.4-35 所示。

在左侧靠上的元素树列表中右击 monitor 监视器，在弹出的菜单中单击 Visualize 命令，查看仿真区域中的透射率 T 和电场强度 $\boldsymbol{E}$ 的相位，发现电场强度 $\boldsymbol{E}$ 在 x 方向上存在相位变化。因此，后续可采取切片扫描的方式进一步了解 x 方向上电场强度 $\boldsymbol{E}$ 的相位变化，如图 7.4-36 所示。

(4) 参数扫描设置与结果

设置参数扫描，如图 7.4-37a 所示，在最右侧的工作窗口 Optimizations and Sweeps 中，单击其工具栏的第一个图标 Create New Parameter Sweep，并新建参数扫描组，如图 7.4-37b 所示。

先进行 y 方向的参数扫描，如图 7.4-38 所示，后进行 x 方向的参数扫描，如图 7.4-39 所示。因此 Y 包含于 X 组内，分别修改两个参数扫描的参数设置。

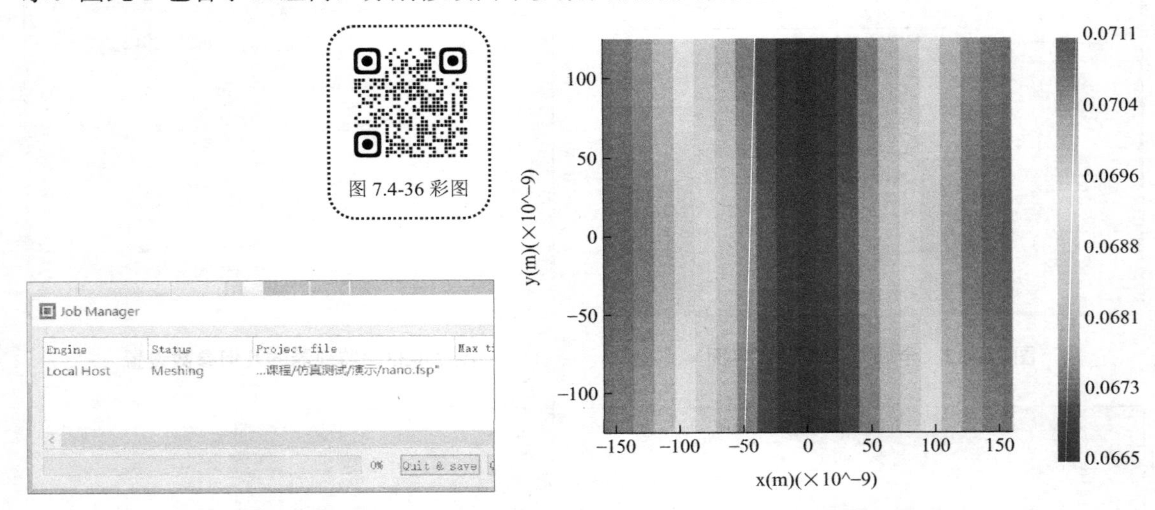

图 7.4-35　仿真运行过程中

图 7.4-36　电场强度 E 的相位分布图

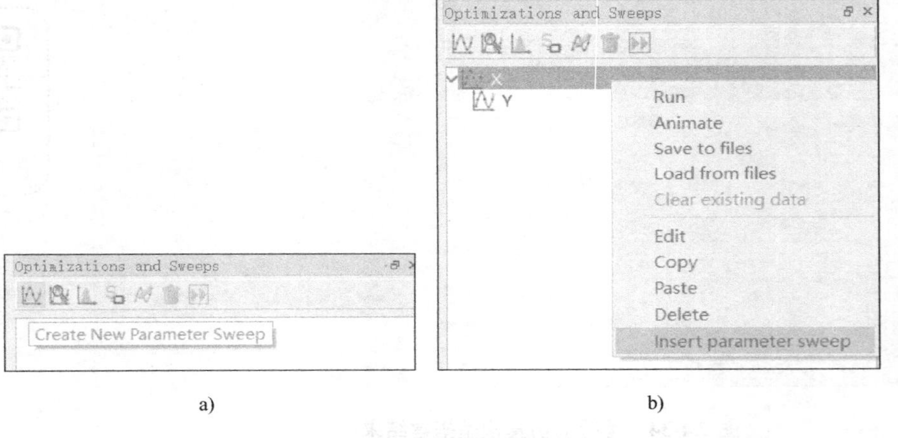

a)　　b)

图 7.4-37　创建新的参数扫描组

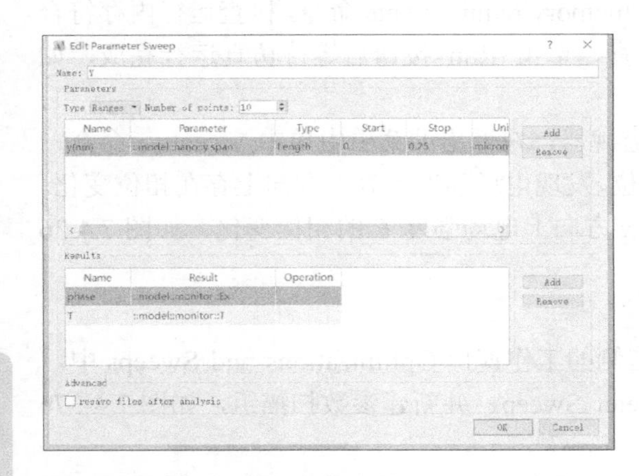

图 7.4-38　y 方向参数扫描的参数设置

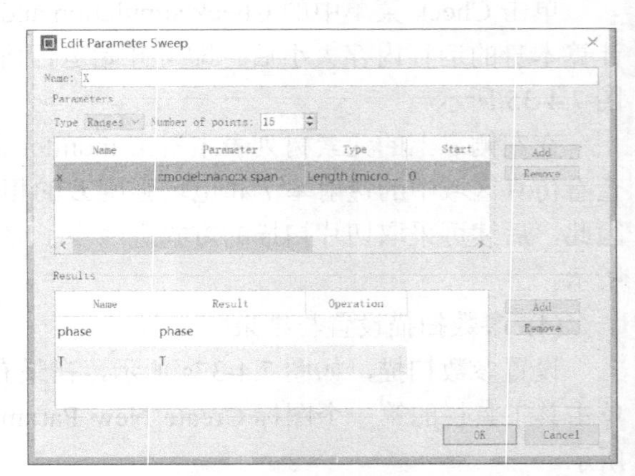

图 7.4-39　x 方向参数扫描的参数设置

其中 Parameter 和 Result 在选择时，是按照元件的名字寻找的，T 和 phase 分别为之前监视器中所要的结果——透射率 T 与 x 轴方向上电场强度 $\boldsymbol{E}$ 的相位。可以更改 Number of points 值来修改扫描选点数，选点数越多，扫描结果越细致，但相应的运行时间就越长，如图 7.4-40 所示。扫描的逻辑为分别对 x 轴、y 轴平行的方向分割纳米砖，每个与轴平行的方向上分割的次数由该设置所影响，因此在图 7.4-39 所示的情况中，设置的选点数为 15，最后总选点数为 10×15=150。

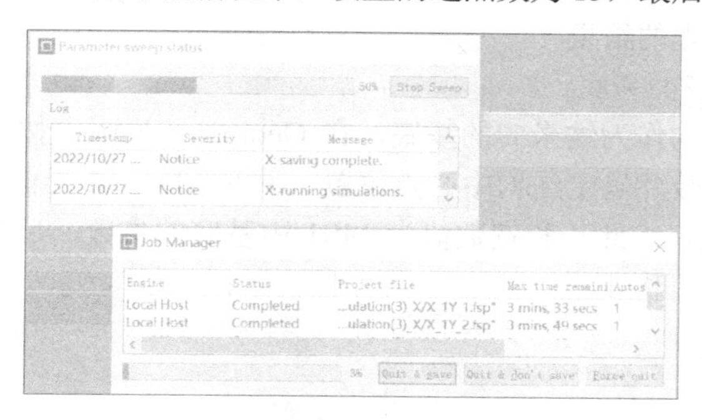

图 7.4-40　扫描运行及扫描逻辑

右击沿 x 方向的参数扫描组 X，在弹出的菜单中单击 Run 命令，得到 x 偏振光透射率扫描结果，如图 7.4-41 所示。

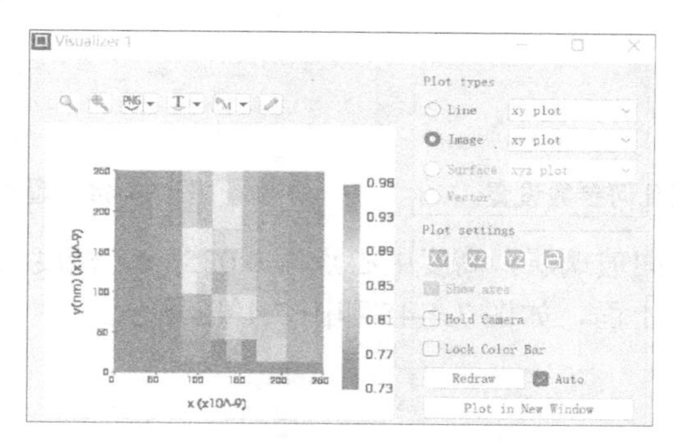

图 7.4-41 彩图

图 7.4-41　x 偏振光透射率扫描结果

更改光源偏振角为 90°，此时面光源射出 y 偏振光，按如上步骤再次进行扫描，得到 y 偏振光入射时透射率 T 和相位变化情况，参数设置相应更改，得到的结果，如图 7.4-42 所示。

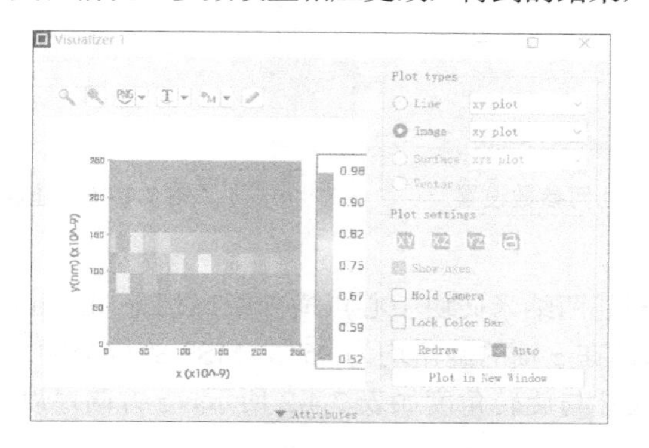

图 7.4-42 彩图

图 7.4-42　y 偏振光透射率扫描结果

通过扫描结果可以得知，当面光源为 x 偏振光入射到单块纳米砖表面时，该纳米砖能够以一定的角度对入射光进行反射，且反射光分布较为对称，所以单块纳米砖具有一定的分解偏振光的功能。因此，顺着这个思路，设置多块纳米砖形成特定超表面，并同样使用 800nm 的单色光对超表面进行照射，观察监视器中远场结果，能够得到超表面分离不同偏振光的效果。在之后的仿真实验中，分别改变纳米砖的长与宽、长与宽和角度以及只改变角度，来得到不同超表面分离偏振光的结果。

(5) 建立双折射超表面基底

新建一个立方体结构作为纳米砖的基底，在 Geometry 界面中按照图 7.4-43 所示的数据更改该纳米砖的结构参数并确定结构中心点位置，并在 Material 界面中将纳米砖的材料改为 Au(金)，如图 7.4-44 所示。此长和宽数值为 MS1 中基底的参数，后续需要根据 MS2、MS3 中纳米砖数量不同稍作调整

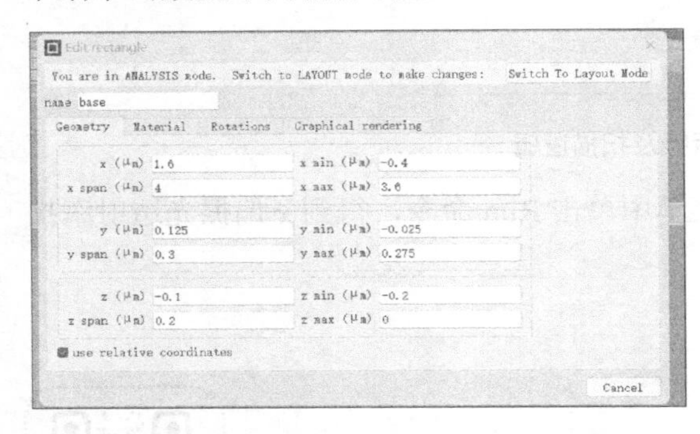

图 7.4-43　超表面基底几何参数设置

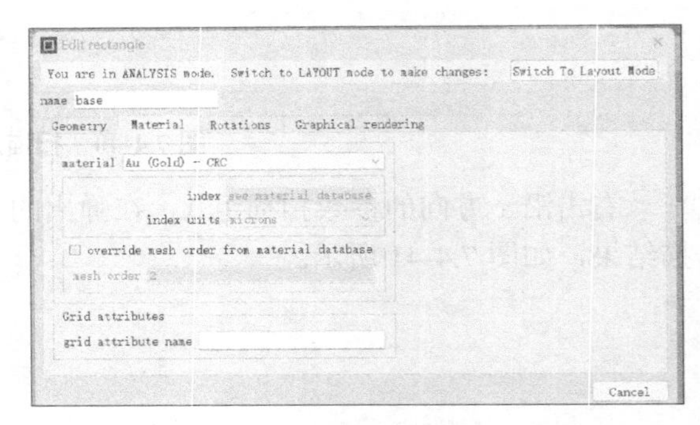

图 7.4-44　超表面基底材料设置

按之前的步骤建立中间玻璃层，高度中心点为 0.025μm，高度范围为 0.05μm，材料为玻璃 SiO_2，完全覆盖在金层上面，如图 7.4-45 和图 7.4-46 所示。

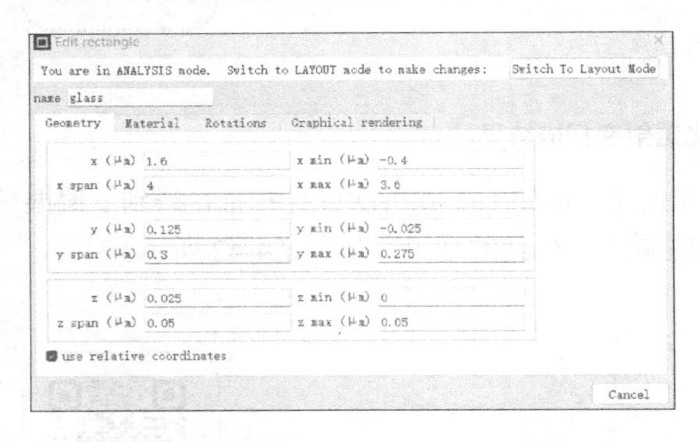

图 7.4-45　超表面玻璃几何参数设置

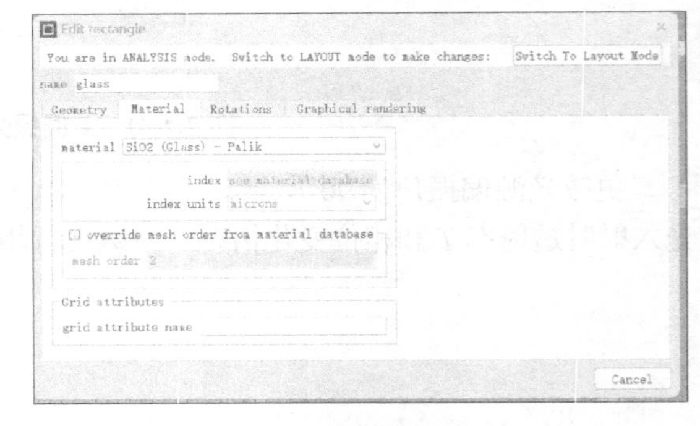

图 7.4-46　超表面玻璃材料设置

(6) 纳米砖的排布

由扫描结果可得，相邻两纳米砖块中心点横向距离相差 0.32μm，MS1 没有角度旋转，超表面 MS2 的每个纳米砖在 z 轴的旋角均为 45°，MS3 的每个纳米砖从 0° 开始旋转，每个砖块递增 15°。纳米砖尺寸与旋转角度如表 7.4-2 所示，z 方向厚度为 0.4μm。

表 7.4-2　纳米砖尺寸与旋转角度

模型编号	纳米砖编号	长 x/μm	宽 y/μm	旋转角度/(°)
MS1	1	0.018	0.198	0
	2	0.075	0.183	0
	3	0.096	0.151	0
	4	0.104	0.135	0
	5	0.114	0.124	0
	6	0.124	0.109	0
	7	0.132	0.108	0
	8	0.156	0.099	0
	9	0.191	0.071	0
	10	0.251	0.011	0
MS2	1	0.025	0.2	45
	2	0.088	0.167	45
	3	0.11	0.145	45
	4	0.122	0.13	45
	5	0.137	0.123	45
	6	0.148	0.111	45
	7	0.178	0.092	45
	8	0.21	0.038	45
MS3	1	0.13	0.05	0
	2	0.13	0.05	15
	3	0.13	0.05	30
	4	0.13	0.05	45
	5	0.13	0.05	60
	6	0.13	0.05	75
	7	0.13	0.05	90
	8	0.13	0.05	105
	9	0.13	0.05	120
	10	0.13	0.05	135
	11	0.13	0.05	150
	12	0.13	0.05	165

(7) 设置超表面实验仿真区域

仿真区域需要覆盖光源以及待测结构。单击 Simulation 按钮添加仿真区域，MS1、MS2 的几何参数为 3.2μm×0.25μm×0.9μm，其中心坐标为(1.6,0.125,0.4)(单位为 μm)，如图 7.4-47a 所示；MS3 的几何参数为 4.6μm×0.25μm×0.9μm，其中心坐标为(1.6,0.125,0.4)(单位为 μm)，如图 7.4-47b 所示。边界条件均为完美吸收边界 PML。

(8) 光源建立

对 MS1 采用 45°线偏振光入射以得到 x、y 两个方向入射振幅相同，设置如图 7.4-48 所示。

对 MS2 采用 y 偏振光入射得到分离方向($\boldsymbol{a},\boldsymbol{b}$)同振幅入射，结果如图 7.4-49 所示。这里，($\boldsymbol{a},\boldsymbol{b}$)是正交基，对应于笛卡儿坐标系 xOy 相对于 x 轴旋转 45°。

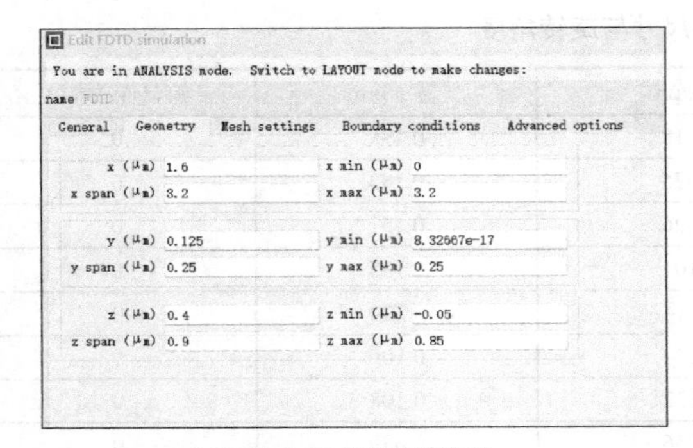

a) MS1与MS2仿真区域设置

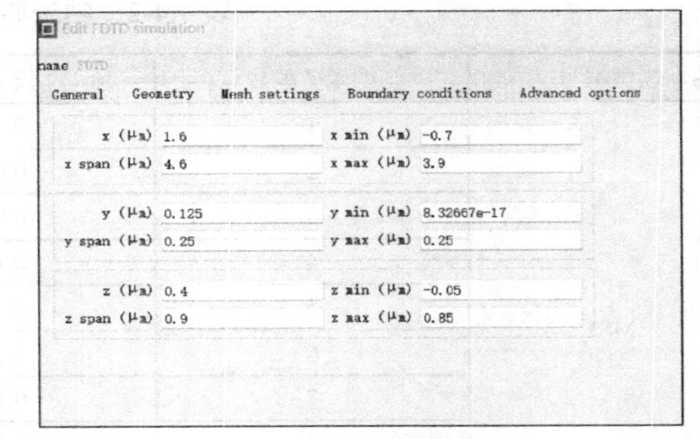

b) MS3仿真区域设置

图 7.4-47 超表面仿真区域设置

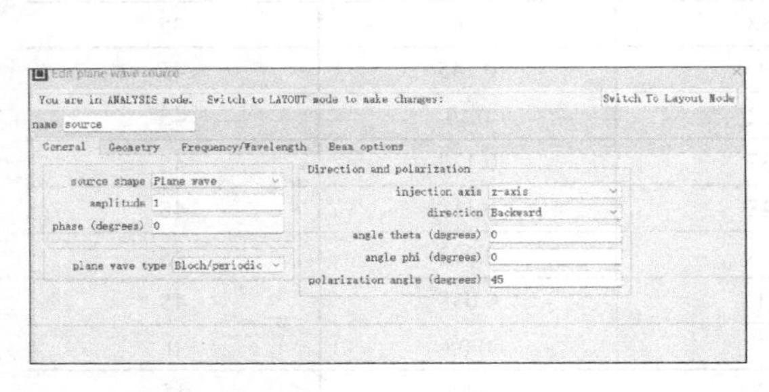

图 7.4-48 MS1 入射光设置

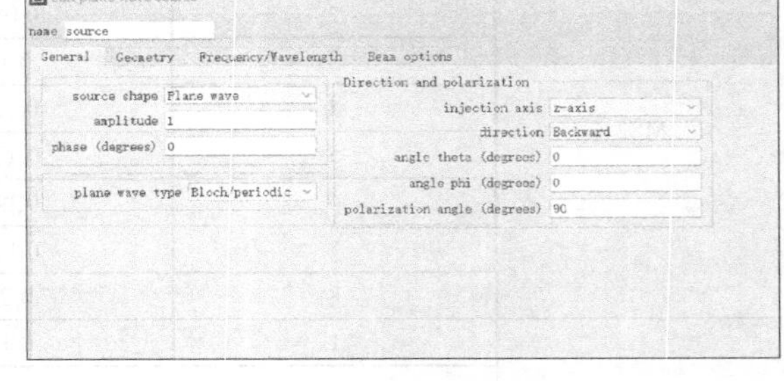

图 7.4-49 MS2 入射光设置

对 MS3 调制圆偏振光，设置如图 7.4-50 所示。其中，L1 与 L2 可以调制右旋圆偏振光，L1 和 L3 可以调制左旋圆偏振光。光源高度位置处于仿真区域内，光源宽度可以大于仿真区域。

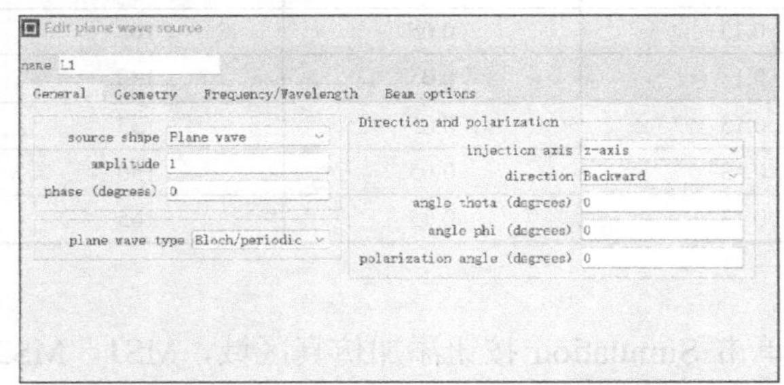

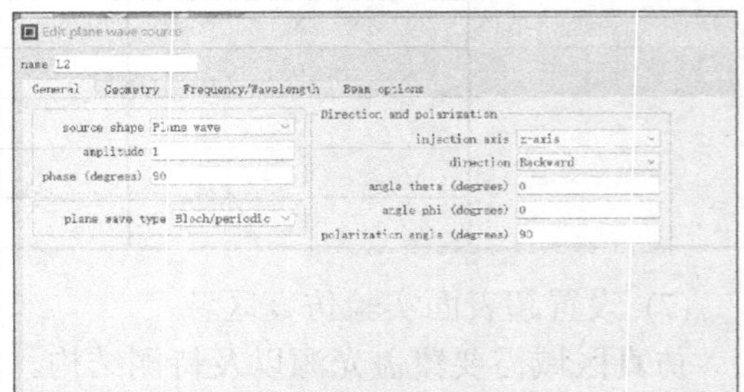

Edit plane wave source
name L3
General Geometry Frequency/Wavelength Beam options
source shape Plane wave
amplitude 1
phase (degrees) -90
plane wave type Bloch/periodic
Direction and polarization
injection axis z-axis
direction Backward
angle theta (degrees) 0
angle phi (degrees) 0
polarization angle (degrees) 90

图 7.4-50 MS3 入射光设置

(9) 监视器建立

如图 7.4-51 所示，监视器类型选择 Frequency- domain field and power，监视方向选择 2D Z-normal。MS1、MS2、MS3 监视器皆设置中心坐标为(1.6,0.125,0.6)(单位为 μm)，范围为 4.8μm×0.4μm。

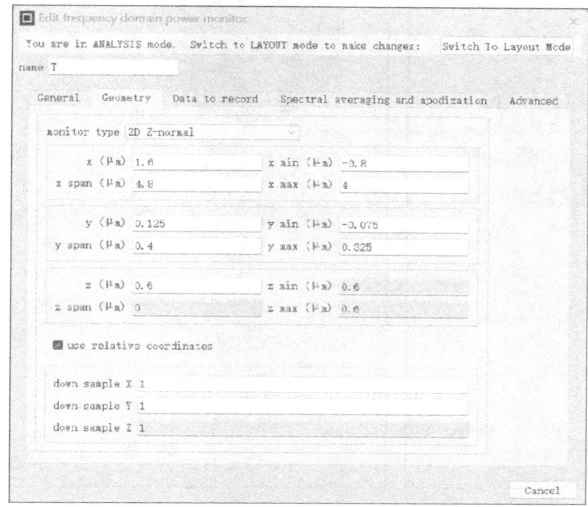

图 7.4-51　监视器设置

(10) 仿真结果与分析

右键单击监视器，找到 Visualize 中的 farfield，得到监视器对于远场中光强的观测。MS1、MS2、MS3 的结果分别如图 7.4-52、图 7.4-53 和图 7.4-54 所示。从仿真结果可以看出，设计的超表面分别可以将 45° 偏振光、*y* 偏振光及圆偏振光的±1 阶衍射完整分离，从而得到三组正交基(***x***,***y***)、(***a***,***b***)、(***l***,***r***)以及模的大小，再通过傅里叶变换与矩阵计算可以分析斯托克斯参数中 S_1、S_2、S_3 分量。

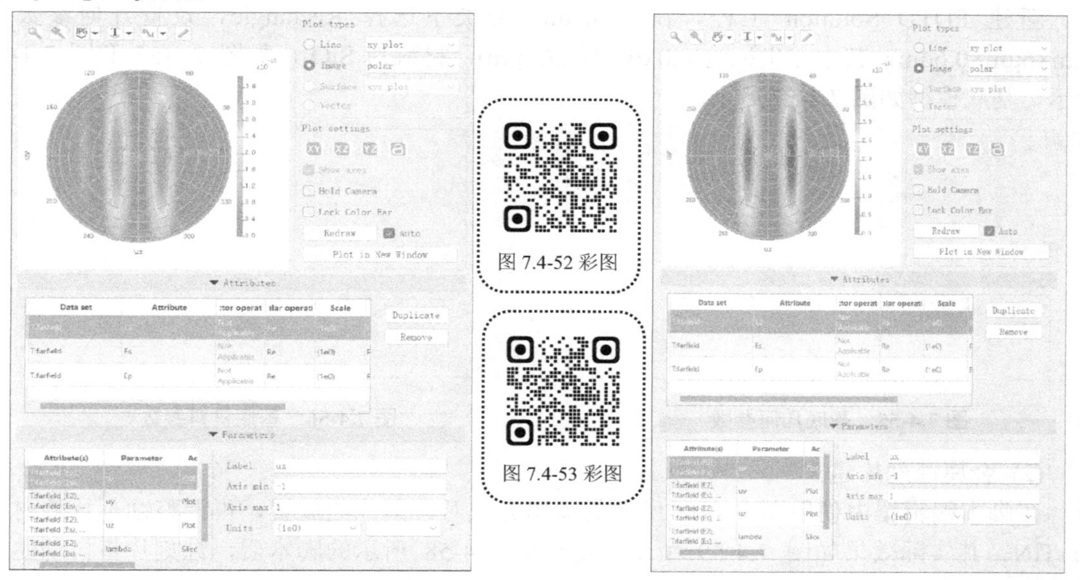

图 7.4-52　MS1 中 45° 偏振光入射远场光强分布情况

图 7.4-53　MS2 中 *y* 偏振光入射远场光强分布情况

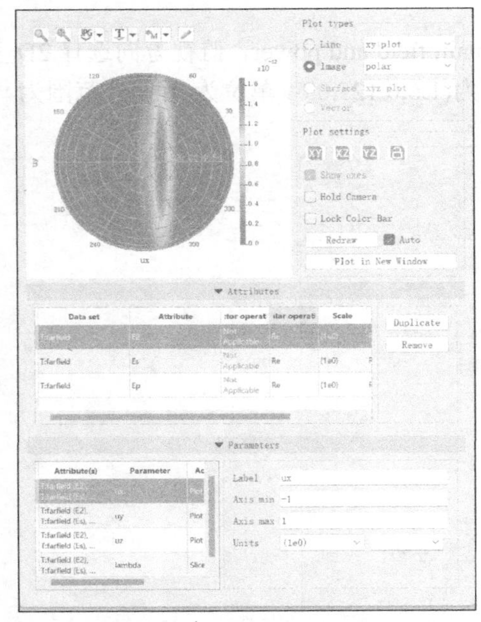

a) 右旋圆偏振光

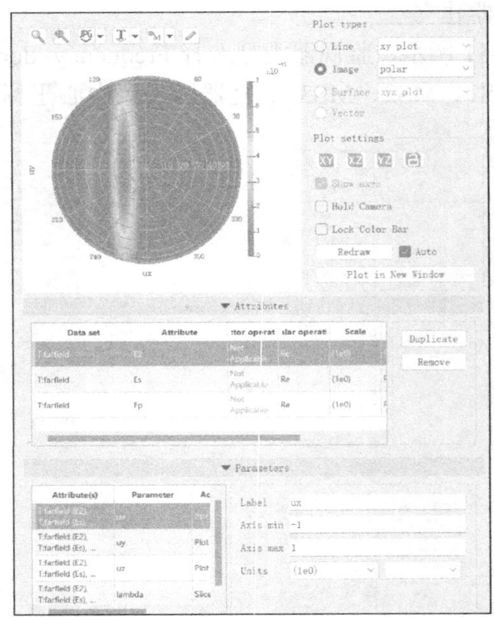

b) 左旋圆偏振光

图 7.4-54 彩图

图 7.4-54　MS3 中圆偏振光入射远场光强分布情况

4. 使用 FDTD Solutions 仿真建立偏振相机分离模型

偏振相机中的偏振片是以 SiO_2 作为基底，以 TiO_2 作为金属蚀刻材料的超表面。每个金属蚀刻片间距相等，但偏转角、长度和宽度各不相同。每个偏振片内有 11×11 共 121 片金属蚀刻片。本仿真中选用了与 TiO_2 化学性质相似的 TiN 进行仿真实验。

(1) 偏振片基底建立

新建 FDTD Solution 工程，在 Structure 分类下选择 Rectangle，设置几何参数为 6μm×6μm×0.6μm，其中心坐标为(0,0,0)(单位为 μm)，材料为 SiO_2，如图 7.4-55 和图 7.4-56 所示。基底模型如图 7.4-57 所示。

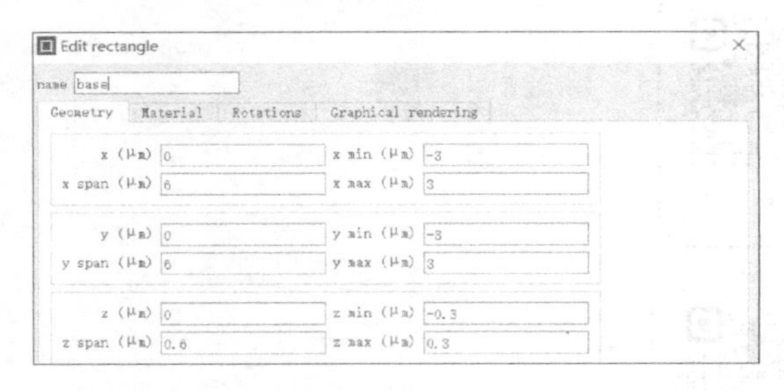

图 7.4-55　基底几何参数

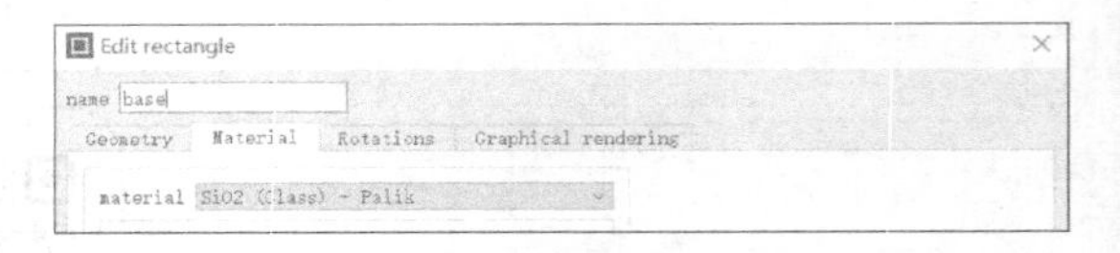

图 7.4-56　基底材料参数

(2) 金属蚀刻片建立

在脚本编辑器中使用图 7.4-58 所示的脚本完成对蚀刻片的放置，再调整蚀刻片的材料为 TiN。其实际效果如图 7.4-59 所示。运行图 7.4-58 所示的脚本后，蚀刻片将自动生成完毕。

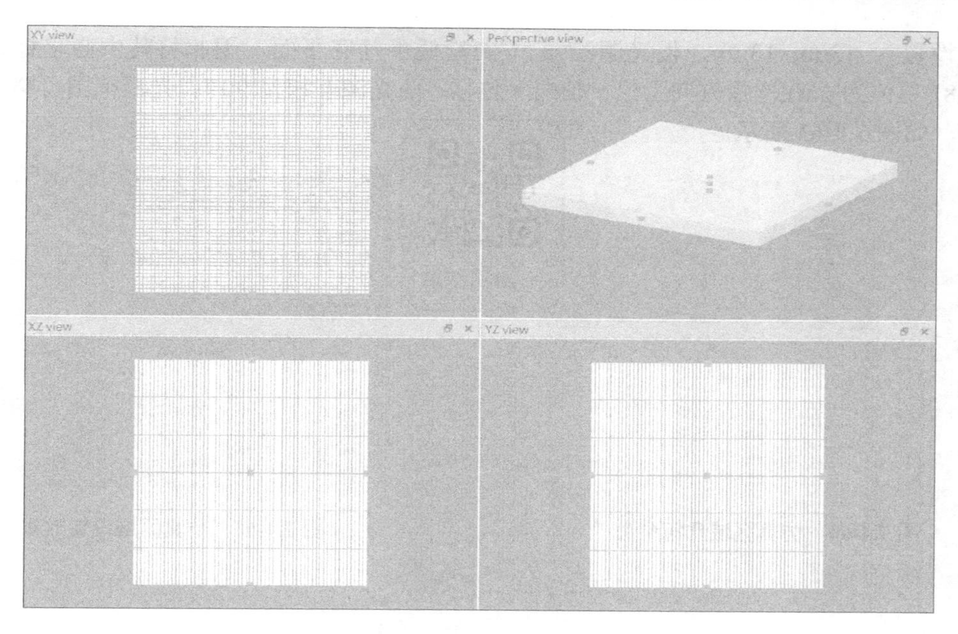

图 7.4-57　基底模型

图 7.4-57 彩图

图 7.4-59 彩图

图 7.4-58　蚀刻片脚本示意图

图 7.4-59　蚀刻片实际效果图

(3) 设置仿真范围

仿真范围应包含光源以及待测区域。选择 Simulation 分类下的 Region，其几何参数为 6.5μm×6.5μm×2μm，中心坐标为(0，0，0)(单位为 μm)，如图 7.4-60 所示。仿真区域设置效果如图 7.4-61 所示。

(4) 设置光源

将两光源类型设置为平面波。选择 Sources 分类下的 Plane wave，如图 7.4-62 所示，几何参数设置为 13μm×13μm，使光源沿 z 方向略低于基底平面，因此将其中心坐标设置为(0,0,−0.8)(单位为 μm),传播方向为沿 z 轴向上传播，两光源互相呈 90°。光源范围可略大于仿真范围，如图 7.4-63 所示。

图 7.4-61 彩图

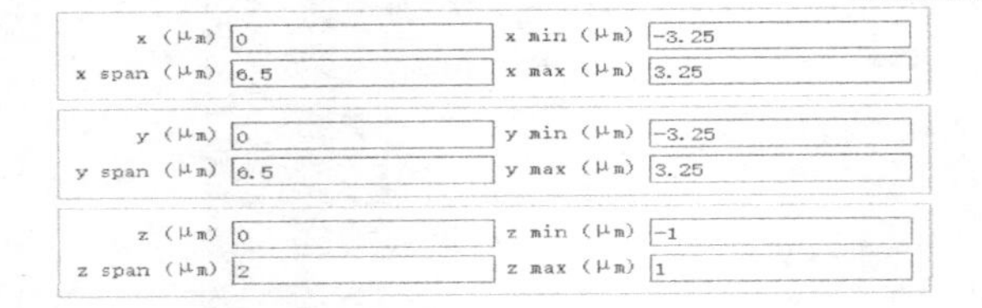

图 7.4-60　仿真区域几何参数

图 7.4-61　仿真区域设置效果

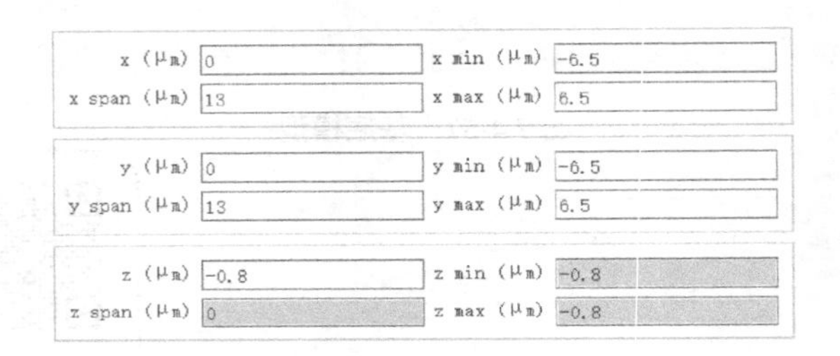

图 7.4-62　光源几何参数

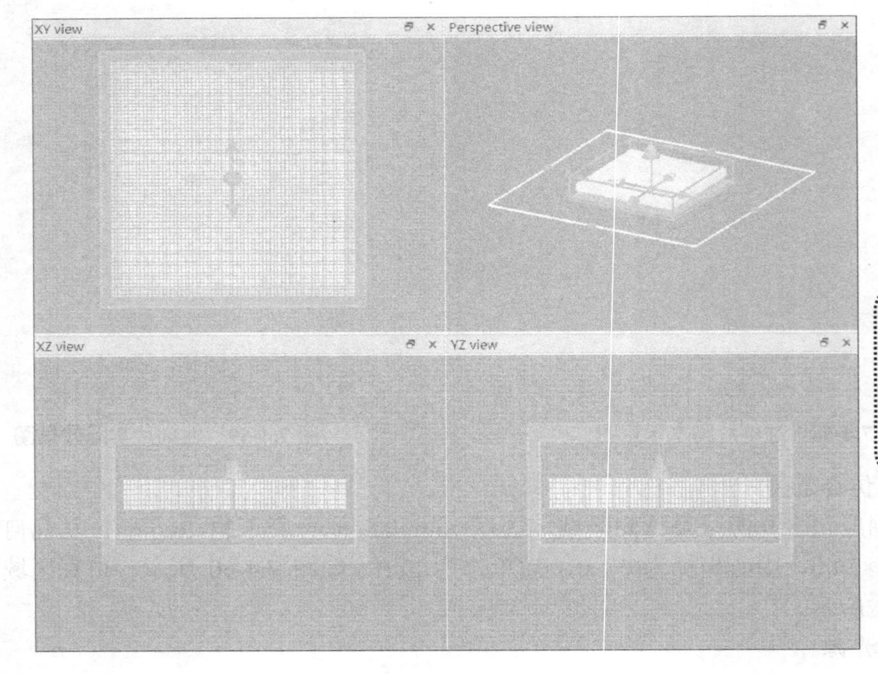

图 7.4-63 彩图

图 7.4-63　光源设置效果

接下来对光源的波长进行编辑，如图 7.4-64 所示。在 Frequency/Wavelength 标签中的 set frequency/wavelength 栏处，依次选择 wavelength、center/span，设置中心波长为 532nm，带宽为 0，使光源只输出 532nm 波长的光波。

(5) 设置监视器

为了监视系统远场光强分布情况，监视器类型选择 Frequency-domain field and power，如图 7.4-65 所示，监视方向选择 2D Z-normal，监视器位置略高于基底，设置其中心坐标为(0,0,0.6)(单位为 μm)，范围为 5μm×5μm。监视器设置效果如图 7.4-66 所示。至此仿真模型基本搭建完毕，可以进行仿真了。

set frequency/wavelength

wavelength	center/span
center wavelength (μm)	0.532
wavelength span (μm)	0

图 7.4-64 修改光波波长

monitor type 2D Z-normal

x (μm)	0	x min (μm)	-2.5
x span (μm)	5	x max (μm)	2.5
y (μm)	0	y min (μm)	-2.5
y span (μm)	5	y max (μm)	2.5
z (μm)	0.6	z min (μm)	0.6
z span (μm)	0	z max (μm)	0.6

图 7.4-65 监视器几何图形参数

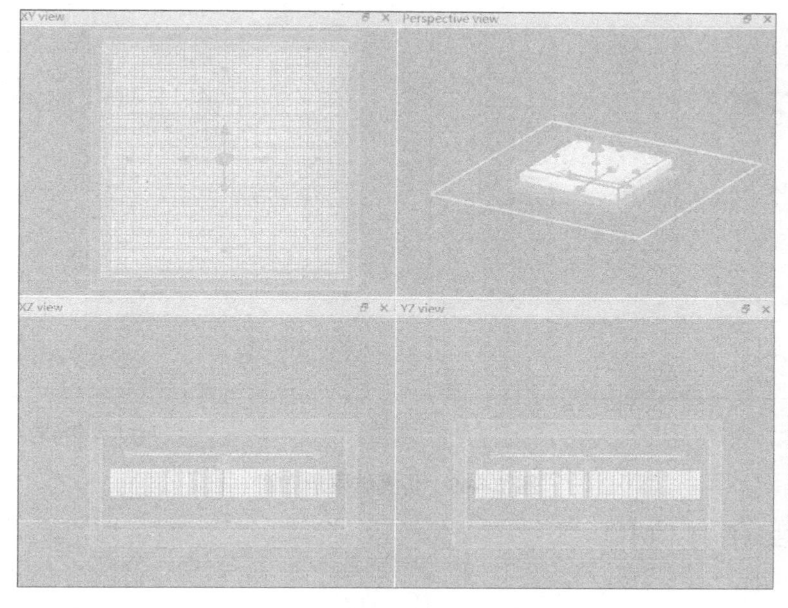

图 7.4-66 彩图

图 7.4-66 监视器设置效果

(6) 检查内存需求

选择 Check simulation and memory requirements 检查仿真所需要的内存大小，如图 7.4-67 所示，所需内存可以接受，可以运行程序。

(7) 运行仿真

单击 Run 按钮运行仿真程序，等待仿真完成。仿真完成后在 FDTD analysis 部分选择

monitor→Visualize→farfield 查看远场光强，如图 7.4-68 所示。分别查看沿 s 和 p 方向的分量仿真结果，如图 7.4-69 所示，入射光经过偏振片后，s 光被折射至左上和右下区域，p 光被折射至右上和左下区域，入射光被分别折射至四个区域，完成了预期的偏振分析。

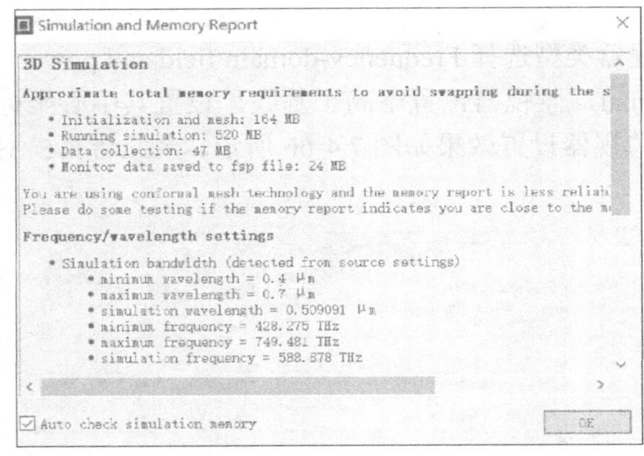

图 7.4-67　内存检查

图 7.4-69 彩图

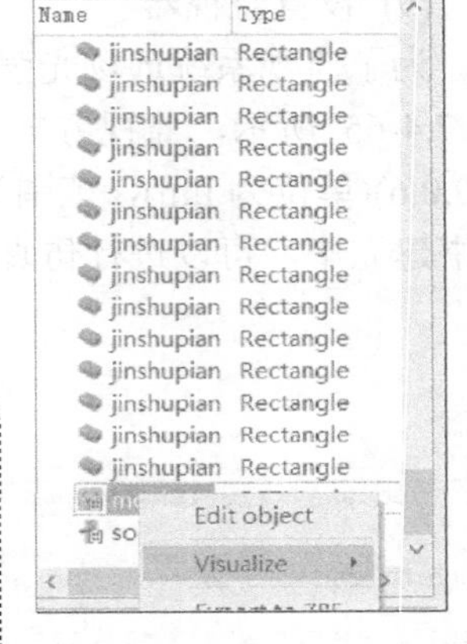

图 7.4-68　查看仿真结果

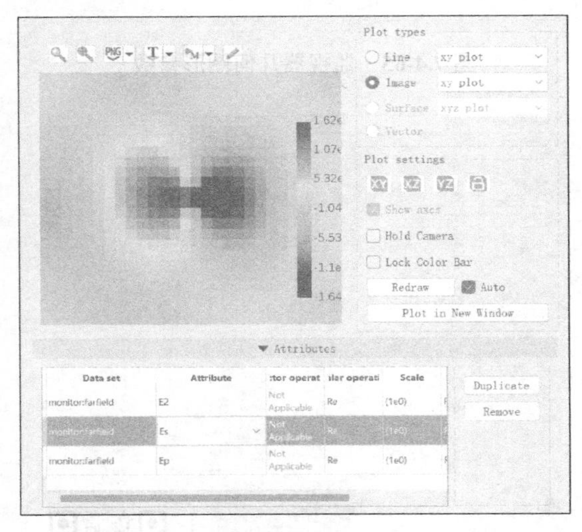

a) s光分布结果

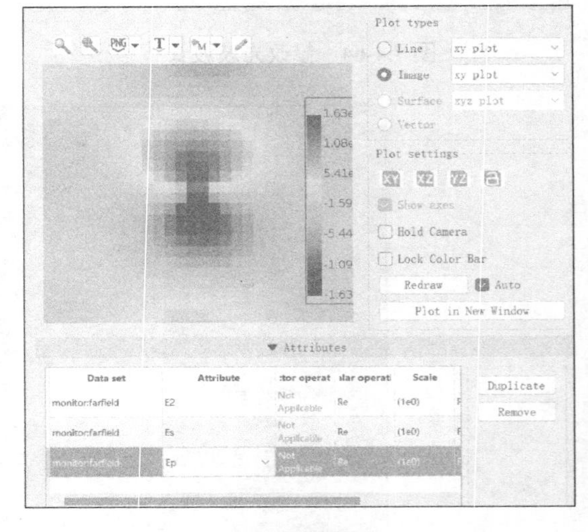

b) p光分布结果

图 7.4-69　仿真结果示意图

(8) 金属蚀刻片脚本例程

```
m = -2.4e-6;
n = -2e-6;
for (i = 1:11)
  {
    for (j = 1:11)
      {
        if (i < 5)
          {
            if (j < 5)
```

```
                {
                    xw = 1e-7 * (1 - 0.1 * j);
                    yw = 1e-7 * (1.5 + 0.15 * i);
                    theta = 30 - 5 * (j - i);
                }
            else
                {
                    xw = 1e-7 * (3 - 0.15 * j);
                    yw = 1e-7 * (2 - 0.2 * i);
                    theta = 20 + 5 * (j - 5 - i);
                }
            }
        if (i > 5)
          {
            if (j < 5)
              {
                xw = 1e-7 * (2 + 0.1 * j);
                yw = 1e-7 * (2 - 0.1 * i);
                theta = -45 - 10 * (j - i - 5);
              }
            else
              {
                xw = 1e-7 * (2.75 - 0.2 * j);
                yw = 1e-7 * (0.7 + 0.12 * i);
                theta = 45 - 15 * (j - i);
              }
            }
        addrect;
        set("name", "1");
        set("x", m + j * 4e-7);
        set("y", n);
        set("z", 0);
        set("x span", xw);
        set("y span", yw);
        set("z span", 6e-7);
        set("first axis", "z");
        set("rotation 1", theta);
    }
    n = n + 4e-7;
}
```

7.4.4　电信波长下的 V 形天线超薄聚焦透镜

1. *超薄透镜原理与 V 形纳米天线*

光学透镜具有成像及聚焦等功能，已广泛应用于各类光学设计和光学信息处理中。传统透镜集成度低，体积较大，在成像时会受到材料色散效应的影响，呈现出明显的色散现象。基于小尺寸加工的超表面超薄透镜解决了传统透镜的诸多问题。

超薄透镜对入射到透镜的平面波进行相位调制，若波前上每一点到焦点的相移相等，则能够进行会聚。然而器件越靠外的区域距离焦点越远，传输光程越大。由于传输距离的不同造成的传输相移为

$$\Phi(x,y)=\frac{2\pi}{\lambda}(\sqrt{x^2+y^2+f^2}-f) \tag{7.4-13}$$

式中，x 和 y 是纳米结构的坐标；f 是预设焦距；λ 是自由空间的波长。因此要获得有效的聚焦，需要通过超表面的设计来对上述多余的相位差进行补偿。透镜聚焦的工作原理图如图 7.4-70 所示，经过相位补偿后的波前可看出球面，因此可有效实现光的聚焦。透镜表面上一点 P_L 的相移与距离 $\overline{P_L S_L}$ 成正比，其中 S_L 是 P_L 在半径等于焦距 f 的球面上的投影。

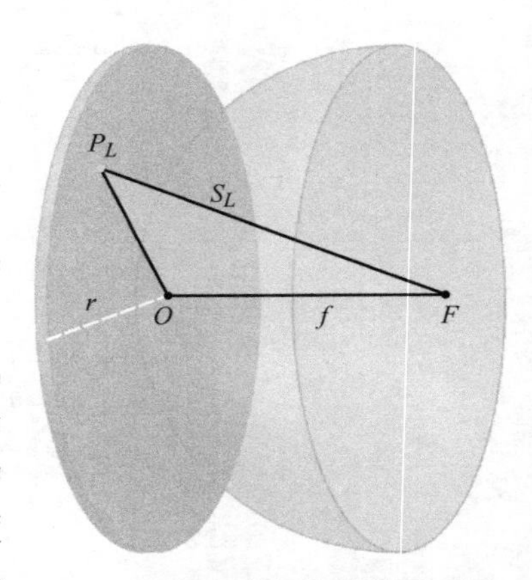

图 7.4-70　超薄透镜聚焦原理图

图 7.4-70 彩图

V 形纳米天线顾名思义，是一个形状像“V”的纳米天线结构。如图 7.4-71 所示，其可以理解为是由两个天线杆一端相连并旋转 α 角而构成的。在用 V 形纳米天线来设计光学功能器件时主要是通过调节天线臂长 l、天线臂宽 w、天线厚度 h、天线夹角 α 以及天线对称轴与 x 轴之间的方位角 β 来获得所需功能的。

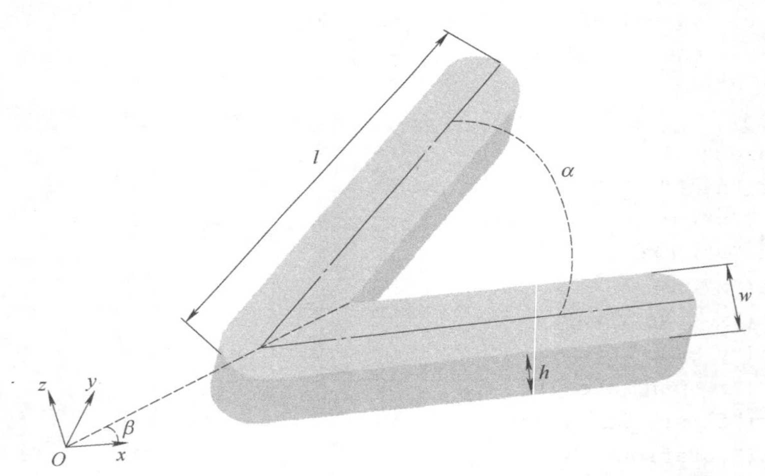

图 7.4-71　V 形天线结构示意图

如图 7.4-72 所示，一般情况下，V 形纳米天线需要放置在一个厚度为 t 的衬底上，从而构建一个单元光束调控结构。这里需要注意的是，由于设计超材料器件都是以纳米天线阵列的形式出现，所以在计算时必须要考虑到相邻纳米结构之间的光学性能影响。因此，周期尺寸 P 也是一个重要的结构参数。

天线和衬底材料的选择取决于入射光的波长。例如，当入射波长为电信波长 λ=1.5μm 时，V 形纳米天线材料一般用金，衬底用硅。这是因为近红外波段下，使用金可以获得较好的激

励效果，而衬底选用硅是因为硅在此波段下是相对透明的，入射光在穿过硅衬底时，基本不会出现能量损耗。

使用 FDTD Solutions 仿真电信波长下 V 形天线超表面正透镜的聚焦过程，分别仿真四种 V 形天线表征元素与透镜整体的光波会聚效果。

2. 使用 FDTD Solutions 仿真 V 形天线单元

(1) 硅基底建立

新建 FDTD Solutions 工程，单击 Structures 按钮旁的下三角按钮，在打开的下拉菜单中选择 Circle 结构，编辑结构几何参数为半径 150nm(0.15μm)、厚度 30nm(0.03μm)，如图 7.4-73 所示。

图 7.4-72　金 V 形天线与硅衬底

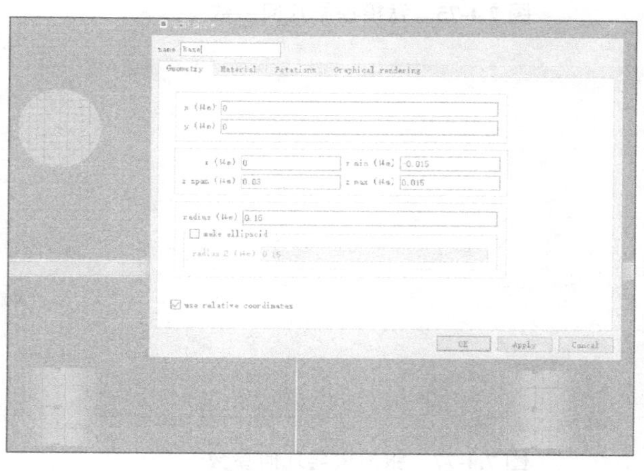

图 7.4-73　硅基底几何参数

选择材料为 Si(Silicon)-Palik，如图 7.4-74 所示。

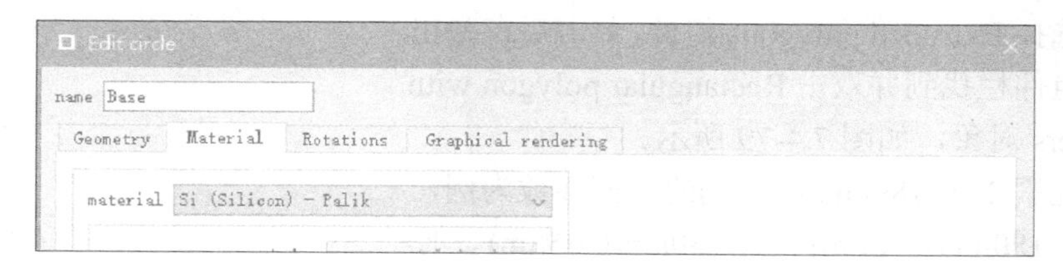

图 7.4-74　硅基底材料

(2) 掩模建立

添加第一个钛掩模层，单击 Structures 按钮旁的下三角按钮，在打开的下拉菜单中选择 Ring 结构，编辑结构几何参数为内径 150nm(0.15μm)、外径 155nm(0.155μm)，即掩模宽度 5nm，厚度 30nm(0.03μm)，如图 7.4-75 所示。

选择材料为 Ti(Titanium)-Palik，如图 7.4-76 所示。

继续添加第二个银掩模层，直接单击 Structures 按钮添加 Ring 结构，编辑结构几何参数为内径 155nm(0.155μm)、外径 180nm(0.18μm)，即掩模宽度 25nm，厚度 30nm(0.03μm)，如图 7.4-77 所示。

选择材料为 Ag(Silver)-Palik(0-2μm)，如图 7.4-78 所示。

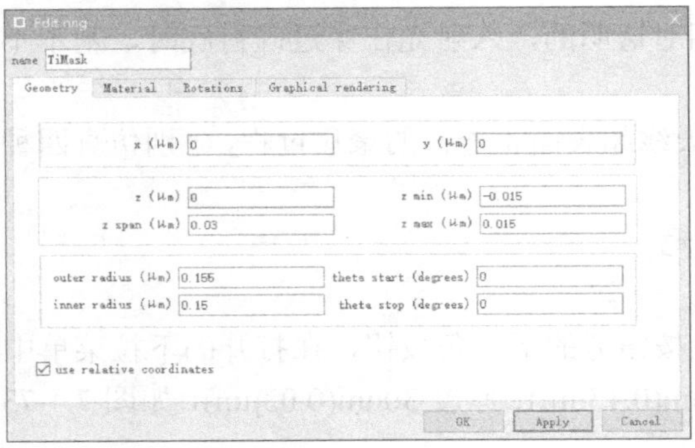

图 7.4-75　钛掩模层几何参数

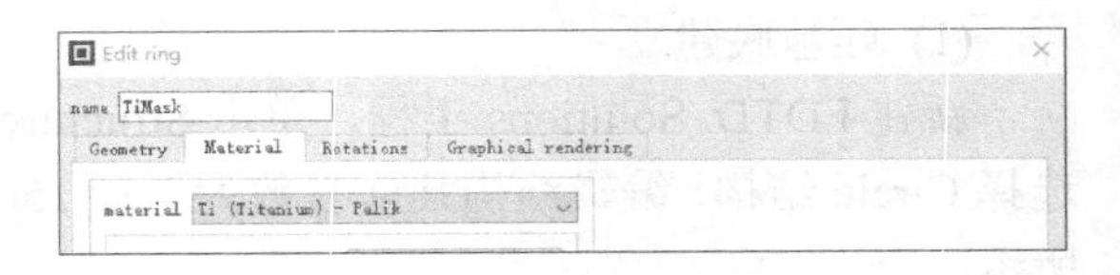

图 7.4-76　钛掩模层材料

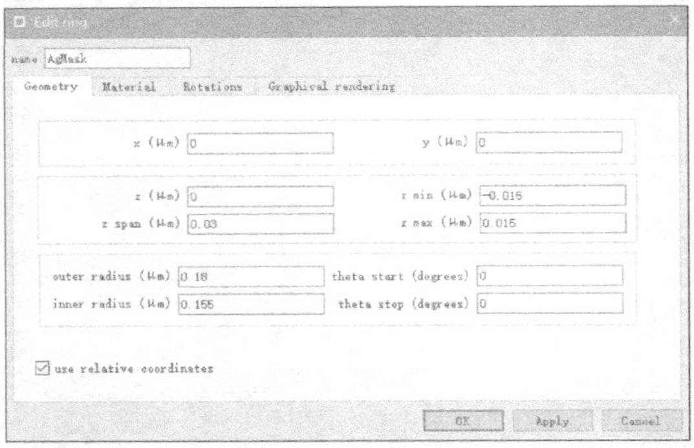

图 7.4-77　银掩模层几何参数

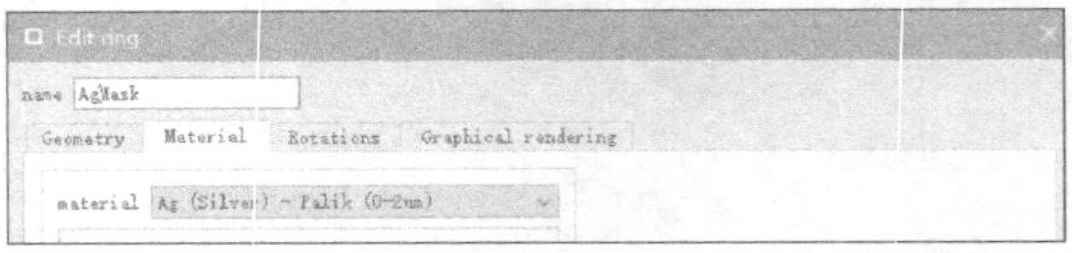

图 7.4-78　银掩模层材料

(3) V 形天线建立

单击 Components 按钮旁的下三角按钮，在打开的下拉菜单中选择 Extruded polygons 组件，单击后在弹出的界面右侧组件栏找到并双击 Rectangular polygon with rounded corners 对象，如图 7.4-79 所示。

以表征元素 1(d=180nm,θ=79°)的几何参数为例，其中天线长 180nm(0.18μm)、宽 50nm(0.05μm)、厚 30nm(0.03μm)、圆倒角半径 10nm(0.01μm)，如图 7.4-80 所示。将 V 形天线贴在基底上，需计算天线 z 坐标值：基底厚 30nm，坐标中心为基底体心，则基底上表面 z 坐标值为 15nm，若将 V 形天线贴在基底上表面，则需保证 V 形天线下表面坐标值同样为 15nm，由于 V 形天线厚 30nm，计算可得 V 形天线体心 z 坐标值为 30nm(0.03μm)，如图 7.4-81 所示。后文计算坐标值方法同理，不再过多赘述。

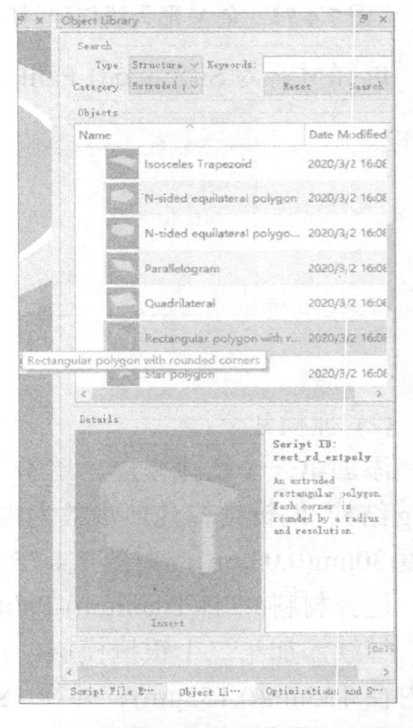

图 7.4-79　选择圆角矩形作为 V 形天线臂

使用界面左侧操作栏第二个按钮 Duplicate 复制编辑好的 V 形天线单臂，如图 7.4-82 所示，选中新的 V 形天线单臂并打开编辑界面中的 Rotation 标签，使其绕 z 轴旋转 79°，如图 7.4-83 所示。

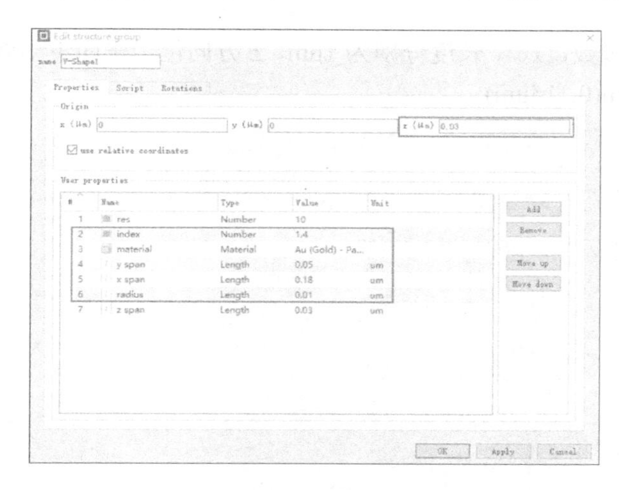

图 7.4-80　天线臂几何参数

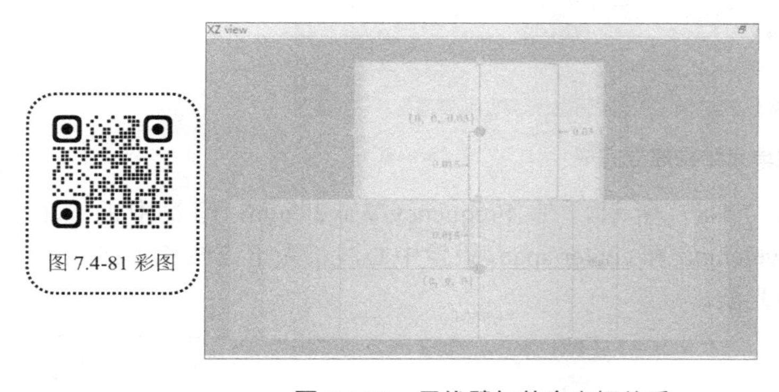

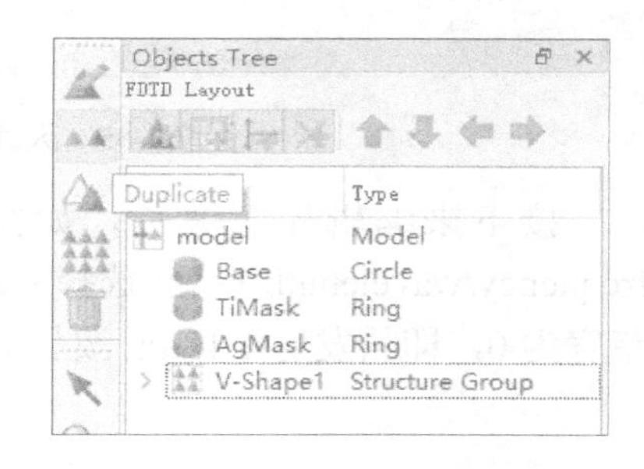

图 7.4-81　天线臂与基底坐标关系　　　图 7.4-82　复制编辑好的 V 形天线单臂

如图 7.4-84 所示，首先单击左侧操作栏中的 Edit drawing grid 按钮，勾除 Snap to grid 选项，然后单击左侧操作栏中的 Select object 按钮，调整 V 形天线位置，建立完成后如图 7.4-85 所示。

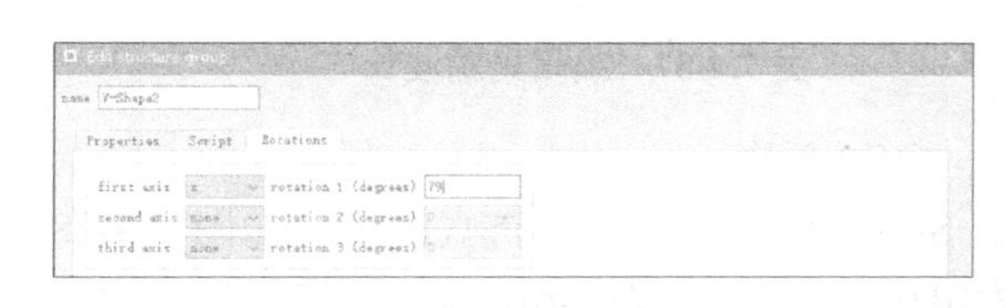

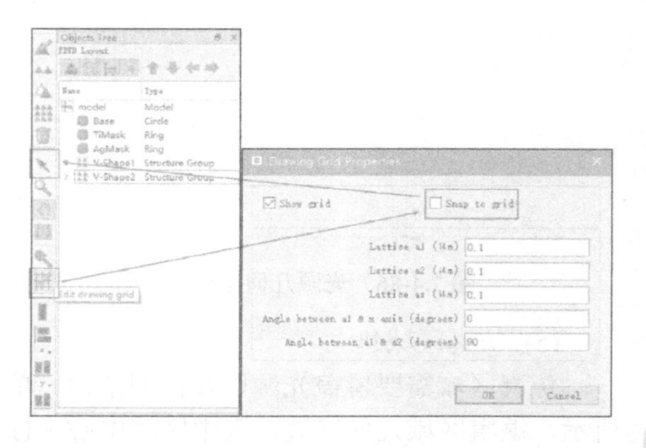

图 7.4-83　调整天线夹角　　　图 7.4-84　调整天线位置

(4) 光源建立

单击 Sources 按钮旁的下三角按钮，在打开的下拉菜单中选择 Plane wave 光源，如图 7.4-86

所示，编辑光源几何参数，x、y 长度分别为 1μm，z 方向位于平面下 100nm(0.1μm)处，计算可得 z 坐标值为 115nm(0.115μm)。

图 7.4-85 彩图

图 7.4-85　天线单元结构建立完成

接下来编辑光源波长，如图 7.4-87 所示，在 Frequency/Wavelength 标签中的 set frequency/wavelength 栏处，选择 wavelength 和 center/span，设置中心波长为电信波长 1.15μm，带宽为 0，即只发射 1.15μm 波长的光波。

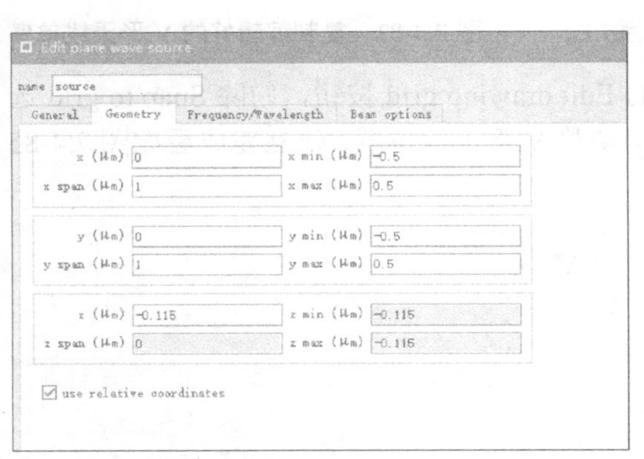

图 7.4-86　光源几何参数

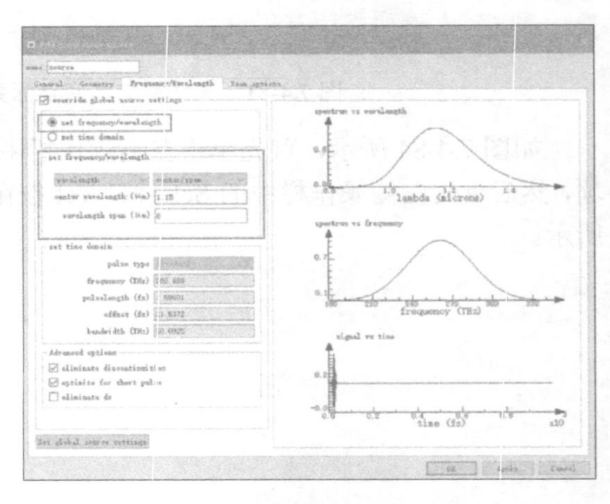

图 7.4-87　编辑光源波长

(5) 仿真区域建立

仿真区域需要覆盖光源以及待测结构。单击 Simulation 按钮添加仿真区域，如图 7.4-88 所示，编辑区域几何参数，其中区域中心坐标为(0,0,0,0.1)(单位为 μm)，x、y 方向长度均为 500nm(0.5μm)，z 方向长度为 550nm(0.55μm)。

如图 7.4-89 所示，在 Mesh settings 标签内根据自身计算机配置选择合适的网格精度。如图 7.4-90 所示，在 Boundary conditions 标签内设置六面边界条件为 PML。

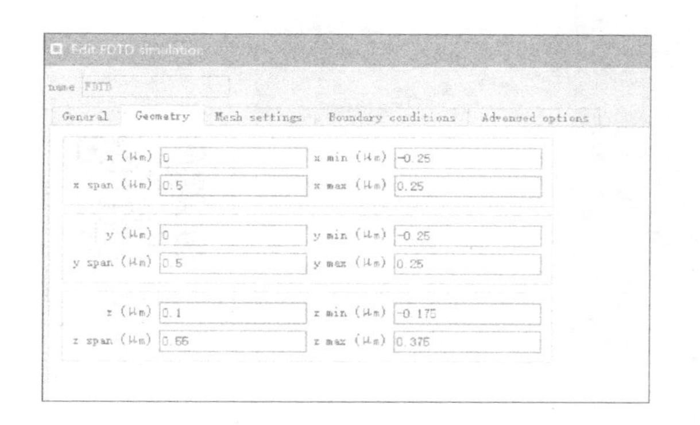

图 7.4-88　仿真区域参数

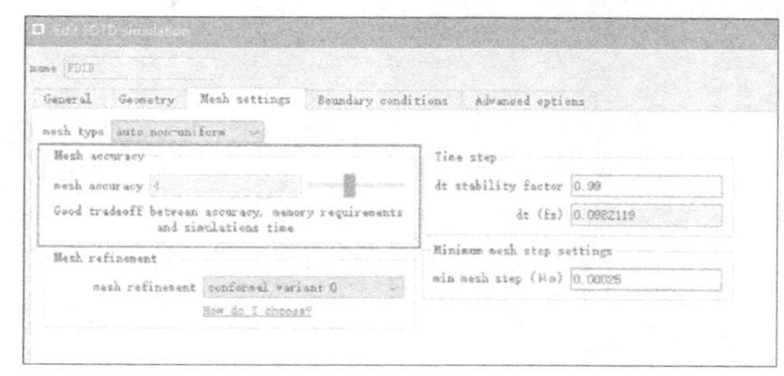

图 7.4-89　仿真网格精度设置

(6) 添加监视器

本仿真实验需要获取透射过超表面的光波相位分布，需要在超表面上方添加场分布监视器。单击 Monitors 按钮旁的下三角按钮，在打开的下拉菜单中选择 Frequency-domain field profile，编辑监视器几何参数，如图 7.4-91 所示，其中监视器中心坐标为(0,0,0,0.25)(单位为μm)，*x*、*y* 方向长度均为 500nm(0.5μm)。

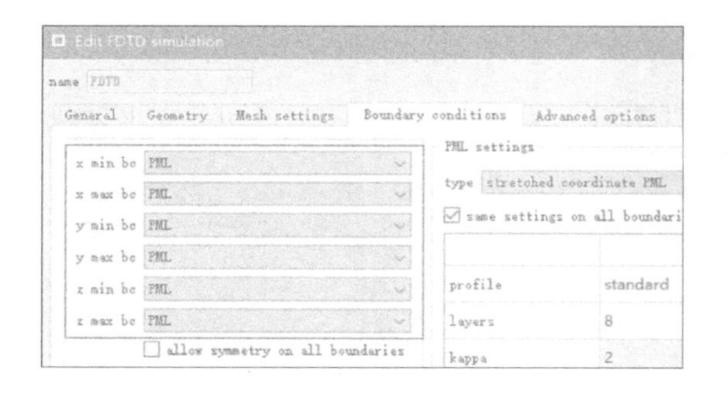

图 7.4-90　边界条件设置

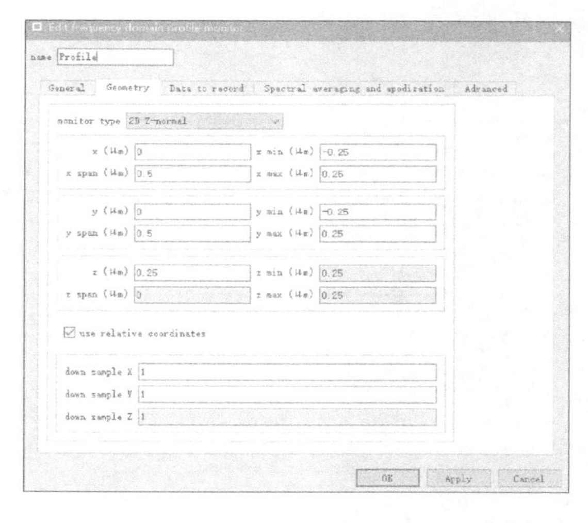

图 7.4-91　场分布监视器几何参数

至此仿真模型基本建立完成，如图 7.4-92 所示。接下来进行仿真的运算与结果分析。

(7) 检查并运行仿真

单击 Check 按钮旁的下三角按钮，在打开的下拉菜单中选择 Check simulation and memory requirements 查看运行仿真需要的内存大小，如图 7.4-93 所示，若内存需求量过大需要调整仿真网格等级重新检查。

内存检查运行完毕后单击 Run 按钮进行仿真，等待结果即可。

(8) 结果分析

运行完成需要查看监视器收集到的结果，如图 7.4-94 所示，右击 Profile 监视器，在弹出的菜单中单击 Visualize 选择需要查看的参数，右击 Result View 栏查看需要的参数结果。

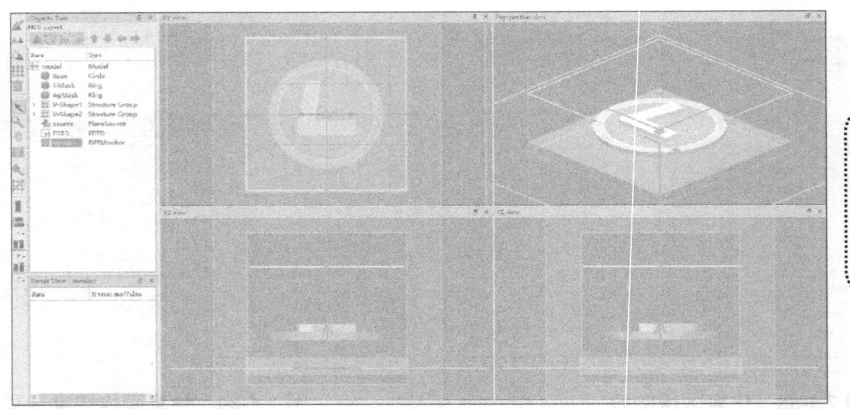

图 7.4-92 彩图

图 7.4-92　V 形天线单元仿真建立完成

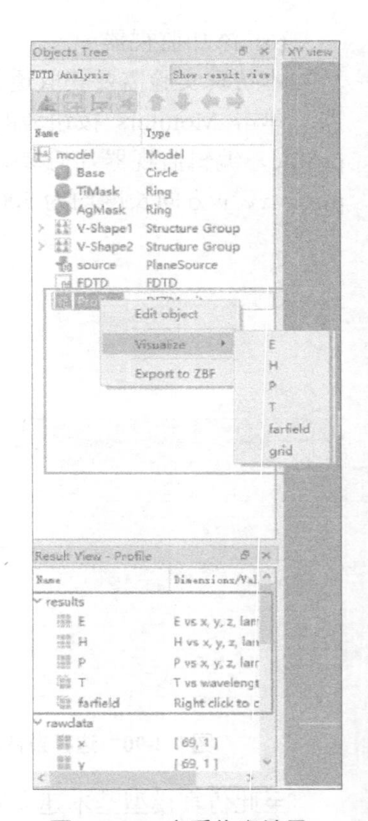

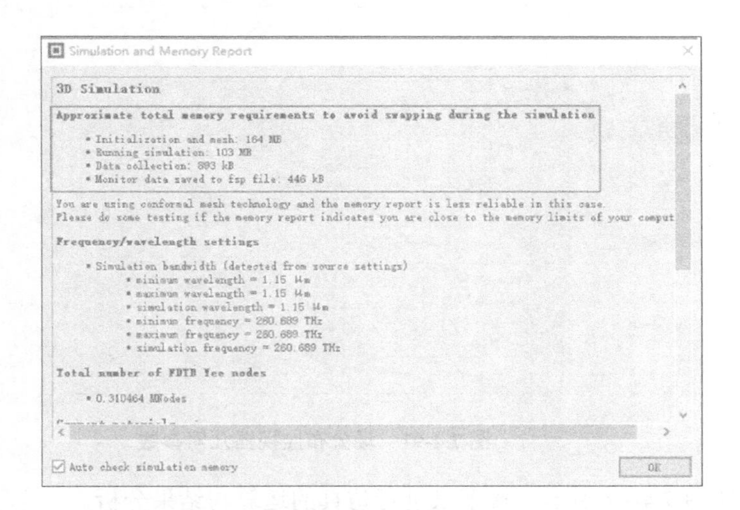

图 7.4-93　仿真运行内存检查

图 7.4-94　查看仿真结果

选择 farfield 数据，单击 OK 按钮计算后可获得远场分布图，如图 7.4-95 所示，可以在 Plot types 栏中选择不同的图像，如笛卡儿坐标系图或极坐标系图。

由结果图可以看出平面波透过 V 形天线超表面后发生了会聚现象。

(9) 其他 V 形天线表征元素仿真

超薄透镜中其余表征元素参数：天线臂长 d 分别为 140nm(两天线臂夹角 θ=68°)、130nm(两天线臂夹角 θ=104°)、85nm(两天线臂夹角 θ=175°)时，根据步骤(3)中 V 形天线建立的方法，分别建立不同的天线臂长与天线夹角，对不同的表征元素进行单独仿真，如表 7.4-3 所示。

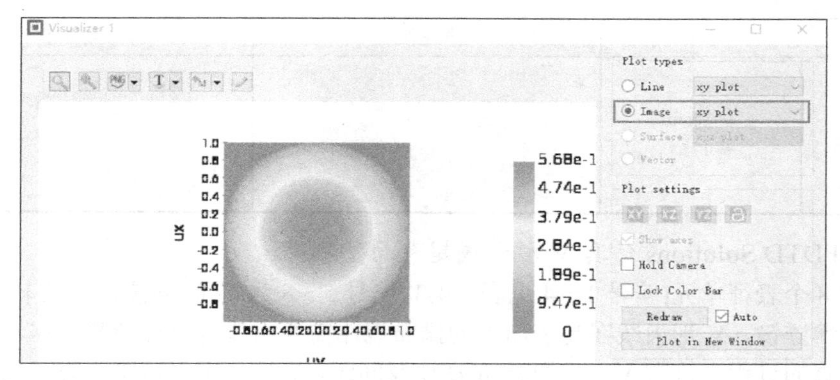

a) 笛卡儿坐标系结果

图 7.4-95 彩图

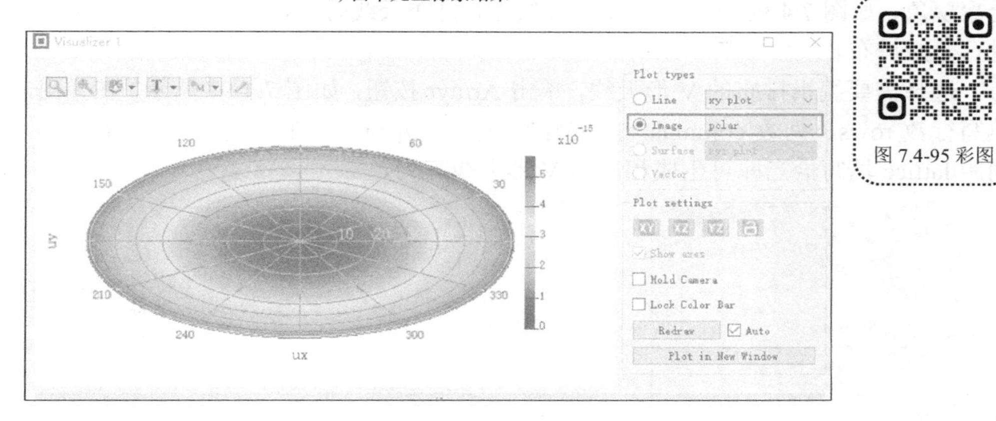

b) 极坐标系结果

图 7.4-95　V 形天线单元远场结果

表 7.4-3　V 形天线表征元素仿真结果

元素序号	参数	模型图	场分布
1	d=180nm θ=79°		
2	d=140nm θ=68°		
3	d=130nm θ=104°		

(续)

元素序号	参数	模型图	场分布
4	d=85nm θ=175°		

3. 使用 FDTD Solutions 仿真 V 形天线超表面整体

基于上述 8 个表征单元(编号 1～4 见表 7.4-3，编号 5～8 为将 1～4 逆时针旋转 90° 获得)制作超表面超薄透镜。V 形天线在超表面上的排布规律需要由读者自行调整，在不断地仿真—调整—再仿真的过程中修改 V 形天线排布规律及间距，最终可实现透镜上方远场数据出现会聚现象，如图 7.4-96 所示。需要注意的是，排布天线时可以使用操作栏中 Array(阵列)操作进行等距排布。

选择需要编辑排布的 V 形天线，单击 Arrayr 按钮，如图 7.4-97 所示，在弹出的对话框中填写行数 rows、列数 columns，阵列延伸方向由 a_1 与 x 轴的夹角和 a_1 与 a_2 的夹角来确定，间距 lattice 填写恰当即可生成相应的 V 形天线阵列。

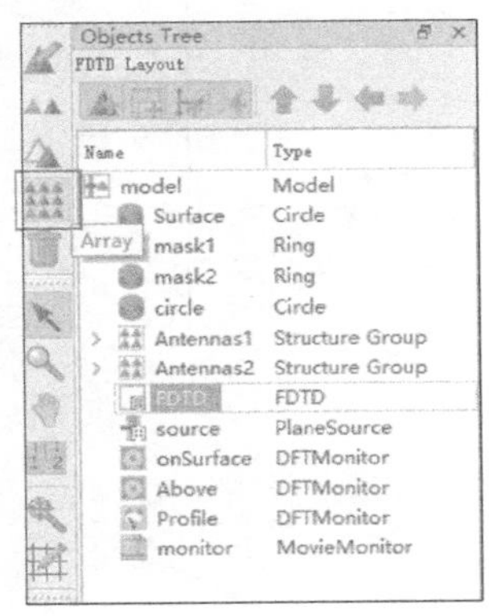

图 7.4-96 使用阵列操作排布 V 形天线

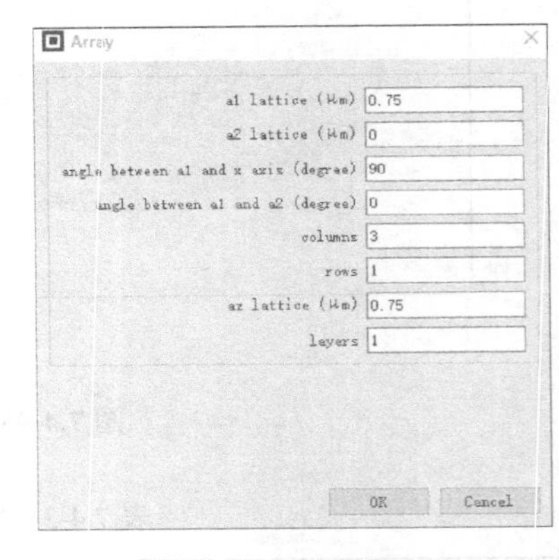

图 7.4-97 阵列参数设置

此处提供一种缩放思路仅供参考。如图 7.4-98 所示，设置平面透镜半径 r=5μm，不透明掩模层为 15nm 钛与 35nm 银，V 形天线间距 50nm，呈 45° 对称排列，入射平面波波长 λ=1.55μm ，SiO_2 增透膜厚 $\lambda/4$=0.3875μm。运行仿真获取结果如图 7.4-99 所示，由图可知其会聚现象优秀，聚焦效果好，衍射不明显。

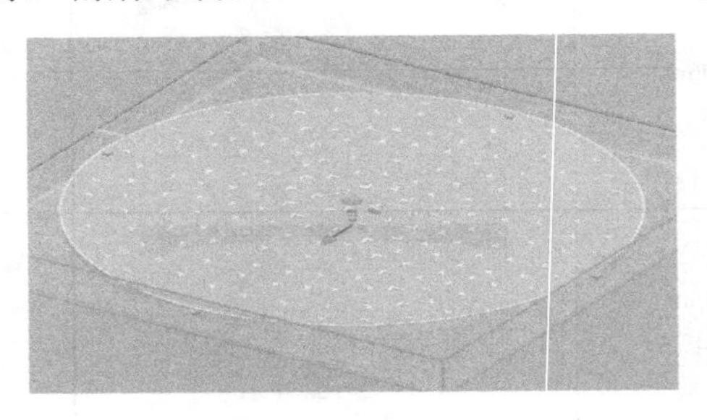

图 7.4-98 彩图

图 7.4-98 V 形天线超薄透镜仿真

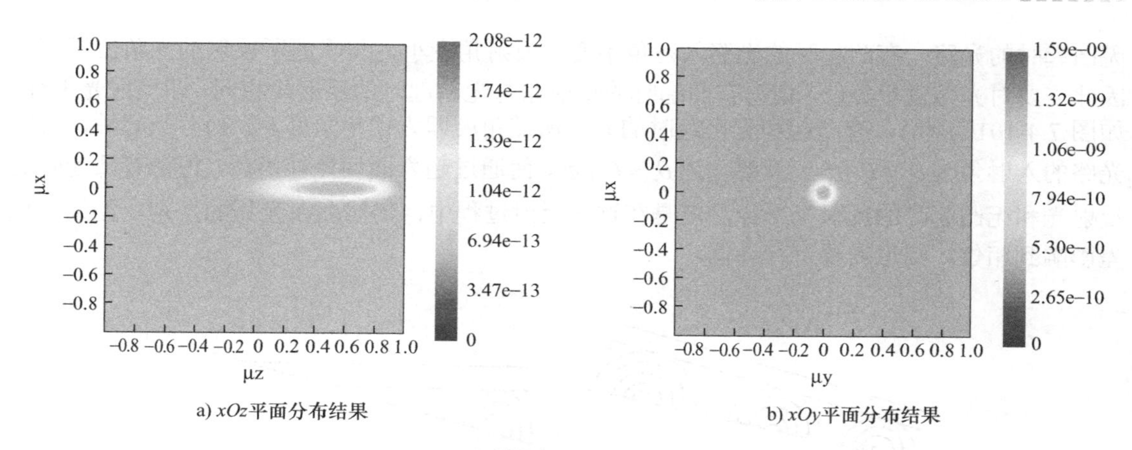

a) xOz平面分布结果　　b) xOy平面分布结果

图 7.4-99　超薄透镜仿真结果

7.4.5　光学隐身

在哈利波特中的隐身斗篷令人印象深刻，但在现实中却是一种美好的幻想。在这之前的“隐身”功能只有战斗机拥有，而此“隐身”并非光学以及视觉上的隐身，而仅仅是利用涂层改变信号的隐身方法，从视觉上仍然是能够观测到的。但现如今隐身衣正在逐步实现。目前，大部分的隐身衣实现隐身的功能靠的都是光学拟共焦映射技术。这种方法对材料性质和各向异性的要求较低，但是其体积较大，难以从微观扩展到宏观，并且会造成额外的相移从而被相敏仪检测到，还是能被“看见”。利用超表面和变换光学可以做出超薄的隐身衣，通体较薄而且没有额外的相位移，能够实现理论上真正的隐身。

1. 均匀光学变换

均匀光学变换的方法，是将虚空间分成几个不同的区域，每个区域都进行均匀线性的空间压缩或拉伸，从而使每个区域的隐身衣的参数都是均匀不随空间变换的。由此变换方式得到的隐身衣具有均匀的电磁参数。

在光频段，实现非均匀的参数非常困难。基于均匀光学变换方法设计的隐身衣，其参数是均匀各向异性的，能够大大简化隐身衣的实现难度。基于此理论提出了多边形柱体隐身器件的设计方法。

2. 光学超表面隐身补偿原理

从惠更斯原理来说，光波的波前可以通过透镜、衍射元件等改变。当光入射到有障碍物的地方时，障碍物会对入射光产生散射，反射波的相位和极化发生变化，造成波阵面的改变，于是障碍物会被探测到。如果在障碍物表面覆盖一层光学超材料，超材料在每个点引入相位突变，调整每个点的相位，从而调整波前，将斜向传播的波前转换为水平方向，如图 7.4-100 所示，使观测到的波前与没有障碍物时一致，相当于掩盖了障碍物，实现隐身。

图 7.4-101a 是平面中无凸起时的反射光路图。其中，θ_i 为入射角，θ_r 为反射角，设 $\theta_i=\theta_r=\theta$，在没有凸起时反射角与入射角相等。图 7.4-101b 所示为有凸起但是没有进行补偿时候的效果。其中，红色的光路为真实的光路，ϕ 为楔角，黑色的光路为无凸起时的光路。可见，相对于

无凸起时的光路，有凸起时的光路入射角不变，反射角变小，与平面所反射的光角度不同。因此需要对光路进行补偿，使得有凸起时的反射角与无凸起时的反射角相同，即反射光平行。如图 7.4-101c 所示，有凸起和无凸起时的光路所差角度即为楔角角度 ϕ。则有凸起后，真实光路的入射角为 $\theta_\mathrm{i}=\theta+\phi$，反射角为 $\theta_\mathrm{r}=\theta+\phi$。而通过超表面调控补偿后，使得有凸起时的反射光和无凸起时的反射光平行。但是在这一反射过程中，仍然存在光程的差别，如果光程差影响到相位，则也需要进行补偿。

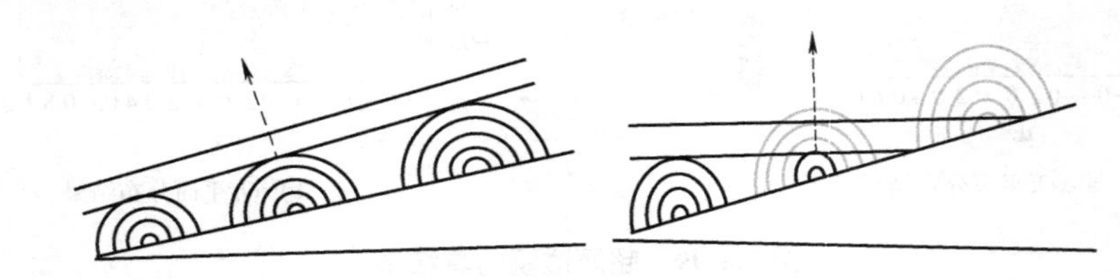

图 7.4-100 相位调整示意图

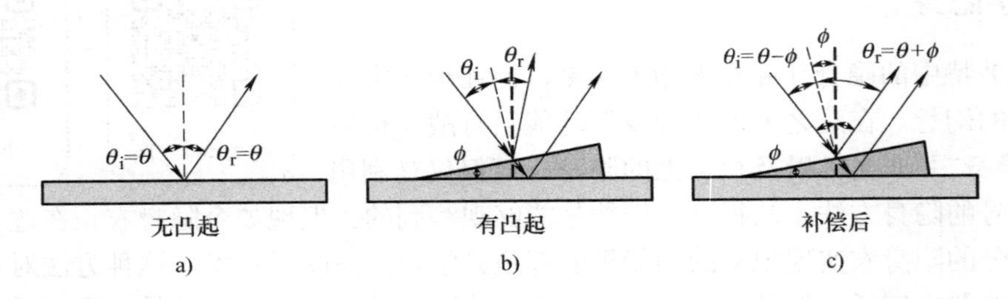

图 7.4-101 凸起光路示意图

3. 使用 FDTD Solutions 仿真光学超表面隐身现象

根据超表面调控入射光相位的思想，设计一个基于矩形天线的超表面，使用 FDTD Solutions 建立仿真并观察到反射光中无凸起，实现上述的光学隐身现象。

(1) 基底建立

新建 FDTD Solutions 工程，单击 Structures 按钮旁的下三角按钮，在打开的下拉菜单中选择 Rectangle 结构，如图 7.4-102 所示，编辑结构几何参数为长 10μm、宽 10μm、高 4μm，并在 Material 标签内选择材料为 Si(Silicon)-Palik。

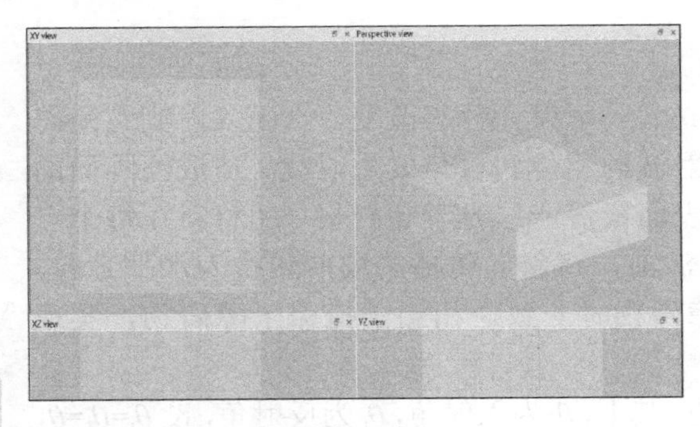

a) 仿真结构界面视图

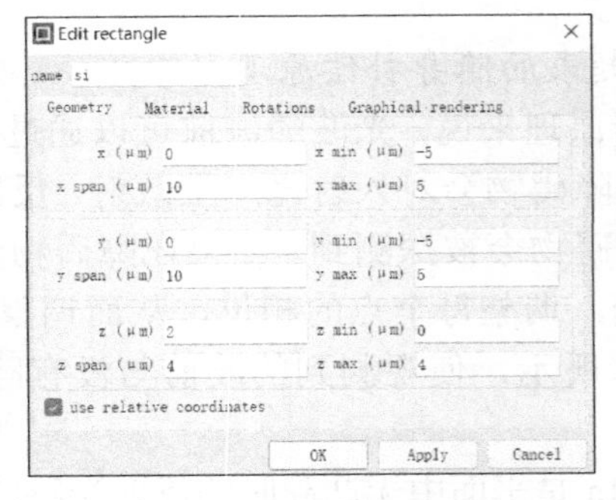

b) 参数设置

图 7.4-102 基底材料 Si

本仿真中结构过多，为便于后期修改和查找，故建立结构组。右击已经建好的 Si 结构，在弹出的菜单中选择 Add to new group 命令建立结构组，在结构组中继续添加基底材料，如图 7.4-103 所示，选择 Rectangle 结构，编辑结构几何参数为长 10μm、宽 10μm、高 0.1μm，并选择材料为 SiO_2(Glass)-Palik。

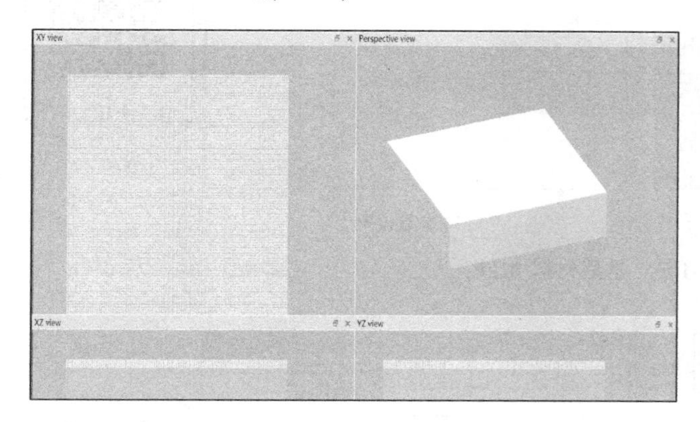

a) 仿真结构界面视图　　b) 参数设置

图 7.4-103　基底材料 SiO_2

图 7.4-103 彩图

在结构组中继续添加基底材料，如图 7.4-104 所示，选择 Rectangle 结构，编辑结构几何参数为长 10μm、宽 10μm、高 0.2μm，并选择材料为 Au(Gold)-Palik。

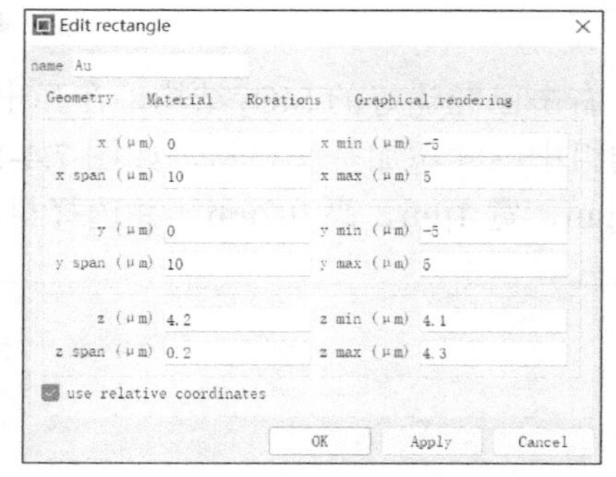

a) 仿真结构界面视图　　b) 参数设置

图 7.4-104　基底材料 Au

在结构组中继续添加基底材料，如图 7.4-105 所示，选择 Rectangle 结构，编辑结构几何参数为长 10μm、宽 10μm、高 0.05μm。由于 FDTD 中并未提供 MgF_2(氟化镁)材料，因此需要自行添加，在 Materials 界面中，单击 Add 按钮添加 MgF_2，设置其折射率 n 为 1.38。选择新添加的基底材料为 MgF_2。

图 7.4-104 彩图

(2) 凸起建立

基底搭建完后开始在上面搭建凸起。铺设凸起第一层材料，如图 7.4-106 所示，选择 Rectangle 结构，编辑结构几何参数为长 1μm、宽 1μm、高 0.2μm，并选择材料为 SiO_2(Glass)-Palik。

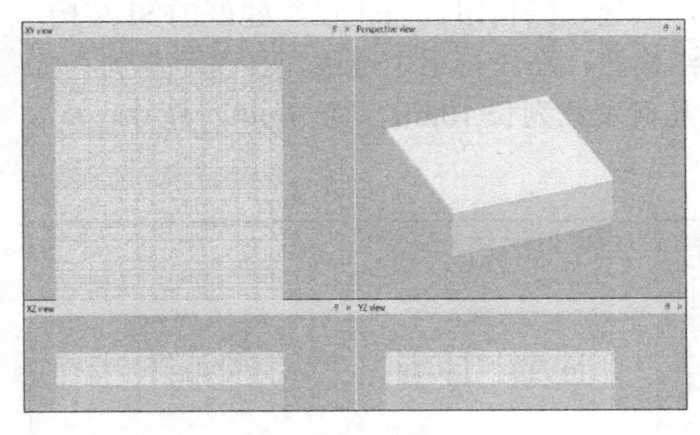

图 7.4-105 彩图

a) 仿真结构界面视图　　b) 参数设置

图 7.4-105　基底材料 MgF_2

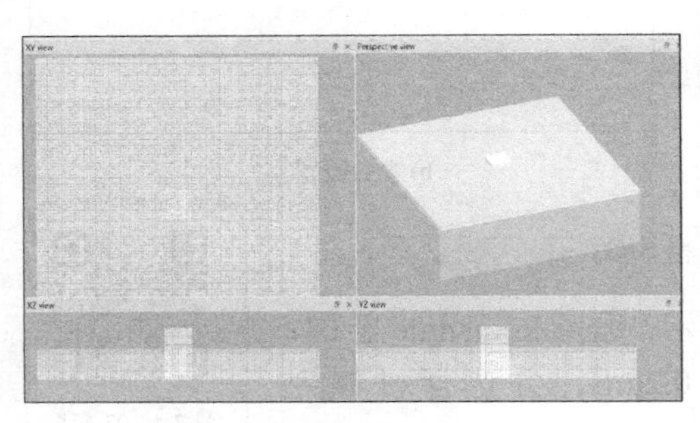

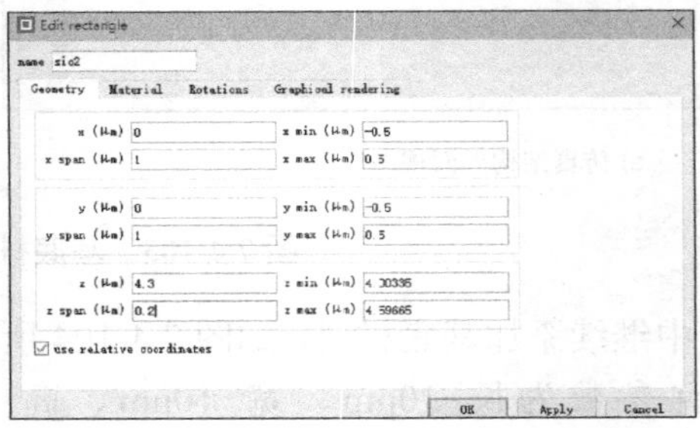

图 7.4-106 彩图

a) 仿真结构界面视图　　b) 参数设置

图 7.4-106　凸起材料 SiO_2

右击已经建好的 SiO_2 结构，在弹出的菜单中选择 Add to new group 命令建立结构组，在结构组中继续添加基底材料，如图 7.4-107 所示，选择 Rectangle 结构，编辑结构几何参数为长 1μm、宽 1μm、高 0.2μm，并选择材料为 Au(Gold)-Palik。

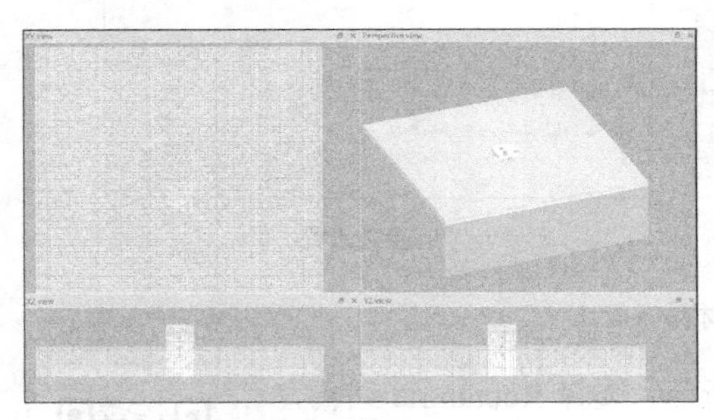

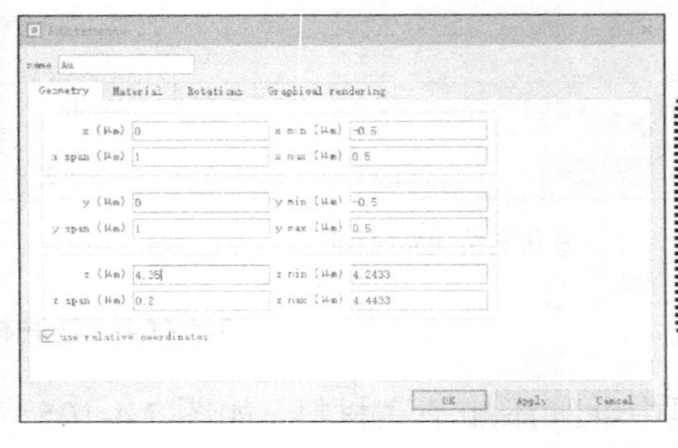

图 7.4-107 彩图

a) 仿真结构界面视图　　b) 参数设置

图 7.4-107　凸起材料 Au

(3) 隐身衣部分建立

在凸起材料组中继续添加隐身衣构建所需要的材料，先添加作为介电隔层的 MgF_2。如图 7.4-108 所示，选择 Rectangle 结构，编辑结构几何参数为长 1μm、宽 1μm、高 0.05μm，并选择材料为步骤(1)中所自行添加的 MgF_2。

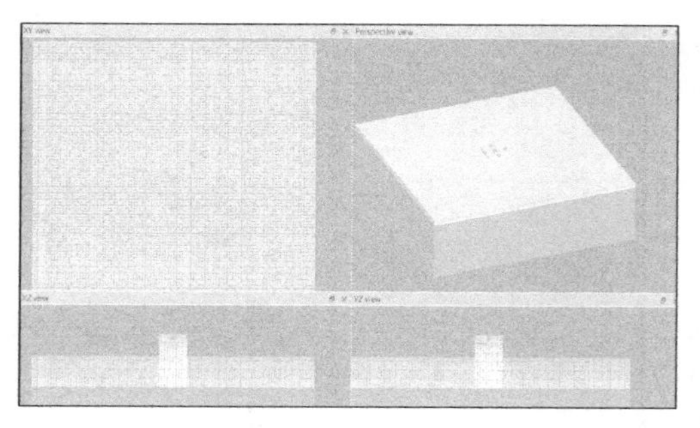

a) 仿真结构界面视图

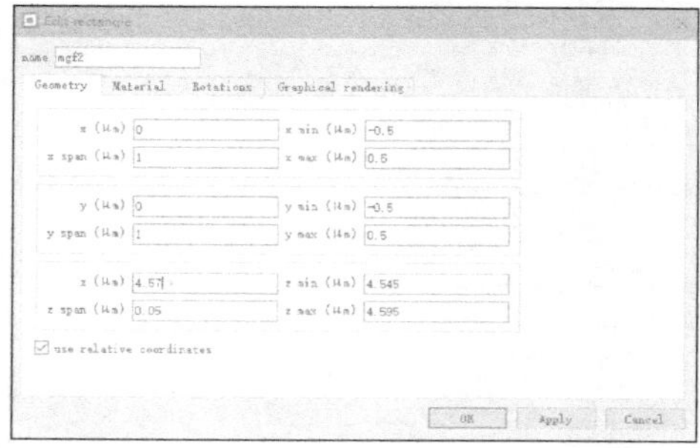

b) 参数设置

图 7.4-108 隐身衣介电隔层 MgF_2

图 7.4-108 彩图

图 7.4-109 彩图

在凸起材料组中继续添加隐身衣构建所需要的材料，如图 7.4-109 所示，选择 Rectangle 结构，编辑结构几何参数为长 0.095μm、宽 0.1μm、高 0.03μm，并选择材料为 Au(Gold)-Palik。这是一块纳米天线的建立，通过复制与排布，最终建立 5×5 的纳米天线阵列。

a) 仿真结构界面视图

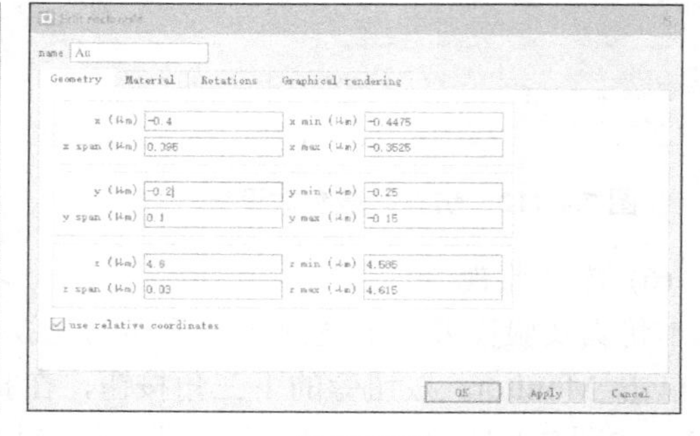

b) 参数设置

图 7.4-109 纳米天线材料 Au

(4) 光源建立

单击 Sources 按钮旁的下三角按钮，在打开的下拉菜单中选择 Plane wave，如图 7.4-110 所示，编辑几何参数 x、y、z 长度分别为 2.125μm、6.925μm、0μm。

接下来编辑光源波长，如图 7.4-111 所示，在 Frequency/ Wavelength 标签中的 set frequency/ wavelength 栏处，选择 wavelength 和 center/span，设置中心波长为电信波长 730nm，带宽为 0，即只发射 730nm 波长的光波。

(5) 仿真区域建立

仿真区域需要覆盖光源以及待测结构。单击 Simulation 按钮添加仿真区域，如图 7.4-112 所示，编辑区域几何参数，其中区域中心坐标为(0,0,7.36126)(单位为 μm)，x、y 方向长度分别为 1.0623μm、3.4625μm，z 方向长度为 4.98586μm。

如图 7.4-113 所示，在 Mesh settings 标签内根据自身计算机配置选择合适的网格精度。如图 7.4-114 所示，在 Boundary conditions 标签内设置六面边界条件为 PML。

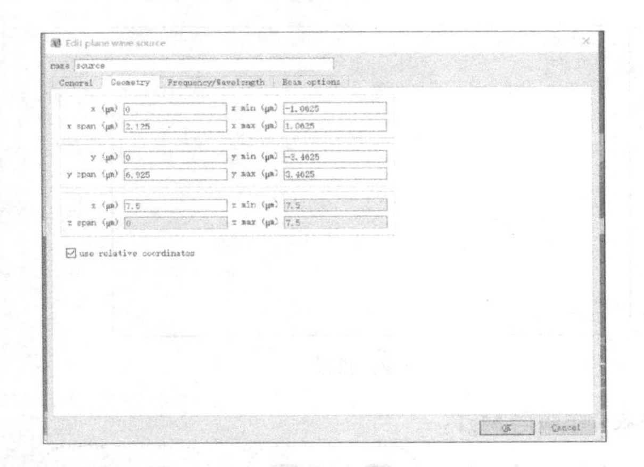

图 7.4-110　光源几何参数设置

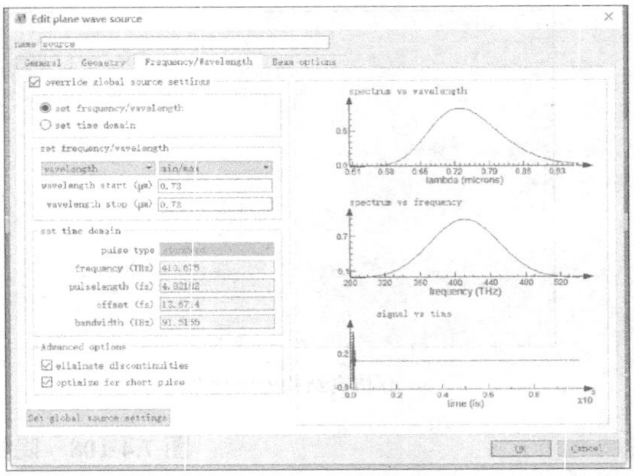

图 7.4-111　光源波长设置

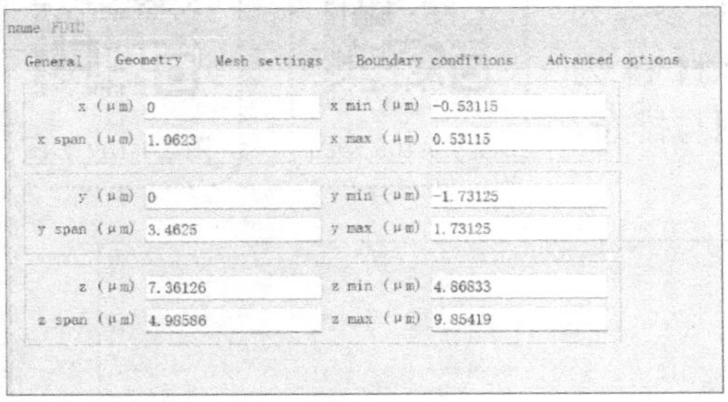

图 7.4-112　仿真区域参数设置

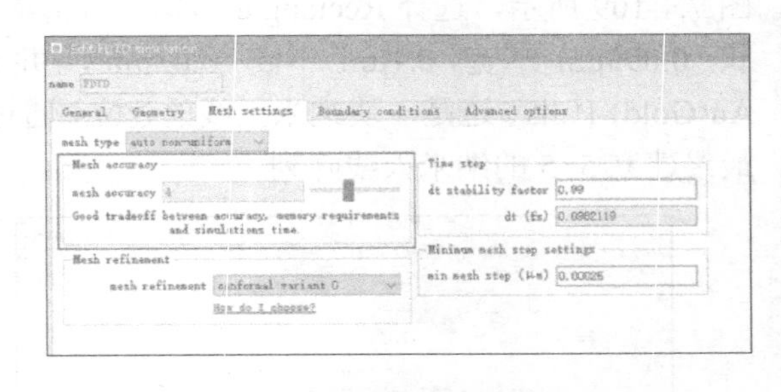

图 7.4-113　仿真区域网格精度设置

(6) 添加监视器

本仿真实验需要获取透射过超表面的光波相位分布，需要在超表面上方添加场分布监视器。单击 Monitors 按钮旁的下三角按钮，在打开的下拉菜单中选择 Frequency-domain field profile，如图 7.4-115 所示，编辑监视器几何参数，其中监视器中心坐标为(0,0,4.4)(单位为 μm)，x、y、z 方向长度分别为 2μm、5.31595μm、2.8μm。

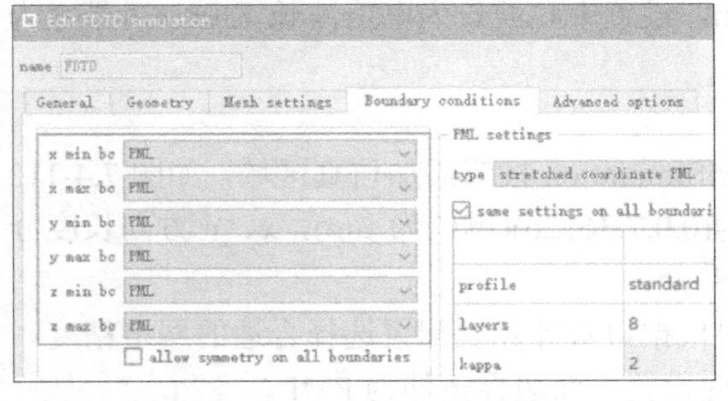

图 7.4-114　六面边界条件设置

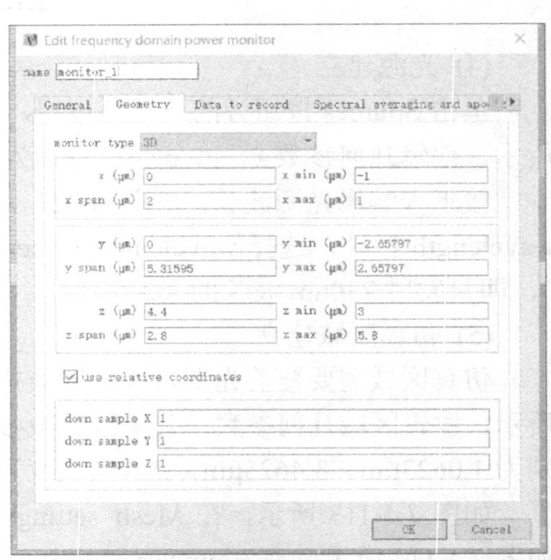

图 7.4-115　场分布监视器几何参数设置

至此仿真模型基本建立完成，如图 7.4-116 所示。

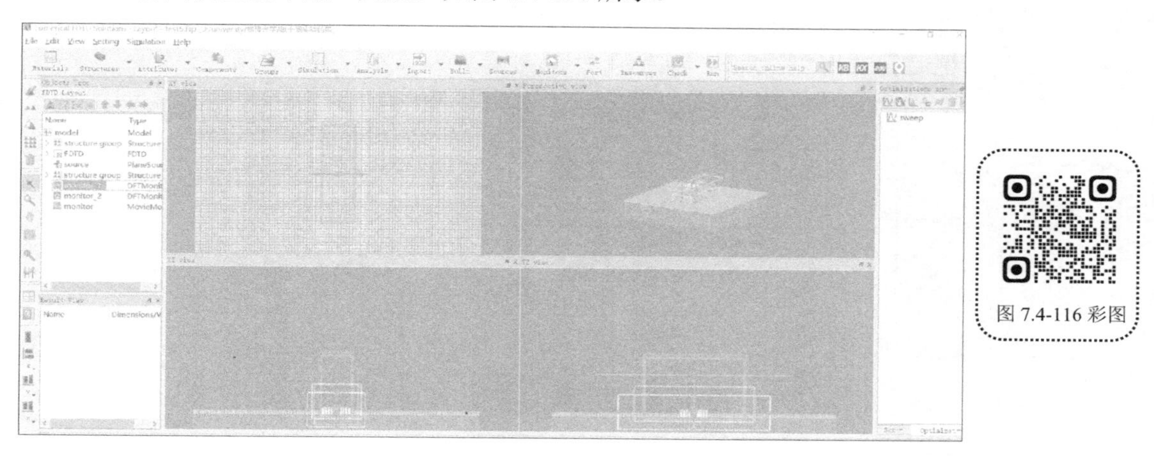

图 7.4-116 彩图

图 7.4-116　光学隐身衣仿真建立完成

(7) 检查并运行仿真

单击 Check 按钮旁的下三角按钮，在打开的下拉菜单中选择 Check simulation and memory requirements 查看运行仿真需要的内存大小，如图 7.4-117 所示，若内存需求量过大需要调整仿真网格等级重新检查。

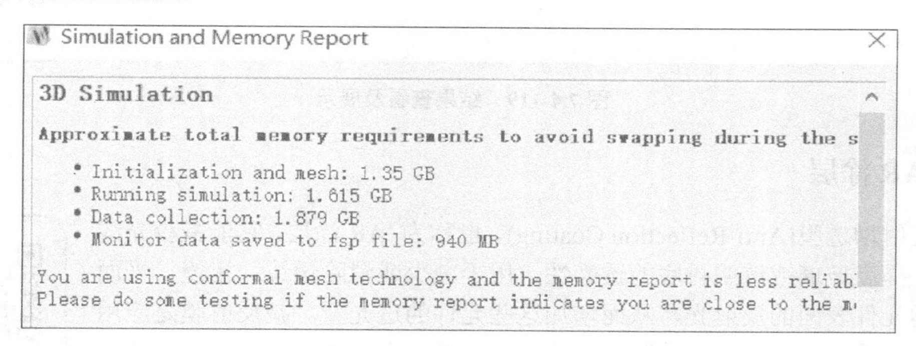

图 7.4-117　运行内存检查

内存检查运行完毕，确定计算机内存容量大于运行仿真需求的总内存后，单击 Run 按钮进行仿真，等待结果即可。

(8) 结果分析

运行完成需要查看监视器收集到的结果，如图 7.4-118 所示，右击 monition 监视器，在弹出的菜单中右击 Visualize，选择电场 E 或者磁场 H 查看运行的结果。

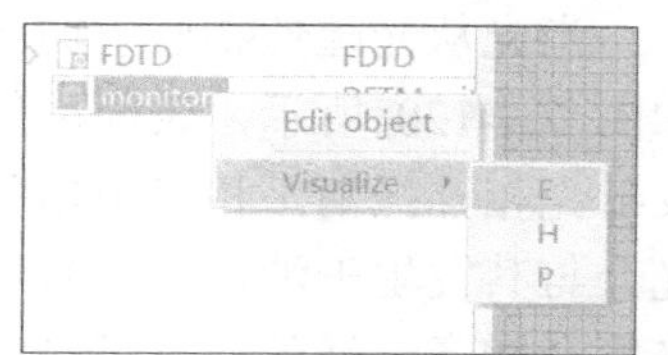

图 7.4-118　选择要查看的仿真结果

得到的结果如图 7.4-119 所示，改变红框区域中 Action 下的选项可以变换结果图中的 x、y 轴，单击 Slice 处即可通过拖动右方蓝色框中的滑动条选择不同位置的图像。可以看到反射光为平面，中间不存在凸起。仿真结果说明超表面成功将凸起“隐身”。

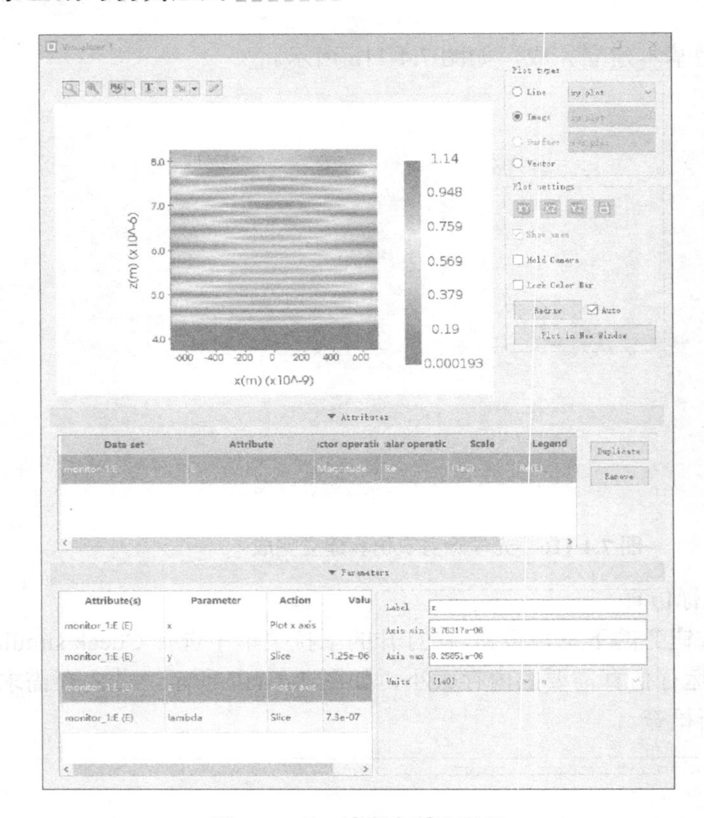

图 7.4-119 彩图

图 7.4-119　结果查看及展示

7.4.6　AR 涂层

AR 涂层

减反射增透膜(Anti-Reflection Coating)，也称为 AR 涂层，它能减少光线的反射，提高玻璃或透明衬底的透光性，用于减少或消除透镜、棱镜、平面镜等光学元件表面的反射光，从而增加这些元件的透光量。减反射膜是应用最广、产量最大的一种光学薄膜，因此至今仍是光学薄膜技术中重要的研究课题。

1. AR(减)反射增透膜(涂层)原理

光具有波粒二相性，即从微观上既可以把它理解成一种波，又可以把它理解成一束高速运动的粒子。注意，不要把它理解成一种简单的波和一种简单的粒子，它们都是从微观上讲的。增透膜的原理是把光当成一种波来考虑的，因为光波和机械波一样也具有干涉的性质。

当光从光疏性物质射向光密性物质时，折射光会有半波损失。在玻璃上涂上 AR 膜后，如图 7.4-120 所示，表面反射光的光程差仅为膜前表面反射光的半波长，膜前后两个表面的反射光相互抵消，相当于增强了透射光的能量。当光线在增透膜上产生二次反射时，原反射光会与其发生干涉，从而减弱反射光。根据能量守恒，光的能量不变时，反射光减少，透射光便会增多。红外线、可见光以及紫外线选择增透膜时需确定波长，薄膜的厚度决定了其作用的反射光波长。折射率不同的透明的薄膜结构是很多涂层都具有的，可以同时对玻璃双面涂层，降低玻璃两面的反射效果，通过减少光的反射进而增加光的透过率。AR 膜也可以通过减少系统中的散射光提高对比度，这一特点对天文学十分重要。

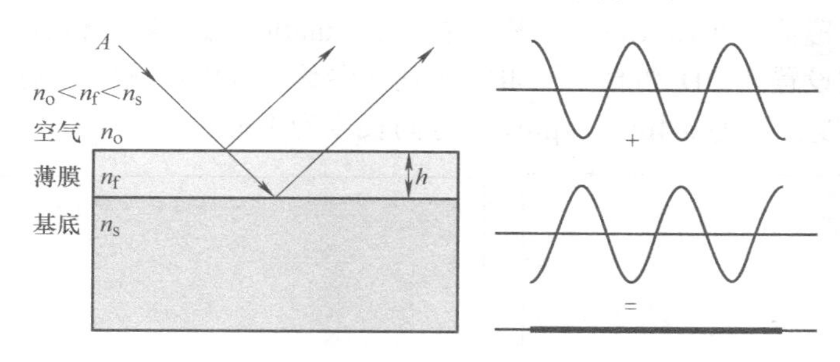

图 7.4-120　AR 涂层原理图

2. 使用 FDTD Solutions 仿真 AR 涂层

根据 AR(减)反射增透膜增透原理，在玻璃的基底上涂一层 50nm 厚的 Si 薄膜，选用波长范围是 400～800nm 的平面波光源进行照射，对反射光进行检测，发现透光率明显提高，增加其输出功率。

(1) 基底建立

新建 FDTD Solutions 工程，单击 Structures 按钮旁的下三角按钮，在打开的下拉菜单中选择 Rectangle 结构，如图 7.4-121 所示，编辑结构几何参数为长 1μm、宽 9μm，高任意。这是一个横向无限大的物体，因此只需做二维仿真。选择材料为 SiO_2(Glass)-Palik。

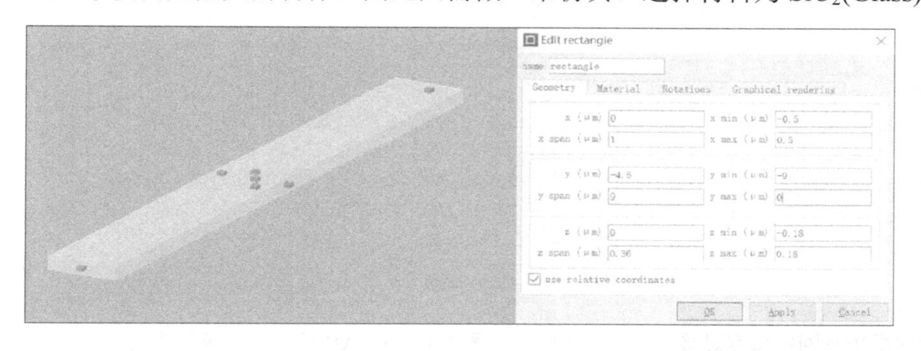

图 7.4-121 彩图

图 7.4-121　AR 涂层基底材料 SiO_2

继续添加基底材料。选择 Rectangle 结构，如图 7.4-122 所示，编辑结构几何参数为长 1μm、宽 0.05μm，高任意，并选择材料为 Si (Silicon)-Palik。

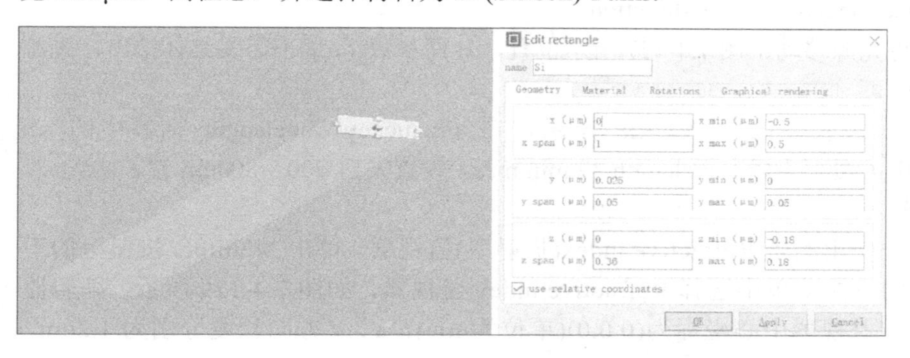

图 7.4-122 彩图

图 7.4-122　AR 涂层基底材料 Si

(2) 仿真区域建立

仿真区域需要覆盖光源以及待测结构。单击 Simulation 按钮添加仿真区域，如图 7.4-123 所示，将仿真区域设置为 2D 仿真，编辑区域几何参数，其中区域中心坐标为(0,0,0)(单位为 μm)，*x*、*y* 方向长度分别为 0.4μm、1μm，*z* 方向长度为 1μm。

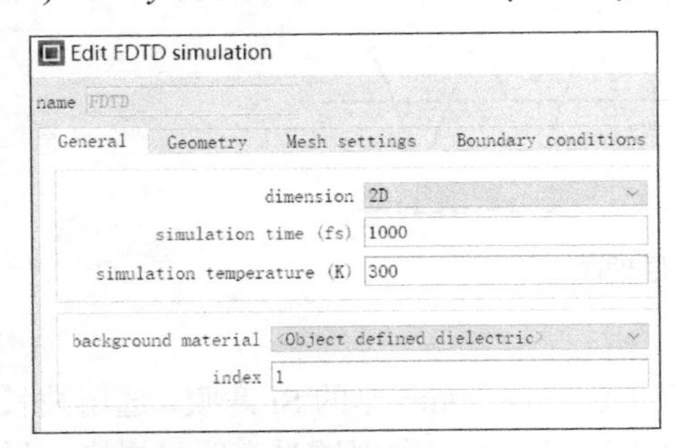

a) 通用参数设置

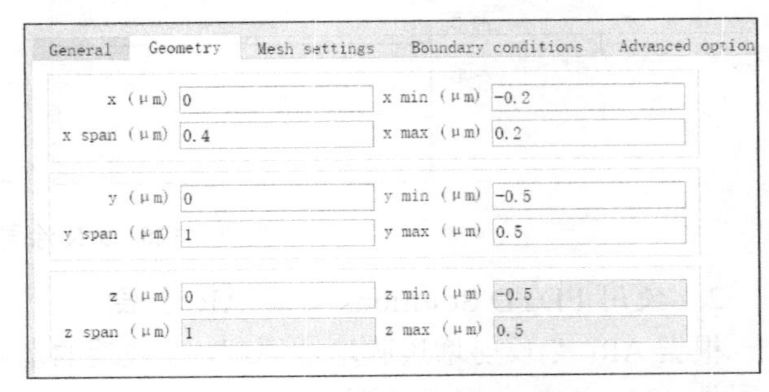

b) 几何参数设置

图 7.4-123　AR 涂层仿真区域参数

如图 7.4-124 所示，在 Mesh settings 标签内根据自身计算机配置选择合适的网格精度。如图 7.4-125 所示，在 Boundary conditions 标签内设置 *x* 方向边界条件为 Periodic，其余面边界条件为 PML。

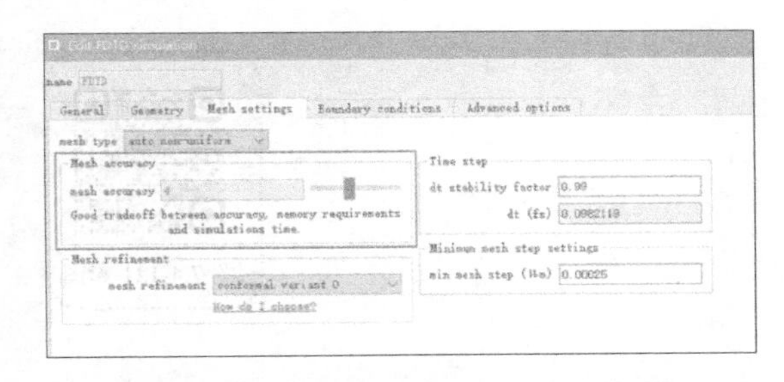

图 7.4-124　AR 涂层仿真网格精度设置

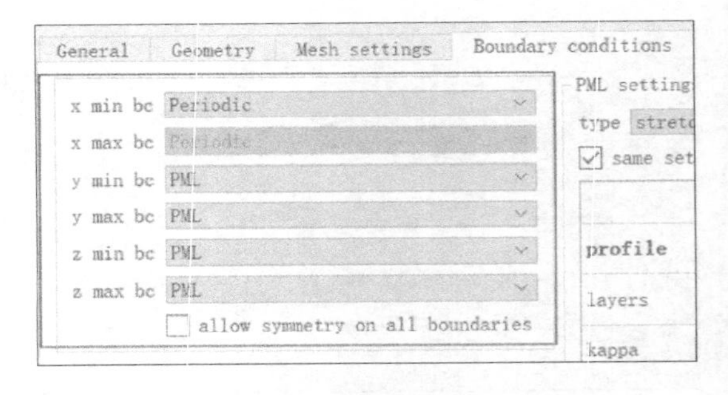

图 7.4-125　AR 涂层边界条件设置

(3) 光源建立

单击 Sources 按钮旁的下三角按钮，在打开的下拉菜单中选择 Plane wave，按图 7.4-126 所示设置传播轴 injection axis 与方向 direction。

单击鼠标左键将光源移动至图 7.4-127 所示位置，几何参数 *x*、*y* 不需要具体给出，光源宽度超过仿真区域即可。

接下来编辑光源波长，如图 7.4-128 所示，在 Frequency/Wavelength 标签中的 set frequency/wavelength 栏处，选择 wavelength 和 min/max，设置发射 400～800nm 波长的光波。

(4) 添加监视器

本仿真实验首先使用的是 Refractive index(折射率)监视器。单击 Monitors 按钮旁的下三角按钮，在打开的下拉菜单中选择 Refractive index 监视器，如图 7.4-129 所示，编辑监视器几何参数，其中监视器中心坐标为(0,0,0)(单位为 μm)，*x*、*y* 方向长度分别为 1.2μm、1μm。

图 7.4-126　光源通用参数设置

图 7.4-127　光源示意图

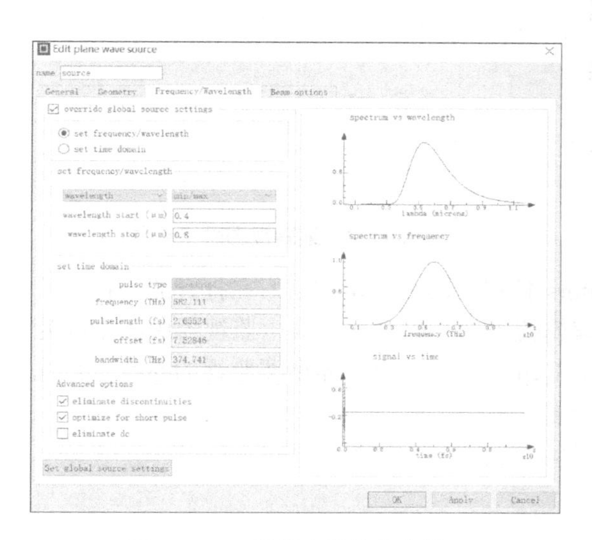

图 7.4-128　编辑光源波长参数

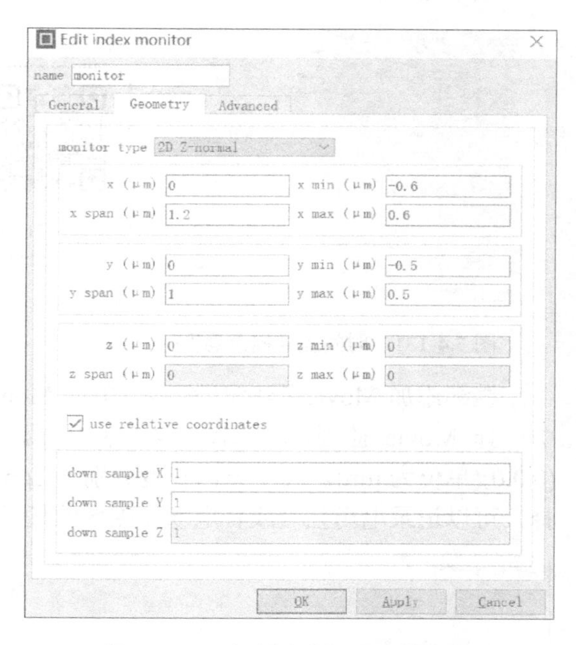

图 7.4-129　折射率监视器几何参数

折射率监视器在仿真运行前就可以查看，得到的结果图如图 7.4-130 所示。可以观察到，上方深蓝色区域表示的是空气的折射率，下方浅蓝色区域表示的是玻璃基底的折射率，中间深红色区域表示的是硅膜层的折射率。

然后添加 Field time(时间)监视器。单击 Monitors 按钮旁的下三角按钮，在打开的下拉菜单中选择 Field time 监视器，分别在谐振腔、硅膜层和基底内各添加一个时间监视器，如图 7.4-131 所示。由于时间监视器不占内存资源，一般情况下，建议仿真文件中至少有一个时间监视器，根据需要设置几何参数。

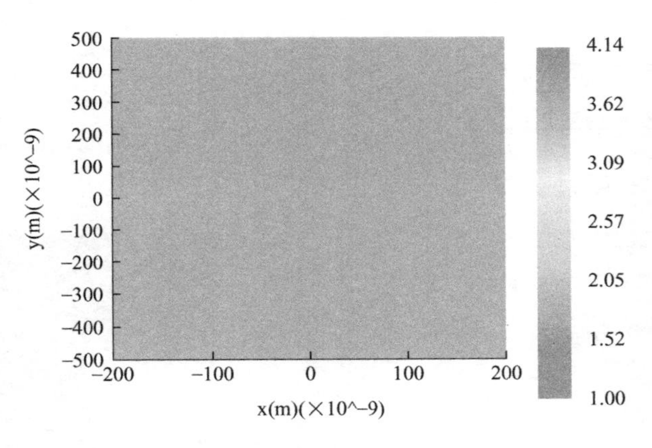

图 7.4-130 彩图

图 7.4-130　折射率监视器结果

这里需要注意的是，如果想要在网格线条外设置监视器等工具，则需要单击操作栏中的 Edit drawing grid(编辑视图网格)按钮，在弹出的对话框中调整网格间距或者勾除贴靠网格交点(Snap to grid)选项，如图 7.4-132 所示。

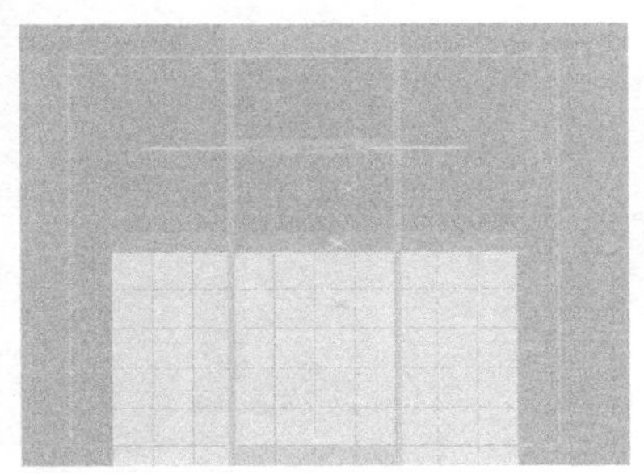

图 7.4-131 彩图

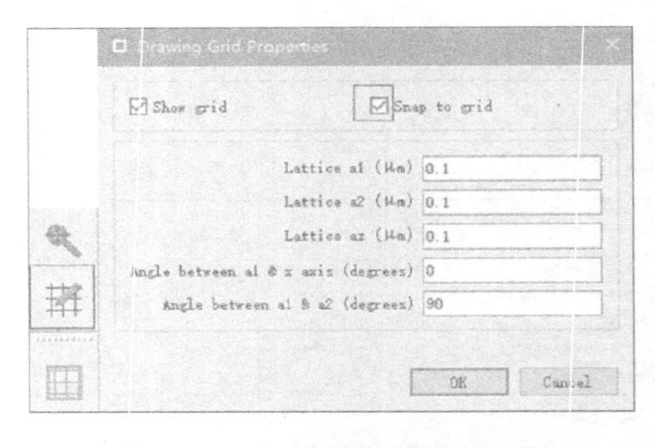

图 7.4-131　时间监视器示意图

图 7.4-132　编辑视图网格参数

继续添加 Movie(影片)监视器。单击 Monitors 按钮旁的下三角按钮，在打开的下拉菜单中选择 Movie 监视器，如图 7.4-133 所示，编辑监视器几何参数，其中监视器中心坐标为(0,0,0)(单位为 μm)，x、y 方向长度分别为 2μm、1.2μm。 对于监视器所要监视的参数进行选择，可以记录电场强度或者电场和磁场的任意分量。

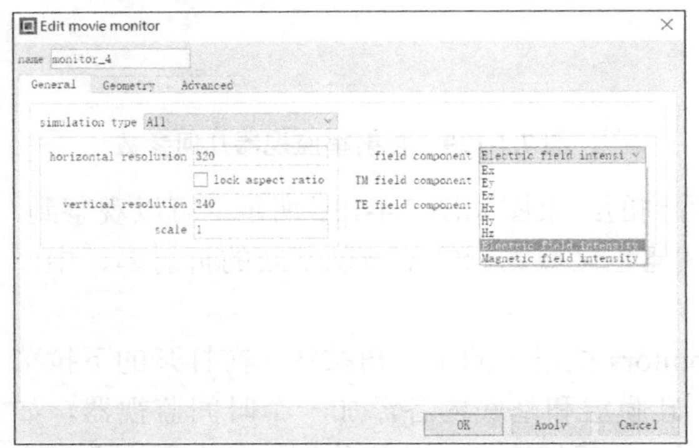

a) 通用参数设置

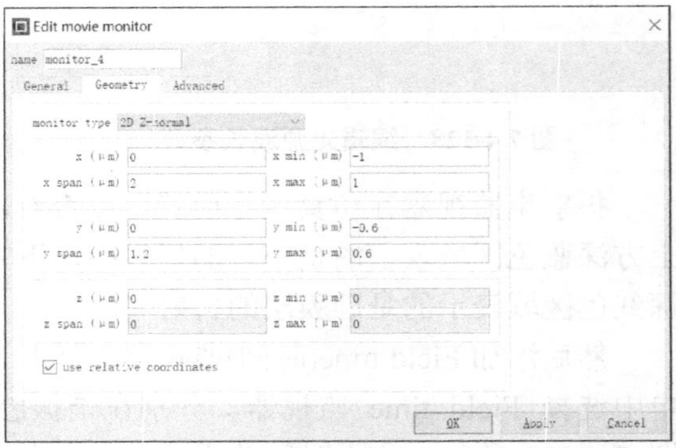

b) 几何参数设置

图 7.4-133　影片监视器参数设置

仿真需要获取透射过超表面的光波相位分布，需要在超表面上方添加场分布监视器。单击 Monitors 按钮旁的下三角按钮，在打开的下拉菜单中选择 Frequency-domain field profile 监视器，编辑监视器几何参数，其中监视器中心坐标为(0,0,0)(单位为 μm)，*x*、*y* 方向长度分别为 2μm、1.2μm，以及对于所记录的数据设置，如图 7.4-134 所示。

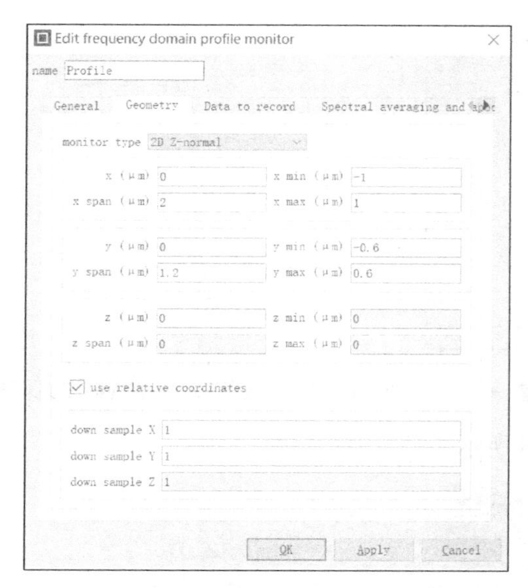

a) 几何参数设置

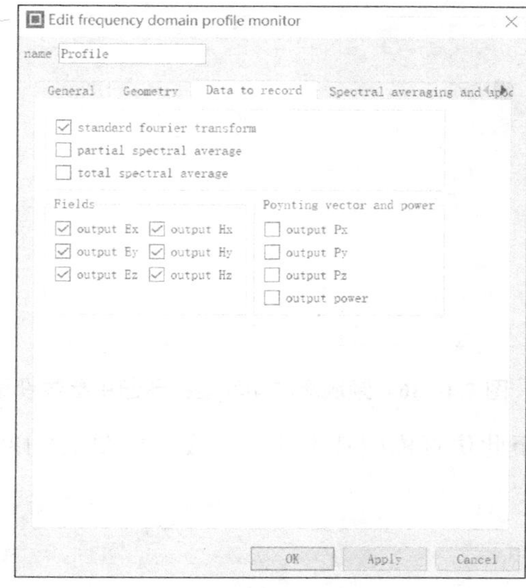

b) 记录数据设置

图 7.4-134　频域场分布监视器参数设置

最后添加 Frequency-domain field and power(频域场和功率)监视器。频域场和功率监视器用于获取连续波形、稳态传输频谱以及空间场分布。单击 Monitors 按钮旁的下三角按钮，在打开的下拉菜单中选择 Frequency-domain field and power 监视器，将其重命名为 R 表示反射率，编辑监视器几何参数，其中监视器中心坐标为(0,0.4,0)(单位为 μm)，*x* 方向长度为 2μm，如图 7.4-135 所示。

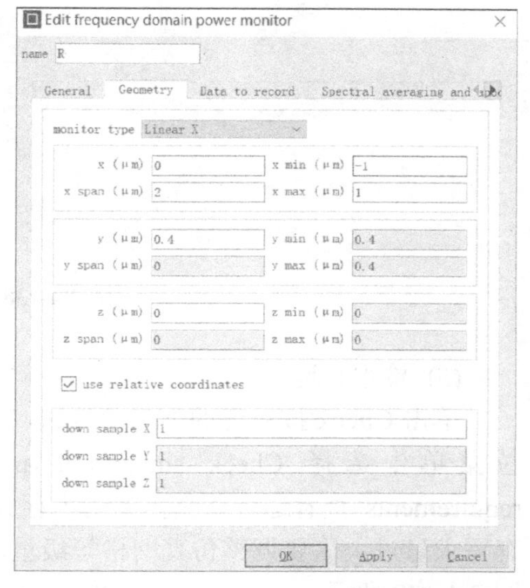

图 7.4-135　频域场和功率监视器 R 几何参数

在 General 标签中单击 Set global monitor settings 按钮，在弹出的对话框中选择 wavelength 和 min/max，设置光源波长范围为 400～800nm，并在 400～800nm 选择 100 个等频率采样点，如图 7.4-136 所示。

对于透射率 *T* 的频域场和功率监视器的添加与反射率 *R* 类似，因此对监视器 R 进行复制重命名为 T 后，编辑监视器几何参数，其中监视器中心坐标为(0,−0.3,0)(单位为 μm)，*x* 方向长度为 2μm，如图 7.4-137 所示。

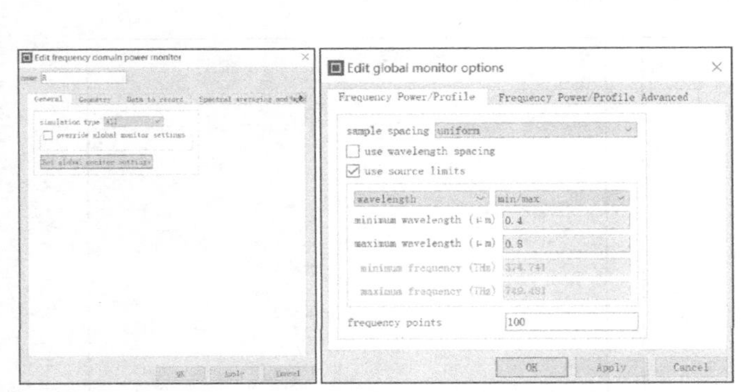

图 7.4-136　频域场和功率监视器通用参数设置

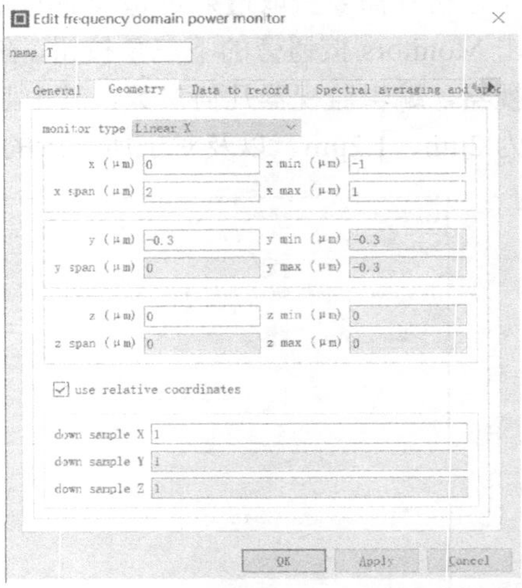

图 7.4-137　频域场和功率监视器 T 几何参数

至此仿真模型基本建立完成，如图 7.4-138 所示。

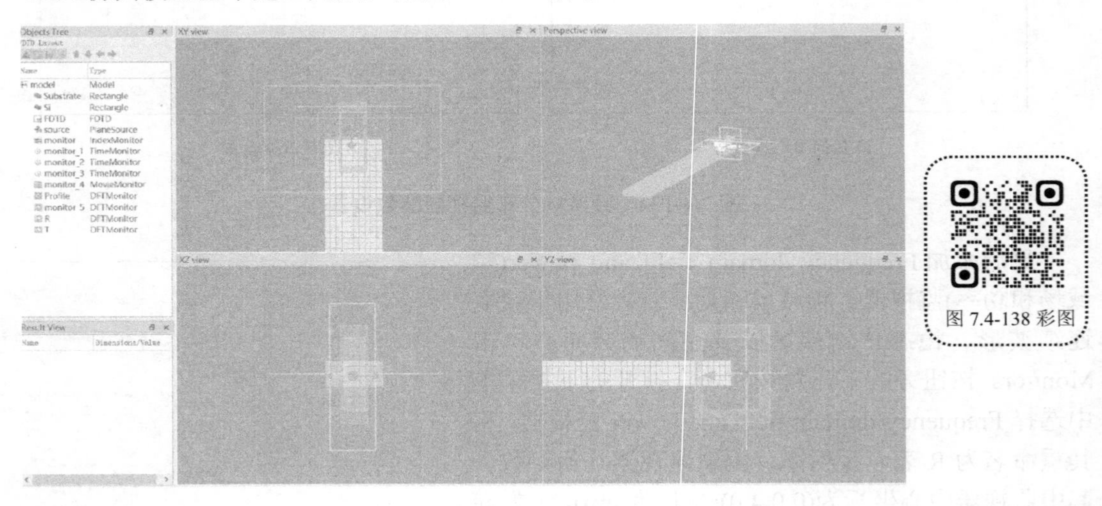

图 7.4-138　AR 涂层仿真建立完成

(5) 检查并运行仿真

单击 Check 按钮旁的下三角按钮，在打开的下拉菜单中选择 Check simulation and memory requirements 查看运行仿真需要的内存大小，若内存需求量过大需要调整仿真网格等级重新检查，如图 7.4-139 所示。

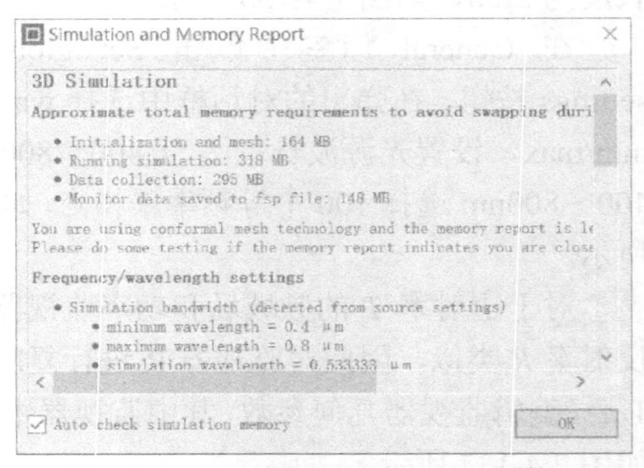

图 7.4-139　AR 涂层仿真运行内存检查

内存检查运行完毕，确定计算机内存容量大于运行仿真需求的总内存后，单击 Run 按钮进行仿真，等待结果即可。

(6) 结果分析

运行完成需要查看监视器收集到的结果。

折射率监视器结果见图 7.4-130。

在左侧靠上的元素树列表中右击 monitor 监视器，在弹出的菜单中右击 Visualize，选择电场 E 或者磁场 H 查看运行的结果。在这里对 Ex 进行监视，在 Attributes(属性)表格中的 Vector operation 一栏选择 X 方向，如图 7.4-140 所示，得到图 7.4-141 所示的仿真结果，观察到硅膜层处的振幅较小，符合实际情况。

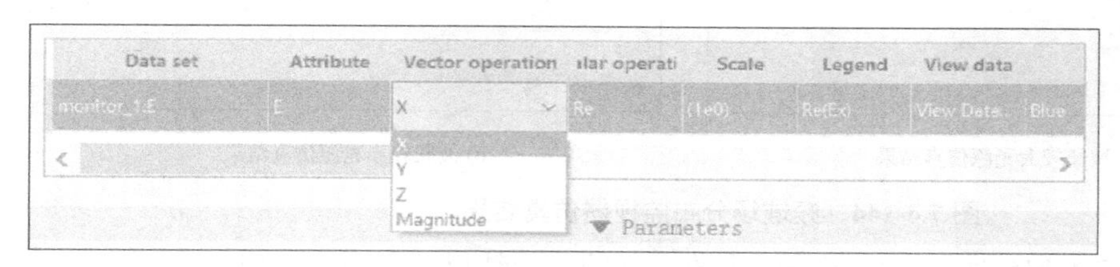

图 7.4-140 时间监视器属性表格

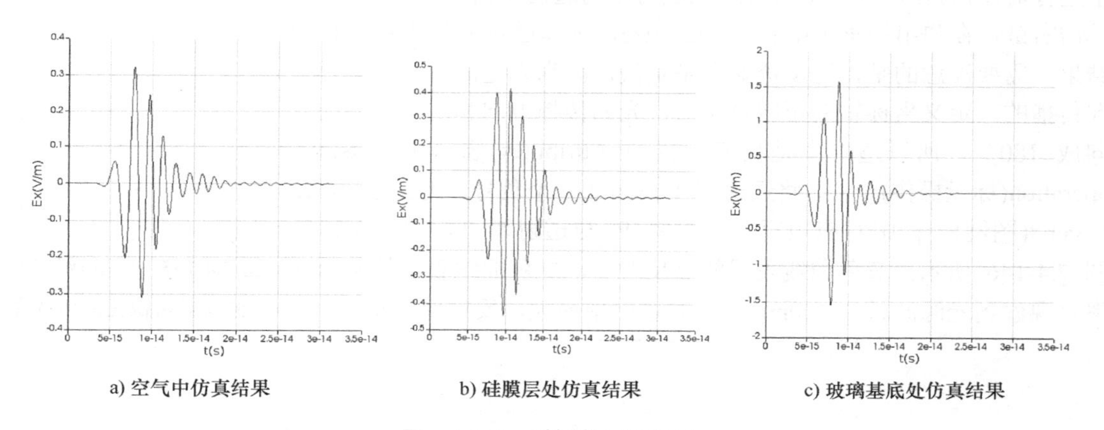

a) 空气中仿真结果　　b) 硅膜层处仿真结果　　c) 玻璃基底处仿真结果

图 7.4-141 时间监视器结果

在 FDTD 仿真文件所在文件夹中可以找到 Movie 监视器的视频格式文件，如图 7.4-142 所示，点开播放能够看到仿真区域内光在各膜层间的变化状况，可以观察到透射光和反射光，能够判断入射光是平面波，如图 7.4-143 所示。

图 7.4-142 影片监视器仿真结果视频文件　　**图 7.4-143 影片监视器仿真结果**

在左侧靠上的元素树列表中右击 monitor 监视器，在弹出的菜单中右击 Visualize，选择电场 E 或者磁场 H 查看运行的结果。在 Parameters(参数)表格中单击波长 lambda 一栏，滑动滑块改变波长大小即可观察到对应的场分布，如图 7.4-144 所示。

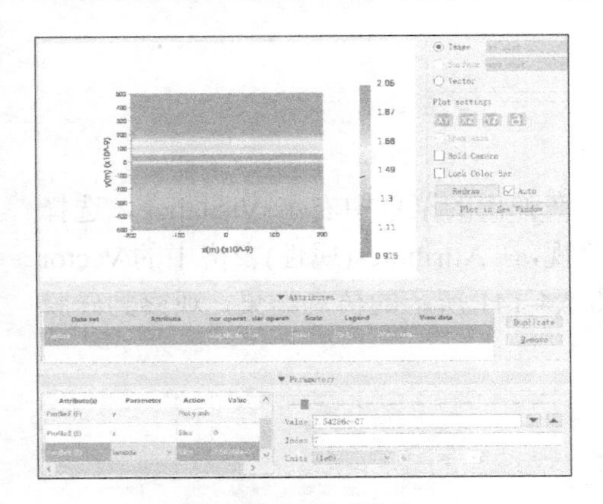

a) 波长较大光源仿真结果

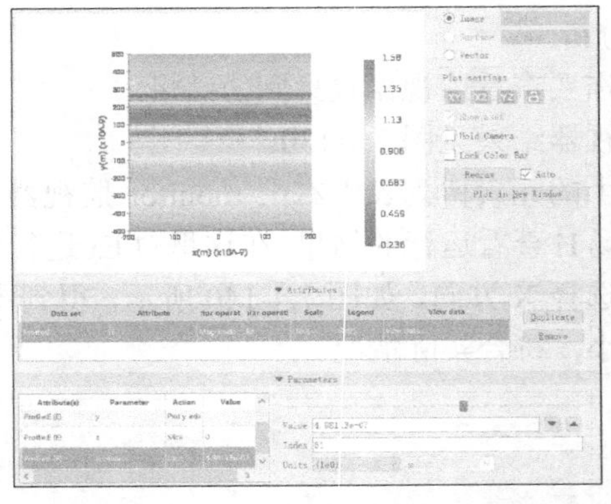

b) 波长较小光源仿真结果

图 7.4-144 彩图

图 7.4-144　频域场分布监视器仿真结果

如图 7.4-145 所示，为了将两个监视器的运行结果放到一个窗口中进行对比，长按鼠标左键同时选取反射率与透射率监视器 R 和 T 后，单击右键，在弹出的菜单中右击 Visualize，选择透射率 T 查看运行的结果。需要注意的是，这里透射率是负值，因为光是沿着坐标轴负方向传播的，定义坐标轴的正向是正值，光的传播方向和定义的面的方向成 180°，所以透射率是负值。找到 Attributes 表格中的 Scalar operation(标量操作)一栏，将透射率 T 前面加一个负号，代表方向，在 Legend(图例)一栏中对应填写好反射率 R 与透射率 T，绘图窗口如图 7.4-146 所示。蓝色曲线表示的是反射率，绿色曲线表示的是透射率，观察到光源波长在 400nm 左右时透射率最大，反射率最小。

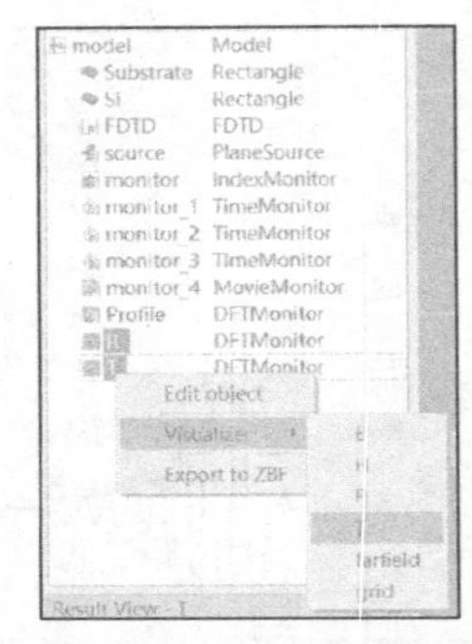

图 7.4-145　频域场和功率监视器可视化窗格选择

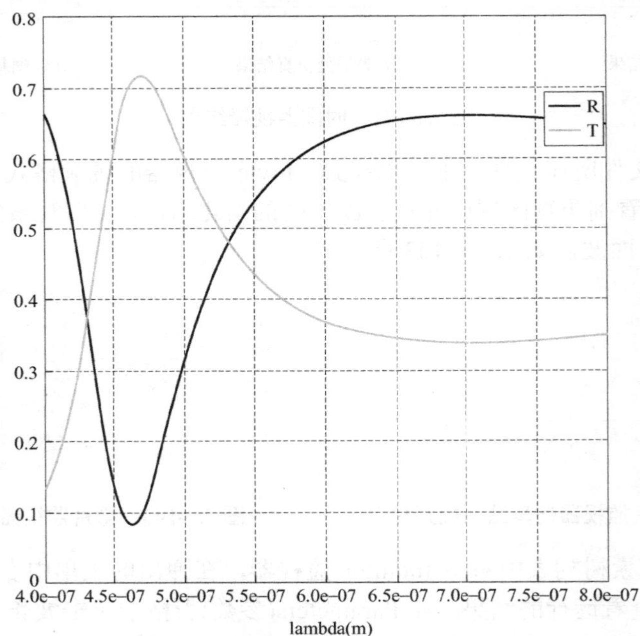

图 7.4-146　频域场和功率监视器仿真结果

习题

习题 7.1
参考答案

7.1 一种改善天线性能的近零折射率元表面结构

天线，想必大家并不陌生吧。近年来，工程材料已被一些研究人员用于天线技术。然而，这些低姿态贴片天线的增益和指向性较低，限制了应用范围。为解决这一问题，2013 年科研人员提出了一种用于多波段应用的近零折射率元表面结构 (Near-Zero Refractive Index Meta-Surface Structure, NZRI MSS)，在辐射贴片后部同化所提出的 NZRI MSS 可以显著提高增益和指向性，却不会增加总体尺寸。这一发明的巨大优势在于其辐射性能使其适用于基于超高频调频遥测的空间应用、移动卫星、微波辐射测量和射电天文学应用，且增益和指向性曲线满足这些长距离应用的天线的基本要求。

请大家讨论如下几个问题，加深对贴片天线以及 MSS 元件的理解。

(1) 认真阅读下列文献，谈谈你对 NZRI MSS 元表面的理解，与单独的贴片天线相比，基于 MSS 的天线有什么优势和特点？

文献为：ULLAH M H, ISLAM M T, IQBAL FARUQUE M R, et al. A near-zero refractive index meta-surface structure for antenna performance improvement[J]. Materials, 2013, 6: 5058-5068.

(2) 使用 FDTD Solutions 软件设计出方环路阵列天线以及 NZRI MSS 贴片元件，并仿真出采用和不采用 NZRI MSS 的天线的反射系数测量和模拟结果。

习题 7.2
参考答案

7.2 基于超宽带对称 G 形超材料的微波吸收体

超材料大家并不陌生，广泛应用于研发领域，因为它们提供了奇妙的现象，如负折射/反射、多普勒效应反转等。其中超材料的吸收是一个迷人的应用。2018 年科研人员设计了一种 G 形超材料的微波吸收体，它在超宽带(20 ~ 60GHz)范围内达到 95%以上的吸收率。该项研究对隐身技术、能量收集和 5G 天线应用非常有用。

请大家讨论如下几个问题，加深对 G 形超材料的微波吸收体的理解。

(1) 认真阅读下列文献，谈谈你对元曲面透镜的理解，并了解如何将超表面与贴片天线联系起来且能达到什么效果？

文献为：NAQVI A S, BAQIR A M. Ultra-wideband symmetric G-shape metamaterial-based microwave absorber[J].Journal of Electromagnetic Waves and Applications, 2018, 32(16):2078-2085.

(2) 使用 FDTD Solutions 软件设计 G 形超材料的微波吸收体模型，并仿真出它在超宽带(20 ~ 60GHz)范围内的吸收率。

习题 7.3
参考答案

7.3 梯度超表面的高效宽带异常反射

传统的光子器件往往光学厚度大，其对光的操纵能力相当有限。近来，具有突变材料特性的超材料 (Metamaterials, MTMS)被发现具有非凡的光操纵能力。2012 年科研人员设计了一种 850nm 附近工作的梯度元表面，并实验证明它可以将入射光重定向到具有相同偏振的单个异常反射光束上。此外，反常反射模式的转换效率高达 80%，工作带宽大于 150nm。这一发明的巨大优势在于可以在偏振分光器、光谱分光器、增反射涂层、吸光器等方面得到广泛的应用。

请大家讨论如下几个问题，加深对梯度超表面的了解。

(1) 认真阅读下列文献，了解什么是广义斯涅耳定律且文献中是如何复现的，对文献中梯度超表面器件的基本工作原理进行学习与理解。

文献为：SUN S, YANG K Y, WANG C M, et al. High-efficiency broadband anomalous reflection by gradient meta-surfaces[J]. Nano Letters, 2012, 12(12):6223-6229.

(2) 使用 FDTD Solutions 软件设计出文献中的梯度超表面，并描绘 FDTD 模拟的散射波的 $\boldsymbol{E}_x$、$\boldsymbol{E}_y$ 和 $\boldsymbol{E}_z$ 场图。

习题 7.4
参考答案

7.4　利用太赫兹临界耦合剪裁单层黑磷的各向异性完美吸收

自然界中不存在的超材料因其独特的特性而备受关注，特别是超材料吸收体，在传感器、探测器、热辐射器等领域发挥着重要的作用。2018 年科研人员设计并研究了一种由黑磷(Black Phosphorus，BP)单层、光子晶体和金属反射镜组成的超材料完美吸收体，以增强太赫兹频率下的光吸收，为基于 BP 的器件提供了潜在的应用前景。

请大家讨论如下几个问题，加深对超材料吸收体的理解。

(1) 认真阅读下列文献，谈谈你对超材料吸收体的理解，文中的超材料黑磷的各向异性会产生什么特征？

文献为：YE MING QING, HUI FENG MA, TIE JUN CUI. Tailoring anisotropic perfect absorption in monolayer black phosphorus by critical coupling at terahertz frequencies[J]. Optics Express, 2018,26(25):32442-32450.

(2) 使用 FDTD Solutions 软件设计出超材料完美吸收体，并仿真得到在 TE 偏振波(电场平行于 y 轴)和 TM 偏振波(磁场平行于 y 轴)正入射时的吸收光谱模拟结果，以及在 4.31THz 谐振频率下超材料吸收体在 xOy 平面和在 xOz 平面的模拟磁场。

习题 7.5
参考答案

7.5　原子力显微镜的超表面增强光学杠杆灵敏度

为了提高原子力显微镜(Atomic Force Microscopy, AFM))悬臂梁的光学灵敏度，2019 年科研人员提出了在悬臂梁上集成超表面的方法，该超表面能够产生激光束的异常反射，并根据广义 Snell 定律在入射角和反射角之间提供非线性关系，提出的超表面增强光学杠杆灵敏度可能在改善 AFM 仪器和基于悬臂的传感器的功能性能方面具有潜在的应用。

请大家认真阅读下列文献，加深对超表面结构的了解，并讨论如下几个问题。

文献为：YAO Z, XIA X, HOU Y, et al. Metasurface-enhanced optical lever sensitivity for atomic force microscopy[J]. Nanotechnology, 2019, 30(36): 365501.

(1) 使用 FDTD Solutions 软件设计出文献中的超表面单元结构，模拟相移和反射率。

(2) 使用 FDTD Solutions 软件设计出文献中的异常反射超表面结构，并仿真出 y 偏振光法向照射下 xOz 平面散射光场，以及激光波长对光相位调谐能力的影响，从而得证超表面设计应能方便地实现，以满足不同 AFM 仪器可能使用的不同波长。

习题 7.6
参考答案

7.6　可见光双极性等离子体超构透镜

光学透镜作为一种不可缺少的工具，在各个科学领域得到了广泛的应用。

但是你见过双极性透镜吗？你见过它在可见光波段下是怎么工作的吗？2012 年科研人员提出了一种双极性透镜，通过控制入射和透射光束的偏振，使该种双极性等离子体透镜的聚焦特性可以在凸透镜和凹透镜之间变换，与具有固定极性的传统透镜形成鲜明对比。

请大家讨论如下几个问题，加深对双极性透镜的了解。

(1) 请大家认真阅读下列文献，使用 FDTD Solutions 软件设计出文献中小型化双极性等离子体透镜，模拟出平面波在正入射到等离子体透镜中的传播。

文献为：CHEN X, HUANG L, MUHLENBERND H, et al. Dual-polarity plasmonic metalens for visible light[J]. Nature Communications, 2012, 3(11):1198.

(2) 使用 FDTD Solutions 软件对波长为 740 nm 的平面波在正入射下通过透镜的传播进行全波模拟，要求分别得出在右旋圆偏振和左旋偏振下的强度和相位仿真图像。

参 考 文 献

[1] 梁铨廷. 物理光学[M]. 5 版. 北京：机械工业出版社，2018.
[2] 宋贵才. 物理光学理论与应用[M]. 3 版. 北京：北京大学出版社，2019.
[3] 郁道银. 工程光学[M]. 4 版. 北京：机械工业出版社，2016.
[4] HECHT E. 光学[M]. 5 版. 秦克诚，林福成，译. 北京：电子工业出版社，2019.
[5] GHATAK A. 光学[M]. 4 版. 张晓光，席丽霞，余和军，译. 北京：清华大学出版社，2013.
[6] 李林，林家明，王平，等. 工程光学[M]. 北京：北京理工大学出版社，2003.
[7] 李林，黄一帆. 应用光学[M]. 5 版. 北京：北京理工大学出版社，2017.